Das dieser Veröffentlichung zugrundeliegende Vorhaben
wurde mit Mitteln des Bundesministeriums für Bildung und Forschung
unter dem Förderkennzeichen 0339720/5 gefördert.

Projektnehmer ist das Institut für Landespflege der Universität Freiburg
Die Verantwortung für den Inhalt der Veröffentlichung
liegt bei den Autorinnen und Autoren.

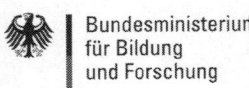

Projektgruppe Kulturlandschaft Hohenlohe

Bibliographische Information der Deutschen Nationalbibliothek

Die Deutsche Nationalbibliothek verzeichnet diese Publikation in der Deutschen
Nationalbibliographie; detaillierte bibliographische Daten sind im Internet über
http://dnb.d-nb.de abrufbar.

© 2007 oekom, München
Gesellschaft für ökologische Kommunikation mbH
Waltherstraße 29, 80337 München

Umschlaggestaltung: Véronique Grassinger
Satz: Werner Schneider

Druck: DIP – Digital-Print Witten
Gedruckt auf FSC-zertifiziertem Papier
Alle Rechte vorbehalten
ISBN 978-3-928244-83-1

Ralf Kirchner-Heßler, Alexander Gerber, Werner Konold

Teil II
Nachhaltige Landnutzung durch Kooperation von Wissenschaft und Praxis

Inhalt
Teil II

8.8	Landschaftsplanung – Interkommunale Kooperation zu landschaftsplanerischen Fragestellungen unter besonderer Berücksichtigung der Siedlungsentwicklung und Windkraftnutzung	389
8.8.1	Entstehung, Struktur und Aufgaben des Arbeitskreises Landschaftsplanung im Überblick	389
8.8.2	Problemstellung	391
8.8.3	Ziele	394
8.8.4	Räumlicher Bezug	395
8.8.5	Beteiligte Akteure und Mitarbeiter/Institute	396
8.8.6	Ergebnisse	396
8.8.7	Diskussion	411
8.8.9	Schlussfolgerungen	416
8.9	Ökobilanz Mulfingen – Förderung der nachhaltigen Entwicklung einer Gemeinde mit Hilfe einer kommunalen, landschaftsbezogenen Umweltbilanz mit Bürgerbeteiligung	423
8.9.1	Zusammenfassung	423
8.9.2	Problemstellung	424
8.9.3	Ziele	425
8.9.4	Räumlicher Bezug	425
8.9.5	Beteiligte Akteure und Mitarbeiter/Institute	426
8.9.6	Methoden	426
8.9.7	Ergebnisse	429
8.9.8	Diskussion	439
8.9.9	Schlussfolgerungen	445
8.10	Regionaler Umweltdatenkatalog – Aufbau eines internet-basierten Metadaten-Katalogs zur Unterstützung der Raumplanung	449
8.10.1	Zusammenfassung	449
8.10.2	Problemstellung	449
8.10.3	Ziele	451
8.10.4	Räumlicher Bezug	451
8.10.5	Beteiligte Akteure und Mitarbeiter/Institute	452

8.10.6	Methodik	452
8.10.7	Ergebnisse	453
8.10.8	Diskussion	461
8.10.9	Schlussfolgerungen	465
8.11	**Gewässerentwicklung – Ansätze zur Förderung einer integrierten Gewässerentwicklung unter besonderer Berücksichtigung der ökologischen Funktionsfähigkeit, des Erosionsschutzes und des natürlichen Wasserrückhalts**	**467**
8.11.1	Zusammenfassung	467
8.11.2	Problemstellung	468
8.11.3	Ziele	475
8.11.4	Räumlicher Bezug	476
8.11.5	Beteiligte Akteure und Mitarbeiter/Institute	477
8.11.6	Methoden	477
8.11.7	Ergebnisse	478
8.11.8	Diskussion	495
8.11.9	Schlussfolgerungen	502
8.12	**Lokale Agenda 21 in Dörzbach – Erprobung von Beteiligungsmethoden in der Startphase eines Lokalen-Agenda-Prozesses in einer ländlichen Gemeinde**	**509**
8.12.1	Zusammenfassung	509
8.12.2	Problemstellung	510
8.12.3	Ziele	511
8.12.4	Räumlicher Bezug und zeitliche Einordnung des Teilprojekts	512
8.12.5	Beteiligte Akteure und Mitarbeiter	513
8.12.6	Methodik	514
8.12.7	Ergebnisse	518
8.12.8	Diskussion	524
8.12.9	Schlussfolgerungen	529
8.13	**Panoramakarte – Ländliche Tourismusentwicklung durch die partizipative und interkommunale Entwicklung eines Informationsmediums**	**532**
8.13.1	Zusammenfassung	532
8.13.2	Problemstellung	532
8.13.3	Ziele	536
8.13.4	Räumlicher Bezug	537
8.13.5	Beteiligte Akteure und Mitarbeiter/Institute	538
8.13.6	Methodik	538
8.13.7	Ergebnisse	540
8.13.8	Diskussion	556
8.13.9	Schlussfolgerungen, Empfehlungen	560

8.14	Themenhefte – Chancen und Grenzen der partizipativen, interkommunalen Entwicklung von Informationsmedien zur Erschließung des kultur- und naturhistorischen Potenzials	562
8.14.1	Zusammenfassung	562
8.14.2	Problemstellung	563
8.14.3	Ziele	564
8.14.4	Räumlicher Bezug	564
8.14.5	Beteiligte Akteure und Mitarbeiter/Institute	565
8.14.6	Methodik	565
8.14.7	Ergebnisse	566
8.14.8	Diskussion	581
8.14.9	Schlussfolgerungen, Empfehlungen	586
8.15	eigenART an der Jagst – neue Formen der Wahrnehmung von Landschaftselementen mittels Kunst	588
8.15.1	Zusammenfassung	588
8.15.2	Problemstellung	589
8.15.3	Ziele	591
8.15.4	Räumlicher Bezug	591
8.15.5	Beteiligte Akteure und Mitarbeiter	592
8.15.6	Methodik	594
8.15.7	Ergebnisse	595
8.15.8	Diskussion	607
8.15.9	Schlussfolgerungen, Empfehlungen	611

9	**Wissenschaft als Interaktion**	**615**
9.1	Wissenschaftliche Prozessbegleitung – Ergebnisse der Begleitstudie zur interdisziplinären Kooperation im Modellvorhaben Kulturlandschaft Hohenlohe	617
9.1.1	Interdisziplinäre Kooperation als Forschungsgegenstand	617
9.1.2	Zweck der Begleitstudie	618
9.1.3	Rahmenbedingungen	618
9.1.4	Fragestellungen	619
9.1.5	Datengrundlage der Begleitstudie	621
9.1.6	Ergebnisse	624
9.1.7	Schlussfolgerungen	641
9.2	**Projektevaluierung**	**643**
9.2.1	Die Wahl relevanter Themen in den Teilprojekten	644
9.2.2	Beteiligung der wichtigen Akteure	645
9.2.3	Bewertung der erzielten Ergebnisse	647
9.2.4	Durchführung der Teilprojekte	649

9.2.5	Der Beitrag der Projektgruppe Kulturlandschaft Hohenlohe	652
9.2.6	Persönlicher Lernerfolg und Aufwand	654
9.2.7	Die Evaluierungsergebnisse im Zeitverlauf	655
9.2.8	Vergleich der Teilprojektbewertung durch Akteure und Mitarbeiter	657
9.2.9	Ergebnisse der Mitarbeiterbefragung zum Vorgehen im Gesamtprojekt	659
9.2.10	Erfahrungen mit den gewählten Evaluierungsinstrumenten	661

10 Regionalentwicklung und Politik – Agrar-, Umwelt-, Struktur- und Raumordnungspolitische Situationsanalyse und Perspektiventwicklung im Modellvorhaben Kulturlandschaft Hohenlohe _____ 663

10.1	Hintergrund	664
10.2	Konstituierung der Politik-AG	664
10.3	Vorgehensweise	664
10.4	Analyse und Vorschläge zur Fortentwicklung der Politikinstrumente	672
10.4.1	Marktentlastungs- und Kulturlandschaftsausgleichsprogramm (MEKA)	672
10.4.2	Projekt des Landes zur Erhaltung von Natur und Umwelt (PLENUM)	674
10.4.3	Flora-Fauna-Habitat-Richtlinie (FFH)	678
10.4.4	Landschaftsplanung/Landschaftsplan	683
10.4.5	EMAS II-Verordnung (Environmental Management and Audit Scheme)	685
10.4.6	Lokale Agenda 21	687
10.5	Schlussfolgerungen und Vorschläge für eine nachhaltige ländliche Regionalentwicklung	691
10.5.1	Agenda 2000	691
10.5.2	Agrarumweltpolitik (MEKA)	691
10.5.3	Umweltpolitik	691
10.5.4	Raumplanung	692
10.5.5	Regionalmanagement	692
10.5.6	Sonstiges	693

11 Zusammenführende Bewertung der Teilprojekte im Modellvorhaben Kulturlandschaft Hohenlohe _____ 697

11.1	Woher kam die Initiative der Projekte und welche Thematik griffen sie auf?	698
11.2	Welche Akteure waren beteiligt, wie wurden sie beteiligt und wie erfolgte die Zusammenarbeit?	699
11.3	Erfahrungen aus der Zusammenarbeit mit den Akteuren	700
11.4	Welchen Charakter hatte das Projekt?	704
11.5	Leisten die Projekte einen Beitrag zur nachhaltigen Entwicklung?	708
11.6	Welche Ergebnisse wurden erzielt?	712
11.7	Bewertung der Teilprojekte anhand der Steuerungsinstrumente	714

11.8	Projektübernahme	718
11.9	Was sind verallgemeinerbare Erkenntnisse aus der Projektarbeit?	719

12 Kooperation zwischen Wissenschaft und Praxis – Zusammenfassende Ergebnisse des Modellprojekts Kulturlandschaft Hohenlohe und Schlussfolgerungen zu Bedingungen, Chancen und Schwierigkeiten für den Wissenstransfer durch partizipative Forschung — 721

12.1	Was waren Anlass und Zielsetzung des Förderschwerpunktes »Ökologische Konzeptionen für Agrarlandschaften«?	722
12.2	Wie wurde das Forschungsvorhaben vorbereitet?	722
12.3	Welche (organisatorischen) Rahmenbedingungen beeinflussten den projektinternen Forschungsprozess?	725
12.3.1	Institutionelle Zusammensetzung	725
12.3.2	Personelle Zusammensetzung und Teamentwicklung	726
12.3.3	Organisationsform und Führungsstruktur	728
12.4	Wie wurden die transdisziplinären Projekte entwickelt und was waren die wesentlichen Ergebnisse?	731
12.4.1	Projektstruktur und -organisation	731
12.4.2	Wesentliche Ergebnisse aus den Teilprojekten	733
12.4.3	Verknüpfung der Projektarbeit	736
12.4.4	Projekterfolge	737
12.4.5	Bottom-up- und Top-down-Ansatz	738
12.4.6	Regionalentwicklung und Politik	741
12.5	War der verfolgte Forschungsansatz zielführend?	744
12.6	War das Modellvorhaben Kulturlandschaft Hohenlohe ein Forschungsprojekt oder ein Beratungsprojekt?	748
12.7	Wissen und Werte	750
12.8	Warum und wozu Partizipation?	757
12.9	Hat das Modellvorhaben Kulturlandschaft Hohenlohe zur Entwicklung und Umsetzung einer dauerhaft-umweltgerechten (nachhaltigen) Landnutzung beigetragen?	760
12.10	Wo besteht im bearbeiteten Themenfeld Forschungsbedarf?	762

Ralf Kirchner-Heßler, Angelika Thomas, Angelika Beuttler

8.8 Landschaftsplanung – Interkommunale Kooperation zu landschaftsplanerischen Fragestellungen unter besonderer Berücksichtigung der Siedlungsentwicklung und Windkraftnutzung

8.8.1 Entstehung, Struktur und Aufgaben des Arbeitskreises Landschaftsplanung im Überblick

Der Arbeitskreis *Landschaftsplanung* unterschied sich in seiner Struktur und seinen Aktivitäten von den Teilprojekten. Er ist eines der Gremien aus der Anfangsphase der Vor-Ort-Arbeit des *Modellvorhabens Kulturlandschaft Hohenlohe*. Deswegen wird hier kurz auf seinen Entstehungszusammenhang hingewiesen, in dessen Folge sich einige der später beschriebenen Teilprojekte etablierten.

Die Gründung des Arbeitskreis *Landschaftsplanung* sowie der Arbeitskreise Grünland und Tourismus geht auf die Auftaktveranstaltung »Wiesen, Weiden und was nun?« am 22.7.1998 in Dörzbach zurück. Circa 80 Landwirte, Bürgermeister, Behördenvertreter und andere Interessierte folgten der Einladung der Projektgruppe *Kulturlandschaft Hohenlohe*. Aufhänger für die Veranstaltung bildete u.a. die Vorstellung der Ergebnisse einer 1997 durchgeführten Befragung zu den Perspektiven der Grünlandnutzung in den Hanglagen von Dörzbach und Mulfingen-Ailringen (GRAF 1997).

Die Beteiligten äußerten in der Auftaktveranstaltung das Interesse, an dem Themenkomplex Landschaftspflege, -entwicklung und Landwirtschaft weiter arbeiten zu wollen. In der Folgeveranstaltung am 4.11.1998 in Schöntal-Sindelsdorf mit der Einladung zum Thema »Nachhaltige Landnutzung im Jagsttal« wurde in der Diskussion zu den Möglichkeiten der zukünftigen Landnutzung eine Aufteilung der Arbeitsansätze in die drei Aufgabenfelder Landschaftsplanung, Grünland und Tourismus vereinbart (Abb. 8.8.1). Die zunächst als »Arbeitskreisinitiative« bezeichneten Schwerpunkte arbeiteten daraufhin in Form eigenständiger Arbeitskreise weiter.

Für die beteiligten kommunalen und regionalen Interessenvertreter und Fachleute sollte der Arbeitskreis *Landschaftsplanung* vor allem als Austauschforum zu selbst gesetzten, relevanten Themen dienen. Im Vordergrund stand die Vorstellung, eine »vorausschauende Landschaftsentwicklung« fördern zu wollen, die »Bürger beteiligend, koordiniert und langfristig« angelegt sein sollte. Hierzu wollte sich der Arbeitskreis intern treffen wie auch zu öffentlichen Veranstaltungen einladen, den fachlichen Austausch pflegen, Informationen zusammentragen und Entscheidungshilfen für die Entscheidungsträger vorbereiten. Das Themenspektrum war dabei von vorn herein weit gefasst (Landschaftsplanung, vgl. Kap. 5.3) und nicht auf planerische Instrumente im engeren Sinne begrenzt. Aufbauend auf der Auseinandersetzung mit den Ergebnissen der ersten Zwischenevaluierung 2000 wandelten sich die Ansprüche an die Zusammenarbeit vom Austauschforum hin zur Initiierung von Projekten und zur Durchführung eigener Aktivitäten.

Im Verlauf der insgesamt 20 Treffen des Arbeitskreises

— informierten sich die Beteiligten durch zahlreiche Vorträge zu vereinbarten Themen,
— initiierten sie die später eigenständigen Teilprojekte *Lokale Agenda* (Kap. 8.12) und *Gewässerentwicklung* (Kap. 8.11),
— stellten die betreffenden Mitarbeiter Ergebnisse aus den Teilprojekten *Ökobilanz Mulfingen* (Kap. 8.9), *Lokale Agenda, Regionaler Umweltdatenkatalog* (Kap. 8.10) sowie aus Diplomarbeiten vor,
— planten die Teilnehmer Exkursionen und Veranstaltungen und führten sie durch,

—erarbeiteten sie Kriterien für die Aufstellung von Windkraftanlagen für die kommunale Praxis sowie Leitsätze für die zukünftige Entwicklung des Gemeindeverwaltungsverbands Krautheim im Schwerpunkt Siedlungsentwicklung und Flächeninanspruchnahme.

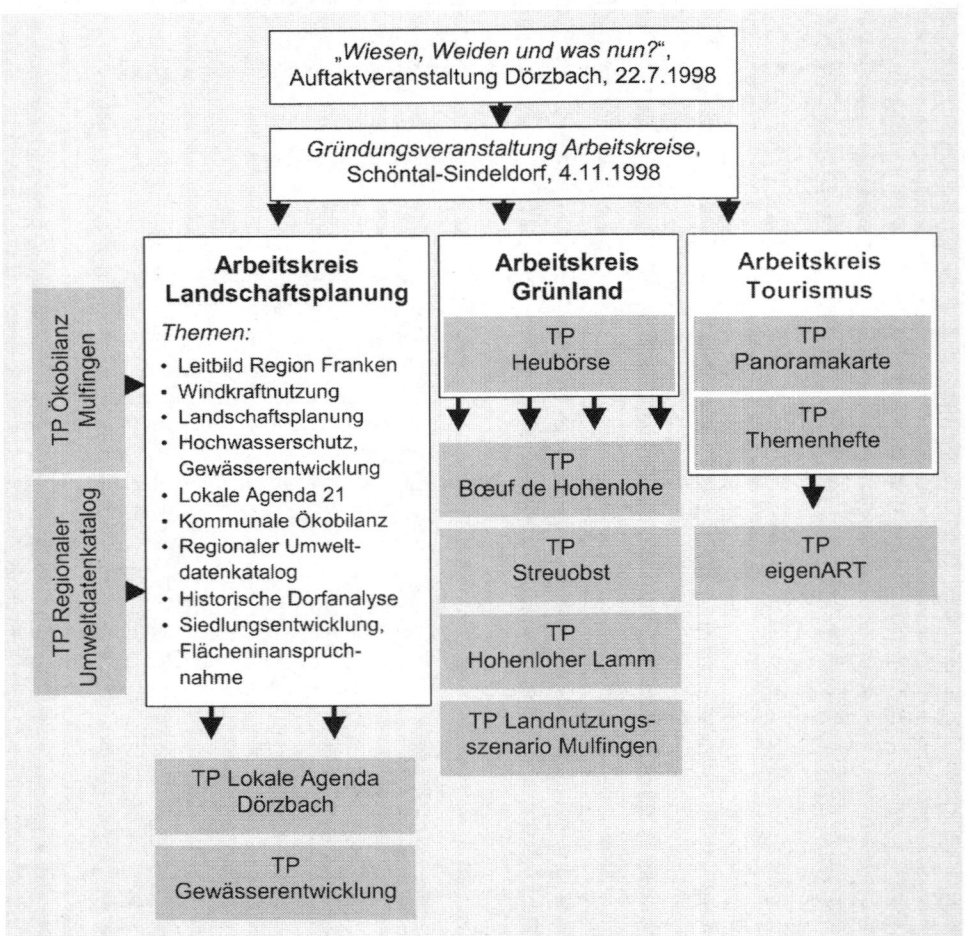

Abbildung 8.8.1: Entwicklung und Struktur der Arbeitskreise Landschaftsplanung, Grünland und Tourismus und der daraus entwickelten Teilprojekte (TP)

Der Arbeitskreis *Landschaftsplanung* lässt sich somit nur bedingt mit den übrigen Teilprojekten vergleichen, da zu unterschiedlichen Themen mit verschiedenen Zielsetzungen gearbeitet wurde und der Informationsaustausch einen hohen Stellenwert einnahm (Abb. 8.8.1). Im Folgenden werden die Bandbreite der Aktivitäten und die beiden Arbeitsschwerpunkte Windkraftenergie, Siedlungsentwicklung und Flächeninanspruchnahme eingehender dargestellt. Der Themenschwerpunkt Hochwasserschutz und Gewässerentwicklung wird im Teilprojekt *Gewässerentwicklung* (Kap. 8.11) behandelt.

8.8.2 Problemstellung

Bedeutung für die Akteure
Der AK *Landschaftsplanung* knüpfte an Problemstellungen und Handlungsansätzen an, die im Zuge der Befragung in der Definitionsphase des Modellvorhabens von den Akteuren genannt wurden. Bearbeitet wurden solche Themen, für die Mitglieder des Arbeitskreises einen aktuellen Handlungsbedarf sahen. Dadurch wurden Arbeitsschwerpunkte im Verlauf der Zusammenarbeit ergänzt und durch wiederholte Themensammlungen und Absprachen zum weiteren Vorgehen angepasst.

Fragestellungen und Probleme, die bereits in der Definitionsphase in Bezug auf Landschaftsplanung mit ihren Instrumenten sowie der landschaftsbezogenen Leitbildentwicklung angesprochen wurden, betreffen aus verschiedenen Blickwinkeln die Flächennutzung und Siedlungsentwicklung im Jagsttal (vgl. KONOLD et al. 1997). So sahen z.B. die Kommunen in der begrenzten Flächenverfügbarkeit in Verbindung mit den vorhandenen Schutzgebieten eine Einschränkung der Siedlungsentwicklung im Talraum der Jagst, die Ämter für Landwirtschaft sowie für Flurneuordnung machten auf den Schutz des Bodens und die zunehmenden Konflikte zwischen Landwirten und Neuansiedlern in Baugebieten aufmerksam. Die Vertreter der Bezirksstelle für Naturschutz und Landschaftspflege Stuttgart, des Arbeitskreises Naturschutz und Umwelt im Landesnaturschutzverband, der Gewässerdirektion Neckar, Bereich Besigheim sowie des Regionalverbands Franken sahen Probleme durch eine wachsende Flächeninanspruchnahme, damit einhergehende Nutzungskonflikte im Talraum und im Fehlen detaillierter Beurteilungsgrundlagen für die Landschaftsplanung.

Die Themen und Problemstellungen, die von den Teilnehmern des Arbeitskreises *Landschaftsplanung* zu Projektbeginn der Hauptphase (1. bis 3. Sitzung des Arbeitskreises *Landschaftsplanung* am 8.12.1998, 10.2.1999, 12.5.1999) geäußert wurden, schlossen an diese in der Vorphase gesammelten Punkte an. Sie bezogen sich auf
— die Qualität, Umsetzung und langfristige Perspektive von Landschaftsplänen;
— die interkommunale Kooperation und Koordination in Planungsverfahren;
— die frühzeitige Bürgerbeteiligung;
— die zukünftige Siedlungsentwicklung;
— die künftige Offenhaltung der Landschaft in den Flusstälern unter Berücksichtigung der Bemühungen um Aufforstungen;
— den Hochwasserschutz und die Anlage von Gewässerrandstreifen;
— die Nutzung der Windenergie und Wasserkraft;
— Nutzungskonflikte zwischen Landwirten und Anwohnern einschließlich der Aussiedlung landwirtschaftlicher Betriebe.

Allgemeiner Kontext
Probleme und Handlungsdruck bei der Siedlungsentwicklung und Flächeninanspruchnahme wurden durch den Arbeitskreis *Landschaftsplanung* insbesondere bei der Betrachtung der rasanten Entwicklung in den vergangenen Jahren unterstrichen. Mit Blick auf die Windkraftnutzung spielten außerdem die aktuellen Rahmenbedingungen eine große Rolle. Da beide Themenbereiche Siedlungsentwicklung und Flächeninanspruchnahme sowie die Windkraftnutzung Arbeitsschwerpunkte innerhalb des Arbeitskreises bildeten, soll in diesem Kapitel kurz auf die aktuellen Entwicklungen und Rahmenbedingungen eingegangen werden.

Ein allgemeiner Trend innerhalb der Landschaftsplanung und auch ein Anliegen der beteiligten Akteure im Arbeitskreis *Landschaftsplanung* ist die partizipative Gestaltung von Planungsverfahren. Da sowohl die Siedlungs- wie auch die Landschaftsentwicklung in vielerlei Hinsicht durch gesellschaftliche Werte geprägt sind, werden zunehmend Methoden und Verfahren eingesetzt, um bereits in der Planungsphase die öffentliche Diskussion anzuregen. Die Erkenntnis, dass ein »guter Plan« noch keinen Umsetzungserfolg garantiert, hat die Bedeutung der Kommunikation und Kooperation in Planungsprozessen gestärkt. Gefordert wird, die Akteure bereits in die Planungsphase zu integrieren, indem Umweltwissen vermittelt und die Konfliktlösung in einem konstruktiven Milieu, das von einer wechselseitigen Wertschätzung der Partner geprägt ist, betrieben werden kann (z.B. GEISLER 1995, MAYERL 1996, OPPERMANN & LUZ 1996, DOSCH & BECKMANN 1999, LUZ et al. 2000, KUNZE et al. 2002). Hierbei zeigt sich, dass eine geringe Akzeptanz für landschaftsplanerische Aussagen, eine unzureichende Umsetzung der Planung sowie eine geringe Bereitschaft für die Auseinandersetzung mit der Alltagslandschaft nicht primär auf ein Desinteresse der Raumnutzer zurückzuführen ist. Ursachen liegen vielmehr in der mangelhaften Kommunikation, Kooperation und unzureichenden Vermittlung landschaftsplanerischer Inhalte (KUNZE et al. 2002) oder beispielsweise in einer überstarken Orientierung der Akteure am dörflichen Kollektiv (BUCHECKER et al. 1999).

Siedlungsentwicklung und Flächeninanspruchnahme

Die Flächennutzung beeinträchtigt zunehmend die ökologische Funktion der Böden und Freiflächen. Ein möglichst sparsamer und schonender Umgang wird deswegen auch per Gesetz gefordert (vgl. BodSchG 1994). Dies betrifft die Einschränkung und Zerschneidung der Lebensräume von Tieren und Pflanzen, den Verlust von Standorten für die Land- und Forstwirtschaft, die Reduzierung der Wasserspeicherkapazität und Reinigungsfunktion der Böden, die Verringerung der Grundwasserneubildungsrate, aber auch die Beeinträchtigung von Erholungsräumen für den Menschen. Dennoch hält die Flächeninanspruchnahme durch Siedlungs- und Verkehrsflächen unvermindert an. So wuchs bis Anfang 2001 die Siedlungs- und Verkehrsfläche auf 471 831 ha (13,2 Prozent der Landesfläche) in Baden-Württemberg, wobei der jährliche Zuwachs bei rund 4.000 ha liegt. Dies entspricht einem durchschnittlichen Wert von 12 ha pro Tag. Seit Mitte der 1970er Jahre hat sich die Summe der Gebäude-, Frei- und Verkehrsflächen insgesamt um fast 30 Prozent erhöht und die Flächeneffizienz (Quotient aus Siedlungs-, Verkehrsfläche und Bruttoinlandsprodukt) konnte in den zurückliegenden Jahren nicht gesteigert werden (UMWELTPLAN 2001, BÜRINGER et al. 2001, GLOGER & LEHLE 2002).

Dies lässt sich auch anhand der Gemarkung Hollenbach in der Gemeinde Mulfingen dokumentieren. Stieg der Siedlungsraum zwischen 1834 und 1948 langsam, aber stetig, von 13,5 auf 15,2 ha an, so fand bis zum Jahr 1978 eine Ausdehnung auf 22,0 ha statt. Zurückzuführen war dies auf eine Dorfsanierung, bei der weniger der Gebäudebestand erhöht wurde, sondern vorrangig die Grundstückzuschnitte weiträumiger gefasst wurden (OSSENBERG 1980). Nach Einschätzung der Kommunalvertreter der Gemeinden Krautheim, Dörzbach und Mulfingen werden weitere Bauflächen für die Eigenentwicklung und Zuwanderung benötigt. Doch Bauflächen sind nur begrenzt vorhanden. Überschwemmungsgebiete in der Talaue, Landschafts-, Natur- und Wasserschutzgebiete sowie die steilen Talhänge schränken die potenziellen Möglichkeiten stark ein (Abb. 8.8.3).

Vom Land Baden-Württemberg wird angestrebt, die Inanspruchnahme bislang unbebauter Flächen für Siedlungs- und Verkehrszwecke bis 2010 deutlich zurückzuführen und unvermeidbare Eingriffe auf Flächen zu lenken, die durch ihre Vornutzung oder naturbedingt eine geringere Leistungsfähigkeit im Naturhaushalt aufweisen (Umweltplan 2001, GLOGER & LEHLE 2002). Zur Entwicklung und Sicherung von Kulturlandschaften v. a. im ländlichen Raum besteht die Forderung nach einem großflächigen Schutz von Landschaften, dem Erhalt historisch gewachsener Kulturlandschaften (SRU 1994, 1996) und nach einer entschiedenen, gestalterisch anspruchsvollen Aufwertung, um dem Siedlungs- und Veränderungsdruck Werte entgegen zu setzen (CURDES 1999).

Da wesentliche Ansatzpunkte zur Steuerung der Siedlungsentwicklung auf kommunaler Ebene bestehen, sind die Gemeinden gefordert, sich verstärkt mit Flächen sparendem Bauen auseinander zu setzen (BÜRINGER et al. 2001). Lösungsansätze liegen hierbei in einer verstärkten regionalen Kooperation, die die interkommunale Zusammenarbeit nicht auf Bemühungen zur Vermeidung von Baulandengpässen beschränkt und die auf regionalen Flächenmärkten existierende »Negativkoordination« (Stichwort: Wettlauf um Investoren, Poolen von Flächen der öffentlichen Hand) überwindet (WEITH 1998). Regionale Lösungsansätze der Siedlungsentwicklung sind nur für gewerbliche Entwicklungen realisierbar. Ansätze für eine Optimierung der Flächennutzung innerhalb der Ortschaften existieren im Untersuchungsgebiet z. B. in Form innerörtlicher Flurneuordnungen, durch Umnutzung landwirtschaftlicher Gebäude oder bei Dorfsanierungen.

Wichtige Instrumentarien der Kommunen zur Steuerung des Flächenmanagements stellen der Landschafts-, Flächennutzungs- und Bebauungsplan dar. Die örtliche Landschaftsplanung ist eine geeignete Entscheidungshilfe für jegliche Nutzungsüberlegung, da sie vom Naturhaushalt und Landschaftsbild ausgeht. Andererseits besitzt die kommunale Landschaftsplanung in ihrer heutigen Form verschiedene Schwächen (Kap. 5.3), sie wird auf Gemeindeebene oft als »Verhinderungsplanung« angesehen und ist »politisch wenig attraktiv« (FÜRST 1991, GEISLER 1995). Der Flächennutzungsplan bildet die Zukunftsvorstellungen einer Kommune ab und ist somit von zentraler Bedeutung zur Umsetzung der Ziele eines Flächenmanagements. Der Bebauungsplan setzt aufgrund seiner Rechtsverbindlichkeit den Rahmen für die Siedlungsentwicklung (GLOGER & LEHLE 2002).

Windkraftnutzung

Vor dem Hintergrund der Begrenztheit fossiler Energieträger und der angestrebten Verringerung von CO_2-Emissionen kommt der Förderung regenerativer Energien eine große Bedeutung zu. Im Jahr 1998 wurden in Baden-Württemberg ca. 2,3 Prozent der verbrauchten Primärenergie aus erneuerbaren Energiequellen (Wasser, Holz, Klärgas, Sonne, Wind) gedeckt. Bis zum Jahr 2010 soll der Anteil erneuerbarer Energien am Primärenergieverbrauch und an der Stromerzeugung verdoppelt werden (von 5,6 Prozent im Jahr 1998 auf etwa 11 Prozent im Jahr 2000). Allein im Jahr 2000 hat sich die Leistung der in Baden-Württemberg installierten Windkraftanlagen verdoppelt (Umweltplan 2001).

Die Privilegierung erneuerbarer Energien (vgl. Stromeinspeisungsgesetz 1990) bringt jedoch auch Probleme mit sich. Da sich die Windenergienutzung in Baden-Württemberg an der Wirtschaftlichkeitsgrenze bewegt, ist das Windenergieangebot hinsichtlich der Standortwahl entscheidend. Bei Betrachtungen zu künftigen Förderregelungen für regenerative Energieträger wird davon ausgegangen, dass sich die durchschnittlichen Stromgestehungskosten infolge des Kernenergieausstiegs erhöhen und zwischen den Jahren 2025 bis 2030 bei etwa 3,2-,4 Cent/kWh stabilisieren werden. Dennoch liegen die zu erwartenden Grenzkosten für Windkraftanlagen – bei einem Mengenziel von 15 Prozent für grünen Strom auf Binnenlandstandorten – mit bis zu 10,5 Cent/kWh im Jahr 2015 deutlich höher (DREHER 2002). Darüber hinaus sind bei der Standortwahl naturschutzfachliche und landschaftsästhetische Kriterien zu berücksichtigen. Entsprechende Entscheidungsgrundlagen für das Land Baden-Württemberg wurden durch die Bewertung der Windpotenziale (LfU 1994) sowie die Ausweisung geeigneter Windpark-Standorte für die Region Franken (BÜSCHER et al. 1999) erarbeitet. Hierdurch sollen in der Region Franken Regionale Windparks (mindestens 5 Anlagen, bzw. mindestens 40 ha) nur innerhalb der ausgewiesenen Gebiete rechtlich zulässig. Es wurden insgesamt zehn regionale Vorranggebiete ausgewiesen und genehmigt. Mehr als die Hälfte der Region wurde gleichzeitig Ausschlussgebiet für Windparks. Im Jahr 2004 wird eine neue Teilfortschreibung durchgeführt mit dem Ziel von Vorranggebieten mit einem flächendeckenden Ausschluss (EKKEHARD HEIN, Regionalverband Franken, mündl. Mitt.).

Regelungsdefizite für die Aufstellung von Windkraftanlagen bestanden zu Projektbeginn auf kommunaler Ebene, da auch in den Ausschlussgebieten der Bau kleinerer Anlagen möglich ist. Von einer sicheren räumlich-planerischen Steuerung der Windkraftanlagen kann erst dann ausgegangen werden, wenn auf regionaler (vgl. BÜSCHER et al.1999) und kommunaler Ebene, hier durch die Festlegung im Flächennutzungsplan, entsprechende Standorte ausgewiesen wurden (M. OECHSNER, Regionalverband Franken, mündl. Mitt.).

8.8.3 Ziele

Der Arbeitskreis (AK) *Landschaftsplanung* sah sich als ein nicht öffentlich legitimiertes Austauschforum unterschiedlicher regionaler Interessen- bzw. Behördenvertreter, Fachleute und interessierter Bürger. Als Oberziel wurde von den Teilnehmern der Wissensaustausch, die Meinungsbildung und die Erarbeitung von Entscheidungshilfen für Entscheidungsträger zu aktuellen Themen formuliert, um eine Landschaftsentwicklung zu fördern, die »nachhaltig, koordiniert und Bürger beteiligt« ist (1. AK 8.12.98).
Teilziele waren:
__die Erarbeitung von Kriterien für die kommunale Praxis zur Standortwahl von bis zu vier Windkraftanlagen;
__die Entwicklung eines Orientierungsrahmens für die zukünftige Siedlungsentwicklung im Gemeindeverwaltungsverband Krautheim, bestehend aus den Gemeinden Krautheim, Dörzbach, Mulfingen;
__der Austausch und die Bearbeitung weiterer Themen je nach Verabredung (siehe oben).
Durch die Verknüpfung des Arbeitskreises *Landschaftsplanung* mit den Teilprojekten *Ökobilanz Mulfingen* (Kap. 8.9), *Regionaler Umweltdatenkatalog* (Kap. 8.10), *Gewässerentwicklung* (Kap. 8.11) und *Lokale Agenda* (Kap. 8.12) sind auch deren Zielsetzungen berührt.

8.8.4 Räumlicher Bezug

Das entwickelte Leitbild für die Siedlungsentwicklung erstreckte sich auf die Gemeinden Mulfingen (8008 ha, 3854 Einwohner, Dörzbach (3236 ha, 2365 Einwohner) und Krautheim (5291 ha, 4775 Einwohner). Im Themenschwerpunkt Hochwasserschutz und Gewässerentwicklung (vgl. Kap. 8.11) erweiterte sich die Gebietskulisse um die Gemeinden Ravenstein (5599 ha, 3053 Einwohner), die dem Neckar-Odenwald-Kreis zugehörig ist, sowie Assamstadt (1720 ha, 2125 Einwohner) als Teil des Landkreises Main-Tauber (Statistisches Landesamt 2001). In Abb. 8.8.2 sind auch die Gebietskulissen der Teilprojekte *Ökobilanz Mulfingen*, *Regionaler Umweltdatenkatalog* und *Lokale Agenda* dargestellt.

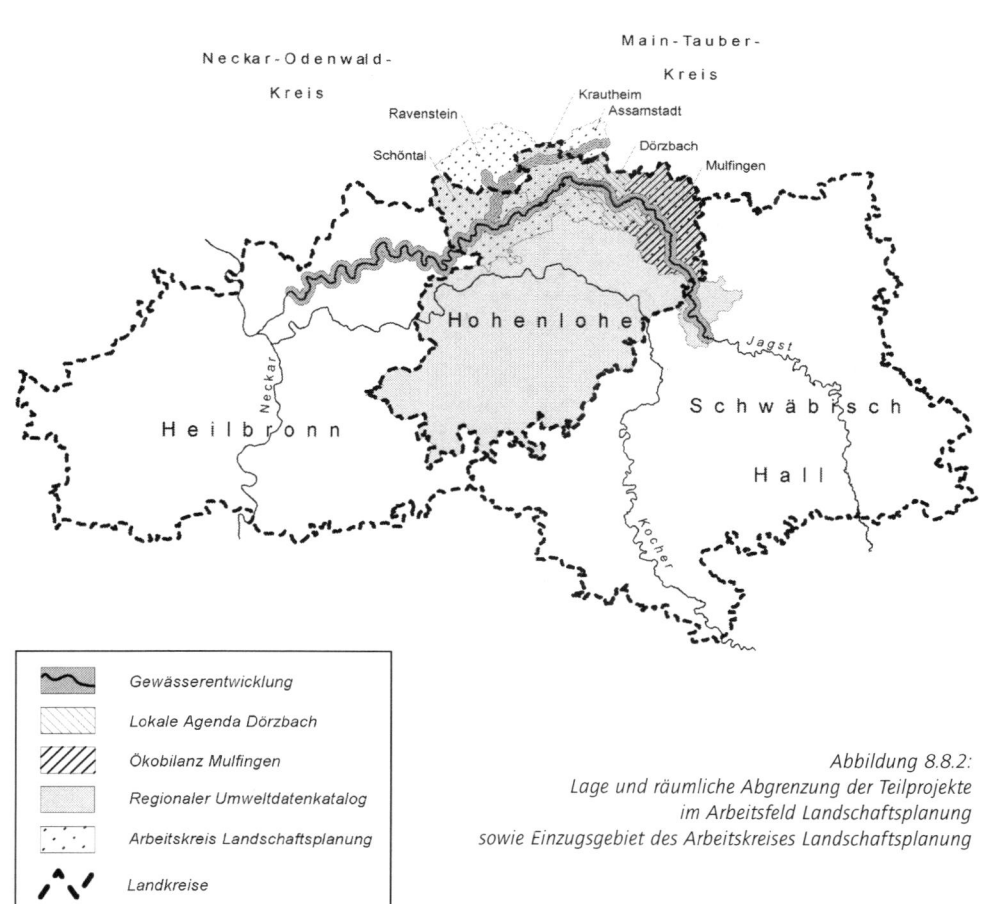

Abbildung 8.8.2:
Lage und räumliche Abgrenzung der Teilprojekte
im Arbeitsfeld Landschaftsplanung
sowie Einzugsgebiet des Arbeitskreises Landschaftsplanung

8.8.5 Beteiligte Akteure und Mitarbeiter/Institute

An den Sitzungen beteiligten sich in unterschiedlichem Umfang, in unterschiedlicher Intensität sowie themenabhängig Bürgermeister, Ortsvorsteher und Vertreter der Gemeindeverwaltungen Mulfingen, Dörzbach, Krautheim, Schöntal und Ravenstein, Vertreter des Amts für Umweltschutz, Wasserwirtschaft und Baurecht des Landratsamts Hohenlohekreis und des Landratsamts Heilbronn, des Amts für Landwirtschaft, Landentwicklung und Bodenkultur Öhringen, des Amts für Flurneuordnung Künzelsau, der Gewässerdirektion Neckar, Bereich Künzelsau, des Staatlichen Forstamts Künzelsau, des Regionalverbands Franken, des Arbeitskreises für Naturschutz und Umwelt im Landesnaturschutzverband (ANU im LNV), des Natur- und Umweltschutzverbands BUND Heilbronn-Franken, der NABU-Ortgruppe Krautheim, des Vereins für Ökologische Regionalentwicklung Krautheim, des Umweltzentrums Schwäbisch Hall, des Schwäbischen Albvereins, des Instituts für Wasserwirtschaft und Kulturtechnik der Universität Karlsruhe, von Planungs- und Ingenieurbüros aus Waiblingen und Stuttgart sowie interessierte Privatpersonen.

Auf Seiten der Projektgruppe *Kulturlandschaft Hohenlohe* wirkten in Abhängigkeit von der jeweiligen Thematik mit Dr. Ralf Kirchner-Heßler (verantwortlich), Klaus Schill-Mulack, Prof. Dr. Werner Konold, Kirsten Schübel, Institut für Landespflege der Albert-Ludwigs-Universität Freiburg, Dr. Berthold Kappus, Institut für Zoologie der Universität Hohenheim, Angelika Beuttler, Dieter Lehmann, Institut für Angewandte Forschung der Fachhochschule Nürtingen, Dr. Angelika Thomas, Institut für Sozialwissenschaften des Agrarbereichs – Fachgebiet Kommunikations- und Beratungslehre der Universität Hohenheim, Dr. Norbert Billen, Institut für Bodenkunde und Standortslehre der Universität Hohenheim und Sabine Sprenger, Institut für Landwirtschaftliche Betriebslehre der Universität Hohenheim.

8.8.6 Ergebnisse

Vorgehen und anwendungsorientierte Ergebnisse

Ergebnisse des Arbeitskreises *Landschaftsplanung* sind zum einen die durchgeführten Treffen mit ihren Arbeitsergebnissen sowie öffentliche Veranstaltungen oder zusätzliche Aktivitäten zu bestimmten Themengebieten. In Tab. 8.8.1 werden die durchgeführten Veranstaltungen sowie ihre wichtigsten Ergebnisse dargestellt.

Die Methodik in den durch Diskussion und Informationsaustausch geprägten Veranstaltungen sollte zum einen ergebnisorientiert sein. Die Art der Zusammenarbeit sollte aber auch Transparenz über Vorgehen und Inhalte schaffen, für eine offene Atmosphäre sorgen und an den Anliegen der Teilnehmer orientiert sein. Die Projektgruppe *Kulturlandschaft Hohenlohe* bot deswegen die Moderation der Treffen an. Die beteiligten Wissenschaftler moderierten je nach Ziel des Treffens mit Einsatz verschiedener Moderationsbausteine und übernahmen in der Regel auch die Anfertigung des Sitzungsprotokolls. In den meisten Arbeitskreissitzungen diente die Moderation dazu, den Informations- und Wissensaustausch zu fördern und die Diskussion, den Meinungsaustausch und die Erarbeitung von Ergebnissen (z.B. Checkliste Windkraftanlagen) und Beschlüssen zu erleichtern. Veranstaltungen im öffentlichen Rahmen waren die Pro- und Contra-Diskussion zum Thema Windkraft, die Leitbilddiskussion der Gemeinden Krautheim, Dörzbach und Mulfingen und zum Teil die Exkursionen und Expertengespräche zum Thema Hochwasserschutz und Gewässerentwicklung (Tab. 8.8.1). Inhaltliche Beiträge in Form von Kurzvorträgen, Unterlagen u.a. leisteten Mitglieder der *Projektgruppe Kulturlandschaft Hohenlohe*, genauso wie andere Teilnehmer des Arbeitskreises.

Tabelle 8.8.1: Durchgeführte Treffen und Veranstaltungen des Arbeitskreises Landschaftsplanung

AK-Treffen/ Veranstaltungen	Themen und Ergebnisse
1. AK, 8.12.1998, Künzelsau	• Erste Themensammlung und Zielvorstellungen für den Arbeitskreis (*Lokale Agenda*, Landschaftsschutzgebiet Schöntal, Leitbild Landschaftsentwicklung)
2. AK, 10.2.1999, Dörzbach	• Leitbilder für die Region Franken (Eckart Heiber, Regionalverband Franken) • Selbstverständnis des Arbeitskreises und Themen für Folgesitzungen
Öffentliche Veranstaltung 16.3.1999, Dörzbach	• Pro- und Contra-Diskussion: Windenergie im Jagsttal (Moderation: Angelika Thomas, Redner: Gerold Hübner, Landratsamt Hohenlohekreis (Einführung); Fritz Hertweck, Bürgerwindpark Hohenlohe (Pro); Ferdinand Fürst zu Hohenlohe-Bartenstein, Bundesverband Landschaftsschutz (Contra)
3. AK, 12.5.1999, Dörzbach	• Auswertung der Veranstaltung "Windenergie im Jagsttal"; • Szenarien der Siedlungs- und Landschaftsentwicklung in der Gemeinde Mulfingen (Vorstellung der Diplomarbeit von Bernd Schuler, FH Nürtingen).
4. AK, 30.6.1999, Krautheim	• Kriterien für die Auswahl von Standorten für regionale Windparks (Dirk Büscher, Regionalverband Franken) • Checkliste für die Ausweisung von Windkraftanlagen, Abwägungs- und Ausschlusskriterien für die kommunale Praxis bei der Ausweisung von Standorten für bis zu vier einzelnen Windkraftanlagen
5. AK; 21.9.1999 Schöntal	• Vorstellung Landschaftsplan Schöntal (Vorgehen, Datengrundlage, Potenziale, Einbindung der Bürger), (Siegfried Schäfer, Waiblingen)
6. AK, 19.1.2000 Krautheim Expertengespräch (vgl. Kapitel 8.11 Gewässerentwicklung)	• Expertengespräch „Hochwasserschutz und Gewässerentwicklung" Hochwasserschutz an der Jagst im Bereich des Wasserverbands Ette-Kessach (Dipl. Ing. Binder, Ingenieurbüro Winkler, Stuttgart); Hochwasserschutz an Seitenzuflüssen der Jagst am Beispiel des Erlenbachs (Dr. Jürgen Ihringer, Institut für Wasserwirtschaft und Kulturtechnik der Universität Karlsruhe); Möglichkeiten der Gewässerentwicklung (Prof. Dr. Werner Konold)
7. AK, 1.3.2000 Mulfingen (vgl. Kapitel 8.11)	• Hochwasserschutz und Gewässerentwicklung: Auswertung des Expertengesprächs; Bewertung von Maßnahmen hinsichtlich der Relevanz für die Zielgruppe, der Erfolgsaussichten, der Umsetzungsprioritäten und der nächsten Schritte
8. AK, 29.3.2000 Mulfingen (vgl. Kapitel 8.11)	• Hochwasserschutz und Gewässerentwicklung: Information „Projekt Schwaigern" (Vortrag Dr. Berthold Kappus); „Landwirtschaft und Gewässerschutz" in Berufsschulen (Helmut Schwab, Gewässerdirektion Neckar, Bereich Künzelsau; Rolf Jungmann (Naturschutzbeauftragter Hohenlohekreis); Rechtliche Grundlagen Gewässerschutz - Gewässerentwicklung, Gewässerentwicklungskonzept/-plan (Dr. Ralf Kirchner-Heßler) • weiteres Vorgehen des Arbeitskreises und Jahresplanung 2000
9. AK, 9.5.2000 Schöntal (vgl. Kapitel 8.11)	• Hochwasserschutz und Gewässerentwicklung: Flurneuordnungsverfahren im Untersuchungsraum (Klaus Drotleff, Friedrich Küßner, Amt für Flurneuordnung Künzelau); IKONE-Konzept Baden-Württemberg (Edmund Strommer, Gewässerdirektion Neckar, Bereich Künzelsau); „Hochwasserschutzkonzept für den Erlenbach" (Dr. Jürgen Ihringer)
10. AK, 4.7.2000 Erlenbach (vgl. Kapitel 8.11)	• Tagesexkursion und Diskussion Hochwasserschutz und Gewässerentwicklung Erlenbach: Hochwassersituation Bieringen, Gewässerstruktur Erlenbach (Herr Kurz, Ortsvorsteher; Dr. Berthold Kappus; Martin Hertner, Institut für Geographie, Universität Tübingen); Hochwassersituation Erlenbach, geplante Hochwasserrückhaltebecken (Gewässerdirektion Künzelsau Gerhard Volk, Ortsvorsteher Erlenbach, Dr. Jürgen Ihringer, Erhard Winkler, Ingenieurbüro Winkler & Partner, Stuttgart); Krautheim-Neunstetten und Assamstadt - Defizite Gewässerstruktur und Gewässergüte (Hermann Hügel, Bürgermeister Assamstadt, Dr. Berthold Kappus, Martin Hertner)

Fortsetzung von Tabelle 8.8.1

11. AK, 1.8.2000 Weinsberg, Ellhofen, Breitenauer See (vgl. Kapitel 8.11)	• **Exkursion Hochwasserschutz und Gewässerentwicklung Sulmtal**, Vorträge im Betriebsgelände Wasserverband Sulm: Besichtigung der Hochwasserrückhaltebecken Stadtseebad (Weinsberg) und Ellbach, Ingenieurbüro Winkler & Partner Stuttgart; Infiltration von Böden (Dr. Norbert Billen); Hochwasserschutz auf landwirtschaftlich genutzten Flächen – das Beispiel Schwaigern (Sabine Sprenger)
12. AK, 7.11.2000 Dörzbach	• *Lokale Agenda 21 in Dörzbach* – Ergebnisse und Erfahrungen, (Angelika Thomas; Christa Ludwig, Gemeinde Dörzbach) • Zwischenevaluierung des AK Landschaftsplanung 2000, Vorstellung und Diskussion der Ergebnisse; Verabredung nächster Themen, Terminplanung für 2001
13. AK, 12.12.2000 Krautheim	• Die **historische Analyse als Planungshilfe** (Dr. Bernd Langner, Pliezhausen) • **Ökobilanz Gemeinde Mulfingen** – Bilanzierung der aktuellen Umweltsituation (Angelika Beuttler)
14. AK, 6.02.2001 Mulfingen	• **Flächennutzung und Siedlungsentwicklung:** • Flächenverbrauch und Flächenansprüche aus regionaler Sicht (Dirk Büscher, Regionalverband Franken) und kommunaler Sicht (Willi Schmitt, Bürgermeister Dörzbach; Thomas Hartmann und Werner Dörr, Hauptamtsleiter der Gemeinden Krautheim und Mulfingen); aus Sicht eines mittelständischen Unternehmens (Markus Mettler, ebm-Werke Mulfingen) und aus Sicht des Naturschutzes (Brigitte Vogel, ANU im LNV) • Bisherige Entwicklung der Siedlungsflächen in den Gemeinden Krautheim, Dörzbach und Mulfingen (Angelika Beuttler)
15. AK, 6.03.2001 Dörzbach	• **Flächeninanspruchnahme und Umweltprobleme** (Wolfgang Ringeisen, Verein für ökologische Regionalentwicklung, Krautheim) • Arbeitsgruppen zur Auswertung der Informationen zum Thema Siedlungsentwicklung und zur Vorbereitung einer öffentlichen Leitbilddiskussion • Erläuterung der Zwischenevaluierung 2001
16. AK, 8.05.2001 Erlenbach Fachtreffen Gewässerentwicklung,	• **Hochwasserschutz und Gewässerentwicklung Erlenbach** • Gewässerstrukturgüte (Martin Hertner, Universität Tübingen); Wasserchemie und Biologie des Erlenbachs und seiner Zuflüsse (Susanne Bogusch, Daniela Schweiker, Dr. Berthold Kappus; Literaturstudie Hochwasserschutz und Landnutzung – Hochwasserschutzmaßnahmen und deren Effizienz, Kosten und Umsetzungsdauer (Dr. Berthold Kappus); Möglichkeiten des dezentralen Hochwasserschutzes und der Gewässerentwicklung im Rahmen der Flurneuordnung (Herr Eisenmass, Flurneuordnung Buchen); • Stellungnahmen des Naturschutzes und der Wasserwirtschaft • Hochwasserschutz, Stand der Planungen in Bieringen und in Erlenbach; Projektskizze „Optimierung der Landnutzung im Hinblick auf Hochwasserschutz durch dezentrale Maßnahmen (Ingenieurbüro Winkler & Partner, Stuttgart; Gerhard Volk, Ortsvorsteher Erlenbach; Wilfried Ehret, Flurneuordnung Buchen); • Vorstellung der Projektskizze „Optimierung der Landnutzung (landschaftsökologischer Funktionen) im Hinblick auf Hochwasserschutz durch dezentrale Maßnahmen (Dr. Jürgen Ihringer, Universität Karlsruhe, Dr. Berthold Kappus, Dr. Ralf Kirchner-Heßler)
17. AK, 9.07.2001 Dörzbach öffentliche Leitbilddiskussion	• **Leitsätze zur Siedlungsentwicklung**, Teil 1 • Formulierung von Wunschbildern und Leitsätzen
18. AK, 6.09.2001, Dörzbach öffentliche Leitbilddiskussion	• **Leitsätze zur Siedlungsentwicklung**, Teil 2 • Leitsätze und Grundsätze für die Entwicklung bei Siedlung, Gewerbe und Verkehr

Fortsetzung von Tabelle 8.8.1

19. AK, 20.09.2001 Mulfingen öffentliche Leitbilddiskussion	• **Leitsätze zur Siedlungsentwicklung**, Teil 3 • Formulierung von Grundsätzen für die Handlungsfelder Tourismus, Naherholung, Landwirtschaft und Energiewirtschaft und von konkreten Maßnahmenvorschlägen für die Handlungsfelder Wohnen, Gewerbe und Verkehr entlang der entwickelten Grundsätze
20. AK, 12.12.2001 Dörzbach öffentliche Leitbilddiskussion, Expertengespräch	• **Leitsätze zur Siedlungsentwicklung** – Abschlussveranstaltung: Boden – nur wertvoll als Baugrund? (Dr. Norbert Billen); Weichenstellung Siedlungsentwicklung – Neue Konzepte zur zukunftsfähigen Dorf- und Stadtentwicklung (Dr. Martina Klärle, Ingenieurbüro Weikersheim); Zukunftsfähige Dorf- und Stadtentwicklung – ein Beispiel aus der Praxis der Stadt Bad Mergentheim (Paul Schaber, Bürgermeister Bad Mergentheim); • Ansätze für eine Optimierung der Flächennutzung im mittleren Jagsttal – Vorstellung des erarbeiteten Ideenpapiers (Angelika Beuttler)
21. AK, 29.1.2002 Krautheim	• **Abschlussbewertung und Zukunft des Arbeitskreis *Landschaftsplanung*** • Kurzpräsentation der vom Arbeitskreis *Landschaftsplanung* bearbeiteten Themenschwerpunkte und Abschlussevaluierung des Arbeitskreises *Landschaftsplanung*

Wissenschaftliche Ergebnisse

Im Folgenden werden zusammenfassend Ergebnisse von Arbeiten zum Themenschwerpunkt Siedlungsentwicklung dargestellt, die sich auf die Gemeinde Mulfingen sowie den Gemeindeverwaltungsverband Krautheim (Gemeinden Krautheim, Dörzbach, Mulfingen) erstrecken.

Am Beispiel der aus acht Teilorten bestehenden Gemeinde Mulfingen zeigt sich, dass trotz der geringen Einwohnerdichte (80 km^2, 49 E/km^2) vor allem in den im Jagsttal gelegenen Gemarkungen die Bauflächenkapazität begrenzt ist. Die Ausweisung neuer Baugebiete ist u.a. durch bestehende Landschafts-, Naturschutz-, und Überschwemmungsgebiete stark eingeschränkt (Abb. 8.8.3). Einen Ausweichstandort stellt z.B. das auf der Hochfläche gelegene Baugebiet Hoffeld in der Gemarkung Jagstberg dar. Im Rahmen einer Diplomarbeit wurden für die Gemeinde Mulfingen die möglichen zukünftigen Entwicklungen der Landschaft einschließlich ausgewählter Siedlungsgebiete bis zum Jahr 2030 in Form von Planungsvarianten aufgezeigt, die damit verbundenen Veränderungen visualisiert und Vorschläge für die zukünftige Entwicklung ausgearbeitet (KÄLBERER & SCHULER 1999).

Eine Betrachtung der Wohnbauflächenentwicklung zeigt, dass sich der Gemeindeverwaltungsverband Krautheim vornehmlich von den Bedarfsrechnungen, nicht aber von der tatsächlichen Flächenbelegung leiten lässt. Wurde z.B. für die Jahre 1974 bis 1995 (2. Fortschreibung FNP) von einem Zuwachs der Bevölkerung im Gebiet des Gemeindeverwaltungsverbands von 2066 Einwohnern (Tab. 8.8.2) ausgegangen, so steht dem ein tatsächlicher Zuwachs von nur 1052 Einwohnern bis 1997 gegenüber. Verbunden war diese Entwicklung mit einer rückläufigen Belegungsdichte. Zwischen 1960 und 1997 stieg die Einwohnerzahl z.B. in der Gemeinde Mulfingen um 392 auf 1921 Einwohner, verbunden mit einer absoluten Zunahme der Wohnbaufläche um 39,1 ha und einem Rückgang der Belegungsdichte von 48,3 auf 27,2 Einwohner/ha (KÄLBERER & SCHULER 1999). Kleinräumige Bevölkerungsprognosen des Regionalverbands Franken (Regionalverband Franken 2001) gehen von einer Stagnation (Dörzbach) bzw. einem leichten Rückgang der Bevölkerungsentwicklung (Mulfingen, Krautheim) bis zum Jahr 2010 bzw. 2019 aus, was in den in der 4. Fortschreibung des Flächennutzungsplans zugrundeliegenden Bevölkerungsprognosen (vgl. Tab. 8.8.2) in dieser Form nicht berücksichtigt.

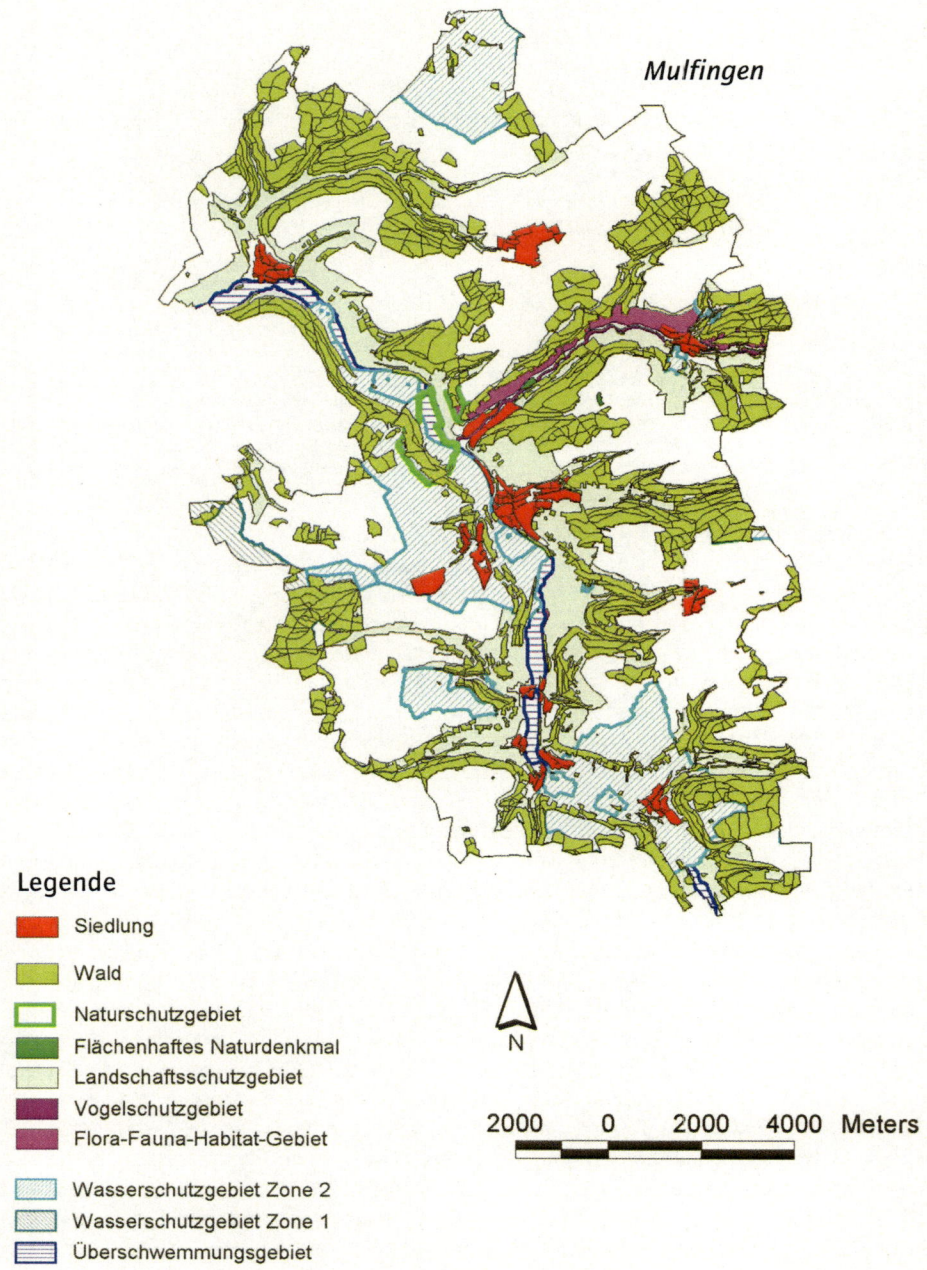

Abbildung 8.8.3: Schutzgebiete und verbleibende Freiflächen am Beispiel der Gemeinde Mulfingen

Tabelle 8.8.2: Flächennutzungsplan des Gemeindeverwaltungsverbands (GVV) Krautheim mit 1. bis 4. Fortschreibung (EW Einwohner, GVV Gemeindeverwaltungsverband Krautheim, Gde Gesamtgemeinde Mulfingen, FNP Flächennutzungsplan)

Planungsstand	Planungs-zeitraum	Genehmi-gung	Bevölkerungsprognose GVV		Wohnflächenbedarf [ha]	
			gesamt [EW]	jährlich [%]	GVV	Gde Mulfingen
FNP, 1. Fassung	1974 – 1990	1981	178	0,11	39,6	13,9
1. Fortschreibung	1974 – 1990	1986	1742	1,11	12,3	8,4
2. Fortschreibung	1974 – 1995	1992	2066	1,01	13,4	4,4
3. Fortschreibung	1992 – 2005	1998	1852	1,37	45,9	11,5
4. Fortschreibung	1997 – 2010	2001	2307	1,71	42,8	22,7

Quelle: Flächennutzungsplan Gemeindeverwaltungsverband Krautheim, 1. bis 4. Fortschreibung

Ein Vergleich der Flächeninanspruchnahme am Beispiel der Gemeinde Mulfingen zeigt einen Zuwachs von 16,43 ha zwischen 1990 und 2000 auf einen geplanten Bedarf von 42,79 ha Wohn-, Gewerbe- und Sondergebiet in den Jahren 2001 bis ca. 2010 (Tab. 8.8.2). Dies entspricht einem Anstieg des jährlichen Flächenverbrauchs von 0,021 Prozent auf 0,053 Prozent (BEUTTLER & LENZ 2003). Bei Verwendung entsprechender Bewertungsmaßstäbe für die Flächeninanspruchnahme (> 0,1 Prozent überdurchschnittlich, = 0,1 Prozent sparsam, < 0,01 Prozent nachhaltig – in Anlehnung an ANONYMUS 1998, Enquete-Kommission des Deutschen Bundestages 1997) sind die Zuwächse der Gemeinden Mulfingen als »sparsam« einzustufen. Die Bewertung »sparsamer« Umgang mit der Ressource Boden ergibt sich gleichfalls auf der Grundlage einer Abschätzungen der Flächeninanspruchnahme für die Gemeinden Krautheim in den oben angeführten Vergleichszeiträumen sowie für die Gemeinde Dörzbach zwischen 1990 und 2000. Für den Planungszeitraum 2001 bis ca. 2010 ist in Dörzbach ein überdurchschnittlicher Flächenzuwachs zu erwarten. Hierbei ist zu berücksichtigen, dass der absolute Flächenzuwachs – ohne Berücksichtigung eines geplanten Golfplatzes – vergleichbar den beiden Nachbargemeinden ist, dass diese jedoch eine rund zwei- bis dreifach so große Gemeindefläche besitzen (Kap. 8.8.4).

In den erstellten Planungsvarianten zur Wohnbauflächenentwicklung in der Gemeinde Mulfingen (KÄLBERER & SCHULER 1998) wurden der gewachsene Ortskern sowie daran anschließende Wohngebiete und Erschließungsflächen aufgenommen. Als steuernde Faktoren wurden die Bevölkerungsentwicklung und die Belegungsdichte neuer Wohnbauflächen berücksichtigt. Aufgrund der im Flächennutzungsplan für den Gemeindeverwaltungsverband vorgenommenen Bevölkerungsprognose für die Zeit von 1997 bis 2010 und der unterschiedlichen Entwicklungen in den Teilorten in den letzten Jahrzehnten wurden verschiedene Bevölkerungszuwächse (Ailringen 25,3 Prozent, Jagstberg/Mulfingen 50,7 Prozent bezogen auf 1997) bis zum Jahr 2030 berücksichtigt. In den berechneten Siedlungsvarianten wurde angenommen, dass zum einen die aktuelle durchschnittliche Belegungsdichte unverändert bleibt (Variante A). Zum anderen wurde auf die im Flächennutzungsplan differenzierte dichtere Besiedlung im »Kernbereich« (Jagstberg/Mulfingen) mit 35 EW/ha und den dünner besiedelten »übrigen Orten« (Ailringen) mit 30 EW/ha (Variante B) zurückgegriffen, womit eine Reduzierung der Flächeninanspruchnahme gegenüber der Vorstellungen der Gemeinde erreicht werden kann (Tab. 8.8.3). Durch die geringfügig höhere Belegungsdichte in Variante B könnten in Ailringen 1,02 ha, in Jagstberg/Mulfingen 4,82 ha Bebauungsfläche eingespart werden.

Tabelle 8.8.3: Belegungsdichten und Flächeninanspruchnahme der Siedlungsvarianten (EW Einwohner)

		Ailringen	Jagstberg / Mulfingen
Bevölkerung Stand 1997		491 EW	1430 EW
Bevölkerungsprognose 2030		615 EW	2156 EW
Wohnbaufläche Stand 1997		20,35 ha	50,34 ha
Variante A	Belegungsdichte	24,1 EW/ha	28,4 EW/ha
	Flächenbedarf 1997-2030	5,15 ha	25,56 ha
	Wohnbaufläche 2030	25,50 ha	75,90 ha
Variante B	Belegungsdichte	30,0 EW/ha	35,0 EW/ha
	Flächenbedarf 1997-2030	4,13 ha	20,74 ha
	Wohnbaufläche 2030	24,48 ha	71,08 ha

Ergebnisse des Arbeitsschwerpunktes
»Siedlungsentwicklung und Flächeninanspruchnahme«

Einer der Themenschwerpunkte des AK *Landschaftsplanung* bestand in der Auseinandersetzung mit der zukünftigen Siedlungsentwicklung und Flächeninanspruchnahme (Tab. 8.8.1) Eine öffentliche Leitbilddiskussion sollte die oben dargestellten Untersuchungsergebnisse aufgreifen und die Auseinandersetzung mit diesem Thema fördern. Insbesondere waren daran die Gemeinden Krautheim, Dörzbach und Mulfingen beteiligt, deren Gemeinderäte zuvor durch Vorträge in den Gemeinderatssitzungen informiert und zur Teilnahme aufgefordert wurden. Das Arbeitspapier »Siedlungsentwicklung und Flächenverbrauch in den Gemeinden Krautheim, Dörzbach und Mulfingen – Leitsätze für die zukünftige Entwicklung im Gebiet des Gemeindeverwaltungsverbands«, das als Anhang 8.8.1 beigefügt ist, fasst die Ergebnisse der Veranstaltungen zusammen und stellt selbst ein Zwischenergebnis für die weitere Bearbeitung und Diskussion dieses Themas in den Gemeinden dar. In der öffentlichen Leitbilddiskussion wurden in drei Abendveranstaltungen mit den Akteuren die aktuelle Situation, Grundsätze und Maßnahmenvorschläge für verschiedene Handlungsfelder zusammengetragen und ausgearbeitet (Tab. 8.8.4). Einen Einstieg bildeten Wunschbilder für die lokale und regionale Entwicklung (Abb. 8.8.4).

Für die verschiedenen Handlungsfelder verständigten sich die anwesenden Teilnehmer auf Ziele (vgl. Tab. 8.8.5), die durch Unterziele weiter konkretisiert wurden (Anhang 8.8.1). Unterziele für das Handlungsfeld Gewerbe waren beispielsweise:

__kleine Betriebe und Handwerk ortsnah!
__große Betriebe und Industrie außerhalb von Tal und Wohngebiet!
__möglichst flächensparendes Bauen!

Für die Handlungsfelder Wohnen, Gewerbe und Verkehr wurden jeweils in Kleingruppen Maßnahmenvorschläge gesammelt und diskutiert. Weitere konkrete Anregungen aus anderen Gemeinden zum Thema flächensparende Siedlungsentwicklung boten die eingeladenen Referenten im Verlauf der Abschlussveranstaltung am 12.12.2001. Mit der Abschlussveranstaltung wurde zudem das Ideenpapier mit den Ergebnissen der Veranstaltungen in die Verantwortung der beteiligten Kommunen übergeben.

Tabelle 8.8.4: Handlungsfelder und Ziele

Handlungsfeld	Ziele
Wohnen	An den ländlichen Raum angepasste und organische Siedlungsentwicklung
Gewerbe	Sicherung von handwerklicher Infrastruktur am Ort und Förderung interkommunaler Gewerbegebiete
Verkehr	Förderung überregionaler Erreichbarkeit und individueller Mobilität
Kulturlandschaft	Einvernehmlicher Erhalt und Entwicklung der Kulturlandschaft
Tourismus, Naherholung	Förderung einer umweltbewussten Naherholung und eines an die Landschaft angepassten Tourismus
Gemeinschaft	Zufriedenheit mit dem sozialen Umfeld
Landwirtschaft	Sicherung der Landwirtschaft
Energiewirtschaft	Förderung regenerativer Energien

Ergebnisse des Arbeitsschwerpunktes Windkraftenergie

Während sich der Regionalverband um die Ausweisung geeigneter Standorte für Windparks mit fünf oder mehr Einzelanlagen bemüht hat (BÜSCHER et al. 1999), obliegt es den Gemeinden entsprechende Flächen für bis zu vier Einzelanlagen auszuweisen (Darstellungsprivileg). Nach Möglichkeit wollten die im Arbeitskreis *Landschaftsplanung* beteiligten Gemeinden geeignete Standorte mit der nächsten Fortschreibung des Flächennutzungsplan ausweisen, um ihre Steuerungsmöglichkeit wahrzunehmen. Ohne eine entsprechende Ausweisung von Standorten für die Aufstellung von Windkraftanlagen können Baugesuche von potentiellen Windkraftbetreibern nur schwerlich abgelehnt werden, da Windkraftanlagen durch die Gesetzgebung privilegiert sind (vgl. Stromeinspeisungsgesetz 1990). Hinsichtlich der anstehenden Arbeit der Gemeinden, geeignete Standorte auszuweisen, sicherten der Regionalverband Franken und das vertretene Landratsamt Hohenlohekreis ihre Hilfe zu.

Nach Durchsicht der vom Regionalverband Franken angewendeten Kriterien für die Ausweisung von Windpark-Standorten (vgl. BÜSCHER et al. 1999) wurden in der Sitzung des AK *Landschaftsplanung* am 30.6.1999 Kriterien für die Aufstellung von bis zu vier Einzelanlagen für die kommunale Praxis erarbeitet. Diese Kriterien können im Rahmen der Fortschreibung der Flächennutzungsplanungen sowie bei der Vorlage von Baugesuchen eingesetzt werden. Einige vom Regionalverband Franken als Ausschlusskriterien herangezogene Entscheidungshilfen wurden als Abwägungskriterien von den Gemeinden übernommen.

Siedlung

Wohnqualität, Lebensqualität

Flächensparendes Bauen

behutsame Entwicklung

wohnortnahe Arbeitsplätze

Gefühl von Platz im Wohnumfeld

organisches Wachsen

wohnortnahe Schulplätze/Kindergärtenplätze

Gewerbe

Handel und Handwerk stärken und erhalten

Wohnen, Leben und Arbeiten im Einklang mit der Natur!

Kinder nicht wegziehen müssen

Interkommunales Gewerbegebiet

Familienbetriebe erhalten

Entwicklung, Orientierung am jetzigen Maß (Siedlung, Verkehr)

gemeinsames Gewerbegebiet außerhalb Tal

Schöne Lage mit guter Verkehrsanbindung (Wohnen)

naturnahe/ naturschonende Flächenausweisung

Landwirtschaft

sparsamer, nicht verschwenderischer Flächenverbrauch

Verkehr

gute Verkehrsverbindung

Überlebenschancen für Landwirte

Anbindung Autobahn

Nahverkehrslösungen für alle, auch außenliegende

Pflege der Landschaft als notwendige Voraussetzung für Lebensqualität

Sanfter Tourismus: Land: Fahrrad, Wasser: Kanu, Luft: UL-Drachen

Kulturlandschaft

Charakteristischs Landschaftsbild

Erhaltung und Wahrnehmbarkeit der Kulturlandschaft

Kulturlandschaft erhalten

Tourismus und Naherholung

Die Landschaft soll anziehend sein

Natur- und Umweltschutz

Die Landschaft soll erlebbar sein

Jagstauen erhalten

Gemeinschaft

Max. mögliche Zufriedenheit der Menschen

Gesamtkonzept Gesamt-Bilanz

Ausgleichszahlungen des Landes bei Planungs-Verboten

Abwägung und Strategien

Energiewirtschaft

Wind-Wasser-Solarenergie

Ausgleichende Lebensbedingungen im Vergleich Land/Hohenlohekreis

Abbildung 8.8.4: Zusammenfassung der im Rahmen der öffentlichen Leitbilddiskussion entwickelten Ziele

Im Folgenden sind die Ausschluss- und Abwägungskriterien aufgeführt:

a) Ausschlusskriterien
1. Abstand zu Siedlung unter 500 Meter
2. Überschneidung mit Freizeitanlagen oder ähnlichen Einrichtungen im Außenbereich
3. Abstand zu Straßen und Hochspannungsleitungen unter 100 Meter
4. Bauschutzbereich von Flughäfen
5. Abstände zu Richtfunktrassen unter 100 Metern
6. Kultur- und Bodendenkmale laut Landschaftsrahmenplan
7. Retentionsbereiche von Gewässern und Flüssen
8. Wasserschutzzonen I + II eines Wasserschutzgebietes
9. Schutzbedürftige Bereiche für Naturschutz und Landschaftspflege des Regionalplans
10. Grünzäsuren des Regionalplans
11. Schutzbedürftige Bereiche für Erholung des Regionalplans

b) Abwägungskriterien
1. Regionale Grünzüge des Regionalplans
2. Abstände zu Naturschutzgebieten, §24a Biotope der Stufe II, flächenhaften Naturdenkmalen, Vogelzug- und -brutgebieten, Vogelschutzgebieten unter 200 Meter
3. Waldabstand unter 200 Meter
4. Sicherungsbereiche für oberflächennahen Rohstoffabbau
5. Abstände zu Aussiedlerhöfen und Wohnplätzen
6. Kommunale Erschließungsflächen
7. Wasserschutzgebiete der Zone III
8. Landschaftsschutzgebiete
9. Sicherungsbereiche für Erholung
10. Schutzbedürftige Bereiche für Bodenerhaltung und Landwirtschaft
11. Landschaftsbild

Umsetzungsmethodische Ergebnisse

Zweck des Arbeitskreises Landschaftsplanung und Eignung der eingesetzten Methoden

Im Zuge des vierjährigen Projektverlaufs hat der Arbeitskreis *Landschaftsplanung* als Austauschforum, das mehrere Teilprojekte und zusätzliche Aktivitäten berührt, zunehmend eine Sonderstellung im Modellvorhaben erlangt. Die damit verbundenen Schwierigkeiten und Möglichkeiten wurden intern in der Projektgruppe wie auch in den Arbeitskreistreffen, insbesondere im Zuge der Evaluierungen, angesprochen. Im Folgenden werden Ergebnisse und Erfahrungen dargestellt, die vor allem die Organisation und Arbeitsweise des Arbeitskreises, die Atmosphäre und die erreichten Ergebnisse in Bezug zum Aufwand betreffen. Quellen dafür bilden die Kurzevaluierungen im Anschluss der Sitzungen, die Zwischenevaluierungen (März 2000 und 2001) und die Abschlussevaluierung (Januar 2002).

Als ein Ergebnis der Organisation des Arbeitskreises ist voranzustellen, dass mit den wechselnden Themenschwerpunkten auch die Teilnehmer wechselten. Lediglich die Sitzungen zu den Themen »Gewässer- und Hochwasserschutz« sowie »Siedlungsentwicklung« hatten einen konstanten Teilnehmerkreis und gingen über einen längeren Zeitraum.

Ergebnisse der Kurzevaluierungen
Die Punktabfragen zu vier Kriterien (Abb. 8.8.5) am Ende von Arbeitskreistreffen wie auch bei größeren öffentlichen Veranstaltungen dienten als Stimmungsbild und direktes Feedback zur jeweiligen Veranstaltung. Abb. 8.8.5 zeigt die Punktebewertungen in zusammengefasster Form, so dass das Spektrum der individuellen Bewertungen bei den einzelnen Sitzungen nicht mehr zu erkennen ist. Im Überblick wird aber deutlich, dass die Zufriedenheit insgesamt im positiven Bereich lag und insbesondere die Arbeitsatmosphäre als angenehm empfunden wurde.

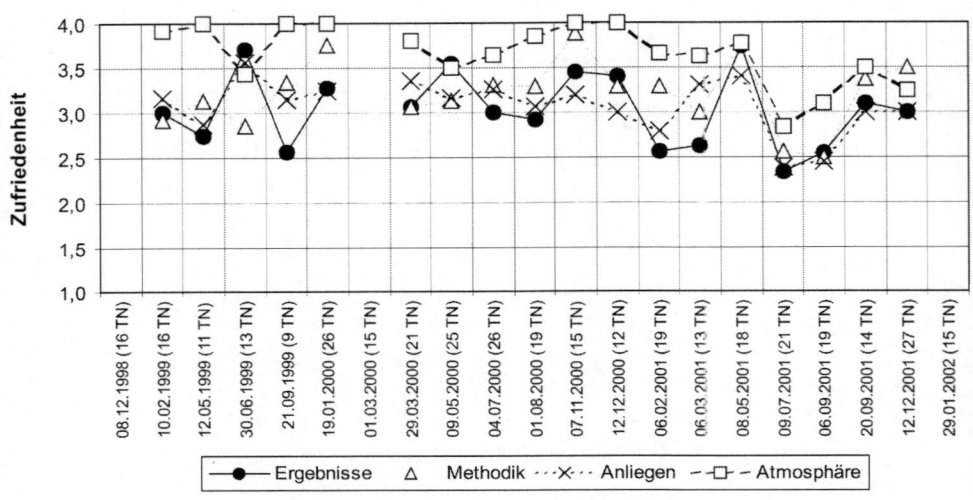

Abbildung 8.8.5: Ergebnisse der Kurzevaluierungen des AK Landschaftsplanung
(Bewertung der Zufriedenheit: 4 = ja sehr, 3 = weitgehend, 2 = weniger, 1 = nein gar nicht)

Im nachträglichen Überblick lässt sich auch erkennen, dass sich bei allen Veranstaltungen zum Thema Gewässer- und Hochwasserschutz die positiven Bewertungen ballen. Dies waren Veranstaltungen, die durch Einladungen und Vorträge zusätzlicher Experten, Vor-Ort-Termine, Gruppenarbeit und konkrete Vereinbarungen geprägt waren. Sehr positive Bewertungen aller vier Parameter zeigen sich jeweils zum Abschluss eines inhaltlichen Themenblocks (Sitzung vom 30.6.1999, 8.5.2001), d.h. in Abhängigkeit von den erreichten Ergebnissen. Ein direkter Zusammenhang zwischen Methode, Vorgehen und der Zufriedenheit mit den Sitzungen wird so aber nicht deutlich. So streuen die Angaben zur Zufriedenheit z.B. bei den Sitzungen zum Übergang und Anfang der Leitbilddiskussion mit dem Thema Siedlungsentwicklung und Flächeninanspruchnahme. Nach der etwas kritischeren Rückmeldung zur Sitzung am 9.7.2001, die den Einstieg mit Plenumsdiskussionen und Kleingruppenarbeit bildete, verbesserte sich die Zufriedenheit mit der Intensivierung des Themas in den nächsten Sitzungen infolge der weiteren Ausarbeitung, der Zusammenführung der Ergebnisse und der Abschlusspräsentation. Die Leitbilddiskussion bildete den letzten großen Arbeitsschwerpunkt im AK *Landschaftsplanung*, so dass sie zum Teil auch die Abschlussbewertung prägt (s.u.).

Ergebnisse der Zwischen- und Abschlussevaluierung

Ergebnisse der Zwischen- und Abschlussevaluierung sind zu einigen der Fragen, die in vergleichbarer Weise den Akteuren wie den Mitarbeitern der Projektgruppe *Kulturlandschaft Hohenlohe* gestellt wurden, in Abb. 8.8.6 zusammengefasst. Außer der Arbeitsatmosphäre, die wie bei dem Stimmungsbild durch die Kurzevaluierungen sowohl bei Akteuren wie Mitarbeitern der Projektgruppe am positivsten bewertet wurde, haben beide Seiten eine ähnlich hohe Zufriedenheit mit dem Lernzuwachs durch die Arbeit in diesem Forum.

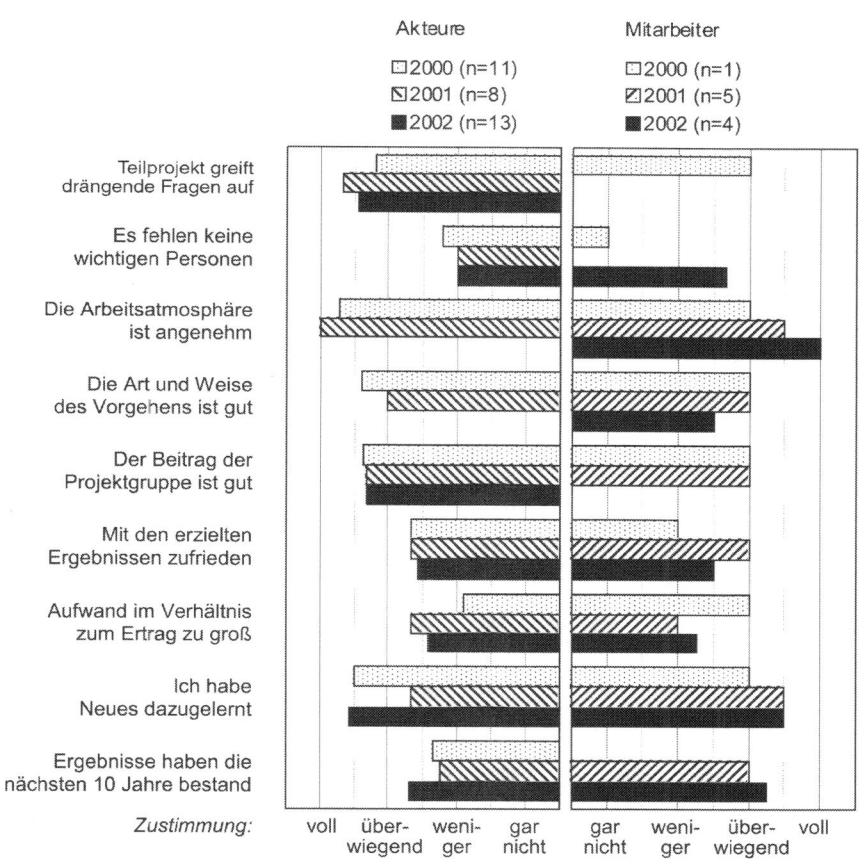

Abbildung 8.8.6: Gegenüberstellung der zusammengefassten Antworten auf geschlossene Fragen aus den Zwischenevaluierungen und der Abschlussevaluierung im AK Landschaftsplanung

Auf Seiten der Mitglieder der Projektgruppe werden in den Kommentaren insbesondere zur Abschlussevaluierung Kritikpunkte deutlich, die sich zum Teil den Punkten in Abb. 8.8.6 zuordnen lassen:
— Der wechselnde Teilnehmerkreis wie auch die Teilnahme von nur einem Teil der kommunalen Entscheidungsträger erschwerte zum einen die Kontinuität und Organisation des Forums und schränkte zum anderen die Diskussion und Bearbeitung von Themen ein, die für das gesamte Jagsttal von Relevanz sind.

__Der phasenweise Wechsel des Arbeitskreises vom Austauschforum zur eingehenderen Bearbeitung einzelner Themenschwerpunkte brachte Unsicherheiten über Struktur und Ziele des Arbeitskreises mit sich, die jeweils wieder geklärt werden mussten. Hierin liegt auch die eingeschränkte Zufriedenheit bei der Abschlussevaluierung mit dem Vorgehen des Arbeitskreises.
__Damit verknüpft ist auf Seiten der beteiligten Wissenschaftler die Beurteilung des Arbeitsaufwandes. In die im Vergleich zu anderen Punkten kritische Beurteilung des Arbeitsaufwandes spielt mit hinein, dass bei einzelnen Themenbereichen die Erwartungshaltung an das Engagement seitens der Akteure aus der Region größer war, aber auch, dass die Ressourcen für die aus dem AK *Landschaftsplanung* entstandenen Aktivitäten zum großen Teil nicht eingeplant waren.

Tabelle 8.8.5: Stichwortartige Kommentare der regionalen Akteure in der Abschlussevaluierung – Zufriedenheit mit den Ergebnissen (Kartenabfrage)

Mit den folgenden Ergebnissen bin ich zufrieden	Mit folgenden Ergebnissen bin ich unzufrieden / das wurde meiner Meinung nach nicht (genügend erreicht)
• „Informationsgewinn" • „Informationen über das Projekt" (Kulturlandschaft Hohenlohe) • „Möglichkeit für (Denk) Anstöße" • „positive Denkanstöße für umweltbewusstes Bauen" • „Vorträge 12.12.01: Dr. Billen, Dr. Klärle" • „Initialzündung für viele Projekte" • „Forum zum Austausch über interessierende Themen" • „Erstellung Arbeitspapier" (Ideenpapier Siedlungsentwicklung) • „Kriterienfestlegung für Windkraft" (Aufstellung von Windkraftanlagen) • „Ökobilanz Mulfingen / Maßnahmen" • „Gute Entscheidungsgrundlagen für GR" (Gemeinderat) • „Landschaftsplanung + Bebauung + Lebensräume stimmen überein" • „Zwischenergebnisse machen „Lust" auf Endergebnisse" • „inhaltlicher Abschlusswille" • „Teilgruppenarbeit" • „motivierende Moderation"	• „Information zu Teilprojekten" • „Mangelnde Rücksicht auf die Natur beim Hochwasserschutz" • „bei manchen Themen noch zu wenig Resonanz" • „Sensibilisierung breiter Schichten + Mandatsträger für die großen Probleme" • „Einbindung der Entscheidungsträger" • „relativ mangelhafte Beteiligung der Gemeinden" • „Diskrepanz Leitsätze und Wirklichkeit" (Leitbilddiskussion Siedlungsentwicklung) • „Flächenzerstörung einschränken" • „Ergebnisse nicht sofort greifbar" • „einzelne Moderationstechniken"

Grund für die durchgehende Aktivität und Fortführung des Arbeitskreises während der gesamten Projektlaufzeit war zum einen die Zufriedenheit und Resonanz auf einzelne Aktivitäten. Ausschlaggebend war aber vor allem, dass sowohl die Mitglieder der Projektgruppe als auch die regionalen Akteure den Arbeitskreis als ein übergreifendes Gremium geschätzt haben, das den Blickwinkel besser auf die Gesamtsituation im Jagsttal lenken konnte, als dies in einzelnen Teilprojekten möglich war. Dies wird zum einen aus Kommentaren aus der Abschlussevaluierung deutlich (Tab. 8.8.5., 8.8.6), zum anderen aus den Überlegungen und dem Beschluss der Teilnehmer der Abschlusssitzung, eine Fortführung dieses Austauschs mithilfe beteiligter Institutionen sicher zu stellen (AK am 29.1.2002, Tab. 8.8.1).

Tabelle 8.8.6: Kommentare der regionalen Akteure in der Abschlussevaluierung – Zufriedenheit mit der Zusammenarbeit (Anzahl der Nennungen in Klammern, wenn mehr als einmal angeführt)

In der Zusammenarbeit mit der *Projektgruppe Kulturlandschaft Hohenlohe* hat mir gefallen:	In der Zusammenarbeit mit der *Projektgruppe Kulturlandschaft Hohenlohe* hat mir weniger oder nicht gefallen:
• „Experten von außen" • „Fachwissen + Info-Beschaffung + Kontakt zu Fachleuten" • „neue und frische Ideen ins Jagsttal gebracht" • „wie Menschen, die fremd sind, unsere Landschaft sehen" • „Leute aus der Region für Natur und Landschaft sensibilisiert" • „Theorie und Praxis" • „Eingehen auf Themenwünsche" • „Einfühlungsvermögen für Land und Leute" • „Gute Zusammenarbeit" • „Engagement und Motivation" • „gute Moderation" • „Gute Vorbereitung" • „Sinniger Aufbau der einzelnen Veranstaltungen" • „Gute, angenehme Atmosphäre" (3) • „Persönlicher Umgang" • „Harmonisierende Wirkung" • „Offenheit" • „Freundlichkeit"	• „Länge der Veranstaltungen" • „Zeitüberschreitung" • „Sitzungsintervalle" • „Dauer der Sitzungen, lieber öfter" • „Sitzungen tagsüber mitursächlich für mangelnde Resonanz" • „nur" Pinnwanddarstellung im Protokoll, „Übersetzung" teils notwendig" • „zu viele Kärtchen" (Moderationskarten) • „Papierflut" • „hoher Zeitaufwand für Evaluierungen" • „Rascher Themenwechsel ohne detaillierte Ergebnisse" • „Dominanz des Plenums"

Verknüpfung mit anderen Teilprojekten

Der Arbeitskreis *Landschaftsplanung* bildete ein »Dach« für die landschaftsplanerisch ausgerichteten Teilprojekte und verfolgte darüber hinaus eigene Themenschwerpunkte. Die Verknüpfung mit weiteren Teilprojekten bestand in deren Initiierung (*Lokale Agenda, Gewässerentwicklung*), im Informationsaustausch durch deren Präsentation (*Lokale Agenda, Ökobilanz Mulfingen, Regionaler Umweltdatenkatalog*), der inhaltlichen Zusammenarbeit in einem Forum (*Gewässerentwicklung*), der inhaltlichen Zuarbeit (z.B. *Ökobilanz Mulfingen* im Themenschwerpunkt Siedlungsentwicklung) sowie gezielten Beiträgen zu thematischen Schwerpunkten (*Konservierende Bodenbearbeitung*).

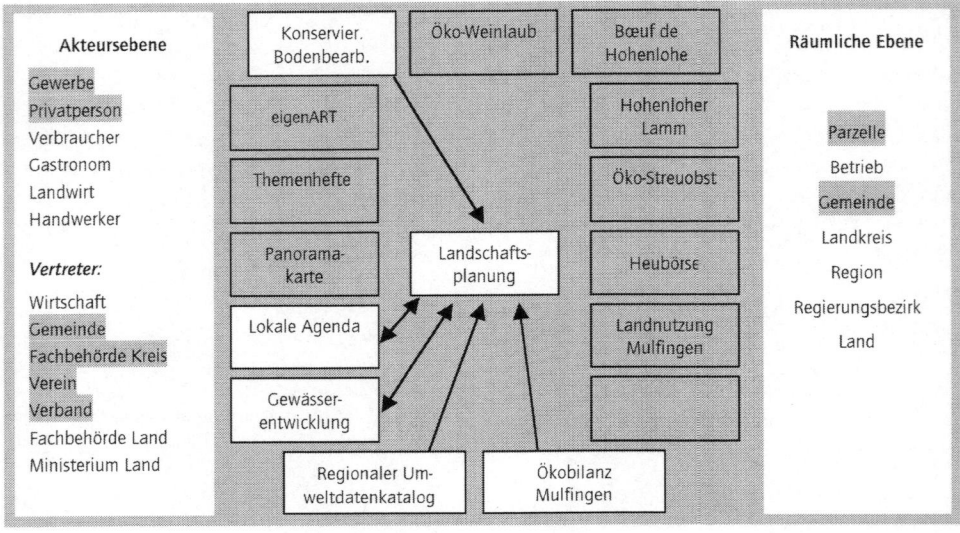

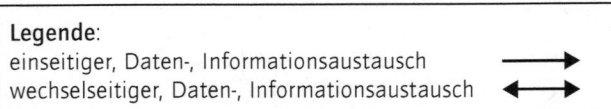

Abbildung 8.8.7: Verknüpfung des Arbeitskreises mit den Teilprojekten und Bezugsebene

Öffentlichkeitsarbeit und öffentliche Resonanz

Die aktive Öffentlichkeitsarbeit im Arbeitskreis *Landschaftsplanung* erstreckte sich auf öffentliche Einladungen zu den Treffen in den örtlichen Amts- und Mitteilungsblättern im engeren Untersuchungsraum zu Projektbeginn wie auch in der regionalen Tageszeitung. Zum Themenschwerpunkt Siedlungsentwicklung wurden die Gemeinderäte von Krautheim, Dörzbach und Mulfingen gezielt durch Vorträge im Rahmen öffentlicher Gemeinderatssitzungen informiert. Ein Zeitungsartikel mit der Überschrift »Flächen sparend bauen – geht das?« thematisierte die wachsende Flächeninanspruchnahme durch Siedlungsentwicklung (Kap. 6.9). Redakteure der Hohenloher Zeitung informierten über die Pro- und Contra-Diskussion »Windenergie im Jagsttal« und es erschienen Artikel über Sitzungen des Arbeitskreises zum Themenschwerpunkt »Siedlungsentwicklung und Flächeninanspruchnahme.«

Kritik an geringem Engagement der Gemeinden

Von Claudia Burkert-Ankenbrand

Endabstimmung kam in der letzten Arbeitskreissitzung im Bürgersaal der Stadt Krautheim nicht auf, ein bisschen Wehmut vielleicht. Ende Februar verlässt die Projektgruppe Kulturlandschaft Hohenlohe das Jagsttal.

„Zeit bleibt bisher noch nicht, sich den Abschied bewusst zu machen", blickte Geschäftsführer Ralf Kirchner-Heßler auf das nahe Projektende, das für die Mitarbeiter mit vielen Abschlussarbeiten und -gesprächen verbunden ist. Die letzte Sitzung des Arbeitskreises Landschaftsplanung gehörte dazu.

Drei Jahre haben Windkraftenergie, Hochwasserschutz und Gewässerentwicklung sowie Siedlungsentwicklung die Arbeitsschwerpunkte gesetzt. Zudem wurde über Themen wie lokale Agenda, kommunale Ökobilanz und historische Dorfanalyse informiert. Vertreter der Jagsttalgemeinden, des Landrats- und Landwirtschaftsamtes, des Amtes für Flurneuordnung, der Gewässerdirektion, des Regional- und Landesnaturschutzverbandes sowie interessierte Privatpersonen bildeten nach Meinung der Projektgruppen-Mitarbeiterin Angelika Thomas einen der heterogensten Arbeitskreise der Projektgruppe. Dieser zog nun in der letzten Sitzung auch Bilanz.
Die Arbeitskreismitglieder werte-

Nach dreijähriger Arbeit verlässt die Projektgruppe Kulturlandschaft Hohenlohe Ende Februar den Hohenlohekreis. Bilanz zog jetzt der Arbeitskreis Landschaftsplanung. (Foto: Claudia Burkert-Ankenbrand)

ten die erreichten Ergebnisse. Die Arbeit wurde als Initialzündung für viele Projekte empfunden. Der Informationsgewinn und der inhaltliche Abschlusswille machten die Teilnehmer zufrieden, die durch Zwischenergebnisse Lust auf Endergebnisse bekamen.
Positive Denkanstöße für umweltbewusstes Bauen, die Ökobilanz Mulfingen, eine Kriterienfestlegung für Windkraft sowie ein Ar-

beitspapier zu Siedlungsentwicklung und Flächenverbrauch in Dörzbach, Krautheim und Mulfingen stimmten zuversichtlich. Gute Entscheidungsgrundlagen für die Gemeinderäte seien erarbeitet worden. Nicht zufrieden war der Arbeitskreis mit der Einbindung der Entscheidungsträger. Die relativ mangelhafte Beteiligung der Gemeinden stieß ebenfalls auf Kritik.
Kritisch wurde auch die Diskre-

panz zwischen Leitsätzen und Wirklichkeit betrachtet. Zu wenig Resonanz schrieb der Arbeitskreis einer ungenügend erreichten Sensibilisierung breiter Schichten und Mandatsträger zu. Die Abschlussbewertung ging auch auf die Zusammenarbeit mit der Projektgruppe ein. „Experten von Außen" hätten Einfühlungsvermögen für Land und

Leute gezeigt. Zu lange und zu große Abstände bemängelten die Teilnehmer an den Arbeitskreissitzungen. Kritik fanden auch Sitzungen, die tagsüber stattfanden, da hierfür Urlaub genommen werden musste.
„Wir haben alle davon profitiert", fasste der Leiter des Landwirtschaftsamtes Dr. Wolfgang Eißen zusammen. „Wenn das Projekt endet, fallen die Themen nicht unter den Tisch", stand für ihn fest. Landschaftsplanung werde Thema bleiben, was nicht zuletzt die in der Abschlusssitzung angedachten Planungen signalisierten.
Das Projekt „Erlenbach" soll weiterlaufen, die Gewässerdirektion will ein bis zwei Mal jährlich Gewässerentwicklung zum Veranstaltungsthema machen. Thomas Hartmann, Hauptamtsleiter der Stadt Krautheim, will das Thema Siedlungsentwicklung in den Gemeindeverwaltungsverband einbringen. Siedlungsentwicklung wird auch Thema im Landesnaturschutzverband bleiben, der hierzu Treffen plant. Die Umweltakademie wurde als Möglichkeit für Einzelvorträge genannt. Der Regionalverband beabsichtigt, ein bis zwei Treffen pro Jahr über das Thema „Regionales Informationssystem" zu organisieren.
Die Projektgruppe, so Ralf Kirchner-Heßler, verstand sich als Katalysator, der Themen aufgriff und weiterentwickelt.

Abbildung 8.8.8: Bericht über die Abschlusssitzung des AK Landschaftsplanung in der Hohenloher Zeitung vom 5.2.2002

8.8.7 Diskussion

Wurden alle Akteure beteiligt?

Vor dem Hintergrund, dass der Arbeitskreis *Landschaftsplanung* insbesondere Behörden-, Verbands- und Kommunalvertreter auf lokaler bis regionaler Ebene ansprechen wollte, konnte für die jeweiligen Themenschwerpunkte ein sehr breites fachliches Spektrum an regionalen Akteuren interessiert werden. Gerade die Einbindung von Fachleuten aus der Region und von externen Experten wurde von den Teilnehmern positiv bewertet. Bei öffentlichen Veranstaltungen, wie z.B. der Pro- und Contra-Diskussion »Windenergie im Jagsttal«, konnte eine breite Öffentlichkeit interessiert und informiert werden. Kritischer schätzten hingegen die Befragten die Einbindung der Kommunen und Entscheidungsträger ein (Tab. 8.8.6). Obwohl Vertreter der Kommunen, zumeist repräsentiert durch die Hauptamtsleiter, regelmäßig an den Sitzungen teilnahmen, bestand die Erwartung seitens weiterer Teilnehmer, Bürgermeister und Gemeinderäte stärker zu beteiligen und hierdurch Entscheidungsprozesse zu beeinflussen. Im Zuge der Zwischenevaluierungen und für die Vorbereitung der öffentlichen Leitbilddiskussion zur Siedlungsentwicklung wurde dies mit den Teilnehmern thematisiert. In der Folge wurden die Bürgermeister verstärkt angesprochen. Für den Themenschwerpunkt Siedlungsentwicklung konnten durch Vorträge und die Einladung zur Leitbilddiskussion in den Gemeinderatssitzungen mit Erfolg Gemeinderäte für die Teilnahme geworben werden.

Die Einbindung der Kommunen besitzt eine weitere Dimension. Obwohl alle Gemeinden des Projektgebiets regelmäßig eingeladen wurden, waren vor allem die Gemeinden des Hohenlohekreises eingebunden – im Themenschwerpunkt »Hochwasser und Gewässerentwicklung« zusätzlich die Kommunen Ravenstein und Assamstadt (Abb. 8.8.2). Die übrigen Gemeinden vor allem aus dem unteren Jagsttal, nahmen nur vereinzelt an den Treffen teil. Ähnliche Erfahrungen wurden in den Arbeitskreisen Tourismus (Kap. 8.13, 8.14) und Konservierende Bodenbearbeitung (Kap. 8.1) gemacht. Hintergründe hierfür mögen in der stärkeren Bekanntheit des Projekts im Hohenlohekreis, der räumlich-administrativen Bindung der Kommunen innerhalb eines Landkreises, einem geringen Interesse an den Themen, der interkommunalen Zusammenarbeit, Befindlichkeiten gegenüber Nachbargemeinden oder in der erforderlichen Mobilität gelegen haben. Anhaltspunkte hierfür ergeben sich aus Erfahrungen in der Zusammenarbeit mit den Kommunen: (a) So bestand beispielsweise zwischen den Gemeinderäten des Gemeindeveraltungsverbands Krautheim ein deutlicher Unterschied in der Aufgeschlossenheit hinsichtlich des Themas »Siedlungsentwicklung und Flächeninanspruchnahme« im Rahmen der gehaltenen Vorträge. (b) Gemeinderäte und Bürger beteiligten sich in einem stärkeren Maße, wenn eine Sitzung bzw. Veranstaltung in ihrer Kommune durchgeführt wurde. (c) Den Äußerungen einiger Akteure war ein Wettbewerbsdenken oder Überlegenheitsgefühl gegenüber der Nachbargemeinde zu entnehmen. (d) Reaktionen zum Themenschwerpunkt Siedlungsentwicklung reichten von deutlichem Interesse über Befürchtungen, durch die selbst initiierte Aufarbeitung könnten bestehende Einschränkungen noch verstärkt werden, zur Teilnahme an Sitzungen, um durch die eigene Anwesenheit »Schlimmeres zu verhindern« bis hin zur klaren Ablehnung.

Die insgesamt positive Resonanz auf die Zusammenarbeit im Arbeitskreis *Landschaftsplanung* und die erreichte Teilnahme zeigt jedoch deutlich den Bedarf an solch einer Zusammenarbeit.

Wurden die gesetzten Ziele erreicht?

Mit der »Erarbeitung von Kriterien für die kommunale Praxis für die Standortwahl von bis zu vier Windkraftanlagen« und der »Entwicklung eines Orientierungsrahmens für die zukünftige Siedlungsentwicklung im Gemeindeverwaltungsverband Krautheim« wurden die beiden mit den Akteuren formulierten konkreten Teilziele erreicht. Hinsichtlich weiterer, den Schwerpunkt »Hochwasserschutz und Gewässerentwicklung« betreffender Zielsetzungen sei auf Kap. 8.11 verwiesen.

Ein weiteres Ziel war »der Austausch und die Bearbeitung weiterer Themen je nach Verabredung«. Tabelle 8.8.1 dokumentiert diese Aktivitäten und zeigt den Arbeitskreis vor allem als Informations- und Diskussionsforum. So waren bei der Auswertung der Pro- und Contra-Diskussion »Windenergie im Jagsttal« im AK *Landschaftsplanung* am 12.5.1999 die Teilnehmer beispielsweise zufrieden mit der Informationsveranstaltung; sie habe »ihren Zweck erfüllt«. Die Akteure bewerten das Forum hinsichtlich Information, Ideenaustausch, Erkenntnisgewinn sowie der Kooperation und des persönlichen Umgangs miteinander positiv (Tab. 8.8.5, 8.8.6, Abb. 8.8.6). Eher kritisch wird die »Sensibilisierung breiter Schichten« und »Umsetzungsdefizite – Diskrepanz Leitsätze und Wirklichkeit« bei der Leitbilddiskussion Siedlungsentwicklung eingeschätzt.

Wurden Verbesserungen im Sinne der Nachhaltigkeit erreicht?

Gerade die Kritikpunkte über die Wirksamkeit des Arbeitskreises in der Region z.B. hinsichtlich einer breiteren Sensibilisierung für die Probleme der Siedlungsentwicklung weisen auf folgende Schwierigkeiten oder Begrenzungen hin:

— für die Teilnahme mobilisiert war eine begrenzte Anzahl von Akteuren, v.a. Entscheidungsträger und Fachleute. Die Teilnahme war freiwillig und das Gremium eines, das durch Austausch

und Diskussion allenfalls bei der Vorbereitung von Entscheidungen mithelfen konnte, aber das selbst kein Gremium für Entscheidungen und Umsetzungen war;
— Öffentlichkeitsarbeit ist nur ein begrenzter Teil der Arbeit gewesen und ihre Wirkung ist schwer zu ermitteln;
— Änderungen in der Einstellung sind schwer zu erfassen, Umsetzungen zeigen sich u.U. erst langfristig.

Rückschlüsse auf Veränderungen im Sinne der Nachhaltigkeit oder dahingehende Prozesse können aus den durchgeführten Kurz-, Zwischen- und Abschlussevaluierungen nur innerhalb des Ar-beitskreises gewonnen werden. Zugeordnet zu den Kriterien sozialer Nachhaltigkeit (Kap. 7) sind dies:

Wissen über Möglichkeiten nachhaltiger Landnutzung –
Zufriedenheit mit dem Zugang und Angebot

Die Befragten sind mit dem erzielten Erkenntnisgewinn (»Durch die Arbeit im Arbeitskreis habe ich Neues dazugelernt.«) überwiegend zufrieden (Abb. 8.8.6). In der Evaluierung im Jahr 2000 vertraten die Akteure zu einem hohen Anteil die Auffassung, dass durch den »Arbeitskreis für die Gemeinde etwas Neues entsteht«. Eine Zufriedenheit mit dem Angebot an Informationen und dem Zugang zu Fachwissen lässt sich aus den Antworten auf die offenen Fragen im Zuge der Abschlussevaluierung schließen (vgl. Tab. 8.8.5, 8.8.6, Stichworte z.B. »Fachwissen und Kontakt zu Fachleuten, Informationen«).

Solidarität und Wertschätzung innerhalb von Gruppen – Berücksichtigung der Anliegen

Die durchgeführten Kurzevaluierungen weisen auf eine weitgehende Zufriedenheit bei der »Berücksichtigung der Anliegen« der Akteure im Arbeitskreis hin (Abb. 8.8.5, Kap. 8.8.7). Die Bewertungen im Zuge der Zwischen- und Abschlussevaluierung zeigen eine hohe »Berücksichtigung der Interessen der Teilnehmer« im Arbeitskreis im Jahr 2000 und 2002 sowie eine sehr hohe im Jahr 2001. Auch Antworten auf offene Fragen (z.B. »Eingehen auf Themenwünsche«) dokumentieren eine positive Einschätzung der Beteiligten im Zuge der Abschlussevaluierung (Tab. 8.8.6). Die überwiegend hohe Zufriedenheit mit der »gemeinsamen Vereinbarung und Umsetzung der Beschlüsse im Arbeitskreis« unterstreicht diese Bewertungen.

Solidarität und Wertschätzung innerhalb von Gruppen –
Berücksichtigung der Arbeitsatmosphäre

Mit der Arbeitsatmosphäre im Arbeitskreis zeigen sich die Teilnehmer sehr bis weitgehend zufrieden (Abb. 8.8.12). Dies dokumentieren nicht nur die Kurzevaluierungen, sondern auch die sehr positiven Einschätzungen aus den Zwischenevaluierungen wie auch Anmerkungen der Teilnehmer zum Zeitpunkt der Abschlussevaluierung (Tab. 8.8.9, Stichworte z.B. »gute, angenehme Atmosphäre; persönlicher Umgang, harmonisierende Wirkung«).

Selbsttragender Prozess

Mit Blick auf eine Bewertung selbst tragender Prozesse sind unterschiedliche Ebenen zu betrachten. Zum einen wurden Produkte im Sinne von Planungsergebnissen, wie z.B. Kriterien für die Aufstellung von Windkraftanlagen auf kommunaler Ebene oder das Ideenpapier zum Thema Siedlungsentwicklung, erarbeitet und an die Kommunen überantwortet. Zum anderen wurde im Verlauf des Arbeitskreises *Landschaftsplanung* ein Projekt bezogenes Austauschforum geschaffen, das in Zusammenarbeit zwischen Wissenschaftlern und Beteiligten vor Ort organisiert und durchgeführt wurde. Der Bedarf an solch einem organisatorischen Rahmen wird anhand der positiven Resonanz seitens der Akteure deutlich. Die Beteiligten erklärten sich bei Projektende bereit, in unterschiedlichen Verantwortlichkeiten regelmäßige, themenspezifische Gesprächsforen anzubieten (Tab. 8.8.1, AK *Landschaftsplanung* am 29.1.2002). Vor diesem Hintergrund ist auch die positive Einschätzung der Befragten im Rahmen der Abschlussevaluierung zur Fortführung des »Arbeitskreises« zu sehen. Kritischer wird dieser Aspekt durch die beteiligten Wissenschaftler eingeschätzt. Dies kann auf unterschiedliche Bewertungsgegenstände zurückgeführt werden. Während die Akteure die Funktion des Austauschforums durch ein zukünftiges Angebot von Gesprächforen in unterschiedlichen Konstellationen quasi als gewährleistet sehen, bezieht sich die Einschätzung der Wissenschaftler eher auf die Fortführung der ursprünglichen Form des Arbeitskreis *Landschaftsplanung*.

Ein dritter Punkt betrifft die während der Zusammenarbeit gewachsene Bereitschaft zur Auseinandersetzung mit dem Thema Siedlungsentwicklung, das eine Reihe von Konfliktfeldern betrifft. Waren die Teilnehmer zu Projektbeginn skeptisch gegenüber der Leitbilddiskussion eingestellt (AK *Landschaftsplanung* am 10.2.1999), so initiierte der Arbeitskreis im Jahr 2001 öffentliche Veranstaltungen zu diesem Thema, nachdem die kommunalen Entscheidungsträger verstärkt informiert und eingebunden worden waren. Auch die Beobachtung des Verlaufs der Arbeitskreissitzungen zeigt eine zunehmende Aufgeschlossenheit der Beteiligten insbesondere hinsichtlich Umweltfragen und der Bereitschaft, diese offensiver zu diskutieren.

Übertragbarkeit
Der Flächenbezug und damit auch die Teilnehmerschaft änderte sich in Abhängigkeit der Themenstellung. Waren zu Projektbeginn die vier Jagsttalgemeinden des Hohenlohekreises verstärkt involviert, so partizipierten im Themenschwerpunkt »Hochwasserschutz und Gewässerentwicklung«, unter Berücksichtigung des Gewässereinzugsgebiets Erlenbach, zusätzlich die Vertreter der Gemeinden Assamstadt und Ravenstein. Die öffentliche Leitbilddiskussion Siedlungsentwicklung wurde von den drei Gemeinden Krautheim, Dörzbach und Mulfingen getragen. Entsprechend der behandelten Fachthemen änderte sich auch die Beteiligung der jeweiligen Wissenschaftler, wobei der für den Arbeitskreis Verantwortliche das Gremium durchgängig begleitete. In der Regel nahmen an den Sitzungen zwei Wissenschaftler teil. Hiervon war einer verantwortlich für die Moderation, der zweite für inhaltliche Beiträge bzw. die Protokollierung. Sitzungen mit verschiedenen Fachbeiträgen (Tab. 8.8.1) brachten es mit sich, dass mehr als zwei Wissenschaftler teilnahmen.

Der Arbeitsaufwand für eine in der Regel halbtägige Arbeitskreissitzung mit zwei Wissenschaftlern umfasste einschließlich An- und Abreise, Vorbereitung der Beiträge und Protokollfassung insgesamt drei bis vier, in der Summe der 21 Sitzungen also rund 75 Arbeitstage.

Die Konstitution des Arbeitskreises wurde durch verschiedene Rahmenbedingungen beeinflusst. Der Arbeitskreis war ein nicht öffentlich legitimiertes Austauschforum mit empfehlendem Charakter ohne Entscheidungskompetenz, das sich aus kommunalen, regionalen Interessensvertreter, Fachleuten und interessierten Bürgern zusammensetzte. Die Treffen fanden durchschnittlich in einem zweimonatigen Turnus mit konkretem Themenbezug statt (Tab. 8.8.1). Im Verlauf seines Bestehens änderte sich das Selbstverständnis des Arbeitskreises vom anfänglichen Austausch- und Ideenforum hin zu einem projektorientierten Gremium. Dies trug einerseits zur Vertiefung der behandelten Sachthemen wie auch zur Motivation der Beteiligten bei. Andererseits erforderte es von den beteiligten Wissenschaftlern in der zweiten Projekthälfte zusätzliche Arbeitsleistungen zu der bereits hohen Auslastung in den bestehenden Teilprojekten. Der hierdurch verursachte Zwiespalt zwischen zusätzlicher Zeitbelastung und der Motivation der wissenschaftlichen Mitarbeiter, den Interessen der Akteure nachzukommen, wurde in der Regel zu Lasten der Arbeitsleistungen der Mitarbeiter entschieden, was zum Teil zu Spannungen im projektinternen Team führte. Die Themenfindung bzw. Problemstellung erfolgte im Arbeitskreis (Tab. 8.8.1), verbunden mit wechselnden Anforderungen an die fachliche Kompetenz und zeitliche Flexibilität der beteiligten Wissenschaftler. Maßgeblich für die Themenfestlegung waren (politische) Aktualität und Problemdruck (z. B. Regelungsbedarf hinsichtlich Windkraftnutzung, Hochwasserschutz und Gewässerentwicklung vor dem Hintergrund der durchgeführten Flussgebietsuntersuchung Jagst, Siedlungsentwicklung als Problem behaftetes Dauerthema in dem an Schutzgebieten reichen Jagsttal). Themen wurden jedoch auch aus politischen Gründen von der Tagesordnung gestrichen, wie z. B. im Falle des Landschaftsplans Schöntal. Hier konnte aus Sicht der Gemeinde der Abschluss der Planung nicht weiter hinausgezögert werden, um eine breitere Bürgerbeteiligung zu realisieren, da der Abschluss dieser Planung eine Grundvoraussetzung für die Fortschreibung des Flächennutzungsplans bildete (Tab. 8.8.1).

Die Datenlage war im Arbeitskreis lediglich im Zusammenhang mit den eingehender behandelten Sachthemen von Bedeutung. Für die Aufstellung von Kriterien für Windkraftanlagen bildete die bereits vorliegende Ausarbeitung von BÜSCHER et al. (1999) eine wesentliche Grundlage. Zum Themenschwerpunkt Siedlungsentwicklung standen Daten des Statistischen Landesamtes sowie kommunale Planungen, wie z.b. der Flächennutzungsplan zur Verfügung.

Vergleich mit anderen Vorhaben

Parallelen hinsichtlich der behandelten Themen, der Organisations- und Beteiligungsformen lassen sich zu den thematisch weit gefassten Lokalen Agenda-Prozessen (vgl. LfU 1998, 2001, 2003, Umweltbundesamt 2002), Stadtentwicklungsprojekten (NRW 1999) oder der kooperativen Landschaftsplanung (vgl. OPPERMANN & LUZ 1996, DANIELZIK & HORSTMANN 2000) ziehen, wobei in der Regel eine Kommune im Zentrum der Betrachtung steht. Projekte zum Thema Flächeninanspruchnahme und Siedlungsentwicklung sind vielfältig und umfassen z.b. Entsiegelungsmaßnahmen, Grünflächenkonzepte, Baulückenkataster, Industriebrachennutzung, Verkehrsleitsysteme oder Wohnprojekte (z.B. Ministerium NRW 1999, LfU 2001, Umweltbundesamt 2002). Ihre Schwerpunkte liegen jedoch überwiegend in städtischen Räumen, was auf den Problemdruck, die finanziellen und organisatorischen Möglichkeiten oder auch die Beteiligung kritischer Bürger zurückzuführen ist. Im ländlichen Raum können z. B. mit Programmen zur Dorferneuerung oder innerörtliche Flurneuordnung Ziele zur Optimierung der Flächennutzung im Siedlungsraum verfolgt werden (KLÄRLE 2001).

Die Tatsache, dass das Thema Siedlungsentwicklung und Flächeninanspruchnahme mit den Gemeinden des Gemeindeverwaltungsverbands Krautheim im *Modellvorhaben Kulturlandschaft Hohenlohe* offen thematisiert werden konnte, ist als ein wesentlicher Fortschritt zu werten und auf die Sensibilisierung der Beteiligten sowie Vertrauensbildung in folge der Zusammenarbeit in dieser Kooperationsform zurückzuführen. Die verschiedenen Bemühungen zum Schutz der Naturgüter und übergeordnete Planungen, die diese Sachverhalte aufnehmen, wie z.B. Regionalplan, schränken aus Sicht der Gemeinden die Freiheitsgrade in der Siedlungsentwicklung ein. Weitere Restriktionen und damit verbundene Handlungseinschränkungen stoßen auf Widerstand, so dass Vorschläge eines »regionalisierten Flächenmanagements« (vgl. MSWV Brandenburg 1994, WEITH 1998) sinnvoll, im Untersuchungsraum aber schwer realisierbar erscheinen. Hinsichtlich der Genehmigungspflicht von Windkraftanlagen haben sich durch die gesetzliche Umsetzung der UVP-, IVU- und anderer EU-Richtlinien im Umweltschutz Neuregelungen ergeben, die eine Entscheidung über die UVP-Pflichtigkeit von Windkraftanlagen erschweren. Die novellierte 4. Bundesimmissionsschutzverordnung bringt es mit sich, dass Windfarmen ab 3 Anlagen in die Liste genehmigungsbedürftiger Anlagen aufgenommen wurden. Ansätze, um das UVP-Problem von Windfarmen zu bewältigen, werden in der Bauleitplanung oder einer gesetzgeberischen Nachbesserung gesehen (vgl. SCHMIDT-ERIKSEN 2002).

Veränderungen in der Einstellung von Beteiligten zu Umweltfragen und im Umweltverhalten sind von vielen Faktoren abhängig. Die Art, Form und Qualität der Information und Beteiligung der Akteure können dabei einen Einfluss haben. Die im Arbeitskreis *Landschaftsplanung* und inhaltlich nahe stehenden Teilprojekten erfolgten Bemühungen zur Information und Einbindung einer breiten Öffentlichkeit in der Phase der Situationsanalyse (TP *Lokale Agenda*) und Standpunktbestimmung (Pro- und Contra-Diskussion Windenergie im Jagsttal), der Visualisierung möglicher zukünftiger Landschaftsentwicklungen (AK *Landschaftsplanung*, TP *Landnutzungsszenario Mulfingen*), der Ideen und Strategieentwicklung in den Themenfeldern Siedlungsentwicklung und Flächeninanspruchnahme, Hochwasserschutz und Gewässerentwicklung (AK *Landschaftsplanung*, TP *Gewässerentwicklung*) bis hin zur Umsetzung konkreter Maßnahmen (TP *Ökobilanz Mulfingen*, TP *Lokale Agenda*) verdeutlichen anhand unterschiedlicher thematischer Bezüge und für verschiedene Projekt- bzw. Planungsphasen die Bandbreite erfolgreicher Sensibilisierungs- und Beteiligungsformen.

Hierin bestehen Parallelen zu ähnlichen Ansätzen und Erfahrungen hinsichtlich der Bereitstellung unterschiedlicher Methoden zur Einbindung der Beteiligten (z.B. LfU 1998, NNA 1999, ALBERS & BROUX 1999, SCHOLZ & TIETJE 2002, Umweltbundesamt 2002, LAHNINGER 2000), zur Sensibilisierung durch Visualisierungen von Landschaftsveränderungen (z.B. BMWV 1998, KRETTINGER et al. 2001), zur Optimierung bestehender Planungsverfahren wie z.B. der Landschaftsplanung (z.B. KUNZE et al. 2002), zur Einbindung bei der Strategieentwicklung in der Landnutzungsplanung (z.B. BMWV 1998, SCHOLZ et al. 1999) oder für die Bereitstellung praxisnaher Handlungshilfen, wie z.B. einem »Werkzeugkasten« mit Strategien und Methoden im Flächenressourcen-Management (GLOGER & LEHLE 2002). Viele der angeführten Ansätze können bislang nur Projekt bezogen in Teilräumen realisiert werden, da sie zunächst mit einem Mehraufwand hinsichtlich Arbeitsleistung, Qualifikation und Kosten verbunden sind. Diesem Mehraufwand sind jedoch die negativen Wirkungen, wie z.B. Umweltbeeinträchtigungen infolge von Informationsdefizit oder Konfrontationsverhalten gegenüber zu stellen. Auch Bemühungen, die Verbindlichkeit und Kooperation in der Landschaftsplanung zu steigern, können dazu beitragen, die zukunftsorientierte Umweltplanung zu stärken (vgl. DANIELZIK & HORSTMANN 2000).

8.8.9 Schlussfolgerungen

Wesentliche Erkenntnisse zur Umsetzungsmethodik
Die Erfahrungen im Arbeitskreis *Landschaftsplanung* mit der Ausrichtung, Zusammensetzung und Organisation eines solchen Forums berühren die aktuelle Diskussion um Strategien eigenständiger Regionalentwicklung. Insbesondere bei Problemstellungen zur dauerhaft umweltgerechten Entwicklung wird zunehmend auf die freiwillige Vernetzung von Akteuren gesetzt und es werden intermediäre Strukturen wie »Runde Tische« oder »Netzwerke« inszeniert, um problemgebunden arbeiten zu können (vgl. FÜRST 1996).

Für den Arbeitskreis *Landschaftsplanung* ist es nicht gelungen, alle Gemeinden der Modellregion gleichermaßen für eine Zusammenarbeit zu Themen der Landschaftsplanung zu gewinnen.

Die interkommunale Zusammenarbeit, auf jeden Fall aber der Austausch der beteiligten Gemeinden war jedoch ein großer Bestandteil des Arbeitskreises und wurde von den Teilnehmern in ihren Rückmeldungen positiv hervorgehoben.

Im *Modellvorhaben Kulturlandschaft Hohenlohe* hat die Projektgruppe die Rolle des Initiators und Moderators übernommen. Dass dabei auf die Freiwilligkeit und die Bereitschaft zum Austausch gesetzt wurde, bestätigt sich als richtige Vorgehensweise durch ähnliche Vorhaben, die formelle Ansprüche und Einschränkungen der kommunalen Planungshoheit als Hinderungsgründe für die Mitwirkung an einer interkommunalen Zusammenarbeit sehen (vgl. SCHWARZE-RODRIAN 1996: 221). Für diese Art der Zusammenarbeit über formelle Strukturen hinweg gibt es allerdings wenig Spielregeln. Für die Projektgruppe *Kulturlandschaft Hohenlohe* als Moderator im Arbeitskreis *Landschaftsplanung* war es deswegen immer wieder nötig, Erwartungen an den Arbeitskreis, Ziele und selbst gesetzte Aufgaben zu klären und transparent zu halten. Darüber hinaus lassen sich aus den Erfahrungen die folgenden Empfehlungen zusammenfassen.

Empfehlungen für eine erfolgreiche Arbeit in Kommunen übergreifenden Foren zur Landschaftsplanung

Die positive Resonanz auf die Zusammenarbeit im Arbeitskreis *Landschaftsplanung* hat den Bedarf an einem Kommunen übergreifenden Forum, das sich aus Kommunalvertretern, Fachleuten und Bürgern zusammensetzt, veranschaulicht. Dieser Motivation steht aber ein Mehraufwand für den Austausch und die gemeinsame Auseinandersetzung gegenüber. Im Gegensatz zur üblichen Verwaltungs- und Planungspraxis handelt es sich außerdem um ein konsensorientiertes Austauschforum, für das keine formalen Entscheidungswege bestehen. Aus den Erfahrungen im Arbeitskreis *Landschaftsplanung* lassen sich folgende Empfehlungen ableiten:

Welche Grundvoraussetzungen sollten gegeben sein?
__Für die zu behandelnde(n) Problemstellung(en) sollte ein ausreichender Problemdruck bzw. ein Problembewusstsein unter den Beteiligten vorhanden sein.
__Die behandelten Themen sollten sich für eine Bearbeitung in einem Kommunen übergreifenden Forum eignen. Hierbei handelt es sich vor allem um Fragestellungen mit einem naturräumlichen Bezug (z.B. Biotopverbund, Gewässerentwicklung, Hochwasserschutz, Landschaftspflege), einer überkommunalen Relevanz (z.B. Trinkwasserversorgung, Windkraftparks) oder einer hohen synergetischen Wirkung (z.B. Einsparpotenzial bei gemeinsamen Planungen, Abstimmung benachbarter Raumplanungen).

Welche organisatorischen Voraussetzungen sollten gegeben sein?
__Aufgrund der Planungshoheit und Gestaltungsmöglichkeiten kommt den Kommunen in landschaftsbezogenen Fragestellungen (z.B. Auftragsvergabe, Formulierung von Mindestanforderungen, Zielsetzungen und praktische Umsetzung des Landschaftsplans, Einrichtung eines Öko-Kontos, Teilnahme an einem Landschaftspflegeprojekt und Biotopverbundmaßnahmen, Art und Umfang der Öffentlichkeitsbeteiligung) eine Schlüsselrolle zu. Ein Gremium, das sich im weiteren Sinne mit landschaftsplanerischen Fragestellungen beschäftigt, sollte sich aus interessierten Kommunal-, Behörden-, Verbandsvertretern, interessierten Bürgern und situationsbedingt eingebundenen Experten zusammensetzen.
__In Abhängigkeit von den im Arbeitsfeld *Landschaftsplanung* i.w.S. behandelten Themen sind die zu beteiligenden Akteure (z.B. Bürger, Landwirte, Naturschützer, Behörden-, Verbandsvertreter, Politiker, Experten), Beteiligungsebene (z.B. Teilort/Gemarkung, Gemeinde, Region, Land-

kreis), -form (z.B. Information, Anhörung, Stellungnahme, aktive Beteiligung, Entscheidungsfindung), -zeitpunkt (In welchem Stadium der Projektentwicklung wird welche Akteursgruppe eingebunden?) sowie die Aufgaben (z.B. Bereitstellung von Daten und Informationen, Planung, Umsetzung, Evaluierung, Sitzungsleitung, Moderation) und Kompetenzen (z.B. Empfehlung, Entscheidungs- und Weisungsbefugnis) abzugrenzen.

— Hierbei kann auf bereits existierende Gremien oder Organisationsformen (z.B. Gemeinderat, Gemeindeverwaltungsverband, Agenda-Gruppe, Vereine) zurückgegriffen werden. Bereits existierende, politisch legitimierte Foren haben hierbei den Vorteil, Entscheidungen direkt beeinflussen zu können (z.B. Gemeinderat, Gemeindeverwaltungsverband, LEADER-Aktionsgruppe). Sich neu formierende, Anlass bzw. Projekt bezogene Gremien sind flexibler in der personellen Zusammensetzung, besitzen aufgrund ihres Projektbezugs meist ein hohes Innovationspotenzial, haben aber in der Regel einen nur empfehlenden Charakter (z.B. Agenda-Gruppe, Bürgerinitiative oder »Runder Tisch«). Durch die Einbindung politischer Entscheidungsträger und Schlüsselpersonen in diese offenen oder Projekt bezogenen Foren kann der Einfluss auf politische Entscheidungsprozesse erhöht werden.

— Vorteilhaft und förderlich für die Kooperation ist ein von den Beteiligten als neutral bzw. unabhängig eingestufter Moderator. Er kann durch Vorbereitung, Prozessgestaltung und den persönlichen Umgang positiv auf die Arbeitsatmosphäre und den Arbeitsfortschritt Einfluss nehmen. Er kann vor allem auch helfen den hohen Anforderungen an die Transparenz eines solchen Gremiums nachzukommen. Dies betrifft die Frage, wer in welcher Weise beteiligt wird (vgl. Stakeholder-Analyse Kap. 8.5 oder RIETBERGEN-MCCRACKEN & NARAYAN 1998), die Zusammenarbeit der direkt Beteiligten und die Frage wie Nichtbeteiligte informiert oder einbezogen werden. Zudem werden durch die Funktionstrennung von fachlichem, politischen und finanziellen Interesse einerseits und der Prozessoptimierung im Sitzungsverlauf andererseits, Konflikte vermieden. Für die Moderation und Organisation des Prozesses sollten personelle bzw. finanzielle Ressourcen zur Verfügung gestellt werden.

Wie kann die Ideenentwicklung in diesem Forum gefördert werden?

— Zur Förderung neuer Ideen und innovativer Ansätze sollten gezielt Außenstehende und Fachleute einbezogen werden (z.B. externe Architekten, Landschaftsplaner, Wasserbauingenieure, Ökologen). Möglichkeiten hierzu ergeben sich z.B. im Rahmen üblicher Planungsprozesse (z.B. Biotopverbund-, Gewässerentwicklungs-, Landschafts-, Flächennutzungsplanung, Umweltverträglichkeitsprüfung), Einzelprojekte, Forschungsvorhaben oder in der Zusammenarbeit mit Fachhochschulen und Universitäten im Rahmen der Forschung und Lehre (z.B. Diplomarbeiten, Studienprojekte).

— Neue gesetzliche Rahmenbedingungen (z.B. EU-Wasserrahmenrichtlinie (EU-WRRL, 2000), SUP-Richtlinie) oder neue Lösungsansätze in bestehenden Planungsprozessen (z.B. »Interaktiver Landschaftsplan«, KUNZE et al. 2002) bilden Anlässe für eine aktive Auseinandersetzung mit neuen Themen.

Wie kann das öffentliche Interesse und eine breite Beteiligung gefördert werden?

— Die breite Öffentlichkeit kann von den Arbeiten des Gremiums über Pressemitteilungen, ausführliche Artikel, Ausstellungen, Exkursionen, öffentliche Informationsveranstaltungen usw. informiert werden. Hierbei tragen gute Dokumentationen, z.B. Ausstellungen, Flyer, Broschüren, Handbücher, Homepage, oder Visualisierungen, z.B. geschichtliche und zukünftige Entwicklung der Siedlungs- und Waldflächen, Einfluss von Hochwasserrückhaltebecken auf das Hochwassergeschehen, entscheidend zur Sensibilisierung der Beteiligten bei. Zu beachten ist, dass selbst in räumlich benachbarten Gemeinden der Informationsstand bzw. die Bereitschaft Umweltaspekte zu thematisieren sehr unterschiedlich sein kann, was in der Informations- und Beteiligungsstrategie zu berücksichtigen ist.

— Die an der thematischen Ausarbeitung direkt Beteiligten sollten durch eine hohe Transparenz (z.b. Informationsfluss, Entscheidungsfindung) und Verbindlichkeit (z.b. Anzahl und Häufigkeit der Treffen, Beschlussfassung und deren Umsetzung) sowie einen guten Informationsfluss nach innen, (z.b. Einladungen, Protokolle, Mailing-Listen, Homepage) in der Zusammenarbeit unterstützt werden.

Wie kann die Motivation und Verbindlichkeit in der Zusammenarbeit gefördert werden?

— Die Motivation für die Zusammenarbeit in einem Gremium zu landschaftsplanerischen Themen wird durch gemeinsam erarbeitete Erfolge gefördert. Dies hängt entscheidend von der gemeinsamen Zielformulierung (Was wollen wir erreichen?) und der realistischen Einschätzung des Erreichbaren (Was können wir erreichen?) ab. Praktische Umsetzungserfolge (z.B. interkommunales Gewerbegebiet, Kommunen übergreifender Gewässerentwicklungs- oder Landschaftsplan mit konzertierten Umsetzungsschritten, Themen orientierte interkommunale Agenda-Gruppen) können ein wesentlicher Motor der Zusammenarbeit sein. Eine hohe Zufriedenheit mit den Ergebnissen entsteht jedoch auch, wenn beispielsweise alleine in der konzeptionellen Zusammenarbeit (z.B. von den Beteiligten verbindlich verfolgte Leitbilder der Siedlungsentwicklung, Biotopverbundplanung und interaktiver Landschaftsplan mehrerer Kommunen) der Arbeitsfort-schritt gesehen wird und alle Beteiligten in dieser Zielsetzung übereinstimmen.

— Eine finanzielle Beteiligung der Kommunen oder Fachbehörden an externen Leistungen, wie z.B. Moderation, Datenerhebung, -auswertung, Konzeptentwicklung erhöht die Verbindlichkeit und Wertschätzung in der der Zusammenarbeit.

— Die Auseinandersetzung mit neuen und/oder Problem behafteten Themen (z.B. Siedlungsentwicklung und Freizeitnutzung in ökologisch sensiblen Gebieten, konservierende Landschaftspflege oder prozessorientierte Landschaftsentwicklung, Leben mit Hochwasserrisiken, individueller Wohnraumbedarf) bringt Konflikte und Umdenkungsprozesse mit sich. Eine vertrauensvolle, zumindest mittelfristige Zusammenarbeit ist eine wichtige Voraussetzung, um Veränderungen in der Einstellung zu Umweltfragen zu bewirken.

Wie kann der mögliche Mehraufwand für die Kommunikation in der Landschaftsplanung aufgefangen werden?

— Die Zusammenarbeit zu landschaftsplanerischen Themen kann durch die finanzielle Unterstützung aus entsprechenden Programmen, z.B. der Landschaftspflegerichtlinie, dem Entwicklungsprogramm Ländlicher Raum, LEADER, PLENUM sowie der Modellprojekte in Baden-Württemberg, bis hin zu Forschungsprojekten gefördert werden. Dies kann von einer vergleichsweise einfach handhabbaren Ausweitung bestehender Planungsansätze (z.B. Flächennutzungs-, Landschafts-, Gewässerentwicklungsplanung, Agrarstrukturelle Vorplanung) im Sinne einer verstärkten partizipativen Ausformung bis hin zur Akquisition aufwändigerer Projekte und Forschungsvorhaben reichen.

Weiterführende Aktivitäten

Der in der Gemeinde Dörzbach initiierte Agenda-Prozess (Kap. 8.12), wie auch die in Mulfingen durchgeführte Kommunale Ökobilanz (Kap. 8.9) verdeutlichen den Einfluss von Kommunikationsprozesse auf Entscheidungsprozesse in Gemeindegremien, die eine direkte Umsetzung von Maßnahmen zur Folge haben. Im Arbeitskreis *Landschaftsplanung* spielten ebenfalls die Fragen zu Beteiligungsformen, Transparenz und Austausch eine wichtige Rolle. Die positive Rückmeldung zu den Arbeitsformen in dem Arbeitskreis, aber auch die diskutierten Schwierigkeiten zeigen, dass für die interkommunale oder regionale Zusammenarbeit zum Thema »nachhaltige Entwicklung« neue Wege beschritten werden können. Wenige Anhaltspunkte gibt es allerdings bisher, welche Wirkungen von einem mittel- bis langfristigen Kommunikationsforum auf eine nachhaltige Entwicklung erwartet werden können, d.h. welche sozialen, ökologischen und ökonomischen Effekte zugeordnet werden können.

Literatur

Albers, O., A. Broux, 1999: Zukunftswerkstatt und Szenariotechnik – Ein Methodenhandbuch für Schule und Hochschule. (Hrsg. P. Thiesen) Beltz Verlag, Weinheim und Basel

Anonymus, 1998: Arbeitsgrundlagen Bodenschutz, Teil »Stellungsnahme der Bodenschutzbehörde in der vorbereitenden Bauleitplanung«. Entwurf am Regierungspräsidium Stuttgart, Referat 74: 27 S.

Beuttler, A., Lenz, R. (Hrsg.), 2003: Umweltbilanz Gemeinde Mulfingen. Reihe: Nachhaltige Landnutzung. Oekom-Verlag, München

BMWV (Bundesministerium für Wissenschaft und Verkehr, Hrsg.) (1998): Szenarien der Kulturlandschaft. – Bundesministerium für Wissenschaft und Verkehr, Wien

BodSchG 1994: Gesetz zum Schutz des Bodens (Bodenschutzgesetz) des Landes Baden-Württemberg vom 24.6.1991, GBl. 1991, 434; zuletzt geändert durch Gesetz am 12.12.1994

Büscher, D., E. Heiber, E. Hein (1999): Regionale Windpark-Standorte – Potentielle Standortbereiche für Windparks in der Region Franken, Regionalverband Franken, Heilbronn

Briesenick, G., A. Kusebauch, R. Leathley, A. Stappen (2001): Siedlungsentwicklung Dörzbach – Eine Gemeinde blickt in die Zukunft. Unveröffentlichte Projektarbeit im Fachbereich Landespflege, Fachhochschule Nürtingen

Buchecker, M., M. Hunziker, F. Kienast, 1999: Mit neuen Möglichkeiten der partizipativen Landschaftsentwicklung zu einer Aktualisierung des Allmendgedankens – eine Chance gerade im periurbanen Raum. Eidgenössische Forschungsanstalt für Wald, Schnee und Landschaft, Forum für Wissen, S. 13–19, Birmensdorf

Büringer, H., S. Goerken, S. Krenzke, W. Stenius, 2001: Umweltökonomische Trends in Baden-Württemberg. Baden-Württemberg in Wort und Zahl 9/2001: 449–460, Stuttgart

Curdes, G., 1999: Kulturlandschaft als »weicher« Standortfaktor – Regionalentwicklung durch Landschaftsgestaltung. Informationen zur Raumentwicklung, Heft 5/6.1999

Danielzik, J., K. Horstmann, 2000: Kooperation statt Konfrontation: Die kooperative Landschaftsplanung – Zum Verhältnis zwischen Landschaftsplanung und Landwirtschaft. LÖBF-Mitteilungen, 1/2000, S. 41–46

Dosch, F., G. Beckmann, 1999: Strategien künftiger Landnutzung – ist Landschaft planbar? Informationen zur Raumentwicklung, Heft 5/6.1999

Dreher, M., 2002: Auswirkungen einer Förderung regenerativer Energieträger in der Stromerzeugung – Eine Energiesystemanalyse für Baden-Württemberg. In: Wietschel, M.; W. Fichtner, O. Rentz (Hrsg.), 2002: Regenerative Energieträger – Der Beitrag und die Förderung regenerativer Energieträger im Rahmen einer Nachhaltigen Energieversorgung. ecomed-Verlagsgesellschaft, 211 S., Landsberg

Enquete-Kommission des Deutschen Bundestages, 1997: Konzept Nachhaltigkeit; Fundamente für die Gesellschaft von morgen. Zwischenbericht der Enquœte-Kommission »Schutz des Menschen und der Umwelt – Ziele und Rahmenbedingungen einer nachhaltigen zukunftsverträglichen Entwicklung« Deutscher Bundestag, 13. Wahlperiode. Bonn

EU-WRRL, 2000: Richtlinie 2000/60/EG des Europäischen Parlaments und des Rates vom 23.10.2000 zur Schaffung eines Ordnungsrahmens für Maßnahmen der Gemeinschaft im Bereich der Wasserpolitik, EGABl. 2000 Nr.327, S. 1 ff.

Fürst, D., 1991: Umweltschutz als Hemmnis? Über den Beitrag der Landschaftsplanung zur Gemeindeentwicklung. In: Ministerium für Umwelt Rheinland-Pfalz (Hrsg.): Landschafsplanung – Aufschwung für die Umwelt, Kongressbericht, Mainz.

Fürst, D., 1996: Regionalentwicklung: von staatlicher Intervention zu regionaler Selbststeuerung. In: Selle, K. (Hrsg.), 1996: Planung und Kommunikation. Gestaltung von Planungsprozessen in Quartier, Stadt und Landschaft – Grundlagen, Methoden, Praxiserfahrungen. Bauverlag GmbH, Wiesbaden, Berlin, 91-99

Geisler, E., 1995: Grenzen und Perspektiven der Landschaftsplanung – Anforderungen an eine Disziplin mit Moderatorenfunktion. Naturschutz und Landschaftsplanung 27, (3), 1995, S. 89-92

Gloger, S.; M. Lehle, 2002: Flächenressourcen-Management – ein umweltpolitischer Schwerpunkt im Land Baden-Württemberg. Altlasten spektrum 1/2002: 14-19

Graf, S. (1997): Möglichkeiten der Nutzung von trockenen Talhängen im mittleren Jagsttal am Beispiel der Gemeinden Dörzbach und Ailringen – eine empirische Untersuchung. Universität Hohenheim, Institut für landwirtschaftliche Betriebslehre, unveröff. Diplomarbeit

Kälberer, H., B. Schuler (1998): Jagsttal 2030 – Szenarien zur Siedlungs- und Landschaftsentwicklung der Gemeinden Ailringen, Jagsttberg und Mulfingen im mittleren Jagsttal. – unveröff. Diplomarbeit im Fachbereich Landschaftsarchitektur, Umwelt- und Stadtplanung, Fachhochschule Nürtingen

Klärle, M. (2001): Zwischen Dorfbrache und Siedlungsexpansion: Von Schlüsselpunkten nachhaltiger Kommunalentwicklung zur planerischen Umsetzung, Reihe: Nachhaltige Kommunalentwicklung, Akademie für Natur- und Umweltschutz Baden-Württemberg, Stuttgart

Konold, W.; R. Kirchner-Heßler, N. Billen, A. Bohn, W. Bortt, St. Dabbert, B. Freyer, V. Hoffmann, G. Kahnt, B. Kappus, R. Lenz, I. Lewandowski, H. Rahman, H. Schübel, K. Schübel, S. Sprenger, K. Stahr, A. Thomas (1997): BMBF-Förderschwerpunkt »Ökologische Konzeptionen für Agrarlandschaften« – Wege zu einer multifunktionalen, umweltschonenden Agrarlandschaftsgestaltung – Definitionsprojekt Hohenlohe-Franken. Unveröffentlichter Antrag zu Hauptphase, Universität Hohenheim, Institut für Landschafts- und Pflanzenökologie

Krettinger, B.; F. Ludwig, D. Speer, G. Aufmkolk, S. Ziesel (2001): Zukunft der Mittelgebirgslandschaften – Szenarien zur Entwicklung des ländlichen Raums am Beispiel der Fränkischen Alb, Ergebnisse des E+E-Vorhabens »Leitbilder zur Pflege und Entwicklung von Mittelgebirgslandschaften in Deutschlang am Beispiel der Hersbrucker Alb«. BfN, Bad Godesberg

Kunze, K.; C.v.Haaren, B. Knickrehm, M. Redslob, 2002: Interaktiver Landschaftsplan – Verbesserungsmöglichkeiten für die Akzeptanz und Umsetzung von Landschaftsplänen. Angewandte Landschaftsökologie, Heft 43, 137 S., Bonn

Lahninger, P., 2000: Leiten, präsentieren, moderieren – Arbeits- und Methodenhandbuch für Teamentwicklung und qualifizierte Aus- & Weiterbildung. Hrsg. von der AGB-Arbeitsgemeinschaft für Gruppenberatung. Ökotopia-Verlag, Münster

LFU (Landesanstalt für Umweltschutz Baden-Württemberg, Hrsg.) 1998: Lokale Agenda 21 in kleinen Gemeinden. Ein Praxisleitfaden mit Beispielen. Agenda-Büro. Karlsruhe

LfU (Landesanstalt für Umweltschutz Baden-Württemberg, Hrsg.), 1994: Solar- und Windenergieatlas Baden-Württemberg. Karlsruhe

LFU (Landesanstalt für Umweltschutz Baden-Württemberg, Hrsg.) 1998: Lokale Agenda 21 in kleinen Gemeinden. Ein Praxisleitfaden mit Beispielen. Agenda-Büro. Karlsruhe

LFU (Landesanstalt für Umweltschutz Baden-Württemberg) (Hrsg.) 2003: Arbeitsmaterialien 4 – Übersicht Kommunen und Übersicht Landkreise. Lokale Agenda in Baden-Württemberg: Schwerpunkte, Ansprechpartner und Arbeitsgruppen. Stand 3.6.2003. Agenda-Büro, Karlsruhe

LfU (Landesanstalt für Umweltschutz Baden-Württemberg, Hrsg.), 2001: Arbeitsmaterialien 21 – Boden und Fläche in der Lokalen Agenda 21. Agenda-Büro, Karlsruhe

Luz, F., R. Luz, M. Schreiner, 2000: Landschaftsplanung effektiver in die Tat umsetzen. – Naturschutz und Landschaftsplanung 32 (6), S.176-181

Mayerl, D., 1996: Landschaftsplanung am Runden Tisch – kooperativ planen, gemeinsam umsetzen. Laufener Seminarbeiträge 6: 31-36

Ministerium NRW (Ministerium für Arbeit, Soziales und Stadtentwicklung, Kultur und Sport des Landes Nordrhein-Westfalen, Hrsg.), 1999: Nachhaltige Stadtentwicklungsprojekte umsetzen – Landesweiter Wettbewerb 1998 Nordrhein-Westfalen

MSWV Brandenburg, 1994: Ministerium für Stadtentwicklung, Wohnen und Verkehr des Landes Brandenburg – Flächenmanagement in Brandenburg, Potsdam
NNA (Alfred Toepfer Akademie für Naturschutz, Hrsg.), 1999: Agenda 21 – leicht gemacht. Schneverdingen
Oppermann, B., F. Luz (1996): Planung hört nicht mit dem Planen auf – Kommunikation und Kooperation sind für die Umsetzung unerlässlich. In: Konold (Hrsg.) (1996): Naturlandschaft Kulturlandschaft – Die Veränderung der Landschaften nach der Nutzbarmachung durch den Menschen. ecomed Verlag, Landsberg
Ossenberg, W., 1980: Entwicklungslinien ländlicher Siedlungen in Südwestdeutschland. KTBL-Schrift 256, Darmstadt-Kranichstein
Regionalverband Franken, 2001: Kleinräumige Bevölkerungsprognose 2001 des Regionalverbandes Franken. Regionalverband Franken, Heilbronn
Rietbergen-McCracken, J., D. Narayan, 1998: Participation an Social Assessment – Tools and Techniques. International Band für Reconstruction an Development, Washington
Schmidt-Eriksen, Ch., 2002: Die Genehmigung von Windkraftanlagen nach dem Artikelgesetz. Natur und Recht, 11: 648–654
Scholz, R. W., S. Bösch, L. Carlucci, J. Oswald (Hrsg. 1999): Chancen der Region Klettau – Nachhaltige Regionalentwicklung: ETH-UNS Fallstudie 1998. Verlag Rüegger AG, Zürich
Scholz, R.W., O. Tietje (2002): Embedded Case Study Methods – Integrating quantitative and qualitative knowledge. Sage Publications, California
Schwarze-Rodrian, M., 1996: Interkommunale Zusammenarbeit: Voraussetzung für die Freiraumpolitik im Ruhrgebiet. In: Selle, K. (Hrsg.), 1996: Planung und Kommunikation. Gestaltung von Planungsprozessen in Quartier, Stadt und Landschaft – Grundlagen, Methoden, Praxiserfahrungen. Bauverlag GmbH, Wiesbaden, Berlin, 91–99
SRU 1994: Rat von Sachverständigen für Umweltfragen – Umweltgutachten 1994, Wiesbaden
SRU 1996: Rat von Sachverständigen für Umweltfragen – Umweltgutachten 1996, Wiesbaden
Stromeinspeisungsgesetz, 1990: Gesetz über die Einspeisung von Strom aus erneuerbaren Energien in das öffentliche Netz (Stromeinspeisungsgesetz) vom 7.12.1990. Bundesgesetzblatt Teil 1, Z 5702 A, Nr. 67
SUP-Richtlinie, 2001: Richtlinie 2001/42/EG des Europäischen Parlaments und des Rates über die Prüfung der Umweltauswirkungen bestimmter Pläne und Programme: Vom 21.7.2001, Abl. EG L 197, S. 30)
Umweltbundesamt, 2002: Kommunikationshandbuch Lokale Agenda 21 und Wasser – Zielgruppengerechte Kampagnen und Aktionen für den Gewässerschutz und eine nachhaltige Wasserwirtschaft. Berlin
Umweltplan 2001: Umweltplan Baden-Württemberg. Ministerium für Umwelt und Verkehr Baden-Württemberg (Hrsg.), 253 S., Stuttgart
Weith, T., 1998: Umweltvorsorge im regionalen Flächenmanagement – Skizze eines Veränderungsansatzes. In: Moss, T., T. Weith (Hrsg.): Stadtregionen im Gleichgewicht – Neue Managementformen für die umweltgerechte Nutzung von Flächen und Infrastrukturen, Tagungsband zur UTECH 1998: 65–77, Institut für Regionalentwicklung und Strukturplanung, Erkner

Internet-Quellen

Langner, B., 2000: Die historische Dorfanalyse als Planungshilfe – Ein methodischer Leitfaden., www.dorfanalyse.de/methodik.html.
Statistisches Landesamt Baden-Württemberg, 2001: http://www.statistik.baden-wuerttemberg.de/SRDB/; Fläche 2001, Bevölkerung 1. Quartal 2001

Angelika Beuttler, Norbert Billen, Ralf Kirchner-Heßler, Roman Lenz,
Berthold Kappus, Dieter Lehmann

8.9 Ökobilanz Mulfingen – Förderung der nachhaltigen Entwicklung einer Gemeinde mit Hilfe einer kommunalen, landschaftsbezogenen Umweltbilanz mit Bürgerbeteiligung

8.9.1 Zusammenfassung

Im Zusammenhang mit einer nachhaltigen Gemeindeentwicklung stellt sich verstärkt die Frage nach den Möglichkeiten einer Erfolgskontrolle von Maßnahmen auf kommunaler Ebene. Mögliche Instrumente hierfür stellen Ökobilanzen dar, die mit Hilfe von Zeigerwerten oder -Parametern eine positive oder negative Entwicklung offen legen. Im Teilprojekt *Ökobilanz Gemeinde Mulfingen* wurden auf der Grundlage eines Indikatorensets nach LENZ (1999b) insbesondere der Ressourcenverbrauch der Modellgemeinde (Energie, Wasser, Fläche) sowie die funktionalen und strukturellen Auswirkungen (z.B. Bodenerosion, Lärmbelastung, Zerschneidung) auf die Umweltqualität analysiert. Die Zusammenstellung dieser Indikatoren ergibt sich aus der Ergänzung der Schutzgüter aus der klassischen Landschaftsplanung mit den Schutzgütern der Umweltverträglichkeitsprüfung. Als Ergebnis der Ökobilanz zeigt sich ein schlechtes Abschneiden bei den Indikatoren Energieeinsatz, Trinkwasserverbrauch durch Gewerbe, Abfallaufkommen und der Verwertungsquote (gesamter Landkreis), Landschaftszerschneidung sowie bei der ökologischen Qualität der Auestrukturen. Die Indikatoren Trinkwasserverbrauch durch Privathaushalte, Nachhaltigkeit der Grundwassernutzung, Ökotoxikologisches Potenzial durch Klärschlamm sowie die Naturschutzindikatoren Heuschrecken, Salamanderlarven und Landschaftsdiversität schneiden bei der Bilanzierung gut ab. Die anderen Indikatoren liegen mit der »Warnfarbe« gelb zwischen »rot« (kritischer) und »grün« (unkritischer, guter Zustand). Eine ausführliche Darstellung und Diskussion der Ergebnisse findet sich in BEUTTLER & LENZ (2003).

Um eine höchstmögliche Praxisrelevanz und Akzeptanz der Umweltbilanz vor Ort bei den lokalen Akteuren zu erzielen, wurde die Gemeinde Mulfingen durch die Gründung eines Arbeitskreises aktiv am Planungsprozess beteiligt. Gemeindeverwaltung, Gemeinderat und engagierte Bürger bildeten ein diskussionsfreudiges Austauschforum, das sich mit ökologischen Themen in der Kommune befasste. Die unabhängige Moderation des Arbeitskreises durch die Projektgruppe *Kulturlandschaft Hohenlohe* trug zu dessen Akzeptanz und Erfolg bei.

Abweichungen von der ursprünglichen Planung ergaben sich durch die enge Zusammenarbeit mit den Akteuren. So wurden auf deren Wunsch parallel zur durchgeführten Situationsanalyse bereits erste Maßnahmen geplant und umgesetzt. Außerdem wurde der Schwerpunkt auf Einzelmaßnahmen gelegt, anstatt umfassende Konzepte aufzustellen, deren Umsetzung nicht sichergestellt war. Die Sensibilisierung von Bürgern und auch der kommunalen Entscheidungsträger gestaltete sich als kommunikations- und zeitaufwändig. Diese Vorgehensweise hat sich jedoch letztendlich bewährt, da die Ideen aus dem Teilprojekt *Ökobilanz Mulfingen* im Agenda-21-Vorhaben der Gemeinde weiterverfolgt werden konnten. Mit diesem Prozess der Lokalen Agenda konnte der Schritt in die Umsetzung bereits in der Projektlaufzeit getan werden.

8.9.2 Problemstellung

Bedeutung für die Akteure
Im Rahmen des Modellvorhabens hat die Gemeinde Mulfingen (Hohenlohekreis) ihr Interesse bekundet, in Zusammenarbeit mit der Projektgruppe *Kulturlandschaft Hohenlohe* als Modellgemeinde eine kommunale Ökobilanz durchzuführen. In Gesprächen mit den Akteuren während der Definitionsphase wurde von Mitarbeitern der Projektgruppe *Kulturlandschaft Hohenlohe* die Thematik einer Ökobilanz für eine Kommune vorgestellt. Entwicklungspotenziale, wie z.B. im Bereich der verbindlichen Bauleitplanung (Bebauungsplan) wurden bereits in der Gemeinde angedacht, eine Gesamtsicht der Umweltsituation war jedoch nicht vorhanden. Dafür bot sich die Durchführung einer kommunalen Ökobilanz für Mulfingen an.

Nach Beginn der Hauptphase wurde das Projekt dem Gemeinderat vorgestellt mit dem Ziel, gemeinsam mit der Gemeinde die Ökobilanz zu erstellen und umzusetzen. Ein Arbeitskreis, der neben Gemeinderäten und Verwaltung auch interessierte Bürger umfasste, beschäftigte sich darauf hin mit aktuellen ökologischen Fragestellungen, die in der Gemeinde bereits diskutiert wurden.

Wissenschaftliche Fragestellung
In der Gemeinde Mulfingen wird mit Hilfe von systemaren Indikatoren eine Bestandsaufnahme und Bewertung der aktuellen Umweltsituation durchgeführt. Folgende wissenschaftliche Fragestellungen werden dabei bearbeitet:
— Welche Indikatoren bezüglich des Ressourcenverbrauchs und -bedarfs sowie der funktionalen und strukturellen Auswirkungen auf die Umweltqualität eignen sich zur Erstellung einer kommunalen Ökobilanz?
— Wie können die ausgewählten Indikatoren mittels der vorhandenen Daten bilanziert werden?
— Auf welche Art und Weise können die kommunalen Akteure bei der Auswahl der Indikatoren mit einbezogen werden, um eine höchstmögliche Praxisrelevanz und Akzeptanz zu erzielen?
— Wie können die im Handlungskonzept vorgeschlagenen Maßnahmen zur Verbesserung der kommunalen Umweltsituation sukzessive umgesetzt werden?
— Inwieweit eignet sich der Ansatz der Ökobilanzierung zur freiwilligen Steuerung und Kontrolle von Planungen und Maßnahmen in Bezug auf eine nachhaltige Gemeindeentwicklung?
— Sind die entwickelten Ansätze auf andere Gemeinden übertragbar?

Die in diesem Teilprojekt angewandte Methodik befasst sich mit der Erstellung von Indikatorensätzen als integrative und interdisziplinäre Leistung aller Beteiligten sowie der Abstimmung der Rechenvorschriften mit der verfügbaren Datenbasis. Um einen durchgängigen Bezug von den Ausgangsdaten zur Bilanzierung der Indikatoren zu erhalten, erfolgt die Umsetzung mittels eines Informationssystems. Dadurch wird die Durchführung weiterer Ökobilanzen erleichtert.

Historischer Kontext/Kenntnisstand
Die umfangreiche Diskussion zu neuen Wegen in der Landschafts- und Raumplanung bezüglich informatorischer, freiwilliger Steuerungsinstrumente wie Ökobilanzen, Öko-Audits, Agenda 21 zeigt deutlich, dass administrative und sektorale Ansätze auch in der Planungspraxis auf dem Rückzug sind und dass »Indikatorensets« für eine ganzheitliche Umweltbetrachtung zunehmend mehr Augenmerk geschenkt wird (Lenz 1999a, Kanning 2001). Mit Hilfe dieser »Indikatorensets« soll eine Erfolgskontrolle kommunaler Maßnahmen möglich sein, um langfristig eine nachhaltige Gemeindeentwicklung zu gewährleisten.

Während Betriebs- und Produktökobilanzen schon seit einiger Zeit durchgeführt werden (LfU 1998), besteht im Bereich raumbezogener Öko- und Umweltbilanzen noch Forschungs- und Entwicklungsbedarf (Kanning 2001). Als informatorischer Bestandteil der Kommunalplanung kann eine ökologische Bilanzierung dazu dienen, die derzeitige Situation und mögliche zukünftige Entwicklungen hinsichtlich der Umweltsituation in der Gemeinde zu beurteilen. Dies erfolgt mit Hilfe bestimmter Kenngrößen und Zeigerwerte über so genannte Indikatoren und deren Zustände. Dabei können aktuelle Abweichungen von einem gewünschten Sollzustand oder zeitliche Veränderungen und Trends eines Indikators festgestellt werden. Die methodische Ausgestaltung der Ökobilanzen stellt dabei eine große Herausforderung dar, weil einerseits mit oft verschiedenen und unscharfen Datengrundlagen und andererseits mit möglichst standardisierten Verfahren gearbeitet werden soll (Lenz 1999a, Heiland 1999). Einige Modellprojekte auf regionaler sowie kommunaler Ebene weisen ebenfalls auf Möglichkeiten und Grenzen bei der Arbeit mit Indikatoren hin (Diefenbacher et al. 1997, Akademie für Technikfolgenabschätzung 1997, 2000, Arbeitsgemeinschaft Regionale Ökobilanz 1999, UVM et al. 2000, B.A.U.M. Consult 2001).

In der Gemeinde Mulfingen gab es zu Beginn des Projekts neben den üblichen landschaftsplanerischen Planungsinstrumenten (Landschaftsplan, Grünordnungsplan) keine Planungen, die sich mit der Erfassung und Bilanzierung ökologischer Daten befassen.

8.9.3 Ziele

Oberstes Ziel im Teilprojekt *Ökobilanz Mulfingen* war, einen Beitrag für die nachhaltige Entwicklung der Gemeinde Mulfingen zu leisten.

Ein wesentliches **wissenschaftlich-planerisches Ziel** war dabei die Bestandsaufnahme und Bewertung der aktuellen Umweltsituation bezüglich des Ressourcenverbrauchs und -bedarfs sowie der funktionalen und strukturellen Auswirkungen auf die Umweltqualität (durchgeführt nach Lenz 1999b). Ein weiteres Ziel war es, die ökologischen Entwicklungs- und Gefährdungspotenziale in der Gemeinde aufzuzeigen. In einer zweiten Bilanzierung sollten die im Handlungskonzept vorgeschlagenen Maßnahmen und deren Auswirkungen bewertet werden.

Um ein praxisrelevantes und umsetzbares Instrument der Bilanzierung auf kommunaler Ebene verwenden zu können, sollte ein Indikatorenset etabliert und modifiziert werden. Die Übertragbarkeit der durchgeführten Ökobilanzierung auf andere Gemeinden sollte überprüft werden.

Zu den **umsetzungsmethodischen Zielsetzungen** gehörte es, einerseits die Gemeinde am Planungsprozess aktiv zu beteiligen, andererseits die Ergebnisse zu evaluieren, um die Vorgehensweise im Arbeitskreis zu optimieren.

Als **anwendungsorientierte Zielsetzung** sollten die Möglichkeiten für eine nachhaltige Entwicklung der Gemeinde in Form eines Handlungskonzeptes aufgezeigt und konkrete Einzelmaßnahmen verwirklicht werden. Die Information der beteiligten Akteure sowie der Gemeinde im Allgemeinen über die Aktivitäten im Teilprojekt stellt ein weiteres wichtiges anwendungsorientiertes Ziel dar.

8.9.4 Räumlicher Bezug

Die *Ökobilanz Mulfingen* wurde für die zum Landkreis Hohenlohe gehörende, im mittleren Jagsttal gelegene Gemeinde Mulfingen mit 3898 Einwohnern (Stand 2001) erstellt. Zusammen mit den Gemeinden Krautheim und Dörzbach ist Mulfingen in einem Gemeindeverwaltungsverband organisiert. Neben dem Hauptort Mulfingen (1158 Einwohner) gehören die sieben Teilorte Ailringen (511 Einwohner), Buchenbach (542 Einwohner), Eberbach (229 Einwohner), Hollenbach (501 Einwohner), Jagstberg (487 Einwohner), Simprechtshausen (227 Einwohner) und Zaisenhausen (243 Einwohner) zum Gemeindegebiet mit einer Gesamtfläche von 8007 ha (Abb. 8.8.2).

Als Gemeinde im ländlichen Raum weist Mulfingen eine ähnliche Struktur wie die angrenzenden Gemeinden mit folgender Flächenverteilung auf: Siedlung und Verkehr 8 Prozent, Waldfläche rund 30 Prozent und Landwirtschaftsfläche ca. 60 Prozent. Jedoch ist sie auf Grund ihrer guten wirtschaftlichen Situation von einer beschleunigten Entwicklung geprägt. Dies zeigt sich unter anderem an der Vielzahl der Fortschreibungen zum Flächennutzungsplan zur Ausweisung neuer Wohn- und Gewerbegebiete.

8.9.5 Beteiligte Akteure und Mitarbeiter/Institute

Die Zusammenarbeit mit der Gemeinde Mulfingen erfolgte vorwiegend über einen Arbeitskreis, der sich aus Vertretern der Gemeindeverwaltung, des Gemeinderats, interessierten Bürgern sowie den Projektmitarbeitern zusammensetzte. Vertreter des Landratsamtes Hohenlohekreis und des Amts für Landwirtschaft, Landschafts- und Bodenkultur Öhringen waren anfangs bei den Treffen ebenfalls vertreten. Dieses Forum mit durchschnittlich 6 bis 8 Teilnehmern aus der Gemeinde traf sich im Verlauf des Projektes in acht Arbeitskreistreffen. Die Gemeinde bzw. aktive Mitglieder des Arbeitskreises unterstützten das Projekt durch Zuarbeit bei der Zusammenstellung der erforderlichen Daten und Informationen (Abb. 8.9.2).

Hauptbearbeiter des Teilprojekts *Ökobilanz Mulfingen* war das Institut für Angewandte Forschung der Fachhochschule Nürtingen, bei dem die Beiträge der einzelnen an der Forschung beteiligten Institute koordiniert wurden. Während das Institut für Bodenkunde und Standortskunde, das Institut für Landespflege (auch Moderation einzelner Sitzungen) und das Institut für Zoologie fachspezifische Inhalte für die ökologische Bilanzierung lieferten, brachte sich das Institut für Sozialwissenschaften des Agrarbereichs durch die Moderation der Arbeitskreise bei der Zusammenarbeit mit den Akteuren in das Projekt ein. Als wissenschaftliche Mitarbeiter von Seiten der Projektgruppe *Kulturlandschaft Hohenlohe* wirkten mit Angelika Beuttler (Teilprojektverantwortliche), Dieter Lehmann, Prof. Dr. Roman Lenz, alle Institut für Angewandte Forschung der Fachhochschule Nürtingen (IAF), Dr. Norbert Billen, Institut für Bodenkunde und Standortlehre der Universität Hohenheim (IBS), Dr. Ralf Kirchner-Heßler und Inge Keckeisen, Institut für Landespflege der Albert-Ludwigs-Universität Freiburg (LPF), Dr. Berthold Kappus, Institut für Zoologie der Universität Hohenheim (ZOO) und Dr. Angelika Thomas, Institut für Sozialwissenschaften des Agrarbereichs der Universität Hohenheim (KBL)

8.9.6 Methoden

Wissenschaftliche Methoden

Das Instrument einer kommunalen Ökobilanz ist eine Prüfung zur Erfassung und Bewertung der aktuellen Umweltsituation einer Gemeinde anhand zuvor festgelegter Zeigerwerte (= Indikatoren). Die Zusammenstellung dieser Indikatoren ergibt sich durch die Ergänzung der Schutzgüter aus der klassischen Landschaftsplanung (Tiere und Pflanzen, Boden, Wasser, Luft und Erholungsqualität) mit den Schutzgütern der Umweltverträglichkeitsprüfung (inkl. Mensch, Klima, Landschaft,

Kultur- und Sachgüter). Dabei ist der Indikatorensatz als integrative und interdisziplinäre Leistung aller Beteiligten, d.h. gemeinsam mit kommunalen Akteuren und Projektmitarbeitern verschiedener Disziplinen, zu erstellen (Tab. 8.9.1).

Tabelle 8.9.1: Aktivitäten im Zuge der Bestandsaufnahme für die Ökobilanz Mulfingen

Aufgaben und Methoden	Beteiligte Institute
Organisation, Projektmanagement	IAF
Moderation von Veranstaltungen	KBL, IAF, LPF
Aufbereitung der ALK-/ALB-Daten (digitale Flurkarten)	IAF
Aufbereitung der ATKIS-Daten (digitale topograph. Karten)	IAF
Definition der Nutzungstypen	IAF
Definition und Abgrenzung der Siedlungstypen	IAF
Satellitenbildauswertung	IAF
Luftbildauswertung, Definition der Biotoptypen	LPF
Generierung einer Bodenkarte	IAF, IBS
Einfügen der vorhandenen digitalen Daten (z. B. Schutzgebiete, Bodenkarten, Kartierungen)	IAF, IBS, LPF, ZOO

Legende der beteiligten Institute und Unternehmen:
- BET Institut für Landwirtschaftliche Betriebslehre der Universität Hohenheim
- ECON Beratungsunternehmen ECON-CONSULT, Köln
- IAF Institut für Angewandte Forschung der Fachhochschule Nürtingen
- IBS Institut für Bodenkunde und Standortlehre der Universität Hohenheim
- KBL Institut für Sozialwissenschaften des Agrarbereichs, Fachbereich Kommunikations- und Beratungslehre der Universität Hohenheim
- LPF Institut für Landespflege der Albert-Ludwigs-Universität Freiburg
- PFL Institut für Pflanzenbau und Grünland der Universität Hohenheim
- PRO Prozessbegleitung, Hubert Schübel, Stuttgart
- ZOO Institut für Zoologie der Universität Hohenheim

Grundlage für die *Ökobilanz Mulfingen* war das in der raumbezogenen Ökobilanz für den Landkreis Pfaffenhofen verwendete Indikatorenset, das im Sinne einer Wirk-Ökobilanz aufgebaut ist (LENZ 1999a, 1999b). Die Bestandserhebung und Bilanzierung der einzelnen Indikatoren erfolgte teilweise unter Zuhilfenahme bekannter Rechenvorschriften, wie z.B. die Allgemeine Bodenabtragsgleichung zur Ermittlung der Bodenerosion. Daneben wurden die Rechenvorschriften der Regionalen Ökobilanz übernommen und an die in der Gemeinde verfügbare Datenbasis angepasst.

Anhand des Indikators »Flächenverbrauch« ist nachfolgend die Vorgehensweise der Bilanzierung mit Kurzbeschreibung und Algorithmus beispielhaft dargestellt.

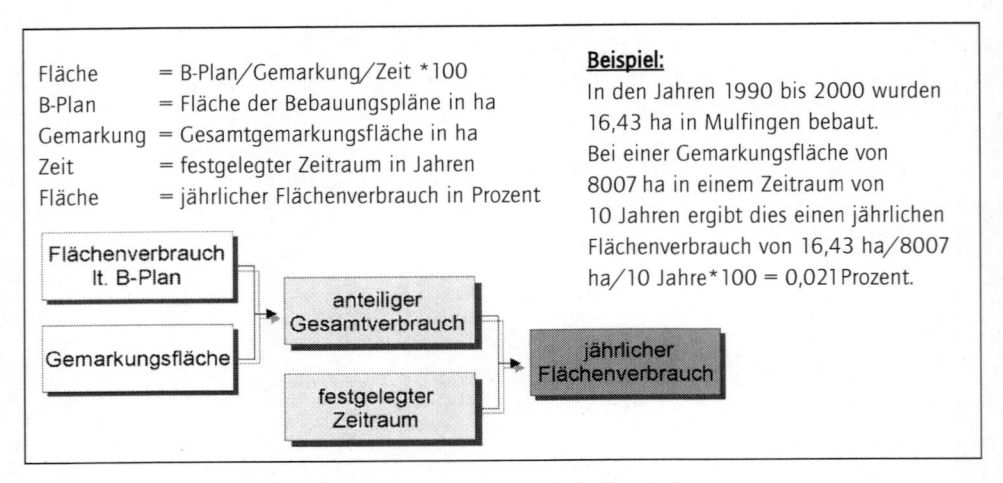

```
Fläche    = B-Plan/Gemarkung/Zeit *100
B-Plan    = Fläche der Bebauungspläne in ha
Gemarkung = Gesamtgemarkungsfläche in ha
Zeit      = festgelegter Zeitraum in Jahren
Fläche    = jährlicher Flächenverbrauch in Prozent
```

Beispiel:
In den Jahren 1990 bis 2000 wurden 16,43 ha in Mulfingen bebaut. Bei einer Gemarkungsfläche von 8007 ha in einem Zeitraum von 10 Jahren ergibt dies einen jährlichen Flächenverbrauch von 16,43 ha/8007 ha/10 Jahre*100 = 0,021 Prozent.

Abbildung 8.9.1: Ermittlung des bisherigen Flächenverbrauchs in der Gemeinde

Umsetzungsmethodik

Die Durchführung der Umweltbilanzierung setzte eine intensive Zusammenarbeit mit der Gemeinde voraus. Zum einen war die Gemeinde der wichtigste Datenlieferant, zum anderen war die Abstimmung der zu behandelnden Themen in der Ökobilanz eine wesentliche Voraussetzung für die spätere Umsetzung von Maßnahmen. In der Arbeitskreisarbeit bestand für die Mitarbeiter der Projektgruppe *Kulturlandschaft Hohenlohe* eine wesentliche Herausforderung darin, die Eigeninitiative der Akteure zu mobilisieren und die beteiligten Gemeinderäte für die Thematik der Ökobilanz zu begeistern. Damit war für die *Ökobilanz Mulfingen* die Aktionsforschung mit ihren Bestandteilen Umsetzungsorientierung, Partizipation der Akteure und Transdisziplinarität ein wesentlicher Ausgangspunkt für das Projekt (vgl. Kap. 6.3). Am Ende einer jeden Arbeitskreissitzung wurde eine Kurzevaluierung durchgeführt. Die Zwischenevaluierung am Ende der acht Sitzungen (Abb. 8.9.4) sowie eine telefonisch durchgeführte Abschlussevaluierung (Januar 2002) ergaben weitere, ausführliche Rückmeldungen zum Projekt (vgl. Kap. 6.10).

Anwendungsorientierte Methoden

Der Agendaprozess in der Gemeinde Mulfingen wurde unabhängig von der Projektgruppe *Kulturlandschaft Hohenlohe* initiiert. Im Rahmen der Lokalen Agenda wurden jedoch Maßnahmen zum Teil umgesetzt, die bereits im Arbeitskreis Ökobilanz erarbeitet wurden. Bei der Öffentlichkeitsarbeit über die Ökobilanz wurden unterschiedliche Methoden eingesetzt. Diese reichten von der einfachen Pressearbeit im Mitteilungsblatt oder in Lokalzeitungen bis zu öffentlichen Informationsveranstaltungen zu bestimmten Themen. Aus der Arbeitskreisarbeit sind darüber hinaus Informationsmaterialen entstanden, die Themen der Ökobilanz aufgreifen, um die Bürger der Gemeinde zu informieren.

8.9.7 Ergebnisse

Tabelle 8.9.2: Aktivitäten, Maßnahmen und deren Umsetzung nach der zielorientierten Projektplanung im Teilprojekt Ökobilanz Mulfingen

Aktivitäten
A1 Bestandsaufnahme der aktuellen Umweltsituation und Bewertung der Indikatoren
A2 Gründung eines Arbeitskreises mit Gemeindeverwaltung, Gemeinderäten und Bürgern
A3 Darstellung von Handlungsmöglichkeiten
A4 Umsetzung einzelner Maßnahmen

Maßnahmen	Quellen der Nachprüfbarkeit
Aktivität A1: - Indikatorenset wurde an das Interesse der Gemeinde angepasst - Gemeinde lieferte verfügbare Daten für die Bilanzierung (z. B. Klärschlamm, Einwohnerzahlen, Wasserversorgung) - Berechnung der Indikatoren	- Ergebnisbericht der Indikatoren (BEUTTLER & LENZ 2003)
Aktivität A2: - Arbeitskreistreffen mit Akteuren aus der Gemeinde - Information der Gemeinde und der Bevölkerung über das Teilprojekt	- Projektvorstellung im Gemeinderat (Nov. 1998) - Protokolle der Arbeitskreissitzungen - Presseberichte im Mitteilungsblatt - Artikelserie der Projektgruppe - Übergabe der Ergebnisse an die Gemeinde (Jan. 2002)
Aktivität A3: - Information der Bevölkerung zu den Themen der Ökobilanz - Abendveranstaltung zum Thema: „Möglichkeiten der Regenwassernutzung" - Wasserprobe aus zwei Zisternen in Mulfingen - Umfrage zur Regenwassernutzung durch Arbeitskreismitglieder	- Pressemitteilungen in der Hohenloher Zeitung - Sparte „Öko-Tipp - Mulfingen tut was" im Mitteilungsblatt zur Sensibilisierung der Bevölkerung für ökologisches Handeln - Bauherrenfibel für Bauherren und Renovierer
Aktivität A4: - Gemeinderatsanträge und Umsetzungsvorschläge aus dem Arbeitskreis Ökobilanz sowie dem Agenda-Arbeitskreis „Siedlungsentwicklung, Energie und Ressourcen"	- Bau von Zisternen als Soll-Regelung im Bebauungsplan „Steigenäcker", Mulfingen - Bau von Zisternen als Muss-Vorschrift im Bebauungsplan „Hoffeld", Jagstberg - Dachbegrünung als Muss-Vorschrift für Flachdachgaragen im Bebauungsplan „Steigenäcker", Mulfingen - Vorbereitung für die spätere Installation einer Solaranlage für die neue Sporthalle in Mulfingen (Leitungen sind vorhanden). Außerdem ist der getrennte Anschluss für den späteren Einbau einer Zisterne vorhanden. - Berücksichtigung einer Solaranlage bei der geplanten Sanierung der Grund- und Hauptschule (Stichwort: Vorbildfunktion der Gemeinde) - Solarenergetische Optimierungsuntersuchung für zukünftige Baugebiete in Mulfingen (Gemeinderatsbeschluss) - Kurs für energiesparendes Autofahren

Die nachfolgende Abbildung stellt die Vorgehensweise im Teilprojekt *Ökobilanz Mulfingen* im Projektverlauf zusammenfassend in einem zeitlichen Überblick dar.

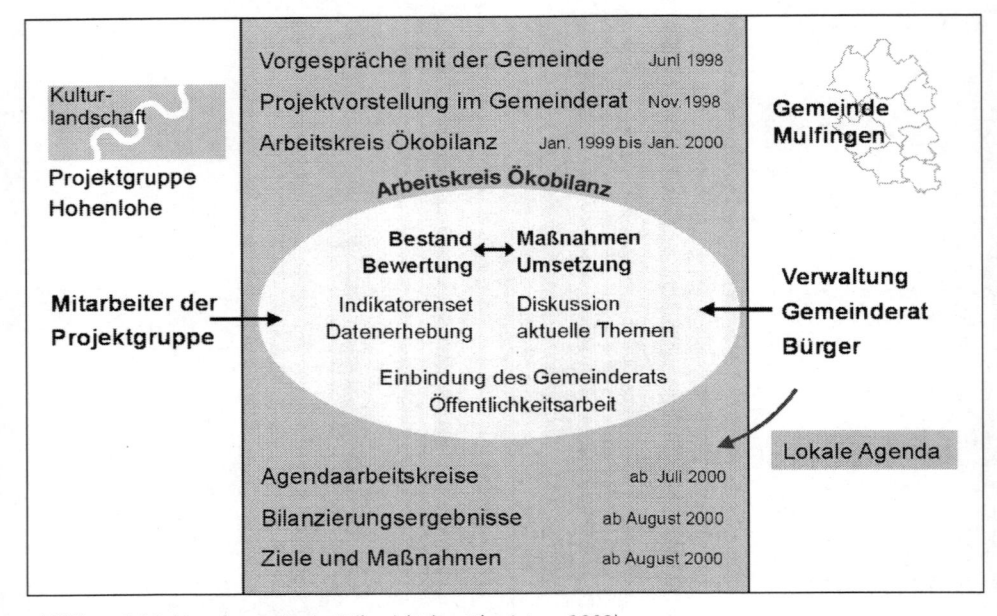

Kulturlandschaft	Vorgespräche mit der Gemeinde	Juni 1998	Gemeinde Mulfingen
	Projektvorstellung im Gemeinderat	Nov. 1998	
	Arbeitskreis Ökobilanz	Jan. 1999 bis Jan. 2000	
Projektgruppe Hohenlohe	*Arbeitskreis Ökobilanz:* Bestand Bewertung ↔ Maßnahmen Umsetzung; Indikatorenset Datenerhebung ↔ Diskussion aktuelle Themen; Einbindung des Gemeinderats, Öffentlichkeitsarbeit		
Mitarbeiter der Projektgruppe			Verwaltung Gemeinderat Bürger
			Lokale Agenda
	Agendaarbeitskreise	ab Juli 2000	
	Bilanzierungsergebnisse	ab August 2000	
	Ziele und Maßnahmen	ab August 2000	

Abbildung 8.9.2: Vorgehensweise im Teilprojekt (Beuttler & Lenz 2003)

Wissenschaftliche Ergebnisse

Zunächst war die Frage zu beantworten, welche Indikatoren sich im Hinblick auf die Verfügbarkeit der erforderlichen Daten für die Bilanzierung eignen (Tab. 8.9.2). Um einen durchgängigen Bezug von den Ausgangsdaten zur Bilanzierung der Indikatoren zu erhalten, erfolgte die Umsetzung mittels eines Geographischen Informationssystems. Dadurch sollte die mögliche Durchführung weiterer Ökobilanzen erleichtert werden (detaillierte Darstellung bei BEUTTLER & LENZ 2003). Das ursprünglich vorgesehene – weil in einem Vorläuferprojekt auf regionaler Ebene entstandene – Indikatorenset (LENZ 1999b) wurde den Interessen und Bedürfnissen der Gemeinde entsprechend angepasst. Schwerpunkte der Bearbeitung waren die Handlungsfelder Siedlungsentwicklung, Wasser- und Energiewirtschaft.

Die Problematik der Siedlungsentwicklung im Ländlichen Raum spielt auch für die Gemeinde Mulfingen eine wichtige Rolle. So wurde neben der »Bodenversiegelung« der Indikator »Flächenverbrauch« entsprechend den Anforderungen der Gemeinde ergänzt. Er sollte die zunehmende Flächeninanspruchnahme durch Siedlungsentwicklung und Verkehr aufzeigen und wurde somit in das Indikatorenset aufgenommen.

Indikatoren aus den Handlungsfeldern »Land- und Forstwirtschaft« sowie »Naturschutz« waren von geringerer Bedeutung für die Akteure. Hinzu kam die heterogene und lückenhafte Datenbasis, die die Bilanzierung dieser Zeigerwerte erschwerte (z.B. bei »Bodenerosion«). In den genannten Handlungsfeldern wurden somit nur einzelne Zeigerwerte im Rahmen der *Ökobilanz Mulfingen* erhoben und zu Projektende ausgewertet.

Um eine höchstmögliche Praxisrelevanz und Akzeptanz der Ökobilanz zu erzielen, sollten die Akteure in die Auswahl der Indikatoren einbezogen werden. Die maßnahmenorientierte Diskussion und der Umsetzungsbezug im Arbeitskreis ließen keinen Platz für eine Diskussion über die Zusammensetzung des Indikatorsets. Für die Auswahl der Indikatoren wurde daher von Seiten der Projektgruppe *Kulturlandschaft Hohenlohe* auf die Themensammlung der ersten Arbeitskreissitzung zurückgegriffen. Damit ergab sich das in Tab. 8.9.3 dargestellte Indikatorenset. Neben der Zuordnung zu den entsprechenden Handlungsfeldern ist darin das für die Bilanzierung verantwortliche Institut sowie das für die Berechnung verwendete Software-Programm aufgeführt (aus BEUTTLER & LENZ 2003).

Tabelle 8.9.3: Indikatoren für die Ökobilanz Mulfingen (Beuttler & Lenz 2003)

Handlungsfeld	Indikatoren *Ökobilanz Mulfingen*	Nr.	Verantwortliche Institute	Software
Energiewirtschaft	Energieeinsatz	I1a	IAF	Excel
	Energieeinsatz Verkehr	I1b	IAF	Excel
	Energiesubstitutionspotenzial	I2	IAF	ArcView
	Globales Erwärmungspotenzial / CO_2- Emission	I3	IAF	Excel
Wasserwirtschaft	Trinkwasserverbrauch	I4	IAF	ArcView
	Substitutionspotenzial Trinkwasser	I5	IAF	ArcView
	Nachhaltigkeit Grundwassernutzung	I6	IBS, IAF	ArcView
	Auswaschungsgefahr von Nitrat ins Grundwasser	I7	IBS, IAF	(Spatial Analyst)
Abfallwirtschaft	Abfallaufkommen und Einsparpotenzial, Verwertungsquote	I8/9	IAF	Excel
Siedlung und Verkehr	Flächenverbrauch	I10	IBS, IAF	ArcView
	Bodenversiegelung	I11	IBS, IAF	ArcView
Technischer Umweltschutz	Ökotoxikologisches Potenzial (Klärschlamm)	I12	IAF	Excel
	Lärmbelastung	I13	IAF	ArcView
Landwirtschaft	Bodenerosion	I14	IBS, IAF	Grass
Naturschutz	Landschaftszerschneidung	I15	LPF, ZOO	ArcView, Excel
	Landschaftsdiversität	I16		
	Gewässerstrukturgüte	I17		
	Auestrukturen	I18		
	Makrozoobenthos: Ökol. Qualität von Wehren	I19		
	Makrozoobenthos: Bewertung Fließgewässer	I20		
	Salamanderlarven	I21		
	Heuschrecken	I22		

IAF: Institut für Angewandte Forschung der Fachhochschule Nürtingen
IBS: Institut für Bodenkunde und Standortlehre der Universität Hohenheim
LPF: Institut für Landespflege der Albert-Ludwigs-Universität Freiburg
ZOO: Institut für Zoologie der Universität Hohenheim

In Anlehnung an die formulierten Ziele für das Teilprojekt wurde mit Hilfe des Instruments Ökobilanz eine Bestandsaufnahme der aktuellen Umweltsituation in der Gemeinde durchgeführt. Dabei wurden die verfügbaren Daten von 22 Zeigerwerten mit Unterstützung der Gemeinde zusammengestellt und nach bestimmten Rechenvorschriften ausgewertet. Im ersten Schritt wurden hierbei die vorhandenen Grundlagendaten (ATKIS = digitales Amtliches Topographisch-Kartographisches Informationssystem, ALK = Automatisierte Liegenschaftskarte, ALB = Automatisiertes Liegenschaftsbuch) zusammengetragen und aufbereitet. In einem weiteren Schritt wurden die im Rahmen anderer Teilprojekte des Modellvorhabens erhobenen Daten einbezogen, wie z.B. die Luftbildauswertung zur Abgrenzung von Nutzungs- und Biotoptypen sowie Siedlungstypen im Gemeindegebiet, die Generierung und feldbodenkundliche Evaluierung einer Bodenkarte oder auch faunistische Kartierungen. Die Ergebnisse der *Ökobilanz Mulfingen* sind in einem Bericht zusammengefasst, der dem Gemeinderat und dem Arbeitskreis vorgestellt und zu Projektende übergeben wurde (siehe auch BEUTTLER & LENZ 2003).

Als Ergänzung zu der in Kap. 8.9.6 angeführten Rechenvorschrift sind in Tab. 8.9.4 die Ergebnisse aus der Berechnung des Indikators »Flächenverbrauch« der Gemeinde Mulfingen dargestellt. Dabei wird sichtbar, dass die Gemeine Mulfingen im berücksichtigten Zeitraum einen sparsamen Flächenverbrauch (s.o.) hatte bzw. eingeplant hat. Trotz dieser Einschätzung ist ein Trend zu einer höheren Flächeninanspruchnahme in den letzten 20 Jahren festzustellen.

Tabelle 8.9.4: Ergebnisse der Ökobilanz zum Indikator »Flächenverbrauch«

Durchschnittlicher jährlicher Flächenverbrauch in der Gemeinde Mulfingen		Bewertung des Flächenverbrauchs (ANONYMUS 1998)	
1981-1990	0,0157%	Bundesdurchschnitt 1993-1995	> 0,1%
1991-2000	0,0219%	**sparsam**	**< = 0,1%**
2001-2010 (geplant laut FNP)	0,0505%	nachhaltig (Enquete 1997)	< 0,01%
1981-2010 (durchschnittlich)	0,0294%		

Abbildung 8.9.3. zeigt eine Gesamteinschätzung der Indikatorenzustände aus der Ökobilanz Mulfingen. Dunkelgraue Tortenstücke zeigen einen deutlich kritischen Zustand, der bei den Indikatoren Energieeinsatz, Trinkwasserverbrauch durch Gewerbe, Abfallaufkommen und Verwertungsquote, Landschaftszerschneidung und ökologische Qualität der Auestrukturen anzutreffen ist. Hellgrau signalisiert einen unkritischen Zustand der Indikatoren private Trinkwassernutzung, Nachhaltigkeit der Grundwassernutzung, ökotoxikologisches Potenzial durch Klärschlamm sowie der Naturschutzindikatoren Heuschrecken, Salamanderlarven und Landschaftsdiversität im Talraum. Die übrigen Indikatorenzustände wie Lärmbelastung, Bodenerosion, Gewässerstrukturgüte etc. sind leicht kritisch einzustufen (mittelgrau). Der innere, fett gezeichnete Ring verdeutlicht den Übergang zwischen einem unkritischen zu einem leicht kritischen Zustand. Eine detaillierte Darstellung der Ergebnisse ist in Band 3 der Reihe »Nachhaltige Landnutzung« enthalten (BEUTTLER & LENZ 2003).

Umsetzungsmethodische Ergebnisse

Im Teilprojekt *Ökobilanz Mulfingen* lag der Schwerpunkt der Zusammenarbeit mit den Akteuren in der Arbeitskreisarbeit. Eine rege Beteiligung an den Diskussionen im Arbeitskreis belegte das Interesse der Akteure an den Themen der Ökobilanz. Entscheidend bei der Zusammensetzung des Arbeitskreises war die Vielfältigkeit der Teilnehmer in ihrer Funktion und ihrem Wissen. Eher zurückhaltend war die aktive Beteiligung am Arbeitskreisgeschehen. Trotzdem konnten auch hier Erfolge verzeichnet werden. Hierbei ist die Wasserbeprobung zweier Regenwassernutzungsanlagen in Mulfingen zu nennen oder die Zusammenfassung einer Umfrage zu den Regenwassernutzern in der Gemeinde. Sehr gut funktionierte auch die Kommunikation der beteiligten Gemeinderäte mit dem Bürgermeister bzw. dem Gemeinderatsgremium v.a. zu den Themen Regenwassernutzung oder Energieeinsparung. Nicht zuletzt ist die enge Zusammenarbeit mit der Verwaltung als Datenlieferant zu erwähnen. Auf Anfrage von Seiten der Projektgruppe *Kulturlandschaft Hohenlohe* konnten in den meisten Fällen zumindest die vorhandenen Daten zur Verfügung gestellt werden.

Im Agenda-Arbeitskreis verstärkte sich die aktive Beteiligung der Akteure. Umfangreiche Beiträge wurden von den Akteuren z.B. bei der Bearbeitung der Bauherrenfibel geleistet.

Legende

🟩 unkritisch
🟨 leicht kritisch
🟥 kritisch

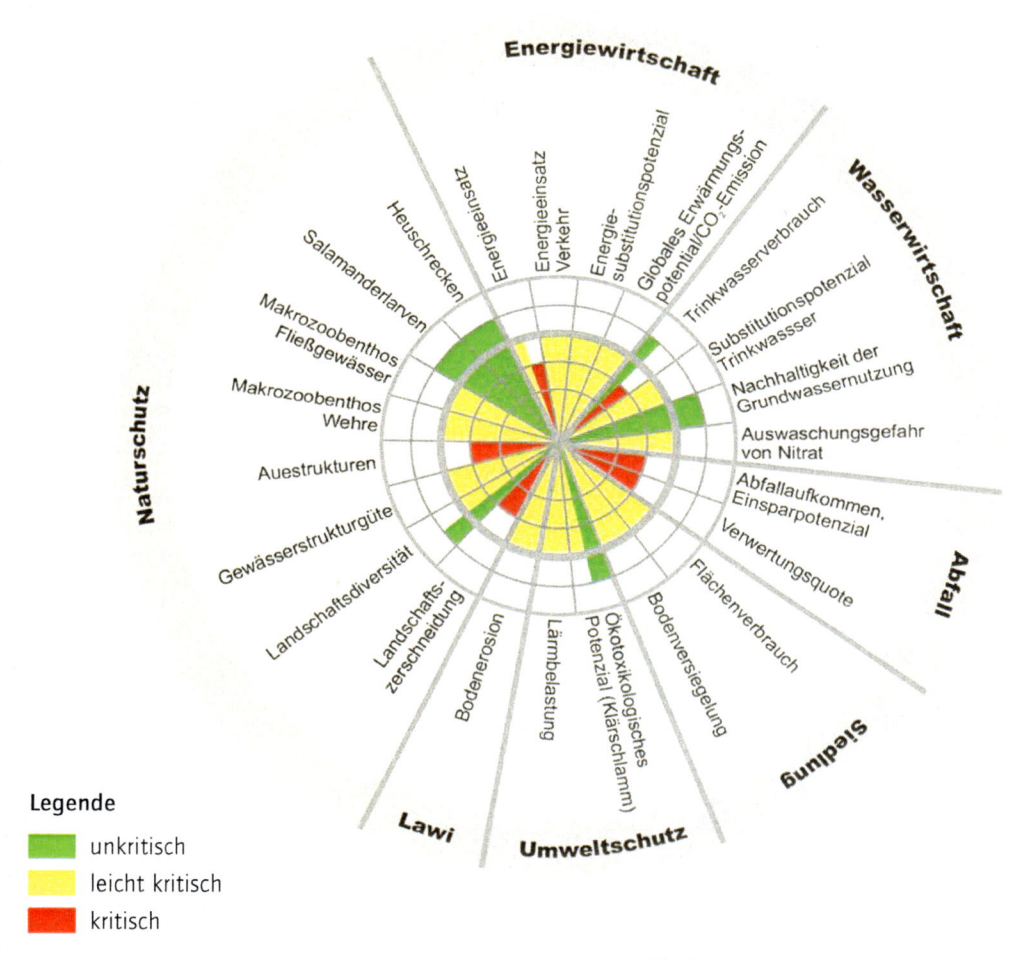

Abbildung 8.9.3: Zustände der Indikatoren innerhalb verschiedener Handlungsfelder; Land. = Landwirtschaft (Beuttler & Lenz 2003)

Zudem hatte der Agenda-Arbeitskreis die Möglichkeit, Anträge in den Gemeinderat einzubringen. Damit war die Verbindung zwischen Arbeitskreis und Gemeinderat erheblich verbessert.

Wichtige Informationen über die Zusammenarbeit mit den Akteuren lieferten die unterschiedlichen Formen der Erfolgskontrolle. Zum einen ist die am Ende der Sitzungen des Arbeitskreis Ökobilanz durchgeführte Kurzevaluierung zu erwähnen. Hier konnte z.B. nach der Durchführung des Expertengesprächs ein Anstieg der Zufriedenheit v.a. mit dem methodischen Vorgehen im Teilprojekt verzeichnet werden (13.07.1999). Ein anderes Beispiel ist ein von viel Theorie und Vorträgen geprägter Arbeitskreistermin, der in allen Bereichen eine schlechte Bewertung der Zufriedenheit erhielt (05.10.1999).

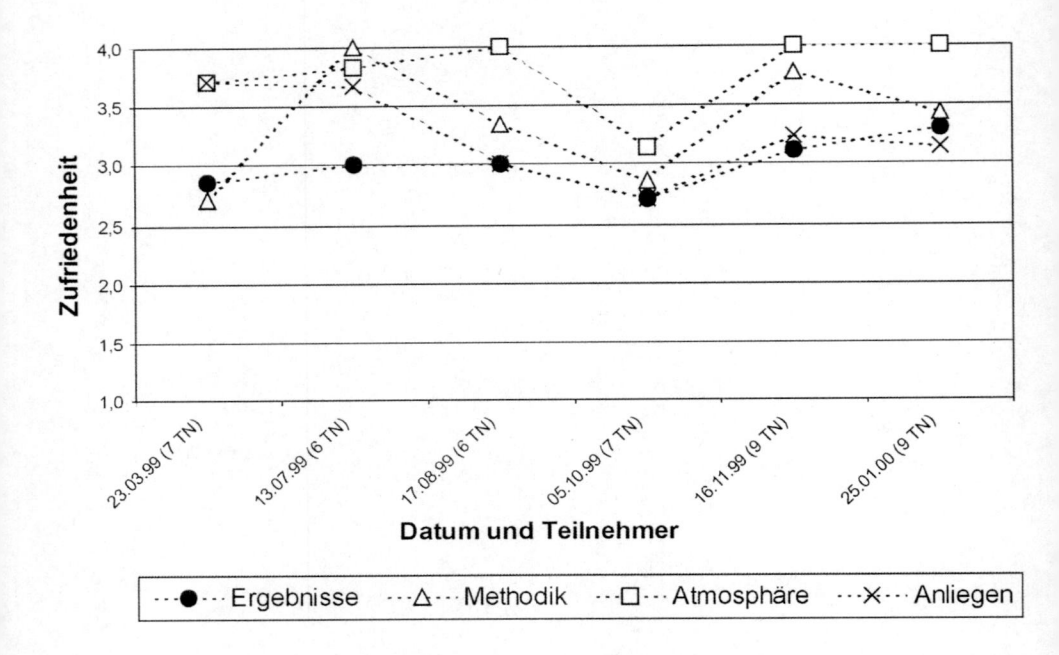

Abbildung 8.9.4: Auswertung der Kurzevaluierungen (Bewertung der Zufriedenheit: 4 = ja sehr, 3 = weitgehend, 2 = weniger, 1 = nein gar nicht; keine Evaluierung am 26.01.1999 und am 17.05.1999)

Des Weiteren gab es eine Zwischenevaluierung, die im Teilprojekt *Ökobilanz Mulfingen* auf Grund der veränderten Rahmenbedingungen durch die Lokale Agenda nur im Januar 2000 durchgeführt wurde. Die wesentlichen Ergebnisse wurden an den Agenda-Arbeitskreis weitergegeben und förderten ebenfalls den Austausch zwischen den wissenschaftlichen Mitarbeitern hinsichtlich ihrer Einschätzung zum Teilprojekt. Die wichtigsten positiven Aspekte der Zwischenevaluierung, die sowohl von Akteuren als auch von Mitarbeitern genannt wurden, waren das produktive und diskussionsfreudige Arbeitsklima, die Aufbereitung von ökologischen Themen und die Umsetzung einzelner konkreter Maßnahmen, wie z.B. die Veranstaltung zum Thema Regenwassernutzung. Guten Anklang fanden die Zusammenarbeit von Verwaltung, Bürgern und Gemeinderat und die Vorgehensweise im Arbeitskreis (Moderation). Schlecht bewertet dagegen wurden der zum Teil hohe Anteil theoretischer Beiträge in den Treffen und die geringe Teilnehmerzahl im Arbeitskreis. Außerdem wurde der Wunsch nach mehr Umsetzung von Maßnahmen sowie nach einer umfassenderen Öffentlichkeitsarbeit geäußert, um die Bürger der Gemeinde noch stärker für ökologische Themen zu sensibilisieren.

Zur Erfolgskontrolle gehörte ebenfalls die im Januar 2002 durchgeführte Abschlussevaluierung. Auch hier stellte das Teilprojekt *Ökobilanz Mulfingen* einen Sonderfall dar. So wurden lediglich die Teilnehmer des Arbeitskreises *Ökobilanz Mulfingen* telefonisch befragt, der zu diesem Zeitpunkt nicht mehr in dieser Form existierte. Von den ehemals 12 Beteiligten wurden 6 Personen befragt. Die anderen 6 Teilnehmer waren zum Teil nicht erreichbar oder haben sich nicht rechtzeitig zurückgemeldet. Zudem wurde der Hauptamtsleiter der Gemeinde, der von Anfang an Mitglied im Arbeitskreis war, in einem Interview ausführlich zum Ablauf und zur Methodik des Teilprojekts befragt.

Grundlegender Tenor der Abschlussevaluierung war, dass die Akteure die Bedeutung der Ökobilanz erkannt haben und mit den Ergebnissen insgesamt zufrieden sind. Alle haben Neues dazugelernt und die Zusammenarbeit mit der Projektgruppe *Kulturlandschaft Hohenlohe* wurde als sinnvoll eingeschätzt. Die Leistungen der Projektgruppe wurden als gut erachtet. Bezüglich der Arbeit im Arbeitskreis wurden die Interessen der Akteure ausreichend berücksichtigt. Die Umsetzung der Beschlüsse wurde jedoch nur zum Teil als eine gemeinsame Aktion gesehen. Das Verhältnis von Aufwand und Erfolg der Ökobilanz wurde fast durchgängig als ausgewogen eingestuft.

Hinsichtlich der Fortführung der Inhalte nach Projektende waren die Befragten geteilter Meinung. Während die einen für die Zukunft eine sukzessive Umsetzung der Maßnahmen sehen, besteht bei anderen Zweifel an der aktiven Weiterführung und Diskussion ökologischer Themen in der Gemeinde.

Auszüge aus der Abschlussevaluierung sind im folgenden Kap. 8.9.7 im Zusammenhang mit den anwendungsorientierten Ergebnissen dargestellt.

Anwendungsorientierte Ergebnisse

Nachfolgend werden die anwendungsorientierten Ergebnisse dargestellt, die zum Teil mit Aussagen der Akteure aus den Gesprächen zur Abschlussevaluierung belegt wurden (siehe auch Tab. 8.9.2).

Vor dem Hintergrund des Aktionsforschungsansatzes konzentrierten sich die Aktivitäten anfangs auf die Zusammenarbeit mit der Gemeinde im Arbeitskreis. Als Kommunikationsplattform wurde nach der Vorstellung des Projekts im Gemeinderat (November 1998) die Bildung eines Arbeitskreises mit den Akteuren vereinbart. Von der ursprünglichen Planung der Projektgruppe *Kulturlandschaft Hohenlohe* abweichend waren neben Gemeinderäten und Gemeindeverwaltung auch engagierte Bürger vertreten, die auf gezielte Anfragen der Gemeinde einbezogen wurden. Damit entstand ein Austausch- und Diskussionsforum, das die vorgestellten Themen der Ökobilanz diskutierte – und auch zum Meinungsaustausch außerhalb des Arbeitskreises führte. Der Arbeitskreis hat sich im Verlauf der Jahre 1999-2000 insgesamt achtmal getroffen. Inhalt der Treffen war neben theoretischen Inputs von Seiten der Projektgruppe *Kulturlandschaft Hohenlohe* vor allem die Diskussion von Maßnahmen für die Gemeinde.

Der Handlungsbedarf bezüglich ökologischer Fragestellungen in der Gemeinde Mulfingen wurde im Arbeitskreis schnell und einstimmig erkannt. Bereits die Themensammlung im ersten der acht Treffen zeigte die Bandbreite der Themen auf. Konkrete anwendungsorientierte Ergebnisse gab es daraufhin bereits im Arbeitskreis *Ökobilanz Mulfingen*. Eine erste realisierte Idee war die Aufnahme der Sparte »Öko-Tipp – Mulfingen tut was« im Mitteilungsblatt zur Sensibilisierung der Bevölkerung für ökologisches Handeln.

Im Verlauf der Arbeitskreissitzungen kristallisierte sich ein für die Gemeinde aktuelles Thema heraus: die Nutzung von Regenwasser zur Substitution von Trinkwasser. Entsprechend dem Projektansatz wurde die Fragestellung der Akteure aufgegriffen und am 08.07.1999 (erstes Drittel der Projektlaufzeit) ein Expertengespräch organisiert, um die Gemeinderäte und Bürger – auch über den Arbeitskreis hinaus – zu informieren. Ein Innenarchitekt und ein Lebensmittelchemiker berichteten über die technischen und hygienischen Bedingungen der Regenwassernutzung und standen für Fragen zur Verfügung. Durch diese Veranstaltung ergab sich eine positive Außenwirkung, die zur Sensibilisierung des Gemeinderats und der Bürger beigetragen hat. Die Ergebnisse der Arbeitskreissitzungen wurden jeweils im Mitteilungsblatt der Gemeinde veröffentlicht. Darüber hinaus informierten Artikel in der Regionalpresse (Expertengespräch, Artikelserie) über das Teilprojekt *Ökobilanz Mulfingen*.

Die Arbeit im Arbeitskreis Ökobilanz blieb vorwiegend im konzeptionellen Bereich. Die Probleme wurden aufgedeckt, Lösungsmöglichkeiten dargestellt, aber der Schritt in die Praxis fehlte. Der Wunsch, dass die Erkenntnisse aus dem Arbeitskreis stärker und konkreter in die Gemeindepolitik einfließen sollten, war bei einigen Mitgliedern des Arbeitskreises stärker vorhanden. Konkrete Erfolge gab es dennoch. So wurden nach der Diskussion im Arbeitskreis und dem öffentlichen Expertengespräch zum Thema Regenwassernutzung verschiedene Bauleitpläne mit Vorgaben zur Zisternennutzung und zur Dachbegrünung vom Gemeinderat verabschiedet. Beispiele hierfür sind der Bau von Zisternen als Soll-Regelung im Bebauungsplan »Steigenäcker«, Mulfingen, Dachbegrünung als Muss-Vorschrift für Flachdachgaragen im Bebauungsplan »Steigenäcker«, Mulfingen, Bau von Zisternen als Muss-Vorschrift im Bebauungsplan »Hoffeld«, Jagstberg.

Im Zuge der Maßnahmenplanung sollte in Zusammenarbeit mit der Gemeinde auf der Grundlage der Ökobilanz ein Handlungskonzept ausgearbeitet werden, dessen Realisierung von der Projektgruppe *Kulturlandschaft Hohenlohe* begleitet werden sollte. Obwohl die Bilanzierungsergebnisse während der Laufzeit des Arbeitskreises noch nicht vorlagen, wurden bereits einzelne Maßnahmen v.a. zum Themenbereich Regenwassernutzung formuliert und umgesetzt. Dieser Weg der Bestandsaufnahme durch die Projektgruppe zeitgleich mit der Maßnahmenplanung einzelner Handlungsfelder im Arbeitskreis war für die Akzeptanz der Ökobilanz im Arbeitskreis von entscheidender Bedeutung. Die interne Entwicklung in der Gemeinde Mulfingen führte zu einer Änderung der ursprünglich geplanten Vorgehensweise.

Nach dem Start des Agenda-Prozesses in der Gemeinde Mulfingen im März 2000, der unabhängig von der Projektgruppe *Kulturlandschaft Hohenlohe* initiiert wurde, entstanden drei Arbeitskreise zu den Themen »Siedlungsentwicklung, Energie und Ressourcen«, »Nachhaltige Landschaft und Landwirtschaft« sowie »Miteinander«. Die Arbeitskreise werden seitdem von einem seitens der Kommune beauftragten Moderator geleitet und haben ihre eigenen Ziele definiert. Die Mitglieder der Projektgruppe *Kulturlandschaft Hohenlohe* wirkten durch regelmäßige Teilnahme sowie Fachbeiträge an den Agenda-Arbeitskreisen mit. Der Einfluss der Projektgruppe wurde auf eine rein fachliche Mitarbeit reduziert, die Verantwortung für die Weiterführung des Prozesses in der Gemeinde ging auf die Akteure über.

> **Stimmen aus dem Arbeitskreis:**
>
> »Wir werden sicherlich am Thema dran bleiben. Durch die Ökobilanz wurden manche Themen erst auf's Tablett gebracht.«
>
> »Gemeindeverwaltung, Gemeinderat und Bürger erkennen zunehmend die Bedeutung der Erhaltung von Natur und Landschaft – größere Wertschätzung.«
>
> »Die Gemeinde selbst muss auch aktiv werden.«

Für die Weiterführung der Ideen und Ergebnisse aus der Ökobilanz steht im Besonderen der Agenda-Arbeitskreis »Siedlungsentwicklung, Energie und Ressourcen« zur Verfügung, der in seinem eineinhalbjährigen Bestehen bereits wichtige Ergebnisse erzielt hat. Anstelle eines umfassenden Handlungskonzepts für die nachhaltige Entwicklung der Gemeinde Mulfingen werden im Rahmen der Lokalen Agenda nun einzelne Maßnahmen aufgegriffen und umgesetzt.

So wurde vom Gemeinderat dem Antrag des Arbeitskreises, für alle zukünftigen Baugebiete eine solarenergetische Optimierungsuntersuchung durchzuführen, zugestimmt. Ein weiteres sehr umfangreiches Ergebnis ist eine Informationsbroschüre für Bauherren und Renovierer (siehe

Anhang 8.9.1). In einem Vorwort werden hier die für Bürger relevanten Ergebnisse der Ökobilanz dargestellt. Diese Broschüre wird den Bauherren beim Kauf eines Grundstückes überreicht. Des Weiteren ist eine Verteilung an Architekten und Handwerker geplant. Eine Exkursion innerhalb der Gemeinde Mulfingen, z.B. zur Vorstellung von Solarenergienutzung oder Regenwassernutzung im Haushalt sowie ein Fahrkurs zum energiesparenden Autofahren sind weitere geplante Maßnahmen des aktiven Agenda-Arbeitskreises.

Es wurden auch für zukünftige Planungen der Gemeinde Vorbereitungen getroffen. So wurden für die spätere Installation einer Solaranlage und den Bau einer Regenwasserzisterne für die neue Sporthalle in Mulfingen die notwendigen Vorbereitungen getroffen. Bei der geplanten Sanierung der Grund- und Hauptschule ist angedacht, eine Photovoltaikanlage einzubauen. So könnten die Schüler mit dieser umweltschonenden Technik vertraut gemacht werden.

Verknüpfung der Teilprojekte

Die Datengrundlagen für die Bilanzierung der kommunalen Ökobilanz für die Gemeinde Mulfingen, wie z.B. ATKIS (digitales Amtliches Topographisch-Kartographisches Informationssystem) oder ALK (Automatisches Liegenschaftskarte) wurden im Rahmen des Teilprojektes *Regionaler Umweltdatenkatalog* (vgl. Kap. 8.10) zusammengetragen und aufbereitet. Weitere für die Bilanzierung erforderlichen Daten wurden von den beteiligten Instituten erhoben und ausgewertet (Tab. 8.9.1 und 8.9.3). So wurden die im Teilprojekt »Gewässerentwicklung« gewonnenen Daten zur Gewässergüte und Fauna als Indikatoren in die *Ökobilanz Mulfingen* aufgenommen.

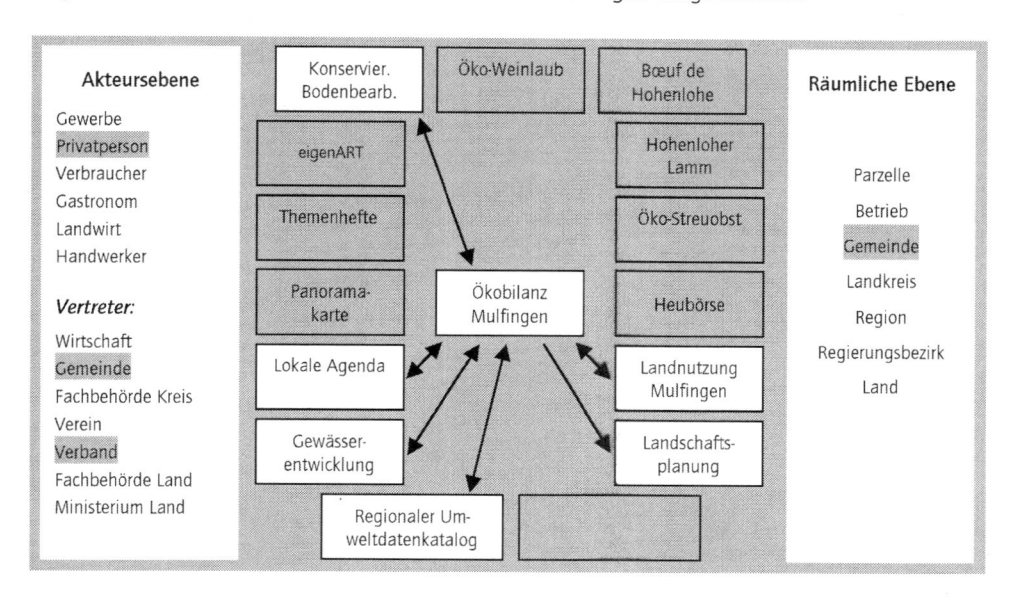

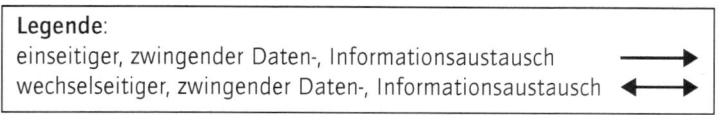

Abbildung 8.9.5: Verknüpfung des Teilprojekts Ökobilanz Mulfingen mit den anderen Teilprojekten

Die Erarbeitung von Grundlagendaten, wie z.B. eine Luftbildauswertung der Gemeinde Mulfingen, bildete die Schnittstelle zum Teilprojekt *Landnutzungsszenario Mulfingen*. Mit dem Teilprojekt *Konservierende Bodenbearbeitung* fand ein Abgleich der Indikatoren zur Ressourcen schonenden Ackernutzung statt. Dies bezog sich auf die Indikatoren Bodenerosion, Nachhaltigkeit der Grundwassernutzung und Auswaschungsgefahr von Nitrat ins Grundwasser.

Der Erfahrungsaustausch mit dem Teilprojekt *Lokale Agenda* in Dörzbach gab wichtige Hinweise auf unterschiedliche Möglichkeiten der Initiierung und des Verlaufs eines Agenda-Prozesses in einer kleinen Gemeinde. Jedoch war der Agenda-Prozess im Teilprojekt Ökobilanz kein Hilfsmittel, das aktiv von Seiten der Projektgruppe eingesetzt wurde, sondern eine Entwicklung in der Gemeinde, die ins Projekt integriert wurde. Darüber hinaus diente der dem Themenfeld »Landschaftsplanung« im weiteren Sinne zugeordnete Arbeitskreis *Landschaftsplanung* als Plattform, in dem Ergebnisse der Ökobilanz vorgestellt und diskutiert wurden. Besonders zum Thema »Siedlungsentwicklung und Flächenverbrauch« waren die Bilanzierungsergebnisse eine wichtige Grundlage für die Diskussion.

Öffentlichkeitsarbeit und Öffentliche Resonanz

Die **Öffentlichkeitsarbeit** im Teilprojekt hatte zwei Schwerpunkte. Zum einen sollten Pressemitteilungen im amtlichen Mitteilungsblatt der Gemeinde und Präsentationen im Gemeinderat die Bevölkerung und die Gemeindevertreter über das Projekt und dessen Verlauf informieren. Hierzu zählen ebenfalls die Berichte in der regionalen Presse zu zentralen Veranstaltungen im Teilprojekt, wie z.B. die Informationsveranstaltung zur Regenwassernutzung oder die oben angeführten Präsentationen. Zum anderen sollten konkrete Maßnahmen besonders die Bevölkerung auf Umweltfragen aufmerksam machen und Lösungen anbieten. Die Sparte »Öko-Tipp – Mulfingen tut was«, die Abendveranstaltung zur Regenwassernutzung oder die Bauherrenfibel sind Beispiele, die Bürger, Gemeinderat und Gemeindeverwaltung für ökologisches Handeln sensibilisieren soll(t)en.

Als Bestandteil einer an die Fachöffentlichkeit gerichteten Öffentlichkeitsarbeit des gesamten *Modellvorhabens Kulturlandschaft Hohenlohe* sind die Exkursionen nach Mulfingen bei der IALE-D (International Association for Landscape Ecology – Deutschland) Tagung 2000, beim Symposium des Modellvorhabens im Februar 2001 in Schöntal, im Rahmen eines Treffens der Oberdeutschen Agrarsoziologen im Herbst 2001, bei einer Exkursion mit vietnamesischen und thailändischen Wissenschaftlern des Sonderforschungsbereichs Südostasien der Universität Hohenheim (SFB 564) im Mai 2002 oder die Gemeinsame Jahrestagung der »Wissenschaftlichen Gesellschaften der Festen Erde« in Würzburg im Oktober 2002 zu nennen (Kap. 6.9.6).

Die projektexterne Öffentlichkeitsarbeit umfasste darüber hinaus Vorträge bei wissenschaftlichen Tagungen und Kongressen wie z.B. im Rahmen der GEOökon 1999 in Braunschweig und der IALE-D-Tagung 2001 in Oldenburg. Posterbeiträge (z.B. AGIT 2000, IALE 2000) dienten ebenfalls der Information der Fachöffentlichkeit. Nicht zuletzt sei die Veröffentlichung unter dem Titel »Umweltbilanz Gemeinde Mulfingen« (Beuttler & Lenz 2003) genannt.

Die **öffentliche Resonanz** zur *Ökobilanz Mulfingen* war im Allgemeinen gut. Vor allem kommunale Vertreter zeigten Interesse an der Umsetzung konkreter Maßnahmen. Besondere Anerkennung fand die Arbeitsleistung der Akteure bei der Zusammenstellung der Bauherrenfibel. So gab es bei einer Präsentation des Teilprojekts im Rahmen eines Workshops der Koordinationsstelle Umwelt an der Fachhochschule Nürtingen am 15. November 2002 (Titel: Nachhaltigkeits- und Umweltindikatoren in der kommunalen Planung) einige Nachfragen zur Bauherrenfibel. Ebenso werden diese Informationen von der Gemeinde beim Erwerb eines Grundstückes dem zukünftigen Bauherrn zur Verfügung gestellt.

Die Veranstaltung zur Regenwassernutzung hatte ebenfalls eine positive Resonanz, v.a. innerhalb des Arbeitskreises *Ökobilanz Mulfingen*. Ein Arbeitskreismitglied beispielsweise schloss daraufhin seine Waschmaschine an die Regenwasseranlage an, da seine Bedenken hinsichtlich der Hygiene durch den Vortrag des Lebensmittelchemikers widerlegt wurden.

Im Rahmen der Bauleitplanung wurden Vorschläge aus dem Arbeitskreis in den Gemeinderat eingebracht. Allerdings blieben hier Vorbehalte im Gemeindrat besonders hinsichtlich der Regenwassernutzung bestehen. Es wurde z.b. die Muss-Vorschrift im Bebauungsplan »Hoffeld« (Jagstberg) in eine Soll-Regelung abgeändert, mit der Begründung, die Gemeinde unterstütze den Bau einer Zisterne (noch) nicht finanziell und könne somit den Bürgern diese Auflage nicht zumuten. Weitere Vorschläge, die vom Agenda-Arbeitkreis eingebracht wurden, wie z.b. die solareneregetische Optimierungsuntersuchung zukünftiger Baugebiete, wurden ohne größere Diskussionen im Gemeinderat verabschiedet. Daraus ist eine Sensibilisierung des Gemeinderates für ökologische Themen abzuleiten.

Der Aspekt der Akteursbeteiligung und der Aktionsforschung, die das Projekt wesentlich beeinflusst haben, wurde als gut und fortschrittlich befunden. Die für das Teilprojekt *Ökobilanz Mulfingen* typische Eigenentwicklung vom gesteuerten Arbeitskreis hin zur aktiven Lokalen Agenda wurde als eine positive Weiterentwicklung gesehen.

8.9.8 Diskussion

Waren alle Akteure beteiligt?
Nach der Vorstellung der Projektidee im Gemeinderat Mulfingen (November 1998) wurden die Bürgervertreter dazu aufgerufen, in einem Arbeitskreis ökologische Themen der Gemeinde zu diskutieren und ihre Anregungen oder Fragen in die Ökobilanz einzubringen. Aufgrund geringer Resonanz aus dem Gemeinderat (3 Vertreter) ging die Gemeindeverwaltung daraufhin auf ökologisch interessierte Bürger zu, um diese zur Mitarbeit im Arbeitskreis aufzufordern. Persönliches Ansprechen der potenziellen Teilnehmer erwies sich in solch einer Situation als unumgänglich. Folgendes Zitat aus der Abschlussevaluierung macht diesen Sachverhalt deutlich:

> *»Es hat sich gezeigt, dass bei öffentlicher Einladung (zu den Arbeitskreisen) nur Interessierte kommen.«*

Anfängliche Befürchtungen, dass unrealistische Forderungen v.a. von Seiten der Bürger kommen, legten sich sehr schnell. Die Teilnehmer bildeten ein aktives Austausch- und Diskussionsforum, das den gemeindeinternen Informationsfluss für Bürger, Verwaltung und Gemeinderat entscheidend verbessert hat. Nach Aussagen der beteiligten Akteure in der Zwischenevaluierung (Januar 2000) sollten jedoch in Zukunft mehr Fachleute, Unternehmer und Entscheidungsträger aus der Kommunal- und Landkreisverwaltung beteiligt werden. Besonders der Gemeinderat sollte stärker in die Diskussion mit einbezogen bzw. verpfichtet werden, um auch die Umsetzung der vorgeschlagenen Maßnahmen zu fördern. Eine gewisse Zurückhaltung des Gemeinderats gegenüber ökologischen Fragestellungen ist in Mulfingen wie in vielen ländlichen Kommunen vorhanden. Expertenmeinungen von Seiten der Landratsämter, Landwirtschafts- und Forstämter sollten lediglich bei fachspezifischen Veranstaltungen herangezogen werden.

Im Agenda-Arbeitskreis, dem nachfolgenden Arbeitskreis im Rahmen der Lokalen Agenda 21, waren und sind dagegen keine Gemeinderäte mehr vertreten. Lediglich die Gemeindeverwaltung und Bürger nehmen an den Veranstaltungen teil. Da der Arbeitskreis jedoch Anträge in den Gemeinderat einbringen kann, wird somit die politische Diskussion in der Gemeinde im ökologischen Sinne angereichert.

Wurden die gesetzten Ziele erreicht?
Um einen Beitrag zur nachhaltigen Gemeindeentwicklung zu leisten, wurde im Teilprojekt *Ökobilanz Mulfingen* mit Hilfe ausgewählter Indikatoren eine Ökobilanz durchgeführt. Noch vor Ende des Projektzeitraumes konnten die Ergebnisse der im Arbeitskreis intensiver behandelten Indikatoren an die Gemeinde Mulfingen übergeben werden (am 16.01.2002). Die Bestandsaufnahme der aktuellen kommunalen Umweltsituation und die Darstellung der ökologischen Entwicklungs- und Gefährdungspotenziale waren somit erfolgreich abgeschlossen. Obwohl damit das zentrale wissenschaftlich-planerische Ziel erreicht wurde, entsprach der Verlauf bezüglich der Bestandsaufnahme und Bewertung nicht den anfänglichen Zielvorstellungen. Schwierigkeiten in der Bilanzierung, einerseits verursacht durch eine starke Umsetzungsorientierung im Arbeitskreis und somit Konzentration auf die konkrete Zusammenarbeit mit den Akteuren, andererseits durch die notwendige und noch fehlende Bewusstseinsbildung in der Gemeinde, verzögerten eine rasche Bestandsaufnahme der Indikatoren. Hinzu kam die heterogene und lückenhafte Datenbasis bei einigen Indikatoren, die eine zügige Bilanzierung und Bewertung erschwerten. Diese Gründe führten insgesamt dazu, dass die bereits in der Projektlaufzeit umgesetzten Maßnahmen in ihrer Auswirkung auf die Umweltqualität nicht wie geplant in einer zweiten Bilanz bewertet werden konnten.

Es hat sich gezeigt, dass die wissenschaftliche Diskussion über Art, Inhalt und Berechnung der Indikatoren gegenüber der Maßnahmendiskussion im Arbeitskreis in den Hintergrund trat. Die Aufstellung des Indikatorensets wurde infolgedessen von der Projektgruppe *Kulturlandschaft Hohenlohe* vorgenommen und den Interessen der Gemeinde angepasst. Auf Fragen der Übertragbarkeit des Teilprojekts und der erzielten Ergebnisse wird im Kap. 8.9.8 eingegangen.

Die umsetzungsmethodischen Zielsetzungen »Beteiligung der Gemeinde am Planungsprozess« und »Evaluierung der Ergebnisse« konnten ebenfalls in der Projektlaufzeit erreicht werden. Durch die Gründung eines Arbeitskreises mit Vertretern der Gemeindeverwaltung, des Gemeinderats sowie interessierten Bürgern wurde die Basis für eine konstruktive Zusammenarbeit geschaffen, die sich nahtlos durch den Übergang des Arbeitskreises *Ökobilanz Mulfingen* in den Agenda-Arbeitskreis fortgesetzt hat. Diese Zusammenarbeit gewährleistete einerseits den Informationsaustausch zwischen Gemeinde und Projektgruppe, andererseits zwischen Arbeitskreis und Gemeinderat.

Entsprechend dem Projektansatz wurden im Arbeitskreis *Ökobilanz Mulfingen* Fragestellungen der Akteure aufgegriffen und Lösungen z.B. in Form von Informationsveranstaltungen angeboten. Diese Maßnahmen waren v.a. für die Vertrauensbildung zwischen Akteuren und Projektgruppe entscheidend und erleichterten eine erfolgreiche Zusammenarbeit. Diskussionen über wissenschaftliche Inhalte der Ökobilanz stießen dagegen auf weniger Interesse. Aus den Ergebnissen der Evaluierung konnten Schlussfolgerungen gezogen werden, die direkt in die weitere Arbeitskreisarbeit einfließen konnten. Die Ergebnisse der Zwischenevaluierung (Januar 2000) konnten darüber hinaus an den Agenda-Arbeitskreis weitergegeben werden.

Die anwendungsorientierten Ziele konnten nur teilweise realisiert werden. Der Agenda-Arbeitskreis ist ein aktives und umsetzungsorientiert arbeitendes Gremium, das sich mit einzelnen Themen der Ökobilanz beschäftigt mit dem Ziel, Maßnahmen für die nachhaltige Entwicklung der Gemeinde zu formulieren. Der Agenda-Prozess löste, wie bereits beschrieben, den Arbeitskreis *Ökobilanz Mulfingen* ab, die Leitung der Arbeitskreise und die Verantwortung für die Umsetzung gingen an die Gemeinde über. Die Weiterführung der Ideen aus der Ökobilanz über die Projektlaufzeit hinaus wurde somit gewährleistet.

Ein Handlungskonzept für alle kommunalen Handlungsfelder, wie es ursprünglich für das Teilprojekt vorgesehen war, wurde nicht erarbeitet. Dennoch sind für einzelne Themengebiete grundsätzliche Konzepte entwickelt, die – zumindest ansatzweise – wegweisend sind. So stellt z.B. die Bauherrenfibel einen Handlungsrahmen für Bauherren und Renovierer dar. Weitere umgesetzte Maßnahmen sind in Tab. 8.9.2 dargestellt.

Von Seiten der Projektgruppe *Kulturlandschaft Hohenlohe* wurde bezüglich des kommunalen Gesamtkonzepts ein weiterer Versuch unternommen und ein Ergebnis-Workshop zusammen mit den Gemeinderäten vorgeschlagen. Bis Projektende konnte nicht eindeutig geklärt werden, wo die Gründe für das fehlende Interesse der Gemeinderäte (siehe oben) an einer aktiven Mitarbeit liegen. Mangelndes Interesse, wissenschaftliche Darstellung der Ökobilanz, fehlendes Problembewusstsein oder zeitliche Überlastung der Gemeinderäte sind einige der im Rahmen der Evaluierung angeführten Argumente. Entscheidend ist nach Ansicht der Autoren, dass ein Gemeinderatsbeschluss für ein solches Projekt vorliegt und eine finanzielle Beteiligung von Seiten der Kommune sichergestellt wird. In diesem Fall ist eine aktive Beteiligung und größeres Interesse am Ergebnis eher gewährleistet. Grund für diese Annahme ist der Verlauf der Lokalen Agenda in Mulfingen: Nach dem Beschluss des Gemeinderats im Herbst 1999 wurde ein Moderator engagiert, der die drei Agenda-Arbeitskreise leiten sollte. Die von den Arbeitskreisen eingebrachten Anträge werden vom Gemeinderat nach der bisherigen Erfahrung ohne weiteres bewilligt. Eine Rückmeldung bei der Abschlussevaluierung wies darauf hin, dass sich der Gemeinderat mit dem Beschluss zur Lokalen Agenda 21 in Mulfingen selbst dazu verpflichtet hat, sinnvolle und machbare Anträge anzunehmen.

Die Information der Gemeinde mit den gewählten Methoden hat zur Verbesserung des Wissensstands bezüglich ökologischer Themen in der Gemeinde beigetragen. Die Inhalte der Ökobilanz werden in den Agenda-Arbeitskreisen und in der Gemeindeverwaltung weiter bearbeitet und fließen über die Lokale Agenda in die Gemeindepolitik ein.

Wurden Verbesserungen im Sinne der Nachhaltigkeit erreicht?

Kernstück der wissenschaftlich-planerischen Bearbeitung war die Bilanzierung der ökologischen Indikatoren. Die Ergebnisse sind in einem gesonderten Band der Reihe Nachhaltige Landnutzung detailliert aufgeführt (BEUTTLER & LENZ 2003). Hierbei wird z.B. auf die Zielvorstellungen, die Ergebnisinterpretation sowie auf die Aussagekraft und Datenqualität der einzelnen Indikatoren eingegangen. Um Verbesserungen der Umweltsituation durch die im Teilprojekt erarbeiteten und umgesetzten Maßnahmen festzustellen, müsste eine weitere Bilanzierung durchgeführt werden. Wie in Kap. 8.9.8 bereits erläutert, konnte diese zweite Bilanz nicht während der Projektlaufzeit durchgeführt werden.

Trotz oder gerade wegen der Änderungen bezüglich der geplanten Zielsetzungen hat das Teilprojekt *Ökobilanz Mulfingen* nicht nur in ökologischer Hinsicht »nachhaltige Auswirkungen«. Der Erhalt der Schutzgüter und die Vermeidung ökologischer Risiken, v.a. der Ressourcen Energie, Trinkwasser und Fläche, wurde in bezug auf ein ökologisch orientiertes Bauen und Renovieren vorangetrieben, einerseits auf Bürgerebene über die Bauherrenfibel (siehe Anhang 8.9.1), andererseits auf Gemeindeebene über entsprechende Gemeinderatsbeschlüsse (Tab. 8.9.2).

Neben diesen konkreten und umsetzungsorientierten Ergebnissen, die durch den Arbeitskreis Ökobilanz bzw. die Agenda-Arbeitskreise realisiert wurden und werden, liegt ein wesentlicher Erfolg des Teilprojektes im Anstoß eines Umdenkungsprozesses in der Gemeinde. Dieser so genannte

»Wachrüttelprozess« (Zitat eines Akteurs aus der Abschlussevaluierung) hat mit dem Teilprojekt *Ökobilanz Mulfingen* angefangen, in dem bereits vorhandene Ideen und Bestrebungen in einem Arbeitskreis konzentriert wurden, die nun in der Lokalen Agenda der Gemeinde Mulfingen weiter getragen werden.

Ein wichtiger sozialer Aspekt aus dem Teilprojekt betrifft den »Zugang zu Ressourcen und Dienstleistungen« sowie die »Zufriedenheit mit der Partizipation »der Bürger« (Berücksichtigung der Anliegen). Die Teilnehmer des Arbeitskreises Ökobilanz haben in der Zwischen- und in der Abschlussevaluierung bestätigt, dass sie Neues dazu gelernt haben, d.h. es besteht ein breiteres Wissen über die Möglichkeiten einer nachhaltigen Landnutzung. Es gab »viele Erkenntnisse« und die Akteure sind »trotz bestehender Offenheit für ökologische Themen sensibler oder hellhörig geworden«. Vor allem auch der Austausch mit anderen im Arbeitskreis wurde positiv bewertet. Dieser Sachverhalt kann auch von Seiten der Autoren bestätigt werden, da in den Arbeitskreisen ein großer Wissenspool besonders zum Thema »Ökologisches Bauen« besteht.

Zur Partizipation wurden in den Kurzevaluierungen der Arbeitskreissitzungen zwei Fragen erfasst. Die »Zufriedenheit mit der Arbeitsatmosphäre« wurde von den Akteuren fast durchgängig als sehr hoch eingestuft. Ausnahme war die stark theoretisch orientierte Veranstaltung zum Handlungsfeld Naturschutz. Die zweite Frage bezog sich auf die »Berücksichtigung der Anliegen« im Arbeitskreis. Hier fiel die anfangs sehr gut bewertete Einstufung ab, konnte aber zum Ende der acht Arbeitskreissitzung wieder ansteigen.

Als Ergebnis kann zusammenfassend festgehalten werden, dass die angewandten Arbeitsformen den Bürger besser informieren konnten und ihm darüber hinaus eine Möglichkeit zur aktiven Teilnahme an der Gemeindepolitik bieten, auch im Sinne der Nachhaltigkeit.

Die finanziellen Aspekte wurden bei der Maßnahmenplanung im Teilprojekt nur am Rande berücksichtigt. Ökonomische Indikatoren wurden nicht definiert. Eine Gemeinde ist jedoch eher bereit, Projekte zu initiieren, wenn sich neben den ökologischen Verbesserungen v.a. auch ökonomische Vorteile bieten. Ein Beispiel hierfür wären Energiesparmaßnahmen zur Reduktion des Energieeinsatzes. Finanzielle Einsparungen überzeugen einen Gemeinderat schneller als ökologische Argumente. Dagegen hat die Gemeinde weniger Interesse daran, dass ihre Bürger Regenwasser nutzen, wenn sie selbst als Wasserversorger das Trinkwasser zur Verfügung stellt und wenn damit finanzielle Nachteile verbunden sein könnten. Diese Aspekte sollten besonders bei der Maßnahmenplanung künftig stärker untersucht werden.

Selbsttragender Prozess

Die Weiterführung der Inhalte aus dem Teilprojekt *Ökobilanz Mulfingen* ist durch die Lokale Agenda in der Gemeinde gewährleistet. Mit dem Agenda-Beschluss hat die Gemeinde zusätzlich einen Moderator engagiert, der für die Leitung und Organisation der Agenda-Arbeitskreise verantwortlich ist. Laut Aussagen aus der Abschlussevaluierung wird die Gemeinde die Themen der Ökobilanz weiter bearbeiten. Bei der Übergabe der Ergebnisse im Januar 2002 wies der Bürgermeister der Gemeinde darauf hin, dass in ein paar Jahren eine Ökobilanz vielleicht schon eine Pflichtaufgabe für jede Gemeinde sei. Somit ist im Bereich der Maßnahmen eine Fortführung des Projekts gewährleistet.

Für die eigentliche Ökobilanz, d.h. die Bestandsaufnahme und Bewertung der Umweltsituation, ist keine Weiterführung geplant. Die Datenerhebung und die wiederholte Bilanzierung der Indikatoren ist nicht bei allen Indikatoren einfach durchführbar. Da jeder Indikator individuell zu betrachten ist, wird hier auf BEUTTLER & LENZ (2003) verwiesen.

Übertragbarkeit

Als Projektziel für das Teilprojekt *Ökobilanz Mulfingen* ist ebenfalls formuliert, dass die Übertragbarkeit der durchgeführten Ökobilanzierung auf andere Gemeinden zu überprüfen ist.

Diese Übertragbarkeit bezieht sich einerseits auf die Vorgehensweise bei der Zusammenarbeit mit der Gemeinde, d.h. auf den umsetzungsmethodischen Bereich. Hierauf wird im nachfolgenden Kapitel näher eingegangen. Andererseits betrifft die Übertragbarkeit die Berechnung und Bewertung der einzelnen Indikatoren, d.h. den wissenschaftlich-planerischen Aspekt. In der ausführlichen Beschreibung und Auswertung der Indikatoren werden Angaben zur Aussagekraft und Datenqualität der Zeigerwerte vorgenommen, die auch Rückschlüsse auf die Übertragbarkeit der Rechenvorschriften auf andere Kommunen oder andere Maßstabsebenen wie z.B. Landkreise oder Regionen zulassen (vgl. BEUTTLER & LENZ 2003). Ausgangspunkt für die Übertragbarkeit ist hierbei immer die Datenlage und -verfügbarkeit. Wesentliche Unterschiede sind diesbezüglich zwischen Kommunen und Landkreis festzustellen. Ein Beispiel hierfür ist die Datenlage für den Indikator »Abfallaufkommen und Verwertungsquote«. Diese Daten werden auf kommunaler Ebene nicht erfasst. Zum Arbeitsumfang, der für die Erstellung der Ökobilanz anfiel, können folgende Angaben gemacht werden: Verantwortlich für das Teilprojekt war eine Person mit einer halben Stelle (0,5 BAT IV a). Hiervon entfielen auf die Arbeitskreise (Vor-, Nachbereitung, Durchführung) rund 10 Prozent, interne Sitzungen 10 Prozent, die Datenrecherche und -aufbereitung 10 Prozent, die Bilanzierung 50 Prozent, die Öffentlichkeitsarbeit 5 Prozent, die Berichtfassung 5 Prozent sowie die Mitarbeit an weiteren Teilprojekten 10 Prozent der Arbeitsleistung. Von der Teilprojektverantwortlichen wurden im wesentlichen 13 der 22 Indikatoren bearbeitet. Darüber hinaus beteiligten sich die wissenschaftlichen Mitarbeiter sowohl an den Arbeitskreissitzungen wie auch an der Datenrecherche, -aufbereitung und Bilanzierung. Die Arbeitsleistung hierfür abzuschätzen ist kaum möglich, zumal auch vielfältige inhaltliche Überschneidungen mit anderen Teilprojekten bestanden (vgl. Abb. 8.9.5).

Weitere für die Einschätzung der Übertragbarkeit erforderliche Informationen wurden bereits in den vorangegangenen Kapiteln ausführlich beschrieben. Im folgenden soll lediglich auf die Veränderungen eingegangen werden, die sich im Projektverlauf ergeben haben.

Während sich der Flächenbezug für die Ökobilanz nicht geändert hat, gab es bezüglich der beteiligten Akteure Änderungen in der Zusammensetzung des Arbeitskreises. Dies verstärkte sich mit dem Übergang des Arbeitskreises *Ökobilanz Mulfingen* in den Agenda-Arbeitskreis, an dem sich »nur« aktive Bürger und keine Gemeinderäte beteiligten. Ebenso gab es Modifikationen in der Zielsetzung des Projekts von Seiten der Kommune. Während für die Gemeindeverwaltung und den Gemeinderat weiterhin das Interesse am ökologischen Zustand der kommunalen Umweltsituation bestand, verlagerte sich der Schwerpunkt in den Arbeitskreisen auf die Erarbeitung und Umsetzung von Maßnahmen.

Bezüglich der Methoden mussten diese im Projektverlauf den Gegebenheiten in der Kommune angepasst werden. So kam es bei der Umsetzungsmethodik durch den Agenda-Prozess in der Gemeinde zu Veränderungen in der Arbeitskreisstruktur und -führung, was sich auf den weiteren Verlauf des Projekts auswirkte. Die Projektgruppe *Kulturlandschaft Hohenlohe* zog sich auf eine inhaltliche Mitarbeit zurück und die Verantwortung für den weiteren Verlauf ging auf die Gemeinde bzw. den Moderator der Agenda-Arbeitskreise über. Die konkrete Folge war eine noch stärker praxisorientierte Vorgehensweise, die sich nur bedingt an den anfangs abgegrenzten Handlungsfeldern orientierte. Aus der veränderten Struktur ergaben sich auch Änderungen für die Evaluierung. So entfielen im Agenda-Arbeitskreis die Kurzevaluierungen am Ende jeder Sitzung. Die Abschlussevaluierung wurde als Telefoninterview durchgeführt.

Tabelle 8.9.5 stellt die hemmenden und treibenden Kräfte, die Bewertung von deren Stärke sowie den Einfluss der Projektgruppe *Kulturlandschaft Hohenlohe* auf diese Kräfte dar. Im Teilprojekt *Ökobilanz Mulfingen* ist festzustellen, dass die sozialen und ökonomischen Kräfte eher hemmend v.a. auf die Umsetzung von Maßnahmen wirken. Die ökologischen Kräfte hingegen wirken sich positiv auf die Arbeit im Arbeitskreis und den Gesamtverlauf des Projekts aus.

Tabelle 8.9.5: *Analyse der hemmenden und treibenden Kräfte im Teilprojekt Ökobilanz Mulfingen*

	Benennung der Kraft	Stärke der Kraft (stark, mittel, schwach)	In welcher Weise "drehte" die Projektgruppe an dieser Kraft
Soziale Kräfte	Diskussionsbedürfnis im Arbeitskreis (AK)	stark	versucht zu begrenzen und der Diskussion Struktur zu geben
	fehlende (Umsetzungs-) Initiative im AK	mittel	motiviert, zeigt Möglichkeiten auf
	z.T. konservative, kritische Haltung im Gemeinderat (GR)	stark	Information aus dem Arbeitskreis, wie z. B. Expertengespräch zur Regenwassernutzung, Bauherrenfibel
	fehlende Motivation für Eigeninitiative, Skepsis der Bürger außerhalb des Arbeitskreises	mittel	Expertengespräch, Infos im Mitteilungsblatt, Informationen werden an Bürger weitergeleitet, z. B. Infofibel für Bauherren und Renovierer
Ökonom. Kräfte	fehlende Wirtschaftlichkeit der Maßnahmen für die Gemeinde (z. B. Energie, Regenwasser)	mittel	Information und konkrete Darstellung der ökologischen Effekte im Arbeitskreis
	Mehrkosten bei Planungen durch ökologische Planungen (z. B. Regenwassernutzung der Sporthalle)	stark	Unterstützung der Arbeitskreismitglieder, Darstellung der nicht wirtschaftlichen Vorteile aus ökologischen Planungen (Vorbildfunktion, Lerneffekt bei Solaranlage auf Schulgebäude)
	Erstellung der Ökobilanz kostet die Gemeinde nichts	schwach	Einbeziehung des Gemeinderates in den Planungsprozess, Information über das Projekt
Ökologische Kräfte	Interesse der Gemeinde „wo stehen wir ökologisch?"	mittel / stark (GR) / (AK)	Präsentation der Ergebnisse aus der Ökobilanz vor dem Gemeinderat, Aufarbeitung von ökologischen Themen im Arbeitskreis
	viele aktive Natur- und Umweltschützer der Gemeinde im AK vertreten	mittel	Berücksichtigung der einzelnen Interessen, Bildung eines Diskussions- und Austauschforums für ökologische Fragestellungen (= AK)
	Ideen und Vorschläge der AK-Mitglieder	mittel	Sammlung der Vorschläge und Veröffentlichung, z. T. über Ökotip, zusammenfassende Darstellung der Maßnahmen für die einzelnen Handlungsfelder und Übergabe an den Agenda-Arbeitskreis

Vergleich mit anderen Vorhaben

Im Zusammenhang mit der in den letzten Jahren verstärkt einsetzenden Bewegung zur Lokalen Agenda in den Kommunen stellt sich ebenfalls zunehmend die Frage nach Möglichkeiten der Erfolgskontrolle dieser Agenda-Maßnahmen. Es werden geeignete Messgrößen und Indikatoren gefordert, die ein regelmäßiges Monitoring sowie eine Kontrolle der Ergebnisse und Auswirkungen langfristig angelegter Planungen und Entwicklungsstrategien möglich machen. Die Nachhaltigkeitsindikatoren für die Lokale Agenda 21, die die Landesanstalt für Umweltschutz Baden-Württemberg im Auftrag der Umweltministerien von Baden-Württemberg, Bayern, Hessen und Thüringen erarbeitet hat (UVM et al. 2000), greifen auf die bei Verwaltungen und Statistischen

Landesämtern regelmäßig erhobenen Daten zurück, um einen möglichst einfachen Einstieg für die Kommunen zu ermöglichen. Ähnliche Ansätze sind in dem von B.A.U.M. Consult (2001) im Rahmen eines Forschungsprojektes des Bundesministeriums für Bildung und Forschung (BMBF) erarbeiteten Kommunalen Umweltmanagement- und -informationssystems (KUMIS) enthalten. Dieses Werkzeug soll kleinen und mittelgroßen Kommunen eine Hilfestellung bei der Umsetzung des Umweltmanagements geben. Auch bei diesen Projekten wird deutlich, dass die Kommunen aktive Unterstützung bei der Zusammenstellung eines Indikatorensets sowie bei der Moderation eines (Agenda)-Prozesses benötigen.

Die angewandte Umsetzungsmethodik ist bei der *Ökobilanz Mulfingen* ähnlich wie in den zuvor erwähnten Verfahren (moderierter Arbeitskreis). Unterschiede gibt es in der wissenschaftlichen Vorgehensweise, genauer gesagt, in der Art der verwendeten Indikatoren. Während die zuvor genannten Projekte mit den regelmäßig erfassten Daten arbeiten (Gemeinde, Statistische Landesämter, Verwaltung), werden im Teilprojekt *Ökobilanz Mulfingen* auch räumlich differenzierte Indikatoren erfasst und bewertet. Der Mehraufwand rechtfertigt sich in der besseren Aussagekraft der Indikatoren. So können durch eine Luftbildauswertung aktuellere Daten zur Flächennutzung erhoben werden, die z.B. eine Grundlage für das Energiesubstitutionspotenzial aus Waldflächen oder Ackerflächen bietet.

Ein Bestandteil der Ökobilanz ist die regelmäßige Wiederholung der Bilanzierung als Kontrollinstrument für die Gemeindeentwicklung (analog zur der EG-Öko-Audit-Verordnung Bundesministerium für Umwelt, Naturschutz und Reaktorsicherheit 2000) wird hierbei ein Turnus von 2 bis 3 Jahren vorgeschlagen). Die Integration eines solchen umfangreichen Instruments in einer (kleinen) Gemeinde ist jedoch in technischer und personeller Hinsicht schwer umsetzbar. Hierfür muss neben den EDV-technischen Voraussetzungen die Bilanzierung der Indikatoren nach Möglichkeit vereinfacht bzw. müssen die Daten für deren Berechnung leichter verfügbar werden. Anregungen zu dieser Thematik liefert eine Abhandlung von Walker (2001), der sich mit dem Einsatz eines Geographischen Informationssystems in einer kleinen Gemeinde beschäftigt, um die Effektivität und Effizienz der Kommune als öffentliche Verwaltung und Dienstleister zu steigern. Eines der darin vorgestellten Szenarien schlägt vor, die Kreisverwaltung bei der Bereitstellung von Geodaten stärker zu integrieren.

8.9.9 Schlussfolgerungen

Empfehlungen für eine erfolgreiche Projektdurchführung
Auf Grundlage der dargestellten Vorgehensweise im Teilprojekt und der erzielten Ergebnisse, werden diejenigen Rahmenbedingungen aufgezeigt, die eine nachhaltige Gemeindeentwicklung auf Grundlage einer kommunalen Umweltbilanz gewährleisten sollen. Ausgehend von der Annahme, dass Fachleute eine Ökobilanz für und mit Unterstützung einer Gemeinde erstellen, sind folgende Schritte zu beachten (siehe auch Beuttler & Lenz 2001):

Schritt 1: Grundvoraussetzungen
__Es sollte mit bestehenden Organisationen oder Verwaltungsstrukturen innerhalb einer Gemeinde gearbeitet werden.
__Darüber hinaus sollte, wenn bereits vorhanden, mit den bereits diskutierten Themenschwerpunkten innerhalb der Kommune angefangen werden. Weitere Themen können im Laufe des Projektes sowohl von Bürgerseite als auch von Seiten der Fachleute eingebracht werden.

—Nicht zuletzt ist die Moderation des Prozesses von entsprechenden Fachleuten durchzuführen. Damit wird die Kontinuität der Treffen und die Strukturierung des Prozesses gewährleistet. Zudem ist die Akzeptanz eines Externen oft höher.

Schritt 2: Rahmenbedingungen

1. Organisatorische Rahmenbedingungen
—Ein Gremium aus interessierten Bürgern verschiedener Fachrichtungen, Verwaltung und Gemeinderat wird gebildet, das sich mit aktuellen Themen beschäftigt. Die Leitung durch einen externen Moderator wurde zuvor als Grundvoraussetzung definiert.
—Zusammenarbeit mit Verwaltung und Gemeinderat, nach Möglichkeit je ein Ansprechpartner.
—Erarbeitung von Diskussions- oder Beschlussvorlagen für die Gemeindegremien (Gemeinderat).
—Organisation der Treffen erfolgt über die Gemeinde (Einladung, Raum).
—Öffentlichkeitsarbeit zum Prozessverlauf, z.B. in Form von Pressemitteilungen, Artikeln im Mitteilungsblatt, öffentlichen Informationsveranstaltungen.
—Gemeinderatsbeschluss zur Durchführung einer regelmäßigen Bestandsaufnahme der Umweltsituation.

2. Personelle Rahmenbedingungen
—Schlüsselakteure finden und aktivieren, z.B. durch öffentliche Auftaktveranstaltung und persönliche Gespräche.
—Interesse und Unterstützung der Ökobilanz durch Verwaltung und Gemeinderat sichern.

3. Zeitliche Rahmenbedingungen
—Durchführung eines ersten Umweltchecks zur Grobanalyse (siehe auch Checklisten LfU 2000) und Abfrage der »Brennpunkte« unter Berücksichtigung der Handlungsfelder.
—Umsetzung erster Maßnahmen möglichst zeitnah, aber auch Aufstellung eines langfristigen Handlungskonzepts für die Gemeinde mit schrittweiser Umsetzung. Damit können erste sichtbare Erfolge erzielt werden, die die beteiligten Akteure zum Weitermachen motivieren.

4. Inhaltliche Rahmenbedingungen
—Auswahl der Zeigerwerte, die im Rahmen der Ökobilanz erhoben werden, in Abhängigkeit von der Aktualität in der Gemeinde und der Datenlage in einem Expertengremium. Damit soll nur in einem kleinen Kreis die Auswahl erfolgen, um langwierige Diskussion zu vermeiden. Als mögliche Alternative wird von Seiten der Autoren vorgeschlagen, mit einem reduzierten Indikatorenset auf Grundlage der vorhandenen Daten in der Gemeinde bzw. bei öffentlichen Stellen (Landratsamt, Landwirtschaftsamt, Statistisches Landesamt, etc.) einzusteigen. Weitere Themen und Zeigerwerte, v.a. auch mit räumlicher Ausdehnung, sollten dann im Zuge der Diskussionen zur Nachhaltigkeit aufgenommen werden.
—Aufbereitung der Grundlagen- und der Ergebnisdaten aus der Ökobilanz in digitaler Form.
—Fortlaufende Durchführung von Bilanzierungen zur Steuerung und Kontrolle kommunaler Planungen (Stichwort: Erfolgskontrolle).
—Erstellung eines Umweltberichts zur Information der Öffentlichkeit.
—Durchführung eines Workshops für den Gemeinderat zur Präsentation und Diskussion der Bilanzierungsergebnisse sowie Formulierung von Zielen und Maßnahmen für die Gemeinde.
—Berücksichtigung von ökonomischen und sozialen Aspekten bei der Maßnahmenplanung.

— Sensibilisierung der Bevölkerung und des Gemeinderates durch die Veranstaltung von Exkursionen, Expertengesprächen sowie durch die Veröffentlichung eines Umweltberichts.

5. *Finanzielle Rahmenbedingungen*
— Finanzielle Unterstützung der Kommune bei der Durchführung der Umweltbilanz, v.a. bezüglich Moderation und Datenerhebung z.B. im Rahmen von Förderprogrammen zum Kommunalen Umweltmanagement oder Forschungsprojekten.

6. *Gesetzliche Rahmenbedingungen*
— Verpflichtung der Gemeinden zum Umweltmanagement.

Die beiden letztgenannten Punkte sind nur in Kombination zu realisieren. Eine gesetzliche Verpflichtung der Kommunen zum Umweltmanagement ist lediglich bei gleichzeitiger finanzieller Unterstützung sinnvoll. Erste Schritte in diese Richtung zeigt die neue EG-Öko-Audit-Verordnung (EMAS II = Environmental Management and Audit Scheme), die am 27. April 2001 in Kraft getreten ist (Verordnung (EG) Nr. 761/2001 des Europäischen Parlaments und des Rates vom 19. März 2001). Als »Verordnung über die **freiwillige** Beteiligung von Organisationen an einem Gemeinschaftssystem für das Umweltmanagement und die Umweltbetriebsprüfung« ist sie in der Neuauflage auf alle Organisationen, ungeachtet ihrer Tätigkeit, ausgedehnt. Damit können alle Unternehmen sowie öffentliche Stellen, wie z.B. Gemeinden, an einem Umweltaudit teilnehmen. Ein Bestandteil des Umweltaudits ist die Durchführung einer Umweltprüfung (analog einer Ökobilanz) als erste umfassende Untersuchung der umweltbezogenen Fragestellungen und Auswirkungen an einem Standort (BMU 2000).

Die allgemeine Diskussion über kommunales Umweltmanagement zeigt, dass die nachhaltige Entwicklung einer Gemeinde ein langfristig anzustrebendes Ziel ist, das auf verschiedenen Wegen erreicht werden kann. Die im vorgestellten Teilprojekt angewandte Methode einer Ökobilanz führt durch die Zusammenarbeit mit den Akteuren zur Auseinandersetzung mit ökologischen Themen vor einem ökonomischen und sozialen Hintergrund. In Verbindung mit der Lokalen Agenda in Mulfingen ist eine Fortführung des durch die Ökobilanz angestoßenen (Umdenkungs-)Prozesses in der Gemeinde auch über die Projektlaufzeit hinaus gesichert.

Weiterführende Aktivitäten

In Hinblick auf die Bilanzierung der Indikatoren gibt es noch weiterer Forschungs- und Entwicklungsbedarf, um die Handhabung des Instruments Ökobilanz für Gemeinden zu erleichtern. Ein erster Schritt in diese Richtung ist die Ausarbeitung und Darstellung der Bilanzierungsergebnisse (BEUTTLER & LENZ 2003). Neben einer umfangreichen Darstellung der Ergebnisse werden hierbei grundsätzliche Überlegungen zur Verwendung von Indikatoren im Rahmen der Nachhaltigkeitsdiskussion angestellt.

Literatur

Akademie für Technikfolgenabschätzung, 1997: Nachhaltige Entwicklung in Baden-Württemberg, Statusbericht. Stuttgart: 94 S.

Akademie für Technikfolgenabschätzung (Hrsg.), 2000: Nachhaltige Entwicklung in Baden-Württemberg, Statusbericht 2000 – Kurzfassung. Stuttgart: 81 S.

Anonymus, 1998: Arbeitsgrundlagen Bodenschutz, Teil »Stellungnahme der Bodenschutzbehörde in der vorbereitenden Bauleitplanung«. Entwurf am Regierungspräsidium Stuttgart, Referat 74: 27 S.

Arbeitsgemeinschaft Regionale Ökobilanz, 1999: Regionale Ökobilanzen für eine umweltgerechte und nachhaltige Raumnutzungsplanung auf mittlerer Maßstabsebene – Abschlußbericht, Band 1 und 2. Pfaffenhofen (unveröffentlicht)

B.A.U.M. Consult, 2001: KUMIS, Kommunales Umweltmanagement- und -informationssystem, CD-ROM für den Fachkongress zum Projekt »Umweltmanagement für kleine und mittelgroße Kommunen«. München

Beuttler, A., Lenz, R., 2001: Raumbezogene Umweltbilanzen als Entscheidungshilfe für die Kommunalplanung – Möglichkeiten und Grenzen. In: Beierkuhnlein, C., J. Breuste, F. Dollinger, M. Kleyer, M. Potschin, U. Steinhardt, R.-U. Syrbe (Hrsg.): Landschaften als Lebensraum – Analyse – Bewertung – Planung – Management. Tagungsband IALE 2001, Oldenburg: 17-19.

Beuttler, A., Lenz, R. (Hrsg.), 2003: Umweltbilanz Gemeinde Mulfingen. Reihe: Nachhaltige Landnutzung. Oekom-Verlag, München

BMU (Bundesministerium für Umwelt, Naturschutz und Reaktorsicherheit) (Hrsg.), 2000: EG-Umwelt-Audit (EMAS) – Chance für die Wirtschaft. Berlin

Diefenbacher, H., H. Karcher, C. Stahmer, V. Teichert, 1997: Nachhaltige Wirtschaftsentwicklung im regionalen Bereich – ein System von ökologischen, ökonomischen und sozialen Indikatoren. Reihe A Nr. 42. Heidelberg: 269 S.

Enquete-Kommission des Deutschen Bundestages, 1997: Konzept Nachhaltigkeit; Fundamente für die Gesellschaft von morgen. Zwischenbericht der Enquete-Kommission »Schutz des Menschen und der Umwelt – Ziele und Rahmenbedingungen einer nachhaltigen zukunftsverträglichen Entwicklung« Deutscher Bundestag, 13. Wahlperiode. Bonn

Heiland, S., 1999: Nachhaltigkeitsindikatoren – Instrumente zur Unterstützung von Agenda-21-Prozessen. Fachbeitrag. In: UVP-report 5/99: 240-242

Kanning, H., 2001: Umweltbilanzen: Instrumente einer zukunftsfähigen Regionalplanung?; die potentielle Bedeutung regionsbezogener Stoffstrombilanzen, von EMAS und der Ökobilanz-Methodik. Dissertation am Fachbereich Landschaftsarchitektur und Umweltentwicklung der Universität Hannover. Dortmund: 280 S.

LfU (Landesanstalt für Umweltschutz Baden-Württemberg) (Hrsg.), 1998: Anwendung von Produkt-Öko-Bilanzen in Unternehmen. Ein Praxisleitfaden mit Tips, Beispielen und Hintergrundinformationen. Karlsruhe

Lenz, R., 1999a: Mittelmaßstäbige Raumbewertungen für die Angewandte Landschaftsökologie. In Schneider-Sliwa, Schaub, Gerold (Hrsg.): Angewandte Landschaftsökologie – Festschrift für Prof. Dr. H. Leser. Springer-Verlag Berlin Heidelberg: 151-166

Lenz, R., 1999b: Regionale Informationssysteme zur Ökobilanzierung und Umweltberichterstattung. In: horizonte – anwendungsbezogen – zukunftsorientiert. Heft 14 Mai 1999: 27-30

UVM (Ministerium für Umwelt und Verkehr Baden-Württemberg), STMLU (Bayerisches Staatsministerium für Landesentwicklung und Umweltfragen), HMULF (Hessisches Ministerium für Umwelt, Landwirtschaft und Forsten), TMLNU (Thüringer Ministerium für Landwirtschaft, Naturschutz und Umwelt) (Hrsg.), 2000: Leitfaden – Indikatoren im Rahmen einer Lokalen Agenda 21. Heidelberg: 79 S.

Walker, I., 2001: Ein Konzept zur Einführung von WebGIS in der Gemeinde Nordkirchen. In: J. Strobl, T. Blaschke, G. Griesebner (Hrsg.): Beiträge zum AGIT-Symposium Salzburg 2001. Heidelberg

Verordnung (EG) Nr. 761/2001 des Europäischen Parlaments und des Rates vom 19. März 2001 über die freiwillige Beteiligung von Organisationen an einem Gemeinschaftssystem für das Umweltmanagement und die Umweltbetriebsprüfung (EMAS)

Internet-Quellen

LfU (Landesanstalt für Umweltschutz Baden-Württemberg), Stand 2002: Umweltmanagement für kommunale Verwaltungen (Arbeitsmaterialien). Karlsruhe, Abruf November 2002
http://www.lfu.baden-wuerttemberg.de/lfu/abt2/oaudit/umkv/index.html,

Dieter Lehmann, Wolfgang Bortt, Roman Lenz

8.10 Regionaler Umweltdatenkatalog – Aufbau eines internet-basierten Metadaten-Katalogs zur Unterstützung der Raumplanung

8.10.1 Zusammenfassung

Die Komplexität und regionsspezifische Ausprägung von Umwelteinflüssen machen es erforderlich, in der Raumplanung eine breite und möglichst raumspezifische Datenbasis zur Verfügung zu haben. Instrumente, um Daten zu verwalten und zu analysieren, sind sogenannte Informationssysteme. Reine Beschreibungen von Daten – wer sie hat, woher sie kommen, wie sie genutzt werden können – werden Datenkataloge genannt. Im Rahmen des *Modellvorhabens Kulturlandschaft Hohenlohe* wurde ein Arbeitskreis mit Vertretern von Behörden und Verbänden sowie Mitarbeitern der Projektgruppe *Kulturlandschaft Hohenlohe* gebildet, mit dem Ziel, ein Regionales Informationssystem zu Umweltdaten zu initiieren. Die Sitzungen des Arbeitskreises dienten neben der Konzeption des Informationssystems dem Austausch von Informationen.

Als Ergebnis des Arbeitskreises entstand ein Regionaler Umweltdatenkatalog. Dieser wurde vom Regionalverband Franken übernommen und wird dort gepflegt und weitergeführt. In diesem Datenkatalog sind Informationen über die bei den beteiligten Ämter vorhandenen Daten (sogenannte Meta-Daten) und die Möglichkeiten der Weitergabe dargelegt. Der Umweltdatenkatalog ist über Internet (http://www.regionales-informationssystem.de) für jedermann zugänglich. Die Eingabe und Veränderung der Informationen erfolgt passwortgeschützt durch die Besitzer der Daten. Ergänzend dazu konnte im Rahmen einer Diplomarbeit für das Landratsamt Hohenlohekreis ein Bürgerinformationssystem konzipiert und realisiert werden.

Ein weiteres Ziel war die Beschaffung und Zusammenführung disziplinärer, umweltsektorenbezogener Daten. Um die Defizite im Bereich der Bodendaten zu beheben, wurde mittels eines Neuronalen Netzes eine synthetische Bodenkarte erstellt. Diese Bodenkarte war eine der Datengrundlagen für die Ökobilanz Mulfingen (Kap. 8.9).

8.10.2 Problemstellung

Bedeutung für die Akteure
Immer wieder wurden während der Definitionsphase bei Gesprächen in der Region die unzureichenden Datengrundlagen für die Planung sowie die oft langwierigen und unflexiblen Recherchen für Planer und Verwaltung beklagt. Die Komplexität und regionsspezifische Ausprägung der Umweltfaktoren macht es erforderlich, eine breite, möglichst raumspezifische Datenbasis zur Verfügung zu haben. Räumliche Daten stellen dabei eine wesentliche Grundlage (raum-)planerischer Vorgänge dar. Im Untersuchungsgebiet gab es zwar erste Ansätze zum Aufbau von Informations-Systemen (z.B. Landratsamt Hohenlohekreis http://www.hohenlohekreis-umwelt.de/kontakt.htm). Es fehlte jedoch an regionalen Konzepten, an einer Vernetzung, die den notwendigen Austausch von Daten zwischen den einzelnen Ämtern sowie die Information der Akteure erleichtern konnte. Betroffen waren hiervon vor allem die Ämter, die mit Belangen der Raumplanung (im weiteren Sinne) konfrontiert sind, z.B. als Träger öffentlicher Belange. Auf Nachfrage durch die Wissenschaft-

ler wurden die vorgenannten Probleme vor allem von Vertretern des Landratsamtes Hohenlohekreis, des Amtes für Landwirtschaft, Landschafts- und Bodenkultur (ALLB) Öhringen sowie des Regionalverbandes Franken genannt (s.a. Abb. 8.10.5). Als weitere Hemmnisse ergaben sich bei den Diskussionen im Arbeitskreis eine unzulängliche Rechtssicherheit beim Austausch von Daten, die Schnittstellenproblematik bei verschiedenen EDV-Systemen sowie die generelle (Un-)Kenntnis über das Vorliegen von Daten. Viele Planungsgrundlagen sind lediglich in analoger Form vorhanden, wie beispielsweise die Reichsbodenschätzung. Im Extremfall, wie bei der Flurbilanz auf den Ämtern für Landwirtschaft, Landschafts- und Bodenkultur, handelt es sich um handkolorierte Unikate. Der Vorschlag der Projektgruppe *Kulturlandschaft Hohenlohe*, gemeinsam mit den Akteuren, ein Regionales Informationssystem zu initialisieren, wurde daher von den genannten Behörden sehr positiv aufgenommen. Entsprechende Informationssysteme erleichtern den Umgang mit Daten sowie deren Verarbeitung und Darstellung (vgl. hierzu auch Deutscher Bundestag 2001).

Wissenschaftliche Fragestellung
Im Rahmen der Initiierung eines Regionalen Informationssystems wurden folgende wissenschaftliche Fragestellungen aufgeworfen:
— Lässt sich durch ein Regionales Informationssystem die Bereitstellung von Informationen in einer Region wesentlich verbessern und welchen Einfluss hat dies auf die Planungsprozesse?
— Eignen sich Informationssysteme für die Entwicklung von Szenarien für eine vorausschauende Landschaftsplanung, bzw. wo liegen die Möglichkeiten und Grenzen?
— Wie kann die Erstellung von kommunalen Ökobilanzen und Umweltberichten durch ein Informationssystem verbessert oder erleichtert werden?
— Inwieweit eignet sich das Informationssystem für eine Effizienzkontrolle der im Projekt durchgeführten Maßnahmen?
— Wie können Umweltinformationen der Öffentlichkeit zugänglich gemacht werden?

Allgemeiner Kontext
Mit der raschen Entwicklung elektronischer Datenverarbeitung entstanden auch im Umweltbereich Informationssysteme verschiedenster Konzeptionen und Lösungen (Mayer-Föll et al. 2001, Brändli & Ginzler 2002). Insbesondere Kombinationen von Datenbanken, Geographischen Informationssystemen und Modellierungen waren Ergebnisse ökosystemarer Forschung (z.B. Lang et al. 1997), während im angewandten Bereich oft komplexere Modellierungen – außer bei ganz spezifischen Fragestellungen (z.B. in der Hydrogeologie) – entbehrlich waren oder mangels Datenverfügbarkeit auch sein mussten, und dafür die Benutzerfreundlichkeit, die Datenbeschreibung und eine gewisse inhaltliche Breite die Qualität der Informationssysteme bestimmte. Im Agrarlandschaftsbereich liegen bereits seit vielen Jahren Konzepte und Erfahrungen vor (z.B. Durwen 1985, Durwen et al. 1995). Ein Informationssystem ist dann erfolgreich, wenn es von der Zielgruppe eingesetzt wird. Hierzu muss ein leicht zu bedienendes System mit handelsüblicher, leistungsfähiger Software konzipiert und gemeinsam mit den Zielgruppenmitgliedern ausgestaltet und implementiert werden, wie dies z.B. für das Regionale Informationssystem des Landkreises Pfaffenhofen geschah (vgl. AG Regionale Ökobilanz Pfaffenhofen 1999). Ebenfalls bedeutsam ist dabei der Aspekt der Kommunikation, die mittlerweile von der herkömmlichen Post bis hin zu Hypermedia-Systemen reicht. Hypermedia-Systeme zeichnen sich durch eine benutzerfreundliche Präsentation von multimedialen Informationen (Sprache, Bilder, Text, Video, virtuelle Welten) aus. Die Informationsmenge wird hier in abgeschlossene Portionen (Knoten oder Karten) zerlegt.

Durch inhaltliche Verbindungen (links) zwischen den Einheiten entsteht ein Netzwerk. Ein Beispiel für ein Hypermedia-System stellt das World Wide Web (WWW) dar.
Im Untersuchungsgebiet gab es beim Umweltamt des Landratsamtes Hohenlohekreis bereits während der Definitionsphase erste Ansätze zum Aufbau eines Geographischen Informationssystems. Dieses Informationssystem wurde während der Projektlaufzeit ständig weiterentwickelt. Die anderen Ämter arbeiteten zu diesem Zeitpunkt noch fast ausschließlich mit analogen Karten. Vor diesem Hintergrund ist es verständlich, dass es noch keine Konzepte für eine regionale Vernetzung zur Verbesserung der Kommunikation und des Datenaustauschs gab.

8.10.3 Ziele

Oberstes Ziel des Teilprojekts war die Einrichtung eines flächenbezogenen Informationssystems auf der Grundlage eines Geographischen Informationssystems (GIS) sowie die Sicherung der Fortschreibung dieses Systems durch die Akteure vor Ort. Daneben wurden weitere, nachfolgend aufgeführte wissenschaftliche, umsetzungsmethodische und anwendungsorientierte Ziele verfolgt.

Wissenschaftliche Ziele

_Die disziplinären Daten, für die im Teilprojekt *Ökobilanz Mulfingen* (BEUTTLER 2002, BEUTTLER & LENZ 2003) notwendige Datengrundlage sind zusammengeführt.
_Die Akteure haben gemeinsam mit den Wissenschaftlern Szenarien für die zukünftige Landnutzung als Grundlage für eine vorausschauende Landschaftsplanung entwickelt, um Auswirkungen von Planungen und Festlegungen möglichst frühzeitig abschätzen zu können.

Umsetzungsmethodische Ziele

_Ein Arbeitskreis mit Akteuren aus Ämtern in der Region und Mitarbeitern der Projektgruppe Kulturlandschaft Hohenlohekreis ist eingerichtet.

Anwendungsorientierte Ziele

_Ein flächenbezogenes Informationssystems für die entsprechenden Fachverwaltungen ist eingerichtet.
_Die Datengrundlagen und der Datenaustausch zwischen den Akteuren ist verbessert.
_Die vorhandenen disziplinären Daten sind zusammengeführt.
_Die eigenständige Fortschreibung des Informationssystems durch die beteiligten Akteure ist sichergestellt.
_Das Regionale Informationssystem wird zur Unterstützung bei der Erstellung von kommunalen Ökobilanzen sowie bei der Fortschreibung von Umweltberichten auf Landkreisebene eingesetzt.

8.10.4 Räumlicher Bezug

Der räumliche Bezug ergibt sich jeweils aus dem Ortsbezug der in das Informationssystem eingestellten Daten. Dies kann die gesamte Region Franken sein, können einzelne Landkreise oder Gemeinden oder auch naturräumliche Abgrenzungen wie z.B. der Talraum der Jagst sein. Ausarbeitungen im Forschungsvorhaben erfolgten im engeren Untersuchungsgebiet (vgl. Kap. 4.1, Abb. 8.8.2) flächendeckend auf einer mittleren Maßstabsebene (ca. 1:25.000 bis 1:50.000). Bearbeitungen im parzellenscharfen Maßstab bezogen sich auf die Jagsttalgemeinden des Hohenlohekreises (Schöntal, Krautheim, Dörzbach, Mulfingen). Der Betrachtungsraum wird auf die Landkreise Heilbronn, Heilbronn-Stadt, Hohenlohe, Schwäbisch Hall und Main-Tauber erweitert, wenn der Umweltdatenkatalog vom Regionalverband Franken übernommen wird.

8.10.5 Beteiligte Akteure und Mitarbeiter/Institute

Die beteiligten Akteure setzten sich aus Vertretern verschiedener Ämter und Kommunen zusammen, die an Planungen beteiligt sind. Im Einzelnen waren dies Mitarbeiter des Regionalverbandes Franken, der Landratsämter Heilbronn und Hohenlohekreis, des Amts für Landwirtschaft und Bodenkultur Öhringen, der Gewässerdirektion Neckar im Bereich Künzelsau sowie der Gemeinde Schöntal. Das Regionale Rechenzentrum in Heilbronn und das Forstamt Schöntal wurden informell beteiligt.

Als wissenschaftliche Mitarbeiter von Seiten der Projektgruppe *Kulturlandschaft Hohenlohe* wirkten mit: Dieter Lehmann (Teilprojektverantwortlicher), Wolfgang Bortt, Prof. Dr. Roman Lenz, alle Institut für Angewandte Forschung, FH Nürtingen, Dr. Norbert Billen, Institut für Bodenkunde und Standortlehre, , Universität Hohenheim, Ralf Kirchner-Heßler, Inge Keckeisen, beide Institut für Landespflege, Universität Freiburg und Dr. Berthold Kappus, Institut für Zoologie, Universität Hohenheim. Durch die Einbringung von Daten aller weiterer Institute des Forschungsvorhabens in das Regionale Informationssystem waren diese ebenfalls am Teilprojekt beteiligt.

8.10.6 Methodik

Zur Erreichung der angestrebten Ziele sowie zur Einbindung der Akteure wurden folgende Methoden angewandt:
— Gründung eines weitgehend geschlossenen Arbeitskreises. Die Akteure wurden wegen der speziellen Thematik direkt angesprochen und eingeladen. Dadurch entstand eine relativ homogene Gruppe (= Zielgruppe);
— Moderation der Arbeitskreissitzungen von Mitarbeitern der Projektgruppe;
— Gemeinsame Findung und Festlegung der Ziele mit den beteiligten Akteuren im Arbeitskreis;
— Input von Informationen durch Mitarbeiter der Projektgruppe, um einen einheitlichen Wissensstand der Mitglieder des Arbeitskreises zu ermöglichen; Austausch von Informationen zwischen den Akteuren;
— Erarbeitung eines inhaltlichen Konzepts zur Beschreibung der Umweltdaten;
— Erarbeitung eines technischen Konzepts zur Umsetzung des Umweltdatenkatalogs mit Internet-Zugriff;
— Programmierung des Umweltdatenkatalogs mittels verschiedener Programmiersprachen (PHP3, Java) unter Einsatz einer MySQL-Datenbank auf Personal Computern (PC);
— Einsatz eines Neuronalen Netzes zur Erstellung einer Bodenkarte;
— Beim Aufbau des Regionalen Umweltdatenkatalogs wird der Aktionsforschungsansatz gewählt und ein typischer Projektzyklus durchlaufen (gemeinsame Situationsanalyse und Planung mit den Akteuren, Implementierung durch die Projektgruppe, Evaluierung und erneute Situationsanalyse mit den Akteuren, Planung, Verbesserung etc.);
— Evaluierungen des Arbeitskreises.

8.10.7 Ergebnisse

In Tab. 8.10.1 werden die im Rahmen des Teilprojektes angestrebten Aktivitäten und Maßnahmen aufgezeigt.

Tabelle 8.10.1: Aktivitäten im Teilprojekt Regionaler Umweltdatenkatalog

Aktivitäten	Quellen der Nachprüfbarkeit
1. Analyse der aktuellen Datensituation	Arbeitspapier
2. Analyse der Probleme im Bereich Datenaustausch	Arbeitspapier
3. Bildungsveranstaltungen zum Thema Datenaustausch	Protokoll
4. Aufbau eines Regionalen Umweltdatenkatalogs auf der Grundlage der genannten Anforderungen	Internet
5. Erfolgskontrolle – Einsatz des Umweltdatenkatalogs	Internet
Maßnahmen	**Quellen der Nachprüfbarkeit**
1.1 Informationen bezüglich der aktuellen Situation in den Ämtern einholen.	Protokoll
1.2 Aufzeigen der Möglichkeiten von Umweltinformationssystemen.	Protokoll
2.1 Darstellen der aktuellen Problematik bei den Akteuren.	Protokoll
2.2 Überprüfen der aktuellen Möglichkeiten des Datenaustausches	Protokoll
2.3 Problemformulierung »Zusammenführung heterogener Datenbestände«.	Protokoll
3.1 Veranstaltung zum Thema: Datenaustausch über das Internet	Protokoll
4.1 Konzeption des Metadatensystems zusammen mit den Akteuren	Arbeitspapier
5.1 Implementierung des Umweltdatenkatalogs	System beim Regionalverband Franken
5.2 Erstes Thema: »Daten zur Jagst«	
6. Bürgerinformationssystem des Landratsamtes Hohenlohekreis	Diplomarbeit (SCHUKRAFT 2001) Internet

Wissenschaftliche Ergebnisse

Ein Ziel war die Beschaffung und Zusammenführung disziplinärer, fachsektoraler Daten, um die Bearbeitung anderer Teilprojekte zu unterstützen. Defizite gab es dabei vor allem im Bereich der Bodendaten. Die unvollständige Datenbasis wurde mittels eines sogenannten Neuronalen Netzes ergänzt. Bei Neuronalen Netzen werden Verfahren angewandt, die Strukturen und Muster erkennen und rekombinativ verarbeiten können. Der Ablauf bodenbildender Prozesse und die daraus resultierenden Bodeneigenschaften werden im Wesentlichen durch Ausgangssubstrat (Geologie), Reliefposition, Klima und menschliche Nutzung geprägt. Die aus diesen Bereichen vorhandenen

Synthetische Bodenkarte

Krautheim
Dörzbach
Schöntal
Möckmühl
Mulfingen
Jagsthausen
Widdern
Neudenau
Langenburg

Legende

- [48] Abtrag
- [47] Auftrag
- [36] Brauner Auenboden mit Vergleyung im nahen Untergrund
- [2035] Brauner Ranker-Pelosol, Pelosol-Ranker, Braunerde-Pelosol, Pelosol
- [12] Flache und mittlere teils tiefe Braunerde-Terra fusca, Braune Terra fusca, Terra fusca-Br.
- [1022] Gley
- [37] Kalkhaltiger Auengley-Brauner Auenboden
- [43] Kalkhaltiger Brauner Auenboden
- [44] Kalkhaltiger Brauner Auenboden mit Vergleyung im nahen Untergrund
- [2027] Kolluvium über Braunerde und über Pelosol-Braunerde, Mittleres Koll. über Pelosol
- [7] Mäßig tiefe und tiefe erodierte pseudovergleyte Parabraunerde
- [27] Mäßig tiefe und tiefe Pelosol-Parabraunerde teils pseudovergleyt
- [28] Mäßig tiefe und tiefe Terra fusca-Parabraunerde
- [33] Mäßig tiefes und tiefes teils pseudovergleytes Koll., Pseudov. Koll., Pseudogley-Koll.
- [15] Meist tiefes Kolluvium mit Vergleyung im nahen Untergrund, Gley-Kolluvium
- [2015] Mittlere bis mäßig tiefe Braunerde teils pseudovergleyt
- [2004] Mittlere bis mäßig tiefe Braunerde teils pseudovergleyt, teils lessiviert
- [2014] Mittlere bis tiefe Braunerde teils pseudovergleyt
- [2014] Mittlere bis tiefe erodierte Parabraunerde
- [1004] Mittlere Pelosol-Pararendzina
- [17] Mittlere Rendzina, mittlerer und mäßig tiefer kalkhaltiger Rigosol
- [2] Mittlere und mäßig tiefe Braunerde-Pararendzina / Pararendzina-Braunerde
- [19] Mittlere und mäßig tiefe Braunerde-Pararendzina, mittlere bis tiefe braune Pararenzina
- [18] Mittlere und mäßig tiefe Braunerde-Pararendzina, mittlere braune Rendzina
- [31] Mittlere und mäßig tiefe Braunerde-Terra fusca
- [5] Mittlere und mäßig tiefe Pelosol-Braunerde
- [22] Mittlere und mäßig tiefe Pelosol-Br., Mitt. bis mäßig tiefer Br.-Pelosol, häufig pseudov.
- [9] Mittlere und mäßig tiefe Pelosol-Parabraunerde
- [8] Mittlere und mäßig tiefe Pelosol-Parabraunerde, teils pseudovergleyt
- [46] Mittlerer kalkhaltiger Rigosol, Mittlerer Pelosol-Rigosol
- [3] Mittlerer und mäßig tiefer Braunerde-Pelosol
- [20] Mitt. und mäß. tiefer Br.-Pelosol, Mittl. tiefer Br. Pelosol. pseudov., Mitt. u. tief. Pelosol
- [49] Ortslage
- [13+23] Parabrauneerde-Pseudogley
- [2020] Pseudogley-Braunerde-Parabr., pseudov. Braun.-Parabr., pseudov., erod. Pelosol-Parabr.
- [2001] Rendzina, Braune Rendzina, mittlere Braunerde-Rendzina
- [39] Tiefe erodierte Parabraunerde / tiefe erodierte humose Parabraunerde
- [25] Tiefe erodierte Parabraunerde meist pseudovergleyt
- [30+11] Tiefe erodierte Pseudogley-Parabraunerde
- [40] Tiefe erodierte pseudovergleyte Parabraunerde
- [1002] Tiefe Pararendzina
- [10+29] Tiefe Pseudogley-Parabraunerde
- [6+24] Tiefe pseudovergleyte Parabraunerde
- [23] Tiefe teils pseudovergleyte Parabraunerde
- [26] Tiefe teils pseudovergleyte Pelosol-Parabraunerde
- [1007] Tiefe und mäßig tiefe Parabraunerde
- [1015] Tiefes kalkreiches Kolluvium
- [34+42] Tiefes Kolluvium mit Vergleyung im nahen Untergrund
- [41] Tiefes pseudovergleytes Kolluvium

Abbildung 8.10.1:
Synthetische Bodenkarte
(s.a. Anhang 8.10.1)

Daten wurden mittels der GIS-Software GRASS und einem selbst entwickelten Modul für Neuronale Netzwerksimulation auf der Basis des Stuttgarter Neuronalen Netzwerksimulators (SNNS – Stuttgart Neural Network Simulator (Quelle: http://www.informatik.uni-stuttgart.de/ipvr/bv/projekte/snns/snns.html)) zusammengeführt und verschnitten. GRASS ist ein frei verfügbares, d.h. kostenloses Geo-Informationssystem, das ursprünglich im Auftrag der amerikanischen Regierung entstand, mittlerweile aber weltweit vor allem an Universitäten weiterentwickelt wird (http://www.geog.uni-hannover.de/grass).

Als Ergebnis liegt für das gesamte Untersuchungsgebiet eine flächendeckende, synthetische Bodenkarte im Maßstab 1 : 25.000 vor. Durch die eingesetzte Methodik konnte ein Wert für die erzielte Zuordnungswahrscheinlichkeit angegeben werden. Dort wo eine geringe Zuordnungswahrscheinlichkeit vorlag, konnte nachkartiert und die Kartierungsergebnisse wieder in das Neuronale Netz eingebracht werden (LEHMANN et al. 1999). Diese Bodenkarte diente für folgende Indikatoren der Ökobilanz Mulfingen als Grundlage: Nachhaltigkeit der Grundwassernutzung, Auswaschungsgefahr von Nitrat ins Grundwasser und Bodenerosion.

Darüber hinaus wurden weitere Themenkarten erarbeitet, wie z.B. zu Landnutzung, relativer Sonneneinstrahlung und differenzierten Wärmestufen (Anhang 8.10.2, 8.10.3 und 8.10.4).

Umsetzungsmethodische Ergebnisse

Insgesamt fanden vom April 1999 bis Ende 2001 acht Sitzungen des Arbeitskreises »Regionales Informationssystem« mit durchschnittlich 8 bis 10 Teilnehmern statt. Die Sitzungen wurden von Mitarbeitern der Projektgruppe *Kulturlandschaft Hohenlohe* moderiert. Der Arbeitskreis hatte neben der konzeptionellen Arbeit für das Regionale Informationssystem auch einen sehr informatorischen Charakter. So wurde von den Teilnehmern regelmäßig über die aktuelle Entwicklung der Datenlage oder Datenzugriff in den Ämtern berichtet. Die Mitarbeiter der Projektgruppe *Kulturlandschaft Hohenlohe* förderten durch Referate zu verschiedenen Themen den gemeinsamen Kenntnisstand der Gruppe. Dabei wurden Themen des Urheberrechts bei Daten, des Datenaustauschs etc. behandelt. Die Mitarbeiter des Umweltamtes des Landratsamtes Hohenlohekreis stellten ihr Informationssystem auf der Basis des Geographischen Informationssystems ArcView vor.

Die Zusammenarbeit unterschiedlicher Ämter im Arbeitskreis und die daraus resultierende gemeinsame Arbeit am Umweltdatenkatalog kann für die momentan noch wenigen aktiven Akteure als positiv bezeichnet werden. Es wurde durch die Initiative der Projektgruppe eine aktive Mitarbeit erreicht, die ein Einstellen von Datensätzen erfordert. Allerdings sind im Weiteren noch die Richtlinien für die Abgabe von Daten im Arbeitskreis aufzustellen. Dies wurde als nächster Arbeitsschritt nach Projektende im Arbeitskreis angesehen .

Ergänzend zur Dokumentation der Ergebnisse der Sitzungen des Arbeitskreises in Form von Protokollen wurde eine Zwischenevaluation und eine Abschlussevaluation durchgeführt (s. Abb. 8.10.2). Im Vergleich der beiden Evaluierungen ergaben sich bei den Einschätzungen nur geringe Unterschiede, auch unterschieden sich die Einschätzungen der Akteure nicht wesentlich von denen der Mitarbeiter. Hervorzuheben ist die sehr positive Bewertung der Arbeitsatmosphäre und des Vorgehens sowie der Beiträge der Projektgruppe. Insgesamt waren sowohl die externen Akteure als auch die Mitarbeiter mit den Ergebnissen sehr zufrieden. Unterschiedlich waren dagegen die Einschätzungen über den Bestand der Ergebnisse. Während die Akteure der These »Ergebnisse haben die nächsten 10 Jahre Bestand« eher zustimmten, zeigten sich die Mitarbeiter etwas skeptischer.

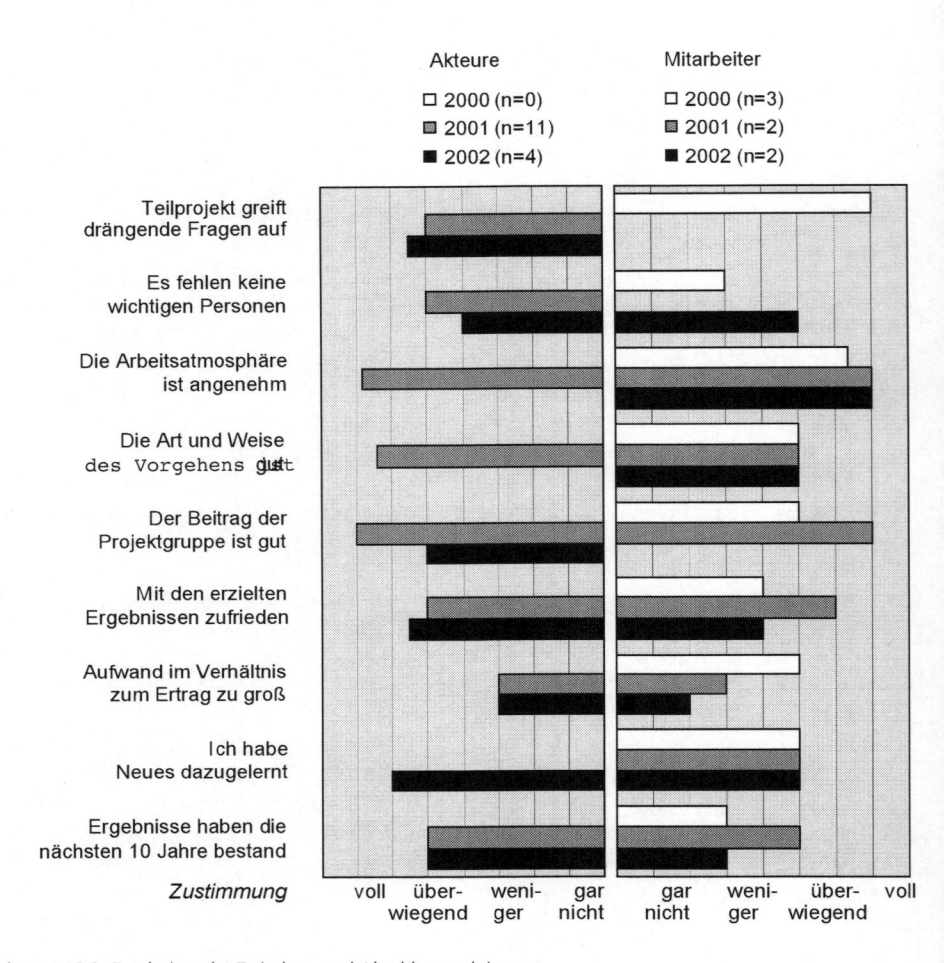

Abbildung 8.10.2: Ergebnisse der Zwischen- und Abschlussevaluierung

Anwendungsorientierte Ergebnisse

Neben dem Aufbau des Arbeitskreises, der auch nach Projektende unter Führung des Regionalverbandes Franken weiterbesteht, konnte als wesentliches Ergebnis der Regionale Umweltdatenkatalog erstellt werden, der vom Regionalverband Franken übernommen und weitergeführt wird. Dieser Umweltdatenkatalog ist als Resultat der Diskussionen über die Anforderungen eines regionalen Ansatzes des Datenaustausches zwischen den beteiligten Institutionen, aber auch als Möglichkeit des Austausches weiterer potenzieller Datenlieferanten zu sehen. Er bietet die Möglichkeit, die unterschiedlichsten Daten zu katalogisieren und somit für Planungsprozesse verfügbar zu machen. Dabei können, im Gegensatz zu landes- oder bundesweiten Systemen, wie beispielsweise der Umweltdatenkatalog UDK (LESSING & SCHÜTZ 1994, SWOBODA et al. 2000), auch Daten erfasst werden, die nur regional vorgehalten werden, wie z.B. Informationen aus dem Flächennutzungsplan. Überregional vorliegende Informationen können in Form eines Verweises mit eingebunden werden.

Über eine einfache Benutzerverwaltung bei der Dateneingabe können alle Metainformationen von den verschiedenen Institutionen selbst eingegeben werden. Wichtig für die Mitglieder des Arbeitskreises war auch die einfache Möglichkeit der Wahl der Datenfreigabe; im Umweltdatenkatalog selbst werden nur Links auf die eigentlichen Daten oder – bei Nichtfreigabe – der Ansprechpartner dargestellt.

Aufgrund der Notwendigkeit eines gemeinsamen Zugangs der Nutzer verschiedener Plattformen auf den Umweltdatenkatalog wurde der Zugriff über das Internet realisiert.

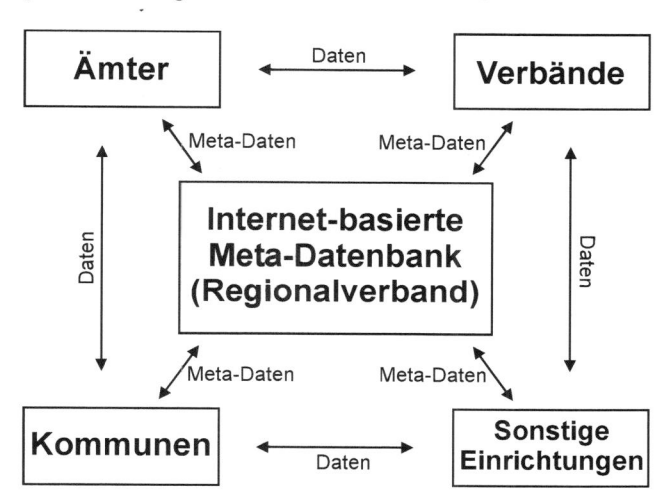

Abbildung 8.10.3:
Datenfluss beim Regionalen Umweltdatenkatalog

Wie in Abb. 8.10.3 dargestellt, sind im Regionalen Umweltdatenkatalog nur Informationen über die vorhandenen Daten, sogenannte Metadaten, gespeichert. Der Katalog wird vom Regionalverband Franken verwaltet, die Angaben zu den Daten werden von den Besitzern über einen passwortgeschützten Internet-Zugang eingegeben. Die Daten selbst werden weiterhin bei den einzelnen Akteuren vorgehalten und gepflegt. Der Austausch von Daten erfolgt dann direkt zwischen den Akteuren.

Die softwareseitige Implementierung des Systems besteht auf den Grundlagen des Datenbanksystems MySQL, der Skriptsprache PHP3 und des Internet Map-Servers. Alle Komponenten sind Freeware mit der Generell Public Lizenz. (GNU-GPL Lizenz) und sowohl auf Linux/Unix wie auch auf Windows-Rechnern lauffähig. Bei MySQL handelt es sich wie bei Microsoft Access um eine relationale Datenbank, die sich aufgrund ihrer Schnelligkeit jedoch besonders für Internet-Anwendungen eignet. PHP ist eine weit verbreitete und für den allgemeinen Gebrauch bestimmte Open Source (frei verfügbare) Skriptsprache, welche speziell für die Programmierung von Internetseiten geeignet ist. Ein Map-Server dient dazu, digitale Karten über das Internet zur Verfügung zustellen. Eine Generell Public Lizenz stellt sicher, dass die Software für alle Benutzer frei ist.

Als Datenbank wurde MySQL auf Grund der Robustheit, Schnelligkeit und des bewährten Einsatzes im Internetbereich gewählt. MySQL kann sehr gut über PHP3 angesteuert werden. Ein Zugriffschutz mittels Passwörter stellt sicher, dass nur die berechtigten Personen/Institutionen Daten eintragen oder ändern. Die räumliche Verknüpfung zwischen GIS-Daten und MySQL-Datenbank erfolgt über das Datenbankfeld »Gemeinde«. Diese Bezugsgröße ergab sich aus der Anforderung der Arbeitskreismitglieder, ein für die tägliche Arbeit praktikables Informationssystem aufzubauen, da hier die räumlichen Bezüge v.a. durch administrative Grenzen gegeben sind. Die gesamte Konzeption wurde als Kompromisslösung zwischen den teilweise hohen Metadatenstandards und einem für die Mitglieder akzeptablen Aufwand umgesetzt.

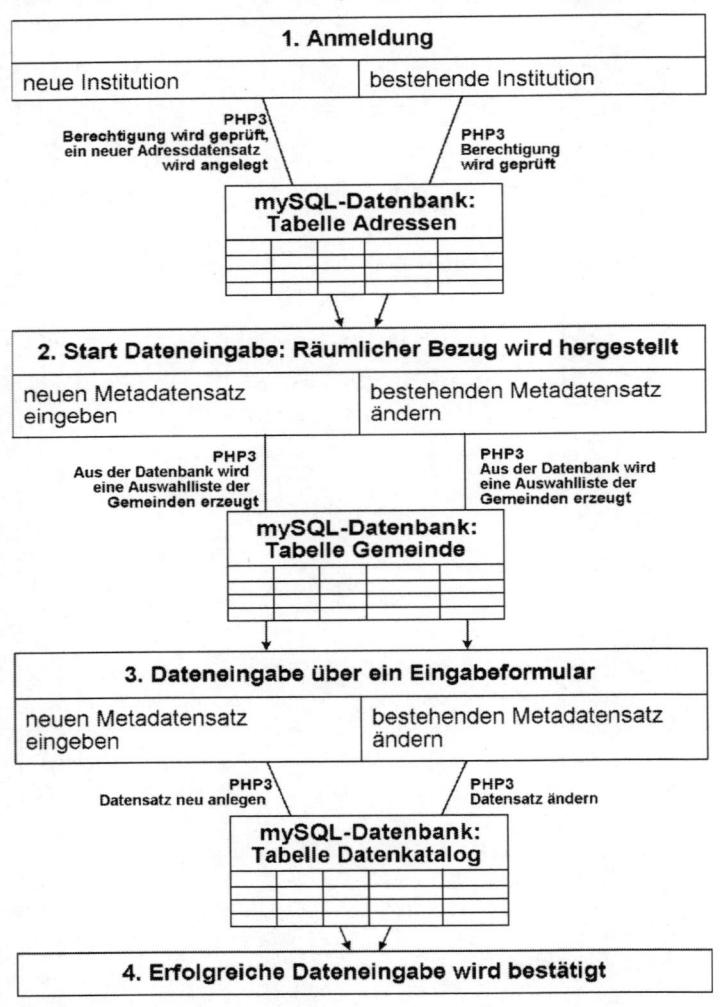

```
┌─────────────────────────────────────────────────────────┐
│                    1. Anmeldung                         │
├──────────────────────────┬──────────────────────────────┤
│    neue Institution      │    bestehende Institution    │
└──────────────────────────┴──────────────────────────────┘
            PHP3                      PHP3
   Berechtigung wird geprüft,     Berechtigung
   ein neuer Adressdatensatz      wird geprüft
        wird angelegt
                ↓           ↓
              mySQL-Datenbank:
              Tabelle Adressen

┌─────────────────────────────────────────────────────────┐
│  2. Start Dateneingabe: Räumlicher Bezug wird hergestellt │
├──────────────────────────┬──────────────────────────────┤
│  neuen Metadatensatz     │  bestehenden Metadatensatz   │
│  eingeben                │  ändern                      │
└──────────────────────────┴──────────────────────────────┘
            PHP3                      PHP3
   Aus der Datenbank wird    Aus der Datenbank wird
   eine Auswahlliste der     eine Auswahlliste der
   Gemeinden erzeugt         Gemeinden erzeugt
              mySQL-Datenbank:
              Tabelle Gemeinde

┌─────────────────────────────────────────────────────────┐
│       3. Dateneingabe über ein Eingabeformular          │
├──────────────────────────┬──────────────────────────────┤
│  neuen Metadatensatz     │  bestehenden Metadatensatz   │
│  eingeben                │  ändern                      │
└──────────────────────────┴──────────────────────────────┘
            PHP3                      PHP3
   Datensatz neu anlegen        Datensatz ändern
              mySQL-Datenbank:
              Tabelle Datenkatalog

┌─────────────────────────────────────────────────────────┐
│     4. Erfolgreiche Dateneingabe wird bestätigt         │
└─────────────────────────────────────────────────────────┘
```

Abbildung 8.10.4: Dateneingabe in den Regionalen Umweltdatenkatalog

PHP3 zählt zu den am häufigsten auf Servern verwendeten Skriptsprachen im Web. Die Syntax von PHP3 ist ähnlich der Syntax von C (Programmiersprache), allerdings existieren spezielle Befehle für den Bereich Internet. Hierunter zählen u.a. die Ansteuerungen von Datenbanken, wie z.B. Postgres oder MySQL. Eine serverseitige Skriptsprache wird, anders als z.B. im Java-Skript, bereits vom Server bearbeitet, d.h. es ist unabhängig von Betriebssystem und Browser des Clients. PHP3 dient als Bindeglied zwischen den verwendeten Komponenten (Abb. 8.10.4) und ermöglicht es, durch den leistungsstarken Sprachumfang auch komplexe Anwendungen zu erstellen.

In Abb. 8.10.4 wird als Beispiel das Zusammenspiel der einzelnen Komponenten aus technischer Sicht während der Dateneingabe erläutert. Bei der Anmeldung wird zwischen neuen Institutionen, das sind Institutionen, die das erste Mal Daten einstellen, und bereits erfassten Institutionen unterschieden. Nach der Anmeldung können neue Daten eingegeben oder bestehende Daten geändert werden. Grundlage für alle Aktionen stellt die MySQL-Datenbank dar. In dieser Datenbank werden die räumlichen Lokalisierungen über den Gemeindebezug realisiert.

Den ersten inhaltlichen Schwerpunkt des Systems bildet eine Datensammlung zum Thema »Daten zur Jagst«. Institutionen wie z.B. die Gewässerdirektion Neckar, Bereich Künzelsau, das Umweltamt des Hohenlohekreises, der Regionalverband Franken und das Amt für Landwirtschaft und Bodenkultur Öhringen stellen Daten mit Schwerpunkt Gewässer und angrenzender Landnutzung zusammen. Im Regionalen Umweltdatenkatalog, der als Metadatenkatalog angelegt ist, werden die thematischen Informationen zu den Daten gebündelt und Verweise auf die eigentlichen Daten abgelegt.

Des Weiteren wurde im Rahmen einer Diplomarbeit am Institut für Angewandte Forschung der Fachhochschule Nürtingen (SCHUKRAFT 2001) ein inhaltliches und technisches Konzept für ein Umweltinformationssystem für die Öffentlichkeit erarbeitet. Dabei geht es um die Informationspolitik von Umweltbehörden gegenüber der Öffentlichkeit im Allgemeinen und um die Entwicklung eines Umweltinformationssystems für Bürger zur Verbesserung der Informationssituation im Besonderen. Neben einer Betrachtung der Entwicklung der Informationspolitik bei Behörden in bezug auf Umweltdaten in den letzten 40 Jahren wird ein Konzept für ein Bürgerinformationssystem für Umweltdaten erarbeitet. Dieses Konzept soll universal einsetzbar und auch für die parallele Nutzung mehrerer Behörden einer Gemeinde oder eines Landkreises geeignet sein. Ein solches Umweltinformationssystem hat den Zweck, häufig nachgefragte Informationen automatisiert zur Verfügung zu stellen und somit die Mitarbeiter der Behörden zu entlasten. Durch die verbesserte Information der Bürger soll die Akzeptanz von Behördenentscheidungen verbessert und die Umsetzung des Umweltinformationsgesetzes unterstützt werden. Aufgrund der zahlreich zur Verfügung stehenden räumlichen Informationen wird ein Umweltinformationssystem für Bürger am sinnvollsten über eine mapserverbasierte Internetseite (Internet GIS) verwirklicht. Es wird ein internetfähiges System mit integriertem Mapserver für die technische Umsetzung dieses Systems verwendet. Als Systemkomponenten werden eingesetzt: Apache Webserver (bearbeitet Anfragen die von Internetclients kommen), UMN Mapserver (erstellt zur Laufzeit die Karten), mySQL Datenbanksystem (stellt Daten zur Verfügung), PHP4 als Skriptsprache (für Datenbankzugriffe und zur dynamischen Erzeugung von HTML Seiten) und HTML zur Gestaltung der Benutzeroberfläche. Alle diese Produkte sind kostenlos, dadurch werden die Kosten minimiert. Zuverlässigkeit und Support dieser Produkte sind dennoch gesichert, da es sich um weit verbreitete und bewährte Produkte handelt, die ständig technisch weiterentwickelt werden und für die es einen sehr guten Support über Mailinglisten gibt.

In Zusammenarbeit mit den Mitarbeitern der Unteren Naturschutzbehörde im Landratsamt Hohenlohekreis wurde ein Teil des Konzeptes umgesetzt. Mit Hilfe dieses Informationssystems können von jedem Interessierten Daten zur Umwelt abgefragt werden. Dabei wurde ein bedienerfreundliches System entwickelt, mit dem Bürger Umweltdaten in Kartenform betrachten können. Es können Karten zu verschiedenen Themenbereichen ausgewählt werden, der Benutzer kann die Kartenelemente ein- und ausblenden, sich in der Karte bewegen und zoomen. Die Mitarbeiter der Behörden werden durch das Informationssystem von Routinetätigkeiten wie z.B. der Erteilung von Auskünften nach dem Umweltinformationsgesetz entlastet.

Das Informationssystem läuft aktuell auf einem mobilen Informationsterminal, das für alle Bürger des Hohenlohekreises im Landratsamt in Künzelsau zwar zugänglich, jedoch nicht vernetzt und nicht über Internet erreichbar ist.

Verknüpfung mit anderen Teilprojekten
Von der Idee her sollte das Teilprojekt *Regionaler Umweltdatenkatalog* mit fast allen anderen Teilprojekten verknüpft sein (s. Abb. 8.10.5), da überall mit vorhandenen Daten gearbeitet wurde oder neue Daten erzeugt wurden. Datengrundlagen wurden jedoch vor allem für das Teilprojekt *Kommunale Ökobilanz Mulfingen* sowie *Gewässerentwicklung* zur Verfügung gestellt. Um den Akteuren in der Region einen Überblick über die im Gesamtprojekt erzielten Ergebnisse zu ermöglichen, könnten noch die entsprechenden Informationen in den Umweltdatenkatalog eingetragen werden.

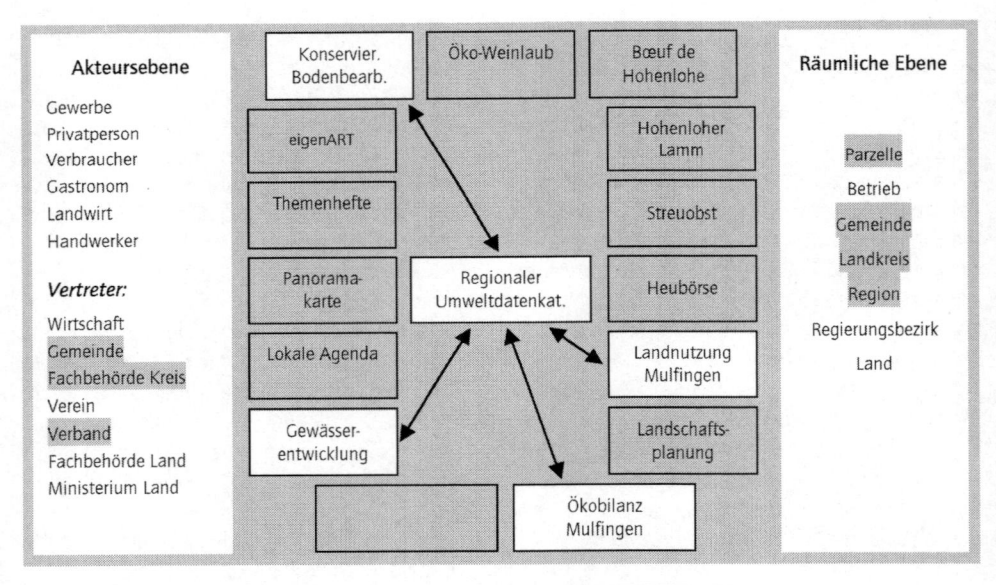

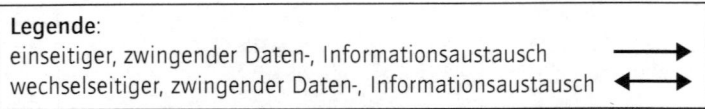

Abbildung 8.10.5: Verknüpfung des Teilprojektes und der Bezugsebene

Öffentlichkeitsarbeit und Öffentliche Resonanz
Die Öffentlichkeitsarbeit erfolgte durch Artikel in der Tagespresse sowie Veröffentlichungen in Fachzeitschriften (LEHMANN et al. 1999; LEHMANN & LENZ 2000; LEHMANN 2001; LEHMANN & LENZ 2001). Zudem wurde das Projekt auf verschiedenen Fachtagungen wie z.B. der AGIT (Angewandte Geographische Informationstechnologie – GIS-Symposium) in Salzburg breiteren Anwenderkreisen vorgestellt. Dort treffen sich jährlich Anwender von Geographischen Informationssystemen aus den verschiedensten Sparten, um die neusten Entwicklungen im GIS-Bereich zu diskutieren.

8.10.8 Diskussion

Waren alle Akteure beteiligt?
Die wesentlichen Akteure der fachlich tangierten Behörden des Hohenlohekreises sowie der Regionalverband Franken beteiligten sich aktiv im Arbeitskreis und am Aufbau des Regionalen Umweltdatenkatalogs. Eine Fokussierung auf den Hohenlohekreis war ursprünglich nicht vorgesehen. Leider zeigten die relevanten Behörden der benachbarten Landkreise mit Ausnahme des Landratsamtes Heilbronn wenig Interesse an einer aktiven Beteiligung. Die Ursachen dafür dürften vor allem in dem mit der Bearbeitung verbundenen Zeitaufwand liegen. Zudem waren der Einsatz der EDV sowie der entsprechende Kenntnisstand in den Behörden sehr unterschiedlich entwickelt. Oftmals wird in den einzelnen Behörden auch eine einheitliche Philosophie hinsichtlich der Soft- und Hardware verfolgt, auf welche die einzelnen Abteilungen wenig Einfluss haben, was zu einer gewissen Demotivation der Mitarbeiter führen kann. Des Weiteren stellte sich die Einbindung der Gemeinden als schwierig dar, was auf den Entwicklungsstand der EDV und die begrenzten personellen Kapazitäten zurückzuführen ist.

Wurden die gesetzten Ziele erreicht?
Das ursprünglich angestrebte Ziel der Initiierung eines Regionalen Informationssystems wurde aufgrund der Erkenntnisse im Arbeitskreis in den Aufbau eines Regionalen Umweltdatenkatalogs neu ausgerichtet. In einem Regionalen Informationssystems sollten sämtliche Daten zentral gespeichert und zur Verfügung gestellt werden. Wesentliche Hemmnisse, die letztendlich zur Aufgabe des Ziels führten, waren die urheberrechtlichen Probleme, die hohen Kosten beim Aufbau, der Organisation und der Pflege des Systems sowie die Probleme beim Datenschutz und der Datensicherheit. Mit dieser Änderung der Zielsetzung ist auch verbunden, dass in diesem Teilprojekt keine Szenarien für die zukünftige Landnutzung erarbeitet wurden.

Beim Regionalen Umweltdatenkatalog gibt es diese Probleme in vieler Hinsicht nicht. Die Daten verbleiben beim Urheber oder Besitzer und werden dort verwaltet und gepflegt. Dieser entscheidet, wem und in welcher Form er sie zur Verfügung stellt und trägt dafür die Verantwortung. Auch die Kosten verteilen sich so auf die einzelnen Ämter. Der Umweltdatenkatalog informiert nur über die Daten und deren Verfügbarkeit. Auch die Organisation und die Pflege des Datenkatalogs ist mit Kosten verbunden; sie sind jedoch erheblich geringer als bei einem Regionalen Informationssystem.

Als besonders bedeutsam ist hervorzuheben, dass der Regionale Umweltdatenkatalog vom Regionalverband übernommen und weitergeführt wird (vgl. LEHMANN 2001). Der Umweltdatenkatalog ist im Internet unter der Adresse: http://www.Regionales-Informationssystem.de für je-dermann zugänglich. Die Frage nach der Möglichkeit einer Verbesserung von Planungsprozessen kann aufgrund der Erfahrungen des LRA-Hohenlohe und des Regionalverbandes Franken positiv beantwortet werden. Die Verfügbarkeit regionaler Datensätze verbessert die Qualität der Planungen und erhöht die Effizienz während des Planungsprozesses. Allerdings hängt die Verlässlichkeit der Datensituation eng mit dem Engagement der Betreiber des Datenkatalogs zusammen.

Kommunale Ökobilanzen wie die der Gemeinde Mulfingen oder Umweltberichterstattungen können nur auf der Grundlage aktuell vorliegender Daten durchgeführt werden (vgl. BEUTTLER & LENZ 2003). Der Datenkatalog ist daher als ein wesentliches Bindeglied oder eine wesentliche Voraussetzung für derartige Aktivitäten anzusehen. Mit der synthetischen Bodenkarte konnten weitere Daten für die Ökobilanz Mulfingen zur Verfügung gestellt werden.

Wurden Verbesserungen im Sinne der Nachhaltigkeit erreicht?

Ob durch die Arbeit im Teilprojekt eine Verbesserung im Sinne der Nachhaltigkeit erreicht wurde, lässt sich insbesondere in Bezug auf das Ziel des Gesamtprojektes »eine multifunktionale, umweltschonende Agrarlandschaftsgestaltung« nur schwer abschätzen. Planungsprozesse wirken sich teilweise nur verzögert auf die Landschaftsentwicklung aus, hängen von vielen Faktoren und nicht nur von den Datengrundlagen ab. Nachhaltig verbessert wurde sicherlich die Zusammenarbeit zwischen den beteiligten Ämtern sowie die Verfügbarkeit von Planungsdaten.

Für eine Bewertung der Nachhaltigkeit anhand von Indikatoren eignen sich in ökologischer Hinsicht die Indikatoren »Landschaftsdiversität«, »Zerschneidung«, »Größe, Entfernung und Verbund der Biotope« und »Ökosystemtypenpotential«. Da der Umweltdatenkatalog erst gegen Ende bzw. nach Abschluss des Projektes in Betrieb genommen werden konnte, sind mögliche positive Auswirkungen auf die Entwicklung der Agrarlandschaft erst in mehreren Jahren zu erwarten. Eine abschließende Bewertung ist daher zum jetzigen Zeitpunkt nicht möglich.

In ökonomischer Hinsicht kommen vor allem die Indikatoren »Kostenminderung durch geringeren Zeit- und Materialbedarf« und »Bodenerosion« für eine Bewertung in Frage. Jedoch stellt sich auch hier das Problem, dass der Umweltdatenkatalog erst nach Projektende im Internet verfügbar war und ständig weiterentwickelt wird. Grundsätzlich kann jedoch davon ausgegangen werden, dass der Zeitbedarf für Datenrecherchen sowie die Beschaffung von Daten deutlich sinkt und damit ökonomische Verbesserungen erreicht werden.

Die Zufriedenheit mit der Arbeitsatmosphäre sowie die Berücksichtigung der eigenen Interessen im Arbeitskreis wurde in den Zwischenbefragungen und der Endevaluierung von allen Teilnehmer des Arbeitskreises als hoch bis sehr hoch bewertet. Die Frage, inwieweit die Teilnehmer sich neues Wissen aneignen konnten, wurde von den Akteuren sehr unterschiedlich beantwortet, was vor allem mit dem bereits erwähnten unterschiedlichen Wissensstand zusammenhängt. Bei dieser Frage zeigten sich im Projektverlauf bei den verschiedenen Evaluierungen keine wesentlichen Unterschiede in der Bewertung. Insgesamt lassen die Ergebnisse auf eine Weiterführung des Arbeitskreises nach Projektende und damit auch auf eine Weitentwicklung des Umweltdatenkatalogs schließen.

Im Rahmen des weiterführenden Projekts »Entwicklung eines Decision Support Systems als Entscheidungshilfe in der Raumplanung« (gefördert vom Ministerium für Wissenschaft und Forschung Baden-Württemberg) am Institut für Angewandte Forschung der Fachhochschule Nürtingen konnte gemeinsam mit dem Regionalverband Franken die Datenbasis sowie die Funktionalität des Umweltdatenkatalogs verbessert werden. Die Bereitschaft des Regionalverbandes, gemeinsam mit den Wissenschaftlern an dieser Thematik weiterzuarbeiten, spricht für eine nachhaltige Entwicklung des Datenkatalogs.

Selbsttragender Prozess

Das Teilprojekt wurde in einen selbsttragenden Prozess überführt, da der Regionale Umweltdatenkatalog sowie der initiierte Arbeitskreis vom Regionalverband Franken weitergeführt und betreut wird. Der Umweltdatenkatalog war bei Projektende zwar lauffähig, dennoch sind Verbesserungen und eine ständige Weiterentwicklung notwendig. Eine Mitarbeiterin des Instituts für Angewandte Forschung der Fachhochschule Nürtingen nimmt weiterhin an den Sitzungen des Arbeitskreises teil und arbeitet auch an der Weiterentwicklung des Regionalen Umweltdatenkatalogs mit. Leider waren bei Projektende erst wenige Datensätze in den Umweltdatenkatalog eingestellt. Das Einstellen der notwendigen Informationen über vorhandene Daten in der Region, den sogenannten Metadaten, ist unabdingbare Voraussetzung für die Nutzbarkeit und damit den

Erfolg des Umweltdatenkatalogs. Für die Akteure ist damit ein gewisser Zeitaufwand verbunden, der sich erst später wieder amortisiert. Letztendlich wird sich erst in zwei bis drei Jahren abschätzen lassen, ob sich der Regionale Umweltdatenkatalog etabliert und langfristige Perspektiven gegeben sind.

Übertragbarkeit

Flächenbezug und Datenlage

Das Bearbeitungsgebiet des Teilprojekts ergibt sich aus dem Flächenbezug der Verwaltungen, die im Arbeitskreis vertreten waren. So umfasst der Regionalverband Heilbronn-Franken die Stadt Heilbronn, die Landkreise Heilbronn, Hohenlohekreis, Schwäbisch Hall und den Main-Tauber-Kreis. Hieraus ergibt sich auch der Flächenbezug des Umweltdatenkatalogs. Für die Vertreter der Landkreise, Gemeinden oder Ämter ist jeweils deren Verwaltungsgebiet relevant. Inwieweit der Datenkatalog letztendlich auch flächendeckend Informationen beinhaltet, hängt davon ab, ob die Akteure bereit sind, diese Informationen einzustellen. Die Übertragbarkeit auf andere Regionen ist möglich, da in Baden-Württemberg bzw. in Deutschland überall die gleichen oder ähnliche Ämterstrukturen und weitgehend gleiche oder ähnliche Datengrundlagen vorhanden sind. Damit sind überall vergleichbare Voraussetzungen gegeben, um ähnliche Prozesse und Lösungen zu implementieren.

Teilnehmer

Projektpartner und Teilnehmer des Arbeitskreises wurden in Kap. 8.10.5 beschrieben. Diese sind auch die Zielgruppe für den Regionalen Umweltdatenkatalog und stellen Informationen ein bzw. rufen sie ab.

Arbeitsaufwand

An der Durchführung des Teilprojekts waren sechs Mitarbeiter beteiligt (siehe Kap. 8.10.5). Die dabei eingesetzte Arbeitszeit umfasste insgesamt ca. 0,75 Arbeitsstellen über die gesamte Projektlaufzeit. Dabei wurde ungefähr 30 Prozent der Zeit für Koordination, Planung und interne Sitzungen verwendet. Die Vorbereitung und Durchführung der Arbeitskreise beanspruchte ca. 10 Prozent der Arbeitszeit. Jeweils ca. 25 Prozent der Arbeitszeit wurde zum Aufbau der Datenbasis (u.a. Erstellung der Synthetischen Bodenkarte) sowie zur Entwicklung des Regionalen Datenkatalogs eingesetzt. Öffentlichkeitsarbeit, Berichtfassung und Ähnliches nahmen ca. 10 Prozent der Zeit ein.

Die Einrichtung des Arbeitskreises, die Anwendung des Aktionsforschungsansatzes sowie der Input von Wissen und Informationen durch die Projektmitarbeiter hat sich als praktikabel erwiesen. Andererseits schränkt der hohe Input von Arbeitszeit und Wissen durch die Projektmitarbeiter – dies war eine wesentliche Voraussetzung für die Durchführung des Teilprojekts – die Übertragbarkeit auf andere Regionen ein bzw. setzt die Verfügbarkeit entsprechender Ressourcen voraus.

Hard- und Software

Die Hardwareausstattung im Teilprojekt bestand aus handelsüblichen Personalcomputern. An Software wurden neben ArcView, Microsoft Office, Corel etc. vor allem frei verfügbare, kostenfreie Programme eingesetzt. Die Verwendung von frei verfügbaren Programmen, Bibliotheken und Sprachen ist nicht für jeden selbstverständlich, stellt aber dennoch gerade in dem finanziell eher schlechter gestellten Umweltbereich eine Alternative zu kostenpflichtigen Programmen dar. Gerade Spezialprogramme sind hier häufig sehr teuer; vor allem die verwendeten Mapserver und Datenbankserver befinden sich in sehr teuren Preiskategorien. Für den Anwender stellen sich Fragen des Supports beim Einsatz frei verfügbarer, d.h. kostenloser Software. In der Regel stellt sich der inoffizielle Support via Mailinglisten als weitaus effektiver dar, als dies bei kommerziellen Produkten der Fall ist. Fehler in der Software werden meist innerhalb weniger Tage, teilweise sogar Stunden, behoben und zur Verfügung gestellt, ohne dass auf das nächste Release einer Software wie bei kommerziellen Produkten üblich, gewartet werden muss.

Hemmende und treibende Kräfte

Tabelle 8.10.8: Hemmende und treibende Kräfte bei der Erstellung des regionalen Umweltdatenkatalogs

	Benennung der Kraft	Stärke der Kraft (stark, mittel, schwach)	In welcher Weise »dreht« die Projektgruppe an dieser Kraft
Soziale Kräfte	fehlendes Wissen	mittel	Input von Wissen/Informationen durch Projektmitarbeiter im Rahmen des Arbeitskreises
	rechtliche Probleme beim Datenaustausch	mittel	Input von Wissen/Informationen durch Projektmitarbeiter im Rahmen des Arbeitskreises
	Arbeitszeitersparnis durch effektive Datenverwaltung und Datenaustausch	mittel	Programmierung und Implementierung des Regionalen Datenkatalogs
	Arbeitszufriedenheit durch moderne und rationelle Arbeitsweise	hoch	kein Einfluss
Ökonomische Kräfte	Kosten für Hard- und Software	stark	kein Einfluss
	Kosten für Daten	stark	kein Einfluss
	Zeit- und Arbeitsersparnis durch EDV	mittel	Programmierung und Implementierung des Regionalen Datenkatalogs
Ökologische Kräfte	bessere Umweltplanung durch Verbesserung der Planungsgrundlagen	mittel	Entwicklung einer Synthetischen Bodenkarte

8.10.9 Schlussfolgerungen

Geographische Informationssysteme und Meta-Umweltdatenkataloge stellen einen wichtigen Ansatz für eine rationelle und verbesserte Durchführung von umweltrelevanten Planungen dar. Im Zusammenspiel mit Bürgerinformationssystemen sind sie Grundlage für eine bessere Information der Öffentlichkeit. Inwieweit dies auch zu einer nachhaltigeren Landnutzung führen kann, lässt sich derzeit noch nicht abschätzen. Ausschlaggebend für die Leistungsfähigkeit von Meta-Umweltdatenkatalogen und damit auch für den Gebrauchswert dieser Informationsquellen ist die Qualität der Erschließung des Inhaltes der Daten. Ebenso wichtig ist die ausreichende Verfügbarkeit kostengünstiger Umweltdaten, die direkt und aktuell abrufbar sind. Dabei helfen regionale Ansätze, die für landesweite Fragestellungen als unbedeutend erachtete Datensätze beinhalten können, gerade im regionalen Kontext eine höhere Informationsdichte zu erlangen. Durch den regionalen Ansatz ist der Identifizierungsgrad und damit die Pflege der Daten besser gewährleistet. Für den Anwender wird die Datenhaltung transparenter und er kann über die Freigabe und Weitergabe der Daten direkt entscheiden.

Die Initiierung eines Arbeitskreises mit einem festen Kreis von Vertretern verschiedener Ämter der Region hat sich positiv auf die Entwicklung und Implementierung des Regionalen Datenkatalogs ausgewirkt. Durch die eingeschränkte Zahl der Mitglieder war ein effektives Arbeiten möglich. Wesentlich für den Erfolg war die Moderation und der Input durch die Projektgruppe bis zur Etablierung des Arbeitskreises. Durch Referate der Projektmitarbeiter wurden den Akteuren neue Aspekte und Wissen vermittelt. Aus dem Arbeitskreis heraus entstand letztendlich auch die Bereitschaft des Regionalverbandes, sowohl den Arbeitskreis als auch den Regionalen Umweltdatenkatalog nach Beendigung des Projektes zu übernehmen und weiterzuführen.

Empfehlungen für eine erfolgreiche Projektdurchführung
Eine wesentliche Voraussetzung für eine erfolgreiche Projektdurchführung ist die sorgfältige Analyse der Ausgangssituation. Dabei ist nicht nur zu klären, wie der aktuelle Stand der Datenverarbeitung in den Behörden ist, sondern auch, welche Rahmenbedingungen (politisch, organisatorisch, finanziell etc.) gegeben sind, welche »Philosophie« im Hause vertreten wird, welche Handlungsspielräume die einzelnen Akteure überhaupt haben, bzw. wer die Entwicklungsrichtung und die Ziele bestimmt.

Als weiterer Schritt ist die Einrichtung eines Arbeitskreises zu empfehlen. Hier gilt es, alle relevanten Akteure an einen Tisch zu bringen, um gemeinsam Ziele und Vorgehensweise zu entwickeln. Sehr motivierend ist das Aufzeigen von positiven Beispielen und Lösungsansätzen. Langfristig kann ein Arbeitskreis jedoch nur bestehen, wenn die einzelnen Mitglieder einen konkreten Nutzen für ihre tägliche Arbeit daraus ziehen. Hier ist zu prüfen, ob das Interesse an einem gemeinsamen Umweltdatenkatalog so groß ist, dass die Mitglieder bereit sind, den entsprechenden Zeitaufwand auf sich zu nehmen.

Die Umsetzung eines Regionalen Umweltdatenkatalogs ist letztendlich mit Kosten und einem hohen Zeitaufwand verbunden. Dies setzt regionale, die Landkreise übergreifende Interessen voraus, wie sie z.B. ein Regionalverband vertritt. Bei einem Regionalverband bestehen auch am ehesten die Möglichkeiten, die entstehenden Kosten wieder auf die Region umzulegen.

Weiterführende Aktivitäten
Auch für die Forschung sind teilweise neue Fragestellungen entstanden, wie z.B. die Frage der Maßstabsgenauigkeiten räumlicher Daten und die notwendige Angabe bzw. Kennzeichnung von Lageungenauigkeiten. Im Rahmen eines derzeit laufenden Forschungs- und Entwicklungsvorhabens, in Zusammenarbeit mit dem Regionalverband Franken, werden hierzu erste Lösungen angeboten (SCHUKRAFT et al. 2002).

Literatur

AG Regionale Ökobilanz Pfaffenhofen, 1999: Regionale Ökobilanzen für eine umweltgerechte und nachhaltige Raumnutzungsplanung auf mittlerer Maßstabsebene – Regionale Ökobilanz im Landkreis Pfaffenhofen. Abschlußbericht, Fachhochschule Nürtingen

Beuttler, A., 2002: Ökobilanz Mulfingen. In: Gerber, A., W. Konold (Hrsg.) 2002: Nachhaltige Regionalentwicklung durch Kooperation – Wissenschaft und Praxis im Dialog, Culterra 29, Schriftenreihe des Instituts für Landespflege der Albert-Ludwigs-Universität Freiburg, Verlag des Instituts für Landespflege der Universität Freiburg: 67–68.

Beuttler, A., R. Lenz (Hrsg.), 2003: Umweltbilanz Gemeinde Mulfingen. Reihe: Nachhaltige Landnutzung. oekom-Verlag. München

Brändli, M., Chr. Ginzler, 2002: Prozessorientierte Strukturierung von Meta-Daten in einem WebGIS. In: Strobl, Blaschke (Hrsg.) 1999: Angewandte Geographische Informationsverarbeitung XI, Beiträge zum AGIT-Symposium Salzburg, Wichmann. Heidelberg: 330–336

Durwen, K.-J., 1985: Landschaftsinformationssysteme – Hilfsmittel der ökologischen Planung? In: Ökologische Planung – Umweltökonomie. Schriftenreihe zur Orts-, Regional- und Landschaftsplanung, 34:79–95

Durwen, K.-J., F. Weller, 1995: Aufbau eines Agrarökologischen Informations-Systems auf der Basis der Standortseignungskarten und Auswertung für eine umfassende landschaftsökologische Anwendung – Veröff. Projekt »Angewandte Ökologie«, Landesanstalt für Umweltschutz. Karlsruhe: 279–291

Lang, R., A. Müller, R. Lenz, R. Selige, E.-M. Forster, 1997: Landscape Modelling and GIS Applications in the Munich Research Association for Agricultural Ecosystems (FAM). Urban and Landscape Planning 37 (1/2): 11–18

Lehmann, D., N. Billen, R. Lenz, R., 1999: Anwendung von Neuronalen Netzen in der Landschaftsökologie – Synthetische Bodenkartierung im GIS. In: Strobl & Blaschke (Hrsg.) 1999: Angewandte Geographische Informationsverarbeitung XI, Beiträge zum AGIT-Symposium Salzburg 1999, Wichmann. Heidelberg: 330–336

Lehmann, D., R. Lenz, 2000: Ökosystemtypenbezogene quantitative Raumanalyse der Landschaft. In: Lars, B., Th. Krüger (Hrsg.): IfGIprints 9, Simulation raumbezogener Prozesse: Methoden und Anwendungen, Beiträge zum 1. Geo-Sim-Workshop 26. Sept. 2000: 33–44

Lehmann, D., 2001: Regionaler Datenkatalog: Kopplung von Internetdatenbanken und Mapserver-Technologie. In: Strobl & Blaschke (Hrsg.) 2001: Angewandte Geographische Informationsverarbeitung XIII, Beiträge zum AGIT-Symposium Salzburg 2001, Wichmann. Heidelberg: 290–296

Lehmann, D., R. Lenz, 2001: Regionaler Datenkatalog – Koppelung von Internetdatenbanken und Map-Server-Technologie: In: Strobl, Blaschke & Griesebner (Hrsg.) Angewandte Geographische Informationsverarbeitung XIII, Beiträge zum AGIT-Symposium Salzburg 2001, Wichmann. Heidelberg: 290–296

Lessing, H., T. Schütz, 1994: Der Umwelt-Datenkatalog als Instrument zur Steuerung von Informationsflüssen. In: Hilty, L.M., A. Jaeschke, B. Page, A. Schwabl (Hrsg.) 1994: Informatik im Umweltschutz. 8. Symposium, Hamburg, 1:159–167. Marburg.

Mayer-Föll, R., K.-P. Schulz, A. Keitel, R. Ebel, A. Schultze, T. Dombeck, J. Westbomke, M. Hasse, 2001: Erstellung eines Metadatenkonzepts und Umsetzung des Umweltinformationssystems Baden-Württemberg (UIS) als Teil des Landessystemkonzepts (LSK) RK UIS/Meta. Universitätsverlag Ulm GmbH

Schukraft, A., 2001: Ein Umweltinformationssystem des Landkreises Hohenlohe für Bürger. Anforderungen – Methodik – Realisierung. Unveröffentl. Diplomarbeit an der Fachhochschule Nürtingen. WS 01

Schukraft, A., D. Lehmann, R. Lenz, 2002: Qualitätsmanagement von Geodaten – Entwicklung eines Werkzeugkastens zum Umgang mit unscharfen Daten. In: Strobl, J., T. Blaschke, G. Griesebner (Hrsg.): Angewandte Geographische Informationsverarbeitung XIV – Beiträge zum AGIT-Symposium Salzburg 2002. Herbert Wichmann Verlag. Heidelberg: 501–506

Swoboda, W., F. Kruse, R. Legat, R. Nikolai, S. Behrens, 2000: Harmonisierter Zugang zu Umweltinformationen für Öffentlichkeit, Politik und Planung: Der Umweltdatenkatalog UDK im Einsatz. Tagungsband des 14. Internationalen Symposiums »Informatik für den Umweltschutz«. Bonn

Internet-Quellen

Deutscher Bundestag, 2001: Nutzung von Geoinformationen in der Bundesrepublik Deutschland. Entschließungsantrag zur Beratung. Drucksache 14/5323, Internet: http://dip.bundestag.de/parfors/parfors.htm

Berthold Kappus, Ralf Kirchner-Heßler

8.11 Gewässerentwicklung – Ansätze zur Förderung einer integrierten Gewässerentwicklung unter besonderer Berücksichtigung der ökologischen Funktionsfähigkeit, des Erosionsschutzes und des natürlichen Wasserrückhalts

8.11.1 Zusammenfassung

Im Teilprojekt *Gewässerentwicklung* wurden unterschiedliche thematische Schwerpunkte bearbeitet, die im engen Austausch mit anderen Teilprojekten standen und auf konkrete Anfragen der Wasserwirtschaft zurückgingen. Hierdurch erklärt sich einerseits die durch Querschnittsorientierung bedingte Themenvielfalt des Teilprojekts. Andererseits standen die Gewässer bezogenen Themen in einem inhaltlichen Zusammenhang, so dass vor dem Hintergrund einer projektinternen Umstrukturierung in der Projektgruppe *Kulturlandschaft Hohenlohe* und dem initiierten Arbeitsschwerpunkt *Hochwasserschutz und Gewässerentwicklung* (vgl. Kap. 8.8) das Teilprojekt *Gewässerentwicklung* im Herbst 1999 ins Leben gerufen wurde.

Im engen Austausch mit dem Teilprojekt *Konservierende Bodenbearbeitung* wurde an die im Definitionsprojekt genannten Problemstellungen, wie z.B. Nitratbelastung in Grund- und Oberflächengewässer im Raum Möckmühl-Neudenau, angeknüpft (KONOLD et al. 1997, KIRCHNER-HESSLER et al. 1999). Folglich wurden Untersuchungen zur aktuellen Belastungssituation der Fließgewässer in Abhängigkeit von der Landnutzung durchgeführt. So konnten im unteren Jagsttal höhere Schwermetall- und Nährstoffkonzentrationen (wie z.B. Phosphat) an denjenigen Gewässerabschnitten nachgewiesen werden, die unmittelbar an Ackerflächen angrenzen und keine Pufferzonen besitzen. Hierbei korreliert die hydrochemische Belastung positiv mit dem Agrarflächenanteil im Einzugsgebiet. Die gewonnenen Ergebnisse bildeten einen Beitrag zur Reduzierung des Eintrags Gewässer gefährdender Stoffe in Fließgewässer im Teilprojekt *Konservierende Bodenbearbeitung* (Kap. 8.1).

Mit dem im Arbeitskreis *Landschaftsplanung* (Kap. 8.8) im September 1999 angeregten Thema *Hochwasserschutz und Gewässerentwicklung* entstand ein neuer Arbeitsschwerpunkt. Unter Mitwirkung von Planern, Vertretern der Gemeinden, der Universität Karlsruhe, des privaten Naturschutzes, Bürgern der Region sowie sämtlichen betroffenen Behörden wurde auf Initiative der Gemeinde Ravenstein (Neckar-Odenwald-Kreis) an der Umsetzung eines Hochwasserschutzkonzepts unter Berücksichtigung der naturnahen Entwicklung des Erlenbachs und seiner Zuflüsse gearbeitet. Die Möglichkeiten von verschiedenen Schutzmassnahmen wurden erörtert und das weitere Vorgehen zur Förderung einer nachhaltigeren Gewässernutzung – auf der Basis durchgeführter Defizit- und Machbarkeitsanalysen – im Rahmen mehrerer Arbeitskreissitzungen partizipativ entwickelt. Auf der Grundlage dieser Bemühungen wurden im Anschluss an das Forschungsvorhaben u.a. Maßnahmen zur Hochwassersicherung mit der Erhöhung der innerörtlichen Abflussleistung des Erlenbachs und zur Verbesserung der ökologischen Funktionsfähigkeit realisiert.

Ein weiterer Arbeitsschwerpunkt entstand auf *Anfragen seitens der Wasserwirtschaft* wie auch aus der Zusammenarbeit mit anderen Teilprojekten, insbesondere dem Teilprojekt *Ökobilanz Mulfingen*. Gezielte Bestandserhebungen und Bewertungen wurden durchgeführt, wie z.B. zur Längsdurchgängigkeit (Vernetzung), der Neuanlage von Aue-Biotopen zur Förderung der Strukturvielfalt (Effizienzkontrolle) sowie Bewertungen der Gewässerstruktur an der Jagst. Auf dieser Basis wurden Bilanzierungen der aktuellen Umweltsituation erstellt, Umsetzungs-Empfehlungen für eine nachhaltige Entwicklung der Gewässer im Projektgebiet erarbeitet und Grundlagen für das durch die Wasserwirtschaft zu erstellende Gewässerentwicklungskonzept Jagst sowie die laufenden Bestandsaufnahme zur Umsetzung der Europäischen Wasserrahmenrichtlinie (EU-WRRL) geschaffen.

Eine weitere Querschnittsfunktion ergab sich in Verbindung mit dem Arbeitskreis *Tourismus*. Im Teilprojekt *Themenhefte* (Kap. 8.14) wurde die Broschüre »*Das Jagsttal aktiv erleben*« (Kap. 8.14) fachlich betreut. Im Teilprojekt *Lokale Agenda* übernahmen Wissenschaftler Beratungsleistungen im Zusammenhang mit Überlegungen zur innerörtlichen Freizeitnutzung der Jagst. Ausführungen hierzu bleiben den entsprechenden Teilprojekten vorbehalten.

8.11.2 Problemstellung

Fliessgewässer sind vielfältige Lebensräume. Jedes Fließgewässer hat seine eigene Dynamik, die sich im Stoffhaushalt, der biologischen Besiedlung, dem Gewässerbett, der Aue oder dem Abflussverhalten widerspiegelt. Dieser Sachverhalt ist dabei typspezifisch unterschiedlich, muss bei Gewässerpflege- und Ausbaumaßnahmen beachtet werden und findet Eingang in die Umsetzung der EU- Wasserrahmenrichtlinie (EU-WRRL 2000). Wenn das morphologische Gleichgewicht eines Flusses durch menschliche Einflüsse gestört ist – wie dies vor allem in den eher landwirtschaftlich geprägten Einzugsgebieten Hohenlohes der Fall ist – bedarf es Maßnahmen zur Sanierung bzw. Restrukturierung. Dies zu erkennen und im Rahmen von Planungen umzusetzen, ist eine wesentliche Aufgabe der künftigen Gewässerentwicklung.

Bedeutung für die Akteure

Konservierende Bodenbearbeitung
In der Definitionsphase des *Modellprojekts Kulturlandschaft Hohenlohe* kristallisierten sich in Gesprächen mit Gemeinde- und Behördenvertretern zwei Themenfelder heraus: In der Gemeinde Möckmühl waren Probleme mit erhöhten Nitratwerten im Trinkwasser bekannt, die mit der Landwirtschaft als Verursacher in Verbindung gebracht wurden (KONOLD et al. 1997). Das Amt für Landwirtschaft, Landschafts- und Bodenkultur (ALLB) Heilbronn, der Kreisbauernverband Heilbronn und Landwirte in den beteiligten Teilgemeinden nannten zu Beginn des Hautprojektes den Verlust von Boden durch Bodenabtrag und den damit verbundenen Bodeneintrag in die Gewässer als wichtigstes Problem. Um mit den Landnutzern eine nachhaltige, Ressourcen schonende Landbewirtschaftung umzusetzen, hat die Projektgruppe *Kulturlandschaft Hohenlohe* an dieser Problemlage angesetzt, da die betroffenen Landwirte im Themenkomplex *konservierende Bodenbearbeitung* subjektiv Handlungsnotwendigkeiten sahen (Kap. 8.1).

Hochwasserschutz und Gewässerentwicklung
Bereits in den ersten beiden Sitzungen des Arbeitskreises *Landschaftsplanung* (Kap. 8.8) am 8.12.1998 und 10.2.1999 wurden von den Beteiligten »Hochwasserschutz«, »Nutzung der Talaue«, »Gewässerrandstreifen« als wichtige zu behandelnde Themen genannt. Verstärkt wurde dieses Interesse durch die im Jahr 1999 fertig gestellte Flussgebietsuntersuchung Jagst (Universität Stuttgart & Büro Winkler 1999). Insbesondere der Hochwasserschutz, ein dringendes Anliegen der Betroffenen – hier vor allem Kommunalvertreter – bildete einen wichtigen Motor bei den Planungs-

und Umsetzungsprozessen und war geeignet, die Möglichkeiten der naturnahen Gewässerentwicklung zu berücksichtigen. Die Verknüpfung der beiden Teilaspekte wurde von den Akteuren als sehr relevant bewertet. Die Mitwirkung von Mitgliedern der Natur- und Umweltschutzverbände an der Konzeptentwicklung zur Gewässergestaltung – in der Vergangenheit oftmals als reine Behördenangelegenheit eingestuft – wurde von den Beteiligten sehr begrüßt. Die von Teilnehmern des Arbeitskreises *Landschaftsplanung* genannten Problemfelder waren a) die Gefährdung von Siedlungen durch Hochwasser, b) die Siedlungsentwicklung in den von Hochwasser gefährdeten Talauen, c) die intensive landwirtschaftliche Nutzung im Gewässerumfeld sowie d) die ökologischen Defizite von Fliessgewässern.

Ökobilanz Mulfingen

Im Rahmen des Modellvorhabens hat die Gemeinde Mulfingen (Hohenlohekreis) ihr Interesse bekundet, als Modellgemeinde in Zusammenarbeit mit der Projektgruppe *Kulturlandschaft Hohenlohe* eine kommunale Ökobilanz durchzuführen. Ein Arbeitskreis, der neben Gemeinderäten und Verwaltung auch interessierte Bürger umfasste, beschäftigte sich vor diesem Hintergrund mit aktuellen ökologischen Fragestellungen, die in der Gemeinde bereits diskutiert wurden (Kap. 8.9). Gewässer sind in Mulfingen durch das Fließgewässer Jagst, ihre Auenbiotope und Zuflüsse bis hin zu den temporär Wasser führenden Klingen eine wichtiges Landschaftselement. Der Zustand und das Entwicklungspotential dieser Elemente sind jedoch weitgehend unbekannt und sollten im Zuge der Bilanzierung analysiert und hinsichtlich der Qualität bewertet werden.

Wissenschaftliche Fragestellung

An übergeordneten Fragen sind zu nennen:
— Wo liegen die gewässerökologischen Defizite der Fließgewässer im Untersuchungsraum (siehe Erfassungskriterien EU-WRRL 2000) und wie können sie behoben werden (Bezug z.B. TP Konservierende Bodenbearbeitung, Auenbiotope, Durchgängigkeit, Gewässerstruktur)?
— Welche integrierten Ansätze zum Hochwasserschutz gibt es unter Berücksichtigung gewässerökologischer Erfordernisse?
— Wie können die relevanten Akteure in Gewässerentwicklungsprozesse eingebunden werden?
— Welche Bedeutung haben die verfolgten Ansätze hinsichtlich der Umsetzung der EU-WRRL (Stichwort Öffentlichkeitsbeteiligung)?
— Wie kann ein Konsens zwischen den teilweise sehr kontroversen Betrachtungsweisen und Zielen der Akteure erreicht werden?
— Welche Wertschöpfung und ökologischen Kosten entstehen durch die Wasserkraftwerke entlang der Jagst; diese Frage wurde eher am Rande erörtert.

Allgemeiner Kontext

Europäische Ebene

Eine auf die 1970er-Jahre zurückgehende Wasserpolitik der Europäischen Gemeinschaft führte durch unterschiedliche, teils inkonsistente oder widersprüchliche Teilregelungen zu einem »Flickenteppich« des europäischen Gewässerschutzes (BREUER 1995, KNOPP 1999), der nutzungsspezifisch und sektoral (Bezug Trinkwasserentnahme, Badegewässer, Fisch-, Muschelgewässer, Abwasserbehandlung, Nitratbelastung) ausgerichtet war (BLÖCH 2001). Mit der Europäischen Wasserrahmenrichtlinie (EU-WRRL 2000) wurde für Grund-, Oberflächen- und Küstengewässer ein Ordnungsrahmen zur nachhaltigen Nutzung der europäischen Wasserressourcen geschaffen. Dieses

Gesetz wurde mittlerweile durch eine Änderung bzw. Anpassung der wasserrechtlichen Vorschriften in die jeweiligen Länderrechte überführt (z.B. Baden-Württemberg am 22.12.2003). Die neuen Ansätze bestehen in einem konsequent flächenhaften, einzugsgebietsweiten Bezug, einer gewässertypenspezifischen Betrachtung, einem breiten ökologischen Bewertungsansatz sowie einer kombinierten Schadstoffbetrachtung (Finke 2001, Friedrich 2001, Fuhrmann 2001, WWF 2001). Auf der Grundlage definierter Gewässerqualitätsziele, Bewirtschaftungspläne, Maßnahmenprogramme und Erfolgskontrollen ist ein verbindlicher Ziel- und Qualitätsbezug innerhalb eines zeitlich festgelegten Rahmens bestimmt. Der ökologische Zustand der Oberflächengewässer und die qualitative und quantitative Situation des Grundwassers sind bis 2015 in einen »guten« Zustand zu überführen (EU-WRRL 2000). Darüber hinaus sind die Mitgliedstaaten gehalten, »eine aktive Beteiligung aller interessierten Stellen an der Umsetzung dieser Richtlinie, insbesondere an der Aufstellung, Überprüfung und Aktualisierung der Bewirtschaftungspläne für die Einzugsgebiete« zu fördern (Art. 14 Abs. 1, EU-WRRL 2000). Hierunter ist »nicht der Begriff der Öffentlichkeitsbeteiligung im Sinne des deutschen Verwaltungsverfahrensrechts« zu verstehen, sondern »ein breit angelegter Diskussions- und Konsensfindungsprozess« (Bley 2001).

Situation der Gewässer im Raum Hohenlohe
Das Leben am Fluss hat in der Gesellschaft eine hohe Bedeutung und stellt ein hohes Identifikationspotential dar. Abhängig von der Siedlungsdichte und den damit verbundenen erhöhten Anforderungen an die Hochwassersicherung wurde in die Gewässer bundesweit stark eingegriffen. Auch in Baden-Württemberg war die Wasserqualität noch vor Jahrzehnten in einem überwiegend kritischen Zustand, zumeist mit Gewässergüteklasse II-III oder schlechter (Regierungspräsidium Nordwürttemberg 1959). Vor allem kleinere Gewässer zeigten im landwirtschaftlich überprägten Raum noch teilweise deutliche Gütedefizite (LfU 1994). Der jüngste Zustandsbericht belegt eine wesentliche Verbesserung bzw. Stabilisierung der Gütesituation (LfU 2001). Danach ist der Grad der organisch abbaubaren Belastung zumeist als »mäßig« (Gewässergüteklasse II) einzustufen. Die morphologisch-strukturelle Situation hingegen ist weit weniger günstig zu beurteilen. Demnach sind rund zwei Drittel der kartierten größeren Gewässer in Baden-Württemberg in einem defizitären Zustand, vor allem hinsichtlich Ufer und Sohle (LfU 1995).

Im Untersuchungsgebiet ist die Jagst das Hauptgewässer. Sie besitzt eine Länge von rund 195 km und erstreckt sich mit den Nebengewässern auf ein Einzugsgebiet von rund 2000 km^2. Eine genaue Beschreibung der Situation der Fließgewässer im Untersuchungsraum ist in Kap. 4.2 dargestellt. Die Jagst und ihre Zuflüsse werden bereits seit vielen Jahrhunderten zur Energiegewinnung genutzt. Waren es früher Hammerwerke, Getreide-, Öl-, Gips- oder Sägemühlen (Königl. Ministerialabteilung für den Strassen- und Wasserbau 1901), so wird der Aufstau der Jagst seit rund 100 Jahren überwiegend zur Stromgewinnung mittels Kleinwasserkraftwerken genutzt und begünstigte gewerbliche Entwicklungen. Dies hat jedoch auch zu einer Unterbrechung des Längskontinuums für Wassertiere (Wirbellose und Fische) der Jagst geführt und weitreichende Veränderungen ihres Lebensraumes mit sich gebracht. Neben den Ansprüchen an die Hochwassersicherheit (s.u.) und Energiegewinnung werden an die Gewässersysteme und Auen im Jagsteinzugsgebiet weitere vielfältige Anforderungen gestellt:

Fruchtbares Ackerland in der Talaue: Aufgrund der teilweise geringen Bodenauflage auf den Hochflächen (schwerpunktmäßig im mittleren Jagsttal) sowie des Bedarfs an Ackerland wurden die in der Vergangenheit überwiegend als Grünland genutzten, Hochwasser gefährdeten Flurstücke der Aue zunehmend umgebrochen und als Ackerland genutzt. Dies hatte zur Folge, dass der damit verbundene Nährstoffaustrag zu einer Eutrophierung der angrenzenden Gewässer führte, da die Bodenkrume bei Hochwasserereignissen in stärkerem Masse erodierte.

Tourismus: Im Jagsttal wird der Tourismus als ergänzender Wirtschaftszweig ausgebaut. Gewässerrelevante Schwerpunkte bilden hierbei der Kurz-Urlaub auf dem Rad (Ausbau des Radwegenetzes in der Talaue) und das Kanufahren auf der Jagst.

Trinkwassergewinnung in den Auekiesen: Zahlreiche Brunnen der Jagsttalgemeinden liegen in den Aquiferen der Jagst-Aue. Ein Zusammenhang von Belastungen der Brunnen in Form hoher Nitratgehalte und der angrenzenden landwirtschaftlichen Nutzung war Gegenstand der Diskussion im Definitionsprojekt, so z.B. in der Gemeinde Möckmühl (KONOLD et al. 1997). Aber auch in Dörzbach sind hohe Nitratwerte in einzelnen Brunnen bekannt.

Naturraum mit hochwertigem Artenbestand: Die hohe faunistische Bedeutung – insbesondere der Jagst – ist durch bundesweit bemerkenswerte Vorkommen z.B. bei der Tiergruppe der Libellen, Köcherfliegen, Wasserkäfer oder Fische begründet (z.B. SCHMIDT 1995, PEISSNER & KAPPUS 1998). Die Bestände sind unbedingt erhaltenswert und verlangen umfassende Schutzkonzeptionen. Eine Übersicht zu den auf den Projektbeginn 1998 bezogenen Themen im Jagstgebiet gibt Abbildung 8.11.1. Die in der Abbildung skizzierte zeitliche Entwicklung der Intensität der verschiedenen anthropogenen Umweltfaktoren in Fließgewässern ist auch für andere Flusssysteme relevant (siehe GESSNER & DEBUS 2001).

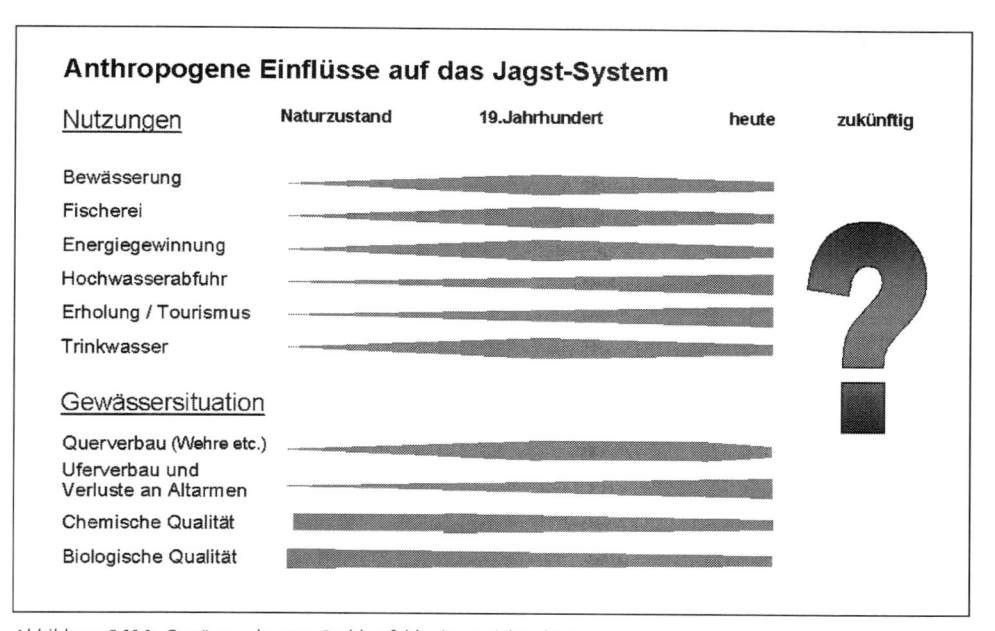

Abbildung 8.11.1: Gewässerrelevante Problemfelder im Projektgebiet

Gewässerentwicklung im Raum Hohenlohe

Unter Gewässerentwicklung kann der Weg und die Gestaltungsmöglichkeit vom Ist-Zustand in Richtung mehr Naturnähe, bzw. die Annäherung an den Referenzzustand (Leitbild) verstanden werden (z.B. KONOLD et al. 1992, DVWK 1996, HÜTTE 2000). Wesentlich ist hierbei, welcher Zielzustand angestrebt wird. Ein Bezugspunkt ist der gegenwartsbezogene, potentiell natürliche Zustand, d.h. der Zustand, der sich im Laufe der Zeit einstellen würde, wenn die Nutzungen und Gewässerunterhaltung eingestellt, Rückbaumassnahmen realisiert und der Wasserhaushalt inkl. Grundwasser wieder hergestellt wird, so dass Gewässerbett, Abflüsse und Aue wieder in einen dynamischen Zustand überführt werden (FRIEDRICH & LACOMBE 1992). Hierbei spielt die ökologische Funktionsfähigkeit eine zentrale Rolle. Die in der EU-Wasserrahmenrichtlinie (EU-WRRL 2000) vorgegebenen Ansätze sehen hierzu Maßnahmen im gesamten Gewässersystem als vernetzte Einheit von Fluss und Landschaft vor und fordern daher eine ganzheitliche Betrachtung.

In Baden-Württemberg (LfU 1999) umfasst die Gewässerentwicklung alle Maßnahmen, die darauf ausgerichtet sind, die wasserwirtschaftliche und ökologische Einheit und das landschaftliche Erscheinungsbild sowie den Erlebniswert der Gewässer und ihrer Aue zu erhalten oder nachhaltig zu verbessern. Hierzu sind die Funktionen der Gewässer im Naturhaushalt (z.B. Lebensraum für Tiere und Pflanzen, Rückhalt für Hochwasser) zu erhalten oder wieder herzustellen. Ausgebaute oder beeinträchtigte Gewässer sind durch lenkende Eingriffe umzugestalten, um einen möglichst naturnahen Zustand herzustellen oder können sich durch selbstgestalterische Tätigkeit des Gewässers entwickeln. Dies kann weitgehend im Rahmen der Gewässerunterhaltung erfolgen. Die Möglichkeiten einer Gewässerentwicklung müssen bei allen Maßnahmen am Gewässer und in der Aue berücksichtigt werden. Dies auch flächenhaft umzusetzen und die dafür notwendigen Maßnahmen voranzutreiben, ist eine Daueraufgabe. In der Gewässerentwicklungsplanung ist eine klare Strategie zu erarbeiten, d.h. Ziele und Vorgehensweise sind zu beschreiben. Die gesellschaftliche Akzeptanz für die verfolgten Zielsetzungen ist hier von grundsätzlicher Bedeutung.

Diese vielfältigen – teilweise gegensätzlichen – Aufgaben und Funktionen der Gewässer machen eine Gewässerentwicklungsplanung als Aufgabe für die Gemeinde-, Städte- und Regionalverwaltungen unabdingbar. Nach KONOLD et al. (1992) sind die Gewässer in der »Regel die Stiefkinder in den Kommunen und werden entsprechend ihrem schlechten Aussehen auch schlecht behandelt«. Diesen Missstand haben auch die handlungsbefugten Behörden erkannt. Im Untersuchungsgebiet wurden und werden Gewässerentwicklungskonzepte (GEK) und -pläne (GEP) für verschiedene Gewässer seitens der Gewässerdirektion Neckar Bereich Künzelsau erstellt bzw. in Auftrag gegeben, wie z.B. für die Gewässer Kupfer, Brettach und Kocher. Um die gewässerrelevanten Ergebnisse des *Modellprojekts Kulturlandschaft Hohenlohe* berücksichtigen zu können, sollte die Ausarbeitung des Gewässerentwicklungskonzepts Jagst erst nach Abschluss des Forschungsprojekts erfolgen.

Den Einstieg in die Erarbeitung eines Gewässerentwicklungskonzepts bildet die Ausarbeitung eines integrierten Leitbildes (vgl. ESSER 1996), welches auf nutzungsorientierten und ökologischen Qualitätszielen basiert und in Kenntnis der kulturhistorischen Entwicklung, des aktuellen Zustands und des heutigen Entwicklungspotentials im Diskurs mit den lokalen Akteuren im Jagsttal zu erstellen ist. Bislang realisierte Maßnahmen, so z.B. die Anlage von Gewässerrandstreifen in Verbindung mit Flurneuordnungsverfahren (und gezielten Flächenankäufen), verfolgen bereits die o.g. Zielstellung. Bereits vorliegende bzw. zu Projektbeginn in Durchführung begriffene Untersuchungen an der Jagst zu Gewässer und Biota waren:

—Gewässergüte (PANTLE & BUCK 1955, Regierungspräsidium Nordwürttemberg 1959, BUCK 1978, PRO AQUA 1997, LfU 2001)
—Wassertiere (BUCK 1956a, BUCK 1956b, BUCK 1978)
—Fischerei in Nordwürttemberg (FESZYKIEWICZ & WURZEL 1966)
—Fischfauna der Unteren Jagst (KAPPUS & KAPPUS 1994, KAPPUS et al. 1997)
—Hydrologische Flussgebietsuntersuchung (FGU) (Universität Stuttgart & Büro Winkler 1999)
—Niedrigwasser (LfU 1992)

— Maßnahmen an Gewässern (Amt für Wasserwirtschaft und Bodenschutz Künzelsau 1992)
— Libellen, Strukturen, Kanubetrieb (SCHMIDT 1995, 1996)
— Köcherfliegen (PEISSNER & KAPPUS 1998).

Hochwasser im Jagsttal und seinen Zuflüssen

Im Jagsttal und den Nebengewässern treten regelmäßig Hochwasser auf (Abb. 8.11.2). Dies ist auf ein heute noch weitgehend natürliches Hochwasserregime zurückzuführen, obwohl eine zunehmende Flächenversiegelung (Kap. 8.8, 8.9), Begradigung der Nebengewässer und der Bau zahlreicher Rückhalteanlagen im Oberlauf stattgefunden hat. Infolge der Siedlungsaktivitäten werden Siedlungsflächen – die bis in die Gegenwart hinein noch in den Jagstauen und ihren Seitentälern (Abb. 8.11.3) außerhalb der rechtskräftigen Überschwemmungsflächen zunehmen – überschwemmt. Die in den Gewässerauen expandierenden Siedlungsflächen ziehen in der Folge erforderlich werdende Schutzmaßnahmen nach sich.

Abbildung 8.11.2: Hochwasser im mittleren Jagsttal bei Ailringen, Februar 1999
(Foto: Dunja Ankenbrand)

Die Gemeinden im Jagsttal waren in den letzten Jahren – zuletzt Mitte Februar 1999 (Abb. 8.11.2) – großen Hochwasserereignissen ausgesetzt. Vielerorts wurden Ortsteile unter Wasser gesetzt. Die natürlichen Retentionsgebiete entlang der unteren und mittleren Jagst sind teilweise verbaut, so z.B. in Möckmühl oder Krautheim mit Sportanlagen und Industriegebieten. Dies führte beim Aufeinandertreffen der Abflussscheitel von Seckach und Jagst in Möckmühl beim Frühjahrshochwasser 1994 zu hohen Sachschäden (Regierungspräsidium Stuttgart 1994), die u.a. die Durchführung der Flussgebietsuntersuchung Jagst zur Folge hatten (Universität Stuttgart & Büro Winkler 1999). Weitere Ursachen für Überschwemmungen werden in Baden-Württemberg u.a. auf die Intensivierung der landwirtschaftlichen Produktion durch Melioration, Flächenzusammenlegung, den Ausbau der Wege- und Grabensysteme, was sich in Form der »Flurneuordnung« in Baden-Württemberg rund 300 Jahre zurückverfolgen lässt, zurückgeführt (z.B. KOEHLER 1996, KOLLMANN 1997).

*Abbildung 8.11.3: Unterlauf des Erlenbachs nahe Bieringen –
Bebauung im Hochwasser gefährdeten Bereich (Foto: Ralf Kirchner-Heßler)*

Die Flussgebietsuntersuchung Jagst wurde von einem Zusammenschluss der Jagsttalgemeinden aus den Landkreisen Heilbronn, Hohenlohekreis, Schwäbisch Hall und Ostalbkreis getragen und gemeinsam mit dem Land Baden-Württemberg finanziert. Bereits in der Vergangenheit wurden im betrachteten Einzugsgebiet der Jagst (ca. 2.000 km² bei einer Lauflänge von 170 km) rund 200 Mio. € investiert für den Bau von 20 Hochwasserrückhaltebecken (26 Mio. m³ Stauraum), Gewässer begleitenden Dämme (7 km) und für den Gewässerausbau (16 km). Darüber hinaus wurden Überschwemmungsgebiete ausgewiesen und Maßnahmen zur Verbesserung der Hochwasservorhersage getroffen. Die Ergebnisse der umfassenden Untersuchungen und Modellierungen der Flussgebietsuntersuchung zeigten, dass die Möglichkeiten durch die bereits getroffenen Hochwasserschutzmassnahmen weitgehend ausgeschöpft sind und zusätzliche Maßnahmen kaum noch Auswirkungen auf den Höchstwasserstand haben werden. So können bei einem Bemessungshochwasser H100 die im Einzugsgebiet der Seckach geplanten 16 Hochwasserrückhaltebecken den Wasserstand in der Jagst lediglich um 10 cm reduzieren, die geplanten 5 Hochwasserrückhaltebecken im Einzugsgebiet der Schefflenz werden praktisch keine Veränderungen in der Jagst zur Folge haben. Dementsprechend fallen die für das betrachtete Jagsteinzugsgebiet vorgeschlagenen Maßnahmen weniger umfangreich aus und umfassen z.B. die Sicherung vorhandener bzw.

Neuerrichtung von Hochwasserdämmen und die Einrichtung mobiler Schutzwände in Siedlungen (Universität Stuttgart & Büro Winkler 1999, BINDER mdl. Mittl., AK *Landschaftsplanung* vom 19.1.2000).

Die Hochwasserproblematik betrifft jedoch nicht allein das Hauptgewässer Jagst, sondern ebenso die Seitenzuflüsse. In der Auseinandersetzung mit dem Thema *Hochwasserschutz und Gewässerentwicklung* konzentrierten sich die Betrachtungen im Arbeitskreis *Landschaftsplanung* zunehmend auf den Erlenbach (Abb. 8.11.3), der in Höhe von Bieringen in die Jagst mündet. Vom Dezemberhochwasser 1993 wurden insbesondere die Orte Erlenbach und Bieringen stark betroffen. Sofortmaßnahmen umfassten die Befestigung von Uferstrecken mit Blocksatz in den Ortslagen von Bieringen, Aschhausen, Neunstetten und im begrenzten Umfang Räumungen und geringfügige Aufweitungen des Gewässerbettes (HERTNER 2002). Darüber hinaus wurden von den betroffenen Gemeinden in Auftrag gegebene hydrologische Untersuchungen und Vorplanungen zum technischen Hochwasserschutz durchgeführt (mdl. Mittl. J. IHRINGER, Inst. f. Wasserwirtschaft und Kulturtechnik, Universität Karlsruhe).

Neben den in der Hochwasserdiskussion oftmals dominierenden Vorschlägen zu schnell wirksamen technischen Lösungen existieren Ansätze, die in stärkerem Maße die Ursachen für Hochwasser im Blickfeld haben. Demnach muss Hochwasserschutz stärker auf die Entstehungsgebiete – und das sind in der Regel ausgeräumte, ackerbaulich genutzte Landschaften – ausgerichtet sein, um hier wieder Möglichkeiten zur Wasserrückhaltung zu schaffen. Bausteine eines integrierten, dezentralen Hochwasserschutzes sind kleine und größere Retentionsflächen, Laufverlängerungen zur Erhöhung der Wasserablaufzeiten, Erhöhung der Rauigkeit durch Gewässerrandstreifen und Siedlungswassermanagement durch Entsiegelung, Infiltrationsregulierung und Abflussmengenregulierung im Kanalnetz (ASSMANN et al. 1996).

8.11.3 Ziele

Nachfolgende Ziele sind aufgrund der inhaltlichen Verknüpfung nicht explizit einzelnen Themenfeldern zuzuordnen und daher im Verbund der Teilprojekte *Konservierende Bodenbearbeitung, Ökobilanz Mulfingen* und des Themenschwerpunkts *Hochwasserschutz und Gewässerentwicklung* zu sehen.

Naturwissenschaftliche Ziele
— Erfassung und Bewertung ausgewählter Fließgewässer hinsichtlich ihrer ökologischen Bedeutung und Leistungsfähigkeit (Durchgängigkeit, Gewässergüte, Gewässerstrukturgüte, faunistische und floristische Ausstattung, Schadstoffe);
— Entwicklung aquatischer und semi-aquatischer Indikatoren zur Bewertung der Landnutzungsintensität am Beispiel der Salamander und Biotopqualität von Auenstrukturen;

Umsetzungsmethodische Ziele
— Reflexion der Vorgehensweise zur Einbindung der Akteure in kooperative Planungsprozesse.

Anwendungsorientierte Ziele
— Information der Akteure über Ursachen von Hochwasser im Betrachtungsraum, Handlungsmöglichkeiten zum Hochwasserschutz, den aktuellen Zustand des Erlenbachs;

—Bereitstellung von Planungsgrundlagen und Handlungsempfehlungen zur Verbesserung der ökologischen Leistungsfähigkeit von Fließgewässern (z.B. für Gewässerrenaturierungen, Umgestaltung von Querbauwerken);
—Entwicklung eines integrierten Konzept für Hochwasserschutz und Gewässerentwicklung am Erlenbach;
—Erarbeitung von Planungsgrundlagen für die Umgestaltung von Wehren zur Förderung der Durchgängigkeit der Fließgewässer für Wirbellose und Fische;
—Erarbeitung von planerischen Grundlagen und Empfehlungen für Gewässerrenaturierungen (Fliessgewässer und ihre Auen);
—Anwendung von Verfahren zur ökologischen Bewertung des ökologischen Zustands der Fliessgewässer. Hierbei sollen aktuelle Forschungsergebnisse verwendet werden und deren Praxistauglichkeit zur ökologischen Bewertung von Gewässern im Sinne der EU-WRRL (2000) hinterfragt werden.

Hinzuweisen ist an dieser Stelle auf Zielsetzungen, die im Rahmen der Antragstellung formuliert wurden, wie die Siedlungsentwicklung im Talraum, die Trinkwasserversorgung und Abwasserreinigung. (vgl. Kap. 5.3, KONOLD et al. 1997). Diese Themen wurden in der Hauptphase des Projektes nicht weiter aufgegriffen, da seitens der Akteure kein Handlungsbedarf mehr bestand, keine Arbeitskapazitäten zur Verfügung standen und neue, aktuelle Schwerpunktsetzungen wie z.B. der Hochwasserschutz relevant wurden.

8.11.4 Räumlicher Bezug

Das Teilprojekt *Gewässerentwicklung* erstreckte sich auf die räumlichen Bearbeitungsschwerpunkte entlang des Hauptgewässers Jagst, des Seitenzuflusses Erlenbach sowie die Gemeinden Neudenau und Mulfingen (Abb. 8.8.2). Die betrachteten Gewässer stellen einen repräsentativen Querschnitt der Gewässertypen im Untersuchungsraum dar.

Im Raum Möckmühl-Neudenau wurde in Verbindung mit dem Teilprojekt *Konservierende Bodenbearbeitung* (Kap. 8.1) eine Gewässertypisierung und Charakterisierung der Belastungssituation im Zusammenhang mit der Landnutzung (ca. 20 Probestellen) vorgenommen, wobei der Kressbach (6 Probestellen) sowie die Trinkwasserversorgung mit der Situation der Brunnen bei Neudenau (8 Probestellen) Schwerpunkte bildeten.

Der Bearbeitungsraum im Themenschwerpunkt *Hochwasserschutz und Gewässerentwicklung* in Zusammenarbeit mit dem Arbeitskreis *Landschaftsplanung* lag im rechtsseitigen Zufluss zur Jagst, dem Erlenbach (EZG von ca. 100 km^2). Das gesamte Einzugsgebiet war Gegenstand umfangreicher morphologischer, biologischer und chemischer Analysen (rund 20 Probestellen).

Im Zusammenhang mit dem Teilprojekt *Ökobilanz Mulfingen* und *Landnutzungsszenario Mulfingen* standen Untersuchungen zur ökologischen Effizienz von 10 neu errichteten Auen-Biotope zwischen Berlichingen und Langenburg, zum Vorkommen von Feuersalamandern in den rechtsseitigen Zuflüssen (rund 140 Probestellen) der Jagst und zur biologischen Gewässergüte in verschiedenen Bachsysteme in der Gemeinde Mulfingen sowie zur Gewässerstrukturgüte von Jagst (FKM = Fluss-Kilometer 75,2 bis 89,8) und Rötelbach (FKM 0,0 bis 3,0) in der Gemeinde Mulfingen. Darüber hinaus wurde entlang der Jagst in der Gemeinde Mulfingen das Vorkommen submerser Makrophyten und der Ufervegetation, zwischen Mulfingen und Langenburg und die biologische Besiedlung von zwei Wehranlagen ermittelt.

Untersuchungen zur Längsdurchgängigkeit des Hauptgewässers Jagst erstreckten sich von der Mündung der Jagst in den Neckar bis Kirchberg (rund 115 km Flusslauf). Diese Ergebnisse gingen zum einen in die *Ökobilanz Mulfingen* ein und boten andererseits Handlungsansätze für die Wasserwirtschaft.

8.11.5 Beteiligte Akteure und Mitarbeiter/Institute

Die Beteiligung in den Teilprojekten *Konservierende Bodenbearbeitung, Ökobilanz Mulfingen* und *Themenhefte* wird in den Kap. 8.1, 8.9 und 8.14 beschrieben. Im Themenschwerpunkt *Hochwasserschutz und Gewässerentwicklung* (Kap. 8.8) wirkten mit: Vertreter der Gemeindeverwaltungen (Bürgermeister, Hauptamtsleiter, Ortsvorsteher) und des Gemeinderats, Vertreter von Unteren Verwaltungs- und Fachbehörden des Landratsamts Hohenlohekreis und Heilbronn, des Amts für Landwirtschaft, Landschafts- und Bodenkultur Öhringen, des Amts für Flurneuordnung Künzelsau, der Gewässerdirektion Neckar mit den Bereichen Besigheim und Künzelsau, des Instituts für Wasserwirtschaft und Kulturtechnik der Universität Karlsruhe, Vertreter des privaten Naturschutzes wie Bund für Umwelt- und Naturschutz (BUND) Region Franken, Ortsgruppen des Naturschutzbund Deutschland (NABU), des Landesnaturschutzverbandes (LNV), des Verbandes für Fischerei und Gewässerschutz (VfG) sowie interessierte Bürger.
Auf Seiten der Projektgruppe *Kulturlandschaft Hohenlohe* waren beteiligt:
— Dr. Berthold Kappus (Teilprojektverantwortlicher), Daniela Schweiker, Susanne Bogusch, Reinhart Sosat, Claudia Wilderer, u.a., Institut für Zoologie der Universität Hohenheim;
— Dr. Ralf Kirchner-Heßler, Oliver Kaiser, Institut für Landespflege der Albert-Ludwigs-Universität Freiburg;
— Dr. Angelika Thomas, Institut für Sozialwissenschaften des Agrarbereichs der Universität Hohenheim;
— Dr. Norbert Billen, Institut für Bodenkunde und Standortskunde der Universität Hohenheim;
— Angelika Beuttler, Dieter Lehmann, Institut für Angewandte Forschung der Fachhochschule Nürtingen;
— Martin Hertner, Institut für Geographie der Universität Tübingen.

8.11.6 Methoden

Im aquatischen Bereich wurden zum Beleg von Verbesserungen der **Gewässergüte** sowohl biologisch-ökologische Untersuchungen der Makroinvertebraten nach DIN 38410 durchgeführt, um Aussagen zum Grad der organisch abbaubaren Belastung zu erhalten, als auch auf Vollständigkeit ausgerichtete Erfassungen ausgewählter Artengruppen (Wasserkäfer, Eintags-, Stein- und Köcherfliegen sowie Mollusken), die darüber hinaus eine Beurteilung der Ernährungstypengemeinschaft etc. ermöglicht. Die benthos-biologischen Proben wurden hinsichtlich Gewässergüte (Saprobienindex, Sauerstoffversorgung, Toxizität) nach Alf et al. (1992) und der DIN 38410 sowie hinsichtlich der (gesamt)ökologischen Qualität im Zusammenhang mit der künftigen Wasserrahmenrichtlinie (EU-WRRL 2000) anhand gegenwärtig diskutierter Verfahren bewertet (vgl. Böhmer et al. 1999a, Rawer-Jost, 2001). Grundlage bildeten zudem die autökologischen Daten des Bayerischen Landesamts für Wasserwirtschaft (1996) und Kappus & Böhmer (1996). Entlang der Jagst wurden in den Auebiotopen zur Untersuchung der **Fischartengemeinschaft** Handkescher-,

Reusen-, Hamenfänge und Sichtbeobachtungen durchgeführt. Schwerpunkt bildeten mehrere Zugnetz- und Elektrobefischungen. Die Ergebnisse wurden auch vor dem Hintergrund früherer Erhebungen bewertet (KAPPUS 1993, KULLAK 1993, KAPPUS & KAPPUS 1994, KAPPUS 1996, KAPPUS et al. 1997, DUSSLING & BERG 2001).

Das Verfahren zur **Gewässerstrukturgütebewertung** wurde bundesweit von der Länderarbeitsgemeinschaft Wasser entwickelt und standardisiert (LAWA 2000). Entlang der Jagst wurden zudem die Gehölzarten und dominierende Arten der Krautschicht im Uferbereich bis zu einer Entfernung von 5 bis 10 Meter vom Ufer aufgenommen. Die Abundanz submerser Makrophyten wurde für jeden Kartierabschnitt nach einer 6-stufigen Skala (0 = kommt nicht vor, 1 = sehr selten/vereinzelt, 2 = selten bis zerstreut, 3 = verbreitet, 4 = häufig, 5 = massenhaft) registriert. Die Durchgängigkeit des Erlenbachs für wandernde Fische und Wirbellose wurde nach HALLE (1993) und dem Verband Gewässerschutz Baden-Württemberg (2001) bewertet.

Das **Makrozoobenthos** wird im Zuge einer ökologischen Fliessgewässerbewertung im Idealfall mit einer Referenzbiozönose abgeglichen. Da diese nicht vorlag, wurden die ermittelten absoluten Werte mit den im Zuge der EU-Wasserrahmenrichtlinie (EU-WRRL 2000) diskutierten Parametern (vgl. BÖHMER et al. 1999b, ACKERMANN et al. 2000, RAWER-JOST 2001) verglichen. Die **Fischvorkommen** wurden im Relation zu der Situation im Neckar-Einzugsgebiet und darüber hinaus beurteilt (DUSSLING & BERG 2001).

Anhand der Erhebung und Bilanzierung der **Stoffflüsse** ausgewählter Gewässereinzugsgebiete wurde eine Abschätzung der diffusen Einträge aus der Landwirtschaft vorgenommen. Hierzu wurden Pegel installiert und in Zeitreihen wie auch Ereignis bezogene Wasserproben analysiert, wobei vor allem N- und P- Verbindungen neben den weiteren Belastungsparametern wie DOC, Biochemischer Sauerstoffbedarf (BSB), physikalischen Parametern (Temperatur, Sauerstoff, pH-Wert und Leitfähigkeit) erhoben wurden (Analysen nach DIN/DEV). Durch den Vergleich mit unbelasteten und naturnahen Referenzstellen wurden regionale, fachlich begründete Leitbilder entworfen.

Im Themenschwerpunkt *Hochwasserschutz und Gewässerentwicklung* kamen im Zusammenhang mit dem Gewässerentwicklungskonzept Erlenbach und dem Ansatz für integrierte Hochwasserschutzmaßnahmen neben den angeführten naturwissenschaftlichen Methoden **Literaturrecherchen,** Auswertungen statistischer Daten und Kartenmaterial zur Anwendung. Das **umsetzungsmethodische Vorgehen** im Themenschwerpunkt *Hochwasserschutz und Gewässerentwicklung* orientierte sich am Arbeitskreis *Landschaftsplanung* (Kap. 8.8) und den Beteiligungsmethoden des Gesamtvorhabens (Kap. 6.3).

8.11.7 Ergebnisse

Durch die bereits beschriebene Querschnittsorientierung des Teilprojekts lassen sich die durchgeführten Arbeiten nicht nur einem Themenfeld zuordnen. Tab. 8.11.1 gibt zusammenfassend Aufschluss über die durchgeführten Aktivitäten mit dem jeweiligen Bezugsraum, Bearbeitungszeitraum, der thematischen Zuordnung und der jeweiligen Dokumentation.

Tabelle 8.11.1: Übersicht der Aktivitäten im Teilprojekt Gewässerentwicklung

Aktivitäten	Bearbeitungszeitraum	Konservierende Bodenbearbeitung	Schwerpunkt Hochwasserschutz und Gewässerentwicklung	Ökobilanz Mulfingen	Einzeluntersuchungen in Kooperation mit der Wasserwirtschaft	Dokumentation / Quellen der Nachprüfbarkeit
Brunnen / Quellenanalyse Möckmühl-Neudenau	1998	X				Kappus 2000
Limnologische Potentialanalyse Quellen / Bäche Raum Möckmühl-Neudenau	1999-2000	X	X			Schweiker et al. 2001
Zustand des Agrargewässers Kressbach	1999-2000	X				Schweiker et al. 2000
Chemische und benthosbiologische Bewertung des Erlenbachs	2000-2001		X	X		Schweiker et al. 2002
Analyse der benthischen Besiedlung Ökologische Bewertung ausgewählter Bäche in Mulfingen	2000			X		Kappus 2003a
Strukturgütekartierung Rötelbach in Eberbach	08-10/2000			X	X	Kirchner-Heßler et al. 2003
Strukturgütekartierung Jagst in Mulfingen	08-09/2000		X	X	X	Kirchner-Heßler et al. 2003
Strukturgütekartierung Erlenbach	2000			X		Hertner 2002
Salamander als Indikatoren der Landnutzung im Raum Mulfingen	2000			X		Kappus 2003b
Biologie und ökologische Bewertung zweier Wehranlagen in Mulfingen	2000			X		Kappus 2003c
Wehrkataster und Durchgängigkeit Jagst (Bad Friedrichshall-Kirchberg)	1999		X	X		Kappus et al. 1999, Siligato et al. 2000
Vorplanungen Durchgängigkeit Wehr Duttenberg	2001		X			Hiller 2001
Kosten-Nutzen-Analyse zur Verbesserung der Durchgängigkeit am Wehr Duttenberg	2002-2003				X	Schwab et al. 2004
Effizienzkontrollen zur Durchgängigkeit Wehr Siglingen	1999		X			Kappus et al. 1999
Effizienzkontrollen der neu errichteten Auebiotope (Chemie, Benthos, Fische) Raum Mulfingen bis Schöntal	2000-2003		X	X	X	Wilderer et al. 2003, Kappus 2003d
Literaturanalyse „Dezentraler Hochwasserschutz"	2001	X	X			Janko & Kappus 2001
Konzept „Hochwasserrückhaltung durch Landnutzung"	2002		X			Protokoll AK LP, 08.05.2001

Wissenschaftliche Ergebnisse zum Themenfeld »Konservierende Bodenbearbeitung«

a) Belastung der Brunnen im Raum Möckmühl-Neudenau

Im Raum Möckmühl wurden seit längerer Zeit erhöhte Nitratwerte im Trinkwasser nachgewiesen (vgl. Kap. 8.1). Die Gemeinden sind inzwischen zum Teil an die Fernwasserversorgung angeschlossen, um Versorgungsengpässe auszuschließen und die Nitratwerte durch die Beimischung von unbelastetem Wasser zu senken (vgl. KAPPUS 2000). Die Gemeinden Roigheim und Neudenau haben eine, in Bezug auf Menge und Qualität, zufrieden stellende Eigenwasserversorgung. Die Nitratbelastung der Brunnen in der Gemeinde Möckmühl ist vermutlich auf eine Zunahme der landwirtschaftlichen Stoffeinträge zurückzuführen.

Eine chemisch – biologische Analyse der Qualität der Oberflächengewässer in den Gemeinden Möckmühl und Neudenau und eine Analyse des Einflusses der landwirtschaftlichen Nutzung auf die Fließgewässer (SCHWEIKER et al. 2000) ergaben mehrere mögliche Einflussfaktoren, wie z.B. die ackerbauliche Nutzung (zum Teil Sonderkulturen) der Auen und die Stoffeinträge in die Jagstzuflüsse, die im Unterschied zur Jagst stärker von Dränierung und Begradigung betroffen sind. Aufgrund des karstigen Untergrundes war mit den eingesetzten Methoden die Herkunft der Nitratbelastung der Quellen, vor allem derjenigen im Möckmühler Gewann »Ammerlanden«, nicht zu ermitteln.

b) Ökologischer Zustand der Quellen und Bäche im Raum Möckmühl-Neudenau

Im Zeitraum Mai 1998 bis Oktober 1999 wurden kleinere Fliessgewässer im unteren Jagsttal typologisch kartiert (SCHWEIKER et al. 2000). Zielsetzung war es, die 22 Gewässerabschnitte in geogene Typen und in landnutzungsbedingte Belastungsstufen (»gering«, »mittel« und »hoch belastet«) einzuteilen. Durch die Analyse der Belastungssituation der Gewässerabschnitte konnte gezeigt werden, dass punktuell sehr hohe Nährstoff- und Schwermetallkonzentrationen in den Gräben und Gewässern auftreten. Dabei nimmt die Belastung mit zunehmendem Agrarflächenanteil im Einzugsgebiet zu. Grenzen ackerbaulich genutzte Flächen an Fließgewässer an, so treten nach Starkregenereignissen infolge der Bodenerosion erhöhte Phosphatwerte auf. Dieser Eintrag reduziert sich, wenn Pufferzonen zwischen Gewässer und Agrarfläche liegen. Anhand der abschließenden Gesamtbewertung wurden 8 Gewässer als »gering«, 9 Gewässer als »mittel« und 4 Gewässer als »hoch belastet« eingestuft (SCHWEIKER et al. 2000).

c) Agrargewässer Kressbach

Das Längsprofil des Kressbachs zeigt von der Quelle bis zum Ort Kressbach, einem durch landwirtschaftliche Nutzung geprägten Abschnitt, anhand physikalisch-chemischer Parameter – mit Ausnahme von Nitrat – eine Verdopplung der P- und N- Gehalte (SCHWEIKER et. al. 2001) und gibt damit einen deutlichen Hinweis auf die diffusen Stoffeinträge. Die Artenfülle und Abundanz des Makrozoobenthos nimmt bis zum Ort hin, auch aufgrund struktureller Defizite, signifikant ab. Am deutlichsten reagiert der EPT-Index auf diese Veränderungen, während die *Chironomiden* auf stoffliche Einträge durch kommunale Abwässer sowie Verschlammung mit verstärktem Auftreten ansprechen (Tab. 8.11.2). Möglichkeiten, den Nährstoffeintrag durch die landwirtschaftliche Nutzung zu reduzieren, sind z.B. eine erosionsmindernde Bewirtschaftungsweise (vgl. Kap. 8.1) oder die Anlage und Pflege von Acker- und Gewässerrandstreifen.

Tabelle 8.11.2: Mittelwerte verschiedener Parameter entlang des Kressbachs
(Untersuchungszeitraum 5/1998 bis 8/1999, n=13 an 5 Untersuchungspunkten; dominante Benthosarten sowie
Anteile ausgewählter Benthosgruppen im Längsverlauf im April 1999, EPT = Ephemeroptera, Plecoptera, Trichoptera)

Probestelle	Unterlauf UP 5	nach Ort UP 4	vor Ort UP 3	Oberlauf UP 2	Quelle UP 1
Ackerbodeneintrag	hoch	mittel	hoch	mittel	-
Abfluss [l/s]	12	7	5	4	3
Temperatur [°C]	11,3	11,1	11,0	9,9	10,3
pH-Wert	8,4	7,6	8,3	8,2	7,3
Leitfähigkeit [µS/cm]	825	815	705	658	758
Sauerstoff [mg/l]	10,4	6,1	10,2	10,4	7,4
EPT-Taxa (%)	8	0	3	27	44
Chironomidae (%)	13	43	0	25	0
dominante Benthos-Arten	Tubificidae Naididae Gammarus fossarum Baetis rhodani	Tubificidae Chironomidae	Gammarus fossarum Helodidae Simuliidae	Helodidae	Gammarus fossarum Nemoura

Quelle: Schweiker et. al. 2001

d) Salamander als Indikatoren der Landnutzung im Raum Mulfingen

Die Untersuchung des Vorkommens von Larven des Salamanders (*Salamandra salamandra*) an rund 150 Abschnitten der 14 rechtsseitigen Zuflüsse der Jagst in der Gemeinde Mulfingen (die vollständigen Einzugsgebiete reichen zum Teil über die Mulfinger Gemarkung hinaus) ergab, dass die Populationen an 45 Stellen (30 Prozent) auf insgesamt 6 Teilbereiche beschränkt und hier voneinander isoliert waren (Willig & Kappus 1999). Schwerpunkte der Vorkommen lagen in Abschnitten mit direkt angrenzendem Buchenwald. Aber auch Klingen, die das zum Teil stark belastete Wasser der intensiv genutzten Hochflächen führen, waren von Larven besiedelt, sofern sich das Umfeld – und damit der Lebensraum für die adulten Tiere – als geeignet erwies. Die Bachabschnitte werden mit diffusen und punktförmigen Einträgen aus landwirtschaftlich genutzten Flächen sowie Siedlungen belastet. Hinzu kommen Einträge aus Deponien. Außerhalb des Gewässers bilden landwirtschaftlich genutzte Flächen und Nadelwald Wanderungshindernisse für die adulten Feuersalamander. Die Vorkommen des Salamanders bilden somit direkt die Art und Intensität der Landnutzung ab, da ein Austausch der Populationen über Waldgrenzen hinweg heute praktisch nicht mehr möglich ist. Damit sind die Bestände – trotz teilweise hoher Dichten – insgesamt stark gefährdet. Ein Teil dieser rezenten Populationen wird infolge der Isolation der Teilpopulationen aussterben, wenn nicht Biotopverbundmaßnahmen den langfristigen Erhalt der Bestände sichern (Kappus 2003b).

Wissenschaftliche Ergebnisse zum Themenfeld »Gewässerzustand Jagst und ausgewählte Nebengewässer«

a) Gewässerstrukturgüte
Rötelbach in der Gemarkung Eberbach

Der Rötelbach ist geprägt durch zeitweise starke Hochwasserabflüsse. Das begradigte, tief liegende Regelprofil in der Ortslage Eberbach (Kilometer 0,0 bis 1,1) soll auftretende Wassermengen rasch der Jagst zuführen. Diese wasserbauliche Priorisierung bedingt die starke Beeinträchtigung der Gewässerstruktur (Anhang 8.7.11). Durch mehrere Querbauwerke und kurze verrohrte

Abschnitte ist die Durchwanderbarkeit des Gewässers stark eingeschränkt. Außerhalb des Siedlungsraums (Kilometer 1,1 bis 3,0) weist der Rötelbach einen überwiegend natürlichen bis naturnahen Verlauf auf. Vereinzelt treten Ufersicherungen durch Blocksatz oder dicht gepflanzte Ufergehölze auf. Ein standorttypischer Gehölzsaum, vorwiegend aus Schwarzerle, Gemeine Esche, Haselnuss, Schwarzer Holunder und Pfaffenhütchen ist fast durchgehend vorhanden, wenn auch teilweise schmal ausgeprägt (KIRCHNER-HEßLER et al. 2003).

Jagst in der Gemeinde Mulfingen
Die Jagst weist im Gemeindegebiet (Kilometer 75,2 bis 89,8) sowohl naturnahe als auch stark veränderte Abschnitte auf. Infolge der Begradigung und des Uferverbaus treten erhebliche Strukturdefizite auf (Anhang 8.7.12). Nur eines von sechs Wehren besitzt einen Fischaufstieg. Der Rückstau durch die Wehre bedingt häufig einen Stillwassercharakter, verbunden mit negativen Auswirkungen auf die Substrat- und Strömungsdiversität und die Tiefenvarianz. Der überwiegend vorhandene standorttypische Gehölzsaum ist oftmals zu schmal. Die zumeist intensive Grünlandnutzung im Gewässerumfeld, mit einer zum Teil bis an die Böschungsoberkante heranreichenden Bewirtschaftung, wirkt sich in Verbindung mit dem nur auf 30 Prozent der Fließstrecke vorhandenen, ausgeprägten Gewässerrandstreifen negativ aus (KIRCHNER-HEßLER et al. 2003).

b) Biologie der Wehre Unterregenbach und Buchenbach
Vor dem Hintergrund der hohen Bedeutung der Wehranlagen (vgl. Längsvernetzung der Jagst) wurden zur Beurteilung ihrer ökologischen Wertigkeit im Juli 1999 qualitative und quantitative Beprobungen der aquatischen Makrofauna an den Wehren in Unterregenbach und Buchenbach sowie an je einer möglichst unbeeinflussten Referenzstelle durchgeführt. Parallel dazu wurden wasserphysikalische und strukturelle Parameter erhoben.

Mit 46 Taxa in Unterregenbach und 74 in Buchenbach konnten mittlere bis hohe Taxazahlen im Vergleich zu PRO AQUA (1987) ermittelt werden. In Relation zu den Referenzstellen wurden an den Probestellen 'Stau' und 'Wehr' geringere Taxazahlen gefunden, vergleichbar mit Probestellen unterhalb der Wehre. Die Ergebnisse des reich strukturierten Wehres Buchenbach konnten zeigen, dass sich eine Wehranlage durchaus positiv auf die Artenvielfalt auswirken kann. Die dominierende Betonverbauung des Wehres Unterregenbach und die zumindest in den Sommermonaten geringen Restwassermengen führen allerdings auch sehr deutlich die negativen Folgen von Wehranlagen vor Augen (KAPPUS 2003c).

c) Längsvernetzung der Jagst
Entlang der 115 untersuchten Flusskilometer der Jagst wurden 34 Querbauwerke erfasst (Abb. 8.11.4). Durchschnittlich unterbricht alle 3,3 km eine Querverbauung den Längsverlauf, wodurch rund 30 Prozent der Jagst eher einen Still- als einen Fließgewässercharakter hat (vgl. KULLAK 1993). An 30 Querbauten wird die Wasserkraft zur Energiegewinnung genutzt. Um optimale Wandermöglichkeiten für die gesamte Gewässerfauna und alle ihre Entwicklungsstadien in der Jagst wiederherzustellen, ist die Durchgängigkeit Querbauwerke zur Förderung des longitudinalen Biotopverbunds notwendig (KAPPUS et al. 1999).

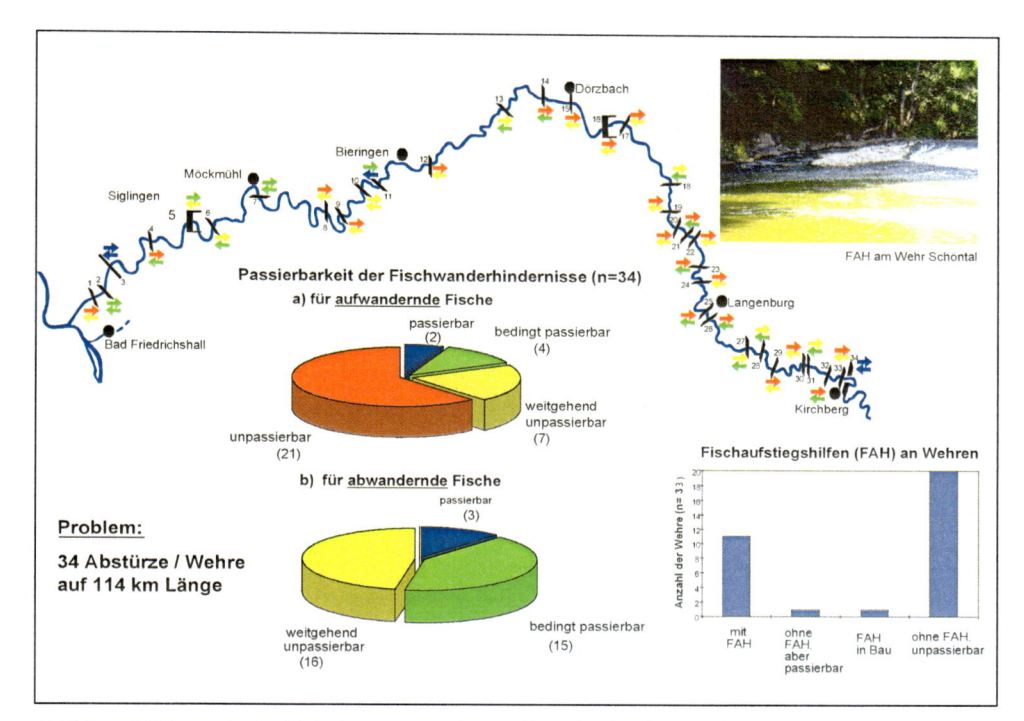

Abbildung 8.11.4: Durchgängigkeit der Jagst von der Mündung (Neckar) bis Kirchberg (KAPPUS et al. 1999)

d) Wiederherstellung der Durchgängigkeit am Wehr Duttenberg

Am ersten, flussabwärts gelegenen Wehr der Jagst in Duttenberg wurde auf Basis detaillierter Bestandserfassungen der Strukturen und Eigentumsverhältnisse eine Planung für eine Aufstiegsanlage erstellt (HILLER 2001). Zu berücksichtigen war bei der Ausführung eine ausreichende Mindestwassermenge von mindestens 1.000 l/s, die Strukturierung des Niedrigwassergerinnes und die Verbesserung der Lockströmung an der Einmündung des Unterwasserkanals (KAPPUS et al. 1999). Ein weiterer Vorschlag befasst sich mit dem Umbau der vorhandenen, nicht funktionsfähigen Fischtreppe unmittelbar am Krafthaus zu einer Vertical-Slot-Anlage (vgl. HEIMERL & ITTEL 2002). Diese Vorschläge wurden in einem Gespräch dem Betreiber, der Südzucker-AG in Offenau, am 13.09.2001 zusammen mit der Gewässerdirektion Neckar Bereich Besigheim, den Fischereirechtsinhabern (Fischereiverein Neckarsulm) und Vertretern des Landratsamts Heilbronn unterbreitet.

e) Kosten-Nutzen-Analysen am Kleinwasserkraftwerk der Jagst in Duttenberg

An der unteren Jagst wurde im Jahr 2001 die Wirtschaftlichkeit eines Kleinwasserkraftwerks analysiert (SCHWAB et al. 2004). Aufgabe war es, die zur »Ökologisierung« notwendigen Kosten für ein Umgehungsgerinne am Wehr für die Aufwärtswanderung sowie eines Rollrechens für die Abwärtswanderung am Krafthaus zu berechnen und zu bilanzieren. Hierbei wurden den Kosten der Gewinn gegenübergestellt und die Veränderung der Jahresbilanz analysiert. Unter Berücksichtigung der hierzu notwendigen Investitionen seitens des Betreibers wurde ermittelt, dass sich die Einnahmen beim Bau eines Umgehungsgerinnes oder Fischaufstiegs um 15 Prozent reduzieren (SCHWAB et al. 2004).

f) Effizienzkontrollen am Fischpass Wehr Siglingen

Der Fischpass Siglingen wurde 1986 gebaut. Seine Funktionsfähigkeit wurde damals nicht geprüft. Örtliche Vereine sowie die Wasserwirtschaft waren stets daran interessiert zu erfahren, ob die Fischaufstiegsanlage in der ausgeführten Form funktionsfähig ist. Ergebnisse der durchgeführten Untersuchung waren (vgl. KAPPUS et al. 1999, Abb. 8.11.5):

— Der Fischpass ist an der gegenüber der Turbine liegenden Flussseite angebracht und damit nicht an die Hauptströmung angebunden;
— der Unterhaltungszustand der 15x15 cm messenden Kronenausschnitte und Grundschlupflöcher ist wegen häufiger Verstopfungen mangelhaft;
— der Unterwasseranschluss liegt rund 0,5 m über der Sohle, was den bodenbewohnenden Fischen das Einschwimmen verwehrt; im Längsverlauf des Beckenpasses traten an zwei weiteren Stellen Sohlsprünge auf;
— die Strömungsgeschwindigkeiten waren mit über 1,5 m/s in den Schlupflöchern sowie am Einstieg von Unterwasser zu hoch;
— ein vorhandenes Leerrohr zur Verbesserung der Auffindbarkeit des Unterwassereinstieges wird nicht mit Wasser beaufschlagt und war ohne Funktion;
— stichpunktartige Reusenkontrollen ergaben, dass nur eine beschränkte Zahl von Fischen aufwärts wanderte;

Vorschläge zur Verbesserung sind u.a.: Anschluss an Unter- und Oberwasser durch Anschüttung von Substrat, Befüllung der Becken mit Substrat, Umbau in einen kombinierten Becken-Schlitz-Pass (HEIMERL & ITTEL 2002) und konstante Beschickung des Lockstromwasserrohres mit Wasser.

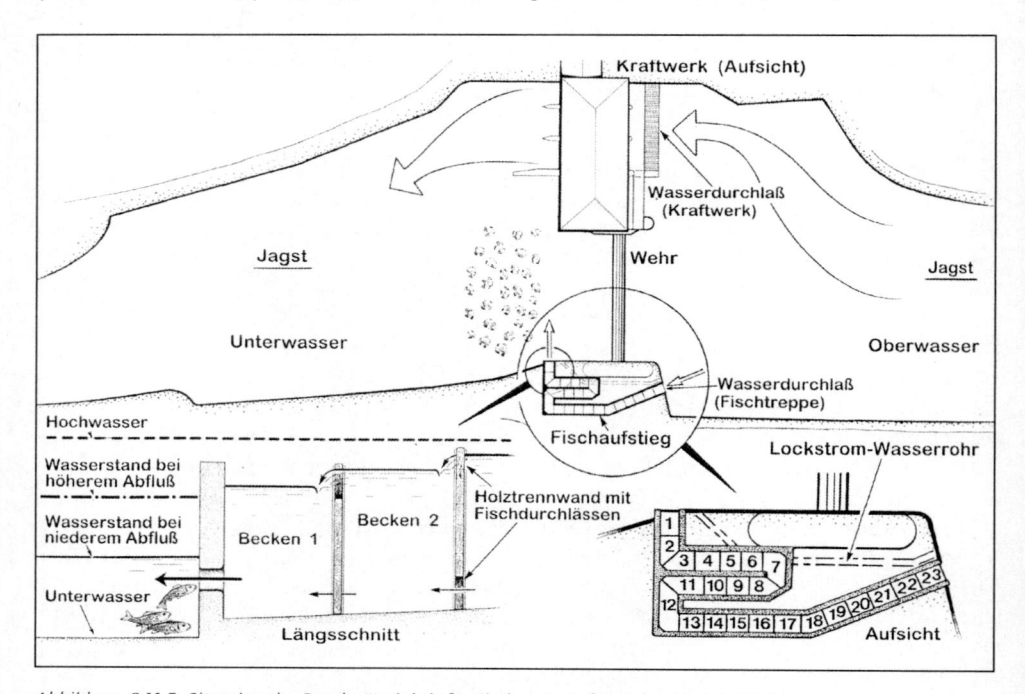

Abbildung 8.11.5: Situation der Durchgängigkeit für Fische am Aufstiegsbauwerk in Siglingen

g) Ökologische Bewertung neu angelegter Auebiotope im Hohenlohekreis

Seit 1990 wurden an der Jagst zahlreiche Gewässerbiotope in der Talaue angelegt (Abb. 8.11.6). Sie dienen der Verbesserung der Habitatverhältnisse und sind an die Jagst angeschlossen (Abb. 8.11.7). Im Rahmen faunistisch-limnologischer Analysen sollte neben einer Charakterisierung der neu geschaffenen Auenbiotope die ökologische Effizienz dieser künstlich geschaffenen Gewässer untersucht werden, insbesondere im Hinblick auf ihre Funktion als Brut- und Rückzugsgebiet für Fische und Wirbellose (KAPPUS et al. 2003c). Hierzu wurden wasserchemische Parameter (monatlich) sowie die Fisch- und Wirbellosenfauna der Gewässer im Jahr 2000 untersucht (KAPPUS et al. 2000, SOSAT 2001, WILDERER 2003) und Verbesserungsvorschläge zum Bau für künftige Biotope in Zusammenarbeit mit Naturschutz und Gewässerdirektion entwickelt.

Abbildung 8.11.6: Auenbiotop in Dörzbach (Foto: Berthold Kappus)

Physikalisch-chemische Untersuchungen: Einige neu angelegte Auebiotope (Dörzbach, Gommersdorf, Marlach, Heimhausen, Bieringen und Berlichingen) erwärmten sich im Sommer deutlich über die durchschnittliche Temperatur der Jagst. In einigen Biotopen lag die Gesamtphosphorkonzentrationen über den Durchschnittswerten (ca. 0,2 mg P/l) der Jagst. In den Auenbiotopen Gommersdorf, Dörzbach, Ailringen (neu) und Berlichingen entwickelten sich im Frühjahr und Sommer Algenblüten (hohe Chlorophyll a-Konzentrationen). Die Auenlebensräume in Marlach und Winzenhofen waren stärker von Makrophyten dominiert (KAPPUS et al. 2000).

Fischbestand: In den neu angelegten Auebiotopen wurden insgesamt 22 Fischarten nachgewiesen. Hierbei handelt es sich mit einer Abundanz von 95 Prozent um die Ubiquisten Laube, Gründling, Döbel, Flussbarsch und Rotauge. Auentypische Arten (Karpfen, Bitterling, Schleie und bedingt Rotfeder) besitzen lediglich eine Abundanz von rund 1 Prozent. Insgesamt reproduzieren 15 Arten. Von den acht in der Bundesrepublik Deutschland und fünf in Baden-Württemberg nach den Roten Listen als gefährdet oder stark gefährdet eingestuften Arten (DUSSLING & BERG 2001) reproduzieren sich Nase, Elritze und Bitterling. Nur der Bittlerling gilt als auentypische Art.

Wirbellosenfauna: Nach WILDERER et al. (2003) bestimmt die Dimension des Anschlusses der neu errichteten Auebiotope an die Jagst über den Wasseraustausch den Chemismus und damit auch die Qualität der benthischen Besiedlung. Im Vergleich zu der als Referenz untersuchten Altaue in Ailringen war die Diversität der nachgewiesenen Wirbellosenarten deutlich höher als in den neuen Biotopen. Uferarten wiesen einen erhöhten Anteil an der mengenmäßigen Zusammensetzung auf. Dieser Befund korrespondiert mit der strukturellen Vielfalt des neu geschaffenen Biotops.

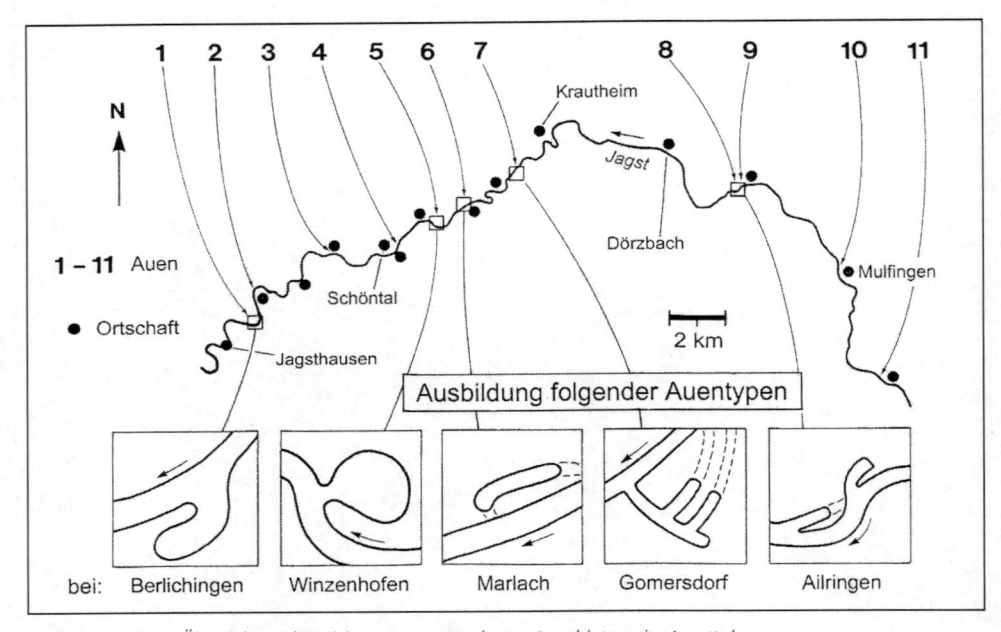

Abbildung 8.11.7: Übersicht und Typisierung neu angelegter Auenbiotope im Jagsttal

Die neu angelegten Auenbiotope weisen zum Großteil noch keine natürlichen Uferstrukturen auf, so dass sie sich z.B. aufgrund fehlender Beschattung in den Sommermonaten deutlich erwärmen können. Die neu geschaffenen Biotopstrukturen entsprechen aufgrund der kurzen Entwicklungszeiten bislang noch nicht denen funktionsfähiger Auenbiotope (KAPPUS et al. 2003c). Es sind jedoch gute Entwicklungstendenzen erkennbar. Durch einige bauliche Veränderungen an den bisher ausgeführten Biotopen (wie z.B. breitere und tiefere Anschlüsse an die Jagst, Absenkung der Überflutungsmulden) ließe sich die ökologische Funktionsfähigkeit fördern.

Wissenschaftliche Ergebnisse zum Themenfeld Hochwasserschutz und Gewässerentwicklung Erlenbach

Vorgehensweise

Mit dem Expertengespräch »Hochwasserschutz und Gewässerentwicklung«, bei dem Planer und Wissenschaftler die Flussgebietsuntersuchung Jagst, Möglichkeiten zum Hochwasserschutz an Seitenzuflüssen und Ansatzpunkte zur Gewässerentwicklung darstellten (vgl. Kap. 8.8), wurde der Auftakt zu diesem Themenschwerpunkt gesetzt. In insgesamt sieben Workshops, kombiniert mit

Exkursionen zu mehreren Hochwasserrückhaltebecken und einer Exkursion mit unterschiedlichen Stationen entlang des Erlenbachs, setzten sich die Teilnehmer des Arbeitskreises *Landschaftsplanung* mit der Hochwasserproblematik und der ökologischen Situation am Erlenbach auseinander, informierten sich über die technischen und planerischen Möglichkeiten zum Hochwasserschutz an konkreten Beispielen und entwickelten einen ersten Ansatz für einen integrierten Hochwasserschutz am Erlenbach.

Landnutzung und Gewässerbau am Erlenbach

Der Erlenbach entspringt bei Assamstadt (Main-Tauber-Kreis) und mündet nach einer Lauflänge von 23 km bei Bieringen (Hohenlohekreis) in die Jagst (Abb. 8.8.2). Von dem 104,6 km^2 großen Gewässereinzugsgebiet entfallen 73 Prozent auf landwirtschaftlich genutzte Flächen, 24 Prozent auf Wald und 3 Prozent auf Siedlungen. Das im hügeligen Muschelkalk des Baulands gelegene Gebiet ist durch eine intensive ackerbauliche Nutzung geprägt. Dauergrünland ist auf Auen, feuchte Talmulden und steilere Hänge beschränkt (IHW 1997). Die Talaue des Erlenbachs wurde über Jahrhunderte intensiv landwirtschaftlich genutzt. Mit den »Feldbereinigungen« zwischen 1902 und 1904 wurden in Assamstadt die ersten dokumentierten umfassenden Veränderungen (Verbesserung der Vorflut, Laufbegradigung, Einplanierung des Aushubmaterials in der Fläche) am Fließgewässer vorgenommen. Das Flurbereinigungsgesetz von 1953 brachte bis in die 1970er-Jahre Flurneuordnungen in allen Gemarkungen entlang des Erlenbachs mit sich. So wurden beispielsweise in Assamstadt zwischen 1967 und 1970 insgesamt 40 ha Fläche in der Aue des Erlenbachs sowie in feuchten Talmulden drainiert. Im Mittel- und Unterlauf wurden im 20. Jahrhundert nur vereinzelt wasserbauliche Veränderungen auf kurzen Gewässerstrecken durchgeführt. Auf Sofortmaßnahmen nach dem Dezemberhochwasser im Jahr 1993 wurde bereits in Kap. 8.11.2 hingewiesen (HERTNER 2002).

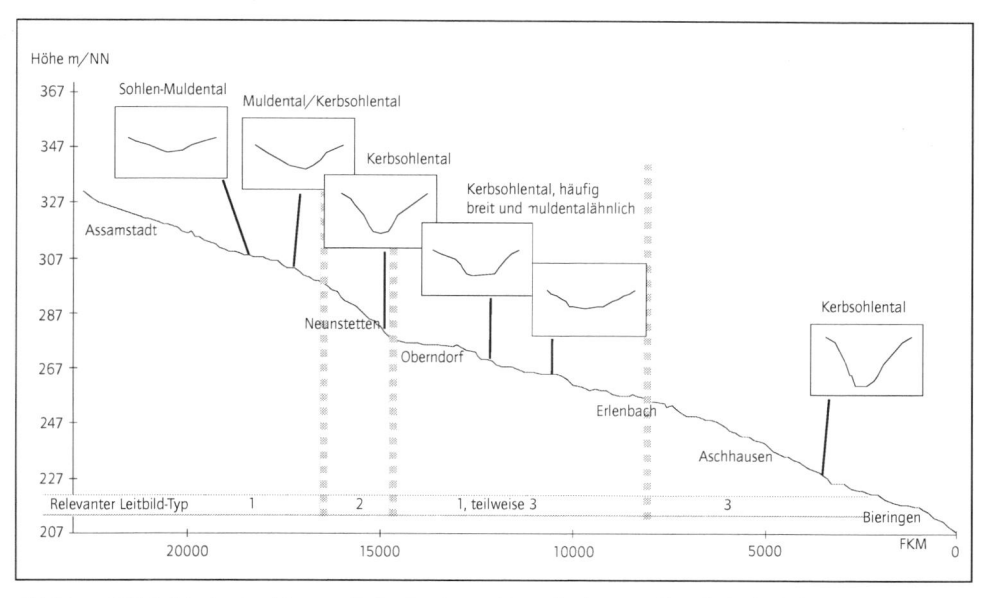

Abbildung 8.11.8: Erlenbach – Längsprofil der Gewässersohle und Talquerprofile 4-fach überhöht (Hertner 2002 auf Datengrundlage IHW 1997; FKM = Fluss-Kilometer)

Gewässerökologischer Zustand des Erlenbachs – Gewässermorphologie

Geologisch ist das Einzugsgebiet des Erlenbachs durch den Oberen, Mittleren und Unteren Muschelkalk geprägt. Auf den Hochflächen finden sich teilweise mehrere Meter mächtige Lössablagerungen, in den Auen junge Talfüllungen. Die bis zum mittleren Muschelkalk eingeschnittenen, gefälle- und geschiebearmen, oberen und mittleren Gewässerabschnitte (Längsgefälle 0,3 bis 0,5 Prozent) von Assamstadt bis oberhalb von Neunstetten (*Leitbildtyp 1*) sowie von Neunstetten Ölmühle bis Erlenbach (*Leitbildtyp 1 und 3*) sind durch sanfte Übergänge zur Hochfläche und teilweise breite Talsohlen als Muldentäler mit Übergang zu Kerbsohlentäler ausgeprägt. Die überwiegend im oberen Muschelkalk liegenden steileren Gewässerabschnitte (Längsgefälle 0,7 bis 1,4 Prozent) bei Neunstetten (*Leitbildtyp 2: großes Gefälle, geschwungener Lauf, variable Profiltiefe und Muschelkalkschwellen*) und unterhalb von Erlenbach (*Leitbildtyp 3: Querprofile mit schwach ausgeprägter Kastenform im Auenlehm, asymmetrische Erosionsprofile in Laufkrümmungen*) stellen Kerbsohlentäler dar (HERTNER 2002).

Im *oberen Gewässerlauf* (Quelle bis Neunstetten) ist der Erlenbach als kleiner bis mittelgroßer Bach ausgeprägt, der im Sommer Niedrigwasser führt. In der Ortslage von Assamstadt ist das Gewässer auf rund ein Kilometer Fließstrecke verdolt, in der freien Landschaft stark verändert (Trapez-, Regelprofile) und überwiegend durch eine ackerbauliche Nutzung geprägt (Gewässerstrukturgüte 6 »sehr stark verändert« nach LAWA 1999, aus HERTNER 2002). Der zwischen der Ölmühle Neunstetten und der Ortschaft Erlenbach gelegene, überwiegend gefällearme *mittlere Abschnitt* des Erlenbachs führt über lange Strecken kaum Geschiebe, in der Aue dominiert Grünland. Der größte Teil der Fliessstrecke wird von einem Lehmbach mit glattem, U-förmigen Querprofil gebildet (Gewässerstrukturgüte 4 »deutlich verändert« bis 5 »stark verändert«). Strukturreicher sind die Mündungsbereiche zweier Klingen (u.a. höheres Talgefälle, steinige Sohle) und die Ortslage Oberndorf durch ein flaches, breites Querprofil und standortgerechte Gehölze (Gewässerstrukturgüte 3 »mäßig verändert« bis 4 »deutlich verändert«). Bachabwärts der Ortschaft Erlenbach fließt der Erlenbach im *unteren Gewässerabschnitt* durch ein geschwungenes, teils enges Kerbsohlental. Das Längsprofil ist durch einen Wechsel von Schotterbänken – teils Kalkbänke – und Stillbereichen gekennzeichnet. Es treten frei schwingende Gewässerabschnitte mit seitlicher Erosionsdynamik wie auch gestreckte Läufe mit Uferbefestigungen auf (Gewässerstrukturgüte 2 »gering verändert« bis 4 »deutlich verändert«). Mit Blocksatz befestigte Gewässerabschnitte in Aschhausen und Bieringen sind hinsichtlich der Gewässerstrukturgüte stark beeinträchtigt (5 »stark verändert« bis 6 »sehr stark verändert« nach LAWA 1999, aus HERTNER 2002).

Gewässerökologischer Zustand des Erlenbachs – Durchgängigkeit

Entlang des Erlenbachs wurden auf einer Fließstrecke von 22,6 km insgesamt 51 Querbauwerke nachgewiesen. Sie reichen von Holz- und Stützschwellen, kleinen und hohen Abstürzen, Wasserwehren bis hin zu Durchlässen und Verrohrungen. Abb. 8.11.9 verdeutlicht den Umfang der Wanderungshindernisse für auf- und abwärts wandernde Fische und Wirbellose auf der Bewertungsgrundlage von HALLE (1993) und dem Verband Gewässerschutz Baden-Württemberg (2001).

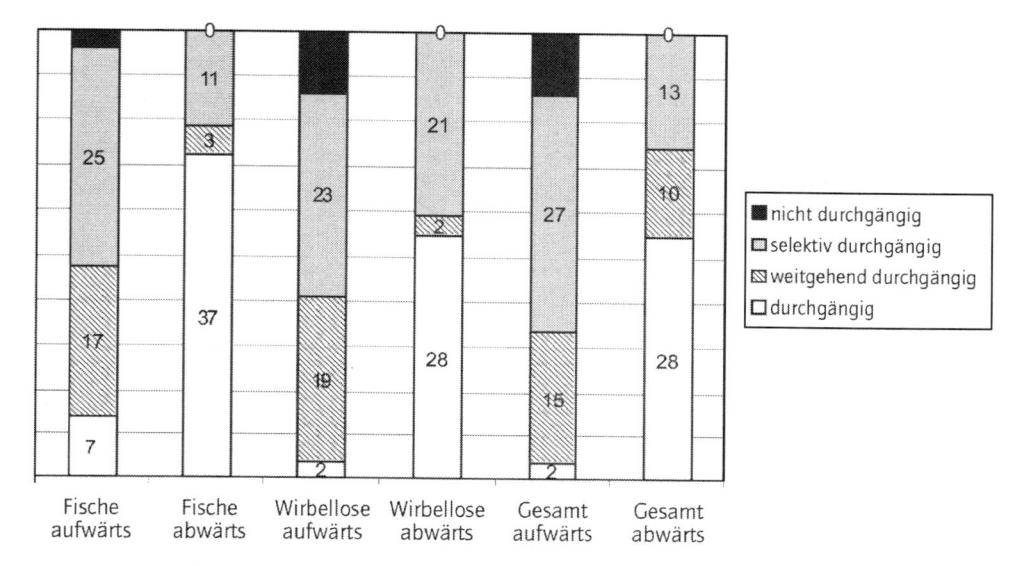

Abbildung 8.11.9: Ökologische Durchgängigkeit der 51 Querbauwerke im Erlenbach

Gewässerökologischer Zustand des Erlenbachs – Hydrochemie und Makrozoobenthos

Eine ökologische Bewertung aufgrund von chemisch-physikalischen Analysen (ein Jahr, 2-monatlich) und zwei durchgeführten Erhebungen des Bestands an Wirbellosen (Makrozoobenthos; Gewässergüte/Saprobienindex nach DIN 38410; Ökologische Bewertung nach Ansätzen der WRRL) ergab u.a. folgende Ergebnisse (vgl. SCHWEIKER et al. 2002):

— Der Quellbereich des Erlenbachs besitzt einen guten ökologischen Zustand, die Individuenanteile von Schlammbewohnern nehmen im Längsverlauf zu;
— vor Bieringen besteht eine hohe biologische Vielfalt an Wirbellosen;
— nach der Kläranlage Assamstadt treten Überschreitungen der Grenzwerte von Ammonium und Phosphat auf, nach der Kläranlage Windischbuch sind extreme ökologische Beeinträchtigungen zu verzeichnen (Saprobienindex: stark verschmutzt, Sauerstoffindex: »schlecht«, Toxizitäts-Index »eindeutig«);
— Einträge – vermutlich aus der Landwirtschaft – führen durch einen Zufluss zwischen Erlenbach und Aschhausen zu Beeinträchtigungen der Wirbellosengemeinschaften.

Entwicklungsziele und Maßnahmenkonzeption Erlenbach

Vor dem Hintergrund der durchgeführten gewässermorphologischen, -ökologischen Analysen und Bewertungen wurden Entwicklungsziele z.B. für Abflussdynamik, Feststoffhaushalt, Fließgewässercharakter, Längsdurchgängigkeit und Gewässerbelastung formuliert (HERTNER 2002, SCHWEIKER et al. 2002). Die für den Erlenbach erarbeitete Maßnahmenkonzeption baut auf den gewässerökologischen Ergebnissen und formulierten Entwicklungszielen auf. Die vorgeschlagenen Maßnahmen beziehen sich auf *Schutz und Pflege* (z.B. Hinweise zur Schutzbedürftigkeit, Pflege- und Unterhaltungsmaßnahmen von Gewässerabschnitten, Hinweise zur Nutzung des Gewässerumfeldes), *Entwicklungsmaßnahmen* (z.B. Förderung der Eigendynamik, nicht genehmigungsbedürftige bauliche Veränderungen zur Verbesserung der Gewässerstruktur) und Maßnahmen zur naturnahen

Umgestaltung (zumeist größere bautechnische Umgestaltungen) (HERTNER 2002). Aufgrund der ökologischen Analysen ergab sich für 6 der 12 Messstellen ein Handlungsbedarf, aus dem z.B. folgende Maßnahmenvorschläge abgeleitet wurden:
— Sanierung der Kläranlage Assamstadt,
— Überprüfung der Belastung aus der Regenwasserbehandlung,
— Renaturierung der begradigten Abschnitte,
— Ausweisung eines Uferstreifens zur Verminderung des Eintrags von Ackerboden.

Hochwasserschutz durch dezentrale Maßnahmen

Für den Bau der vom Institut für Wasserwirtschaft und Kulturtechnik der Universität Karlsruhe im Einzugsgebiet des Erlenbachs vorgeschlagenen vier Hochwasserrückhaltebecken bekundeten drei der vier Anliegergemeinden ein deutliches Interesse. Die Gemeinde Assamstadt erklärte hingegen, dass sie sich nicht an Hochwasserschutzmassnahmen außerhalb der Kommune beteiligen wird. Die ungeklärte Beteiligungsfrage, die hohen Investitionskosten von rund 8 bis 10 Mio. €, verbunden mit einer noch nicht gesicherten Kofinanzierung des Landes Baden-Württemberg bzgl. Kosten-Nutzen-Betrachtungen und einem rund zehnjährigen Zeithorizont bis zum tatsächlichen Bau der Hochwasserrückhaltebecken, führten bereits in der Sitzung des Arbeitskreises *Landschaftsplanung* vom 9.6.2000 dazu, nach alternativen Lösungsmöglichkeiten zu suchen.

Ansätze bestanden zum einen im Objektschutz in den betroffenen Gemeinden, insbesondere in Erlenbach und Bieringen und zum anderen darin, die innerörtliche Durchflussleistung des Gewässerbetts in der Ortschaft Erlenbach zu erhöhen. Hierzu wurde vom Amt für Flurneuordnung eine Vermessung der Ortslage durchgeführt. In Verbindung mit gutachterlichen Einschätzungen des Instituts für Wasserwirtschaft und Kulturtechnik der Universität Karlsruhe erwiesen sich diese Überlegungen als zielführend, so dass in den Jahren 2003 und 2004 eine gewässerbauliche Planung sowie ein grünordnerischer Begleitplan für die Ortslage Erlenbach in Auftrag gegeben wurde. Dem voraus gegangen waren intensive Bemühungen der Ortschaftsvertreter, um für die geplanten Ausbaumaßnahmen – die insbesondere eine Verbreiterung des Querprofils vorsehen – den hierfür notwendigen Grunderwerb seitens der Kommune zu tätigen.

Zum anderen wurden Ansätze zum dezentralen Hochwasserschutz verfolgt. Hierbei galt es zu hinterfragen, welchen Beitrag die Landnutzung sowie weitere gezielte Maßnahmen zur Hochwasserentstehung, Hochwasserrückhalt und Hochwasserschutz liefern können. Zielsetzungen für dezentrale Maßnahmen zum Hochwasserschutz waren (Sitzung AK *Landschaftsplanung* vom 8.5.2001):
— positive Beeinflussung kleiner bis mittlerer Hochwasserereignisse,
— Minimierung der Schäden durch Hochwasserereignisse,
— Verminderung des Stoffaustrags aus landwirtschaftlichen Nutzflächen,
— Verminderung des Oberflächenabflusses aus dem Einzugsgebiet,
— Wiederherstellung der Funktionsfähigkeit der Fliessgewässer und deren Auen (u.a. Stoffaufnahme, -umsatz, Wasserrückhalt, -aufnahme, Lebensraumfunktion),
— Ermittlung des Beitrags der Gewässermorphologie für den Wasserrückhalt (Renaturierung von Fliessgewässern),
— Ermittlung des Beitrags »urbaner« Abflüsse,
— Berücksichtigung sozio-ökonomischer Verhältnisse.

Durch eine Literaturauswertung wurden die möglichen Maßnahmen zusammengestellt und hinsichtlich der Effizienz, der anfallenden Kosten für deren Realisierung, des Zeitraums bis zur Wirksamkeit sowie der Akzeptanz durch die Akteure (Kommune, Landwirte) qualitativ bewertet (Tab. 8.11.3).

Die Abwägung dieser vier Punkte erschien den Teilnehmern bedeutsam, um die tatsächliche Realisierbarkeit der Maßnahmen abschätzen zu können. Darüber hinaus wurde eine weiterführende Projektidee entwickelt, um das Landnutzungsmanagement unter Berücksichtigung des Landschaftswasserhaushalts zu optimieren.

Tabelle 8.11.3: Hochwasserschutzmassnahmen untergliedert nach Effizienz, Kosten, Umsetzungsdauer sowie Akzeptanz bei den Akteuren

Nr.	Maßnahmen zum Hochwasserschutz	Effizienz für den Hochwasserschutz, lokal und regional	Kosten für die Maßnahmenumsetzung	Zeitraum bis die Maßnahme greift	Akzeptanz in der Gemeinde	Akzeptanz von Landwirten
1	Renaturierung von Gewässer und Aue	+++	XX	TT	++	+
2	Änderung der Landnutzung; Acker zu Grünland	+++	XX	TT	++	+
3	Anlage von Retentionsarealen	+++	X	TTT	++	+
4	Schaffung von Flächen für den Wasser- und Sedimentrückhalt	++(+)	XX	TT	+++	+
5	Anlage von Kleinstrukturen in der Landschaft	++	X	TT	++	+
6	Wald als Wasserspeicher	++	XX(X)	T	+++	++
7	Verbesserung der Infiltration durch Bodenbearbeitung	++	X	T(T)	+++	++
8	Verbesserung des Bodengefüges durch Biozönosen	++	X	T(T)	+++	++
9	Bodenverbesserung durch Anbaumaßnahmen (z.B. Fruchtfolge)	++	X(X)	T(T)	+++	+
10	Schaffung von Feuchtflächen und stehenden Gewässern	+(+)	X(X)	TT	++	+
11	Grünlandpufferzonen entlang von Gewässern	+(+)	X	T(T)	++	+
12	Anlage von trocken fallenden Kleinspeichern	+	XX	T(T)	++	+
13	Siedlungswassermanagement und Regenwassernutzung	+	XXX	T(T)	+	+++
14	Ausgestaltung und Linienführung des Wegenetzes	+	XX	T	++	++

Quelle: Janko & Kappus 2001

Legende:

__Höhe der Wirkung auf das Hochwasserereignis und Akzeptanzeinschätzung:
+++ = groß; ++ = mittel; + = klein;

__Schätzung der Höhe der anfallenden Kosten, um die Maßnahme in der Fläche durchzuführen:
XXX = hoch; XX = mittel; X = niedrig;

__Zeitraum bis zur Wirksamkeit der durchgeführten Maßnahme:
TTT = kurzfristig - 2 Jahre; TT = 3–8 Jahre; T = > 8 Jahre.

Umsetzungsmethodische Ergebnisse
Die umsetzungsmethodischen Ergebnisse sind für den Arbeitskreis *Landschaftsplanung* sowie die Teilprojekte *Konservierende Bodenbearbeitung* (Kap. 8.1), *Ökobilanz Mulfingen* (Kap. 8.9) und *Themenhefte* (Kap. 8.14) ausführlich beschrieben.

Anwendungsorientierte Ergebnisse
Im Teilprojekt *Gewässerentwicklung* wurden verschiedene Untersuchungen durchgeführt (vgl. Kap. 8.11.7), die zu konkreten Umsetzungsschritten führten oder als Grundlage für weitere Planungen dienten (z.B. Gewässerentwicklungskonzept, -plan) dienten. Insbesondere zu nennen sind:
— Handlungsempfehlungen für die Umgestaltung von Wehren ohne ausreichende Durchgängigkeit (Wehre Duttenberg, Siglingen; die Umsetzung durch die Gewässerdirektion sowie den Betreiber steht noch aus, es scheiterte bislang an der Kostenübernahme);
— Datengrundlagen und Handlungsempfehlungen zur Reduzierung der Stoffeinträge in Kleingewässer in Agrargebieten (Kap. 8.1);
— Ökologische Bewertung des Erlenbachs anhand Benthos, Hydrochemie und Gewässerstruktur (Umsetzung durch die Kommune im Rahmen eines landschaftspflegerischen Begleitplans und eines Gewässerentwicklungsplans) sowie der Jagstwehre Buchenbach und Unterregenbach (Umsetzung durch Gewässerdirektion);
— Empfehlungen zur Sanierung von Abwasserreinigungsanlagen aufgrund stofflicher Belastungen des Erlenbachs (Umsetzung Kommune) und Kressbachs (Umsetzung erfolgt durch Kommune);
— Ökologische Bewertung von Auebiotopen und Vorschläge zur künftigen Neuanlage und Entwicklung naturnaher Standorte (Umsetzung Gewässerdirektion);
— Bewertung der Durchgängigkeit der Jagst und Gewässerstrukturgütekartierung Jagst in der Gemeinde Mulfingen (Umsetzung Gewässerdirektion im Rahmen des Gewässerentwicklungskonzepts Jagst);
— Vorschläge zum kommunalen Hochwasserschutz (Umsetzung durch die Kommune durch gewässerbauliche Planung zur Erhöhung der innerörtlichen Abflussleistung);
— Maßnahmenvorschläge zur dezentralen Wasserrückhaltung durch Landnutzung;
— Hinweise zur Abwicklung partizipativer Gewässerprojekte.

Verknüpfung der Teilprojekte
Im Folgenden werden die Wechselwirkungen mit weiteren Teilprojekten des *Modellvorhabens Kulturlandschaft Hohenlohe* (Abb. 8.11.10) kurz umrissen:

Konservierende Bodenbearbeitung: Gemeinsam mit dem Teilprojekt *Konservierende Bodenbearbeitung* wurden im Bereich der Versuchsflächen die Zusammenhänge zwischen ackerbaulicher Nutzung und ökologischer Qualität der entsprechenden Gewässerabschnitte untersucht (Schweiker et al. 1999, 2001). Außerdem wurden Möglichkeiten der Hochwasserverminderung durch Landnutzung, u.a. durch konservierende Bodenbearbeitung aufgegriffen. Eine Literaturstudie stellt die Effizienz, die Kosten und die Umsetzungsrelevanz von Maßnahmen zum Hochwasserrückhalt dar (Janko & Kappus 2001).

Ökobilanz Mulfingen: Inhaltliche und methodische Verknüpfungen bestehen durch die umfangreichen ökologischen Bewertungen von Wehren, Auenbiotopen, Wirbellosen, Fischen, Gewässerstruktur, Hydrochemie usw., die in Form aufgearbeiteter Indikatoren in die kommunale Ökobilanz eingehen (vgl. Kappus 2003a, b, c, d, Kirchner-Heßler et al. 2003).

Regionaler Umweltdatenkatalog: Aus dem Regionalen Umweltdatenkatalog konnten Grundlagendaten bezogen werden. Zum anderen wurden ermittelte Daten in das System eingestellt.

Landnutzungsszenario Mulfingen: Inhaltliche Verknüpfungen bestanden hinsichtlich der Betrachtungen zur Gewässerstrukturgüte.

Themenhefte: Zur Erstellung des Flyers »Das Jagsttal aktiv erleben« (KAPPUS & WOHNSIEDLER 2001) wurde in das Teilprojekt *Themenhefte* gewässerökologisches Hintergrundwissen eingebracht und über ein Jahr die vorbereitende Kleingruppe betreut und moderiert.

eigenART: Das Land-Art-Projekt wurde mit Führungen und Informationen zu den Gewässern im Raum Mulfingen unterstützt.

Landschaftsplanung: Eine enge Verknüpfung bestand mit dem Arbeitskreis *Landschaftsplanung*, aus dem das Teilprojekt *Gewässerentwicklung* mit dem Themenschwerpunkt »Hochwasserschutz und Gewässerentwicklung« hervorging. Wechselbeziehungen bestanden auch zu anderen Themen, wie z.B. »Siedlungsentwicklung versus Bebauung der Jagst-Auen«.

Lokale Agenda 21 in Dörzbach: Die Agenda-Gruppe wurde hinsichtlich der Möglichkeiten eines Freizeitbetriebes auf der Jagstinsel in Dörzbach beraten.

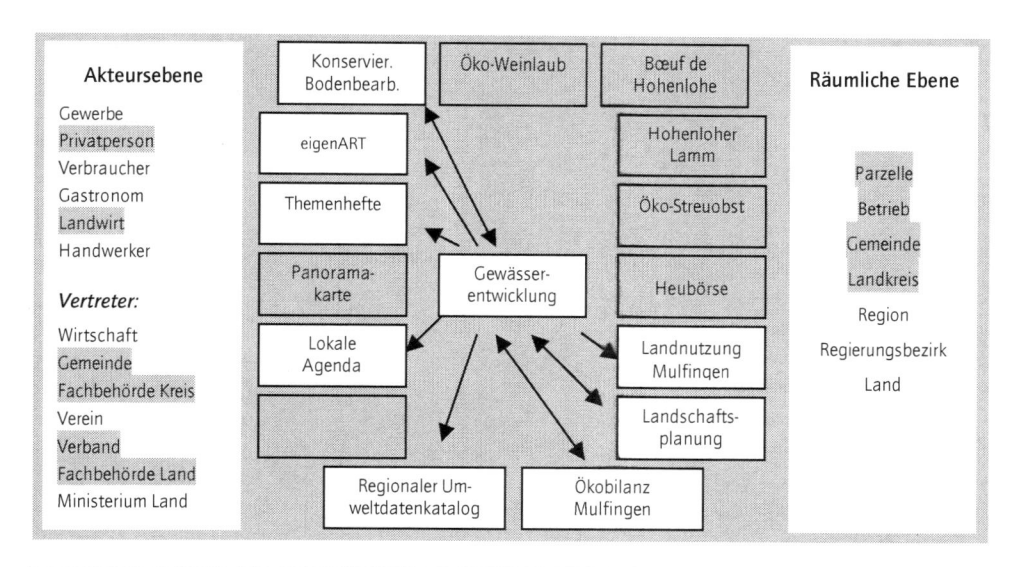

Abbildung 8.11.10: Verknüpfung des Teilprojektes und Bezugsebene

Öffentlichkeitsarbeit und Öffentliche Resonanz

Im vorliegenden Teilprojekt wurde die Öffentlichkeit über die an den Sitzungen mitwirkenden Bürgern sowie Gemeindevertreter, in aktiver Form über Publikationen in der Presse, Info-Tage, Exkursionen, ein Schulprojekt sowie im Rahmen wissenschaftlicher Beiträge (z.B. Veröffentlichungen, Vorträge, Posterbeiträge, Berichte) informiert und eingebunden. Ausgewählte Beiträge sind in Tab. 8.11.1 aufgeführt, eine komplette Darstellung enthält der Anhang von Kap. 6.7 »Öffentlichkeitsarbeit«.

Große Dämme allein können nicht alles sein

Von Claudia Burkert-Ankenbrand

Die Auswertung des Expertengesprächs über Hochwasserschutz und Gewässerentwicklung stand im Mittelpunkt der Sitzung des Arbeitskreis Landschaftsplanung im Mulfinger Rathaus.

Im Januar hatten Experten im Krautheimer Rathaus grundlegend über Hochwasserschutz und Gewässerentwicklung informiert. Das Treffen des Arbeitskreises Landschaftsplanung knüpfte daran an. Die Frage, was daran gut gefiel, eröffnete die Auswertungsrunde, die Ralf Kirchner-Heßler von der Projektgruppe Kulturlandschaft Hohenlohe leitete.

Die Arbeitskreismitglieder, Vertreter der Naturschutzbehörden und -verbände, der Gewässerdirektion, des Landwirtschaftsamtes, der Gemeinde Mulfingen sowie interessierte und betroffene Bürger, waren gefragt. Werner Konolds im Expertengespräch aufgestellte Zentralthese „Zum Fluss gehört die Aue" stieß auf positive Resonanz im Arbeitskreis ebenso die geschilderte Abstandsnotwendigkeit.

Gut bewertet wurde, dass das Thema überhaupt in so einer großen Runde diskutiert wurde. Negativ empfand die Runde, dass sich die Planungsbüros in punkto Hochwasserschutz auf große Dämme fixierten. Dieser rein technische Hochwasserschutzaspekt sei lediglich ein Teil eines möglichen Maßnahmenbündels, waren sich die Teilnehmer einig. Informationen, wie sich die Bewirtschaftung auf den Hochwasserschutz auswirkt, fehlten dem Diplom-Biologen Martin Zorzi, Leiter des Umweltzentrums Schwäbisch Hall. Der Arbeitskreis vermisste zudem den Nachweis, wie sich Hochwasserschutzmaßnahmen auf der Hochfläche im Tal auswirkten. Ökologische Gewässerentwicklung hätte ebenfalls interessiert.

Nach der Gesprächsanalyse forderte Ralf Kirchner-Heßler auf, die weitere Vorgehensweise im Arbeitskreis zu formulieren. Der Einfluss der Landnutzung auf den Hochwasserschutz soll als Sachthema behandelt werden. „Hier sind die Gemeinden gefordert", merkte Hauptamtsleiter Werner Dörr an.

Der Arbeitskreis will sich unter anderem mit dem Konfliktbereich „Bauleitplanung und Hochwasserschutz", Hochwasserschutz in Nebengewässern, Flurbereinigung und Gewässerentwicklung sowie mit der Frage „Wieviel Aue braucht ein Fluss" befassen. Nachdem die zukünftige Marschrichtung feststand, stellte Ralf Kirchner-Heßler die Frage nach den Zielen. Die Wasserrückhaltung auf der Fläche, wurde genannt. Als weitere bedeutende Zielsetzung betrachtete der Arbeitskreis, Landwirte für Bodenschutzmaßnahmen zu gewinnen. Es solle geklärt werden, welche Rolle die Gräben und Drainagen auf das Abflussgeschehen haben.

Retentionsflächen zu schützen und neu zu schaffen, notierte Ralf Kirchner-Heßler als weiteres wichtiges Arbeitsziel der Gruppe. „Kein Bauen in Überschwemmungsgebieten" wurde als Ziel im Konfliktbereich „Bauleitplanung und Hochwasserschutz" genannt. Als einer der nächsten Schritte sollen unter anderem die Potentiale von gewässerschonender Landnutzung dargestellt werden. Thema war auch, wie Landwirte über mögliche Landnutzungsvarianten, die zum Hochwasserschutz beitragen können, beraten werden können. Der Arbeitskreis will zudem die Planungsbegleitung eines laufenden Flurbereinigungsverfahrens anstreben.

„Zum Fluss gehört die Aue" war eine Zentralthese des Expertengesprächs, an das die Sitzung des Arbeitskreises anknüpfte. (Foto: Claudia Burkert-Ankenbrand)

Abbildung 8.11.13: Presseartikel »Große Dämme allein können nicht alles sein« (Hohenloher Zeitung vom 15.3.2000)

Beispiele für die geleistete *aktive Öffentlichkeitsarbeit* sind
— Beiträge zu einer Artikelserie in der überregionalen Presse (Heilbronner Stimme);
— Gestaltung eines Informationstages im Rahmen des IKONE (Integrierendes Konzept Neckar-Einzugsgebiet) am 25.08.2001
— Projekttage mit Schülern des Gymnasiums Möckmühl in der Zeit vom 16.07. bis 20.07.01;
— Exkursion zum Erlenbach und an die Jagst (Wehr Jagsthausen sowie Aue-Renaturierung in Bieringen) auf dem Symposium »Nachhaltige Regionalentwicklung durch Kooperation: Wissenschaft und Praxis im Dialog« am 22.02.2001 in Schöntal;
— zwei Führungen (»Der Rötelbach in Eberbach – eine Bachwanderung.« »Die Tierwelt der Jagst – Geheimnisse am Gewässergrund.«) im Rahmen des TP *eigenART* zum Sommerfest in Mulfingen-Eberbach am 25.08.02;
— Information der (internationalen) Fachöffentlichkeit durch 9 Publikationen und Abstracts, 10 Posterbeiträge für Tagungen, 20 Beiträge in Jahresforschungsberichten, zwei Diplom- und zwei Studienarbeiten sowie 7 Vorträge.

Rückmeldungen der Öffentlichkeit aufgrund der Aktivitäten im Teilprojekt *Gewässerentwicklung* bzw. Anfragen waren z.B.
— Positive Resonanz nach einer offenen Diskussionsrunde mit 30 Teilnehmern am 25.8.2001 in Schöntal-Berlichingen zum Thema Probleme der Gewässerökologie (Schwallbetrieb der Wasser-

kraftwerksbetreiber – Auswirkungen auf die Fischfauna). Ausgelegtes Informationsmaterial (Posterabstracts, Broschüren etc.) war schnell vergriffen, regionale Tageszeitungen berichteten über die Aktivitäten.

— Würdigung der Teilnahme der Mitarbeiter der Projektgruppe *Kulturlandschaft Hohenlohe* an den Projekttagen des Gymnasiums Möckmühl in der Zeit vom 16.07. bis 20.07.01 durch den Rektor der Schule.

— Anfrage zu Führungen im Rahmen des Projektes *eigenART*.

— Positive Reaktionen des Verbands für Fischerei und Gewässerschutz (VfG) in Baden-Württemberg auf die wissenschaftlichen Publikationen durch Übernahme der Ergebnisse zur Durchgängigkeit der Jagst und Ableitung von Forderungen zur Wiederherstellung bzw. Verbesserung der Situation.

8.11.8 Diskussion

Wurden die Akteure beteiligt?

Im Arbeitsschwerpunkt *Hochwasserschutz und Gewässerentwicklung* konnte eine sehr breite Beteiligung von Akteuren verwirklicht werden, was insbesondere auf die Sensibilisierung durch die Hochwassergefährdung zurückzuführen ist. Die von den Anliegern erlebte Hochwassergefahr und die hohe Motivation des Ortsvorstehers von Erlenbach bildeten wichtige fördernde Faktoren für den gemeinsamen Entwicklungsprozess. Eine große Offenheit bestand in dieser Kooperation unterschiedlicher Interessensgruppen (z.B. technisch ausgerichtete Wasserwirtschaft, Kommune, Naturschutz) in der Auseinandersetzung mit ökologischen Fragestellungen. Kritisch ist die im Verlauf der Sitzungen rückläufige Beteiligung kommunaler Entscheidungsträger zu bewerten. Dies hatte zur Folge, dass Entscheidungen seitens der für den Gewässerunterhalt Zuständigen mit einer zeitlichen Verzögerung getroffen wurden. Doch unter Berücksichtigung der Legitimation des Arbeitskreises *Landschaftsplanung* (vgl. Kap. 8.8) ist dies nachvollziehbar.

Mit Blick auf die im Schwerpunkt *Hochwasserschutz und Gewässerentwicklung* praktizierte partizipative Planung und Projektentwicklung ergeben sich aktuelle Anknüpfungspunkte zur Umsetzung der Europäischen Wasserrahmenrichtlinie (EU-WRRL 2000). Mit der Forderung nach der Information, Anhörung und aktiven Beteiligung der Öffentlichkeit (Art. 14 Abs. 1 WRRL) schafft die Wasserrahmenrichtlinie ein Instrument, das die Öffentlichkeit bei der Planung in den einzelnen Flussgebietseinheiten einbeziehen und für eine »sorgfältige Aufstellung der Bewirtschaftungspläne im weitgehenden gesellschaftlichen Konsens« (RUCHAY 2001) sorgen soll. In Deutschland regelt das Verwaltungsverfahrensgesetz (VwVfG) die Beteiligung der Öffentlichkeit im Rahmen der öffentlich-rechtlichen Verwaltungstätigkeit für Planfeststellungsverfahren (WILDENHAHN 2003), wobei jedoch zwischen der Beteiligung von Behörden und den vom Vorhaben Betroffenen unterschieden wird. Die Umsetzung von Artikel 14 Abs. 1 WRRL liegt in den Händen der einzelnen Bundesländer und wird durch die jeweiligen Landeswassergesetze geregelt (Umweltbundesamt 2003). Durch eine Arbeitsgruppe auf EU-Ebene wurde ein »Leitfaden zur Beteiligung der Öffentlichkeit in Bezug auf die Wasserrahmenrichtlinie« (CIS 2002) erstellt. Dieser erläutert den Begriff »Öffentlichkeit«, den Nutzen der Beteiligung der Öffentlichkeit und zeigt an Fallbeispielen aus ganz Europa, wie die Öffentlichkeit im Bereich des Flussgebietsmanagements beteiligt werden kann. Der Leitfaden enthält jedoch keine Vorgaben, wie die Beteiligung im einzelnen durchzuführen ist, da sie aufgrund der kulturellen, organisatorischen und politischen Bedingungen in den jeweiligen Mitgliedstaaten sehr unterschiedlich ausfallen kann.

Artikel 14 der EU-Wasserrahmenrichtlinie fordert eine aktive Beteiligung der Öffentlichkeit vor allem bei der Aufstellung, Überprüfung und Aktualisierung der Bewirtschaftungspläne in den Flussgebietseinheiten (WWF 2001, CIS 2002). Die Umsetzung dieses Artikels steht noch am Anfang, da die Öffentlichkeit erst Ende 2006 in der ersten förmlichen Stufe informiert und angehört werden muss (KEITZ & SCHMALHOLZ 2002). Empfohlen wird allerdings die Einbindung der Öffentlichkeit schon mit der Bestandsaufnahme in den Flussgebietseinheiten zu beginnen, um voraussichtlich von späteren Maßnahmen Betroffene (z.B. Landwirte, Unterhaltungsverbände) von Beginn an in die Planungen mit einzubeziehen (LAWA 2003). Hierbei werden drei Hauptarten der Beteiligung unterschieden:

— Die aktive Beteiligung an der Umsetzung der Richtlinie in allen Belangen, besonders aber im Bezug auf den Planungsprozess;
— die Anhörung der Öffentlichkeit in drei Schritten im Zuge des Planungsprozesses;
— die Gewährleistung, auf Antrag Einsicht in Hintergrunddokumente und -informationen zu erlangen.

In Baden-Württemberg wird die Beteiligung der Öffentlichkeit auf der Ebene der Bearbeitungsgebiete und Teilbearbeitungsgebiete gegenwärtig bereits im Rahmen der Bestandserfassung durchgeführt und sieht damit eine frühzeitige Einbindung der (betroffenen) Bürger vor. Das im Arbeitsschwerpunkt *Hochwasserschutz und Gewässerentwicklung* praktizierte Vorgehen zeigt somit beispielhaft für eine kleines Einzugsgebiet die Möglichkeiten und Chancen einer Kooperation mit einem heterogenen Teilnehmerkreis in einem offenen Arbeitsforum.

Wurden die gesetzten Ziele erreicht?
Die *wissenschaftlichen Zielsetzungen* wurden anhand vielfältiger, beispielhafter Untersuchungen in unterschiedlichen Projektzusammenhängen im Rahmen der bestehenden Möglichkeiten erreicht. Die Reflexion der *Umsetzungsmethodik* stand im Zusammenhang mit den Teilprojekten *Konservierende Bodenbearbeitung, Ökobilanz Mulfingen* und dem Arbeitskreises *Landschaftsplanung* infolge der engen Verknüpfung der Aktivitäten. Die wissenschaftlichen Untersuchungen bildeten die Grundlage zur Erreichung der anwendungsorientierten Zielsetzungen. Dies gelang, unter Einbeziehung der umsetzungsmethodischen Zielsetzungen, am umfassendsten im Arbeitsschwerpunkt *Hochwasserschutz und Gewässerentwicklung*, was durch die relativ hohe Zufriedenheit der Akteure auf der Grundlage der durchgeführten Evaluierung bestätigt wird (Kap. 8.8). So wurden z.B. noch in der Projektlaufzeit von der Gemeinde Ravenstein erste Umsetzungsschritte eingeleitet (z.B. innerörtliche Vermessung des Bachlaufs, Verhandlungen mit den Grundstückseigentümern). Auch ein zwischenzeitlich in Auftrag gegebener Landschaftspflegerischer Begleitplan und Gewässerentwicklungsplan dokumentiert die Handlungsbereitschaft dieser Kommune. Konkrete Maßnahmen zur Behebung der mehrfach im Arbeitskreis angesprochenen defizitären Gewässerstrukturen im Oberlauf, Gemarkung Assamstadt, konnten innerhalb der Projektlaufzeit nicht erreicht werden.

Wurden Verbesserungen im Sinne der Nachhaltigkeit erreicht?
Im Folgenden werden die mit dem Teilprojekt *Gewässerentwicklung* und dem Themenschwerpunkt *Hochwasserschutz und Gewässerentwicklung* im Zusammenhang stehenden ökologischen Indikatoren bewertet (Kap. 7). Eine Bewertung ökonomischer Indikatoren wurde im Gewässerbereich lediglich für ein nicht-repräsentatives Wasserkraftwerk durchgeführt, so dass auf eine genauere Darstellung an dieser Stelle verzichtet wird. In der Regel wurde die aktuelle Situation im Sinne einer Zustandsbewertung ermittelt (Tab. 8.11.4, siehe auch die Ausführungen im

jeweiligen Ergebnisteil und die entsprechenden Veröffentlichungen). Einige Indikatoren sind in BEUTTLER & LENZ (2003) detailliert beschrieben (Kappus 2003a, b, c, d). Die sozialen Indikatoren für den Arbeitsschwerpunkt *Hochwasserschutz und Gewässerentwicklung* werden in Kap. 8.8 behandelt.

Gewässerstrukturgüte

Entsprechend der gewässermorphologischen Bewertung (LAWA 1999) des Erlenbachs (Anhang 8.7.11, 8.7.12) ergibt sich für die Gewässerabschnitte zwischen Assamstadt und Neunstetten sowie in den Ortslagen ein »deutlich kritischer« Zustand (HERTNER 2002). Der Bachlauf in der freien Landschaft im mittleren und unteren Gewässerabschnitt weist überwiegend einen »leicht kritischen« Zustand auf. Eine Bewertung der Gewässerstrukturgüte der Fließgewässer Jagst und Rötelbach in der Gemeinde Mulfingen wird in Kap. 8.7, 8.9 sowie in KIRCHNER-HESSLER et al. 2003 vorgenommen.

Hydrochemie und Saprobienindex

Die hydrochemischen Parameter (Ammonium, Phosphat, Sauerstoff-Index) sowie der Saprobienindex weisen zwischen Assamstadt und Neunstetten auf einen »deutlich kritischen«, zwischen Erlenbach und Aschhausen auf einen »leicht kritischen« und auf den sonstigen Fliessstrecken einen »unkritischen Zustand« hin. Die Bäche im Raum Möckmühl-Neudenau waren sehr unterschiedlich beschaffen und wiesen alle Bewertungszustände auf. Gleiches ist auch für die Bäche im Raum Mulfingen, die Jagst-Auebiotope sowie für die untersuchten Wehranlagen Buchenbach und Unterregenbach zu konstatieren. Bei den letztgenannten Wehren war zwar einerseits durch die diversen Strukturen unterhalb der Wehre ein reichhaltiger und wertvoller Artenbestand festzustellen, im Oberwasser waren jedoch vergleichsweise ungünstige Zustände durch Feinsubstrat und eine geringe Strömungsdiversität zu verzeichnen.

Fische und Salamander

Die Bestände der Salamander im Raum Mulfingen sowie der Fische im gesamten Projektgebiet sind auf Grund der Zerschneidung der Lebensräume und Unterbrechung der Längsstruktur als »deutlich kritisch« zu bewerten. Die ackerbauliche Landnutzung auf den Hochflächen führt zu einer Isolation der Lebensräume der Salamander.

Tabelle 8.11.4: Zustandsbewertung der Indikatoren im Teilprojekt Gewässerentwicklung.

		Bezugsraum	Zustandsbewertung
Wasserwirtschaft			
	Gewässerstrukturgüte:	Mulfingen	▒
		Erlenbach Ortslagen, Assamstadt bis Neunstetten	■
		Erlenbach außerhalb der Ortslagen im mittleren und unteren Abschnitt	▒
	Hydrochemie:	Erlenbach Assamstadt bis Neunstetten	■
		Erlenbach bis Aschhausen	▒
		sonstige Abschnitte des Erlenbachs	▨
	zzgl. Schwermetalle	Bäche im Raum Möckmühl-Neudenau	■ ▒ ▨
	Ökologische Bewertung u.a. nach Ansätzen der EU-WRRL (2000)	Erlenbach Assamstadt bis Neunstetten	■
		Erlenbach bis Aschhausen	▒
		sonstige Abschnitte des Erlenbachs	▨
		Bäche in Mulfingen*	▒ ▨
		Jagst Wehre in Buchenbach und Unterregenbach*	■ ▨
		Bäche im Raum Möckmühl-Neudenau*	■ ▒ ▨
		neu errichtete Jagstauebiotope im Landkreis Hohenlohe*	▒ ▨
Naturschutz – Verlust der biologischen Vielfalt			
Mindestareal von Arten der:			
	Salamanderbestände	gesamte rechtsseitige Zuflüsse	■
	Fische und Wirbellose (Durchgängigkeit)	Jagst von Mündung Neckar bis Kirchberg	■

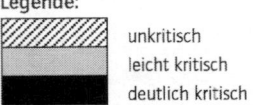

Legende:
▨ unkritisch
▒ leicht kritisch
■ deutlich kritisch

* es wurden alle 3 Bewertungsstufen gefunden

Wurde ein selbst tragender Prozess initiiert?

Die Teilnehmer des Arbeitskreises *Landschaftsplanung* erklärten sich bei Projektende bereit, in unterschiedlichen Verantwortlichkeiten regelmäßige, themenspezifische Gesprächsforen anzubieten. Auch wenn der Arbeitskreis *Landschaftsplanung* (Kap. 8.8) nicht in dieser Kontinuität als moderiertes Forum weitergeführt wird, so ist dennoch mit Blick auf die im *Teilprojekt Gewässerentwicklung* initiierten Aktivitäten und durchgeführten Untersuchungen davon auszugehen, dass sich selbst tragende Prozesse initiiert wurden. Dies betrifft zum einen die gewässerökologischen Untersuchungsergebnisse, die von der zuständigen Wasserwirtschaftsverwaltung aufgenommen und im Einzugsgebiet der Jagst als Grundlage für das Gewässerentwicklungskonzept Jagst und weitere Umsetzungs- bzw. Verbesserungsmaßnahmen eingesetzt werden (SCHWAB 2001). Zum anderen haben die Aktivitäten zum Thema *Hochwasserschutz und Gewässerentwicklung* dadurch eine Eigendynamik erlangt, dass insbesondere die Gemeinde Ravenstein die Bemühungen zum Hochwasserschutz um die Erhöhung der Durchflussleistung des Gewässerbetts in der Ortslage Erlenbach in Verbindung mit einem landespflegerischen Begleitplan vorantreibt. Darüber hinaus wurde ein Gewässerentwicklungsplan für den Erlenbach und Hasselbach auf Gemarkung Ravenstein in Auftrag gegeben.

Übertragbarkeit der Ergebnisse und Vergleich mit anderen Vorhaben

Die Rahmenbedingungen, Methoden und durchgeführten Arbeiten im Teilprojekt *Gewässerentwicklung* wurden bereits ausführlich beschrieben, so dass im Folgenden lediglich auf wichtige Veränderungen im Prozessverlauf oder noch nicht ausgeführte Aspekte eingegangen wird, um Voraussetzungen für eine Übertragbarkeit abschätzen zu können (Kap. 6.8). Generell ist davon auszugehen, dass die verwendeten **wissenschaftlichen Methoden** leicht übertragbar sind. Demgegenüber ist die praktizierte Vorgehensweise und Organisationsform im Themenschwerpunkt *Hochwasserschutz und Gewässerentwicklung* von einigen Rahmenbedingungen abhängig (z.B. Problemdruck, Bereitschaft zur interkommunalen Zusammenarbeit, verfügbare finanzielle Ressourcen, Status des Gremiums), die nicht ohne weiteres voraus gesetzt werden können.

Der **Flächenbezug** der ökologischen Untersuchungen war abhängig von der jeweiligen Fragestellung und den verfügbaren Ressourcen (z.B. Durchgängigkeit der Jagst von Kirchberg bis zur Mündung; begrenzte Anzahl gewässeranalytischer Probestellen am Erlenbach; Gewässerentwicklungskonzept für den Erlenbach, jedoch nicht für seine Zuflüsse). Die räumliche Abgrenzung im Themenschwerpunkt *Hochwasserschutz und Gewässerentwicklung* war durch das Gewässereinzugsgebiet gegeben. Dies führte dazu, dass weitere **Teilnehmer** eingebunden und der Untersuchungsraum ausgedehnt wurde (Gemeinde Assamstadt, Ravenstein, Behörden der Landkreise Neckar-Odenwald, Main-Tauber).

Der **Arbeitsaufwand** für die Sitzungen des Arbeitskreises *Landschaftsplanung* ist in Kap. 8.8 dargestellt. Die gewässerökologischen Untersuchungen wurden zum Teil im Rahmen von Diplom- oder Studienarbeiten durchgeführt (z.B. HERTNER 2002, SCHWEIKER 2001), sowie von Wissenschaftlern und Hilfswissenschaftlern. Der Zeitbedarf für die hydrochemischen Untersuchungen betrug z.B. rund 200 Stunden, der für die Untersuchungen der Auenbiotope ca. 300 Stunden, welche nur in Verbindung mit Diplom- oder Studienarbeiten zu erbringen waren.

Die zur Bewertung der Übertragbarkeit relevanten **Rahmenbedingungen** für den Arbeitskreis *Landschaftsplanung* bildeten im behandelten Themenschwerpunkt einerseits seine Legitimation (vgl. Kap. 8.8) wie auch finanzielle, personelle, zeitliche und arbeitstechnische Faktoren (z.B. Fertigstellung der Flussgebietsuntersuchung Jagst, Abschluss von Vermessungen des Erlenbachs in der Ortslage Erlenbach, Einbindung von Fachleuten in Exkursionen zu Hochwasserrückhaltebecken, keine finanzielle Beteiligung von Assamstadt an Hochwasserschutzmaßnahmen außerhalb der Kommune). Finanzielle und personelle Rahmenbedingungen stellen die Vor-, Nachbereitung und Durchführung der Arbeitskreissitzungen dar, die nicht ohne weiteres von Kommunen, Behörden oder Verbänden realisiert werden können. Die wirtschaftliche Lage der Unterhaltungspflichtigen bildete einen begrenzenden Faktor, führte jedoch nicht zu einem Abbruch der Aktivitäten, sondern war Anlass alternative Lösungsstrategien zu entwickeln. Ein weiteres Kriterium bilden bei gewässerökologischen Planungen die wasserrechtlichen Gegebenheiten. Die Wasserrechte, die vor rund 100 Jahren vom König von Baden-Württemberg zum Teil auf unbeschränkte Zeit vergeben wurden, fördern die wirtschaftlichen Interessen Einzelner zu Ungunsten der Öffentlichkeit. Die Gewässer sind als Öffentliches Gut in den – zumeist als Ausleitungsstrecken – ausgeführten Nutzungen mit zuwenig Wasser (Mindestwasser) beaufschlagt (DOMINO 2002) und als fisch-ökologisch geschädigt ausgewiesen (KAPPUS 2003e).

Die Themenfindung bzw. **Problemstellung** ging aus dem Arbeitskreis hervor, verbunden mit wechselnden Anforderungen an die fachliche Kompetenz und zeitliche Flexibilität der beteiligten Akteure und Wissenschaftler. Das partizipative Vorgehen brachte es mit sich, dass sich Problemstellungen und damit auch Zielsetzungen im Projektverlauf veränderten (vgl. Kap. 8.8). So führten z.B. die Schwierigkeiten einer zeitnahen Realisierung der Hochwasserrückhaltebecken dazu, nach alternativen Lösungsansätzen zu suchen.

Nachdem seit rund 20 Jahren verstärkt vorbeugende Maßnahmen zum Hochwasserschutz an Bedeutung gewonnnen haben, wurden integrierte bzw. dezentrale Hochwasserschutzkonzepte erprobt und bereits umgesetzt. Die Aktualität des Themas Hochwasserschutz in Baden-Württemberg (vgl. www.ikone.de) hat in einigen Teileinzugsgebieten des Neckars (z.B. Elsenz) zu umfassenden Planungen bzw. Umsetzungen von Rückhalteräumen geführt. Für das Neckar-Einzugsgebiet liegen für Kommunen und Verwaltungsbehörden anschauliche Informationen zur Vorbereitung auf Hochwasserereignisse (UVM BW 2002) sowie zum Hochwassermanagement mit Informationen zum technischen Hochwasserschutz, Überschwemmungsgebieten und Wasserrückhaltung in der Fläche vor (GWD Neckar 2003). Allerdings entspricht die Verknüpfung von **Hochwasserschutz und Gewässerentwicklung** nicht der gegenwärtigen Förderpraxis, wonach auf Grund der Haushaltsengpässe lediglich HW-Schutzmaßnahmen bezuschusst werden. Vor dem Hintergrund der Erfahrungen im Arbeitsschwerpunkt *Hochwasserschutz und Gewässerentwicklung* wäre gerade die Verknüpfung beider Ansätze wünschenswert und ideal zur Umsetzung einer gesamtschaulichen, nachhaltigen Gewässerentwicklung. Naturnahe Gewässerentwicklung sollte künftig auch ohne Ausgleichsmaßnahmen realisierbar sein. Die Umsetzung der EU-WRRL (2000) wird sicherlich diesbezügliche Maßnahmen – jedoch erst ab 2009 – bei vorliegenden ökologischen Defiziten und Abschätzungen der Kosten-Nutzen-Effekte vorantreiben. Wenngleich die unterschiedlichen Maßnahmen zum Hochwasserschutz bekannt und in ihrer jeweiligen Ausführung übertragbar sind, so sind doch umfassende Hochwasserschutzkonzepte mit dezentralen Elementen durchaus komplexe und planerisch anspruchsvolle Systeme, da sie stark von den naturräumlichen Voraussetzungen abhängen. Eine Übertragbarkeit wird auch dadurch eingeschränkt, dass vorliegende Untersuchungen zum dezentralen Hochwasserschutz in kleineren Einzugsgebieten mit verschiedenen Rechenmodellen durchgeführt wurden (RÖTTCHER 2001). Modellberechnungen im Einzugsgebiet der Lahn dokumentieren die abflussreduzierende Wirkung bei der Änderung der Landnutzung, der Anlage von Auwaldstreifen und Renaturierungsmaßnahmen (TÖNSMANN 2002). Am Beispiel der Bauna, einem Zufluss der Fulda südlich von Kassel, konnte RÖTTCHER (2001) im Rahmen einer wissenschaftlichen Begleitung der Umsetzung eines Hochwasserschutzkonzepts u.a. zeigen, dass

— positive Aspekte dezentraler Maßnahmen darin bestehen, dass sie in kleinen Schritten umgesetzt werden können,
— dezentrale Maßnahmen eher die Ursachen von Hochwasser aufgreifen;
— deutliche Abflussreduzierungen erst greifen, wenn ein Wasserrückhalt in der Fläche, in Gewässer und Aue auf 20 bis 30 Prozent der Fläche bzw. Gewässerlänge umgesetzt wird;
— die Anlage von Uferrandstreifen und die Vergrößerung der überschwemmten Fläche in größeren Einzugsgebieten mit breiten Talauen und geringem Gewässerlängsgefälle positive Auswirkungen auf den Hochwasserabfluss hat;
— durch die Optimierung der Steuerung von kleinen Rückhalten in dezentralen Hochwasserschutzkonzepten eine erhebliche Reduzierung des erforderlichen Volumens erzielt werden kann, jedoch in kleinen Einzugsgebieten mit vielen kleinen Maßnahmen ein hoher Steuerungsaufwand kaum realisierbar ist, zumal die Mess- und Steuerungsmöglichkeiten begrenzt sind;
— die Effekte kleiner dezentraler Maßnahmen schwer monetär bewertbar sind, zumal sie nicht allein mit dem Hochwasserschutz in Verbindung stehen;
— dezentraler Hochwasserschutz unter dem Blickwinkel der Kosten und hydrologischen Effektivität teurer und weniger effektiv ist als Hochwasserschutz mit Talsperren und Hochwasserrückhaltebecken;
— Abflussverzögerungen in einzelnen Einzugsgebieten stets im Zusammenhang mit dem gesamten Gewässersystem zu sehen ist, da sich z.b. durch die zeitliche Verzögerung eines Seitenzuflusses ungünstige Wellenüberlagerungen im Hauptgewässersystem ergeben können.

Bislang liegen verschiedene Erfahrungsberichte und Untersuchungen von **partizipativen Gewässerentwicklungsvorhaben** vor, jedoch keine mit einer integrierten Betrachtung von Hochwasserschutz, Gewässerentwicklung und Bürgerbeteiligung. Öffentlichkeitsbeteiligung fand in der Regel an Gewässern bislang nur dann statt, wenn bei Planungen der Status der Planfeststellung erreicht wurde. So ist nach Ansicht von GEILER (2001) bereits durch die Landeswassergesetze und Landesverwaltungsverfahrensgesetze ein gewisses Maß an Bürgerbeteiligung gegeben. Es war bislang allerdings nicht Gegenstand des Vorgehens der Verwaltung die interessierte Öffentlichkeit in die Entscheidungsprozesse einzubinden, bevor die wesentlichen Entscheidungen gefallen sind, d.h. eine »breite Bevölkerung« bereits in der Planungs- und Entwurfsphase einer vorgesehenen Gewässerbewirtschaftung Dialog orientiert einzubeziehen. Eine weitergehende Berücksichtigung der Belange der Öffentlichkeit könnte zukünftig im Zusammenhang mit der Realisierung der Europäischen Wasserrahmenrichtlinie (EU-WRRL 2000) zum Tragen kommen.

Eine große Bandbreite von Kampagnen und Aktionen zum lokalen Gewässerschutz steht in Verbindung mit Lokale-Agenda-Prozessen. Beispiele hierfür sind die durch den »Runden Tisch Reide« initiierte Sanierung eines kleinen Fliessgewässer bei Halle an der Saale unter Einbezug der interessierten Bevölkerung (MEISTER & SONNTAG 1998) und die Bemühungen zur gestalterischen Aufwertung eines Gewerbekanals im Rahmen der Lokalen Agenda 21 in Freiburg im »Bürgerprojekt Stadtgewässer« (WAGNER 2003).

Erfolgreiche Ansätze einer partizipativen Gewässerentwicklung existieren in Niedersachsen. Auf freiwilliger Basis schließen sich in Arbeitskreisen relevante Behörden und Kommunen zusammen. Die Moderation übernimmt der Niedersächsische Landesbetrieb für Wasserwirtschaft und Küstenschutz bzw. die Obere Wasserbehörde. Vorteile dieser Behörden orientierten Kooperationsform liegen in einer hohen Motivation, der Effizienz durch eine frühzeitige konstruktive Konflikterkennung und -lösung, die Zusammenarbeit zwischen »Umweltschützer« und »Umweltnutzer« und eine effektive Ausschöpfung der Finanzmittel durch die breite Beteiligung unterschiedlicher

Organisationen (KOCHTA 2002). Eine vom Umweltbundesamt in Auftrag gegebene Studie setzt sich mit unterschiedlichen sozialen Milieus im Themenfeld Wasser, Nachhaltigkeit und Kommunikation auseinander und gibt in Form eines Kommunikationshandbuchs Handlungsempfehlungen für eine zielgruppengerechte Kommunikation in Kampagnen und Aktionen zu Thema Wasser (UBA 2002).

Parallelen hinsichtlich des Erfahrungsaustauschs zeigen sich zu den in Hessen, Rheinland-Pfalz und Baden-Württemberg (hier seit 1992) von der Gemeinnützigen Fortbildungsgesellschaft für Wasserwirtschaft und Landschaftsentwicklung (GFG) mbH und der WBW Fortbildungsgesellschaft für Gewässerentwicklung organisierten **Gewässernachbarschaften,** einem freiwilligen Zusammenschluss von Unterhaltungspflichtigen eines oder mehrerer Gewässer in einem Einzugs-gebiet. Dabei steht der Erfahrungsaustausch für das Personal unterhaltungspflichtiger Kommunen, Verbände und Bauhöfe des Landes im Vordergrund, doch beteiligen sich ebenso Ingenieurbüros, Umweltverbände, Bachpaten, Landwirte, Wasserwirte und interessierte Bürger. Hierdurch konnte das Verständnis für ökologische Belange in der Gewässerunterhaltung gestärkt werden, was sich auch auf die Unterhaltungsmethoden auswirkt. Einen weiteren Themenschwerpunkt bildete der Betrieb von Hochwasserrückhaltebecken. Zukünftig wird die Gewässerpädagogik einen größeren Stellenwert einnehmen, da hierdurch die interessierte Öffentlichkeit leichter erreicht werden kann (PAULUS 2001, REICH 2002). Daraus haben sich in Teilbereichen so genannte Gewässerpartnerschaften entwickelt, in denen konkrete Maßnahmen u.a. mit den Bürgern umgesetzt und in der Öffentlichkeit präsentiert wurden, wie zum Beispiel an der Würm, wo das Land, der Landkreis (Böblingen) und die Kommune (Weil der Stadt), Schulen sowie Naturschutzverbände etc. beteiligt waren (LEHMANN 2001).

8.11.9 Schlussfolgerungen

Wesentliche Erkenntnisse zur Umsetzungsmethodik
Die eingesetzten Methoden in der Zusammenarbeit zwischen Wissenschaft und den regionalen Akteuren, wie z.B. moderierte Arbeitskreissitzungen mit unterschiedlichen Moderationsmethoden (vgl. Kap. 6.3, 8.8), Expertenworkshop, Exkursionen, Kurzvorträgen, Kurzevaluierungen erwiesen sich als geeignet und förderlich. Aktivierend waren für die Teilnehmer die zwischengeschalteten Exkursionen bzw. Vor-Ort-Termine. Die Zusammenarbeit war geprägt von einem ergebnisoffenen Vorgehen. Die Arbeitsschritte Problemformulierung, Zielsetzung, Analyse, Bewertung und Entwicklung von Maßnahmenvorschlägen wurden im Schwerpunkt *Hochwasserschutz und Gewässerentwicklung* gemeinsam mit den Teilnehmern durchlaufen. Neue Situationen (wie z.B. ausstehende Einigung der Kommunen im Gewässereinzugsgebiet hinsichtlich der Finanzierung der Hochwasserrückhaltebecken, ungeklärte Kofinanzierung des Landes) führten zu einer Neuausrichtung in der Konzeptentwicklung.

Wesentlich für die Beteiligung der Akteure war der bestehende Problemdruck. Dieser bestand auf Seiten der Anwohner in der Hochwassergefährdung, auf Seiten der ökologisch motivierten Teilnehmer in einer ökologisch ausgerichteten Gewässerentwicklung. Ein wichtiger Motor war darüber hinaus die aktive Rolle einer teilnehmenden Kommune. Die Beteiligung von Betroffenen, unterschiedlichen Behördenvertretern (alle Unteren Verwaltungsbehörden waren am Prozess aktiv beteiligt) und Interessensgruppen im Arbeitskreis förderten das wechselseitige Verständnis und führten zu einer Annäherung der unterschiedlichen Positionen.

Empfehlungen für eine erfolgreiche Projektdurchführung
Vor dem Hintergrund der Erfahrungen im Themenschwerpunkt *Hochwasserschutz und Gewässerentwicklung* können folgende Empfehlungen ausgesprochen werden:

Organisation
— Prüfen, inwieweit im Raum vergleichbare Ansätze oder Arbeitsformen existieren (z.B. Gewässernachbarschaften, Agenda-Prozesse);
— frühzeitige Einbeziehung von Entscheidungsträgern und Sicherstellung ihrer Mitarbeit;
— Teilnehmer in den Arbeitsprozess einbinden, z.b. durch Vorbereitung der Treffen, konkrete Aufgaben;
— gute Vor- und Nachbereitung, Dokumentation der Treffen und Beschlüsse (z.B. Fotoprotokolle, in denen die Akteure ihre Beiträge wieder finden, Entscheidungsbäume)
— für eine gute Arbeitsatmosphäre sorgen (z.B. Räumlichkeiten, Versorgung, Pausen);
— Vor-Ort-Termine zur Vertiefung und Veranschaulichung der behandelten Thematik einbauen (Praxisbezug);
— regelmäßige bzw. gemeinsam vereinbarte Termine festlegen;
— wechselnde Tagungsorte, wenn verschiedene Organisationen und Kommunen beteiligt sind;
— unabhängigen Moderator mit fachlichem Hintergrundwissen einbinden.

Vorgehen
— Prüfen, inwieweit ein ausreichender Problemdruck existiert, diesen fokussieren und als Aufgabenschwerpunkt eingrenzen;
— frühzeitige Einbindung interessierter und entscheidungsbefugter Akteure im Sinne einer gemeinsamen Projektentwicklung und prozesshaftes Vorgehen;
— Erwartungen der Teilnehmer klären und Ziele klar formulieren;
— mit den Teilnehmern eine Beteiligungsanalyse durchführen (vgl. Kap. 8.5);
— hemmende und treibende Kräfte identifizieren und hiervon entsprechende Ansatzpunkte ableiten;
— gemeinsame Beschlussfassung;
— hohe Verbindlichkeit herstellen (z.B. bezüglich Termine, Informationsaustausch, Teilnahme, Umsetzung gemeinsamer Beschlüsse, vereinbarte Arbeitsaufträge);
— Vorleistungen einbringen, um die Projektarbeit anfänglich zu stimulieren (z.B. Bereitstellung notwendiger Entscheidungsgrundlagen).

Finanzen
— Prüfen, welche Ressourcen erforderlich und verfügbar sind (z.B. Durchführung der gemeinsamen Sitzungen und Exkursionen, Mittel für Umsetzungsmaßnahmen, Förderprogramme);
— Akteure an der Finanzierung der Arbeitskreistreffen, von Untersuchungen und weiterer Umsetzungsschritte beteiligen.

Weiterführende Aktivitäten
Mit den im Teilprojekt *Gewässerentwicklung* erzielten Ergebnissen stehen folgende Folgeaktivitäten in Verbindung bzw. ergeben sich folgende Ausblicke:

Laufende Aktivitäten: In Ravenstein-Erlenbach werden Maßnahmen zum Schutz vor einem 50-jährigen Hochwasser durchgeführt (Fränkische Nachrichten vom 05.09.03). Die Planungen zum Hochwasserschutz durch das Büro Wald & Corbe (Hügelsheim) sehen in zwei Bauphasen eine

Verbesserung der Abflussleistung in Erlenbach vor. Die ökologischen Belange werden durch eine Umweltverträglichkeitsprüfung (UVS) berücksichtigt. Seitens der Wasserwirtschaftsverwaltung werden u.a. vor dem Hintergrund der Erkenntnisse aus dem Erlenbach-Projekt und den Untersuchungen an der Jagst, an dem Fließgewässer Tauber Gewässerentwicklungsvorhaben verfolgt. Die Verbesserung der Längsdurchwanderbarkeit ist mit der Umgestaltung zahlreicher Wehranlagen an der Tauber bereits weit vorangeschritten (LAIER 2003, Gewässerdirektion Künzelsau, persönliche Mitteilung). Zusammen mit Vertretern der Fischerei und des Naturschutzes werden insbesondere Renaturierungsprojekte mit Schwerpunkt Durchgängigkeit realisiert. An der Jagst wurde das Wehr in Olnhausen durch eine linksseitige Teilanrampung am Wehrkopf durchgängig gestaltet.

Geplante Maßnahmen am Gewässer: Weitere Vorplanungen bestehen für die drei Wehre in Duttenberg, Neudenau und Ruchsen. Die rechtlichen Rahmenbedingungen wurden insbesondere für die Wehre entlang der Jagst im Landkreis Heilbronn recherchiert und Handlungsansätze aufgezeigt (DOMINO 2002). Der Fischereiverband hat sich dem Thema Durchgängigkeit sehr stark angenommen und sieht darin eine der Hauptaufgaben für die nächsten 10 Jahre (vgl. http://home.t-online.de/home/vfgbw/kriter.htm). Mittlerweile wurde die Reduzierung der Gewässerbelastungen des Erlenbachs in Angriff genommen.

Ausblick auf die EU-Wasserrahmenrichtlinie: Es ist davon auszugehen, dass die erarbeiteten umfangreichen Grundlagen, Bewertungen und Konzepte in die derzeit laufenden Bestandserhebungen im Rahmen der EU-Wasserrahmenrichtlinie einfließen. Darüber hinaus dienen diese Informationen den verschiedenen Akteuren, planerisch tätigen Umweltverwaltungen (Unteren Behörden), Gemeinden und privaten Organisationen (NGO) als zukünftige Entscheidungsgrundlage im Bereich der Wasserwirtschaft. Zudem kann die von der Projektgruppe *Kulturlandschaft Hohenlohe* praktizierte Kooperationsform wichtige Anhaltspunkte zur Beteiligung der Öffentlichkeit im Rahmen der EU-WRRL im Teilbearbeitungsgebiet 48 (Jagst) für das Regierungspräsidium Stuttgart – Abteilung Umwelt und darüber hinaus liefern.

Literatur

Ackermann, B., Zenker, A., Böhmer, J., Kappus, B., 2000: Beitrag des Makrozoobenthos zur ökologischen Bewertung eines kleinen urbanen Fliessgewässers, Körsch bei Stuttgart, Baden-Württemberg). - Erweiterte Zusammenfassungen der Jahrestagung der Deutschen Gesellschaft für Limnologie, 27.09. bis 01.10.1999, Rostock, Band I: 121-126

Alf, A., Braukmann, U., Marten, M., Vobis, H., 1992: Biologisch-ökologische Gewässeruntersuchung – Arbeitsanleitung zur Ermittlung der Gewässergüteklassen der Fliessgewässer in Baden-Württemberg. - Handbuch Wasser 2, Loseblattsammlung, 1. Aufl., LfU Baden-Württemberg, Karlsruhe

Amt für Wasserwirtschaft und Bodenschutz Künzelsau, 1992: Jahresbericht, 28 S.

Assmann, A., B. Friedel, H. Gündra, G. Schukraft, A. Schulte, 1996: Dezentraler Hochwasserschutz als geeignete Alternative zu großen Rückhaltebecken? Der Bürger im Staat 46 (1): 60-64

Bayerisches Landesamt für Wasserwirtschaft (Hrsg.), 1996: Ökologische Typisierung der aquatischen Makrofauna. - Informationsberichte des Bayerischen Landesamts für Wasserwirtschaft Heft 6/96, München

Beuttler, A., R. Lenz (Hrsg.), 2003: Umweltbilanz Gemeinde Mulfingen. oekom-Verlag, München

Bley, J., 2001: EU-Wasserrahmenrichtlinie. Was ändert sich für die Wasserwirtschaft in Deutschland? - Forum Geoökologie 12(3): 17-20

Blöch, H., 2001: Europäische Ziele im Gewässerschutz – Auswirkungen der EU-Wasserrahmenrichtlinie auf Deutschland. Wasserwirtschaft 48(2): 168-172

Böhmer, J., Rawer-Jost, C & Kappus, B., 1999a: Ökologische Fliessgewässerbewertung: Biologische Grundlagen und Verfahren, Schwerpunkt Makrobenthos. - Handbuch Angewandte Limnologie, 8. Erg. Lfg. Kap. VIII-7.1: 1-60, Ecomed-Verlag, Landsberg

Böhmer, J., Rawer-Jost, C., Kappus, B., 1999b: Grundlagen und Verfahren zur leitbildorientierten biologischen Fliessgewässerbewertung. – Wasser & Abfall 12: 14–23

Breuer, R., 1995: Gewässerschutz in Europa – Eine kritische Zwischenbilanz. Wasser u. Boden 47(11): 10–14

Buck, H., 1956a: Zur Verbreitung einiger Gruppen niederer Süßwassertiere in Fliessgewässern Nordwürttembergs. – Jh. Ver. vaterl. Naturkunde in Württemberg 111: 153–173

Buck, H., 1956b: Zur Verbreitung mehrerer Käferfamilien in Fliessgewässern Nordwürttembergs. – Jh. Ver. vaterl. Naturkunde in Württemberg 113: 224–237

Buck, H., 1978: Veränderungen in der württembergischen Fließgewässerfauna. – Beih. Veröff. Naturschutz Landschaftspflege Bad.-Württ. 11: 283–289

Domino, R., 2002: Rechtliche Möglichkeiten zur Erhaltung und Wiederherstellung der ökologischen Durchgängigkeit an Fließgewässern und ihre Umsetzung am Beispiel der Jagst im Landkreis Heilbronn. – Diplomarbeit, FH Ludwigsburg, 54 S. + Anhang

Dussling, U., Berg, R., 2001: Fische in Baden-Württemberg. Hrsg. vom Ministerium für Ernährung und Ländlichen Raum Baden-Württemberg, Stuttgart, 176 S.

DVWK, Deutscher Verband für Wasserwirtschaft und Kulturtechnik, 1996: Fluss und Landschaft – Ökologische Entwicklungskonzepte. – Merkblätter, 240/1996

Esser, B., 1996: Leitbilder für Fliessgewässer. – Wasserwirtschaft 86, 1: 38–42.

Feszykiewicz, W., Wurzel, W., 1966: Regierungsbezirke Nordwürttemberg und Nordbaden. – Archiv für Fischerei Wissenschaft, Stuttgart) 17, Beiheft 1: 164–191

Finke, R., 2001: Mögliche Auswirkungen der EU- Wasserrahmenrichtlinie auf die räumliche Planung. – Neues Archiv 2: 17–34

Friedrich, G., Lacombe, J., 1992: Ökologische Bewertung von Fliessgewässern. – Limnologie Aktuell, Band 3, Gustav Fischer Verlag, Stuttgart

Friedrich, H., 2001: Umsetzung der EU-Wasserrahmenrichtlinie in NRW. – In: Universität Essen: EU-Wasserrahmenrichtlinie in NRW. Hinweise zur Umsetzung in die Praxis. – Forschungsberichte aus dem Fachbereich Bauwesen 89: 27–33

Fuhrmann, P., 2001: Konsequenzen aus der EU-Wasserrahmenrichtlinie für die Wasserwirtschaft in Deutschland. KA – Wasserwirtschaft, Abwasser, Abfall 48(2): 183–186

Geiler, N., 2001: Bürgerbeteiligung durch die Wasserrahmenrichtlinie?. – Herausgeber Arbeitskreis Regiowasser 2005, Freiburg, 15.3.2001, Bearbeitung Jörg Lange, Freiburg

Gessner, J., Debus, L., 2001: Der Stör – Historische Bedeutung und Ursachen für den Niedergang der Art. – In: »Der Stör –Fisch des Jahres 2005«, hrsg. vom Verband Deutscher Sportfischer e.V.: 17–29

GWD Neckar (Gewässerdirektion Neckar, Besigheim), 2003: Integrierende Konzeption Neckar-Einzugsgebiet – Hochwassermanagement, Partnerschaft für Hochwasserschutz und Hochwasservorsorge, Heft 4, 46 S.

Halle, M., 1993: Beeinträchtigung von Drift und Gegenstromwanderung des Markrozoobenthos durch wasserbauliche Anlagen. Studie im Auftrag des Landesamtes für Wasser und Abfall Nordrhein-Westfalen, Essen

Heimerl, S., Ittel, G., 2002: Becken-Schlitz-Pässe als zukunftsträchtige Bauweise für technische Verbindungsgewässer. – Wasserwirtschaft 4/5: 52–55

Hertner, M., 2002: Gewässerstrukturgütekartierung des Erlenbachs. – Diplomarbeit Universität Tübingen. Geographisches Institut

Hiller, U., 2001: Wehranlage Duttenberg an der Jagst – Maßnahmen zur Durchgängigkeit. – Semesterarbeit Fachbereich Umweltentwicklung and Landschaftspflege, Fachhochschule Nürtingen

Hütte, M., 2000: Ökologie und Wasserbau. – Parey, Berlin: 280 S.

IHW (Institut für Hydrologie und Wasserwirtschaft Universität Karlsruhe), 1997: HY90/11: Hydrologische und hydraulische Untersuchung der Einzugsgebiete im Verbandsgebiet des Wasserverbands Ette-Kessach, im Auftrag des Wasseverbands Ette-Kessach

Janko, C., Kappus, B., 2001: Hochwasserschutz durch dezentrale Landnutzung – eine Literaturstudie. – unveröff. Bericht, Institut für Zoologie der Universität Hohenheim

Kappus, B., 1993: Fischbestandsanalyse der Jagst bei Jagsthausen, Landkreis Heilbronn. Grundlagenerhebungen und Vorschläge für die künftige angelfischereiliche Nutzung. – unveröff. Bericht an den Fischereiverein Jagsthausen, Siglingen, November 1993: 68 S.

Kappus, B., M. Kappus, 1994: Zur Fischfauna der Unteren Jagst (Stand 1992). – Fischökologie aktuell 7: 8–14

Kappus, B., 1996: Fische und Hochwasser. – Fischökologie aktuell 9: 88–89

Kappus, B., J. Böhmer, 1996: Autökologie und Zeigerwerte von aquatischen Invertebraten. – Literaturstudie im Auftrag der Landesanstalt für Umweltschutz Baden-Württemberg. Institut für Zoologie der Universität Hohenheim, 19 S. + Anhang

Kappus, B., Jansen, W., Böhmer, J., Rahmann, H., 1997: Historical and present distribution and habitat use of nase, Chondrostoma nasus, in the lower Jagst River, Baden-Württemberg, Germany. – Folia Zoologia 46, Suppl.: 51-60

Kappus, B., Siligato, S., Böhmer, J., Rahmann, H., 1999: Ökologische Durchgängigkeit der Jagst zwischen Mündung Neckar und Langenburg. – Beiträge der Akademie für Natur- und Umweltschutz Baden-Württemberg 28: 103-114

Kappus, B., Böhmer, J., Rawer-Jost, C., 1999: Zur Problematik der ökologischen Durchgängigkeit von Wasserkraftanlagen – Grundlagen und Lösungsmöglichkeiten. – Beiträge zum 2. Seminar Kleinwasserkraft – Praxis und aktuelle Entwicklungen, Universität Stuttgart, 01.10.1999, Stuttgart, Mitteilungen Nr. 16: 14-26

Kappus, B., Maier, S., Langer, H., Rahmann, H., 2000: Effizienzkontrollen der Biotopmaßnahmen in der Jagsttalaue zwischen Berlichingen und Mulfingen, Landkreis Hohenlohe, Baden-Württemberg). – Angewandte Landschaftsökologie 37: 295-300

Kappus, B., 2000: Analyse der Wasserversorgung in den Gemeinden Neudenau, Roigheim und Möckmühl im Unteren Jagsttal im Hinblick auf eine künftige nachhaltige Landschaftsentwicklung. – In: Kappus, B., Böhmer, J., Rahmann, H.: Zwischenbericht über zoologisch-faunistische sowie limnologische Beiträge im Modellvorhaben Kulturlandschaft Hohenlohe. – Im Auftrag des Bundesministeriums für Bildung und Forschung (BMBF), Institut für Zoologie der Universität Hohenheim: 202 S.

Kappus, B., Hansel, M., Böhmer, J., Rahmann, H., 2000: Zur Durchgängigkeit von Beckenfischpässen am Beispiel Jagstwehr Siglingen. – In: Kappus, B., Böhmer, J., Rahmann, H.: Zwischenbericht über zoologisch-faunistische sowie limnologische Beiträge im Modellvorhaben Kulturlandschaft Hohenlohe. – Im Auftrag des Bundesministeriums für Bildung und Forschung (BMBF), Institut für Zoologie der Universität Hohenheim: 202 S.

Kappus, B., Wohnsiedler, G., 2001: Das Jagsttal aktiv erleben. – Flyer des Arbeitskreis Tourismus, Projektgruppe Kulturlandschaft Hohenlohe über Freizeitmöglichkeiten im Jagsttal. Bolay Druck, Neuhausen a.d.F.

Kappus, B, 2003a: Makrozoobenthos. b) Verschiedene kleinere Fließgewässer der Gemeinde Mulfingen – Soll-Ist-Vergleich. In: Beuttler, A., R. Lenz (Hrsg.): Umweltbilanz Gemeinde Mulfingen. Ökom-Verlag, München: 71-72

Kappus, B., 2003b: Salamanderlarven (Amphibien) – Soll-Ist-Vergleich. In: Beuttler, A., R. Lenz (Hrsg.): Umweltbilanz Gemeinde Mulfingen. oekom-Verlag, München: 72-73

Kappus, B, 2003c: Makrozoobenthos. a) Ökologische Qualität der Streichwehre Buchenbach und Unterregenbach – Trendindikator. In: Beuttler, A., R. Lenz (Hrsg.): Umweltbilanz Gemeinde Mulfingen. oekom-Verlag, München: 69-71

Kappus, B., 2003d: Aue-Strukturen – Trendindikator. In: Beuttler, A., R. Lenz (Hrsg.): Umweltbilanz Gemeinde Mulfingen. oekom-Verlag, München: 67-69

Kappus, B., 2003e: Fisch(erei)ökologisches Hegekonzept Jagst. – Studie für die Fischhegegemeinschaft Jagst, im Auftrag Regierungspräsidium Stuttgart, hrsg. vom Verband für Fischerei und Gewässerschutz e.V., Stuttgart: 20 S.

Keitz, S. v, M. Schmalholz, 2002: Handbuch der EU-Wasserrahmenrichtlinie – Inhalte, Neuerungen und Anregungen für die nationale Umsetzung. Verlag Erich Schmidt, Berlin: 447 S.

Kirchner-Heßler, R., Konold, W., Lenz, R., Thomas, A., 1999: Ökologische Konzeptionen für Agrarlandschaften. Modellprojekt Kulturlandschaft Hohenlohe – ein Forschungskonzept. Naturschutz und Landschaftsplanung 31(9): 275-282

Kirchner-Heßler, R., O. Kaiser, W. Konold, 2003: Gewässerstrukturgüte – Soll-Ist-Vergleich. In: Beuttler, A., R. Lenz (Hrsg.): Umweltbilanz Gemeinde Mulfingen. oekom-Verlag, München: 64-67

Knopp, G.M., 1999: Die künftige Europäische Wasserrahmenrichtlinie – Der deutsche Beitrag zur Entstehung und die deutsche Position zum Inhalt. Zeitsch. f. Wasserrecht 38(4): 257-275

Kochta, W., 2002: Arbeitskreis als Instrument für die Aufstellung von Gewässerentwicklungsplänen. In: Alfred Töpfer Akademie für Naturschutz (Hrsg.): Wasserrahmenrichtlinie und Naturschutz. – NNA Berichte (15) 2: 122

Koehler, G., 1996: Hochwasser – hausgemacht? – Der Einfluss von Bebauung, Flurbereinigung und Gewässerausbau. Der Bürger im Staat – Wasser 46 (1): 55-59

Kollmann, M., 1997: Die 6. Novelle zum Wasserhaushaltsgesetz. – Wasser und Boden 49(1): 7-11

Königl. Ministerialabteilung für den Strassen- und Wasserbau, 1901: Verwaltungsbericht für die Rechnungsjahre vom 01.02.1897/98 bis 1898/99. II. Abteilung Wasserbauwesen. – Stuttgart, Druck von Strecker & Schröder, 147 S.

Konold, W., Leba-Wührl, C., Osswald, C., 1992: Gewässerpflege – Gewässerentwicklungsplanung als Aufgabe von Kommunal- und Regionalpolitik. – Kohlhammer Taschenbücher, Band 1097: 30-55

Konold, W., R. Kirchner-Heßler, N. Billen, A. Bohn, W. Bortt, S. Dabbert, B. Freyer, V. Hoffmann, G. Kahnt, B. Kappus, R. Lenz, I. Lewandowski, H. Rahman, H. Schübel, K. Schübel, S. Sprenger, K. Stahr, A. Thomas, 1997: BMBF-Förderschwerpunkt »Ökologische Konzeptionen für Agrarlandschaften« – Wege zu einer multifunktionalen, umweltschonenden Agrarlandschaftsgestaltung – Definitionsprojekt Hohenlohe-Franken. Unveröffentlichter Antrag zu Hauptphase, Universität Hohenheim, Institut für Landschafts- und Pflanzenökologie.

Kullak, E., 1993: Die Jagst und die Fischerei. – LSFV-LFV Info Nr. 1, März 1993: 10-11

LAWA (Länderarbeitsgemeinschaft Wasser) (Hrsg.), 2000: Gewässerstrukturgütekartierung in der Bundesrepublik Deutschland. Verfahren für kleine und mittelgroße Fließgewässer, Schwerin, 145 S.

LAWA (Länderarbeitsgemeinschaft Wasser), 2000: Gewässerstrukturgütekartierung in der Bundesrepublik Deutschland

Lehmann, M., 2001: Gewässerpartnerschaft mit Kreis und Kommune am Beispiel der Würm. – Statusbericht 2001/2002 der WBW Fortbildungsgesellschaft 8: 31-34, Heidelberg

LfU (Landesanstalt für Umweltschutz Baden-Württemberg), 1992: Ökologie der Fliessgewässer – Niedrigwasser 1991. – Handbuch Wasser 2, Heft 6, Karlsruhe: 57 S.

LfU (Landesanstalt für Umweltschutz Baden-Württemberg), 1994: Gewässerbeschaffenheit kleiner Fließgewässer. – Abschlussbericht, Reihe Wasser der LfU, Karlsruhe

LfU (Landesanstalt für Umweltschutz Baden-Württemberg), 1995: Morphologischer Zustand der Fließgewässer in Baden-Württemberg. – Handbuch Wasser 2, Band 17, Karlsruhe: 79 S.

LfU (Landesanstalt für Umweltschutz Baden-Württemberg), 2001: Beschaffenheit der Fließgewässer. Jahresdatenkatalog 1972-2000– Oberirdische Gewässer, Fliessgewässerökologie, 71, Karlsruhe

Meister, G., Sonntag, H.-W., 1998: Leben am Reidebach – Bürgerbeteiligung bei einer Fließgewässersanierung. – Informationsbrief des Unabhängigen Instituts für Umweltfragen e.V., (UfU) 38: 9-10

Pantle, R., Buck, H., 1955: Die biologische Überwachungen der Gewässer und die Darstellung der Ergebnisse. – GWF 96(18): 604

Paulus, T., 2001: Gewässernachbarschaften und regionaler Erfahrungsaustausch – Instrumente einer einzugsgebietsbezogenen Bewirtschaftung kleiner Fließgewässer. KA – Wasserwirtschaft, Abwasser, Abfall 48(2): 226-231

Peissner, T., Kappus, B., 1998: Zur Köcherfliegenfauna (Insecta, Trichoptera) der Jagst (Baden-Württemberg). – Lauterbornia 34: 159-168

Pro Aqua, 1997: Naturschutzbezogene Bewertung der Benthosfauna der Jagst im Zusammenhang mit den vorhandenen Nutzungsansprüchen. – Bericht für die BNL Stuttgart

Rawer-Jost, C., 2001: Eignung und Variabilität von Verfahren zur ökologischen Bewertung von Fließgewässern im Mittelgebirge auf Basis autökologischer Kenngrößen des Makrozoobenthos. – Shaker Verlag

Regierungspräsidium Nordwürttemberg, 1959: Biologische Flussüberwachung. Ergebnisse 1953-1958. – Bericht.

Regierungspräsidium Stuttgart, 1994: Die Hochwasserereignisse 1993/94. – Bericht, Stuttgart, 21 S.

Reich, J., 2002: 10 Jahre Gewässernachbarschaften in Baden-Württemberg. Wasserwirtschaft 9/2002: 34-37

Röttcher, K., 2001: Hochwasserschutz für kleine Einzugsgebiete im Mittelgebirge am Beispiel der Bauna. Kasseler Wasserbau-Mitteilungen 11, Herkules Verlag, Kassel: 184 S.

Ruchay, D., 2001: Die Wasserrahmenrichtlinie der EG und ihre Konsequenzen für das deutsche Wasserrecht. Zeitschr. f. Umweltrecht, Sonderheft: 115-120

Schmidt, B., 1995: Wissenschaftliche Untersuchung der Libellenfauna ausgewählter Abschnitte des Jagsttals unter besonderer Berücksichtigung der Kleinen Zangenlibelle (Onychogomphus forcipatus) und der Gemeinen Keiljungfer (Gomphus vulgatissimus). – Bericht im Auftrag der BNL Stuttgart: 154 S. + Anhang

Schmidt, B., 1996: Wissenschaftliche Untersuchung zur Vogel- und Libellenfauna entlang der Jagst von der Mündung in den Neckar bis Crailsheim. Teil I Grundlagen, Teil II Vögel, Teil III Libellen. – Bericht im Auftrag der BNL Stuttgart: 73 S. + Anhang

Schwab, A., Häring, G., Kappus, B., 2004: Die Veränderung der Wirtschaftlichkeit eines Kleinwasserkraftwerks an der Unteren Jagst unter spezieller Beachtung ökologischer Anforderungen. - Wasserwirtschaft 6/04: 18-23

Schwab, H., 2001: Auf dem Weg zu mehr Natur - Stand der ökologischen Verbesserungen an Jagst, Kocher und Tauber. - Statusbericht 2001/2002 der WBW-Fortbildungsgesellschaft 8: 31-34, Heidelberg

Schweiker, D., Kappus, B., Maier, S., Rahmann, H., 2000: Einfluss der landwirtschaftlichen Nutzung auf kleine Fliessgewässer am Beispiel des Kressbaches im Einzugsgebiet der Unteren Jagst (Nord-Baden-Württemberg). - Deutsche Gesellschaft für Limnologie, Tagungsbericht 1999 (Rostock): 146-151

Schweiker, D., Kappus, B., Maier, S., Rahmann, H., 2001: Abiotische Typisierung und Bewertung kleiner Fließgewässer im Unteren Jagsttal (Landkreis Heilbronn, nördliches Baden-Württemberg) im Zusammenhang mit der Landnutzung. - Deutsche Gesellschaft für Limnologie, Tagungsbericht 2000 (Magdeburg), Tutzing: 154-158

Schweiker, D., Kappus, B., Bogusch, S., Böhmer, J., 2002: Ökologische Bewertung des Erlenbachs (Zufluss zur Jagst im Landkreis Hohenlohe) anhand benthosbiologischer Analysen - Beispiele zum Vorgehen und Ableiten von Maßnahmen. - Deutsche Gesellschaft für Limnologie, Tagungsbericht Kiel: 128-133

Siligato, S., Kappus, B., Rahmann, H., 2000: Querverbauungen in der Jagst und deren Einfluß auf die Längsdurchgängigkeit für die Fischfauna. - Jh. Ges. Naturkunde Württ. 156: 279-295

Sosat, R., 2001: Fische in den Auebiotopen Hohenlohes. - Bericht des Instituts für Zoologie der Universität Hohenheim, unveröffentlicht

Tönsmann, F. (Hrsg.), 2002: Vorbeugender Hochwasserschutz im Einzugsgebiet der Hessischen Lahn - Handbuch. Kasseler Wasserbau-Forschungsberichte und -Materialien, Band 17/2002, Herkules Verlag: 278 S.

Umweltbundesamt (Hrsg.), 2002: Kommunikationshandbuch Lokale Agenda 21 und Wasser - Zielgruppengerechte Kampagnen und Aktionen für Gewässerschutz und eine nachhaltige Wasserwirtschaft. Berlin: 86 S.

Universität Stuttgart & Büro Winkler, 1999: Flussgebietsuntersuchung Jagst. - Zusammenfassender Erläuterungsbericht , im Auftrag der Planungsgemeinschaft Jagst, 46 S.

UVM BW (Ministerium für Umwelt und Verkehr Baden-Württemberg), 2002: Integrierende Konzeption Neckar-Einzugsgebiet - Vorbereitung auf Hochwasserereignisse, Empfehlungen für Städte, Gemeinden und untere Verwaltungsbehörden, Heft 1, 34 S.

Wagner, B., 2003: Bewertung eines Bürgerbeteiligungsprozesses zur Entwicklung zweier Gewässer in Freiburg. Unveröff. Diplomarbeit, Institut für Landespflege der Albert-Ludwigs-Universität Freiburg: 151 S.

Wildenhahn, E., 2003: Praxis der Öffentlichkeitsbeteiligung in Deutschland - Vergleich mit den Anforderungen der Wasserrahmenrichtlinie. KA - Wasserwirtschaft, Abwasser, Abfall 50(7): 877-879

Wilderer, C. Bogusch, S., Kappus, B., 2003: Ökologische Bewertung von neu angelegten Biotopen in der Jagsttal-Aue. - Deutsche Gesellschaft für Limnologie, Tagungsbericht Magdeburg: 812-816

Willig, T., Kappus, B., 1999: Kartierung der Verbreitung des Feuersalamanders (Salamandra salamandra, Linnaeus, 1758) in den Klingen des Mittleren Jagsttals in der Region um Mulfingen. - In: Kappus, B., Böhmer, J., Rahmann, H.: Zwischenbericht im Modellvorhaben Kulturlandschaft Hohenlohe. - Im Auftrag des Bundesministeriums für Bildung und Forschung (BMBF), Institut für Zoologie, Universität Hohenheim, 94 S. + Anhänge

Internet-Quellen

CIS, 2002: Leitfaden zur Beteiligung der Öffentlichkeit in Bezug auf die Wasserrahmenrichtlinie- Aktive Beteiligung, Anhörung und Zugang der Öffentlichkeit zu Informationen. URL: http://www.wrrl-info.de. Stand: 21./22.11.2002.

LAWA (Länderarbeitsgemeinschaft Wasser), 2003: Arbeitshilfe zur Umsetzung der EG-Wasserrahmenrichtlinie. http://www.lawa.de, Stand 14.10.03.

Umweltbundesamt, 2003: Die 7. Novelle des Wasserhaushaltsgesetzes und der Stand der Umsetzung der EG-Wasserrahmenrichtlinie. www.umweltbundesamt. de/wasser/themen/gewschr/whg.htm, Stand 15.5.2003.

Verband Gewässerschutz Baden-Württemberg, 2001: Bewertungsrahmen Ökologische Durchgängigkeit für Fische - Verband für Gewässerschutz Baden-Württemberg e.V., http://home.t-online.de/home/vfg_bw/kriter.htm Stand 2001.

WWF (World Wide Fund For Nature), 2001: Bewährte Praktiken bei der integrierten Bewirtschaftung von Flusseinzugsgebieten. Die Umsetzung der EU-Wasserrahmenrichtlinie: ein Leitfaden für die Praxis. - PDF-Dokument: http://www.panda.org/europe/freshwater/seminars/seminars.html. 74 S., Stand: 30.9.2003.

Gesetzestexte

DEV, Deutsche Einheitsverfahren zur Wasser- Abwasser- und Schlammuntersuchung), DIN 38410 Teil 1 und Teil 2. (1990): Loseblattsammlung, Chemie-Verlag, Weinheim.

EU-WRRL, 2000: Richtlinie 2000/60/EG des Europäischen Parlaments und des Rates vom 23.10.2000 zur Schaffung eines Ordnungsrahmens für Maßnahmen der Gemeinschaft im Bereich der Wasserpolitik, EGABl. 2000 Nr.327, S. 1 ff.

Angelika Thomas, Frank Henssler

8.12 Lokale Agenda 21 in Dörzbach – Erprobung von Beteiligungsmethoden in der Startphase eines Lokalen-Agenda-Prozesses in einer ländlichen Gemeinde

8.12.1 Zusammenfassung

Beim Start des Lokalen Agenda 21 Prozesses in Dörzbach sollte eine möglichst hohe Beteiligung der Bevölkerung in allen Teilorten erreicht werden. Ziel war es, das Wissen und die Anliegen der Bürger von Anfang an einzubeziehen. Eine Begleitung und Dokumentation des Agenda-Prozesses in Dörzbach durch die Projektgruppe *Kulturlandschaft Hohenlohe* sollte dazu dienen, für kleine Gemeinden zu einem Erkenntnisgewinn über die Gestaltungsmöglichkeiten vor allem in der Startphase der Agenda zu kommen. Mit einer Projektwoche Ende September 1999, wurden die Anliegen der Bürger von einem externen Team zusammengetragen und am Ende der Woche in einer öffentlichen Veranstaltung präsentiert und zur Diskussion gestellt. Außerdem wurde die Vielzahl von Informationen in einem Handlungskatalog verdichtet und dokumentiert.

Die Projektwoche baute auf Prinzipien des Participatory Learning and Action (PLA) auf und beinhaltete einen Methodenmix aus verschiedenen Gesprächsformen und Visualisierungstechniken. Als neues Element innerhalb einer Projektwoche im ländlichen Raum wurde in Anlehnung an »Planning for Real« – einer Methode aus der Stadtteilarbeit – ein Modell der Teilorte gebaut und als Diskussionsgrundlage verwendet.

Im Ergebnis hat sich die Projektwoche als Instrument zum Start in die *Lokale Agenda* 21 bewährt. Für die Umsetzung von Grundsätzen, wie etwa die Beteiligung möglichst vieler Personen und Gruppen, die inhaltliche Offenheit und die methodische Flexibilität, bietet sie gute Möglichkeiten, allerdings keine Garantie. Insbesondere die mobilisierende Wirkung einer solchen Aktion wird geschätzt sowie das Sammeln von Informationen, Meinungen und Vorschlägen durch »Außenstehende«. Die schwierigere Aufgabe ist jedoch, den Prozess in Gang zu halten und auch während der »täglichen« Arbeit Probleme der Beteiligung zu lösen. In Dörzbach geht die gebildete Agenda-Gruppe dabei, wie in vielen kleineren Gemeinden in Deutschland, den Weg über konkrete Projekte. Während der zwei Jahre hat sich so eine arbeitsfähige Gruppe zur Koordination und mit Projekterfahrung gebildet. Sie hat die eher unbeliebten »theoretischen« Fragen zu Struktur und Macht des Arbeitskreises weitgehend für sich gelöst. Über die Wahl der Themen und Projekte will die Kerngruppe nach und nach die verschiedenen Aufgabenbereiche angehen und jeweils neue Leute gewinnen.

Abbildung 8.12.1: Eindrücke aus der Projektwoche und dem Arbeitskreis Zukunftswerkstatt Dörzbach 21

8.12.2 Problemstellung

Bedeutung für die Akteure

In dem von der Projektgruppe initiierten Arbeitskreis *Landschaftsplanung* (vgl. Kap.8.8) ergab die erste Themensammlung u.a. ein gemeinsames Interesse an Fragen der Bürgerbeteiligung und an der Lokalen Agenda 21. Teilnehmer am Arbeitskreis waren verschiedene Gemeinden, Behörden und Organisationen des Projektgebiets. Die Gemeinde Dörzbach war daran interessiert, mit Unterstützung der Projektgruppe *Kulturlandschaft Hohenlohe* eine *Lokale Agenda* 21 in ihrer Gemeinde zu starten.

In den Vorgesprächen auf dem Bürgermeisteramt Dörzbach wurde deutlich, dass damit eine umfassende Diskussion quer durch die Bevölkerung über die längerfristige Entwicklung in der Gemeinde erzielt werden sollte, wie sie sonst nicht stattfindet, zumindest nicht in dem gedachten Umfang. Ausgangspunkt dafür war nicht ein einzelnes Problem oder Ziel, sondern die Vorstellung von einem Gesamtkonzept, das die drei Säulen Wirtschaft, Umwelt und Soziales vereint und an bereits durchgeführte Aktivitäten z.B. den Taxibus für Kinder oder Maßnahmen zur Stadtverschönerung anknüpft (Bürgerversammlung 1.7.1999). Der Start in die *Lokale Agenda* 21 sollte aber nicht als Maßnahme verstanden werden, die Arbeiten der Gemeinde auf die Bürger abzuwälzen. Die Projektwoche sollte als Möglichkeit dienen, Anstoß für Verbesserungen zu geben und auch daran mitzuwirken (Arbeitskreis-Treffen 22.7.1999).

Für Dörzbach trifft dabei die in Kap. 4.2. und 4.3 beschriebene Situation zu, charakterisiert durch das Jagsttal und vielfältige Kulturlandschaftselemente, die gleichzeitig als Potenziale für die Tourismusentwicklung aber auch als Hindernisse für die Gewerbe- und Siedlungsentwicklung gesehen werden.

Hintergrund
Grundlage für die Lokalen-Agenda-Prozesse bildet die *Agenda 21*. Sie ist eines der zentralen Dokumente, das 1992 auf der Konferenz für Umwelt und Entwicklung in Rio de Janeiro von den Vereinten Nationen beschlossen wurde. Die mobilisierende Wirkung, die der Agenda 21 zugesprochen wird, beruht darauf, dass sie die wechselseitigen Einflüsse von Ökologie, Ökonomie und sozialer Gerechtigkeit klar herausstellt und ihre gleichrangige Beachtung fordert. Außerdem wird die Mitwirkung von Kommunen und Nicht-Regierungsorganisationen in bisher einmaliger Weise betont (vgl. HÄUSLER et al. 1998: 18–19). Kapitel 28 prägt den Begriff einer *Lokalen Agenda 21* und enthält die Aufforderung, dass bis 1996 die Mehrzahl der Gemeinden einen solchen Konsultationsprozess begonnen haben sollten (BMU und UBA 1998: 231). In Deutschland, wie auch in anderen Staaten, hat dies verzögert stattgefunden. Eine Zunahme der Gemeinden mit einem Agenda-Prozess war vor allem ab 1997 zu verzeichnen (BMU 2001), wobei dies zunächst bei den großen Gemeinden begann. In Baden-Württemberg hatten bis März 2001 alle großen Gemeinden über 100.000 Einwohner die Agenda 21 für sich beschlossen, während bei den kleinen Gemeinden unter 5.000 Einwohner der Anteil erst bei 12 Prozent lag (LfU 2001).

Ziel einer Lokalen Agenda 21 ist es, in der Gemeinde einen langfristigen Entwicklungsprozess zu initiieren, bei dem die Bürger aktiv in die Entscheidungen der Gemeinde, und in die Erarbeitung und Umsetzung von Aktionsprogrammen einbezogen werden (LfU 1998). Die im Arbeitskreis *Landschaftsplanung* beteiligten Jagsttalgemeinden waren jedoch unsicher, wie dieser Prozess gestartet und geführt werden kann. Es wächst zwar in den letzten Jahren die Anzahl der Materialien und Schriften über Agenda-Prozesse, doch gab es zu Beginn des Projekts noch wenige Beispiele von kleinen Gemeinden, deren Erfahrungen publik gemacht worden waren und eine Orientierung gaben. Bisherige Agenda-Prozesse ließen zudem Schwächen erkennen, z.B. durch fehlende Transparenz oder durch die Einengung auf bestimmte Themen (Forum Umwelt und Entwicklung 1997).

Wissenschaftliche Fragestellung
Eine Begleitung und Dokumentation des Agenda-Prozesses in der Jagsttalgemeinde Dörzbach durch die Projektgruppe *Kulturlandschaft Hohenlohe* erschien sinnvoll, um gerade für kleine Gemeinden zu einem Erkenntnisgewinn über die Gestaltungsmöglichkeiten des Agenda-Prozesses zu kommen. Vor allem die Frage, wie Partizipation erreicht und gefördert werden kann und zu Umsetzungen im Bereich »Nachhaltige Entwicklung« führt, war für die beteiligten Wissenschaftler von Interesse.

8.12.3 Ziele

Der Beitrag der Projektgruppe *Kulturlandschaft Hohenlohe* richtete sich darauf, die Startphase des Agenda-Prozesses zu begleiten und zur Initiierung eine Projektwoche in der Gemeinde zu gestalten. Den aufgeführten Zielen ist unterstellt, dass die Bürger selbst Experten für ihre Situation und Umwelt sind und dass die Berücksichtigung ihres Wissens und ihrer Einschätzungen in Analyse und Planung die Chancen für die Beteiligung der Bürger bei der Umsetzung ihrer Vorhaben erhöht.

Anwendungsorientierte Ziele
__Der Agenda-Prozess ist von Beginn an auf die Förderung der Beteiligung der Bürger ausgerichtet und bezieht deren Wissen und Anliegen ein.
__Dafür sind Handlungsbereiche oder -ansätze im Dialog innerhalb der Bevölkerung und mit einem Team der Projektgruppe entwickelt.
__Es bestehen Ideen und Ansätze für die Fortführung und Gestaltung des weiteren Agenda – Prozesses in der Gemeinde.

Umsetzungsmethodische Ziele
__Die vorhandenen Methoden zur Einbeziehung lokaler Akteure in Situationsanalyse, Zielfindung und Planung von Maßnahmen sind angepasst worden.
__Das Vorgehen in der Gemeinde Dörzbach ist beispielhaft für kleine Kommunen und so dokumentiert und nachvollziehbar, dass dort ähnliche Prozesse gestartet werden können.

Wissenschaftliche Ziele
Der Schwerpunkt des Teilprojekts liegt auf der Umsetzungsmethodik. Die Erfahrungen mit den eingesetzten Methoden und Methodenbausteinen sollten einer ausführlichen Methodenkritik dienen.
Für die Initiatoren, den Bürgermeister und die Hauptamtsleiterin, mit denen Vorgespräche geführt wurden, sollte das Ergebnis der Agenda 21 ein ganzheitliches Konzept sein, das die Gemeindemitglieder gleichrangig berücksichtigt und einbezieht sowie als Anstoß und Orientierung für einen längeren Entwicklungsprozess dient. Die Arbeitsgruppe vor Ort, die die Projektwoche vorbereitete, zielte auf die Mobilisierung möglichst vieler Leute und die Einbeziehung aller Gruppen. Aus der Projektwoche sollten Ideen und Initiativen entstehen, die vor Ort und mit Engagement der Bürger umgesetzt werden. Neben dieser anwendungsorientierten Zielsetzung war es für die Projektgruppe *Kulturlandschaft Hohenlohe* insbesondere von Interesse, die umsetzungsmethodischen Ergebnisse zu dokumentieren und auszuwerten.

8.12.4 Räumlicher Bezug und zeitliche Einordnung des Teilprojekts

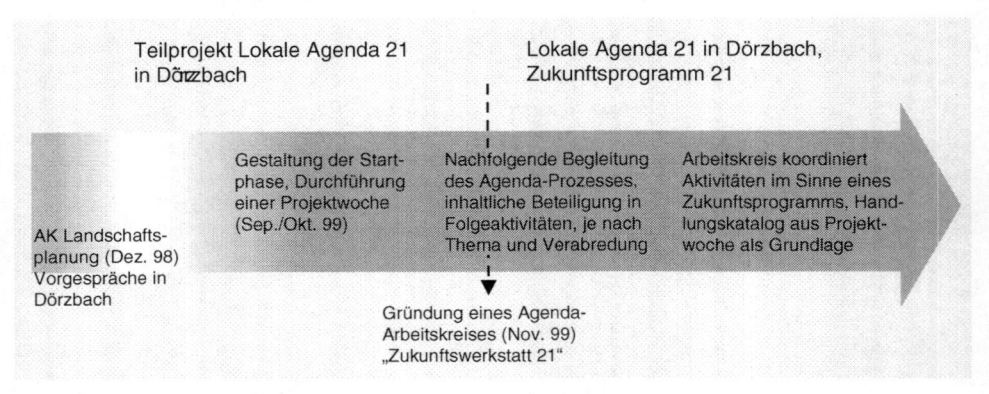

Abbildung 8.12.2: Zeitliche Einordnung des Teilprojekts Lokale Agenda 21 Dörzbach

Die Aktivitäten bezogen sich auf die Gemeinde Dörzbach im mittleren Jagsttal, Hohenlohekreis (Abb. 8.8.2). Dörzbach mit insgesamt 2325 Einwohnern und 32 qkm Gemeindefläche besteht aus den vier Teilgemeinden Dörzbach (1370 Einwohner), Hohebach (605 Einwohner), Laibach (185 Einwohner) und Messbach (165 Einwohner). Bei der Betrachtung des Teilprojekts und der Agenda 21 in Dörzbach ist zu beachten, dass mittlerweile der Übergang von der Startphase zum laufenden Agenda-Prozess stattgefunden hat. Innerhalb des gesamten Prozesses lässt sich das Teilprojekt wie folgt einordnen (Abb. 8.12.2):

8.12.5 Beteiligte Akteure und Mitarbeiter

An dem Teilprojekt zur Startphase und dem laufenden Agenda-Prozess waren und sind die in Tab. 8.12.1 aufgelisteten Gruppen direkt beteiligt. Indirekt beteiligt bzw. interessiert waren das Landratsamt Hohenlohe, das Gemeinden über die Agenda 21 informierte, und das Agenda-Büro an der Landesanstalt für Umweltschutz in Karlsruhe. Im Arbeitskreis *Landschaftsplanung*, in dem Vertreter der Jagsttalgemeinden des Hohenlohekreises teilnahmen, entstand die Idee der Zusammenarbeit. Der Gemeinderat in Dörzbach setzte ein wichtiges Signal durch den Beschluss für die Lokale Agenda 21.

Tabelle 8.12.1: Beteiligte Akteure und Mitarbeiter

Direkte Beteiligte	
Bürgermeister	Initiator für Startphase, Vorgespräche, führt Gemeinderatsbeschluss herbei
Vorbereitungsgruppe	12 Personen, davon 1 bis 2 Mitarbeiter der Projektgruppe *Kulturlandschaft Hohenlohe*, planen und organisieren die Durchführung der Projektwoche
Externes Team	6 Mitarbeiter der Projektgruppe *Kulturlandschaft Hohenlohe*[1] sowie Doktoranden und Studenten verschiedener Hochschulen für die Durchführung und Auswertung der Gespräche, sowie Präsentation der Inhalte während der Projektwoche; vorbereitet und koordiniert durch das Fachgebiet Landwirtschaftliche Kommunikations- und Beratungslehre der Universität Hohenheim
Bürger und Bürgerinnen	ca. 200 bis 300 DörzbacherInnen im Verlauf der Projektwoche
AK-Zukunftswerkstatt 21	lokales Agenda-Gremium, das sich im Anschluss an die Projektwoche bildete, ca. 10 bis 12 regelmäßige von insgesamt 18 Teilnehmern, davon 5 Gemeinderäte und 2 Mitarbeiterinnen der Verwaltung
Ad-hoc Arbeitskreise	je nach Projekt 5 bis 20 Personen, max. zwei parallel laufende Projekte

[1] Angelika Thomas, Alexander Gerber: Universität Hohenheim, Fachgebiet Landwirtschaftliche Kommunikations- und Beratungslehre; Angelika Beuttler: Fachhochschule Nürtingen, Institut für angewandte Forschung; Kirsten Schübel: Universität Freiburg, Institut für Landespflege; Thomas Wehinger, Frank Henssler: Universität für Bodenkultur, Institut für ökologischen Landbau, Wien

8.12.6 Methodik

Methodische Grundsätze
Hintergrund der Aktionen für den Start in das »Zukunftsprogramm« – wie die Lokale Agenda 21 in Dörzbach genannt wurde – bilden Erfahrungen und Grundsätze des PRA – Participatory Rural Appraisal und PLA – Participatory Learning and Action. PRA ist ein Instrument, das zur Situationsanalyse einer Gemeinde (bzw. in einem lokalen oder auch regionalen Kontext) unter Einbeziehung und Beteiligung der Bürger und Bürgerinnen dient (vgl. z.B. SCHÖNHUTH & KIEVELITZ 1993). Von PLA als Überbegriff wird gesprochen, um den gegenseitigen Lernprozess von Außenstehenden oder externen Fachleuten und der Bevölkerung zu betonen. Die Bevölkerung übernimmt eine aktive Rolle im gesamten Prozess, einschließlich der Schlussfolgerungen und der Übernahme der Ergebnisse. PRA und PLA lassen sich anhand von folgenden Prinzipien und methodischen Grundsätzen kurz charakterisieren (Tab. 8.12.2).

*Tabelle 8.12.2: Grundprinzipien und methodische Grundsätze von PRA/PLA
(zusammengestellt und ergänzt aus: REINHARD 1996 und SDC 1997)*

Grundprinzipien von PRA/PLA	Methodische Grundsätze
＿Zielt auf die Partizipation der Bevölkerung	＿Information wird visualisiert und geteilt
＿Es beinhaltet kritische Selbstreflexion und Respektieren von Diversität	＿*Optimale Ignoranz*, um nur die relevanten Informationen zu sammeln
＿Die Haltung gegenüber Bewohnern ist respektvoll, wertschätzend und partnerschaftlich	＿*Angepasste Ungenauigkeit*, um Daten nur im nötigen Detaillierungsgrad und mit vertretbarem Aufwand zu erfassen
＿Gründe und Zwecke des PRA/PLA sind transparent	＿*Triangulation:* Ein Sachverhalt wird bewusst aus verschiedenen Blickwinkeln betrachtet, auch unter Einsatz eines interdisziplinären Teams.
＿Gegenseitiges und gemeinsames Lernen steht im Mittelpunkt, geeignete Kommunikationsformen dienen dazu, die unterschiedlichen Sichtweisen zu verstehen.	＿*Flexibilität:* PRA/PLA bieten keine starre Methodologie, aber eine reichhaltige Werkzeugkiste. Je nach Gegenstand und Kommunikationskultur kommen verschiedene jeweils angepasste Werkzeuge zum Einsatz.
	＿*Reflexion* u. *Iteration* (schrittweises Vorgehen)

PRA/PLA sind flexible Instrumente. Sie enthalten unterschiedliche Formen der Erhebung und des Austauschs, sodass ihre genaue Ausführung von der Wahl geeigneter Methodenbausteine abhängt. Für die Startphase der Lokalen Agenda 21 in Dörzbach wurde die Idee einer Projektwoche bestehend aus verschiedenen Einzel- und Gruppengesprächen aufgegriffen, wie sie in ähnlicher Form schon in der Schweiz durch die LBL (Landwirtschaftliche Beratungszentrale Lindau) und in Baden-Württemberg durch die LEL (Landesanstalt für Entwicklung der Landwirtschaft und der Ländlichen Räume) durchgeführt wurden. Die dort gesammelten Erfahrungen zeigen die Projektwoche in mehrerer Hinsicht als erfolgreiches Instrument. Sie führt zu einer größeren Akzeptanz der zusammengetragenen Informationen und Lösungsvorschläge und zu einer anhaltenden Mobilisierung der Bürger für konkrete Aktionen. Die Qualität des Austauschs, der innerhalb der Gemeinde und mit dem auswärtigen Team stattfindet, wird meist als ungewöhnlich hoch bewertet und sehr wertgeschätzt (vgl. CURRLE & DELIUS 1998, HÜRLIMANN & JUFER 1996). Aus der Erfahrung, dass das Follow-up, d.h. der nachfolgende Prozess nach einer Projektwoche, oft Schwächen aufweist, wurde in Dörzbach eine nachfolgende Begleitung angeboten.

Vorgehen und zeitlicher Ablauf

Tabelle 8.12.3: Ereignisse im zeitlichen Ablauf

Vorbereitung
—Arbeitskreissitzung Landschaftsplanung im Dezember 1998 Fragen zu Formen der Bürgerbeteiligung und Lokaler Agenda 21. *—Vorgespräche Bürgermeisteramt Dörzbach im Januar und März 1999* Mögliche Beiträge der Projektgruppe *Kulturlandschaft Hohenlohe*, mögliche Vorgehensweise. *—Gemeinderatsbeschluss in Dörzbach im März 1999* Die Lokale Agenda 21 wird ohne Gegenstimme beschlossen. *—Informationsveranstaltung zur Lokalen Agenda 21 am 1.7.1999* Außerordentliche Bürgerversammlung, Vorschlag zur Projektwoche, erste Listen für Mitwirkung in einer Vorbereitungsgruppe und in der Projektwoche selbst. *—Bildung einer örtlichen Arbeitsgruppe (Vorbereitungsgruppe) am 22.7.1999* Die örtliche Arbeitsgruppe lädt zur Mitarbeit ein und übernimmt die Vorbereitung vor Ort: Logo und Motto der Projektwoche, Öffentlichkeitsarbeit, Helfer, Unterbringung etc. Fünf Treffen: 22. 07. 99   Idee und Realisierbarkeit, ehrenamtliche Mitarbeit 04. 08. 99   Arbeitsplanung für die Vorbereitung 18. 08. 99   Festlegung der Gruppengespräche, Routen für die Wanderung 01. 09. 99   Planung offener Punkte, Modellbau und Gruppengespräche 08. 09. 99   Terminabstimmung, Verlegung des Abschlussabends
Durchführung
—»Zukunftswerkstatt 21« vom 24. 09. 1999 bis 03. 10. 1999 Querschnittswanderungen in Dörzbach und Treffen in der Weingärtnerei; »Küchentischgespräche« und Gruppengespräche/Themenabende; Modellbau von Dörzbach und Ausstellung; Auswertung der Gespräche, Präsentation und Diskussion am Abschlussabend.
Nachbereitung und Planung der weiteren Arbeit
—Dokumentation und Fotoberichte Der Verlauf, die Eindrücke und Ergebnisse wurden in einem Fotoprotokoll festgehalten. Der darin enthaltene Themenkatalog dient als Grundlage für die weitere Arbeit. *—Nachtreffen 16. 11. 1999, Gründung eines Agenda 21-Gremiums* Öffentliches Treffen von Mitgliedern der Vorbereitungsgruppe und von Interessierten: Rückblick auf die Projektwoche; Gründung eines Agenda 21 Gremiums mit dem Titel »Zukunftswerkstatt 21«. *—Treffen des neuen Arbeitskreises »Zukunftswerkstatt« am 30. 11. 1999* Planung der weiteren Arbeit und Beschluss der ersten Aktivitäten in zwei Gruppen (Arbeitskreisinitiativen).
Die weitere Arbeit
—Regelmäßige Treffen des Arbeitskreises »Zukunftswerkstatt« zur Koordination und Planung sowie Austausch über Aktivitäten, die in Aktivarbeitskreisen aus Interessierten und Engagierten durchgeführt werden

Die Projektwoche, die Ende September 1999 stattfand, bildete einerseits den zentralen Rahmen für die eingesetzten Gesprächsformen bzw. Methodenbausteine. Auch wenn sie damit im Vordergrund der »Agenda-Startphase« stand, ist sie anderseits nicht ohne einen entsprechenden Vor- und Nachlauf denkbar. Tabelle 8.12.3 gibt darüber einen Überblick. Für die Öffentlichkeitsarbeit und die Vorbereitung der Projektwoche vor Ort wurde eine örtliche Arbeitsgruppe gebildet (Vorbereitungsgruppe). Bei der Zusammensetzung dieser für die Mitarbeit offenen Gruppe wurde darauf geachtet, dass möglichst Vertreter von allen Gruppen und Teilorten Dörzbachs beteiligt sind. Ebenso spielte dies bei der Auswahl der Themen und der Werbung für die »Küchentischgespräche« eine Rolle. Zur Nachbereitung gehörten die Dokumentation und zwei Nachtreffen, die gleichzeitig den Übergang in den nun laufenden Agenda-Prozess bildeten.

Die Einführung und **methodische Vorbereitung** des 16-köpfigen externen Teams fand aus organisatorischen Gründen vor Ort zu Beginn der Projektwoche statt. Die Mitglieder reisten von Wien bis Hamburg aus an und bildeten eine von Herkunft und Hintergrund gemischte Gruppe. Ihre Aufgabe war es, die verschiedenen Gespräche in Dörzbach zu führen, zu moderieren und auszuwerten, um einen Einblick in die Situation von Dörzbach zu gewinnen und zusammenzutragen, wie sich dies aus der Sicht der Dörzbacher Bürger mit deren Kritik, Änderungswünschen, Vorschlägen und Ideen für die Zukunft darstellt. Die organisatorische Vorbereitung der Gespräche, z.B. zur Routenplanung, Terminabsprache, Themenwahl für die Abende und Werbung für die Gespräche über Gemeindeboten und von »Mund zu Mund«, hatte die örtliche Vorbereitungsgruppe übernommen.

Beschreibung der eingesetzten Methodenbausteine

Die **Transektwanderung** fand zu Beginn der Projektwoche statt. Dabei wurde nicht die ursprüngliche Form des PRA-Werkzeugs mit einem Transekt quer zu den Höhenlinien gewählt, sondern man einigte sich auf drei Routen, die alle Landschaftsausschnitte und -elemente, Teilorte und den Ortskern umfassten. Die Mitglieder des externen Teams erhielten durch die Wanderung und die Gespräche mit den teilnehmenden Ortskundigen ein erstes Bild über natürliche Voraussetzungen, Nutzung und geschichtliche Entwicklung des Ortes und die jeweiligen Bewertungen der Einwohner.

Ziel von »**Küchentischgesprächen**« ist, dass die Gesprächspartner aus ihrer Sicht positive und negative Einschätzungen, Probleme, Verbesserungsvorschläge und Ideen zu ihrer Gemeinde äußern. Der Begriff »Küchentischgespräch« bedeutet, dass die Gespräche bei den Familien zu Hause in vertrauter Umgebung stattfinden. Von jeweils zwei Mitgliedern des externen Teams wurden diese Gespräche halbstrukturiert anhand eines Leitfadens geführt. Insgesamt fanden 56 Interviews in Familien und in Betrieben statt. 52 Gespräche waren vorab von der örtlichen Vorbereitungsgruppe verabredet worden, die sich bemüht hatte, Gesprächspartner in allen Teilorten und innerhalb verschiedener Gruppen zu finden (Gewerbe, Senioren, (junge) Familien, politisch und kulturell engagierte Bürger, in Vereinen engagierten Bürger, Landwirte, Neubürger und Aussiedler, Vertreter von Natur- und Umweltschutz). Hinzu kamen Gespräche, die von dem Interviewteam informell oder zusätzlich während der Woche geführt wurden.

Ergänzend zu den Küchentischgesprächen in vertraulichem Rahmen fanden acht öffentliche **Gruppengespräche oder Themenabende** zu den Themen »Landschaft und Landwirtschaft«, »Bürger und öffentliche Einrichtungen«, »Zukunftsträume«, »Alt werden in Dörzbach«, »Jugend« und »Tourismus in der kleinen Gemeinde« statt. Die von den Mitgliedern des Arbeitsteams moderierten und visualisierten Gespräche und Diskussionen griffen wie beim Thema »Altwerden« zum Teil eine schon benannte Problematik auf. In allen Gruppengesprächen wurde aber versucht, möglichst breit Meinungen, Ideen und Vorschläge zusammenzutragen. Zwei der Veranstaltungen – »Bürger und öffentliche Einrichtungen«, »Alt werden in Dörzbach« – sowie ein Treffen mit Konfirmanden nutzten das von den Schülern gebaute Orts-Modell.

Der Bau des Orts-Modells war ein für den Einsatz in ländlichen Gemeinden neues Element aus der gemeinwesenorientierten Methode »**Planning for Real**«. Dieses 1977 in Großbritannien für die Stadtteilarbeit entwickelte Verfahren hat zum Ziel, die Beteiligungsmöglichkeiten der Bewohner bei der Entwicklung und Verbesserung ihres Stadtteils zu fördern. Das dreidimensionale Modell, das mit Kindern, Jugendlichen, aber auch Erwachsenen von ihrem Ort oder Stadtteil gebaut wird, regt eine Verständigung unter den Bewohnern und der Bewohner mit Planern und Experten über Mängel, Verbesserungsvorschläge und Ideen an (SCHWARTZ & TIGGES 2000). Innerhalb der Projektwoche in Dörzbach wurde an zwei Tagen mit Schülern der 3. und 4. Grundschulklasse und mit Unterstützung von Eltern und Betreuern ein Modell der Dörzbacher Teilorte gebaut. Aus Styropor und Pappe entstand im Maßstab 1:400 die Ist-Situation der Gemeinde mit Wohngebäuden, Fabrikhallen, Kirchen, Brücken, Strassen, Feldern usw. Zum Bau eingeladen und angesprochen waren auch ältere Kinder, die vormittags zu den weiterführenden Schulen nach Künzelsau oder Bad Mergentheim fahren. An zwei weiteren Tagen wurde das Modell in allen Teilorten öffentlich gezeigt, um so anhand des Modells mit den Bewohnern über Defizite und Mängel in der Gemeinde in das Gespräch zu kommen. Ideen und Vorschläge zur Lösung der Probleme konnten mit sogenannten »Vorschlagskarten« im Modell dort platziert werden, wo es die Anwesenden als wichtig empfanden. Mit Hilfe des Orts-Modells konnten viele Dörzbacher Bürger zur Frage der künftigen Entwicklung ihrer Gemeinde erreicht werden. Zahlreiche konkrete Ideen zur Verbesserung und Veränderung der derzeitigen Situation wurden damit gesammelt und dokumentiert.

Die **Auswertung** aller Gespräche hat zum Ziel, die gewonnenen Informationen und Meinungen so zu verdichten und zu strukturieren, dass ein Überblick darüber entsteht, wie die Einwohner selbst ihre Situation sehen und bewerten. Meinungen und Aspekte werden gegenübergestellt, möglichst ohne dass Einzelmeinungen untergehen. Dabei wird nicht mit Kriterien gearbeitet, die das externe Team vorher festlegt. Um das Bild der Gemeinde möglichst nah an den geführten Gesprächen widerzuspiegeln und gleichzeitig mit der Fülle der gewonnen Information umzugehen, wurde nach einer Methode des Verdichtens vorgegangen, die sich in PRA-Wochen bewährt hat (SCHMIDT 1995). Im ersten Schritt hielten die Interviewer die Kernaussagen nach jedem Gespräch auf ca. 10 Karten fest, die sie entsprechend der Interview-Leitfragen nach »Chancen und Möglichkeiten«, »Problemen«, »Verbesserungsvorschlägen« und »Visionen/verrückte Ideen« ordneten und dafür auch unterschiedliche Kartenfarben verwendeten. Das Ergebnis waren zunächst knapp 700 Karten. Daraus wählte jedes Teammitglied zunächst drei Karten mit Stichpunkten aus, die ihm oder ihr in den Gesprächen als besonders bedeutsam erschienen waren. Die so reduzierte Auswahl wurde geordnet und die entstandenen Themenblöcke erhielten Arbeitstitel. Diesen Themenblöcken wurden die übrigen Karten zugeordnet und in Gruppenarbeit wurden daraus Unterpunkte festgelegt und geordnet.

Für die **Präsentation der Ergebnisse** an einem öffentlichen Abschlussabend wurde die Auswertung auf Pinwandplakaten visualisiert und eine Bühnenpräsentation vorbereitet. Der Abschlussabend diente zum einen der Wiedergabe und Diskussion der zusammengetragenen Inhalte. Die Übergabe einer vorläufigen Dokumentation betonte, dass die Urheberrechte und die weitere Verantwortung für die Verwendung der Ergebnisse in der Gemeinde liegen. Zum anderen zielte die Veranstaltung auf eine mobilisierende Wirkung, indem sich die Bürger in dem Präsentierten wiedererkennen und davon angesprochen fühlen sollten. Für die Bühnenpräsentation hatten die Mitgliedern des externen Teams verschiedene Sketche und Spielszenen vorbereitet, um die Bandbreite der zusammengetragenen Möglichkeiten und Probleme in Dörzbach in einer anregend humorvollen und dadurch akzeptablen Form zu präsentieren. Zusätzlich gab es an dem aufgebauten Modell der Teilorte nochmals Gelegenheit, Kommentare und Ergänzungen vorzunehmen.

8.12.7 Ergebnisse

Grundlagen für die Darstellung und Einordnung der Ergebnisse und Erfahrungen liefern außer der Dokumentation der Projektwoche, das Nachtreffen mit der Vorbereitungsgruppe, das Nachtreffen mit einem Teil der Teammitglieder und eine Evaluierung mit dem gebildeten Agenda-Gremium zwei Jahre nach der Projektwoche. Die Ergebnisse lassen sich dabei wie folgt den Kategorien »anwendungsorientiert« und »umsetzungsmethodisch« zuordnen (Tab. 8.12.4).

Tabelle 8.12.4: Ergebnisse und Erfolgskriterien

Anwendungsorientierte Ergebnisse und ihre Erfolgskriterien:	
Der Agenda-Prozess ist von Beginn an auf die Förderung der Beteiligung der Bürger ausgerichtet und bezieht deren Wissen und Anliegen ein.	Einbeziehung aller sozialer Gruppen in die Erhebung; Bildung einer lokalen Agenda 21 Gruppe
Handlungsbereiche oder -ansätze sind im Dialog entwickelt.	Gebildete Handlungsbereiche; angemeldetes Interesse an der Mitarbeit (z.B. Verteilerlisten oder erste Treffen)
Es sind Ideen und Ansätze für die Fortführung und Gestaltung des weiteren Agenda-Prozesses vorhanden.	*Lokale Agenda* 21 Gruppe/Gremien für die Fortführung der Agenda und für konkrete Vorhaben
Umsetzungsmethodische Ergebnisse und ihre Erfolgskriterien:	
Vorhandene Methoden zur Einbeziehung lokaler Akteure in Situationsanalyse, Zielfindung und Planung von Maßnahmen sind angepasst.	Anwendung und Methodenkritik durch Mitarbeiter; hervorgebrachte Ergebnisse
Das Vorgehen ist dokumentiert und für kleine Gemeinden bei ähnlichen Prozessen nachvollziehbar.	Dokumentation

Anwendungsorientierte Ergebnisse

Erfolgskriterien für alle Projektinitiatoren und -beteiligten sind vor allem der Grad der Beteiligung von Bürgern, das Herausarbeiten von Handlungsansätzen und die Bildung eines Agenda-Gremiums. Dies sind gleichzeitig die wesentlichen Faktoren für die Fortführung des Agenda-Prozesses.

Die **Beteiligung in der Projektwoche** war insgesamt hoch: An der Querschnittswanderung nahmen ca. 50 bis 60 Dörzbacher Bürger Teil, an dem gut besuchten Abschlussabend ca. 150 Personen und in den 56 Küchentischgesprächen wurde mit ca. 110 bis 130 Leuten gesprochen. Beim Modellbau waren zwei Klassen der Grundschule und einzelne Eltern beteiligt. Während der Ausstellung des Modells in den Teilorten (vor dem Supermarkt, der Kirche und dem Rathaus) kamen zahlreiche Gespräche zustande. Bei den Gruppengesprächen oder Themenabenden variierte die Teilnehmerzahl von gering (10) bis hoch (35). Gespräche konnten in allen Teilorten und mit den unterschiedlichen Gruppen geführt werden, jedoch erwiesen sich zwei Gruppen als kaum vertreten (Naturschutz) oder schwer erreichbar (Russlanddeutsche). Auch das Nachtreffen zur Projektwoche war sehr gut besucht. Außer den 11 Mitgliedern der Vorbereitungsgruppe waren sechs neue Interessierte der öffentlichen Einladung gefolgt.

In einer Kartenabfrage bewerteten die Teilnehmer des Nachtreffens das Engagement der Bürger, die angeregten Diskussionen und die Stimmung am Abschlussabend als positive Anzeichen für die Beteiligung in der Projektwoche. Insgesamt wurden folgende Stichworte genannt (Treffen 16.11.1999):

Positive Punkte (zusammengefasst):
— *»Einbeziehung«* von unterschiedlichen Gruppen, Kindern, Bürgern, allen Teilorten (4 Nennungen)
— *»Mitwirkung der Bürger«*, *»Bereitschaft zum Mitmachen«* (4 Nennungen)
— *»gute Abschlussveranstaltung«* (5 Nennungen)
— *»wertungsfreies Zusammentragen der verschiedenen Meinungen ergab einen spannenden, interessanten Überblick über die Befindlichkeit in der Gemeinde«*
— *»Möglichkeit, bei den Küchentischgesprächen alles zu sagen«*
— *»Wahrung der Anonymität: vieles offen gelegt«*
— *»Themen wurden konkret genannt«*
— *»Querschnittswanderung. Vor Ort diskutieren, entscheiden«*
— *»positive Resonanz (heute viele Leute da)«*

Negative Punkte, Kritik:
— *»manche Gruppen fehlten«* oder waren kaum beteiligt (2 Nennungen)
— *»teilweise geringe Beteiligung bei Themenabenden«*, *»zu wenige Gruppenthemen«*
— *»keine neue Information, bekannter Ist-Zustand«*
— *»langes Warten nach der Wanderung«*
— *»beantragter Zuschuss (Umweltministerium Baden-Württemberg) abgelehnt«*
— *»gute Ideen schneller auf den Weg bringen«*
— *»Diskussion nach der Projektwoche abgebrochen«*
— *»Dinge wurden wieder aktuell, die schon vorher (erfolglos) benannt wurden«*

Von der Projektwoche wurde eine **Dokumentation** erstellt, die mit den gesammelten Aussagen und Vorschlägen zugleich als **Handlungskatalog** dient. Die Handlungsbereiche mit verschiedenen Unterpunkten umfassen dabei:

— *Landwirtschaft:* Werte der Landwirtschaft, die nicht bezahlt werden; wirtschaftliche und soziale Lage der Landwirtschaft; Weinbau; Ideen und Vorschläge für die zukünftige Landwirtschaft (Eigeninitiative, Organisation, Ideen); Natur, Kulturlandschaft; Agrarpolitik
— *Entscheidungsfindung – Interessenvertretung:* Verwaltung – Gewerbe; Dörzbach – Teilorte; Möglichkeiten der Bürgerbeteiligung; Bürgermeister – Gemeinderat; Führung Bürgermeister
— *(Entwicklungs-) Konzepte:* Interessenkonflikte mit Dorfentwicklung; Verschuldung; Aufgaben der Gemeinde; Pflege der Teilorte; Abwasser; Hochwasser; Entwicklungskonzepte; Planungen; Industrieansiedlung; Bauplätze; Ortskernentwicklung; Landschaftsbild und Lebensqualität
— *Werte und Lebensqualität:* Kulturelles Angebot; Naherholung; Leben im Dorf; Ortsbild; Wohnen in Dörzbach und den Teilgemeinden; Lebenseinstellungen
— *Verkehr:* Nahverkehr; Lkw-Verkehr; Straßenbau; Verkehrssicherheit; Verkehrsberuhigte Zonen; Verkehrspolizei

__*Natur und Landschaft*__
__*Tourismus:*__ allgemein Tourismusentwicklung in Dörzbach; Präsentation und Werbung; Informations- und Leitsysteme; Nutzung der Jagst; Wanderwege, Radwege; kulturelle Highlights; Jagsttalbahn; Nutzungskonflikte
__*Industrie, Handel und Gewerbe:*__ Gastronomie; Übernachtungsmöglichkeiten; Versorgung; Einkauf, Lebensmittel; Einkaufsverhalten, Kaufkraft; Handel, Gewerbe, Handwerk allgemein; Arbeitsplätze; Innovation; Kooperation, gemeinsame Werbung
__*Miteinander Leben:*__ Senioren; Vereinsleben, soziales Leben; Frauen; Freizeitgestaltung und Kultur; Jugend, junge Leute in Dörzbach; Jugend/Integration; Jugend aus Sicht der Erwachsenen; Integration von Neubürgern; Identität der Teilgemeinden; Kirche; Beziehungen und Kommunikation zwischen gesellschaftlichen Gruppen und Ortsteilen

Für die **Projektwoche als Start in den Agenda-Prozess** ist der Beschluss der Teilnehmer des Nachtreffens zur Projektwoche, einen koordinierenden Agenda 21-Arbeitskreis mit dem Namen »Zukunftswerkstatt 21 Dörzbach« zu gründen, ein wichtiges Ergebnis. Der Arbeitskreis hat es sich zur Aufgabe gemacht, an den herausgearbeiteten Themen auf Grundlage der vorliegenden Dokumentation weiter zu arbeiten. Dies soll in Form von überschaubaren Projekten geschehen, die von den jeweils interessierten Personen getragen werden. Nicht mehr als ein bis zwei solcher Projekte sollen dabei gleichzeitig durchgeführt werden. In dem nächsten Treffen des Arbeitskreises wurden die ersten Aktivitäten beschlossen. Der AK Zukunftswerkstatt 21 hat sich im Folgenden alle vier bis sechs Wochen getroffen und bereits mehrere Projekte, zum Teil parallel in zwei Gruppen, realisiert.

Als Synonym für die Agenda 21 und das Nachhaltigkeitsziel hielten die Teilnehmer der Zukunftswerkstatt bei ihrem Gründungstreffen als Gesamtziel ein *»Zukunftsprogramm«* fest, *»das dauerhaft ist, nicht aufhört und die drei Säulen Ökonomie, Ökologie und Soziales berücksichtigt«* (Arbeitskreis-Treffen 16.11.1999).

Umsetzungsmethodische Ergebnisse
Der **Einsatz der Methodenbausteine** innerhalb der Projektwoche wurde in Kap. 8.12.6 beschrieben. Zu den Erfahrungen gehört, dass die Transektwanderung (mit geselligem Abschluss in der Weingärtnerei) sowohl von den lokalen Akteuren als auch von den Mitgliedern des externen Teams als ein guter Einstieg gesehen wurde. Allein auf der Wanderung wurden schon viele Informationen zusammengetragen. Die Zeit für Auswertung und Reflexion im Team war jedoch knapp bemessen, was sich vor allem durch die große Anzahl verabredeter Küchentischgespräche verstärkte. Hier hätte – entsprechend einer »optimalen Ignoranz« (vgl. Kap. 8.12.6) – eine geringere Zahl an Interviews genügt, um mehr Flexibilität zu haben, offenen Punkten oder neu entstandenen Fragen nachzugehen. In den Küchentischgesprächen war es möglich, offene und kritische Gespräche zu führen, was von den Akteuren auch positiv bewertet wurde (s.o.). Insgesamt haben sich alle Methodenbausteine bewährt. Als sehr positiv erwies sich der Modellbau. Er stellte ein zusätzliches Element zur Visualisierung und eine Diskussionsgrundlage dar, wodurch Kinder und Erwachsene gut erreicht wurden.

Die Projektwoche in Dörzbach erwies sich als geeigneter Rahmen, um flexibel solche Methodenbausteine einzusetzen, die einer offenen Herangehensweise entsprechen und der Situationsanalyse, Ideenentwicklung und Aktivierung dienen. Inwieweit sich die **Projektwoche als Instrument** für den Einstieg in den lokalen Agenda-Prozess eignet, hängt aber nicht nur von der Erreichung der oben genannten Erfolgskriterien und den Erfahrungen mit den Methodenbausteinen, sondern auch von den vorhandenen Ausgangs- und Rahmenbedingungen ab. Dies ist Gegenstand der Diskussion (vgl. Kap. 8.12.8).

Evaluierungen und Bewertungen des Agenda-Prozesses im weiteren Verlauf

Die Arbeit der Agenda-Gruppe, die sich im Anschluss an die Projektwoche in Dörzbach gebildet hat, wurde von der Projektgruppe *Kulturlandschaft Hohenlohe* durch die Moderation der Sitzungen bis Dezember 2001 begleitet. Diese Zusammenarbeit ermöglichte die Durchführung von Evaluierungen des laufenden Agenda-Prozesses in Verbindung mit der Zwischenevaluierung 2000/2001 und der Abschlussevaluierung 2001/2002 durch die Projektgruppe *Kulturlandschaft Hohenlohe*.

Im Zuge der Abschlussevaluierung der gemeinsamen Arbeit konnte im Rückblick eine **Bewertung der Projektwoche** vorgenommen werden. In dieser Bewertung im Arbeitskreis im Dezember 2001 sehen die Mitglieder des Arbeitskreises den Start in die *Lokale Agenda* 21 durch die Projektwoche positiv, benennen aber die Schwierigkeit, die Beteiligung und Begeisterung der Bürger über einen längeren Zeitraum aufrecht zu erhalten (Tab. 8.12.5).

Tabelle 8.12.5: Bewertung der Ergebnisse der Projektwoche im Rückblick (AK 10.12.2001)

Die Projektwoche als Start in die *Lokale Agenda* 21 in Dörzbach:	
Mit welchen der erreichten Ergebnissen sind Sie weniger/nicht zufrieden?	**Mit welchen Ergebnissen sind Sie zufrieden?**
—*Funke hat nicht weiter gezündet* —*das »Tun nicht bei allen angekommen«* —*Agenda-Gruppe konnte nicht alle Themen aufgreifen* —*Laibach nicht so* (beteiligt) —*einheitliche Beschilderung fehlt teilweise noch (im Projekt Wanderwege der Agenda-Gruppe)*	—*rund um gut* —*Bevölkerung erhitzt* —*alle beteiligt* —*Bestandsaufnahme spitze* —*Zusammenarbeit zwischen den Teilorten verbessert* —*Folgen beachtlich* —*2 Jahre Arbeit und Ergebnisse* —*(Projekt) Wanderwege*

In Anlehnung an das Evaluierungsschema für die Abschlussevaluierung der Projektgruppe *Kulturlandschaft Hohenlohe* wurden auch geschlossene Fragen gestellt. Die acht anwesenden Arbeitskreisteilnehmer bewerteten dabei die Durchführung der Projektwoche zum Start in die *Lokale Agenda* 21 als geeignetes Mittel in Dörzbach. Zustimmung fand auch, dass dieses Vorgehen für andere kleine Gemeinden übertragbar ist und die Beteiligung im Arbeitskreis Zukunftswerkstatt ein gutes Mittel ist, um aktiv zur Entwicklung der Gemeinde beizutragen. Kritischer, d.h. mit weniger Zustimmung von einem Teil der Befragten wurden die Punkte zum weiteren Fortbestand der Ergebnisse bzw. der Arbeit bewertet. Dies betrifft die Vertretung aller wichtigen Personen zu diesem Zeitpunkt im Arbeitskreis Zukunftswerkstatt Dörzbach 21 und die Fortführung des Agenda-Prozesses ohne Beteiligung der Projektgruppe.

Bei der vorangegangenen Zwischenevaluierung war in Zusammenhang mit den Fragen der Beteiligung insbesondere die **Öffentlichkeitsarbeit** als verbesserungsbedürftig bewertet worden. Um mehr Bürger oder Gruppen für das Mitmachen zu gewinnen, sollten attraktive Themen für neue Projekte gewählt und die Außendarstellung verbessert werden. Außer den Einladungen zu den Sitzungen des Arbeitskreises im Gemeindeboten wollten die Mitglieder vermehrt darauf achten, dass sie auch über die bereits laufenden Projekte häufiger Bericht erstatten und in den Zeitungen präsent sind. Neben den Informationen im Gemeindeblatt ist die Zukunftswerkstatt Lokale Agenda 21 mittlerweile auch auf der Homepage der Gemeinde Dörzbach vertreten (www.doerzbach.de).

Positiv sowohl in der Zwischen- als auch der Abschlussevaluierung wurden jeweils die **Zusammenarbeit und die Arbeitsweise** innerhalb der Arbeitsgruppe in Dörzbach und mit der Projektgruppe *Kulturlandschaft Hohenlohe* bewertet. Als positiv bemerken die AK-Mitglieder vor allem die Durchführung von zeitlich befristeten Projekten, die bereits zu ersten Erfolgen geführt haben, die Zusammenarbeit und Atmosphäre in den Arbeitskreisen und die Begleitung durch die Projektgruppe *Kulturlandschaft Hohenlohe*. Zur Zufriedenheit mit der Arbeitsweise gehört auch, dass zwei Vertreterinnen der Verwaltung im Arbeitskreis mitwirken, Geschäftsführungsaufgaben übernommen haben und für die Erstellung bzw. den Versand der Fotoprotokolle sorgen. Zwei weitere Mitglieder des Arbeitskreises wechseln sich seit Anfang 2002 mit der Moderation ab.

Diskussionen über **Zielformulierungen und Struktur des Arbeitskreises** wurden als »theoretisch« eingestuft und kamen i.d.R. auf Vorschlag der Projektgruppe *Kulturlandschaft Hohenlohe* zustande. Mit der Etablierung des Arbeitskreises und der zweijährigen Arbeit hat sich allerdings eine Struktur entwickelt, die nach Ansicht der AK-Mitglieder wichtige Kriterien für eine lokale Agenda 21 in kleinen Gemeinden im Wesentlichen erfüllt (Abb. 8.12.3):

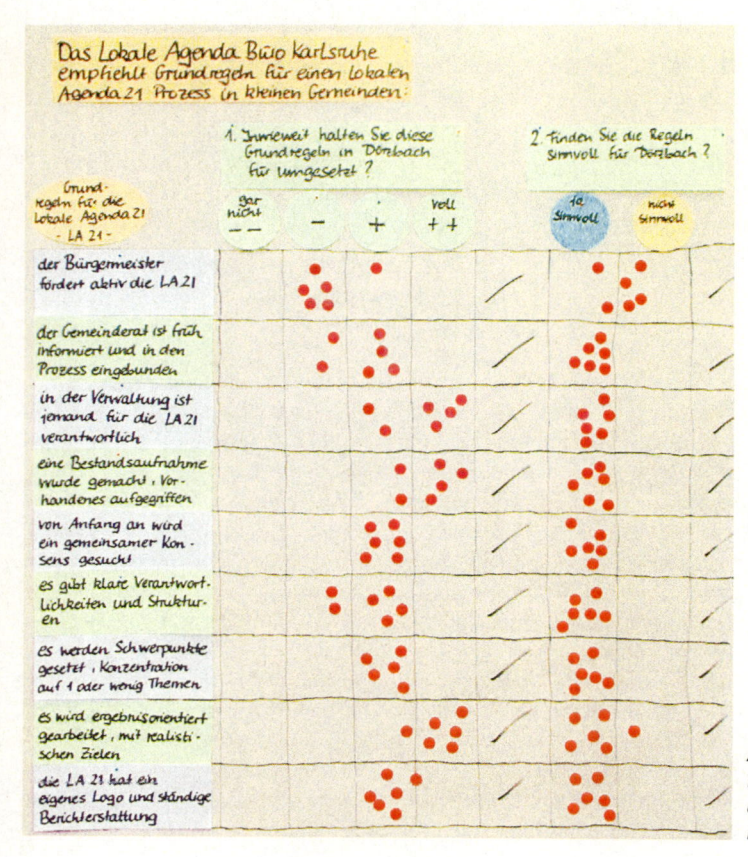

Abbildung 8.12.3:
Bewertung der Umsetzung der lokalen Agenda 21 im Arbeitskreis 5. 11. 2001

Ebenso findet die Auseinandersetzung der Arbeitskreismitglieder mit dem Leitbild »Nachhaltigkeit« eher auf der praktischen Umsetzungsebene als auf der Ebene von Zieldiskussionen statt. Sie wird von den Aktiven in Dörzbach als Grundgedanke begriffen. Mit der jeweiligen Themenauswahl und -bearbeitung soll auf die Ausgewogenheit zwischen den drei Säulen Ökologie, Wirtschaft und Soziales und die Einbeziehung aller Bevölkerungsgruppen geachtet werden.

Verknüpfung mit anderen Teilprojekten

Die Erfahrungen und Ergebnisse in Dörzbach wurden im Arbeitskreis *Landschaftsplanung* ausgetauscht. Mitglieder des Arbeitskreises Zukunftswerkstatt waren hier regelmäßige Teilnehmer. Eine »Wiederholung« des Vorgehens in einer weiteren Gemeinde im Projektgebiet stand nicht zur Diskussion. Mulfingen, das als einzige weitere Gemeinde während der Projektlaufzeit des Modellvorhabens eine *Lokale Agenda* 21 startete, wählte einen anderen Auftakt und bezog vor allem die Vorarbeit des Arbeitskreises »*Ökobilanz Mulfingen*« ein.

Akteursebene

Gewerbe
Privatperson
Verbraucher
Gastronom
Landwirt
Handwerker

Vertreter:

Wirtschaft
Gemeinde
Fachbehörde Kreis
Verein
Verband
Fachbehörde Land
Ministerium Land

Konservier. Bodenbearb.
Öko-Weinlaub
Bœuf de Hohenlohe
eigenART
Hohenloher Lamm
Themenhefte
Öko- Streuobst
Panoramakarte
Lokale Agenda
Heubörse
Landnutzung Mulfingen
Gewässerentwicklung
Landschaftsplanung
Regionaler Umweltdatenkatalog
Ökobilanz Mulfingen

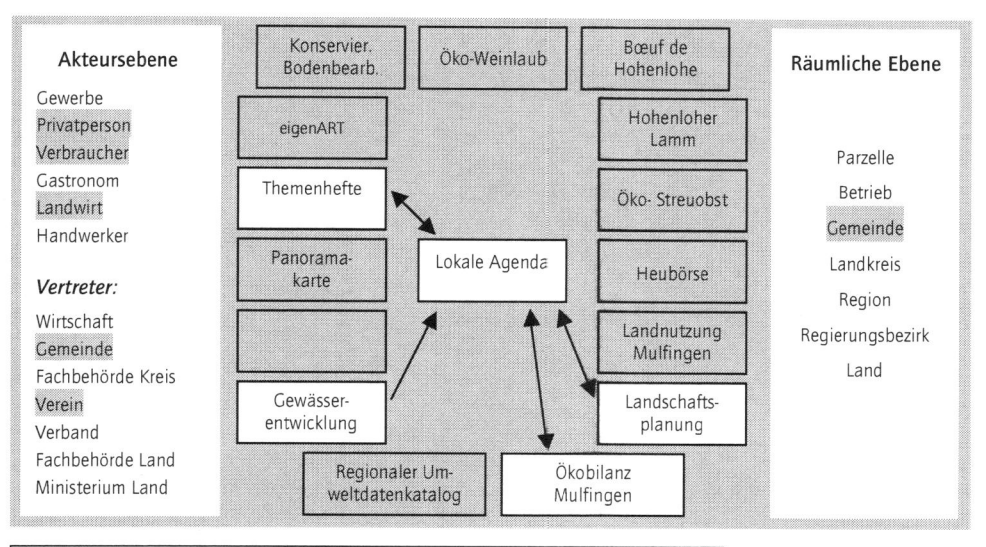

Räumliche Ebene

Parzelle
Betrieb
Gemeinde
Landkreis
Region
Regierungsbezirk
Land

Legende:
einseitiger, zwingender Daten-, Informationsaustausch ⟶
wechselseitiger, zwingender Daten-, Informationsaustausch ⟷

Abbildung 8.12.4: Verknüpfung des TP Lokale Agenda 21 Dörzbach mit den übrigen Teilprojekten

8.12.8 Diskussion

Wurden alle Akteure beteiligt und die gesetzten Ziele erreicht?
Durch die Projektwoche konnten viele Leute erreicht und mobilisiert werden und im Anschluss etablierte sich eine arbeitsfähige Agenda-Gruppe. Hierin liegen die wesentlichen Ergebnisse dieses Teilprojektes. Da außerdem durch die Aktivitäten des Arbeitskreises Zukunftswerkstatt Dörzbach 21 ein Übergang in einen selbsttragenden Prozess stattfand, stellen sich die Ergebnisse der Projektwoche überwiegend positiv dar.

Von besondere Bedeutung war dabei, inwieweit es gelingt, möglichst viele Bürger und alle sozialen Gruppen in den Agenda-Prozess einzubeziehen und zu beteiligen. In der Projektwoche in Dörzbach ist dies mit der Einschränkung gelungen, dass eine gesellschaftliche Gruppe nicht für die Vorbereitung gewonnen werden konnte und sich auch später als schwer erreichbar erwies. Mit viel Initiative und geballten Aktivitäten während der Projektwoche konnte hier zwar ein recht breites Bild quer durch die Bevölkerung zu den Einschätzungen der Situation und der Zukunft von Dörzbach gezeichnet werden. Zu überlegen ist aber, welche methodischen Grenzen und Verbesserungsmöglichkeiten es gibt (s.u.).

Fragen der Beteiligung stellen sich aber in noch stärkerem Licht für die Mitwirkung im nachfolgenden Agenda-Prozess. Die kurzfristige Mobilisierung von vielen war hier keine Garantie, da eine aktive Beteiligung und Initiative Einzelner bzw. einzelner Gruppen auch für länger andauernde Aktivitäten benötigt wird. Die in der Zukunftswerkstatt Dörzbach 21 benannten Schwierigkeiten und Lösungswege decken sich dabei mit anderen Erfahrungen in Baden-Württemberg. So berichten laut einer Umfrage zur Lokalen Agenda 21 in Baden-Württemberg 40 Prozent der Agenda-Kommunen, die Hauptprobleme lägen im mangelnden Interesse und der zu geringen Motivation und Mitarbeit der breiten Bevölkerung (LfU 2002:7). Als häufigste Empfehlung wird zu konkreten, kleinen Schritten, praxisbezogenem Arbeiten und der Umsetzung von Projekten geraten (LfU 2002:7).

Übertragbarkeit des Vorgehens und Methodenkritik
Die Projektwoche mit den eingesetzten Methoden in andere Gemeinden zu übertragen, ist grundsätzlich möglich. Allerdings wählt jede Gemeinde ihren eigenen Weg in die *Lokale Agenda* 21, was von vielen Faktoren abhängig ist (z.B. Wer initiiert den Prozess? Welche Mittel und Partner stehen zur Verfügung?). Für die Projektwoche als Instrumentarium wurde bereits herausgestellt, dass hierbei Anpassungen der Methodenbausteine und ihrer Durchführung möglich und je nach Situation auch nötig sind. Um den Effekt einer breiten Mobilisierung zu erreichen, ist sie vor allem ein Instrument für kleine Gemeinden, oder aber für Stadtteile. In den folgenden Abschnitten werden einige der wesentlichen Möglichkeiten und Grenzen einer Projektwoche diskutiert.

Aufwand und Machbarkeit einer Projektwoche sind die entscheidenden Kriterien für die Durchführung. Dies schließt den Aufwand für die Vorbereitung und Werbung vor der eigentlichen Projektwoche und – je nach Verabredungen – die nachfolgende Begleitung ein.

Hervorzuheben ist die ehrenamtliche Tätigkeit der örtlichen Vorbereitungsgruppe und der Mehrzahl des 16-köpfigen externen Moderatorenteams. Innerhalb von Modellvorhaben können Sach- und Reisekosten für das Team übernommen werden, während die Gemeinde für die Unterbringung, die Arbeitsräume und die Versammlungshalle verantwortlich ist. Die Teammitglieder verzichten auf die Bezahlung ihrer Arbeitszeit, da ihr Einsatz zugleich eine Vertiefung von Moderationskenntnissen und das Kennenlernen von PRA/PLA-Werkzeugen und des Instruments Projektwoche bedeutet. Dies entspricht anderen Beispielen von Projektwochen, die in Deutschland innerhalb von Modellvorhaben statt gefunden haben, z.b. im Agrarstrukturellen Entwicklungsprojekt im Landkreis Ammerland (FRIEDRICH & KÜGLER 2001) oder im Bundesmodellprojekt »Sanierungs- und Entwicklungsgebiet Vechta/Cloppenburg« (KORF et al. 2001). Für eine flächendeckende Anwendung des Instruments Projektwoche kritisieren KORF et al. (2001) diese Rahmenbedingungen, da hier bei einer Ausweitung dieses Verfahrens die Honorierung qualifizierter Moderatoren und Moderatorinnen unumgänglich sei (KORF et al. 2001). Alternativen könnten finanzielle Förderungen sein, wie z.b. das Programm des Hessischen Umweltministeriums zum Anschub von Lokalen Agenda 21-Prozessen, das auch externe Beratungsleistungen finanzierte (BMU & UBA 1998:51). In der Schweiz wurde das Modell der Projektwoche als organisierte Zusammenarbeit zwischen der Landwirtschaftlichen Beratungszentrale Lindau und der Schweizerischen Hochschule für Landwirtschaft Zollikofen ausgebaut, um einerseits Kosten zu reduzieren und andererseits den Bildungserfolg zu fördern. Gleichzeitig wird aber auch ein Vertrag mit der interessierten Gemeinde geschlossen, die sich zur Zahlung eines Kostenanteils verpflichtet. Die finanzielle Beteiligung der Gemeinde sichert hierbei eine stärkere Einbindung und ein nachdrücklicheres Eigeninteresse der Gemeinden am Erfolg der Projektwoche (vgl. KUCHEN 1999).

Mit dem partizipativen Ansatz der Projektwoche ist noch keine **Beteiligung aller Gruppen** gewährleistet. In Dörzbach wurde die Mobilisierung der Bürger zur Mitarbeit in der Vorbereitungsgruppe oder zur Teilnahme an Küchentischgesprächen durch Öffentlichkeitsarbeit angestrebt. Wirksam wurde aber vor allem das direkte Ansprechen durch die bereits aktiven Mitglieder der Vorbereitungsgruppe. Auch bei den größten Bemühungen, die unterschiedlichen Gruppen, Personen und alle Teilorte gleichermaßen einzubinden, kann es zu einer Schieflage kommen, zumal alle Mitarbeit und Teilnahme auf Freiwilligkeit beruht und beruhen soll. In der Projektwoche in Dörzbach wurde z.B. die Gruppe der Russlanddeutschen kaum erreicht. Je nach Situation in einer Gemeinde kann sich die Wirkung der Projektwoche darauf beschränken, solche Sachverhalte oder Ungleichgewichte zu verdeutlichen und die in der Regel bekannte Problematik wieder neu zu thematisieren und alte Anstrengungen neu zu beleben.

Um in Dörzbach eine vollständigere Rückmeldung von allen Gruppen zu bekommen, wäre eine geringere Anzahl an fixen Terminen für die Küchentischgespräche und ein größerer zeitlicher Freiraum von Vorteil gewesen, um zusätzliche Gespräche führen zu können. Allerdings bieten auch unangekündigte Gespräche keine Garantie für die Einbindung aller Akteure. Eine Mischung von vorab vereinbarten Terminen mit ebenso vielen unangekündigten Gesprächen, in denen im Schneeballsystem auf weitere Gesprächspartner und Themen verwiesen wird, könnte eine Lösung sein. Zudem bietet der Einsatz von Instrumenten wie des Modellbaus die Möglichkeit, in organisierter und informeller Weise weitere Gruppen zu erreichen. Beim Modellbau in Dörzbach waren alle Kinder der beteiligten Schulklassen und damit auch ein Teil der Eltern involviert. Zudem gab er die Möglichkeit, spontane Interviews oder Diskussionen am ausgestellten Modell zu führen.

Das **offene Vorgehen ohne thematische Vorgaben** mit einem Schwerpunkt auf der Bestandsaufnahme ist ein besonderer Vorzug der Herangehensweise in der Projektwoche und wird von den lokalen Akteuren geschätzt. Projektwoche und *Lokale Agenda* 21 stehen aus Sicht der Initiatoren und Organisatoren in gutem Einklang zueinander, bauen sie doch auf den gleichen Grundsätzen wie Stärkung der Beteiligung und Eigenverantwortung auf. Im Nachtreffen mit Mitgliedern des externen Teams wurde aber angeregt, dass der Bezug zur Lokalen Agenda 21 während der Projektwoche deutlicher hätte herausgehoben werden sollen. Die Agenda 21 mit ihren Grundsätzen zur Nachhaltigkeit innerhalb der Woche zu thematisieren, wäre z.B. in eigens dafür angesetzten Themenabenden und Gruppengesprächen denkbar, um anderseits die Einzelgespräche in der Form offener Interviews beizubehalten.

Der geforderten **methodischen Flexibilität** steht in gewissem Maße die Organisation und Realisierung einer Projektwoche gegenüber. Aus Sicht der Mitglieder des Moderatorenteams wäre z.B. ein gemeinsamer Vorlauf und die Auswahl der Instrumente im Team wünschenswert. Innerhalb der Projektwoche war durch die Festlegung von Gesprächsterminen im Vorfeld der Freiraum begrenzt, um während der Woche flexibler andere methodische Elemente einbringen zu können. Hier sind Verbesserungen im Sinne von mehr zeitlichem Freiraum gut denkbar, insbesondere auch für die notwendige gemeinsame Reflexion im Team über bereits zusammengetragene Ergebnisse und nächste Schritte. Dies ist möglich, wenn – wie in diesem Fall – ein gutes, von den Disziplinen gemischtes Team aus weniger erfahrenen und erfahrenen Moderatoren und Moderatorinnen zustande kommt, die zum Teil aus eigenem Erleben die Grenzen und Möglichkeiten von PRA und PLA kannten. Eine weitere Frage, die auch vor dem Hintergrund anderer Projektwochen gestellt wurde, ist, inwieweit lokale Akteure aktiv in die methodische Arbeit des Teams einbezogen werden. In Dörzbach fanden die in Vorbereitung und Durchführung involvierten Akteure die Aufgabenverteilung gut und waren der Meinung, dass viele Aspekte in den Gesprächen deswegen zustande kamen, weil von »neutraler« Seite ohne persönliche Vorgeschichten gefragt wurde.

Übergang in einen selbst tragenden Prozess – Start in die Lokale Agenda 21
Die Bildung des Arbeitskreises Zukunftswerkstatt in Dörzbach zeigt den Übergang in den selbsttragenden Prozess. Damit wurde eine Struktur für den weiteren Prozess in der Gemeinde etabliert und die Projektgruppe *Kulturlandschaft Hohenlohe* bekam noch stärker die begleitende Rolle, während sie mit den Beiträgen zur Projektwoche auch Funktionen ähnlich eines Katalysators hatte. Mit den geballten Aktionen zur Bestandaufnahme und zugleich zur Mobilisierung stellt die Projektwoche ein herausragendes, aber punktuelles Ereignis dar. Ohne Nachlauf kann ihre Wirkung schnell verpuffen. In Dörzbach wurde im Nachtreffen sechs Wochen nach Ende der Projektwoche kritisiert, dass die Diskussion im Ort schnell abgebrochen sei (s.o.).

Um diese Schwierigkeit zu vermeiden oder gering zu halten, wurde im Vorlauf zur Projektwoche in Dörzbach zum einen darauf geachtet, dass im Gemeinderat der Grundsatzbeschluss für die Agenda 21 gefasst wird. Er drückt die Verbindlichkeit und die politische Unterstützung seitens des Bürgermeisters und des Gemeinderats aus. Sowohl der positive Beschluss der Gemeinderäte als auch die Arbeit der Vorbereitungsgruppe, unabhängig von der Mitarbeit des Bürgermeisters, waren notwendige Voraussetzungen, damit sich die Agenda 21 in Dörzbach zum Bottom-up Geschehen entwickelte.

Zum anderen hatten die Mitglieder der Vorbereitungsgruppe eine Vorstellung davon, dass die Projektwoche »nur« den Start in einen längeren Entwicklungsprozess bildet und die Weiterarbeit mit den Ergebnissen in den Händen der Gemeinde selbst liegt. Um einer anderen Erwartungshaltung während der Projektwoche zu begegnen, wurde dies in den Gesprächen thematisiert und im Abschlussabend mit der symbolischen Übergabe der Ergebnisse an die Gemeinde betont.

Um die obige Kritik aufzugreifen und den Übergang zum nachfolgenden Prozess prompter zu gestalten, ist als Verbesserung für den Nachlauf zum Beispiel möglich, bereits Termine für nachfolgende Treffen zu suchen und publik zu machen. Für die Arbeit der örtlichen Vorbereitungsgruppe war die Zeit während des Vorlaufs in den fünf Treffen ab Juli 1999 sehr knapp bemessen und wurde durch die konzentrierte Arbeit dieser Gruppe kompensiert. Ohne den Schwung für die Realisierung der Woche durch eine zu lange Vorbereitungszeit zu verlieren, ist es vorab notwendig, gemeinsame Überlegungen anzustellen, wie die Vorgehensweise nach der Projektwoche aussehen kann, wann z.B. Treffen stattfinden könnten und wer in der Zwischenzeit Ansprechpartner sein könnte. Dies hätte evtl. intensiver stattfinden können. Wichtig erscheint aber auch, dass die

Projektwoche und auch der Abschlussabend ergebnisoffen bleiben. Bei mehr verfügbarer Zeit wäre es außerdem denkbar, methodische Fragen in der Vorbereitungsgruppe intensiver zu besprechen. Dies gilt insbesondere für Instrumente wie den Modellbau, mit denen eine Fortsetzung der Arbeit möglich ist. Viel Verständnis für die Sache und viele Ideen entwickeln sich allerdings erst im Tun, sei es bei der Vorbereitung und Durchführung der Projektwoche oder bei der Umsetzung von konkreten Vorhaben in der Agenda-Arbeit, mit der die Ziele der Agenda 21 nach und nach erschlossen werden.

Zieldiskussion und Nachhaltigkeitsdebatte

In Dörzbach entspricht die Arbeitsweise in der Lokalen Agenda 21 dem Trend in Deutschland, nach dem konkrete Projekte im Lokalen Agenda 21-Prozess eine zentrale Bedeutung haben (BMU 1999: 67). Die »*Abneigung gegenüber allem Theoretischem*« kann aber nach LOTZ (1998) auch Gefahren in sich bergen. Die *Lokale Agenda* 21 arbeitet quer zu bestehenden Machtstrukturen. Die stärkere Bürgerbeteiligung ist außerdem kein Ersatz für das Handeln der Stadtverwaltungen und kann Grenzen in fehlenden Zuständigkeiten finden (Forum Umwelt & Entwicklung 1997).

Zusätzlich zur Projektorientierung, bei der die Gefahr des »Aktionismus« gesehen wird (vgl. GATHER et al. 2002: 69), besteht ein weiteres Mittel zur Umsetzung der Lokalen Agenda 21 darin, sich in den Kommunen – möglichst in einem Diskussionsprozess – auf ein Leitbild für die Entwicklung der Gemeinde zu einigen. Diesem Leitbild werden Ziel- oder Handlungsbereiche zugeordnet, innerhalb derer versucht wird, geeignete Indikatoren zur Erfolgskontrolle zu finden. Mit solchen »Nachhaltigkeitsindikatoren«, wie sie auch die Projektgruppe *Kulturlandschaft Hohenlohe* parallel zur Teilprojektarbeit zusammengestellt hat (vgl. Kap. 7), wird versucht, die verschiedenen Dimensionen von Nachhaltigkeit auf Gemeindeebene abzubilden und Veränderungen anhand überprüfbarer Teilziele festzustellen. Hierzu gibt es mittlerweile verschiedene Dokumentationen und Hilfestellungen (WESTHOLM 1998, LfU 2003), sowie Beispiele von Gemeinden die mit Indikatorensystemen arbeiten, um Nachhaltigkeitsberichte anzufertigen und ihre langfristigen Entwicklungsstrategien überprüfbar zu gestalten (Gemeinde Boll 2002, Stadt Radolfzell 2002). Vorteile des Instrumentariums, so berichten die Beispielgemeinden bestehen in der Möglichkeit der Dokumentation und des Vergleichs der Entwicklung über die Zeit und mit anderen Städten. Die Schwierigkeiten liegen zum Teil darin, geeignete Kenngrößen zu finden und auch »weiche« Indikatoren zu erheben (vgl. Gemeinde Boll 2002: 9, Stadt Radolfzell 2002: 9).

Chance und Schwierigkeit zugleich einer solchen Zieldiskussion und einer systematischen Auseinandersetzung mit den Entwicklungszielen der Gemeinde könnte aber auch sein, sich in potentiellen Konfliktfeldern, z.B. über die wirtschaftliche Entwicklung der Gemeinde mit Rücksicht auf den Natur- und Landschaftsschutz auf eine langfristige Strategie für die Zukunft zu einigen und dies auch als Verbindlichkeit zu verstehen. Es ist allerdings zu vermuten, dass viele Kommunen die Arbeit an der Bestandserhebung für einen Soll-Ist-Vergleich und die Zieldiskussion für einen theoretischen Lokalen Agenda Prozess 21 scheuen. Dies ist eine Schlussfolgerung aus der Befragung von über 100 Kommunen in Thüringen (GATHER et al. 2002: 30).

In derselben Studie wird deutlich, dass »*Nachhaltigkeitsindikatoren Schlüsse über den Erfolg des »Was?« in der Lokalen Agenda 21*« zulassen. Davon unterschieden werden *Prozessindikatoren*, die sich mit dem »*Wie?*« des Lokalen Agenda 21 Prozesses beschäftigen (GATHER et al. 2002: 53 bis 54). Dies sind keine klassischen Kenngrößen, sondern Aussagen darüber,, ob eine Kommune beispielsweise über ein Leitbild, ein Indikatorsystem oder andere Maßnahmen verfügt, die ihr ein zielorientiertes und strukturiertes Vorgehen ermöglichen. Weitere Zielfelder für Prozessindikatoren sind mit den Stichworten »*selbsttragend, partizipatorisch, überschaubar*«, und »*ergebnisorientiert*«

beschrieben (ebd. 2002: 55). »Nachhaltigkeits- und Prozessindikatoren« können parallel angewandt werden. Ein enger Zusammenhang besteht auch, wenn es um Fragen der Partizipation geht, da hierfür zum einen soziale Indikatoren der Nachhaltigkeit vorgeschlagen werden (vgl. EMPACHER & WEHLING 1999), der Erfolg von Lokalen Agenda 21 Prozessen aber auch davon abhängt, wie *partizipatorisch* sie sind, d.h. inwieweit es gelungen ist, alle Bürger und Interessengruppen in Kommunen in geeigneter Weise mit einzubeziehen und damit die Lokale Agenda 21 auf eine breite Basis zu stellen (GATHER et al. 2002: 56).

Verbesserungen im Sinne der Nachhaltigkeit

> *»Nachhaltigkeit ist in ihrem Wesen nach nur als gesellschaftlich diskursives Leitbild bestimmbar. Nachhaltiges Wirtschaften und Entwicklung setzen weniger allgemeine Rezepte, als jeweils vor Ort in ‚bestmöglicher' Lebensnähe partizipativ und selbstorganisierend gestaltete Prozesse der Konsens- und Entscheidungsfindung voraus«.* (BUSCH-LÜTY 1995: 124)

Bei der Recherche, insbesondere sozialer Kriterien der Nachhaltigkeit, wird die Bedeutung von Partizipation als herausragendes Element vielfach deutlich – als Kernelement sozialer Nachhaltigkeit und zugleich als wichtiger Prozessindikator (s.o.). Da die Agenda 21 ein Programm für nachhaltige Entwicklung ist, geht dabei die Suche nach Kriterien und Indikatoren, die den Erfolg oder die Wirkung von Agenda-Prozessen dokumentieren sollen, in die gleiche Richtung wie Suche nach den »Nachhaltigkeitsindikatoren«. Dass dies insgesamt ein schwieriges Unterfangen ist und vor allem von einer klaren Zielsetzung abhängt, machen auch Kapitel 6.9 und 7 deutlich.

Mögliche Indikatoren, die für das Teilprojekt formuliert wurden, sind (vgl. auch Kap. 6.9 und 7): bezogen auf das Kriterium »Beteiligung an Rechten und Macht« (Partizipation und Kommunikation)
— Mitwirkung von Bürgern in der Projektwoche (Einbeziehung aller sozialer Gruppen, Anteil der Bevölkerung, der in der Projektwoche erreicht wurde)
— Beteiligung am laufenden Agenda-Prozess, d.h. in der Zukunftswerkstatt 21 und ihren Gruppen
— Zufriedenheit mit den Beteiligungsmöglichkeiten am Agenda-Prozess in Dörzbach
bezogen auf das Kriterium »Zugang zu Ressourcen und Dienstleistungen«
— Indikatoren, die den Zugang zu Information über den Agenda-Prozess oder zu Wissen über Nachhaltigkeit beschreiben
bezogen auf das Kriterium »Soziale Geborgenheit (Wertschätzung und Solidarität)«
— Zufriedenheit mit der (Arbeits-)Atmosphäre in Gruppen und die Berücksichtigung von Anliegen
sowie ohne direkten Bezug zum Teilprojekt aber in Bezug auf Beteiligung:
— Beteiligung an formalisierten Verfahren (Wahlbeteiligung)
— Anzahl Bürgerbegehren oder Entscheide
— ehrenamtliches Engagement in Vereinen und Kirchen

Von einem größeren Maßstab aus gesehen ist das Vorhandensein eines Lokalen Agenda 21-Prozesses ein positiver Indikator für neuartige und erweiterte Mitwirkungsmöglichkeiten, der relativ leicht erhoben werden kann (vgl. EMPACHER & WEHLING 1999: 30). Die nächste Frage – auch in bezug auf das beschriebene Teilprojekt – ist, wie hoch der Anteil der Bevölkerung ist, der daran teilnimmt und ob z.B. alle Gruppen vertreten sind. Dies wurde bereits im Kap. 8.12.7 dargestellt und in Bezug auf die Zielerreichung und Methodenkritik der Projektwoche diskutiert. Wichtig hierbei ist auch, wie die Qualität der Beteiligung eingeschätzt wird und wie hoch die individuelle Zufriedenheit mit den Partizipationsmöglichkeiten ist. Die Antwort derjenigen, die im Arbeitskreis Zukunftswerkstatt 21 dazu befragt wurden, zeigt ein positives Bild für Dörzbach. Sie sehen die Beteiligung im Arbeitskreis als ein gutes Mittel, um aktiv zur Entwicklung der Gemeinde beizutragen und sind zufrieden mit Arbeitsweise und Atmosphäre der Agenda-Gruppe. Die konstante Beteiligung von einem breiten Kreis in der Agenda-Gruppe selbst wird kritischer beurteilt (s.o.), wobei positiv aufgeführt wird, dass alle Teilgemeinden direkt oder auch indirekt vertreten sind.

Zusätzlich zur Rückmeldung derjenigen, die sich beteiligen, wäre es eine sinnvolle Ergänzung, die Einschätzung von den Nicht-Teilnehmern zu erfahren. Eine Befragung dazu konnte im Teilprojekt bzw. im Nachlauf dazu nicht mehr realisiert werden. In Dörzbach ist dabei zu vermuten, dass dies zumindest zu Teilen auch auf einen anderen positiv bewerteten Indikator für Partizipation zurückzuführen ist, nämlich auf das hohe Engagement in einer Vielzahl von Vereinen.

Zusammenfassend stellt der Start eines Agenda-Prozesses eine positive Entwicklung dar. Es liegt im Interesse der Agenda-Gruppe selbst, die Qualität der Beteiligung hochzuhalten. Deswegen scheint insbesondere die Beobachtung und Reflexion der Beteiligung anhand von Prozessindikatoren empfehlenswert. In dem Fall bedeutet das, die grundlegende Frage, ob es gelungen ist, alle Bürger und Bürgerinnen und Interessengruppen in der Kommune in geeigneter Weise miteinzubeziehen und so den Agenda-Prozess auf ein breite Basis zu stellen (GATHER et al. 2000: 56) immer wieder neu zu stellen.

8.12.9 Schlussfolgerungen

Erkenntnisse zur Umsetzungsmethodik
Mit der positiven Resonanz und der nachfolgenden Gründung eines seit zwei Jahren aktiven Arbeitskreises stellt sich die Projektwoche in Dörzbach als guter Einstieg in die *Lokale Agenda* 21 und in einen selbsttragenden Prozess dar. Gemeinsam mit den Bürgern wurden relevante Themen und Handlungsbereiche für die zukünftige Entwicklung der Gemeinde und konkrete Vorschläge gesammelt. Vorhandene Lücken (z.B. Sicht der Russlanddeutschen) sind damit nicht geschlossen, aber benannt. Die Vorteile der Projektwoche mit dem beschriebenen Ansatz für die Startphase einer Lokalen Agenda 21 liegen in der partizipativen Situationsanalyse und der Mobilisierung durch ein dichtes Programm mit Gesprächen quer durch die Bevölkerung. Sollen andere Schwerpunkte gesetzt werden, z.B. zur bürgerorientierten Planung bereits anstehender Entwicklungen, muss die Methodik innerhalb der Projektwoche angepasst werden oder es müssen andere Elemente, z.B. eine Zukunftswerkstatt, zum Tragen kommen.

Die »externe« Sicht und Arbeit von Moderatoren ist in der Projektwoche und auch im Folgeprozess wichtig. In der Projektwoche erhöhen sie die Gesprächsbereitschaft und die Chance, zu einem an Facetten reicheren Bild der Gemeinde zu kommen. In der laufenden Agenda können etablierte und arbeitsfähige Gruppen selbst Moderationsaufgaben übernehmen. Die Einbeziehung von Externen bietet jedoch den Vorteil, dass sie auch unangenehmere Aspekte wie Struktur- oder Machtfragen und die über den konkreten Projekten liegende Ebene der Planungs- und Evaluierungsarbeit berücksichtigen und thematisieren. Eine finanzielle Förderung von Moderationsaufgaben erscheint in der Anfangsphase empfehlenswert, bis sich arbeitsfähige Gruppen entwickelt haben, die diese Aufgaben aus sich heraus leisten können.

Empfehlungen für eine erfolgreiche Projektdurchführung
Empfehlungen, die in den mittlerweile zahlreich vorhandenen Erfahrungsberichten von Kommunen zur Gestaltung von Lokalen Agenda 21 Prozessen zur Verfügung stehen, weisen z.B. auf die Bedeutung des Gemeinderatsbeschlusses für den Start in die *Lokale Agenda* 21 oder auf Beispiele

für die Organisation und Struktur von Agenda-Gruppen hin. Diese Erfahrungen sollten berücksichtigt werden und inspirieren bei den Überlegungen, was für die eigene Situation zutrifft und evtl. in ähnlicher Weise übernommen werden kann.

Für die Durchführung einer Projektwoche als Start in die *Lokale Agenda* 21 sind insbesondere die Einbettung in den Vor- und Nachlauf und die Wichtigkeit von Rollen- und Aufgabenklärung als Empfehlungen hervorzuheben. Der Vorlauf der Projektwoche innerhalb der Anfangsphase des Agenda-Prozesses ist außer für die organisatorische Vorbereitung deshalb wichtig, um eine Vorstellung über die Agenda 21 für die eigene Gemeinde zu entwickeln und darin die Ziele und Möglichkeiten der Projektwoche einzuordnen. Bereits in der Vorphase beginnt die Weichenstellung für die Arbeitsweise und die Transparenz und Offenheit für die Zusammenarbeit und Mitarbeit im Lokalen Agenda 21 Prozess. Eine entscheidende Vorüberlegung ist auch, wie der Anschluss für die nachfolgende Arbeit aussehen könnte ohne aber einschränkende Vorgaben zu machen.

Rollen- und Aufgabenklärungen spielen für die Beteiligung einer externen Organisation wie der Projektgruppe *Kulturlandschaft Hohenlohe* oder von Moderatoren eine große Rolle und sollten möglichst gut, z.B. auch mit Hilfe eines »Vertrags« geklärt werden. Im weiteren Agenda-Prozess spielen sie für die Gruppen, die sich bilden, eine Rolle, sowie hinsichtlich der Machtfragen in einer Gemeinde, d.h. wo mit wem welche Entscheidungen zur zukünftigen Entwicklung getroffen werden.

Weiterführende Fragen

Die Art der Bestandsaufnahme unterscheidet sich bei der Projektwoche von anderen Herangehensweisen, mit denen z.B. Leitbilder für die Gemeinde entwickelt und Ziele, Maßnahmen und Indikatoren zugeordnet werden. Sie führt aber auf der anderen Seite zu konkreten Vorschlägen und Interesse am Mitmachen, wie es dem allgemeinen Trend der »projektbezogenen« Agenda in Deutschland entspricht. Dies hat sich in einer kleinen Gemeinde wie Dörzbach mit entsprechend wenigen Arbeitskreisen oder gleichzeitigen Projekten als realisierbare Arbeitsweise erwiesen.

Für die Auseinandersetzung mit der nachhaltigen Entwicklung in einer Gemeinde gibt es kein Rezept. In Zukunft zu beobachten bleibt hier, inwieweit sich die Erfahrungen, sowohl mit »projektbezogenem« Arbeiten als auch mit den »theoretischen Auseinandersetzungen« mittels Nachhaltigkeitsindikatoren entwickeln. Bei beidem ist es denkbar, dass konfliktbehaftete Themen, die den in der Agenda 21 geforderten Abwägungsprozess in besonderem Maße benötigen, zunächst ausgeblendet werden. Da jeweils langfristige Prozesse angestoßen werden, sind auch die Erfahrungen mit den vorgeschlagenen Prozessindikatoren als Hilfestellung interessant.

Literatur

BMU (Bundesministerium für Umwelt, Naturschutz und Reaktorsicherheit) und UBA (Umweltbundesamt) (Hrsg.), 1998: Handbuch Lokale Agenda 21 – Wege zur nachhaltigen Entwicklung in den Kommunen. Bonn. Berlin

BMU, UBA (Hrsg.), 1999: Lokale Agenda 21 im europäischen Vergleich. Endbericht an das Umweltbundesamt. Bearbeitung: Internationaler Rat für Kommunale Umweltinitiativen (ICLEI). Bundesministerium für Umwelt, Naturschutz und Reaktorsicherheit (BMU), Bonn und Umweltbundesamt (UBA), Berlin

Busch-Luty, C., 1995: Nachhaltige Entwicklung als Leitmodell einer ökologischen Ökonomie. In: Fritz, P., J. Huber, H. Levi (Hrsg.): Nachhaltigkeit in naturwissenschaftlicher und sozialwissenschaftlicher Perspektive, Stuttgart

Currle, J., K. Delius, 1998: PRA – ein Instrument für die Entwicklung im ländlichen Raum? Heiligkreuzsteinach 2005 – Zukunft miteinander gestalten. Landinfo 1/98. Landesanstalt für Entwicklung der Landwirtschaft und der ländlichen Räume mit Landesstelle für Marktkunde (LEL) Schwäbisch Gmünd

Empacher, C., P. Wehling, 1999: Indikatoren sozialer Nachhaltigkeit. Grundlagen und Konkretisierungen. ISOE DiskussionsPapiere 13. Institut für sozial-ökologische Forschung (ISOE) GmbH. Frankfurt a.M.

Friedrich, H., M. Kügler, 2001: Viele Ohren für eine Gemeinde. PLA-Projektwoche in Niedersachsen. Ausbildung & Beratung 3/01: 77-78

Forum Umwelt & Entwicklung (Hrsg.), 1997: Lokale Agenda 21. Ein Leitfaden. Bonn

Gather, M., M. Creutzer, J. Habenicht, 2000: Lokale Agenda 21 in Thüringen. Evaluationsmöglichkeiten anhand von Prozessindikatoren. Abschlussbericht. Fachhochschule Erfurt. University of applied Science. Erfurt

Gemeinde Boll (Hrsg.), 2002: Nachhaltigkeitsbericht Boll. Indikatoren für eine Lokale Agenda 21. Boll

Häusler, R., Berker, R., Bahr, B., 1998: Lokale Agenda 21: Zukunft braucht Beteiligung. Wie man Agenda Prozesse initiiert, organisiert und moderiert. Bonn. Wissenschaftsladen Bonn e.V.

Hürlimann, M., Jufer, H., 1995: Acknowledging Process: PRA-Projects in the alpine regions Switzerland: »to get the grip on the future together«. BeraterInnen News 1/95. Landwirtschaftliche Beratungszentrale Lindau. LBL

Korf, B. et. al. 2001: PRA in Wohlstandsgesellschaften. Erfahrungen aus Norddeutschland. BeraterInnen News 1/2001. 53-57

Kuchen, S., 1999: From the start of a PLA-project until the field week. Working together with the people involved. Participatory Learning and Action. First European Experience Sharing. Schönengrund 24. bis 26.11.1999. Landwirtschaftliche Beratungszentrale Lindau. LBL. Unveröffentlichte Workshopunterlage

LFU (Landesanstalt für Umweltschutz Baden-Württemberg) (Hrsg.), 1998: Lokale Agenda 21 in kleinen Gemeinden. Ein Praxisleitfaden mit Beispielen. Agenda-Büro. Karlsruhe

LFU (Landesanstalt für Umweltschutz Baden-Württemberg) (Hrsg.), 2001: Arbeitsmaterialie 4: Übersicht Kommunen und Übersicht Landkreise. Lokale Agenda in Baden-Württemberg: Schwerpunkte, Ansprechpartner und Arbeitsgruppen. Stand 1.3.2001. Agenda-Büro. Karlsruhe

LFU (Landesanstalt für Umweltschutz Baden-Württemberg) (Hrsg.), 2002: Arbeitsmaterialie 24: Auswertung der Umfrage zur Lokalen Agenda 21 in Baden-Württemberg. Juni 2002. Agenda-Büro. Karlsruhe

Lotz, A., 1998: Von Rio in s Rathaus (5). Die Lokale Agenda 21 oder der diskrete Charme der Nachhaltigkeit. Arbeitsmarkt und Umweltschutz 28. 5-7

Reinhard, P., 1996: PRA-Projektwochen. Miteinander die Zukunft gestalten. Landwirtschaftliche Beratungszentrale Lindau. Schweiz. 4 S.

Schmidt, P., 1995: How to deal with 1012 ideas. A methodological experience with PRA in an urban community in Switzerland. BeraterInnen News 2/95: 4-8

Schönhuth, M., U. Kievelitz, 1993: Partizipative Erhebungs- und Planungsmethoden in der Entwicklungszusammenarbeit: rapid rural appraisal ; participatory appraisal. Schriftenreihe der GTZ; 231. TZ-Verl.-Ges., Eschborn. 137 S.

SDC (Swiss Agency for Development and Cooperation), 1997: Participatory Rural Appraisal. A working instrument in the series Working Instruments for Planning, Evaluation, Monitoring and Transference into Action (PEMT). SDC Strategic Controlling Unit. Bern. Schweiz. 7 S.

Schwarz, C., Tigges, A., 2000: Planning for real: Theorie und Anleitung zum Handeln, Interdisziplinäre Forschungsgruppe »Lokale Ökonomie«, Berlin

Stadt Radolfzell (Hrsg.), 2002: Nachhaltigkeitsbericht für die Gemeinde Radolfzell. Indikatoren für eine Lokale Agenda 21. Umweltamt Radolfzell

Westholm, H., 1998: Auf dem Weg zu einem zukunftsfähigen Ganderkesee. Indikatoren zur nachhaltigen Entwicklung der Gemeinde. Studie im Rahmen eines Arbeitsvorhabens an der Carl-von-Ossietzky-Universität. Oldenburg (Ko-Autor und Projektleitung) Hg.: Arbeitsgruppe Lokale Agenda 21. (auch http://www.uni-oldenburg.de/presse/einblicke/29/westholm.htm Stand 18.3.2003)

Internet-Quellen

BMU (Bundesministerium für Umwelt, Naturschutz und Reaktorsicherheit) (Hrsg.), 2001: Die Lokale Agenda 21 in Deutschland Förderung einer nachhaltigen Entwicklung in den Kommunen. Themenhefte des Bundesumweltministeriums. Stand März 2001. http://www.bmu.de/fset800.htm.

LfU (Landesanstalt für Umweltschutz Baden-Württemberg), 2003: Nachhaltigkeitsindikatoren für die Lokale Agenda 21. http://www.lfu.baden-wuerttemberg.de/lfu/abt2/agenda/Stand: 18.3.2003

Kirsten Schübel, Gabi Barisic-Rast

8.13 Panoramakarte – Ländliche Tourismusentwicklung durch die partizipative und interkommunale Entwicklung eines Informationsmediums

8.13.1 Zusammenfassung

Für das ländlich geprägte und strukturschwache Jagsttal weist die Entwicklung und Förderung des Tourismus eine attraktive wirtschaftliche Perspektive für die einheimische Bevölkerung auf. Der übergreifenden Vermarktung der Destination Jagsttal stehen jedoch unterschiedliche Verwaltungsgrenzen entgegen. Zusätzlich gilt es, im Sinne einer nachhaltigen touristischen Entwicklung im Jagsttal, ökologische und soziokulturelle Belange zu berücksichtigen.

Die Panoramakarte Jagsttal stellt das erste Kommunen übergreifende touristische Informationsmedium für das Jagsttal dar. Für das Gelingen des Teilprojektes war die Beachtung gruppendynamischer Prozesse ausschlaggebend. Durch die Arbeit der Projektgruppe *Kulturlandschaft Hohenlohe* wurde deutlich, welche Potenziale informelle Zusammenarbeit bietet, wie durch die Einbeziehung von Bürgern vorhandene Ressourcen aktiviert werden können und wie daraus ein Projekt entwickelt und umgesetzt werden kann.

8.13.2 Problemstellung

Bedeutung für Akteure
Eine dünne Besiedlung, eine vergleichsweise benachteiligte verkehrsgeographische Lage sowie eine noch relativ stark von der Landwirtschaft geprägte Wirtschaftsstruktur weisen das Jagsttal als einen strukturschwachen Raum aus. Der Tourismus gilt daher als einer der zentralen Hoffnungsträger für die wirtschaftsstrukturelle Entwicklung. Vor dem Hintergrund der räumlichen und wirtschaftlichen Situation der Region wurden in den letzten Jahren zahlreiche Bemühungen zur Regional- und Standortentwicklung sowie zur gezielten Stärkung der regionalen Entwicklungspotenziale von innen heraus unternommen. So erstellte das Beratungsunternehmen ECON-CONSULT im Auftrag der Gemeinden Dörzbach, Krautheim, Mulfingen und Schöntal im Jahre 1996 ein Entwicklungskonzept (ECON-CONSULT 1996) für das mittlere Jagsttal, mit dem Ziel, Maßnahmen und Strategien für die touristische Inwertsetzung des Gebietes zu erarbeiten.

Im Rahmen des *Modellvorhabens Kulturlandschaft Hohenlohe* kristallisierte sich der Tourismus bereits in der Definitionsphase des Projektes als ein wesentliches Handlungsfeld für die weitere Arbeit heraus. Mit dem Ende des Jahres 1998 durch die Projektgruppe *Kulturlandschaft Hohenlohe* initiierten Arbeitskreis Tourismus ist im Jagsttal ein interkommunales Kommunikations- und Aktionsgremium geschaffen worden. Zu Beginn der Tätigkeit wurden in der Region Bedenken und Vorbehalte zum Arbeitskreis selbst, aber auch bezüglich der Arbeitsweise geäußert. Die Projektgruppe wurde mit Befürchtungen seitens einiger Akteure konfrontiert, der AK Tourismus im Jagsttal sei ein Konkurrenzorgan zu bestehenden Organisationen (Touristikgemeinschaften). Hier musste gezielte Informationsarbeit geleistet werden. Jedoch stand für die am Arbeitskreis beteiligten Akteure die Profilierung des Jagsttales als Tourismusregion von Anfang an im Vordergrund. Bei der ersten Zusammenkunft wurde der aktuelle Handlungsbedarf im Bereich Tourismus diskutiert und es wurden Ideen für die künftige Entwicklungsrichtung gesammelt. Die Gewichtung der ersten Aktivitäten des Arbeitskreises verdeutlichte schnell, dass dem Ferien- und Ausflugsziel Jagsttal ein zentrales Vermarktungsinstrument fehlt. Auch die Kooperation zwischen den einzelnen touristischen Leistungsträgern wurde als unzureichend angesehen. So stehen dem Besucher im Jagsttal die unterschiedlichsten Freizeitangebote zur Verfügung, die von sportlichen Aktivitäten in der Natur über historische Sehenswürdigkeiten bis hin zu kulturellen Veranstaltungen reichen. Diese werden allerdings individuell von den einzelnen Gemeinden angeboten und vermarktet, eine gemeinsame Darstellung der Angebote im Jagsttal wird kaum betrieben. Die Zugehörigkeit zu verschiedenen Landkreisen und damit auch zu verschiedenen Vermarktungsorganisationen stellt im Jagsttal bisher eine entscheidende Barriere für eine professionelle Tourismusarbeit dar. Als zentrales Anliegen der Akteure kristallisierte sich daher eine kommunenübergreifende touristische Vermarktung des Jagsttales heraus. Gleichzeitig wurde Handlungsbedarf für eine thematische Aufbereitung des vorhandenen Angebotes angemeldet, um den Jagsttal-Besuchern vor Ort ein Informationsmedium zur Freizeitgestaltung an die Hand zu geben. Daneben sahen einige Beteiligte auch Handlungsbedarf für eine touristische Angebotserweiterung.

Wissenschaftliche Fragestellung
Insgesamt spielten wissenschaftliche Fragestellungen im Teilprojekt *Panoramakarte* eine untergeordnete Rolle, da es sich bei der Entwicklung der Panoramakarte um ein eher praxisorientiertes touristisches Werbemittel handelt. Trotzdem sollte das Ergebnis – die Panoramakarte – anhand der touristischen Nachfrage beurteilt werden. Gruppendynamische Prozesse während der Projektlaufzeit standen aus wissenschaftlicher Sicht stärker im Vordergrund. Hinzu kommt, dass die Beteiligten vor Beginn des Teilprojektes kein konkretes Bild der touristischen Zielgruppen vor Augen hatten. Zentrale Anliegen waren hierbei, Informationen zum Aufenthalt der Jagsttal-Besucher (Aufenthaltsdauer, Anzahl der Personen, Grund des Aufenthaltes, besuchte Orte und Unternehmungen), Meinungen der Gäste zu verschiedenen Aspekten des Jagsttales (z.B. gastronomisches Angebot, Landschaftsbild) sowie sozioökonomische Kenndaten zusammenzutragen.

Allgemeiner Kontext
Das Bemühen um einen nachhaltigen Tourismus ist heute in der Tourismuspolitik, -planung, -wirtschaft und -wissenschaft ein geradezu selbstverständlich gewordenes Programm. Seit der zweiten Hälfte der 1990er Jahre hat das Thema »Nachhaltiger Tourismus« auch in nationale und internationale politische Gremien Einzug gehalten, was sich in zahlreichen Abkommen und Erklärungen widerspiegelt.

Die Spitzenverbände der deutschen Tourismuswirtschaft bekennen sich zur Notwendigkeit einer nachhaltigen Entwicklung und einer ökologisch verantwortlichen Tourismuspolitik (vgl. Umweltbundesamt 2001). Trotz dieser Bemühungen und Absichtserklärungen ist allerdings nicht zu erkennen, dass touristisch verursachte Natur- und Landschaftszerstörungen sowie Umweltbelastungen zurückgehen würden. Vielmehr widersprechen aktuelle touristische Trends, wie die Zunahme der Kurzflugreisen, dem Streben nach Nachhaltigkeit in höchstem Maße. Zentrale Urlaubsmotive sind Erholung, Genuss und Geselligkeit. Das heißt, es geht um eine psychologische Distanz zum Alltag, was in der Regel eine räumliche Distanz beinhaltet. Dabei scheint zu gelten: Je weiter weg das Urlaubsziel, desto besser die Erholung. Sicher ist auch die Suche nach Erholung in intakter Natur eines der zentralen Reisemotive, dessen Bedeutung mit den wachsenden Umweltproblemen in den Ballungsräumen eher noch zugenommen hat. Hier kommen das insgesamt gestiegene Umweltbewusstsein weiter Bevölkerungsgruppen und die zunehmende ökologische Sensibilisierung der

Reisenden zum Ausdruck. Im Tourismus äußert sich dies insofern, als Urlauber den zum Teil kritischen Zustand der natürlichen Ressourcen erkennen und Umweltschäden am Urlaubsort wahrnehmen. Allerdings ist das Interesse an Natur und Umwelt stark am persönlichen Nutzen orientiert, das heißt, intakte Umwelt und unverfälschte Natur werden im Interesse eines gelungenen Urlaubs gesucht, mitunter als Kompensation für ökologische Defizite am Wohnort. Für über 80 Prozent der Bundesbürger ist eine intakte Natur und Umwelt wichtig für die persönliche Zufriedenheit am Urlaubsort, was eine repräsentative Umfrage des Studienkreises für Tourismus und Entwicklung im Rahmen der jährlich erhobenen Reiseanalyse im Jahre 1997 ergab (Studienkreis für Tourismus und Entwicklung e.V. 1997). Gleichzeitig ist aber kaum eine Bereitschaft vorhanden, einen Beitrag zur Erhaltung von Umwelt und Natur zu leisten bzw. auf umweltschädigendes Verhalten zu verzichten: Nur zwei Fünftel der Deutschen wären bereit, einen bescheidenen Umweltobolus von täglich zwei Mark zu entrichten – und das auch nur, wenn sichergestellt wird, dass das Geld tatsächlich in den Umweltschutz am Urlaubsziel fließt. Vielmehr neigen viele Urlauber dazu, ihre Verantwortung für die Zustände am Urlaubsort abzuwälzen, z.B. auf andere Reisende, Reiseveranstalter und Verantwortliche in den Zielgebieten. Hinzu kommt, dass es im Tourismus eine erhebliche Diskrepanz zwischen dem Wissen um die negativen Konsequenzen des eigenen Verhaltens und entsprechendem Handeln gibt. Dabei lassen sich im Tourismus gerade in den vergangenen Jahren zunehmend Ermüdungserscheinungen und Desinteresse beobachten, wenn Verhaltsweisen verlangt werden, die einen höheren Aufwand oder einen – vermeintlichen oder tatsächlichen – Verzicht auf Bequemlichkeit und Spaß bedeuten. Dies wird durch eine Studie des Umweltbundesamtes anschaulich belegt (vgl. Umweltbundesamt 2001).

Vor diesem Hintergrund sind die Bemühungen um eine gesteuerte Tourismusentwicklung im Jagsttal seit Mitte der 1990er Jahre zu sehen. Dabei sollen neben den ökologischen Belangen ökonomische und soziokulturelle Impulse gesetzt werden. Denn während sich in unmittelbarer Nachbarschaft des Jagsttales eine Reihe von traditionellen Naherholungs- und Ausflugzielen wie z.B. das Taubertal und der Schwäbische Wald befinden, handelt es sich beim Jagsttal selbst um kein gewachsenes Tourismusgebiet mit Tradition. Die vielgestaltige und ökologisch wertvolle Landschaft macht das Jagsttal jedoch für eine naturnahe Erholung besonders attraktiv. Zudem stellt die Jagst eines der naturnächsten Fließgewässer Deutschlands dar und bietet einer Vielzahl von bedrohten Tier- und Pflanzenarten Lebensraum. Als sichtbare Zeugen der früheren territorialen Zersplitterung der Region beleben zahlreiche historische Bauwerke, wie Burgen, Schlösser, Kloster, Kirchen und Mühlen das Landschaftsbild.

Aktuelle touristische Entwicklungsimpulse in der Region gehen vor allem vom Fahrradtourismus entlang der Jagst und des parallel zur Jagst verlaufenden Kochers sowie vom Kulturtourismus aus. Der Naherholung und dem Tourismus kommt demnach eine wichtige Rolle als endogenem Entwicklungspotenzial für die wirtschaftliche Entwicklung der Region zu. Die touristische Situation stellt sich in den einzelnen Gemeinden des Jagsttales jedoch sehr unterschiedlich dar. Während sich einige Gemeinden vor allem im Kulturbereich einen Namen gemacht haben und das vorhandene Beherbergungsangebot einen gewissen Anteil der Nachfrage auffangen kann, weisen andere Gemeinden unzureichende Beherbergungskapazitäten auf. Trotz des vielfältigen touristischen Potenzials bewegen sich die Ankunfts- und Übernachtungszahlen im Jagsttal auf eher niedrigem Niveau. Zu den wenigen Gemeinden, die bereits heute eine gewisse touristische Bedeutung im Jagsttal aufweisen, gehören Langenburg und Schöntal.

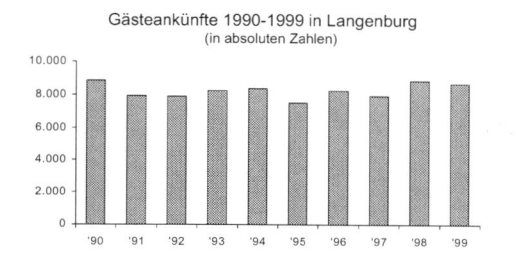

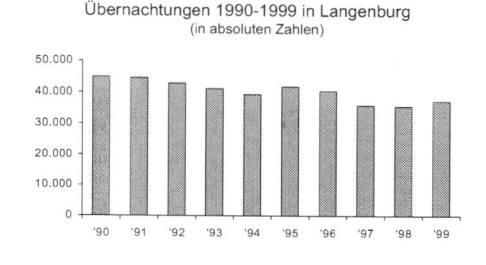

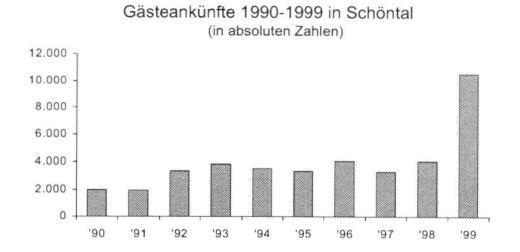

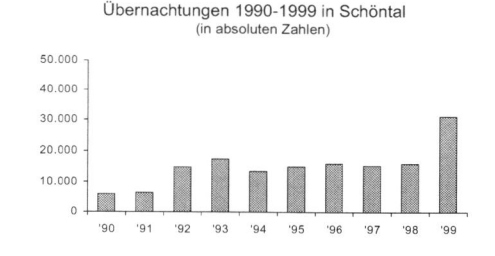

Abbildungen 8.13.1: Ankünfte und Übernachtungen in ausgewählten Kommunen des Jagsttales

Bislang erfolgte die touristische Vermarktung des Jagsttales überregional durch die bestehenden Touristikgemeinschaften mit der Bewerbung einzelner Produkte wie dem Kocher-Jagst-Radweg oder den Burgfestspielen in Jagsthausen. Zudem bestehen Bemühungen auf kommunaler Ebene. Allerdings haben die einzelnen Kommunen nur geringe Möglichkeiten zur professionellen Werbung und bieten meist zu wenig Anreize für einen mehrtägigen Aufenthalt. Wie in vielen ländlich strukturierten Räumen besteht deshalb auch hier ein »übergeordnetes Problem«: die gemeinsame, Kommunen übergreifende touristische Vermarktung der »Destination Jagsttal«. Eine derartige gemeinsame Vermarktung wird dadurch erschwert, dass die Jagst von Crailsheim bis zur Mündung in den Neckar durch drei Landkreise fließt, die von unterschiedlichen Touristikgemeinschaften beworben werden. Diese Vermarktungsstrukturen widersprechen einer optimalen Besucheransprache und -information: Für einen (potenziellen) Besucher des Jagsttales steht die natur- und kulturgeographische Einheit der Region, die er besuchen möchte, im Vordergrund. Deshalb wünscht der Gast umfassende Informationen über die gesamte Region – möglichst aus einer Hand.

Neben diesen Vermarktungsschwächen besteht die Gefahr der Umweltgefährdung und Landschaftsbelastung durch einen ungesteuerten Tourismus im Jagsttal. Bestehende Konflikte zwischen Tourismus und Naturschutz stellen z.B. verschiedene Freizeitnutzungen der Jagst dar, wie etwa Kanufahren, Angeln oder ufernahe Campingplätze. Generell bestehen aber auch vergleichbare Landnutzungskonflikte durch den Tourismus in anderen Landschaftszonen des Untersuchungsgebietes. Die bislang fehlende Konfliktregelung zwischen Naturschutz und Tourismus ist daher neben der unzureichenden Inwertsetzung des landschaftlichen und kulturellen Potenzials – das gilt sowohl für den Talraum als auch für die Hochflächen – als eine Schwäche des Tourismus anzusehen. Zudem stellt das Beratungsunternehmen ECON-CONSULT in seinem »Entwicklungskonzept Mittleres Jagsttal« (1996) eine mangelnde Landschaftsinterpretation (durch Besucherwegweisung, Tafeln, Karten, geographische Wanderführer etc.), eine ausgeprägte Saisonalität sowie eine unzureichende Gast- und Serviceorientierung als wesentliche Schwachpunkte im Jagsttal heraus.

Vor diesem Hintergrund ist auch die Initiierung eines Arbeitskreises Tourismus durch die Projektgruppe *Kulturlandschaft Hohenlohe* Ende 1998 zu sehen. Gemeinsam mit den für Tourismus relevanten Akteuren vor Ort sollten einzelne Projekte entwickelt, geplant und umgesetzt werden.

8.13.3 Ziele

Wissenschaftliche Ziele

Die wissenschaftlichen Ziele des Teilprojektes *Panoramakarte* lassen sich wie folgt zusammenfassen:
— Der gruppendynamische Prozess einer Kommunen übergreifenden Kooperation sollte analysiert und bewertet werden.
— Das Endergebnis des Teilprojektes – die Panoramakarte – sollte nach Kriterien der touristischen Nachfrage beurteilt werden.
— Es sollten genauere Informationen über die Struktur und das Verhalten der auswärtigen Besucher (Übernachtungs- und Tagesgäste) des Jagsttales erhoben werden.

Umsetzungsmethodische Ziele

Die gemeinsame Umsetzung einer Maßnahme durch die Akteure vor Ort stellte ein zentrales Ziel des Teilprojektes *Panoramakarte* dar. Vor allem aufgrund der Skepsis und Zweifel einiger Mitglieder im Arbeitskreis, insbesondere im Hinblick auf die Finanzierung des Projektes, stellte die Panoramakarte eine große Herausforderung dar und galt als wichtige Prüfung für den Erfolg und Fortbestand des Arbeitskreises. Ziel des Projekts war es demnach, Kommunen und Landkreis übergreifend zum ersten Mal ein gemeinsames Informationsmedium für die Tourismusregion Jagsttal zu entwickeln. Dies sollte mit der Unterstützung der Projektgruppe in moderierten Arbeitskreissitzungen durchgeführt und mit Hilfe von Kurz-, Zwischen- und Abschlussevaluierungen begleitet werden.

Die Dreidimensionalität des Prinzips der Nachhaltigkeit (ökonomischer, sozialer und ökologischer Bereich) im Rahmen der touristischen Entwicklung des Jagsttales stellte im Diskussionsprozess des Arbeitskreises einen zentralen Aspekt dar. Auch die Panoramakarte sollte unter diesen Gesichtspunkten entwickelt werden. Neben den ökonomischen und sozialen Komponenten sollten auch die ökologischen berücksichtigt werden. Informationen über Vielfalt, Besonderheit und den Schutzstatus von Vegetation und Fauna sollte deshalb bei der textlichen Ausgestaltung eine große Bedeutung zukommen. Die umsetzungsmethodischen Zielsetzungen waren demzufolge:
— Die Unterstützung des Arbeitskreises Tourismus bei der Entwicklung von Informationsmedien durch moderierte Sitzungen, Evaluierungen und die sich daraus ableitende Optimierung des Vorgehens.
— Die Ausgestaltung des Informationsmediums Panoramakarte unter Berücksichtigung sozialer, ökologischer und ökonomischer Aspekte.

Anwendungsorientierte Ziele

Von Anfang an war es der Wunsch der Arbeitskreismitglieder, den Defiziten im Bereich Vermarktung und Angebotsaufbereitung im Jagsttal entgegen zu wirken. Vor diesem Hintergrund kam die Idee auf, eine Freizeitkarte zu entwickeln. Es wurden Anregungen geäußert wie etwa »die Besonderheiten des Jagsttales herausstellen«, »das Jagsttal mit Grillplätzen, Zeltplätzen und Informationen über die Gemeinden auf einer Karte darstellen«, »eine Erlebniskarte mit eingezeichneten Wanderwegen erstellen« oder »ein Vermarktungsinstrument in Form einer Freizeitkarte mit Begleitheft über politische Grenzen hinweg anfertigen«. Die Karte sollte also einerseits ein Mittel zur Vermarktung darstellen und andererseits auch konkrete Möglichkeiten der Freizeitgestaltung aufzeigen. Da beide Anliegen nicht mit einer Karte abgedeckt werden konnten, beschloss der Arbeitskreis zweistufig vorzugehen. Zuerst sollte ein umfassendes touristisches Erstinformationsmedium entwickelt werden und danach, als Ergänzung, eine »Nutzungskarte« zur Freizeitgestaltung. Diese sollte einerseits die Besonderheiten des Jagsttales in Form einer Themenkarte ansprechend miteinander verknüpfen und andererseits zur Besucherlenkung im Untersuchungsgebiet dienen.

Das Defizit einer fehlenden übergeordneten Vermarktung der touristischen Angebote gab somit den Anstoß für das erste Projekt des Arbeitskreises Tourismus: Als Mittel zur Erstansprache von Besuchern schien besonders die Darstellung des Zielgebietes in Form einer Panoramakarte geeignet. Ziel der Erstellung einer Panoramakarte war, das Jagsttal potenziellen Gästen als touristische Einheit zu präsentieren. Vor allem für Gäste, die das Jagsttal noch nicht kennen, soll die Karte »Appetit machen« auf einen Besuch, den Reiseentscheidungsprozess beeinflussen und zu einem Besuch dieses Reisezieles animieren. Das Erstinformationsmittel sollte gemeinsam im Arbeitskreis Tourismus entwickelt werden. Der Vertrieb sollte durch die Gemeinden und die beiden Touristikgemeinschaften erfolgen.

Die zentrale anwendungsorientierte Zielsetzung war dem zufolge die Präsentation der Urlaubsregion Jagsttal als touristische Einheit.

8.13.4 Räumlicher Bezug

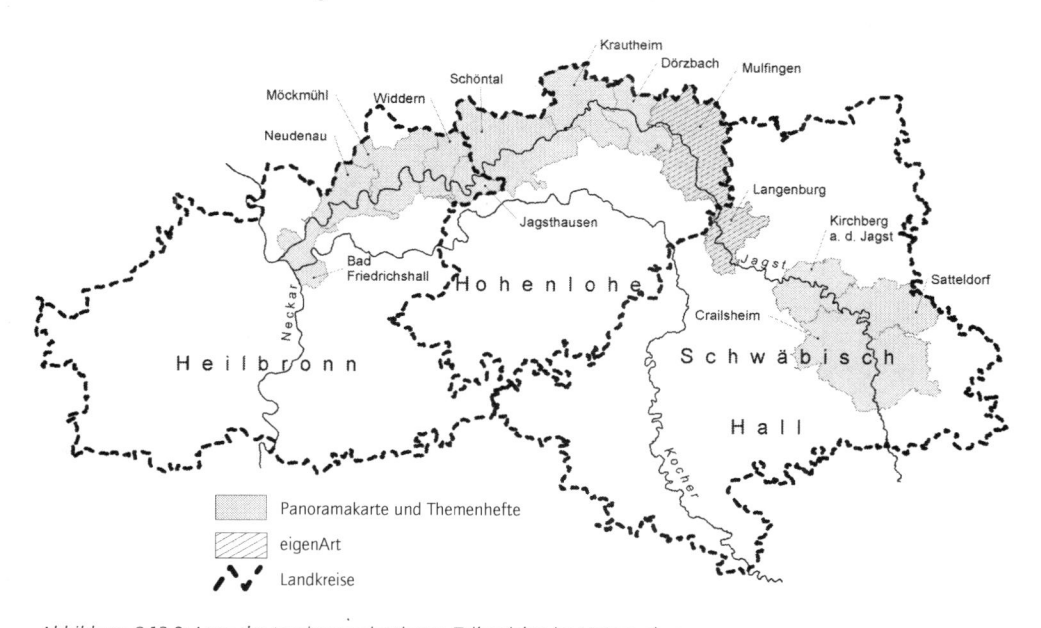

Abbildung 8.13.2: Lage der tourismusorientierten Teilprojekte im Untersuchungsraum

Der Kartenausschnitt der Panoramakarte wurde von den Mitgliedern des Arbeitskreises gemeinsam anhand verschiedener Kriterien festgelegt. Die wichtigsten waren die geographischen Gegebenheiten (Eintiefung der Jagst in den Muschelkalk zwischen Crailsheim und der Neckarmündung bei Bad Friedrichshall) und die räumliche Einbettung des Jagsttales in der Region. Um diese für den Betrachter deutlich zu machen, wurde ein Blattschnitt gewählt, der die Darstellung weit über das Gebiet bekannter Orte hinaus, wie z.B. Rothenburg o. d. Tauber, Bad Mergentheim im Norden, Schwäbisch-Hall im Süden und Heilbronn im Western erlaubte. Crailsheim bildet die östliche Begrenzung. Damit wurde gewährleistet, dass auch mit der Region wenig vertraute Personen das Jagsttal geographisch einordnen können.

8.13.5 Beteiligte Akteure und Mitarbeiter/Institute

Am Teilprojekt *Panoramakarte* beteiligten sich in der Region die zwölf Städte und Gemeinden Crailsheim, Satteldorf, Kirchberg, Langenburg, Mulfingen, Dörzbach, Krautheim, Schöntal, Jagsthausen, Widdern, Neudenau und Bad Friedrichshall. Vertreten waren gleichfalls der Handels- und Gewerbeverein Möckmühl, der Hotel- und Gaststättenverband Baden-Württemberg, die Touristikgemeinschaft Hohenlohe e.V., die Touristikgemeinschaft Neckar-Hohenlohe-Schwäbischer Wald, der Schwäbische Albverein, Naturschutzverbände und touristische Leistungsträger (Gastgewerbe, Träger von Sehenswürdigkeiten, Veranstalter etc.). Seitens der Projektgruppe arbeiteten Mitarbeiter des Instituts für Landespflege (Kirsten Schübel), des Beratungsunternehmens ECON-CONSULT (Dr. Helmut Wachowiak, Evelyn Jagnow, Gabriele Barisic) und des Fachgebietes für Landwirtschaftliche Kommunikations- und Beratungslehre der Universität Hohenheim (Dr. Alexander Gerber) am Teilprojekt *Panoramakarte* mit.

8.13.6 Methodik

Wissenschaftliche Methoden
Die Arbeit der Projektgruppe als »Dienstleister« im Arbeitskreis Tourismus bot Kapazitäten, um organisatorische Arbeit, Ideen-Input und nicht zuletzt eine wissenschaftliche Begleitung des Teilprojektes *Panoramakarte* zu leisten.

Besucherbefragung
Zur Unterstützung des Dialogprozesses und zur besseren Einschätzung der touristischen Nachfrage wurde eine Besucherbefragung durchgeführt. Zentrale Inhalte bei der Befragung waren Daten zum Aufenthalt der Gäste (Aufenthaltsdauer, Anzahl der Personen, Grund des Aufenthaltes, besuchte Orte und Unternehmungen), Meinungen der Gäste zu verschiedenen Aspekten des Jagsttales (z.B. gastronomisches Angebot, Landschaftsbild) sowie sozioökonomische Kenndaten. So wurden in neun Gemeinden des Jagsttales (Dörzbach, Jagsthausen, Langenburg, Mulfingen, Neudenau, Schöntal, Krautheim, Möckmühl, Widdern) in den Herbstferien 1998 (23. bis 25.10. und 30.10. bis 1.11.98) insgesamt 465 auswärtige Gäste (Übernachtungsgäste und Ausflügler) mit Hilfe eines standardisierten Fragebogens mündlich befragt. Um ein möglichst breit gestreutes Meinungsbild zu erhalten, wurden stark frequentierte Punkte in den jeweiligen Gemeinden als Befragungsstandorte ausgewählt. Zu inhaltlich relevanten Fragestellungen konnte in Form einer Trendanalyse ein Vergleich mit zwei bereits durchgeführten Befragungen gezogen werden. Die methodische und inhaltliche Vergleichbarkeit (Fragebogen, Erhebungsart, Standorte der Befragung, Zielgruppe) waren hierbei gewährleistet. Bereits im Rahmen des von ECON-CONSULT erarbeiteten »Entwicklungskonzeptes Mittleres Jagsttal« (1996) wurden am ersten Septemberwochenende 1995 (Herbst-

ferien in Baden-Württemberg) und am 14. bis 15.10.1995 insgesamt 205 auswärtige Besucher (Tages- und Übernachtungsgäste) des Jagsttales befragt. Auch hier wurden stark frequentierte Standorte des mittleren Jagsttales als Befragungsstandorte gewählt. Um die Zielgruppe der Fahrradfahrer und Kanufahrer im Jagsttal näher betrachten zu können, wurden an Pfingsten 1999 (22. bis 24.5.99) ergänzend zu den bisherigen Erhebungen 32 Kanu- und 156 Radfahrer (ebenfalls auswärtige Gäste) befragt. Die geringe Zahl der befragten Kanufahrer begründet sich durch den hohen Wasserstand der Jagst zum Zeitpunkt der Befragung, der ein Befahren nur von geübten Kanufahrern ermöglichte; aus diesem Grund vermieteten die Kanuverleiher keine Boote.

Tabelle 8.13.1: Befragungen von Touristen im Jagsttal

Zeitpunkte der Befragung	Befragungsstandorte	Zielgruppe	Anzahl der Befragten
erstes Septemberwochenende 1995 (noch Sommerferien in Baden-Württemberg), 14. bis 15.10.95	Schöntal Krautheim Mulfingen Dörzbach	Auswärtige Besucher des Jagsttales (Tages- und Übernachtungsgäste)	205 Besucher
23. bis 25.10.1998 30.10. bis 1.11.1998 (beides Herbstferien in Baden-Württemberg)	Schöntal Langenburg Möckmühl Jagsthausen Widdern	Auswärtige Besucher des Jagsttales (Tages- und Übernachtungsgäste)	465 Besucher
22. bis 24.5.1999 (Pfingsten)	Jagsthausen Schöntal Altkrautheim Unterregenbach	Radfahrer Kanufahrer (Tages- und Übernachtungsgäste)	156 Radfahrer 32 Kanufahrer

Um ein möglichst repräsentatives Bild der auswärtigen Besucher des Jagsttales zu bekommen, waren die Interviewer angehalten, aus den angetroffenen Gästen die Befragten zufällig auszuwählen. Zu diesem Zweck wurde bei Familien und sonstigen Gruppen nur jeweils ein Vertreter der Gruppe befragt. Des Weiteren wurden nur auswärtige Gäste befragt; die angesprochenen Personen mit Wohnsitz im Jagsttal wurden lediglich statistisch erfasst.

Werbeerfolgskontrolle

Das Ziel, mit der Panoramakarte ein attraktives Informationsmedium zu entwickeln, wurde mittels einer schriftlichen Befragung im Rahmen der Tourismusmesse CMT im Januar 2000 in Stuttgart überprüft. Die Befragung war an eine Gewinnaktion über Antwortpostkarten gekoppelt, um eine höhere Rücklaufquote zu erlangen. Von insgesamt 700 den Panoramakarten beigelegten und zusätzlich verteilten Postkarten wurden bis zum 31.03.2000 an die Projektgruppe 53 Antwortkarten auf dem Postweg zurückgeschickt. Damit betrug die Rücklaufquote 7,6 Prozent. Zwar stellen die 53 Antwortkarten keine repräsentativen Ergebnisse dar, sie geben jedoch Tendenzen wieder, um die vorab gesetzten Zielsetzungen bewerten zu können. Das Resultat der Befragung wird in Kap. 8.13.7 vorgestellt.

Umsetzungsmethodik

Im Mittelpunkt stand im AK Tourismus die Moderation, und zwar nicht nur der einzelnen AK-Sitzungen, sondern auch auf anderen Ebenen im Sinne einer Zusammenführung von Vertretern gegensätzlicher Meinungen, vor allem bei den Berührungspunkten Naturschutz und Tourismus. So wurden Einzelgespräche mit Vertretern des Gastgewerbes, des Naturschutzes und der Touristikgemeinschaften geführt.

Als Diskussionsgrundlage für alle zukünftigen Aktivitäten wurde im Arbeitskreis Tourismus zunächst eine Stärken-Schwächen-Analyse der touristischen Situation im Untersuchungsgebiet vorgenommen. Darauf aufbauend erfolgte die Definition notwendiger Handlungsfelder und konkreter Umsetzungsprojekte.

Zwischenevaluierung

Zur Bewertung der Arbeitskreisarbeit und als Abschluss des Projektes *Panoramakarte* wurde im AK Tourismus Anfang 2000 mit Hilfe einer schriftlichen Befragung eine interne Zwischenevaluierung des ersten Tätigkeitsjahres durchgeführt. Dazu wurden alle Mitglieder des Arbeitskreises Tourismus befragt (vgl. Kap. 6.10).

Anwendungsorientierte Methoden

Der Inhalt der Panoramakarte wurde mittels einer Auswertung der vorhandenen Werbematerialien für das Jagsttal erarbeitet. Dies zeigte, dass einige Felder bereits ausreichend abgedeckt waren: so existierte eine Prospektserie für Hohenlohe (»Komm auf's Land«), die einzelnen Kommunen geben Ortsprospekte heraus und verschiedene Verlage engagieren sich bei der Erstellung von Wanderkarten und topographischen Karten. Von den Mitarbeitern der Projektgruppe wurden Recherchen zum Bildmaterial durchgeführt, die Akquisition der finanziellen Mittel übernommen, die Vergabe von Gestaltung und Druck der Panoramakarte in die Wege geleitet, die Abwicklung und Kontrolle der Herstellung sowie die Verteilung der Hefte koordiniert.

8.13.7 Ergebnisse

Wissenschaftliche Ergebnisse

Besucherbefragung

Die Altersstruktur der befragten Gäste wies bei allen Befragungen einen deutlichen Schwerpunkt in den mittleren Altersklassen 26 bis 40 Jahre und 41 bis 60 Jahre auf. Jüngere Besucher unter 26 Jahren waren nur gering vertreten.

Bei den Angaben zum ausgeübten Beruf unter den 1998 befragten Gästen spiegelte sich auch die Altersstruktur der Befragten wider: zwar waren mehr als die Hälfte Angestellte/Arbeiter (53 Prozent), aber ein relativ großer Teil von 17 Prozent war im Ruhestand. Der Rest teilte sich auf in Selbständige/Freiberufler (13 Prozent), Personen in Ausbildung (9 Prozent) und Hausfrauen/-männer (8 Prozent).

Alter der befragten Besucher zu den verschiedenen Befragungsterminen
(in % der Befragten, nur gültige Fälle)

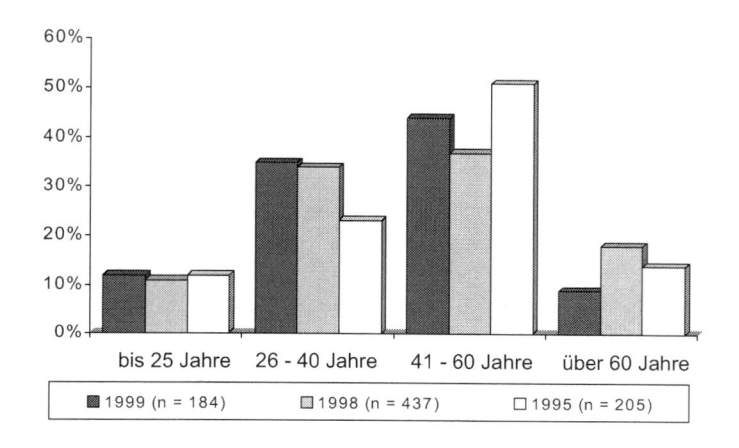

Abbildung 8.13.3:
Alter der befragten Besucher zu den verschiedenen Befragungsterminen

Mit wem sind Sie hier?
(in % der Befragten, nur gültige Fälle)

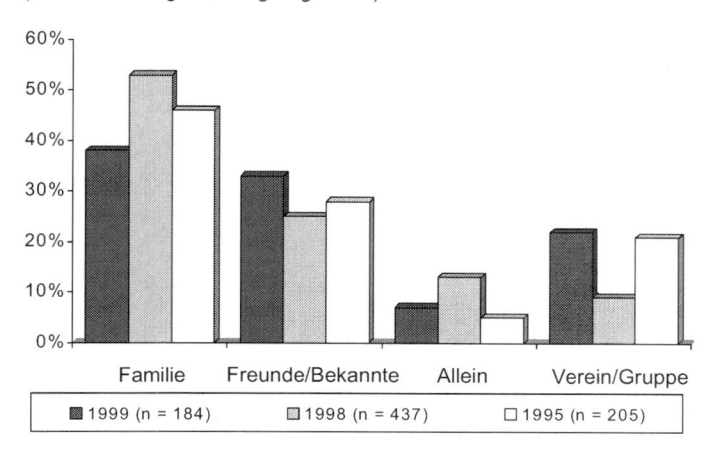

Abbildung 8.13.4:
Reisebegleitung

Zu allen Befragungsterminen waren die meisten Besucher mit der Familie unterwegs. Jeweils ungefähr ein weiteres Drittel war mit Freunden oder Bekannten angereist. Der bei den verschiedenen Befragungen unterschiedliche Anteil der mit einem Verein oder einer Gruppe angereisten Personen ist auf die Befragungstermine, den Aufenthaltsgrund der befragten Gäste sowie auf die Befragungsorte zurückzuführen. Im Jahr 1995 z.B. wurde hauptsächlich am Kloster Schöntal gefragt, dem Ort im Jagsttal, der am meisten von Busgruppen angesteuert wird, insbesondere während der Sommerferien in Baden-Württemberg. Bei der Befragung an Pfingsten 1999 wurde ebenfalls aufgrund des Termins ein höherer Anteil Gruppenreisender angetroffen. Hier spielen vor allem die befragten Kanufahrer, die fast ausschließlich in Gruppen unterwegs waren, eine große Rolle.

Von den 87 Prozent der Besucher, die im Herbst 1998 nicht allein angereist waren, waren knapp 60 Prozent mit einer oder zwei weiteren Personen angereist. Nur 14 Prozent der Befragten wurden in einer Gruppe mit mehr als fünf Personen angetroffen. Auch hier zeigt sich, dass das Jagsttal ein typisches Ausflugsziel für Familien und Paare ist, der Anteil an Gruppen jedoch noch Potenziale zur weiteren gezielten Ansprache dieser Zielgruppe bietet. Für die touristischen Leistungsträger bedeutet dies, dass eine relativ klare Definition der Zielgruppe besteht und dass das Angebot z.B. auch auf Familien mit Kindern ausgerichtet sein sollte.

Das wichtigste Herkunftsgebiet der Personen, die das Jagsttal besuchten, war das Land Baden-Württemberg selbst. Die anderen Bundesländer spielten als Herkunftsregionen nur eine untergeordnete Rolle. Generell zeigte sich, dass die Besucher des Jagsttales zu über 90 Prozent aus dem Inland kommen. Hier bestätigte sich die Eigenart des Jagsttales als (Nah-) Erholungsgebiet, das überwiegend für kurzfristige und kürzere Aufenthalte aufgesucht wird.

Herkunft der Besucher
(in % der Befragten, n = 340)

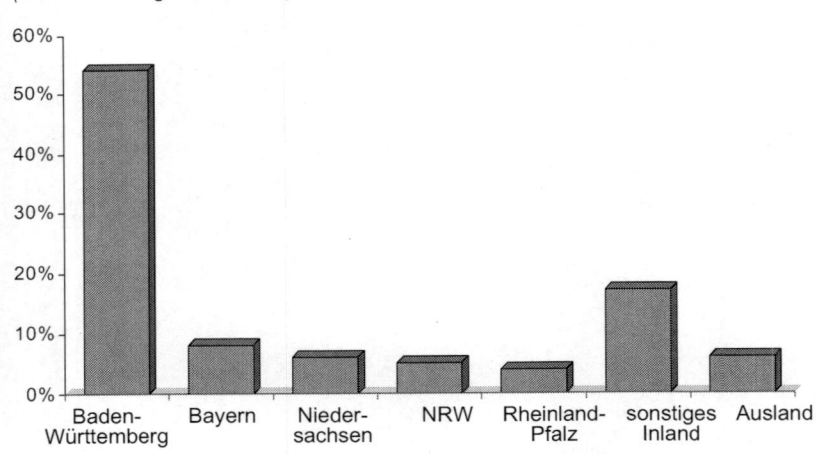

Abbildung 8.13.5: Herkunft der Besucher

Entsprechend der geringen Distanz zwischen den Herkunftsgebieten und dem Jagsttal sowie der schwierigen Anbindung mit öffentlichen Verkehrsmitteln reiste sowohl 1995 als auch 1998 die Mehrheit der Befragten mit dem PKW in das Untersuchungsgebiet an. 1995 waren es 79 Prozent, 1998 sogar 97 Prozent der befragten Gäste. In der Befragung zwischen dem 25.10. und 1.11.98 konnte lediglich ein geringer Anteil an Fahrradfahrern befragt werden, da an einigen Befragungstagen schlechtes Wetter vorherrschte. Die Befragung an Pfingsten 1999 stellte in Bezug auf das benutzte Verkehrsmittel einen Sonderfall dar, da gezielt Kanu- und Radfahrer angesprochen wurden. Hier lag der Anteil der mit dem PKW Angereisten bei 55 Prozent, entsprechend höher waren die Anteile der mit dem Rad oder dem Bus angereisten Personen.

Aus dem Grund des Aufenthaltes sowie der Aufenthaltsdauer der Gäste zeigt sich die Funktion des Jagsttales als Destination für Tagesausflügler. Von den Befragten im Herbst 1998 unternahmen 46 Prozent einen Tagesausflug ins Jagsttal. Zählt man die Tagesausflügler, die von ihrem

Urlaubsort gestartet waren (sekundärer Tagesausflugsverkehr) hinzu, so lag der Anteil der Tagesausflügler bei 57 Prozent der Befragten. Bei den Gästen die sich länger im Jagsttal aufhielten, nahmen den größten Teil die Kurzurlauber mit 14 Prozent ein. Nur 6 Prozent der Befragten verbrachten ihren Urlaub (fünf Tage und mehr) in der Region. Diese Verteilung in der Gästestruktur findet sich auch in den Ergebnissen der Gästebefragungen 1995 und 1999 wieder. Lediglich die Befragung im Herbst 1995 zeigt einen höheren Anteil an Kurzurlaubern, der jedoch möglicherweise auf die dortigen Sommerferien in Baden-Württemberg zurückzuführen ist.

Von den Tagesgästen im Herbst 1998 blieben zwei Drittel maximal vier Stunden im Jagsttal, einen vollen Tag hielten sich lediglich 20 Prozent der Tagesgäste in der Region auf. Bei den Übernachtungsgästen überwogen Kurzurlauber mit einer Aufenthaltsdauer von maximal vier Tagen, sie stellten einen Anteil von 71 Prozent an allen Übernachtungsgästen. Nur 4 Prozent der Übernachtungsgäste blieben länger als eine Woche im Jagsttal.

Der Anteil der Gäste, der im Jagsttal länger als einen Tag blieb, übernachtete zu einem Viertel bei Bekannten/Verwandten. Dieser relativ hohe Anteil bedeutet für das Gastgewerbe jedoch eine geringere Wertschöpfung, da diese Gäste kein Geld für die Übernachtung in gewerblichen Beherbergungsbetrieben ausgeben. Die übrigen genutzten Übernachtungsbetriebe spiegeln die Beherbergungsstruktur des Jagsttales wider: knapp 40 Prozent der übernachtenden Gäste kommen in einem Hotel oder Gasthof unter, 13 Prozent in Pensionen und Privatzimmern und nur 6 Prozent in Ferienwohnungen. Für eine ländliche Region wie das Jagsttal erstaunt der geringe Anteil der Übernachtungen auf Bauernhöfen und ähnlichen Einrichtungen.

Betriebsart des Übernachtungsbetriebes
(in % der übernachtenden Gäste, n = 131)

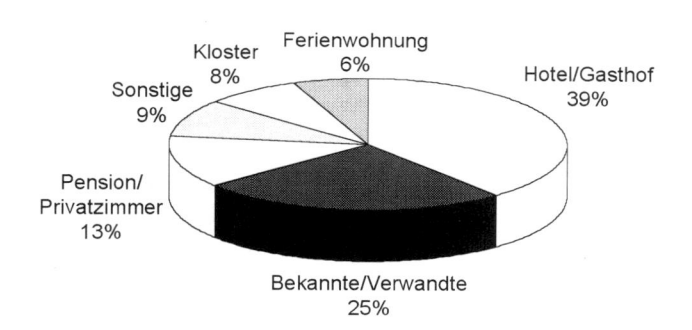

- Kloster 8%
- Ferienwohnung 6%
- Sonstige 9%
- Hotel/Gasthof 39%
- Pension/Privatzimmer 13%
- Bekannte/Verwandte 25%

Abbildung 8.13.6: Betriebsart des Übernachtungsbetriebes

Bei den Übernachtungsorten stellten die Orte mit den Hauptanziehungspunkten Schöntal (Kloster Schöntal) und Jagsthausen (Götzenburg) im Jagsttal die wichtigsten Ziele dar. Mit mehr als einem Viertel der übernachtenden Gäste nahmen Orte außerhalb des Jagsttales einen bedeutenden Stellenwert ein und zeigen, dass das Jagsttal auch ein wichtiger Ausflugsort von anderen Urlaubsgebieten aus ist. Bei den Angaben zu den besuchten Orten der Mehrfachbesucher zeigte sich, dass die meisten Besucher keinen Einzelort anfuhren, sondern das Jagsttal als Region. Sechzig Prozent der Befragten gaben an, bei ihrem Aufenthalt mehrere Orte des Jagsttales zu besuchen bzw. eine Rundfahrt zu unternehmen. Bei den einzeln angegebenen Orten standen Schöntal, Langenburg und Möckmühl im Vordergrund, also die Gemeinden mit den Hauptsehenswürdigkeiten des Jagsttales (Kloster Schöntal, Schloss Langenburg, Stadtbefestigung und Stadtbild Möckmühl).

Waren Sie schon einmal im Jagtsttal?
(in % der Befragten, n = 437)

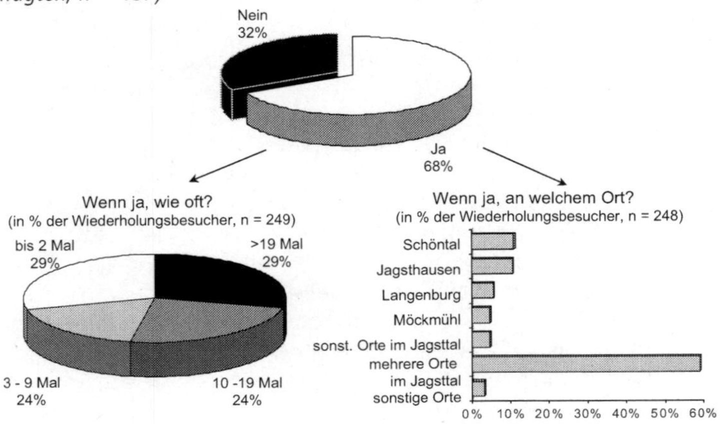

Nein 32%
Ja 68%

Wenn ja, wie oft?
(in % der Wiederholungsbesucher, n = 249)

- bis 2 Mal: 29%
- >19 Mal: 29%
- 3 - 9 Mal: 24%
- 10 -19 Mal: 24%

Wenn ja, an welchem Ort?
(in % der Wiederholungsbesucher, n = 248)

- Schöntal
- Jagsthausen
- Langenburg
- Möckmühl
- sonst. Orte im Jagsttal
- mehrere Orte im Jagsttal
- sonstige Orte

Abbildung 8.13.7: Charakterisierung der Wiederholungsbesucher

Bezüglich der Zielgebietstreue zeigt sich, dass ein Großteil der 1998 Befragten (68 Prozent) schon einmal im Jagsttal war, davon zwei Drittel bereits mehr als drei Mal. Hier werden zwei unterschiedliche Zielgruppen deutlich. Für den Personenkreis, der bereits sehr oft im Jagsttal war und dem das Angebot gefällt, gilt es zum einen, die bestehende Angebotsstruktur zu erhalten und in Teilen zu erweitern. Sehr wichtig sind aber vor allem für die touristischen Leistungsträger der Region die Informationen zu den Erstbesuchern, die das Potenzial für die zukünftige Entwicklung aufzeigen und die zum Wiederkommen animiert werden sollen. Auffällig bei den Erstbesuchern des Jagsttales ist die etwas jüngere Altersstruktur gegenüber den »Stammgästen«. Hier spiegelt sich die Entwicklung des Freizeitinteresses von jungen Erwachsenen und Personen bis ca. 40 Jahren wider, das laut neuerer Untersuchungen hin zum Naturerlebnis geht. Auffällig sind auch die Herkunftsorte der Erstbesucher, die sich nicht ganz so stark auf Baden-Württemberg konzentrieren wie bei den Besuchern, die schon öfter im Jagsttal waren. Von den »Stammgästen« kommen 60 Prozent aus Baden-Württemberg, bei den Erstbesuchern sind dies lediglich 40 Prozent. Entsprechend höher ist hier der Anteil der z.B. aus Bayern Angereisten (11 Prozent gegenüber 6 Prozent bei den Stammgästen). Neben den strukturellen Merkmalen der Gäste, die für die Bestimmung der Zielgruppen für die Region insgesamt, jedoch auch für einzelne touristische Leistungsträger wichtig sind, stellten die Aktivitäten der Besucher einen zentralen inhaltlichen Block im Rahmen der Befragung dar. Zielpunkte der Gäste bei ihrem Besuch im Jagsttal waren vor allem Kloster Schöntal (27 Prozent), Jagsthausen mit der Götzenburg (22 Prozent) und Langenburg mit den Attraktionen Altstadt und Schloss (20 Prozent). Die restlichen 32 Prozent verteilen sich auf die übrigen Orte im Jagsttal. Diese Ergebnisse bestätigen sich auch in den beiden anderen durchgeführten Befragungen, können jedoch aufgrund der etwas abweichenden Fragestellung nicht in direktem Vergleich zueinander dargestellt werden.

Im Vordergrund der Aktivitäten der Gäste standen die klassischen Elemente eines Ausfluges wie Spazieren gehen/Wandern (zusammen gut 70 Prozent der genannten Aktivitäten), Besuch historischer Stätten (66 Prozent), Restaurantbesuch (46 Prozent), Café-/Schankwirtschaftsbesuch (43 Prozent) und Ausruhen/Entspannen (34 Prozent). Hier zeigt sich auch der Status des

Jagsttales als ländlich geprägtes Ziel mit viel Natur, das Möglichkeiten zur Entspannung und zum Abschalten bietet. Wiederum zeigt sich, dass die Landschaft der wesentliche Attraktivitätsfaktor des Jagsttales ist. Andere Aktivitäten nahmen aufgrund des Befragungszeitpunktes im Herbst 1998 sowie des an einigen dieser Tage vorherrschenden regnerischen Wetters einen geringeren Anteil ein. So war z.B. der Anteil der Radfahrer bei der Befragung 1995 höher. Nicht vergleichbar ist die Pfingstbefragung 1999, da dort gezielt Rad- und Kanufahrer angesprochen wurden.

Mehr als die Hälfte der Befragten gab an, ein Restaurant, ein Café oder eine Schankwirtschaft während ihres Aufenthaltes zu besuchen. Aus diesem Grund wurden die Gäste gebeten, die Bedeutung der verschiedenen Leistungen der Gastronomie zu bewerten. Über 90 Prozent der Befragten hielten folgende Leistungen der Gastronomie für sehr wichtig oder wichtig: Landwirtschaftliche Erzeugnisse aus regionaler Produktion, zuvorkommenden Service, das Preis-Leistungs-Verhältnis sowie die regionale Fleisch-Produktion aus kontrolliert-biologischer Produktion. Dies zeigt, dass die Qualität des Angebotes in Kombination mit einem guten Service für die Besucher die wichtigsten Elemente der Gastronomie darstellen. Hinzu kam der Wunsch nach regionaltypischen Gerichten sowie ein traditionelles Ambiente der Gastronomie. Dies spiegelte sich auch in den Angaben zur gewünschten Art der Gastronomie wider: Insgesamt lag hier der Schwerpunkt auf regionaltypischer, gutbürgerlicher Küche, auch in Form von Dorfgaststätten oder Bauernschankwirtschaften. Allein ein Viertel der Besucher nannte hier Gasthäuser mit einfachen, regionaltypischen Gerichten und entsprechender Atmosphäre als gewünschte Art der Gastronomie.

An allen Befragungsterminen wurden die Besucher gebeten, einige Aspekte des Jagsttales mit Schulnoten zu bewerten. Sehr positiv bewertet wurden von allen Befragten die Aspekte »Ortschaften/Ortsbild« mit einer Bewertung im Mittel von 1,7 bis 1,9 sowie die Gastronomie und das Wanderwegenetz mit einer mittleren Bewertung (Note 2). Kritik übten einige Besucher an der Beschilderung, den Fahrradwegen sowie der Gästeinformation/Betreuung. Hier bewegen sich die Mittelwerte im Bereich zwischen 2,2 und 2,5. Des Weiteren werden als nicht voll zufriedenstellend das kulturelle Angebot, die Verkehrsanbindung/Erreichbarkeit sowie die Unterhaltungs-/Bildungsmöglichkeiten beurteilt. Von allen Befragten schlecht beurteilt wurden die Busverbindungen im Jagsttal, die vor allem an den Wochenenden nur zu Kernzeiten bestehen; auch werden nur bestimmte Ziele angefahren.

Beurteilung ausgewählter Eigenschaften des Jagsttales
(Mittelwerte der Benotung von 1 = »sehr gut« bis 5 = »schlecht«)

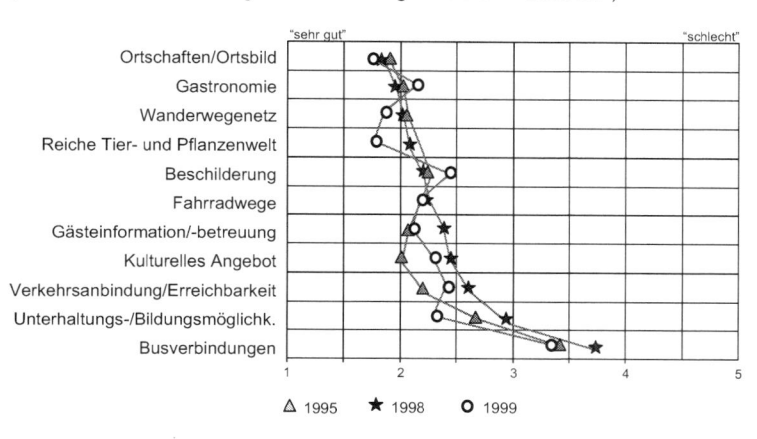

Abbildung 8.13.8: Beurteilung ausgewählter Eigenschaften des Jagsttales

Die Besucher wurden gebeten, das »Attraktive« der Landschaft zu benennen. Hier wurden vor allem Aspekte wie »hügelige, abwechslungsreiche Landschaft«, »Wald«, »die Jagst« und »die Weinberge« angeführt. Vereinzelt wurden auch die Möglichkeiten zum Wandern, Radfahren und Kanufahren genannt, die zusammen mit anderen Nennungen unter »Sonstiges« zusammengefasst sind. Antworten auf die Frage, was das »Typische, Unverwechselbare« der Region sei, wurden in die gleichen Kategorien gefasst, wie die Nennungen zur vorhergehenden Frage, so dass ein direkter Vergleich möglich ist. Auffällig ist, dass für die meisten Befragten die Kulturlandschaftselemente das Typische für die Region darstellten, an zweiter Stelle erst das abwechslungsreiche Landschaftsbild (Talraum, Prall- und Gleithänge, Aufschlüsse im Muschelkalk, Hochflächen). Auch bei dieser Frage spielten die Aspekte der naturbelassenen Landschaft und der Jagst eine wichtige Rolle. Unter den typischen, unverwechselbaren Elementen der Region wurden auch die Küche/Spezialitäten, die Gastfreundschaft sowie die Sprache/der Dialekt genannt.

Tabelle 8.13.2: Bewertung des Attraktiven, Typischen und Unverwechselbaren in der Region

	Was ist in Ihren Augen das Attraktive an der Landschaft hier? in % der Nennungen, n = 437 (Mehrfachnennungen möglich)	Was ist - mit einem Wort gesagt - das „Typische", „Unverwechselbare" dieser Region? in % der Nennungen, n = 359 (Mehrfachnennungen möglich)
Hügelige Landschaft/ Gegensatz Berg-Tal	38,6	18,4
Wald	22,9	6,7
Unberührte/naturbelassene Landschaft	15,0	15,3
Fluss/Jagst	14,5	11,1
Historische Gebäude (z.B. Burgen, Schlösser, Kloster, Ortsbilder), Kultur	13,6	34,8
Ruhe/Stille/friedliche Atmosphäre	11,8	9,0
Abwechslungsreiche Region	12,0	4,4
Weinberge	3,9	1,9
Sonstiges darunter: _Küche/Spezialitäten _Sprache/Dialekt _Gastfreundschaft	28,6	35,4 4,2 3,6 2,2

Um die Frage, was das Jagsttal als Ferienregion ausmacht und welche Rolle die Landschaft dabei spielt, weiter einzugrenzen, wurden die Besucher gezielt mit geschlossenen Fragen (d.h. mit vorgegebenen Antwortmöglichkeiten) nach den typischen Landschaftselementen gefragt, die ihrer Meinung nach zu- oder abnehmen sollten. Mehr als 80 Prozent der Befragten empfanden die Landschaftselemente »Gewässer«, »Wald« und »Wiesen/Weiden« als typisch für das Jagsttal. Dies sind genau die Landschaftselemente, die den Abwechslungsreichtum des Jagsttales auszeichnen und von den Besuchern gerade mit dieser Landschaft verbunden werden. Als weniger typisch wurden die Elemente Äcker und Weinberge eingeschätzt. Darüber hinaus wurde nach den Landschaftselementen gefragt, die nach Meinung der Gäste in ihrem Umfang zunehmen sollten. Hier zeigte sich, dass der Umkehrschluss – Wunsch nach Zunahme der Landschaftselemente, die nicht als typisch angesehen werden – nicht zutrifft. Jeweils ca. 20 Prozent der Befragten wünschen sich eine Zunahme von Wald, Hecken/Gebüschen und Weinbergen. Die Zunahme von Gewässern spielt für die Befragten kaum eine Rolle, wird dieses Element doch auch als das Typische der Region angesehen.

Typische Landschaftselemente für das Jagsttal
und Wunsch nach Zunahme verschiedener Elemente
(Nennungen »typisch« bzw. »ja, Zunahme gewünscht« in Prozent der Befragten)

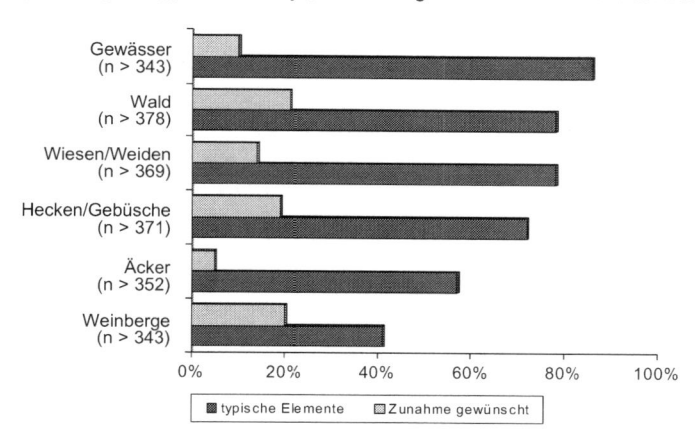

Abbildung 8.13.9:
Landschaftselmente Jagsttal

Kritik übten die Besucher des Jagsttales an der unzureichenden Eingliederung von Neubau- und Gewerbegebieten in das Landschaftsbild. Diese Eingliederung von Neubau- und Gewerbegebieten ist zwar eigentlich ein Vorgang der Stadt- und Dorfentwicklung, hat mit seinen räumlichen Konsequenzen jedoch auch Einfluss auf den Tourismus. Mit der Gestaltung der Wohn- und Gewerbeflächen wird Einfluss auf das Landschaftsbild genommen und somit der Eindruck, den ein Besucher von der Region bekommt, mit geprägt. Im Durchschnitt benoteten die Gäste diesen Aspekt mit »befriedigend«. Im Gegensatz hierzu wurde aus Frage 10 (Abb. 8.13.8) deutlich, dass die Gäste vor allem die Ortschaften und das Ortsbild positiv bewerten. Hier zeigt sich die Diskrepanz zwischen den alten Ortskernen und den Neubaugebieten.

Die Besucher, die bereits mehrmals im Jagsttal waren, wurden nach Veränderungen der Region gefragt, die ihnen im Laufe der Zeit aufgefallen sind. 45 Prozent der Befragten konnten keine Veränderungen feststellen. Die genannten Veränderungen wurden in positive und negative Nennungen aufgeteilt. Als positiv nannten die Gäste die Sanierung der Ortschaften oder auch einzelner Gebäude, die bessere Erreichbarkeit aufgrund des Ausbaus des Straßennetzes sowie einzelne Aspekte wie z.B. die gestiegene Attraktivität für Jugendliche sowie die Gestaltung einzelner Einrichtungen und Veranstaltungen. Bei den negativen Veränderungen wurden die starke Zunahme der Bebauung, aber auch Aspekte in Bezug auf die Natur bzw. die Landschaft (z.B. weniger Weinberge, Zerstörung von Naturflächen) genannt. Für 5 Prozent der Gäste war die Stilllegung der Jagsttalbahn eine negative Veränderung.

Im Gegenzug wurden die Besucher auch nach Wünschen für Veränderungen gefragt. Hier gaben 73 Prozent der Befragten an, dass »alles so bleiben soll wie es ist«. Die genannten Veränderungswünsche in Bezug auf die Landschaft bezogen sich zum einen auf die Landschaftsgestaltung, z.B. auf die Jagst (keine Flussbegradigung, Talauen erhalten) oder auch auf den Ausbau der Rad-, Wander- und Reitwege sowie auf die Gestaltung (Renovierung, Instandhaltung) der Gebäude.

Einen weiteren inhaltlichen Schwerpunkt der Besucherbefragung stellte die Frage nach den Informationsmöglichkeiten über das Jagsttal dar. Die Besucher wurden um Angaben gebeten, ob und welche Informationen zu verschiedenen Themen bzw. über unterschiedliche Medien fehlen. Mehr als 60 Prozent der Besucher wünschten sich mehr Informationen zu den Themen Natur- und Umweltschutz sowie zu Geschichte und Natur. Dies spiegelt das Interesse an der Natur – dem zentralen Besuchsgrund für das Jagsttal – wider. 36 Prozent der Befragten wünschten sich mehr elektronische Informationsmedien, wie über das Internet oder an Info-Terminals. Geht man davon aus, dass sich im allgemeinen eher jüngere Personen über elektronische Medien informieren, so erstaunt der Anteil von 36 Prozent der Befragten, die sich mehr Informationen zum Jagsttal über diese Medien wünschen, vor allem vor dem Hintergrund, dass Besucher des Jagsttales zumeist der Altersklasse der 41 bis 60-jährigen angehören. Gerade für Kanufahrer z.B. bietet die Möglichkeit, sich per Internet über die Wasserstände der Jagst kurzfristig und aktuell zu informieren, eine wichtige Entscheidungsgrundlage für einen Besuch im Jagsttal.

Wünschen Sie sich ...
(Nennungen in Prozent der Befragten, nur gültige Fälle)

...mehr Informationen zu Geschichte und Natur? (n = 413) Ja 67% Nein 33%

...mehr Informationen zu Naturschutzthemen? (n = 404) Ja 62% Nein 38%

...mehr elektronische Informationsmedien? (n = 414) Ja 36% Nein 64%

Abbildung 8.13.10: Besucherwünsche

Abschließend wurden die Gäste des Jagsttales nach allgemeinen Verbesserungsvorschlägen gefragt. Hier zeigte sich eine insgesamt relativ große Zufriedenheit mit dem Jagsttal als touristischem Ziel, 28 Prozent der Befragten nannten keine Vorschläge. Als verbesserungsfähig wurden vor allem die Beschilderung bzw. die Informationsmöglichkeiten vor Ort genannt. Weitere Punkte bezogen sich auf die Radwege, das kulturelle Angebot, die Gastronomie oder auch auf die Wiederinbetriebnahme der Jagsttalbahn.

Zusammenfassend zeigt sich, dass das Jagsttal aufgrund seiner naturräumlichen Voraussetzungen von den Gästen als Freizeit- und Ferienregion geschätzt wird. Vor allem im Bereich der Infrastruktur, z.B. in Bezug auf Information und Besucherlenkung, aber auch im Bereich des Angebotes von (kulturellen) Veranstaltungen bestehen noch Entwicklungsmöglichkeiten.

Werbeerfolgskontrolle

Die Ergebnisse der während der Messe CMT in Stuttgart 2000 durchgeführten Besucherbefragung zur Beurteilung der Panoramakarte stellen sich wie folgt dar.

Wie beurteilen Sie die Karte »Das Jagsttal – Natur – Freizeit – Kultur« in Bezug auf folgende Punkte?
(n = 53, in Prozent der Befragten)

Kriterium	sehr gut	gut	befriedigend	ausreichend	mangelhaft
Informationsgehalt	40%	51%	9%		
Handlichkeit	19%	65%	12%		
Graphische Gestaltung	37%	51%	7%	5%	
Übersichtlichkeit	30%	44%	19%	7%	

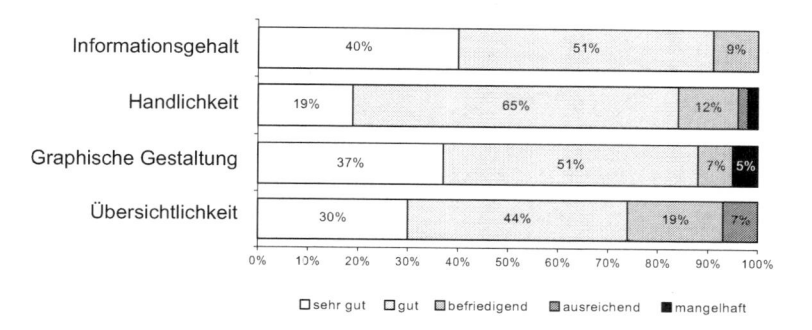

Abbildung 8.13.11: Bewertung der Panoramakarte 1

Was gefällt Ihnen an der Karte »Das Jagsttal – Natur – Freizeit Kultur« besonders gut?
(n = 53, Mehrfachnennungen möglich, Anzahl der Nennungen = 62, in Prozent der Nennungen)

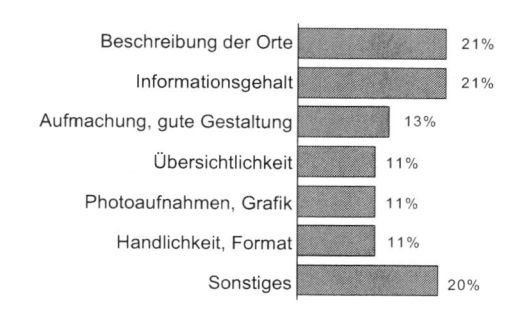

Beschreibung der Orte	21%
Informationsgehalt	21%
Aufmachung, gute Gestaltung	13%
Übersichtlichkeit	11%
Photoaufnahmen, Grafik	11%
Handlichkeit, Format	11%
Sonstiges	20%

Abbildung 8.13.12: Bewertung Panoramakarte 2

Was gefällt Ihnen an der Karte »Das Jagsttal – Natur – Freizeit – Kultur« weniger gut?
(n = 53, Mehrfachnennungen möglich, Anzahl der Nennungen = 22, in Prozent der Befragten)

geringer Informationsgehalt	36%
Unhandlichkeit	27%
fehlende eingezeichnete Straßen	14%
Schwäbischer Alb Verein nicht erwähnt	5%
Straße entlang Jagst zu dünn	5%
Kocher und Jagst wäre besser	5%
zuviel Malerei, unübersichtliche Karte	5%
Papierstärke	5%

Abbildung 8.13.13: Bewertung Panoramakarte 3

Nachdem Sie die Karte »Das Jagsttal – Natur Freizeit – Kultur« gesichtet haben, glauben Sie, dass das Jagsttal für Sie eine Reise wert wäre?
(n = 53, in Prozent der Befragten)

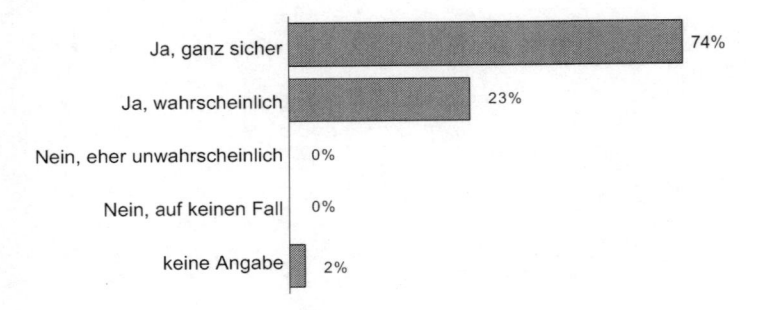

- Ja, ganz sicher: 74%
- Ja, wahrscheinlich: 23%
- Nein, eher unwahrscheinlich: 0%
- Nein, auf keinen Fall: 0%
- keine Angabe: 2%

Abbildung 8.13.14: Bewertung Panoramakarte 4

Haben Sie schon einmal einen Tages- und/oder Übernachtungsaufenthalt im Jagsttal verbracht?
(n = 53, in Prozent der Befragten)

- Ja 81%
- Nein 19%

...wenn ja:
- Übernachtungsaufenthalte: 17%
- Tagesaufenthalte: 83%

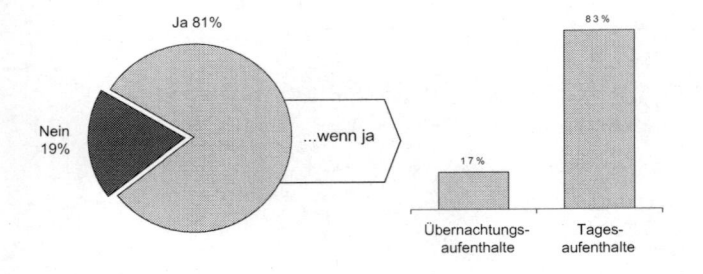

Abbildung 8.13.15: Bisheriger Aufenthalt von CMT-Besuchern im Jagsttal

Werden Sie im Laufe der nächsten 1–2 Jahre das Jagsttal besuchen?
(n = 53, in Prozent der Befragten)

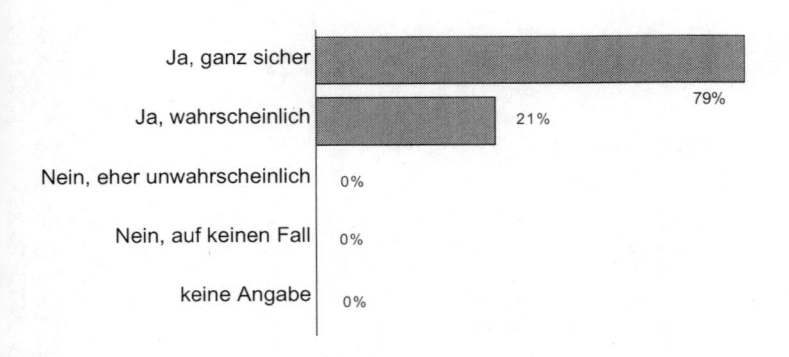

- Ja, ganz sicher: 79%
- Ja, wahrscheinlich: 21%
- Nein, eher unwahrscheinlich: 0%
- Nein, auf keinen Fall: 0%
- keine Angabe: 0%

Abbildung 8.13.16: Voraussichtlicher Aufenthalt von CMT-Besuchern im Jagsttal

Altersstruktur der Befragten
(n = 53, in Prozent der Befragten)

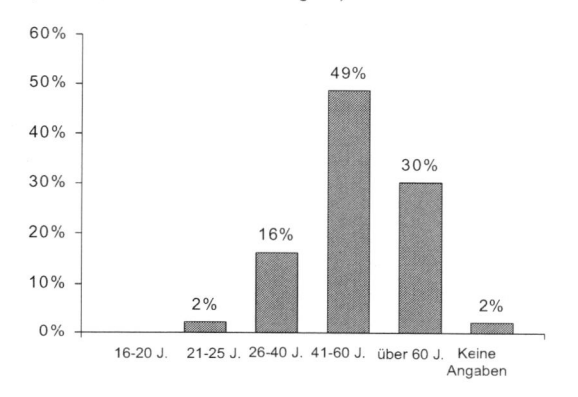

[Balkendiagramm: 16-20 J. 2%, 21-25 J. 16%, 26-40 J. 49%, 41-60 J. 30%, über 60 J. 0%, Keine Angaben 2%]

Abbildung 8.13.17:
Altersstruktur befragter CMT-Besucher

Zusammenfassend lässt sich sagen, dass die Panoramakarte seitens der touristischen Nachfrage positiv beurteilt wurde.

Umsetzungsmethodische Ergebnisse

Mit Beendigung des Teilprojektes *Panoramakarte* und des ersten Tätigkeitsjahres wurden mittels einer Zwischenevaluierung (schriftlicher Fragebogen) Anfang 2000 alle Mitglieder des AK Tourismus befragt. Ziel war es zudem, die Sichtweisen der am Projekt beteiligten Wissenschaftler sowie »Außenstehender« wie z.B. der »LEADER«-Akteure wiederzugeben. Dieser umfassende Ansatz sollte auch die Ableitung allgemein gültiger Handlungsempfehlungen ermöglichen. Die Befragungsergebnisse zeigen, dass die Akzeptanz der Projektgruppe *Kulturlandschaft Hohenlohe* in der Projektregion eine wichtige Voraussetzung für die Erstellung der Panoramakarte war. Insgesamt genoss die Projektgruppe eine sehr hohe Akzeptanz bei den aktiven Akteuren im Arbeitskreis Tourismus. Anders stellte sich das Bild bei denjenigen Personen dar, die nur wenig oder kaum in Kontakt mit der Projektgruppe und ihrer Arbeit kamen. Hier dominierte oft eine kritische Einstellung gegenüber einer öffentlich geförderten Einrichtung wie der Projektgruppe *Kulturlandschaft Hohenlohe*.

Die Panoramakarte trägt dazu bei, ein bedeutendes Problem (der Region) zu lösen.
(n = 12, absolute Nennungen, nur gültige Fälle)

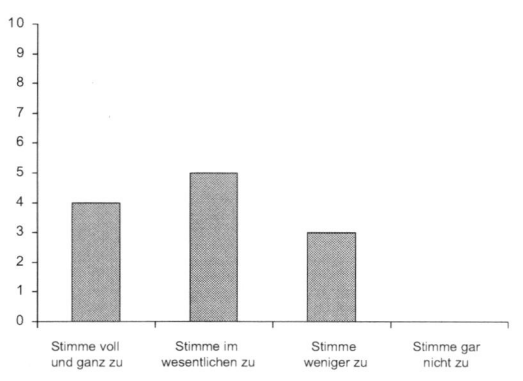

[Balkendiagramm: Stimme voll und ganz zu: 4, Stimme im wesentlichen zu: 5, Stimme weniger zu: 3, Stimme gar nicht zu: 0]

Abbildung 8.13.18:
Zwischenevaluierung 1

Im Verlauf der Entwicklung der Panoramakarte haben sich verschiedene Motivations-, aber auch Hemmnisfaktoren herauskristallisiert. Hier stand sicherlich die zwischenzeitliche Ungewissheit über die finanzielle Machbarkeit des Projektes im Vordergrund. Grundvoraussetzung für eine interkommunale Zusammenarbeit war dabei die Überzeugung der einzelnen Beteiligten vom Sinn und Zweck des Projektes. Im Fall der Panoramakarte scheint es gelungen, ein wichtiges Problem der Region aufgegriffen und bearbeitet zu haben.

Durch die Panoramakarte werden vorhandene Möglichkeiten (der Region) besser als bisher genutzt. *(n = 12, absolute Nennungen, nur gültige Fälle)*

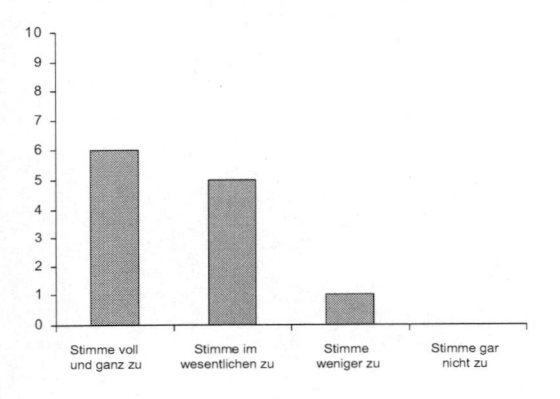

Abbildung 8.13.19: Zwischenevaluierung 2

Die gute Arbeitsatmosphäre während der Arbeitssitzungen zur Festlegung der Kriterien der Karte, zur Auswahl der Hersteller, zur Finanzierung und manchem kritischen Thema hat einen weiteren wichtigen Beitrag zur zügigen Bearbeitung des Projektes geleistet.

Die Beschlüsse im Arbeitskreis Tourismus wurden von allen Mitgliedern gemeinsam vereinbart und umgesetzt. *(n = 12, absolute Nennungen, nur gültige Fälle)*

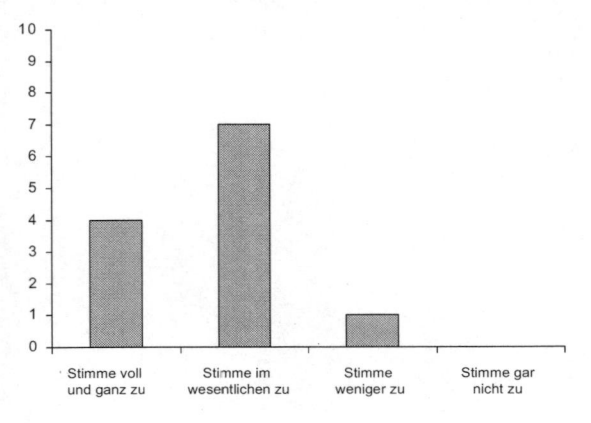

Abbildung 8.13.20: Zwischenevaluierung 3

Die Art und Weise, wie wir in den Arbeitskreissitzungen vorgehen, finde ich gut.
(n = 12, absolute Nennungen, nur gültige Fälle)

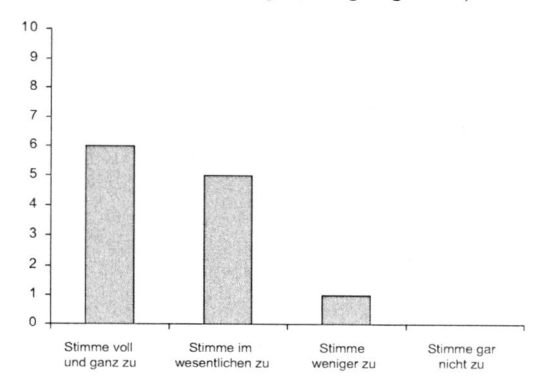

Bar chart: Stimme voll und ganz zu: 6; Stimme im wesentlichen zu: 5; Stimme weniger zu: 1; Stimme gar nicht zu: 0.

Abbildung 8.13.21: Zwischenevaluierung 4

Anwendungsorientierte Ergebnisse

Das Teilprojekt Panoramakarte kann den Arbeitsfeldern Tourismus und Öffentlichkeitsarbeit zugeordnet werden. Als Druckerzeugnis fällt es im Rahmen des modernen Marketing-Mix in den Bereich der Kommunikationspolitik. Da sich die einzelnen Instrumente der Kommunikationspolitik in ihrer Zielsetzung und Wirkung oft überschneiden, berührt die Panoramakarte sowohl Aspek-te von Werbung, Öffentlichkeitsarbeit, Corporate Identity und Verkaufsförderung. Die anschauliche Vermittlung des Reliefs und des Flussverlaufes sowie die Darstellung der verschiedenen Landschaftselemente wie Wald, Wasserflächen, Wiesen, Äcker, Weinberge etc. wurden im Rahmen der Gestaltung berücksichtigt. Zusätzlich zu diesen naturräumlichen Gegebenheiten wurden einige weitere Elemente zur ersten Orientierung im Jagsttal gewählt. Hierzu zählen die Lage der Ortschaften und der Verlauf der wichtigsten Hauptstraßen. Um ein Bild der touristischen Angebote in der Region zu vermitteln, wurden zusätzlich die wichtigsten touristischen Anziehungspunkte in die Karte aufgenommen. Historische Bauwerke, wie Burgen, Schlösser, Kloster Schöntal, Wohnhäuser und Brücken sowie einige Freizeitnutzungsmöglichkeiten z.B. Wandern, Baden, Angeln, Fahrradfahren, Kanufahren und Reiten wurden ebenfalls abgebildet. Genauere Informationen über die Region mit ihrer typischen Kulturlandschaft und einzelnen Jagsttalgemeinden sowie weitere Informationsmöglichkeiten werden auf der Rückseite der Karte in Form von kurzen Texten und Fotos gegeben.

Die Lösung der zentralen Frage, die Finanzierung der Karte, erfolgte über verschiedene Wege. Da einige Gemeinden des Arbeitskreises in der Förderkulisse der EU-Gemeinschaftsinitiative LEADER II lagen, erschien es möglich, auf diesem Weg einen Teil der Fördergelder zu beantragen. Fünf Gemeinden stellten einen Gemeinschaftsantrag, der mit 50 Prozent LEADER-Förderung genehmigt wurde. Hervorgehoben wurde bei der Bewilligung die gemeinschaftliche Vorgehensweise der Kommunen, ein zentrales Kriterium des LEADER-Programms. Aus diesem Grund war es möglich, auch für die Entwicklung und Erstellung des Druckerzeugnisses (eigentlich nicht Ziel und Inhalt von LEADER-Förderungen) Gelder zu erhalten. Von Anfang an war für alle Akteure klar, dass die beteiligten Gemeinden einen weiteren Anteil an der Finanzierung der Karte tragen mussten. Um diesen Anteil möglichst gering zu halten, wurden Sponsoren gesucht. Mit einer Bank, einem regionalen Safthersteller, einem örtlichen Produktionsbetrieb und einem Sport- und Freizeitunternehmen wurden Firmen aus der Region interessiert, die das Gemeinschaftsprojekt finanziell unterstützten. Die Organisation und Abwicklung der Sponsorenbeteiligung erfolgte überwiegend durch die Projektgruppe *Kulturlandschaft Hohenlohe*.

Erarbeitung der Panoramakarte

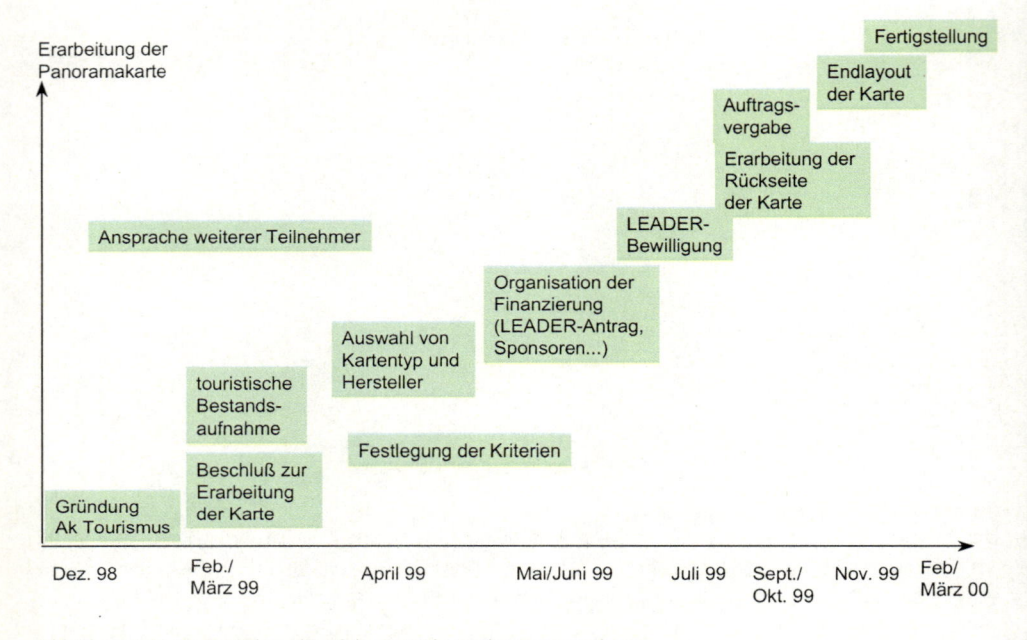

- Dez. 98: Gründung Ak Tourismus
- Feb./März 99: Beschluß zur Erarbeitung der Karte; touristische Bestandsaufnahme; Ansprache weiterer Teilnehmer
- April 99: Festlegung der Kriterien; Auswahl von Kartentyp und Hersteller
- Mai/Juni 99: Organisation der Finanzierung (LEADER-Antrag, Sponsoren...)
- Juli 99: LEADER-Bewilligung
- Sept./Okt. 99: Auftragsvergabe; Erarbeitung der Rückseite der Karte
- Nov. 99: Endlayout der Karte
- Feb./März 00: Fertigstellung

Abbildung 8.13.22: Zeitlicher Ablauf der Entstehung der Panoramakarte

Die Panoramakarte wurde Ende 1999 fertig gestellt. Auf der größten deutschen touristischen Endverbrauchermesse CMT in Stuttgart im Januar 2000 wurde sie zum ersten Mal einer größeren Öffentlichkeit vorgestellt. Die Karte erfüllte alle zu Beginn festgelegten Kriterien: einen geographisch und aus Sicht der Verbraucher sinnvollen Kartenausschnitt, ein handhabbares Format und schließlich auch genügend Fläche, um alle gewünschten Elemente darzustellen.

Abbildung 8.13.23: Ausschnitte der Panoramakarte

Die Karte ist in einer Auflage von 100.000 Stück erschienen. Sie wird bei Anfragen zu Informationen über das Jagsttal von den entsprechenden Institutionen mit weiterem Prospektmaterial verschickt. Zudem wird sie als Werbemedium vor allem auf Messen verteilt.

Verknüpfung mit anderen Teilprojekten
Während der Entwicklung der Panoramakarte kam es zu keinem direkten Austausch mit anderen Teilprojekten. Lediglich zum Teilprojekt *Themenhefte*, das ebenfalls im Arbeitskreis Tourismus umgesetzt wurde, gibt es eine Verbindung. Das Teilprojekt *Themenhefte* baut auf der Panoramakarte auf. Inhalte und einzelne graphische Elemente wurden von der Panoramakarte übernommen.

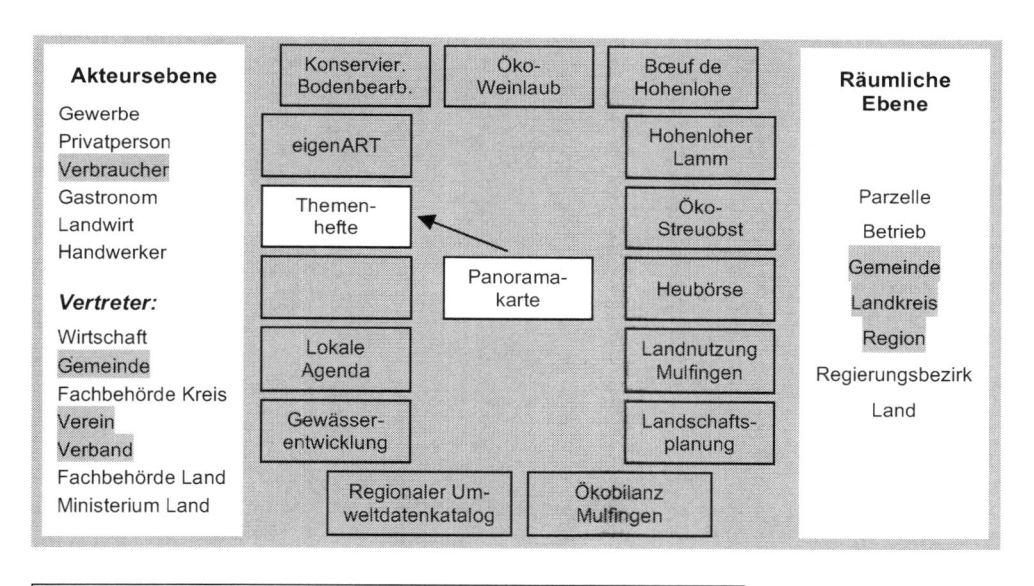

Akteursebene				Räumliche Ebene
Gewerbe	Konservier. Bodenbearb.	Öko-Weinlaub	Bœuf de Hohenlohe	
Privatperson	eigenART		Hohenloher Lamm	
Verbraucher				Parzelle
Gastronom	Themen-hefte		Öko-Streuobst	Betrieb
Landwirt				Gemeinde
Handwerker		Panorama-karte	Heubörse	Landkreis
Vertreter:				Region
Wirtschaft	Lokale Agenda		Landnutzung Mulfingen	
Gemeinde				Regierungsbezirk
Fachbehörde Kreis				Land
Verein	Gewässer-entwicklung		Landschafts-planung	
Verband				
Fachbehörde Land	Regionaler Um-weltdatenkatalog		Ökobilanz Mulfingen	
Ministerium Land				

Legende:
einseitiger, zwingender Daten-, Informationsaustausch ⟶
wechselseitiger, zwingender Daten-, Informationsaustausch ⟷

Abbildung 8.13.24: Verknüpfung des Teilprojektes Panoramakarte mit den anderen Teilprojekten und Bezugsebenen

Öffentlichkeitsarbeit und öffentliche Resonanz
Die Panoramakarte des Jagsttales wurde im April 2000 der Öffentlichkeit im Rahmen eines feierlichen Festaktes im Heuhotel in Dörzbach vorgestellt und überreicht. Die Einladung und Organisation erfolgte durch die Projektgruppe *Kulturlandschaft Hohenlohe*. Neben den am Umsetzungsprozess direkt beteiligten AK-Mitgliedern waren Vertreter der Landkreise, der Touristikgemeinschaften, des Naturschutzes, der Presse, touristische Leistungsträger und sonstige Interessierte anwesend.

Die positive Berichterstattung der lokalen und regionalen Presse und die große Resonanz auf Messen (CMT 2000, ITB 2000, Grüne Woche 2000) und in den lokalen Tourismusstellen waren Indiz für die ausgesprochen ansprechende gestalterische Umsetzung der Panoramakarte. Bereits in kürzester Zeit war der größte Teil der 100.000er-Auflage vergriffen.

8.13.8 Diskussion

Wurden alle Akteure beteiligt?

Am Teilprojekt *Panoramakarte* haben alle wesentlichen Akteure mitgewirkt. Allerdings sollte an dieser Stelle auf kritische Situationen bei der Erarbeitung der Panoramakarte hingewiesen werden. Zum einen kamen vor der Entscheidung zur Bewilligung der LEADER-Mittel angesichts der Kosten bei vielen Akteuren Zweifel an der Finanzierbarkeit eines derartigen Projektes auf, zum anderen barg der Weg zu einer umfassenden Kooperation (mit allen Beteiligten) einige »Stolpersteine« in sich. So war eine zentral gelegene Gemeinde nicht bereit, sich an dem Vorhaben zu beteiligen. Dieses Problem wurde durch das Einspringen des örtlichen Handels- und Gewerbevereins relativ schnell und unkompliziert behoben. Damit gelang es, alle dreizehn Gemeinden bzw. Städte, die zwischen Crailsheim und Bad Friedrichshall an der Jagst liegen, für das Projekt *Panoramakarte* zu gewinnen. Langwieriger stellten sich die Kooperationsverhandlungen mit den beiden Touristikgemeinschaften dar, weil eine der beiden Organisationen in der Panoramakarte zunächst ein Konkurrenzprodukt sah, das nicht in ihre Aktivitäten eingebunden war. Schließlich beteiligten sich aber beide Touristikgemeinschaften finanziell an der Karte und trugen entscheidend zum überregionalen Vertrieb der Karte bei. Nicht zuletzt wurde zu verschiedenen Punkten die Vereinbarkeit von Naturschutz und Tourismus wiederholt kontrovers diskutiert. Die Frage der Darstellung empfindlicher Naturbereiche als Information für die Gäste, der Hinweis auf das Kanufahren auf der Jagst – eine aufgrund der möglichen Störungen der Tier- und Pflanzenwelt sehr umstrittene Freizeitaktivität – sowie die Darstellung einzelner touristischer Anziehungspunkte, die an ökologisch kritischen Punkten gelegen sind, boten und bieten noch immer viel »Reibungsfläche«. Es wird jedoch als großer Erfolg der Karte gewertet, dass sie von Tourismusvermarktern und Naturschützern gemeinsam entwickelt wurde und so ein Produkt darstellt, mit dem alle Beteiligten äußerst zufrieden sind.

Abbildung 8.13.25 stellt im inneren Ring die idealer Weise am Tourismus beteiligten Institutionen dar, im mittleren Ring die Institutionen, welche aktiv am AK Tourismus und am Teilprojekt *Panoramakarte* teilgenommen haben und außen die »assoziierten« Teilnehmer, die nicht selbst regelmäßig partizipierten, sich jedoch über die Arbeit informierten und punktuell einbrachten.

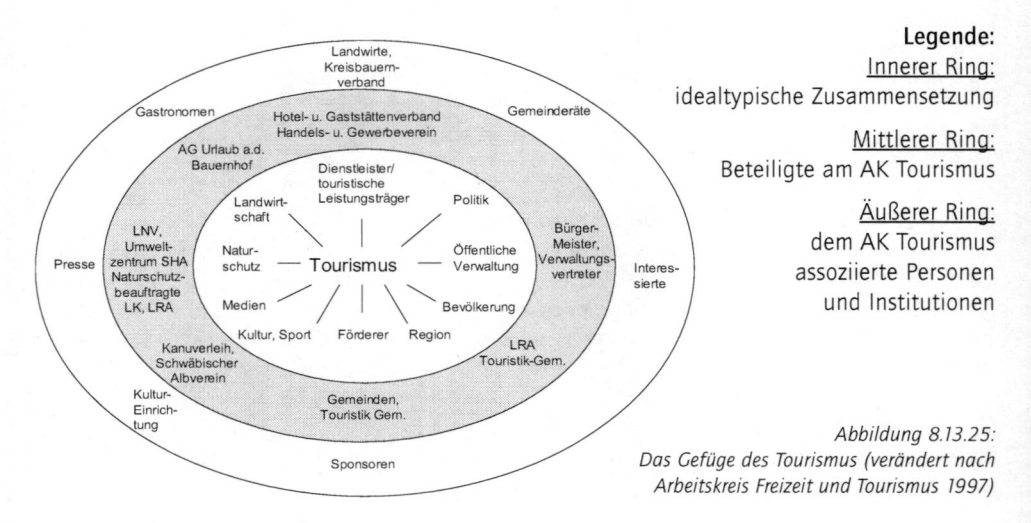

Legende:
Innerer Ring:
idealtypische Zusammensetzung

Mittlerer Ring:
Beteiligte am AK Tourismus

Äußerer Ring:
dem AK Tourismus assoziierte Personen und Institutionen

*Abbildung 8.13.25:
Das Gefüge des Tourismus (verändert nach Arbeitskreis Freizeit und Tourismus 1997)*

Es zeigt sich, dass es gelungen ist, bis auf wenige Ausnahmen alle wichtigen am Tourismus im Jagsttal beteiligten Personen und Institutionen mit einzubeziehen. Dies hat verschiedene Gründe: Zum einen haben die »Vorreiter«, als die von Anfang an aktiven Gemeinden und Verbände, andere zur Mitarbeit motiviert, zum anderen wurde die Teilnahme am Arbeitskreis durch das konkrete Angehen des Projektes *Panoramakarte* gefördert. Nicht zuletzt sind viele durch gezielte Ansprache seitens der Projektgruppe oder einzelner Akteure zu einer Mitarbeit gewonnen worden.

Wurden die gesetzten Ziele erreicht?

Das wissenschaftliche Ziel, den gruppendynamischen Prozess einer Kommunen übergreifenden Zusammenarbeit zu begleiten und festzuhalten, wurde erreicht. Auch wurde eine Erfolgskontrolle des Informationsmediums Panoramakarte im Rahmen der Beurteilung durch potenzielle Besucher des Jagsttales auf der Stuttgarter Messe CMT durchgeführt. Die im Untersuchungsgebiet durchgeführte Besucherbefragung verhalf zu einem besseren Überblick über die Struktur und das aktionsräumliche Verhalten der auswärtigen Gäste im Jagsttal. Das umsetzungsorientierte Ziel, die Zusammenarbeit der Akteure vor Ort zu intensivieren und gemeinsam, über die Grenzen der einzelnen Gebietskörperschaften hinaus, eine Maßnahme zur Förderung der touristischen Entwicklung durchzuführen, wurde auch erreicht. Mit der erfolgreichen Umsetzung der Panoramakarte, ihrer tatsächlichen Erstellung und ihrem Vertrieb auf kommunaler und regionaler Ebene, wurden auch die anwendungsorientierten Ziele im Teilprojekt *Panoramakarte* erfüllt. Es wurde ein Medium geschaffen, welches das Jagsttal potenziellen Gästen als touristische Einheit präsentiert und das somit einen Beitrag zur regionalen touristischen Vermarktung leistet.

Wurden Verbesserungen im Sinne der Nachhaltigkeit erreicht?

Die sozialen, ökonomischen und ökologischen Aspekte im Sinne des Nachhaltigkeitsprinzips wurden bei der Realisierung des Teilprojektes *Panoramakarte* auf verschiedenen Ebenen in unterschiedlicher Intensität berührt.

Für das Teilprojekt von besonderer Relevanz sind die sozialen Aspekte. Zur Bewertung der **sozialen Dimension** kamen dabei folgende Indikatoren zum Einsatz (siehe Kap. 7):

Vorhandene, nicht institutionalisierte Entscheidungs- und Beteiligungsverfahren und Beteiligung an nicht-institutionalisierten Entscheidungs- und Beteiligungsverfahren

Durch die Zusammenführung unterschiedlichster Vertreter aus dem Jagsttal, vor allem aber auf kommunaler Ebene, kam ein intensiver Dialog zwischen den einzelnen Akteuren zustande. Teilweise kannten sich die Akteure vor Projektbeginn nicht. Vor allem der Austausch zwischen den räumlich weit getrennten Kommunen der oberen und unteren Jagst sowie Naturschutzvertretern und Tourismus-Förderern wurde durch die Präsenz der Projektgruppe im Untersuchungsgebiet intensiviert. Es wird als großer Erfolg der Karte gewertet, dass sie von Tourismusvermarktern und Naturschützern gemeinsam entwickelt wurde und somit ein Produkt darstellt, mit dem alle Beteiligten äußerst zufrieden sind. Die Treffen des Arbeitskreises boten über die eigentlichen Sitzungen hinaus die Möglichkeit zum gegenseitigen Gedankenaustausch, zur Information oder auch nur zum gegenseitigen Kennenlernen. Hieraus können sich weitere Aktivitäten außerhalb der eigentlichen Arbeitskreisarbeit ergeben.

Individuelle Zufriedenheit mit den Partizipationsmöglichkeiten

Die Bewertung über die Zufriedenheit mit den Partizipationsmöglichkeiten in Bezug auf das Teilprojekt *Panoramakarte* kann aus der Zwischenevaluierung nach Beendigung des Teilprojektes

Anfang 2000 abgeleitet werden. So stimmten bei der Evaluierung elf der insgesamt zwölf Teilnehmer »voll und ganz« (4 Nennungen) bzw. »im wesentlichen« zu (7 Nennungen), dass die Beschlüsse im Arbeitskreis Tourismus von allen Mitgliedern gemeinsam vereinbart und umgesetzt wurden. Zudem identifizierten sich neun der Evaluierungsteilnehmer »voll und ganz« mit der Art und Weise des gemeinsamen Vorgehens (Kap. 8.13.7).

Hinsichtlich der Bewertung der **ökologischen Dimension** des Teilprojektes *Panoramakarte* sind folgende Aspekte herauszustellen:

Großer Wert wurde bei der textlichen Ausgestaltung der Panoramakarte auf **die Information über die Vielfalt und den Schutzstatus von Vegetation und Fauna** gelegt. Der potenzielle Besucher des Jagsttales wird durch eine direkte Aufforderung zu einem naturschonenden Verhalten vor Ort auf die ökologische Besonderheit des Jagsttales aufmerksam gemacht. Allerdings müssen hier auch Zweifel an dieser zurückhaltenden Aufforderung geäußert werden. Ein derartiger pädagogisch-kommunikativer Ansatz ist seit den 1970er Jahren ein wichtiger Bestandteil eines nachhaltigen Tourismuskonzeptes. Wesentliche Wirkungen haben diese Verhaltensappelle und -kodizes leider nicht gezeigt. Der Anspruch, Touristen sollten eine unbekannte, neue Landschaft und deren Eigenheiten möglichst objektiv kennen lernen und erfahren, verkennt die eigentlichen Antriebe und Eigenarten des modernen Reisens: Touristen sind keine Historiker, Botaniker oder Geologen, und es geht im Tourismus nicht in erster Linie um Erkenntnis, sondern um eine psychologische Distanz zum Alltag.

Der ökonomische Mehrwert im Sinne des Nachhaltigkeitsprinzips (**ökonomische Dimension**) kann aufgrund des Charakters der Panoramakarte nur indirekt bewertet werden. Nachweislich stieß das neue Kommunikationsmittel auf eine breite Akzeptanz. Die Tourismusverantwortlichen auf kommunaler und regionaler Ebene berichteten über eine große Resonanz im Rahmen der Messepräsenzen (CMT 2000, ITB 2000, Grüne Woche 2000) und in den lokalen Tourismusstellen, so dass innerhalb kurzer Zeit ein Großteil der 100.000er Auflage vergriffen war. Die Berichterstattung der lokalen und regionalen Presse nach der Veröffentlichung der Panoramakarte war positiv.

Vor allem das Engagement der kommunalen Vertreter und touristischen Leistungsträger im Arbeitskreis beruhte auf dem Bestreben, den Tourismus im Jagsttal als Wirtschaftsfaktor gemeinsam zu fördern. Dadurch, dass mit der Panoramakarte zum ersten Mal ein übergreifendes Medium für das Gebiet zwischen Crailsheim und Bad Friedrichshall existiert, ist ein Anstoß zur Identifizierung der Tourismusdestination Jagsttal erfolgt. Allerdings darf dies nicht überbewertet werden. Vielmehr gilt es nun neben einer professionellen Kommunikationspolitik das touristische Angebot in der Region auszubauen und zu optimieren.

Wurde ein selbsttragender Prozess initiiert?

Die Teilnahme an den Arbeitskreissitzungen während des Teilprojektes *Panoramakarte* war stets zufriedenstellend. Allerdings sind die erreichten Zwischenergebnisse und auch das Endergebnis zu einem großen Teil auf das Engagement der Mitarbeiter der Projektgruppe *Kulturlandschaft Hohenlohe* zurückzuführen. Vor dem Hintergrund der Erfahrungen im Rahmen des zweiten Teilprojektes im AK Tourismus, den Themenheften, und dem sukzessiven Teilnehmerrückgang im Arbeitskreis Tourismus, nachdem die Mitglieder der Projektgruppe versucht hatten, die einzelnen Akteure in die operative Umsetzung stärker mit einzubeziehen, muss davon ausgegangen werden, dass ein geringeres Engagement der Projektgruppe in der Umsetzungsphase der Panoramakarte (Agentursuche, Angebotseinholung, Sponsorenakquisition etc.) nicht zu dem gleichen Erfolg des Teilprojektes *Panoramakarte* geführt hätte.

Heute wird die Panoramakarte von den einzelnen Kommunen und den beiden übergreifenden Touristikgemeinschaften im Rahmen Ihrer Kommunikationstätigkeiten (Prospektversand, Messebeteiligungen etc.) vertrieben. Durch den Rückzug der Projektgruppe *Kulturlandschaft Hohenlohe* aus dem Projektgebiet und aufgrund der intensiven Begleitung bei der Entstehung der Panoramakarte, ist nicht sicher absehbar, ob das Print-Medium »Panoramakarte« in einer zweiten Auflage erscheinen wird.

Übertragbarkeit

In den vorangegangenen Kapiteln wurde die Ausgangssituation in der Tourismusdestination Jagsttal dargelegt. Es wurde ausführlich auf den Flächenbezug (Kap. 8.13.4), Akteure (Kap. 8.13.5), Problemstellung (Kap. 8.13.2), Rahmenbedingungen (Kap. 8.13.2), Zielsetzungen (Kap. 8.13.3), Methodik (Kap. 8.13.6), Datenlage (Kap. 8.13.7), Maßnahmen (Kap. 8.13.7) und Ergebnisse (Kap. 8.13.7) Bezug genommen.

Im Folgenden wird auf den Teilprojektverlauf und damit die Übertragbarkeit des Teilprojektes eingegangen.

In das Teilprojekt *Panoramakarte* wurde von Seiten der Projektgruppe über 14 Monate hinweg die Arbeitsleistung eingebracht, die etwa einem Stellenumfang von einer dreiviertel Stelle entsprach. Dabei entfiel etwa je ein Drittel der Arbeit auf inhaltlich-fachliche Arbeit, auf vorbereitende, organisatorische und projektgruppeninterne Arbeit sowie auf die Zusammenarbeit mit den Akteuren vor Ort.

Für die Initiierung des Teilprojekts *Panoramakarte* war die zu Projektbeginn durchgeführte Situationsanalyse wesentlich. Als zentrales Anliegen der Akteure kristallisierte sich schnell eine kommunenübergreifende touristische Vermarktung des Jagsttales heraus.

Während sich zu Beginn das Projektgebiet auf die zwölf Städte und Gemeinden Crailsheim, Satteldorf, Kirchberg, Langenburg, Mulfingen, Dörzbach, Krautheim, Schöntal, Jagsthausen, Widdern, Neudenau und Bad Friedrichshall bezog, einigte man sich im Projektverlauf auf die räumliche Einbindung des Jagsttales in der Region. So wurde ein Kartenausschnitt gewählt, der weit über das Gebiet hinaus bekannte Orte, wie Rothenburg o.d.T., Bad Mergentheim, Schwäbisch-Hall und Heilbronn umfasste. Ziel war es, das Jagsttal aus Sicht von potenziellen Besuchern geographisch leichter einordnen zu können.

Zu den treibenden Kräften während des Projektverlaufs zählte vor allem die seitens beteiligter Akteure ausgehende Motivation, weitere Akteursgruppen zu gründen. Dies war vor allem für die Finanzierung der Panoramakarte bedeutsam. Die im Projektverlauf zunehmende Solidarität zeigte sich etwa in der Vereinbarung, alle Gemeinden mit gleich hohen Kosten an der Panoramakarte zu beteiligen – unabhängig von der Zugehörigkeit zum LEADER-Fördergebiet.

Durch den informellen Zusammenschluss in Form des Arbeitskreises entstanden einige »Sekundäreffekte«, die schwer zu messen sind, aber nach Meinung der Mitarbeiter der Projektgruppe als auch der Teilnehmer nicht unterschätzt werden dürfen. Die Treffen des Arbeitskreises boten über die eigentliche Sitzung hinaus die Möglichkeit zum gegenseitigen Gedankenaustausch, zur Information oder auch nur zum gegenseitigen Kennen lernen.

Die gute Arbeitsatmosphäre während der Arbeitssitzungen stellt einen weiteren wichtigen Aspekt im Rahmen der Realisierung der Panoramakarte dar. Wesentliche Anschubkraft ging von den Mitarbeitern der Projektgruppe *Kulturlandschaft Hohenlohe* aus, die als »Dienstleister« für die Region fungierten. So oblag diesen die Organisation des Teilprojektes, sie leisteten Ideen-Input und nicht zuletzt wissenschaftliche Begleitung. Vor allem der zeitliche Aufwand im organisatorischen Bereich im Sinne einer Bündelung der Aktivitäten ist nicht zu unterschätzen.

Die basisdemokratische Herangehensweise barg jedoch auch die Gefahr der Verlangsamung des Umsetzungsprozesses. Im Laufe der Arbeitskreis-Tätigkeit hat sich einerseits herausgestellt, dass es wichtig ist, Grundsatzentscheidungen ausführlich zu diskutieren und gemeinsam zu beschließen. Andererseits wurde an die Projektgruppe die Bitte herangetragen, einzelne Dinge auch als »Externer« zu entscheiden und das Ergebnis mitzuteilen und zu dokumentieren. Ähnlich verhält es sich mit Vorgaben, die in den Arbeitskreis hineingegeben wurden. Je detaillierter diese bereits im Vorfeld ausgearbeitet waren, desto zügiger und konstruktiver erfolgte die Diskussion und Beschlussfassung im Arbeitskreis selber.

8.13.9 Schlussfolgerungen, Empfehlungen

Wesentliche Erkenntnisse zur Umsetzungsmethodik
Dass tatsächlich alle Gemeinden des Jagsttales zusammen mit Verbänden und Vereinen gemeinsam die Panoramakarte erarbeitet haben, ist das Ergebnis eines Gruppenprozesses. Eine Mischung aus »Stolz« und »Ungläubigkeit« über diese Zusammenarbeit, die viele gar nicht für möglich gehalten haben, schuf eine Basis für die darauf folgenden Tätigkeiten im Arbeitskreis.

Die gruppendynamischen Prozesse im Sinne von Motivation weiterer Personen durch bereits beteiligte Personen im AK Tourismus, vor allem von »Vorreitern«, z.B. Inhaber übergeordneter Aufgaben, Personen, denen besonderes fachliches Wissen zugeschrieben wird etc. (»Wenn A mitmacht, nimmt auch B teil«), wirkten für die Erstellung der Panoramakarte fördernd. Dieser Aspekt ist vor allem bei der Finanzierung des Vorhabens von eminenter Bedeutung und gilt auch für vergleichbare Projekte. Macht z.B. eine Gemeinde eine Zusage über eine bestimmte Summe, werden die anderen Gemeinden sicherlich »mithalten«. Allerdings können gruppendynamische Prozesse auch hemmend wirken (»Wenn A mitmacht, nimmt B nicht teil«), wenn beispielsweise bei Entscheidungen nach Meinungsäußerung offensichtlicher »Vorreiter« kaum andere Meinungen mehr geäußert werden.

Während der Umsetzung der Panoramakarte war eine zunehmende Solidarität zwischen den Teilnehmern des Arbeitskreises zu beobachten. Dies zeigte sich z.B. zwischen den beteiligten Gemeinden, die eine sehr unterschiedliche Größe und vor allem eine sehr unterschiedliche touristische Struktur aufweisen. Dies war auch bei der Bewältigung der Projekt-Finanzierung zu beobachten, die sich mit zunehmender Diskussion auf immer mehr Institutionen verteilt hat, da die Bereitschaft der Beteiligung von Verbänden und Vereinen gestiegen war. Die Solidarität der Institutionen manifestierte sich etwa in der Übereinkunft, alle Gemeinden mit gleich hohen Kosten an der Panoramakarte zu beteiligen – unabhängig von der Zugehörigkeit zum LEADER-Fördergebiet.

Die gute Arbeitsatmosphäre während der Arbeitssitzungen zur Festlegung der Kriterien der Karte, zur Auswahl der Hersteller, zur Finanzierung und manchem kritischen Thema zwischen Naturschützern und Tourismusförderern hat einen weiteren wichtigen Beitrag zur zügigen Bearbeitung des Projektes geleistet. Die Tatsache, dass Hohenlohe vom Bundesministerium für Forschung, Wissenschaft und Technologie unter den Bewerbern als Modellregion für das Projekt »Regionen aktiv« ausgewählt wurde, ruft auch einen gewissen Stolz hervor, »etwas Besonderes zu sein«. Allein die Tatsache, von einem Bundesministerium als Modellregion für eine interkommunale Kooperation ausgewählt zu sein, wirkte motivierend.

Die Arbeit der Projektgruppe *Kulturlandschaft Hohenlohe* als »Dienstleister« für die Region bot Kapazitäten, um organisatorische Arbeit, Ideen-Input und nicht zuletzt wissenschaftliche Begleitung zu leisten. Vor allem der organisatorische Bereich der Arbeit im Sinne einer Bündelung der Aktivitäten ist nicht zu unterschätzen. Je detaillierter die Sitzungen im Vorfeld vorbereitet und Vorgaben vorher ausgearbeitet waren, desto schneller und konstruktiver erfolgte später die Diskussion und Beschlussfassung im Arbeitskreis.

Empfehlungen für eine erfolgreiche Projektdurchführung

Insgesamt hat sich gezeigt, dass einige Faktoren der informellen Zusammenarbeit im AK Tourismus besonders ausschlaggebend dafür waren, dass die Arbeit des Arbeitskreises und die Realisierung der Panoramakarte erfolgreich waren:

— An der Erstellung der Panoramakarte waren alle relevanten Akteure (Tourismus, Naturschutz, Gastgewerbe, Politik, Verwaltung) beteiligt. Dies ist eine wesentliche Voraussetzung für das Gelingen eines Projektes. Die Zusammensetzung einer Projektgruppe sollte daher gut durchdacht sein. Alle Beteiligten müssen sich über das Ziel und die Vorgehensweise einig sein.

— Ergebnis des Teilprojektes *Panoramakarte* ist auch ein »Wir-Gefühl«, das sich einstellte, sobald gemeinsam anfänglich unüberwindbar erscheinende Probleme bewältigt wurden. Wenn dies auch noch in einem vertretbaren Zeitrahmen erfolgt, steigt die Motivation nach Vorliegen des Ergebnisses weiter. Aus dieser Situation heraus können weitere, vielleicht auch schwierigere Probleme angegangen und gelöst werden.

— Die Finanzierung der Panoramakarte stellte einen im zeitlichen Verlauf zunächst hemmenden, nach Klarstellung der Finanzierungswege aber einen fördernden Aspekt dar. Solange die Finanzierung vergleichbarer Projekte noch unsicher ist, die (großen) aufzubringenden Summen aber bereits bekannt sind, kommen schnell Zweifel auf, ob diese Größenordnung überhaupt zu bewältigen ist. Steht der Großteil der Finanzierung jedoch erst fest, ist die Haupthürde genommen und stellt einen zentralen Motivationsfaktor dar. Vor diesem Hintergrund ist es ratsam, den finanziellen Rahmen eines Projektes frühzeitig festzulegen und aktiv nach Finanzierungswegen zu suchen.

— Im Laufe des Projektes wurde immer wieder die Frage nach der »Zeit nach der Projektgruppe« thematisiert. Dieser Aspekt sollte bei allen Projekten mit Begleitung durch Dritte von Anfang thematisiert werden. Hier gilt es, zum einen die entwickelten Institutionen – hier den Arbeitskreis Tourismus – an eine eigenständige Arbeitsweise heranzuführen; zum anderen sind aber auch die Möglichkeiten von Nachfolgeprojekten zu prüfen.

Zusammenfassend kann festgehalten werden, dass bei einer Kooperation dieser Art, die kaum oder gar nicht durch Institutionalisierung zusammengehalten wird, gemeinsame Vorgehensweisen unter Beachtung gruppendynamischer Prozesse ausschlaggebend für ihr Gelingen sind.

Weiterführende Aktivitäten

Die Möglichkeiten und die Zufriedenheit mit der Partizipation an der Erstellung der Panoramakarte sowie das ansprechende Ergebnis stellten für die beteiligten Akteure einen enormen Motivationsschub für den Fortbestand des Arbeitskreises Tourismus und die Inangriffnahme eines neuen Projektes dar. Vor allem die Mischung von unterschiedlichsten Interessengruppen und die durchweg rege Teilnahme an den Sitzungen des Arbeitskreises waren Indiz für eine positive Haltung zum Projekt und der Anerkennung der Dienstleistung der Projektgruppe. Vor diesem Hintergrund ist die Definition des zweiten Teilprojektes *Themenhefte* im Arbeitskreis Tourismus zu sehen. Die Themenhefte sollen die Besonderheiten des Jagsttales ansprechend miteinander verknüpfen und gleichzeitig zur Besucherlenkung im Untersuchungsgebiet dienen.

Literatur

Arbeitskreis Freizeit und Tourismus (Hrsg.) (1997): Die erfolgreiche Umsetzung von Tourismusprojekten (= Bausteine für Freizeit und Tourismus). Innsbruck

Barisic, G. (1999): Interkommunale Kooperationen als Entwicklungschance für den Kulturtourismus (= Diplomarbeit, Universität Trier, Bachbereich VI). Trier

Barisic-Rast, G., C. Grashoff (2001): Wohin geht die Reise? Tourismus und Nachhaltigkeit: noch immer keine Lösung in Sicht. In: Informationskreise für Raumplanung e.V. (Hrsg.): RaumPlanung 98. Dortmund

Becker, C., H. Job, A. Witzel (1996): Tourismus und nachhaltige Entwicklung. Darmstadt

Bieger, T. (Hrsg.) (1997): Management von Destinationen und Tourismusorganisationen. München. Wien

BMBF (1999): Der direkte Transfer – forschen mit der landwirtschaftlichen Praxis (Folder zum Projekt). Bonn

ECON-CONSULT (1996): Entwicklungskonzept Mittleres Jagsttal (= Unveröffentlichtes Konzept der Firma ECON-CONSULT im Auftrag der Gemeinden Dörzbach, Krautheim, Mulfingen und Schöntal). Köln

Haller Tagblatt vom 8.8.2000: Gemeinden sind »stinksauer« – Wildert Schwäbisch Hall im fremden Revier?

Heinen, P. (1998): Die Gemeinschaftsinitiative LEADER im Rahmen der EU-Regionalpolitik als Instrument zur Vernetzung ländlicher Regionen (unveröffentlichte Diplomarbeit, Universität Trier, Fachbereich VI). Trier

Kirstges, T., M. Lück (2001): Umweltverträglicher Tourismus: Fallstudien zur Entwicklung und Umsetzung Sanfter Tourismuskonzepte. Meßkirch

Müller, H. (1995): Nachhaltige Regionalentwicklung durch Tourismus: Ziele – Methoden – Perspektiven. In: Steinecke, A. (Hg.): Tourismus und nachhaltige Entwicklung, ETI-Texte. Trier

Statistisches Landesamt Baden-Württemberg (2000): Amtliche Beherbergungsstatistik

Studienkreis für Tourismus und Entwicklung e.V. (1997): Urlaubseisen und Umwelt. Ammerland

Umweltbundesamt (2001): Kommunikation und Umwelt im Tourismus. Berlin

Wachowiak, H. (1999): Inter- und Transdisziplinäre Tourismusforschung als Grundlage nachhaltiger Destinationsentwicklung – Das Modellvorhaben Hohenlohe. In: Fontanari, M., K. Scherhag (Hrsg.): Wettbewerb der Destinationen, Erfahrungen, Konzepte, Visionen. Wiesbaden

Wachowiak, H. (1999): Tourismus und Nachhaltige Regionalentwicklung: Von der Theorie zur praktischen Umsetzung. In: Evangelische Akademie: Tourismuspolitik der Zukunft – Perspektiven, Handlungsfelder, Strategien. Loccumer Protokolle 5:99. Loccum

Kirsten Schübel, Gabi Barisic-Rast

8.14 Themenhefte – Chancen und Grenzen der partizipativen, interkommunalen Entwicklung von Informationsmedien zur Erschließung des kultur- und naturhistorischen Potenzials

8.14.1 Zusammenfassung

Ziel der Panoramakarte (Kap. 8.13) ist es, Besuchern das Jagsttal als Reiseziel schmackhaft zu machen. Sind die Besucher einmal da, benötigen sie Informationsmaterial zur Freizeitgestaltung vor Ort. Im Arbeitskreis Tourismus wurden zur Schließung dieser Lücke drei Themenhefte entwickelt und hergestellt. Mit »Kulturlandschaft erleben und schmecken«, »Jagsttal aktiv« und »Kultur genießen« stehen den Gästen drei inhaltlich unterschiedlich gestaltete Broschüren zur Verfügung. Damit wurde das anwendungsorientierte Ziel dieses Projektes erreicht. Die Aktivitäten führten jedoch nicht zu einer Übernahme der Verantwortung durch die Akteure und zu einer Fortführung des Arbeitskreises. Die Gründe für das Verfehlen dieser umsetzungsmethodischen Ziele werden in der wissenschaftlichen

Analyse aufgezeigt. Sie lagen in der Arbeitsüberlastung der Arbeitskreismitglieder, in der mangelnden Eigeninitiative und Übernahme von weiterer Verantwortung durch die Bürgermeister und Tourismusverantwortlichen sowie in methodischen Schwächen im Vorgehen der Projektgruppe. Für derartige Projekte ist die gewählte Form des offenen Arbeitskreises nur bedingt geeignet.

8.14.2 Problemstellung

Bedeutung für die Akteure
Das Jagsttal bietet gute Voraussetzungen, um als Region für einen nachhaltigen Tourismus erschlossen zu werden. Neben den zwei Touristikgemeinschaften, die jeweils weit größere Gebiete bewerben, verbesserten die einzelnen Gemeinden jeweils in eigener Regie ihre touristische Infrastruktur. Aufgrund ihrer kleinen Budgets sind diesen Bemühungen Grenzen gesetzt. Der mit der Projektgruppe *Kulturlandschaft Hohenlohe* ins Leben gerufene Arbeitskreis Tourismus setzte sich zum Ziel, die Kräfte zu bündeln und ein gemeinsames Marketingkonzept für einen nachhaltigen Tourismus im Jagsttal zu entwickeln. Erstes Projekt war die Panoramakarte (Kap. 8.13), die für das Reiseziel Jagsttal wirbt. Nach Fertigstellung der Panoramakarte Anfang des Jahres 2000 diskutierten die Mitglieder des Arbeitskreises Tourismus mögliche neue Aktivitäten. Diese standen alle unter der Prämisse, die touristische Vermarktung des Jagsttals zu verbessern. Entsprechend der Problemdefinition und Prioritätensetzung zu Beginn des Arbeitskreises Tourismus bestand Bedarf an Informationsmaterial zur Freizeitgestaltung für die Gäste vor Ort. Diese Lücke sollte mit Themenheften geschlossen werden. Die Aktivitäten sollten sich, wie zuvor bei der Panoramakarte, auf das Gebiet von 13 Städten und Gemeinden entlang der Jagst von Crailsheim bis Bad Friedrichshall beziehen. Die entsprechende Fläche ist in Abschnitt 8.14.4 dargestellt.

Es war ein zentraler Wunsch der Akteure, die restliche Zeit der Unterstützung durch die Projektgruppe so zu nutzen, dass neben der Panoramakarte ein weiteres, für sie direkt nutzbares Ergebnis zustande kommen würde. Wie zuvor bei der Panoramakarte, waren die Themenhefte ein besonderer Wunsch der Gemeinden und einzelner touristischer Dienstleister im Jagsttal, während die Aktivitäten von den Touristikgemeinschaften wohlwollend bis kritisch begleitet wurden. Die Vertreter des Naturschutzes nutzten die Gelegenheit, ihre Anliegen konstruktiv einzubringen.

Wissenschaftliche Fragestellung
Im Vordergrund stand das Anliegen der Akteure, die touristische Vermarktung des Jagsttals zu verbessern. Als wissenschaftliche Fragestellung wurde die Auswahl von Indikatoren zur Beurteilung der Nachhaltigkeit des Teilprojekts und die Evaluierung des methodischen Vorgehens verfolgt.

Allgemeiner Kontext
Das Jagsttal ist kein traditionelles Fremdenverkehrsgebiet wie etwa der Schwarzwald. Die Wirtschafts- und Sozialwissenschaftliche Beratungsgesellschaft ECON-CONSULT wies sowohl in dem erstellten »Entwicklungskonzept mittleres Jagsttal« (ECON-CONSULT 1996) als auch in der Anlage des Antrags für das Projekt *Kulturlandschaft Hohenlohe* auf folgende Schwächen im Bereich des Tourismus hin: eine unzureichende Inwertsetzung des landschaftlichen und kulturellen Potenzials, mangelnde Landschaftsinterpretation, unzureichende Gast- und Serviceorientierung sowie eine fehlende gemeinsame Vermarktung des Jagsttals.

Zu Beginn des *Modellvorhabens Kulturlandschaft Hohenlohe* erfolgte die touristische Vermarktung des Jagsttals auf zwei Schienen: einerseits durch eine überregionale Bewerbung einzelner

Produkte, wie beispielsweise des Kocher-Jagst-Radwegs oder der Burgfestspiele Jagsthausen durch die Touristikgemeinschaften: andererseits durch eine direkte Werbung der einzelnen Kommunen, die Ortsprospekte herausgaben. Die Kommunen ihrerseits haben oft keine Möglichkeit für professionelle Werbung und bieten allein meist zu wenig Anreiz für einen mehrtägigen Aufenthalt.

Ansätze einer Kooperation existieren im unteren Jagsttal. Hier veröffentlichten die Städte und Gemeinden Schöntal, Jagsthausen, Widdern, Möckmühl und Neudenau eine gemeinsame Broschüre mit dem Titel »Ritterliches Jagsttal«. Für das Gebiet zwischen Crailsheim und Bad-Friedrichshall entlang der Jagst fand keine gemeinsame, Kommunen übergreifende touristische Vermarktung statt. Mit der Fertigstellung der Panoramakarte verfügte dieses Gebiet über ein Erstinformationsmedium. Was fehlte, war eine gemeinsame Darstellung des touristischen Angebots, mit dem die Freizeitgestaltung konkret und aktiv geplant werden kann.

Mehr Informationen zu den touristischen Problemen, Hintergründen und Potenzialen finden sich in den entsprechenden Teilkapiteln des Kap. 8.13 zur Panoramakarte.

8.14.3 Ziele

Wissenschaftliche Ziele
Wissenschaftliches Ziel des Teilprojekts war die Auswahl von Indikatoren zur Beurteilung der Nachhaltigkeit der Themenhefte. Nicht direkt dem Teilprojekt zuzuordnen, aber im Arbeitsfeld Tourismus angesiedelt, wurde in einer Diplomarbeit das Thema Wandern bearbeitet (ZOCH 2000). Im Mittelpunkt der Untersuchung stand einerseits die Analyse der Anforderungen zur Vermittlung von erlebnisreichen Wanderungen und andererseits die Entwicklung und Planung eines Wanderwegekonzepts für das Jagsttal. Ziel der Arbeit war es, exemplarisch für einen begrenzten Raum (Gemeinde Dörzbach und Mulfingen), ein attraktives und auf neuesten Erkenntnissen beruhendes Wanderwegekonzept auszuarbeiten.

Umsetzungsmethodische Ziele
Umsetzungsmethodisches Ziel war es, die angewandten Methoden der Partizipation zu beurteilen. Nach den Erfahrungen bei der Umsetzung der Panoramakarte sollten diese so optimiert werden, dass im Hinblick auf die Maxime eines selbsttragenden Prozesses bei der Umsetzung mehr Verantwortung und inhaltliche Arbeiten von den Akteuren übernommen werden.

Anwendungsorientierte Ziele
Arbeitsziel des Teilprojektes war es, für die Besucher des Jagsttals ein Informationsmedium zur Orientierung und Information vor Ort zu erstellen. In Form der Themenhefte sollten das kultur- und naturtouristische Potenzial erschlossen und konkrete Gestaltungsmöglichkeiten während eines Aufenthaltes angeboten werden. Entwicklungsziel der Themenhefte war es, das Jagsttal als Urlaubsregion zu präsentieren und zu profilieren (Zielgruppen: Natur-/Kulturinteressierte, Aktivurlauber und Familien) und damit einen Beitrag zum Ausbau des Wirtschaftsfaktors Tourismus im Jagsttal zu leisten.

8.14.4 Räumlicher Bezug

Die Aktivitäten des Teilprojektes *Themenhefte* gingen über den Rahmen des engeren Untersu-chungsgebietes des *Modellvorhabens Kulturlandschaft Hohenlohe* hinaus. Wie schon bei der

Panoramakarte wurde als touristische Region das Jagsttal im Bereich des Muschelkalks abgegrenzt. Die Darstellung umfasst hauptsächlich das Gebiet der 13 Städte und Gemeinden Bad-Friedrichshall, Neudenau, Möckmühl, Widdern, Jagsthausen, Schöntal, Krautheim, Dörzbach, Mulfingen, Langenburg, Kirchberg, Satteldorf und Crailsheim entlang der Jagst (Abb. 8.13.2) Das Gebiet erstreckt sich von der Jagstmündung in den Neckar 135 Flusskilometer aufwärts bis nach Crailsheim. Es umfasst eine Fläche von insgesamt 624,73 qkm und war 1996 Lebensraum für 86.371 Menschen (Statistisches Landesamt Baden Württemberg 1997). Vereinzelt wird in den Themenheften auch auf Angebote außerhalb dieses Gebiets Bezug genommen.

8.14.5 Beteiligte Akteure und Mitarbeiter/Institute

Der größte Teil der beteiligten Akteure wurde von den Vertretern der Stadt- oder Gemeindeverwaltung gestellt. Der Bürgermeister der Stadt Widdern wirkte aktiv über die gesamte Laufzeit am Arbeitskreis mit, sonst waren die Bürgermeister bei den Treffen nur selten anwesend. Außerdem arbeiteten noch Vertreter der Touristikgemeinschaft Hohenlohe e.V., der Touristikgemeinschaft Neckar-Hohenlohe-Schwäbischer Wald, des Schwäbischen Albvereins, ein Anbieter eines Kanuverleihs, Vertreter des Umweltzentrums Schwäbisch Hall, des Landesnaturschutzverbandes, ein Naturschutzbeauftragter, Vertreter des Hotel- und Gaststättenverbandes Baden-Württemberg, und ein Anbieter von »Urlaub auf dem Bauernhof« im Arbeitskreis Tourismus mit.

In das Teilprojekt *Themenhefte* waren von Seiten der Projektgruppe *Kulturlandschaft Hohenlohe* folgende Personen eingebunden: Dipl. Agr.-Biol. Kirsten Schübel und Dipl.-Ing. (FH) Marko Drüg, beide Universität Freiburg, Institut für Landespflege, Diplom-Geographin Gabi Barisic-Rast, ECON-CONSULT, Dr. Berthold Kappus, Universität Hohenheim, Institut für Zoologie, und Dr. Alexander Gerber, Universität Hohenheim, Fachgebiet Landwirtschaftliche Kommunikations- und Beratungslehre. Teilprojektverantwortliche war bis Herbst 2001 Gabi Barisic-Rast, danach Kirsten Schübel.

8.14.6 Methodik

Wissenschaftliche Methoden
Im Teilprojekt *Themenhefte* wurden wissenschaftliche Fragestellungen im Rahmen der Indikator-AG verfolgt. Durch Dokumentenanalyse wurden für das Teilprojekt verschiedene Indikatoren zur Beurteilung der Nachhaltigkeit ausgewählt. In einer im Arbeitsfeld Tourismus angesiedelten Diplomarbeit wurden durch mündliche und schriftliche Befragung, Literaturrecherche, Kartenstudium und Geländearbeit Informationen über die als Highlights bezeichneten Besonderheiten der Region zusammengetragen. Von den Mitarbeiter des Fachgebiets Landwirtschaftliche Kommunikations- und Beratungslehre wurden verschiedene wissenschaftliche Methoden im Rahmen der Begleitforschung angewandt.

Umsetzungsmethodische Methoden
Die Sitzungen des Arbeitskreises wurden von den Mitarbeitern der Projektgruppe moderiert. Ideen und inhaltliche Festlegungen sind das Ergebnis eines gemeinsamen Diskussions- und Entscheidungsprozesses während der Arbeitskreissitzungen. Zur Evaluierung der Sitzungen wurde eine Punktematrix verwendet oder ein »Blitzlicht« durchgeführt, das jedem Anwesenden die Mög-

lichkeit bot, Anregungen oder Kritik zur gegenwärtigen Arbeit zu äußern. Zur inhaltlichen Formulierung der Themenhefte wurden vier Arbeitsgruppen gebildet, die sich selbständig treffen und das jeweilige Thema bearbeiten sollten. Die Zusammenarbeit in Form selbständiger Arbeitsgruppen wurde gewählt, um die Übernahme der Verantwortung durch die Akteure zu erreichen.

Anwendungsorientierte Methoden
Der Inhalt der Themenhefte wurde mittels Dokumentenanalyse erarbeitet. Außerdem wurden von den Mitarbeitern der Projektgruppe *Kulturlandschaft Hohenlohe* Recherchen zum Bildmaterial durchgeführt, die Akquisition der finanziellen Mittel übernommen, die Vergabe von Gestaltung und Druck durchgeführt und die Abwicklung der Herstellung sowie die Verteilung der Hefte koordiniert.

8.14.7 Ergebnisse

Projektablauf
In der Tab. 8.14.1 ist der Projektablauf dargestellt. Da eine Vielzahl von Arbeitsschritten im gleichen Zeitraum geleistet wurde, sind die einzelnen Schritte in der unten dargestellten Tabelle zu verschiedenen Bereichen zusammengefasst.

Tabelle 8.14.1: Übersicht über die Arbeitsschritte im TP Themenhefte

Arbeitsschritte	Quellen der Nachprüfbarkeit
Ideenentwicklung	
Verschiedene Projekte im Arbeitskreis diskutiert	Protokoll
Idee einer Freizeitkarte modifiziert und Aufbereitung des touristischen Angebotes in Form von Themenheften beschlossen	Protokoll
Konzeption	
Vier inhaltlich verschiedene Themenhefte (»Kulturlandschaft erleben und schmecken«, »Jagsttal aktiv«, »Kultur genießen« und »Natur erleben«) im AK Tourismus festgelegt	Protokoll
Gespräch mit Vertretern des Landesvermessungsamtes Baden-Württemberg über Zusammenarbeit bei den Themenheften geführt. Dabei ging es um Anfertigung und Vertrieb einer topographischen Karte als Beilage zu den Heften	Protokoll
Herausgabe der Themenhefte ohne topographische Karte im AK Tourismus beschlossen	Protokoll
Inhalt und Gestaltung	
Arbeitsgruppen zur inhaltlichen Ausarbeitung der vier Hefte gegründet	Protokoll
Berichte der einzelnen Arbeitsgruppen im AK Tourismus über Stand der inhaltlichen Beiträge	Protokolle

Arbeitsschritte	Quellen der Nachprüfbarkeit
Arbeitsgruppe (Jagsttal aktiv) liefert inhaltlichen Beitrag ab	Protokoll
AK Tourismus beschließt, nur drei Hefte herzustellen	Protokoll
Ausarbeitung bzw. Ergänzung der inhaltlichen Ausarbeitung von drei Heften durch die Mitarbeiter der Projektgruppe *Kulturlandschaft Hohenlohe*	Protokoll
Textvorlagen von Mitarbeitern der Projektgruppe gekürzt und mit den Arbeitskreismitgliedern abgestimmt	Protokoll
Texte an Firma übergeben, die den Auftrag für die Layout-Gestaltung erhielt	Protokoll
Aktuelles Bildmaterial für die Themenhefte gesammelt	Protokoll
Abbildungen im AK Tourismus ausgewählt	Protokoll
Abbildungen an Firma übergeben, die den Auftrag für die Layout-Gestaltung erhielt	Protokoll
Finanzierung	
Gespräche mit zwei Verlagen über Interesse an Herausgabe der Themenhefte geführt. Beide bekundeten grundsätzlich Interesse, allerdings nur in Form eines Buches	Protokoll
Ergebnisse der Gespräche wurden im AK Tourismus vorgestellt. Die Mitglieder lehnten die Verlagslösung ab	Protokoll
Infobroschüre von Mitarbeitern der Projektgruppe zur Beteiligung von Sponsoren angefertigt und an Gemeinden verschickt	Protokoll
Gemeinden berichten im AK Tourismus über keine bzw. geringe Resonanz zur Infobroschüre	Protokoll
Persönliche Gespräche mit den Bürgermeistern über finanzielle Unterstützung der Themenhefte von den Mitarbeitern der Projektgruppe geführt	Protokoll
Finanzierungszusagen von neun Gemeinden eingeholt	Protokoll
Herstellung	
Finanzielle Abwicklung der Themenhefte im AK Tourismus geklärt. Die Gemeinde Mulfingen fungiert als Auftraggeber	Protokoll
Auftragsvergabe von Layoutgestaltung und Druck im AK Tourismus festgelegt	Protokoll

Wissenschaftliche Ergebnisse

Für das Teilprojekt *Themenhefte* wurden Indikatoren zur Überprüfung der Nachhaltigkeit zusammengetragen.

Durch die thematische Aufbereitung des kultur- und naturtouristischen Potenzials im Jagsttal werden die drei Dimensionen der Nachhaltigkeit von Thema zu Thema in unterschiedlicher Intensität berührt:

__Ökonomische Ebene: Gewinnung von potenziellen Gästen und Stammgästen; Aufwertung des Wirtschaftsfaktors Tourismus
__Ökologische Ebene: Besucher lenkende und Bewusstsein schaffende Maßnahmen; Aufklärung hinsichtlich der natürlichen Besonderheiten im Jagsttal
__Soziokulturelle Ebene: Partizipation der einheimischen Bevölkerung an den Wohlfahrtswirkungen durch Tourismus; Erhaltung und Förderung der kulturellen Eigenständigkeit

Die Themenhefte wurden im Januar 2002, also kurz vor dem offiziellen Ende der Projektlaufzeit, fertig gestellt und verteilt. Die verbleibende Zeitspanne war zu kurz, um noch alle Indikatoren erheben zu können. Die ökonomischen Indikatoren konnten nicht mehr ermittelt werden. Aber schon bei der Erstellung der Themenhefte wurden die drei Ebenen der Nachhaltigkeit berücksichtigt.

Ökologische Ebene
Nachdem z.B. die Auswertung der Evaluierung Anfang des Jahres 2000 sehr unterschiedliche Vorstellungen der Mitglieder des Arbeitskreises zum Thema Nachhaltigkeit zu Tage brachte, wurde die nächste Sitzung mit einem Vortrag zu nachhaltigem Tourismus begonnen. Bei der Formulierung der Texte wurde das »ökologische« Ziel der Besucherlenkung und der Informationsvermittlung über die Schutzwürdigkeit bestimmter Gebiete oder Elemente verfolgt. Bestimmte Abbildungen wurden deshalb nicht in die Hefte aufgenommen und diverse Schutzbestimmungen aufgeführt.

Ökonomische Ebene
Das Heft »Kulturlandschaft erleben und schmecken« wurde so konzipiert, dass es direkt als Einkaufsführer für landwirtschaftliche Produkte genutzt werden konnte und damit deren Absatz förderte.

Soziokulturelle Ebene
Im Arbeitsfeld Tourismus wurden im Rahmen der Diplomarbeit »Wandern und Wanderwegekonzept Jagsttal« (ZOCH 2000) Kriterien für erlebnisreiche Wanderungen erarbeitet, die bei der nachfolgenden Streckenplanung berücksichtigt wurden. Der Erlebniswert einer Wanderung hängt maßgeblich von der Anzahl und von der Art der vorhandenen Highlights ab (WÖBSE 1998, BRÄMER 1996, 1998 a, b, c und 1999 a, b). Als Highlights werden außergewöhnliche Sehenswürdigkeiten, die einen hohen kulturellen, historischen oder ökologischen Wert besitzen und alle anderen »gewöhnlichen Dinge«, die für Wanderungen eine Bereicherung darstellen, bezeichnet (ZOCH 2000). Im Planungsgebiet wurden folgende Kategorien von Highlights ermittelt (ZOCH 2000):
__Geologische und geomorphologische Highlights
__Gewässerelemente
__Vegetationskundliche und botanische Besonderheiten
__Naturdenkmäler
__Relikte historischer Nutzungen
__Sakrale Highlights
__Kleindenkmäler
__Highlights, über die man liest oder hört
__Landschaftselemente aus der Landschaftspsychologie
__Highlights aus dem Tierreich
__Schöne Wege
__Emotionale Highlights
__Stimmungen

Für die Planung der Wegstrecken wurden folgende Kriterien zugrunde gelegt (ZOCH 2000):
- Naturnähe
- Einbezug aller landschaftlichen Highlights
- keine Streckenführung innerhalb von Naturschutzgebieten
- Vermeidung von Störfaktoren wie Lärmbelästigung
- Erreichbarkeit mit öffentlichen Verkehrsmitteln
- Abwechslungsreiche Streckenführung
- geringe Höhenunterschiede
- Meidung geteerter Strecken
- Einbeziehung des vorhandenen Wegenetzes
- Trennung vom Radweg
- Siedlungen nur am Rand durchqueren
- Genuss von Aussichten
- Integration von Rastmöglichkeiten

Für die zwei Gemeinden Mulfingen und Dörzbach wurden sechs Wandervorschläge ausgearbeitet. Die Routen wurden beschrieben, Vorschläge für bauliche Veränderungen unterbreitet und Ideen für eine Begleitbroschüre festgehalten. Die sechs Wandervorschläge wurden in topographischen Kartenausschnitten dargestellt.

Umsetzungsmethodische Ergebnisse

Inhaltliche Beiträge

Vor Beginn der konzeptionellen und inhaltlichen Diskussion des Teilprojektes *Themenhefte* wurde im Arbeitskreis Tourismus seitens der Projektgruppe *Kulturlandschaft Hohenlohe* ein kurzer Überblick über das Thema »Nachhaltigkeit im Tourismus« gegeben. Ziel war es, den Arbeitskreismitgliedern zur Halbzeit des Gesamtprojektes und vor dem Einstieg in ein neues Teilprojekt die Komplexität des Themas Nachhaltigkeit vor Augen zu führen und sie dafür zu sensibilisieren. Grund hierfür waren die Evaluierungsergebnisse der Anfang des Jahres 2000 durchgeführten Befragung. Hier kamen seitens der Arbeitskreismitglieder zum Teil sehr unterschiedliche Definitionen und Vorstellungen zum Begriff Nachhaltigkeit zum Vorschein.

Nach der Erfahrung bei der Organisation des Teilprojekts *Panoramakarte* setzten sich die Mitarbeiter der Projektgruppe das Ziel, sich bei der Umsetzung der Themenhefte weniger inhaltlich zu engagieren. Um dieses zu erreichen, initiierte die Projektgruppe, entsprechend den festgelegten Themenbereichen, die Bildung von vier Kleingruppen, die sich außerhalb der Arbeitskreissitzungen treffen sollten.

Dies gelang nur ansatzweise. Lediglich die Arbeitsgruppe »Das Jagsttal aktiv erleben« traf sich regelmäßig und erarbeitete eine Vorlage für das spätere Heft. Aber auch hier war ein Mitarbeiter der Projektgruppe maßgeblich beteiligt. Die anderen Arbeitsgruppen konnten die inhaltliche Ausarbeitung nicht leisten. Nach eigenen Aussagen fühlten sich die Arbeitskreismitglieder durch die zu leistenden Aufgaben neben ihrer übrigen Arbeit überfordert. Es fehlte ihnen an Zeit, die beschlossenen Aufgaben zu erledigen. Zum damaligen Zeitpunkt wurde auch angesichts der noch nicht gelösten Finanzierungsfrage im Arbeitskreis Tourismus ein Abbruch des Teilprojekts diskutiert. Als Kompromiss einigte man sich auf eine schlanke Version von drei Themenheften und der inhaltlichen Ausarbeitung des Heftes »Kultur genießen« durch die Mitarbeiter der Projektgruppe. Das vierte geplante Heft »Natur pur« wurde nicht weiter verfolgt. Dies bedeutete jedoch, dass die

Mitarbeiter der Projektgruppe entgegen ihrer ursprünglichen Absicht einen umfangreichen Beitrag bei der inhaltlichen Ausarbeitung übernahmen.

Übernahme der Verantwortung
Nicht nur bei der inhaltlichen Ausarbeitung war eine Reduzierung der Zu- und Mitarbeit der Projektgruppe geplant. Auch bei der Übernahme der Verantwortung für die Umsetzung des Projektes war es beabsichtigt, wie schon in der Problemstellung vermerkt, sich weniger zu engagieren, ganz im Sinne der Entwicklung eines selbstragenden Prozesses. Bei dem Teilprojekt *Themenhefte* gelang dies nur in Ansätzen. Das Ziel, mit dem Arbeitskreis eine Institution zu schaffen, die selbstständig handelte, wurde nicht erreicht. Am Markantesten offenbarte sich die Frage, bei wem die Verantwortung für das Projekt lag, bei der Klärung der Finanzierung. Die Mitglieder des Arbeitskreises Tourismus hatten die Veröffentlichung der Themenhefte bei einem Verlag abgelehnt, obwohl entsprechende Angebote, auch zur Finanzierung, vorlagen. Man befürchtete, die vorliegende Konzeption der Themenhefte böte zu wenig Substanz für eine Verlagsveröffentlichung. Zudem schien der Zeitaufwand für die Anfertigung eines Buches aus Sicht der Akteure zu groß. In der Konsequenz bedeutete dies jedoch, dass die Themenhefte von den Gemeinden und von Sponsoren finanziert werden mussten. Die Gemeinden zeigten jedoch zuerst wenig Bereitschaft, sich nennenswert finanziell zu beteiligen oder sich engagiert um Sponsoren zu bemühen.

Die Zurückhaltung der Gemeinden zeigte zweierlei: Die Identifikation mit diesem Projekt der interkommunalen Zusammenarbeit war nicht ausreichend erfolgt, die Verantwortung hierfür wurde weiterhin bei der Projektgruppe gesehen. Nicht alle Entscheidungsträger der Gemeinden waren von der Wichtigkeit einer Zusammenarbeit zur touristischen Vermarktung des Jagsttals überzeugt, zumindest wenn dies eine finanzielle Beteiligung einschloss. Interkommunale Kooperationen im Sektor Tourismus fanden bis zum Start des *Modellvorhabens Kulturlandschaft Hohenlohe* kaum statt. Insofern war diese Art der Zusammenarbeit neu für die Gemeinden. Außerdem offenbarte sich dabei eine methodische Schwäche der gewählten Arbeitsform. Die Richtung des Arbeitskreises Tourismus wurde in der Mehrzahl von den Vertretern der Gemeinden beschlossen, die Zusage der Finanzierung lag aber bei den Entscheidungsträgern, die kaum bei der Gestaltung mitwirkten. Die Suche nach Finanzierungsmöglichkeiten ausschließlich durch Mitglieder der Projektgruppe stellt keine dauerhafte Lösung dar und entspricht auch nicht dem partizipativen Ansatz des Gesamtprojektes. Die Situation wurde damals innerhalb der Projektgruppe diskutiert. Einige Lösungsansätze, wie die direkte Ansprache der beteiligten Bürgermeister und damit deren direkte Einbindung in den Prozess wurde daraufhin verfolgt.

Die Ergebnisse der Evaluierungen Anfang der Jahre 2001 und 2002 (Abb. 8.14.1) zeigen, dass die Mehrheit der Teilnehmer des Arbeitskreises Tourismus bis zum Ende des *Modellvorhabens Kulturlandschaft Hohenlohe* von der Wichtigkeit der Themenhefte überzeugt war. Eine Änderung trat bei der Einschätzung auf, ob alle wichtigen Personen eingebunden sind. Während Anfang des Jahres 2001 hier noch die Meinung vorherrschte, alle wichtigen Personen seien eingebunden, wurde dies zum Ende des Projektes kritischer betrachtet. Bei der Befragung Ende 2001 war die Mehrzahl der Akteure der Meinung, dass wichtige Personen im Teilprojekt *Themenhefte* fehlten. Mit ähnlicher Tendenz , wenn auch weniger negativ, urteilten auch die Mitarbeitern der Projektgruppe.

Eine sehr gute Beurteilung – konstant über die Projektlaufzeit hinweg – von Akteuren und Mitarbeitern gleichermaßen, erhielt die Arbeitsatmosphäre des Arbeitskreises Tourismus. Sie wurde durchweg als angenehm empfunden. Eine überwiegend positive Beurteilung von Akteuren und

Projektmitarbeitern erzielte auch der Beitrag der Projektgruppe. Dieser wurde als gut bezeichnet. Von den Akteuren war die Mehrzahl mit den erzielten Ergebnissen zufrieden und der Meinung, im Arbeitskreis Tourismus Neues dazu gelernt zu haben. Auch bei den Mitarbeitern der Projektgruppe überwogen die Beurteilungen, Neues dazu gelernt zu haben. Die Frage nach der Zufriedenheit mit den Ergebnissen wurde allerdings negativer beantwortet. Bei der Evaluierung Anfang des Jahres 2001 waren die meisten unzufrieden mit den Ergebnissen, etwas positiver wurde dies zum Ende des Projektes gesehen, damals stand der erfolgreiche Abschluss der Themenhefte kurz bevor.

Sehr unterschiedlich, vor allem bei der letzten Befragung Ende 2001 fielen die Beurteilungen aus, ob der Aufwand im Verhältnis zum Ertrag zu groß gewesen sei. In der Summe fanden die Akteure den Aufwand nicht zu hoch, die Mitarbeiter der Projektgruppe dagegen werteten den Aufwand im Verhältnis zum Ertrag als zu hoch.

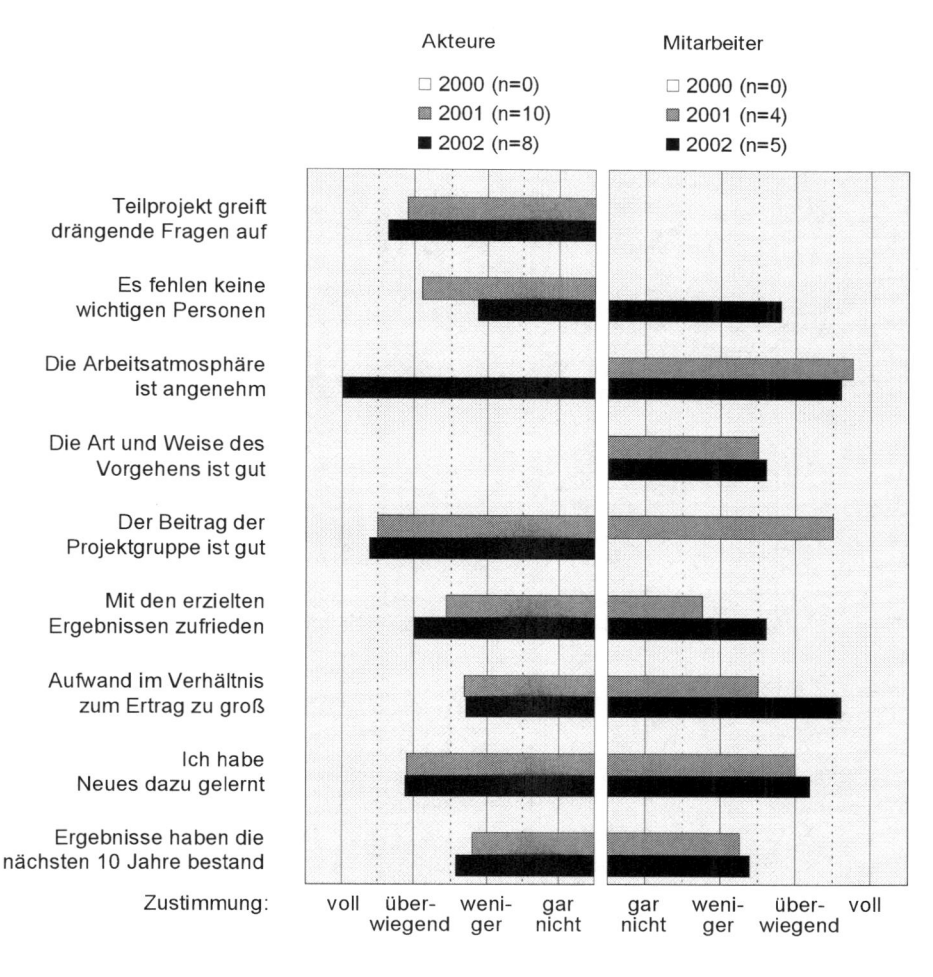

Abbildung 8.14.1: Evaluierungsergebnisse zum Teilprojekt Themenhefte

Die Frage, ob die Ergebnisse des Teilprojektes die nächsten zehn Jahre Bestand haben werden, wurde von den Akteuren und Projektmitarbeitern ähnlich beurteilt. Hier überwog die Skepsis, die Mehrzahl meinte, dass die Ergebnisse nicht so lange bestehen würden.

Touristische Vermarktung

Schon bei der Festlegung des ersten Teilprojektes *Panoramakarte* des Arbeitskreises Tourismus, entstand eine gewisse Diskrepanz zwischen Erkenntnissen über die Gebietsausdehnung touristischer Vermarktung und der Abgrenzung des Gebietes des *Modellvorhabens Hohenlohe*. Die Wahl des Gebietes entlang der Jagst zwischen Crailsheim und Bad Friedrichshall stellte einen Kompromiss dar. Es war noch klein genug, um mit der gewählten Arbeitsform, dem offenen Arbeitskreis, bearbeitet zu werden und schien groß genug, um eine touristische Vermarktung des Jagsttals im Muschelkalk zu ermöglichen. Damit erfolgte allerdings eine neue Gebietsabgrenzung innerhalb des von den Touristikgemeinschaften Hohenlohe und Neckar-Hohenlohe-Schwäbischer Wald betreuten Gebietes. Vor allem zu Beginn des *Modellvorhabens Kulturlandschaft Hohenlohe* führte diese Wahl, wie schon im Abschnitt 8.13.2 erwähnt, zu Abwehrreaktionen. Die Vertreter beider Touristikgemeinschaften präferierten für die Darstellung des touristischen Angebots einen größeren Gebietsauschnitt, das Jagst- und Kochertal. Dies war aber mit der etablierten Arbeitsform nicht zu leisten und entsprach auch nicht den Wünschen der im Arbeitskreis Tourismus engagierten Personen. Diese strebten einen direkten Nutzen für »ihre« Gemeinden an.

Die Vermarktung einer »neuen« noch nicht etablierten touristischen Region, für die kein zusammen hängendes Identitätsgefühl besteht und die sich nicht an bestehenden Verwaltungs- oder Vermarktungsgrenzen von Touristikgemeinschaften orientiert, erfordert einen bedeutenden Aufwand. Denn die bestehenden politischen und sonstigen Grenzen entscheiden oft über Engagement oder Ablehnung. Ein Beispiel hierzu: Zu Beginn des Arbeitskreises Tourismus kostete es einige Anstrengung, die Vertreter des unteren Jagsttals zu erreichen, die sich zuerst nicht angesprochen fühlten, da sie nicht »zu Hohenlohe gehören« und sie das *Modellvorhaben Kulturlandschaft Hohenlohe* demnach nicht betraf.

Anwendungsorientierte Ergebnisse

Das Teilprojekt *Themenhefte* ist den Arbeitsfeldern Tourismus und Öffentlichkeitsarbeit zuzuordnen. Als touristisches Printmedium ist es im Rahmen des modernen Marketing-Mix Teil der Kommunikationspolitik. Da sich die einzelnen Instrumente der Kommunikationspolitik in ihrer Zielsetzung und Wirkung oft überschneiden, berühren die Themenhefte sowohl Aspekte der Werbung, Öffentlichkeitsarbeit, Corporate Identity und Verkaufsförderung. Die Entstehung der Themenhefte, das sichtbare Ergebnis des Wirkens des Arbeitskreises Tourismus, wird im folgenden Abschnitt in einzelne Phasen gegliedert vorgestellt:

Ideenentwicklung

Wie schon im Kap. 8.14.2 erwähnt, wurden nach Abschluss der Panoramakarte im Arbeitskreis mögliche neue Aktivitäten für die restlichen zwei Jahre der Projektlaufzeit (2000, 2001) diskutiert. Neben dem ursprünglichen Anliegen, als Ergänzung zur Panoramakarte eine Freizeitkarte zu erstellen, wurden weitere Projekte vorgeschlagen. Zur Auswahl standen die Entwicklung eines Besucherleitsystems im Zuge der geplanten Wiederinbetriebnahme der historischen Jagsttalbahn, die Initiierung und Begleitung einer Gastronomiekampagne in Verbindung mit den Dorfgaststätten im Jagsttal sowie die Weiterentwicklung des Wanderwegenetzes im Jagsttal. Hinzu kam seitens eines Naturschutzvertreters im Arbeitskreis Tourismus der Vorschlag, ein nachhaltiges Freizeitnutzungskonzept am Beispiel einer Jagsttalgemeinde zu erstellen. Letzteres wurde von den Arbeitskreismitglieder sehr schnell verworfen, da der Nutzen lediglich einer Jagsttalgemeinde zugute gekommen wäre. Und dies widersprach dem Anliegen der Akteure im Arbeitskreis Tourismus nach Darstellung aller beteiligten Gemeinden im neuen Teilprojekt.

Die Projektgruppenmitarbeiter schlugen die Entwicklung einer Jagsttalkarte im Maßstab 1:50.000 vor, in der sowohl Erlebniswege als auch die vorhandene touristische Infrastruktur vermerkt sind. Unterstützt werden sollte die Karte von Begleitheften, in denen bestimmte Themen aufbereitet und ein Bezug zur Infrastruktur hergestellt wird. Vorgestellt wurde ein ähnliches Projekt aus dem Bodenseeraum, dort initiiert im Rahmen des Modellprojektes Konstanz (GATTENLÖHNER & BALDENHOFER 1999). Dort waren in Zusammenarbeit mit dem Landesvermessungsamt acht Erlebniswege in Form von Begleitheften erarbeitet worden. Die Hefte werden vom Landesvermessungsamt Baden-Württemberg in Kombination mit einer topografischen Karte des Gebietes gemeinsam vertrieben.

Die Mitglieder des Arbeitskreises Tourismus entschieden, die Idee einer Freizeitkarte zu modifizieren und die thematische Aufbereitung des touristischen Angebotes in Form von sogenannten Themenheften anzugehen. Der Vorschlag, eine topografische Karte beizulegen, wurde verworfen, da der Aufwand einer Zusammenarbeit mit dem Landesvermessungsamt Baden-Württemberg – was Aufwand und Finanzen betraf – zu hoch schien. Stattdessen sollten die Themenhefte auf die bereits vorliegende Panoramakarte aufbauen. Die Hefte sollten das in der Panoramakarte dargestellte Gebiet, die 13 Städte und Gemeinden entlang der Jagst von Crailsheim bis Bad Friedrichhall behandeln.

Konzeption

Im Arbeitskreis Tourismus wurden mögliche Inhalte der Themenhefte gemeinsam erörtert, und gewichtet. Zu Beginn der Arbeit wurde eine Stärken-Schwächen-Analyse durchgeführt. Hier wurden die Besonderheiten des Jagsttals, mit denen geworben werden kann, herausgearbeitet. Diesen wurde ein entsprechendes Zielgruppenkonzept gegenüber gestellt. Als Zielgruppen angesprochen werden sollten Kulturinteressierte, Naturinteressierte, Aktiv Urlauber und Familien mit Kindern. Als Ergebnis des Diskussionsprozesses wurden von den Mitgliedern des Arbeitskreises folgende vier Themenbereiche festgelegt:

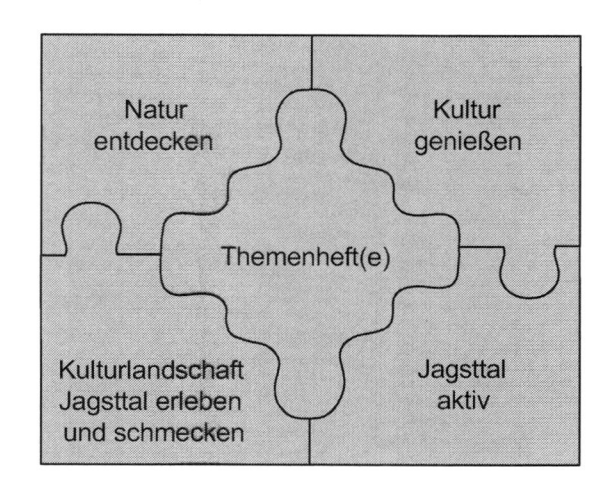

Abbildung 8.14.2: Inhalt der Themenhefte

Jeder Themenbereich war auf eine Zielgruppe abgestimmt und sollte durch ein separates Heft abgedeckt werden. In »Natur entdecken« sollten »Naturerlebnistouren« für Familien angeboten werden. Die Hefte »Kultur genießen« und »Jagsttal aktiv« waren auf die Zielgruppen der Kulturinteressierten und der sportlich aktiven Urlauber abgestimmt. Das Themenheft »Kulturlandschaft erleben und schmecken« sollte mit Informationen über Natur, Landschaft und Nutzung Naturinteressierte ansprechen und darüber hinaus mit der Darstellung von Einkaufsmöglichkeiten den Absatz landwirtschaftlicher Produkte fördern. Zudem wurde beschlossen, die Anfang des Jahres 2000 diskutierten übrigen Projektvorschläge in die Hefte zu integrieren.

Als touristisches »Highlight« sollte die **Jagsttalbahn** behandelt werden. Neben der Darstellung der historischen Bedeutung als Beförderungsmittel sollten die Themenhefte auch eine Besucher lenkende Funktion übernehmen. Einen weiteren Schwerpunkt der Themenhefte sollte die Darstellung des **gastronomischen Angebots** der Region bilden. Neben der Vorstellung regionaltypischer Gerichte sollten Gastronomen aus dem Untersuchungsgebiet eingebunden werden. Ziel war es, Betriebe, die sich durch ein besonderes Angebot auszeichnen und aus Sicht der touristischen Attraktivität Beispielcharakter aufwiesen, in die Themenhefte aufzunehmen. Durch eine Selbstdarstellung der jeweiligen Betriebe sollte außerdem eine Teilfinanzierung ermöglicht werden. Es wurde auch daran gedacht, einen kulinarischen Erlebnisweg durch das Jagsttal zu erarbeiten.

Neben einer ansprechenden Angebotsdarstellung spielte die Verknüpfung der Freizeitmöglichkeiten beim Teilprojekt *Themenhefte* eine zentrale Rolle. Vorgeschlagen wurde beispielsweise, einzelne Stationen im Rahmen des **Wanderwegenetzes** zu verbinden. So war geplant, dass die Themenhefte die Frequentierung der Wanderwege im Jagsttal unterstützen und gleichermaßen zur Lenkung der Besucherströme beitragen sollten. Es wurde auch erwogen, einzelne Erlebniswege in kleineren (topographischen) Kartenausschnitten in den Themenheften ergänzend darzustellen.

Die touristische Nutzung der Jagst, insbesondere durch den Kanutourismus, wird zwischen Naturschutz- und Tourismusvertretern seit Jahren kontrovers und emotional diskutiert. Aus diesem Grund wurde die Förderung eines **gewässerschonenden Tourismus** im Jagsttal seit Projektbeginn als ein bedeutendes Anliegen der Akteure seitens der Projektgruppe *Kulturlandschaft Hohenlohe* berücksichtigt. Durch die Themenhefte sollte die touristische Nutzung der Jagst durch Verhaltensempfehlungen und Informationen auf Dauer unterstützt werden.

Ein weiterer Punkt, der bei der Umsetzung der Themenhefte berücksichtigt werden sollte, war die Kooperation mit den Touristikgemeinschaften. Um parallele, nicht abgestimmte Aktionen zu vermeiden, wurde eine Zusammenarbeit über die Platzierung von Pauschalangeboten in den Themenheften beschlossen. Für jedes Themenheft sollte als lose Beilage ein derartiges Angebot, z.B. ein Vorschlag zur Buchung eines »Erlebniswochenendes« entworfen werden. Die beiden Tourismusgemeinschaften Hohenlohe und Neckar-Hohenlohe-Schwäbischer Wald erklärten sich bereit, als Buchungsstellen zu fungieren.

Inhalt und Gestaltung

Wie schon erwähnt, sollte die inhaltliche Ausarbeitung der Themenhefte verstärkt durch die im Arbeitskreis Tourismus versammelten Akteure erfolgen. Hierzu wurden entsprechend der geplanten Hefte im Sommer 2000 drei thematische Kleingruppen (»Kultur genießen«, »Natur entdecken« und »Jagsttal aktiv«) gebildet, die sich außerhalb der Arbeitskreissitzungen trafen. Für das vierte Themenheft »Kulturlandschaft erleben und schmecken« erklärten sich die Mitarbeiter der Projektgruppe *Kulturlandschaft Hohenlohe* zuständig. Im Verlauf der Kleingruppenarbeiten zeigte sich, dass die inhaltliche Bearbeitung nur bedingt an die verschiedenen Akteure weiter gegeben werden konnte. Bis auf die Kleingruppe »Jagsttal aktiv« stellten die übrigen ihre begonnenen Treffen bald ein, da sie sich der Aufgabenstellung nicht gewachsen sahen und die einzubringende Arbeitszeit nicht geleistet werden konnte. Die Kleingruppe »Natur erleben« beendete ebenfalls wegen mangelnder Zeit die Umsetzung ihrer vorgelegten Naturerlebnistouren und zog sich ganz aus dem Arbeitskreis zurück. Die lange Zeit nicht geklärte Finanzierung der Themenhefte minderte außerdem die Motivation der Teilnehmer.

Angesichts dieser Schwierigkeiten einigte man sich im Arbeitskreis Tourismus darauf, nur drei Themenhefte weiter zu verfolgen. Aber auch hier zeigten sich die Grenzen der Beteiligung der Arbeitskreismitglieder. Von den drei umgesetzten Themenheften wurden zwei großteils von den Mitarbeitern der Projektgruppe inhaltlich gestaltet. Von der ursprünglichen Konzeption der Themenhefte wurden nur Teile verwirklicht. So wurde z.B. die Darstellung des gastronomischen Angebots der Region verworfen, da die Gemeindevertreter nicht mit einer einheitlichen Bewertung der einzelnen Betriebe einverstanden waren. Sie fühlten sich den Betrieben ihrer Gemeinde verpflichtet und wollten mögliche negative Beurteilungen vermeiden. Auch die Darstellung einer Auswahl von Betrieben fand keine Zustimmung da dazu ebenfalls eine Beurteilung hätte stattfinden müssen. Wanderungen oder Erlebniswege wurden nicht aufgenommen, da keine entsprechenden Vorschläge erarbeitet wurden. Auch die Pauschalangebote wurden nicht verwirklicht.

Im Dezember 2001 wurden die Faltblätter gedruckt und im Januar 2002 an die beteiligten Gemeinden sowie die Touristikgemeinschaft Hohenlohe verteilt. Verwirklicht wurden die folgenden drei Themen:

1. »Das Jagsttal Kulturlandschaft erleben und schmecken«

2. »Das Jagsttal aktiv erleben«

3. »Das Jagsttal Kultur genießen«

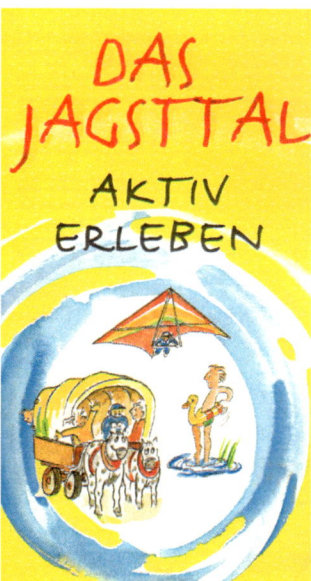

Abbildung 8.14.3: Titelseiten der drei Themenhefte

In gefalteter Form misst jede Broschüre 21 x 11 cm. Die Vorderseite ist je nach Thema farblich anders gestaltet und greift gestalterische Elemente der Panoramakarte auf. Auch im Layout der Faltblätter wurden neben aktuellen Fotos der Gemeinden Zeichnungen der Panoramakarte übernommen. Der Inhalt der drei Produkte orientiert sich an den Zielgruppen »Natur- und Kulturinteressierte« sowie »Aktivurlauber«:

1. »Das Jagsttal Kulturlandschaft erleben und schmecken«

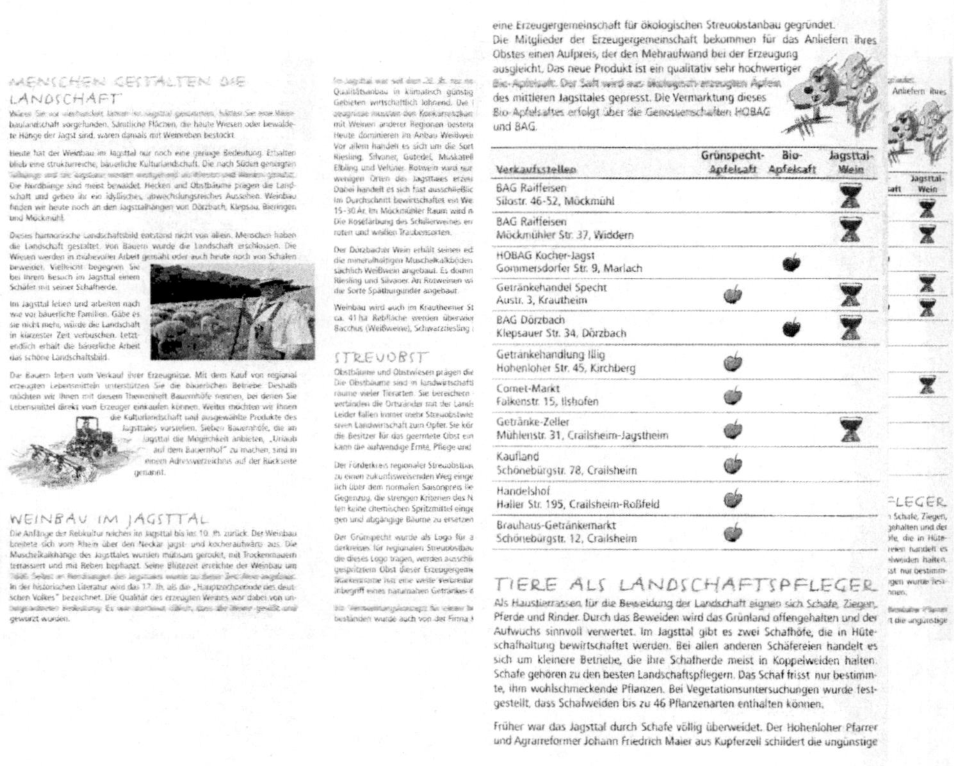

MENSCHEN GESTALTEN DIE LANDSCHAFT

WEINBAU IM JAGSTTAL

STREUOBST

eine Erzeugergemeinschaft für ökologischen Streuobstanbau gegründet. Die Mitglieder der Erzeugergemeinschaft bekommen für das Anliefern ihres Obstes einen Aufpreis, der den Mehraufwand bei der Erzeugung ausgleicht. Das neue Produkt ist ein qualitativ sehr hochwertiger Bio-Apfelsaft. Der Saft wird aus ökologisch erzeugten Äpfeln des mittleren Jagsttales gepresst. Die Vermarktung dieses Bio-Apfelsaftes erfolgt über die Genossenschaften HOBAG und BAG.

Verkaufsstellen	Grünspecht-Apfelsaft	Bio-Apfelsaft	Jagsttal-Wein
BAG Raiffeisen Silostr. 46-52, Möckmühl			x
BAG Raiffeisen Möckmühler Str. 37, Widdern			x
HOBAG Kocher-Jagst Gommersdorfer Str. 9, Marlach		x	
Getränkehandel Specht Austr. 3, Krautheim	x		x
BAG Dörzbach Klepsauer Str. 34, Dörzbach		x	x
Getränkehandlung Illig Hohenloher Str. 45, Kirchberg	x		
Comet-Markt Falkenstr. 15, Ilshofen	x		
Getränke-Zeller Mühlenstr. 31, Crailsheim-Jagstheim	x		x
Kaufland Schönebürgstr. 78, Crailsheim	x		
Handelshof Haller Str. 195, Crailsheim-Roßfeld	x		
Brauhaus-Getränkemarkt Schönebürgstr. 12, Crailsheim	x		

TIERE ALS LANDSCHAFTSPFLEGER

Als Haustierrassen für die Beweidung der Landschaft eignen sich Schafe, Ziegen, Pferde und Rinder. Durch das Beweiden wird das Grünland offengehalten und der Aufwuchs sinnvoll verwertet. Im Jagsttal gibt es zwei Schafhöfe, die in Hüteschafhaltung bewirtschaftet werden. Bei allen anderen Schäfereien handelt es sich um kleinere Betriebe, die ihre Schafherde meist in Koppelweiden halten. Schafe gehören zu den besten Landschaftspflegern. Das Schaf frisst nur bestimmte, ihm wohlschmeckende Pflanzen. Bei Vegetationsuntersuchungen wurde festgestellt, dass Schafweiden bis zu 46 Pflanzenarten enthalten können.

Früher war das Jagsttal durch Schafe völlig überweidet. Der Hohenloher Pfarrer und Agrarreformer Johann Friedrich Maier aus Kupferzell schildert die ungünstige

Abbildung 8.14.4: Auszug aus Themenheft »Kulturlandschaft erleben und schmecken«

In diesem Faltblatt erhält der Leser Informationen über die Gestaltung der Landschaft durch die Menschen sowie den Zusammenhang zwischen der jeweiligen Nutzung und den landschaftlichen Besonderheiten. Um die Verbindung zwischen der Landschaft und den nutzenden Landwirten herzustellen, sind die Bezugsquellen der jeweiligen Produkte aufgeführt. Der Leser erfährt z.B., woher er Apfelsaft, Wein oder Lammfleisch beziehen kann. Außerdem sind in Tabellenform die Anbieter für »Urlaub auf dem Bauernhof« und Direktvermarkter mit ihren jeweiligen Produkten und Kontaktadressen vermerkt. Neben der Information kann die Broschüre direkt zum Einkaufen oder der Urlaubsplanung genutzt werden. Abgerundet wird das Faltblatt mit der Vorstellung von zwei Kochrezepten.

2. »Das Jagsttal aktiv erleben«

Abbildung 8.14.5: Auszug aus Themenheft »Jagsttal aktiv«

Dieses Faltblatt gibt eine Übersicht über die Freizeit- und Sportmöglichkeiten im Jagsttal. Die Palette ist sehr breit. Es wurde darauf Wert gelegt, dass sowohl Familien- als auch Aktivurlauber hier Anregungen finden. So werden gängige Aktivitäten, die gemeinsam mit der Familie durchgeführt werden können, wie z.B. Reiten, Baden, Minigolf spielen, Rad fahren, Ballonfahrten und Inline-Skaten vorgestellt. Aber auch speziellere Sportarten wie z.B. Sportschießen, Kanufahren, Angeln, Golf spielen, Segelfliegen und Modellfliegen sind erwähnt. Jede Aktivität wird kurz vorgestellt und es wird die Kontaktadresse vermittelt. Zur Planung vor Ort ist auf der ersten Seite eine Übersicht sämtlicher Freizeit- und Sportmöglichkeiten zwischen Bad Friedrichshall und Crailsheim abgebildet.

3. »Das Jagsttal – Kultur genießen«

Abbildung 8.14.6: Auszug aus Themenheft »Kultur genießen«

Kultur ist das zentrale Thema dieses Faltblattes. Zu Beginn bekommt der Gast eine kurze Einführung in die Geschichte des Jagsttals. Anschließend werden einzelne Themen ausführlicher behandelt. Die Schwerpunkte bilden die Burgen und Schlösser, Götz von Berlichingen, die Jagsttalbahn und das Kloster Schöntal. Außerdem sind alle Museen und sehenswerten Kirchen eingehender mit Kontaktadressen beschrieben. Schließlich findet sich ein Überblick über das Angebot an Theatern und Konzerten im Jagsttal.

Finanzierung

Die Finanzierung der Themenhefte stellte sich als eine langwierige und schwierige Aufgabe dar. Anfang 2001 entschieden sich die Arbeitskreismitglieder gegen die Zusammenarbeit mit einem Verlag. Der Vorteil dieser Variante wäre die Sicherstellung der Finanzierung gewesen. Aber die Mehrheit der Mitglieder sprach sich gegen diese Lösung aus, die die Erstellung eines kleinen Reiseführers in Buchform bedeutet hätte. Vor allem die Ansprüche an Inhalt und zeitliche Abwicklung, die die Realisierung in Form eines Buches stellt, wurde von den Beteiligten als nicht leistbar betrachtet. Dagegen wurde ein Finanzierungskonzept mit einer Verteilung der Finanzierung auf die drei Säulen: Beteiligung der Gemeinden, Sponsoren aus der Privatwirtschaft und Darstellung von Gastgewerbebetrieben gegen Entgelt bevorzugt. Im Themenheft »Kulturlandschaft erleben und schmecken« sollten ausgewählte Betriebe gegen finanzielle Beteiligung die Möglichkeit zur Selbstdarstellung erhalten. Dazu wurde seitens der Mitarbeiter der Projektgruppe *Kulturlandschaft Hohenlohe* ein Sponsoring-Konzept ausgearbeitet, das über die Gemeinden an lokale und regionale Unternehmen weiter geleitet wurde. Allerdings war die Resonanz darauf sehr gering. Letzten Endes wurde das Themenheft »Kulturlandschaft erleben und schmecken« ohne Portraits von Gastgewerbebetrieben realisiert. Damit musste auch das Konzept der Finanzierung geändert werden. Verschärft wurde die Situation dadurch, dass sich entgegen der ursprünglichen Planung auch keine Sponsoren außerhalb des Gastgewerbes fanden. Damit fiel die Finanzierung allein auf die Gemeinden zurück. Um die Kosten zu senken, wurde beschlossen, den Umfang der Themenhefte erheblich zu kürzen und die Umsetzung in Form von drei Faltblättern anzustreben, mit der Konsequenz, dass von dem ursprünglich geplanten Inhalt nur ein Teil verwirklicht werden konnte. Die Reaktion der Gemeindevertreter zu ihrer Beteiligung an der Finanzierung war sehr unterschiedlich. Während eine Kerngruppe das Projekt als sehr wichtig erachtete und auch bereit war, sich finanziell zu beteiligen, reagierten andere Gemeinden zögerlich oder lehnten dieses durchweg ab. Erst nach massiven Bemühungen seitens der Projektgruppe und einiger engagierter Bürgermeister sagten neun Gemeinden ihre finanzielle Beteiligung zu. Vor allem die Gemeinden des unteren Jagsttals (Bad Friedrichhall, Neudenau und Möckmühl) lehnten diese ab.

Herstellung
Als Herausgeber der Themenhefte konnten die Städte und Gemeinden Crailsheim, Kirchberg, Langenburg, Mulfingen, Dörzbach, Krautheim, Schöntal, Jagsthausen und Widdern gewonnen werden. Zur Abwicklung der Gestaltung und des Druckes der Faltblätter erklärte sich die Gemeinde Mulfingen bereit, als Auftraggeber zu fungieren. Mit den übrigen Gemeinden wurde vereinbart, einen bestimmten Betrag an die Gemeinde Mulfingen zu überweisen. Nach der Druckfreigabe aller beteiligten Gemeinden gingen die Faltblätter Mitte Dezember 2001 in Druck. Über die Touristikgemeinschaft Hohenlohe wurden sie auf der CMT (Messe für Caravan, Motor und Touristik) 2002 in Stuttgart und während der »Grünen Woche« in Berlin verteilt.

Verknüpfung mit anderen Teilprojekten
Das Teilprojekt *Themenhefte* wurde mit den anderen Teilprojekten in der Form verknüpft, dass Ergebnisse der Teilprojekte *Bœuf de Hohenlohe*, *Öko-Streuobst* und *Hohenloher Lamm* als inhaltliche Beiträge in das Heft »Kulturlandschaft erleben und schmecken« aufgenommen wurden. Der umfangreichste und auch wechselseitige Austausch fand mit den Teilprojekten *Panoramakarte* und *Gewässerentwicklung* statt. Die Themenhefte bauen direkt auf der Panoramakarte auf, einzelne Abbildungen wurden in den Themenheften wieder verwendet. Vom Teilprojekt *Gewässerentwicklung* waren einige Akteure aktiv an der Konzeption und auch inhaltlichen Gestaltung des Themenhefts »Jagsttal aktiv« beteiligt. Ein Schwerpunkt lag hierbei auf der Berücksichtigung der Anliegen des Naturschutzes beim Befahren der Jagst mit dem Kanu. So wurden z.B. die Regelungen über zeitliche Sperrungen der Jagst im Themenheft »Jagsttal aktiv« wieder gegeben.

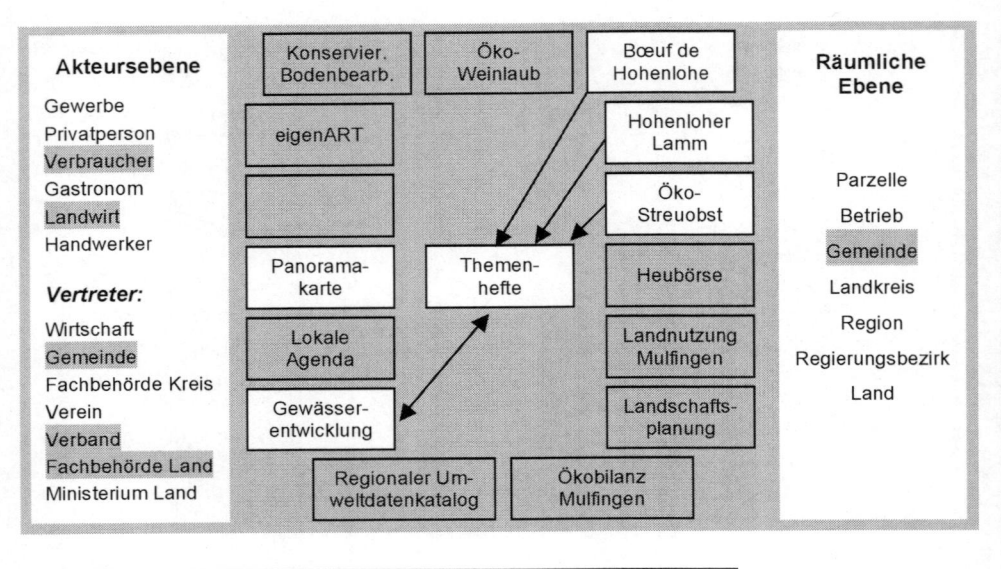

Akteursebene				Räumliche Ebene
Gewerbe	Konservier. Bodenbearb.	Öko-Weinlaub	Bœuf de Hohenlohe	
Privatperson	eigenART		Hohenloher Lamm	
Verbraucher				Parzelle
Gastronom			Öko-Streuobst	Betrieb
Landwirt				Gemeinde
Handwerker	Panorama-karte	Themen-hefte	Heubörse	Landkreis
Vertreter:				Region
Wirtschaft	Lokale Agenda		Landnutzung Mulfingen	Regierungsbezirk
Gemeinde				Land
Fachbehörde Kreis	Gewässer-entwicklung		Landschafts-planung	
Verein				
Verband				
Fachbehörde Land	Regionaler Um-weltdatenkatalog	Ökobilanz Mulfingen		
Ministerium Land				

Legende:
einseitiger, zwingender Daten-, Informationsaustausch ⟶
wechselseitiger, zwingender Daten-, Informationsaustausch ⟷

Abbildung 8.14.7: Verknüpfung des Teilprojekts Themenhefte mit den anderen Teilprojekten und Bezugsebenen

Öffentlichkeitsarbeit und öffentliche Resonanz

Öffentlichkeitsarbeit

In den beteiligten Gemeinden werden die Themenhefte über die Kultur- oder Bürgermeisterämter an Interessierte verteilt und bei touristischen Anfragen verschickt. Die Touristikgemeinschaft Hohenlohe, die bei der Konzeption und inhaltlichen Gestaltung aktiv beteiligt war, erhielt ein Kontingent an Heften, das sie nun mit anderem Informationsmaterial an potenzielle Besucher versenden kann. Zusätzlich verteilte die Touristikgemeinschaft Hohenlohe die Themenhefte auf zwei Touristikmessen, der »Grünen Woche« in Berlin und der CMT in Stuttgart.

Öffentliche Resonanz

Da die Themenhefte erst ab Januar 2002 von den Gemeinden und der Touristikgemeinschaft verteilt wurden, konnte die öffentliche Resonanz nur noch in Ansätzen erfasst werden. Zum Beispiel wurde im Hohenloher Tagblatt am 23. Januar 2002 unter der Rubrik »Lokales« auf die Themenhefte hingewiesen. Bei der letzten Sitzung des Arbeitskreises Tourismus am 30. Januar 2002 berichtete eine Vertreterin der Touristikgemeinschaft Hohenlohe, dass die auf den Messen verteilten Themenhefte gut beim Publikum angekommen seien. Auch die Vertreter der Gemeinden waren mit den Heften sehr zufrieden und berichteten ihrerseits von einer regen Nachfrage.

8.14.8 Diskussion

Wurden alle Akteure beteiligt?

Zunächst schien es so, als seien im Arbeitskreis Tourismus alle relevanten Akteure eingebunden. Zum Zeitpunkt der Zwischenevaluierung Anfang des Jahres 2001 vertraten auch die meisten Beteiligten die Auffassung, dass alle entscheidungsrelevanten Personen im Arbeitskreis vertreten seien. Im Zuge der Abschlussevaluierung im November 2001 kam dagegen die Mehrzahl der Akteure zu einer anderen Bewertung. Die Einschätzung, dass wichtige Personen im Arbeitskreis fehlen, entwickelte sich allerdings erst im Laufe des letzten Projektjahres, als die Zahl der Arbeitskreisteilnehmer zurück ging. Die Akteure, die sich aus dem Arbeitskreis Tourismus zurückzogen, wurden nicht systematisch nach den persönlichen Gründen für ihren Ausstieg befragt. Es erfolgte auch keine Untersuchung der Beweggründe von Personen, die sich trotz Aufforderung nie am Arbeitskreis Tourismus beteiligten. Deshalb sind die folgenden Ausführungen über die Gründe für das Zurückziehen oder das Nichtteilnehmen Vermutungen, die sich aus eigenen Erfahrungen und Aussagen der aktiv beteiligten Akteure speisen.

Für den Rückgang der aktiv Teilnehmenden sind mehrere Gründe anzunehmen. Mit der Gründung des Arbeitskreises Tourismus war eine neue Gruppe geschaffen worden, die die Neugier der Akteure im Gebiet weckte und dementsprechend zu Beginn die höchste Teilnehmerzahl aufwies. Als Ideen für das erste mögliche Projekt kreativ entwickelt wurden, war die Zahl der Freiheitsgrade der neu gebildeten Gruppe am höchsten – vieles schien denkbar und wurde ausführlich diskutiert. Der Arbeitskreis Tourismus wurde gerade auch zu dieser Zeit als Plattform genutzt, um die eigenen Ansichten und Ideen vor einer größeren Gruppe äußern zu können. Mit der Festlegung des ersten Projektes fand zwangsläufig eine Einschränkung dieser Freiheitsgrade statt. Es galt nun, die entwickelte Idee umzusetzen. Dabei kristallisierte sich eine kleinere Gruppe aktiv Engagierter heraus, die dieses Anliegen unterstützten und an seiner Umsetzung mitwirken wollten. Hier entschieden auch persönliche Differenzen der einzelnen Akteure über Teilnahme oder Nichtteilnahme. Bis Anfang des Jahres 2000 war der Arbeitskreis dann hauptsächlich mit der Herstellung der Panoramakarte beschäftigt, die viel Routinearbeit beinhaltete. Erst mit deren Abschluss entstand wieder die Möglichkeit, etwas Neues anzugehen. Das war auch der Zeitraum, in dem die Teilnehmerzahl wieder leicht anstieg. Die eigenen Positionen und Wünsche konnten neu diskutiert und platziert werden. Nach der Festsetzung der Themenhefte, als letztes Projekt des Arbeitskreises während der Laufzeit des Modellvorhabens, pendelte sich die Zahl der teilnehmenden Akteure auf niedrigem Niveau ein. Hier mag ausschlaggebend gewesen sein, dass eine Anzahl Personen der Meinung war, dass das Projekt *Themenhefte* auf den Weg gebracht sei und nun auch ohne ihr Mitwirken zustande kommen würde.

Dann spielte sicher noch die Gebietsausdehnung und damit auch die Zahl der einzubindenden Akteure eine Rolle. Im Vergleich zu den anderen Teilprojekten deckte der Arbeitskreis Tourismus ein relativ großes Gebiet ab, eine ähnliche Ausdehnung besaß nur noch das Teilprojekt *boeuf de Hohenlohe*. Während sich aber hier in Form der bäuerlichen Erzeugergemeinschaft eine die Projektgruppe stark unterstützende Gruppe beteiligte, die direkte wirtschaftliche Interessen an das Produkt knüpfte, wurde mit der Festlegung der touristischen Abgrenzung nicht nur die Zahl der potentiellen Akteure sehr hoch gesetzt, sondern auch durch die Wahl über politische und touristische Verwaltungsgrenzen hinweg, wurde eine Vielzahl von Interessensgruppen, die zum Teil untereinander konträre Ziele verfolgten, einbezogen. Hinzu kam, dass das Ergebnis nicht, wie z.B. bei *Boeuf der Hohenlohe* dem einzelnen Beteiligten direkt zugute kam, sondern einen abstrakteren Vorteil für das Gesamtgebiet brachte.

Im Arbeitskreis Tourismus erfolgte die Beteiligung der Akteure in der Form, dass zu Beginn der Arbeit mit der Gründung des Arbeitskreises Einladungen verschickt und die Veranstaltung öffentlich bekannt gegeben wurde. Die Anwesenden wurden daraufhin befragt, ob ihrer Meinung nach alle relevanten Personen vertreten seien, entsprechend wurden die Einladungsliste geändert und Kontakte aufgenommen. Eine systematische Wirkungsanalyse der Beteiligten wurde nicht gemacht. Im Laufe des Modellvorhabens fand innerhalb der Projektgruppenmitarbeiter eine Diskussion und systematische Reflexion über Beteiligungsmethoden statt.

Als offensichtlich wurde, dass die Zusammensetzung des Arbeitskreises Tourismus für die selbständige Durchführung von Projekten nicht optimal war, wurden Entscheidungsträger gezielt angesprochen. Denn die geringe Anzahl von Entscheidungsträgern, d.h. Bürgermeistern, im Arbeitskreis stellte ein wesentliches Hemmnis dar, weil eine finanzielle Beteiligung der Gemeinden notwendig war. In den meisten Fällen waren die Gemeinden durch Mitarbeiter der Verwaltung vertreten, die wenig Entscheidungsbefugnisse hatten, so dass sich die Entscheidungsfindung als »mühseliger« Prozess darstellte. Da die Bürgermeister nicht immer dieselben Einschätzungen wie ihre Mitarbeiter vertraten, konnten endgültige Entscheidungen meist erst nach Rückfragen getroffen werden.

Die zwei Akteursgruppen »politische Entscheidungsträger« und »Tourismusgemeinschaften« waren nicht ausreichend in den Arbeitskreis eingebunden. In beiden Fällen wurden von den Projektmitarbeitern zwar Anstrengungen zu einer stärkeren Beteiligung unternommen, diese führten aber nicht zu dem gewünschtem Ergebnis. Im Rückblick hätte die Beteiligung dieser beiden Interessensgruppen vor allem in der Startphase noch stärker thematisiert und fokussiert werden sollen. Denkbar wäre ein regelmäßiger Austausch auf einer anderen Ebene als der des Arbeitskreises.

Hinzu kam noch ein grundsätzliches Problem: der Status des Arbeitskreises Tourismus. Die gewählte Form eines offenen Arbeitskreises, der sich in regelmäßigen Abständen trifft und an dem jede bzw. jeder Interessierte teilnehmen kann, wurde von den Teilnehmern nicht als entscheidungsrelevante Institution akzeptiert. Bei der Gründung des Arbeitskreises Tourismus wurden zwar Spielregeln zur Zusammenarbeit vereinbart, aber nicht immer als verbindlich angenommen. Das zeigte sich daran, dass die wechselnde Zusammensetzung der Gruppe hin und wieder dazu führte, dass die in der letzten Sitzung gefassten Beschlüsse aufgerollt und neu diskutiert wurden.

Wurden die gesetzten Zielen erreicht?

Wissenschaftliche Ziele

Das wissenschaftliche Ziel für das Teilprojekt *Themenhefte*, Indikatoren zur Bewertung der Nachhaltigkeit auszuwählen, wurde erreicht. Allerdings ließ die Fertigstellung und Verteilung der Themenhefte erst zum Ende des Projektes im Januar 2002 bei einigen Indikatoren keine Erhebung mehr zu. Das in der von Zoch (2000) bearbeiteten Diplomarbeit »Erstellung eines Wanderwegekonzepts im Jagsttal in Bezug auf Natur, Historie und Kultur« gesetzte Ziel, Kriterien für erlebnisreiche Wanderungen zu ermitteln und für zwei Gemeinden (Dörzbach und Mulfingen) ein attraktives Wanderwegekonzept auszuarbeiten, wurde erreicht.

Anwendungsorientierte Ziele

Das Arbeitsziel des Teilprojektes für die Besucher des Jagsttals ein Informationsmedium zur Orientierung und Information vor Ort zu erstellen, wurde erreicht. Mit den Themenheften wird einerseits das kultur- und naturtouristische Potenzial erschlossen und andererseits konkrete Gestaltungsmöglichkeiten während eines Aufenthaltes angeboten. Ob das Entwicklungsziel, das Jagsttal als Urlaubsregion zu präsentieren und zu profilieren und damit einen Beitrag zum Ausbau des Wirtschaftsfaktors Tourismus zu leisten, mit den Themenheften erreicht wird, kann zum Abschluss des Projektes noch nicht beurteilt werden. Die rege Nachfrage nach den Themenheften spricht zumindest für eine gute Annahme des Produktes.

Umsetzungsmethodische Ziele
Das Ziel der Projektgruppenmitarbeiter, sich bei dem Teilprojekt *Themenhefte* in der Übernahme der Verantwortung und der Umsetzung zurück zu ziehen und so einen selbsttragenden Prozess zu initiieren, wurde nicht erreicht. Was sich schon bei der Arbeit an der Panoramakarte angedeutet hatte, verstärkte sich bei der Umsetzung der Themenhefte. Angetreten mit dem Ansatz der Aktionsforschung entwickelten sich die Teilprojekte des Arbeitskreises Tourismus zu Dienstleistungsprojekten für die Menschen der Region. Für das Image der Projektgruppe *Kulturlandschaft Hohenlohe* waren die Vorhaben sehr vorteilhaft, da sie klar erkennbare und direkt nutzbare Ergebnisse in Form der Panoramakarte und der Themenhefte vorweisen konnte. Diese Art der Umsetzung steht aber nicht im Einklang mit der partizipativen Projektphilosophie. Hiernach sollten die Mitarbeiter der Projektgruppe lediglich als Moderator und Katalysator des Prozesses dienen, während die Aktionen selbst von den Akteuren durchgeführt werden. Der Ansatz der Aktionsforschung geht davon aus, dass die Verantwortung für die Durchführung praktischer Maßnahmen bei den Akteuren liegt. Es gelang nicht, mit dem Arbeitskreis Tourismus eine Einrichtung für das Jagsttal zu schaffen, die selbstständig handelt und über die Projektzeit hinaus Bestand hat. Für die im Arbeitskreis Tourismus wirkenden Mitarbeiter der Projektgruppe stellte diese Entwicklung eine Belastung dar, was die wissenschaftlichen Ansprüche und die Effektivität ihres Vorgehens betraf. Im Teilprojekt *Themenhefte* spielten wissenschaftliche Fragen, wie schon erwähnt, eine untergeordnete Rolle. An erster Stelle standen die Wünsche der Akteure, ein direkt nutzbares Ergebnis zu erreichen. Die Mitarbeiter der Projektgruppe hatten sich der Projektphilosophie entsprechend nicht an der Auswahl der möglichen Projekte beteiligt, sondern diese Entscheidung allein den Akteuren des Arbeitskreises Tourismus überlassen; dieses Vorgehen war insbesondere geleitet von der Annahme, dass die Akteure selbst ihre Bedürfnisse am besten formulieren können und von ihnen präferierte Projekte, also die mit dem größten »Problemdruck«, auch am stärksten unterstützt werden würden. Im Nachhinein gesehen war diese Herangehensweise im Bereich Tourismus zu wenig durchdacht und wissenschaftlich nicht genug reflektiert.

An diese Erfahrung knüpfen sich drei grundsätzliche Fragen. Die erste betrifft die geeignete Arbeitsform, die zweite die Rolle der begleitenden Wissenschaftler und die dritte die Finanzierung derartiger Projekte:
—Stellt für Projekte wie die *Panoramakarte* und die *Themenhefte*, die einen beträchtlichen finanziellen Einsatz verlangen, die gewählte Form des offenen Arbeitskreises eine empfehlenswerte Arbeitsform dar?
—In welchem Ausmaß sollen die Ziele der begleitenden Wissenschaftler einfließen?
—Können derartige Projekte **effektiv** ohne die Bereitstellung von Sachmitteln bearbeitet werden? Eine Möglichkeit, diese unbefriedigende Situation zu ändern, wäre der Abbruch des Teilprojektes gewesen. Dieses wurde damals diskutiert. Drei Faktoren sprachen gegen einen Abbruch. Der Wunsch einiger sehr engagierter Arbeitskreismitglieder am Teilprojekt fest zu halten, die bis zu dieser Zeit schon geleistete Arbeit und die Förderung anderer Aktivitäten der Projektgruppe, da das Teilprojekt wegen der konkreten Ergebnisse das Projektimage förderte und somit taktisch wertvoll war.

Wurden Verbesserungen im Sinne der Nachhaltigkeit erreicht?

Die Themenhefte wurden erst zum Ende des Projektes im Januar 2002 fertig gestellt und ausgegeben. Damit ließen sich Erhebungen wie z.B. die Verteilung der Auflage in bestimmter Zeit oder die Auswertung von Zeitungsartikeln nicht mehr durchführen. Deshalb können über die Auswirkungen der Themenhefte in Bezug auf eine Verbesserung im Sinne der Nachhaltigkeit hinsichtlich der ökologischen und ökonomischen Dimension keine Angaben gemacht werden.

Für das Teilprojekt *Themenhefte* waren ursprünglich folgende ökonomische und ökologische Indikatoren vorgesehen:

Ökonomische Indikatoren:

__Verteilung der Auflage in einem bestimmten Zeitraum (Menge/Zeit). Voraussetzung aggressive Öffentlichkeitsarbeit. Methode: Zählen der verkauften Hefte, Anfragezählung.

__Reaktion von Presse und Betrieben. Methode: Auswertung der Artikel.

Ökologische Indikatoren:

__Informationsvermittlung über Vielfalt/Besonderheiten/Schutzstatus von Landschaft, Flora und Fauna

Diese konnten jedoch nicht mehr erhoben werden.

Folgende soziale Indikatoren wurden für das Teilprojekt *Themenhefte* erfasst:

Zufriedenheit mit der Partizipation – Berücksichtigung der Interessen

Veränderungen dieses Indikators sind aus den Kurzevaluierungen und der Abschlussevaluierung Ende des Jahres 2001 abzuleiten. Die Mehrzahl der Teilnehmer war auch am Schluss des Projektes der Meinung, dass die eigenen Interessen ausreichend berücksichtigt wurden. Vier von insgesamt acht befragten Personen urteilten, dass sie hier voll und ganz zu stimmen, vier Personen stimmten im wesentlichen zu.

Zugang zu Ressourcen und Dienstleistungen – Es besteht ein breites Wissen über die Möglichkeiten einer nachhaltigen Landnutzung

Veränderungen dieses Indikators sind aus der Zwischenevaluierung und der Abschlussevaluierung abzuleiten. Das Urteil durch das Teilprojekt, Neues dazu gelernt zu haben, weist im Verlauf des Jahres 2001 keine wesentliche Änderung auf. Die Mehrzahl der Beteiligten urteilte während des gesamten Verlaufes durch das Teilprojekt *Themenhefte*, das eigene Wissen vermehrt zu haben. Anfang des Jahres 2001 stimmten dieser Aussage drei von zehn befragten Personen voll und ganz zu, fünf stimmten im wesentlichen zu und zwei stimmten weniger zu. Am Ende des Jahres 2001 stimmten zwei Personen voll und ganz zu, fünf im wesentlichen und eine Person weniger zu.

Wurde ein selbsttragender Prozess initiiert?

Während der Arbeit an den Themenheften, vor allem während der Zeit der ungeklärten Finanzierung, reduzierte sich die Anzahl der Akteure an den Sitzungen. Ein »harter Kern« von Engagierten blieb erhalten. Es waren in der Mehrzahl Vertreter der Gemeinden. In der letzten Sitzung äußerten sich die anwesenden Arbeitskreismitglieder sehr skeptisch über eine Fortdauer des Arbeitskreises Tourismus. Keiner sah sich in der Lage, die Organisation und Vorbereitung derartiger Treffen zu übernehmen. Nach Meinung der Arbeitskreismitglieder kann dies in Zukunft nur erfolgen, wenn sich alle Bürgermeister der 13 Jagsttalgemeinden viel mehr als bisher in diesem Bereich engagieren, der Zusammenarbeit im Tourismus eine größere Bedeutung einräumen und hierfür auch Personal einplanen. Ein Schritt in diese Richtung war der Beschluss, bei einem Treffen der Bürgermeister des unteren Jagsttals den Vorschlag einzubringen, alle 13 Bürgermeister des gesamten Jagsttals bei einem zukünftigen Treffen einzuladen und diese Fragen zu diskutieren.

Übertragbarkeit

Folgende für die Bewertung der Übertragbarkeit erforderlichen Beschreibungen, wie z.B. räumlicher Bezug, Teilnehmer, Problemstellung, Rahmenbedingungen, Zielsetzung, Methodik, Beiträge von anderen Teilprojekten, Maßnahmen und Ergebnisse wurden schon beschrieben. Nun wird noch auf die Veränderungen im Teilprojektverlauf eingegangen.

Die Zahl der Teilnehmer und damit auch die Mitarbeit verschiedener Interessensgruppen ging während der Verwirklichung der Themenhefte leicht zurück. Den Schwerpunkt stellten am Schluss Vertreter der Stadt- oder Gemeindeverwaltung, der Touristikgemeinschaft Hohenlohe e.V. und des Hotel- und Gaststättenverbandes Baden-Württembergs. Von den Gemeinden waren hauptsächlich diejenigen anwesend, die sich an der Finanzierung der Themenhefte beteiligten. An dem Teilprojekt wirkten von Seite der Wissenschaftler vier Personen unterschiedlicher fachlicher Ausbildung mit. Die Arbeitskreissitzungen wurden im Durchschnitt von zwei Wissenschaftlern in unterschiedlichen Rollen (Moderation, inhaltlicher Beitrag, Diskussionsbeteiligung) begleitet.

In das Teilprojekt *Themenhefte* wurde von Seiten der Projektgruppe über 23 Monate hinweg die Arbeitsleistung eingebracht, die etwa einem Stellenumfang von einer halben Stelle entsprach. Dabei entfiel etwa je ein Drittel der Arbeit auf inhaltlich-fachliche, auf vorbereitende, organisatorische und projektgruppeninterne Arbeit sowie auf die Zusammenarbeit mit den Akteuren vor Ort.

Die Problemstellung wurde nicht verändert. Die Teilnehmer des Arbeitskreises Tourismus waren bis zum Ende der Projektlaufzeit von der Wichtigkeit der Themenhefte überzeugt. Dies spiegelt sich in den Ergebnissen der Abschlussevaluierung Ende des Jahres 2001 wider (Kap. 8.14.7). Das heißt, dass nach Meinung der Teilnehmenden, ein wichtiges Problem behandelt wurde. Sie waren auch bereit sich finanziell zu engagieren. Von einer Tourismusgemeinschaft sowie einem Vertreter des Hotel- und Gaststättenverbandes wurde das Projekt unterstützt und Vertreter der Naturschutzorganisationen nutzten die Möglichkeit sich konstruktiv einzubringen.

Im Vergleich zur Ausgangssituation lag mit den Themenheften ein weiteres Vermarktungsinstrument vor. Ein längerfristiger Zusammenschluss zur touristischen Vermarktung etablierte sich nicht. Die Rahmenbedingung mit der größten Auswirkung auf die Zielerreichung stellte die Finanzierung der Themenhefte dar. Als ökonomische Kraft hatte sie den stärksten Einfluss und entschied über Verwirklichung oder Nichtverwirklichung der Themenhefte. Möglich wurde sie nur durch Verteilung der Kosten auf verschiedene Gemeinden. Sogenannte »Soziale Kräfte« bremsten einerseits die Entwicklung des Teilprojektes – hier wirkte das Konkurrenzverhalten einzelner Vertreter (-gruppen) – andererseits förderte die gute Atmosphäre innerhalb der Arbeitskreisgruppe, die gegenseitige Wertschätzung und das Festhalten am gemeinsamen Ziel die Verwirklichung der Themenhefte. Ohne diese Bedingungen wären die Themenhefte nicht hergestellt worden. Den dritten wichtigen Faktor stellte als »ökologische Kraft« die Verantwortung für den Schutz des ökologischen Lebensraums Jagst dar. Diese führte zur inhaltlichen Ausgestaltung des Themenheftes »Jagsttal aktiv«.

8.14.9 Schlussfolgerungen, Empfehlungen

Wesentliche Erkenntnisse zur Umsetzungsmethodik

Das anwendungsorientierte Ziel, mit den Themenheften ein Informationsmedium zur Orientierung und Information vor Ort zu erstellen, wurde erreicht. Nicht erreicht wurde dagegen das Ziel mit dem Arbeitskreis Tourismus eine sich selbst organisierende Gruppe zu initiieren. Die angewendeten Methoden waren weder geeignet noch ausreichend, um das gewünschte selbstverantwortliche Handeln zu bewirken. Im Rückblick stellt die gewählte Form des offenen Arbeitskreises keine optimale Arbeitsform für touristische Projekte mit finanziellen Investitionen dar. Kritisch war hier, kurz gesagt, die fehlende Verbindlichkeit und die Ohnmacht des Arbeitskreises. In der Kombination mit finanziellen Investitionen konnten diese »Hindernisse« nur durch hohen Arbeitseinsatz der betreuenden Wissenschaftler ausgeglichen werden.

Eine weitere Erkenntnis ist eine differenziertere Vorstellung, was und in welcher Form bei einem derartigen Vorgehen von den Teilnehmern geleistet werden kann. Nach Aussagen der Teilnehmer fühlten sich diese vor allem durch die inhaltliche Ausarbeitung, aber auch bei manchen Entscheidungen überfordert, da sie sich »zu wenig kompetent fühlten«.

Es zeigte sich, dass ein erfolgreicher Gruppenprozess, wie er bei der Panoramakarte stattgefunden hat, keine Garantie für die Bereitschaft ist, auch in Zukunft zusammen zu arbeiten. Die angesprochene Solidarität zwischen den Teilnehmenden war zeitlich beschränkt und auch von der Sorge einiger Bürgermeister geleitet, »was denn in Zukunft noch an finanziellen Anstrengungen auf sie zu komme«.

Empfehlungen für eine erfolgreiche Projektdurchführung

Zeitliche Rahmenbedingungen
Die Herstellung der Themenhefte von der ersten Idee bis zur Ausführung dauerte fast zwei Jahre. Hemmend wirkte die Suche nach der Finanzierung. Da es sich um einen dynamischen Prozess handelt, können nur grobe Schätzungen für die Zeitdauer der einzelnen Arbeitsschritte angeben werden. Die Finanzierung wird ausgeklammert, da hierzu keine Prognose möglich ist. Was den Zeitbedarf angeht, so benötigte die Festlegung des Inhalts drei Monate, die inhaltliche Ausarbeitung fünf bis sechs Monate, die Überarbeitung der Texte ein bis zwei Monate und die Abstimmung mit der Firma, die das Layout übernahm, einen Monat. Das heißt, dass bei optimalen Bedingungen wie guter Organisation, reger Mitarbeit der Akteure sowie gesicherter Finanzierung innerhalb eines Jahres ein Produkt entsprechend den Themenheften verwirklicht werden könnte, ohne dabei die Akteure zu überlasten. Für die Etablierung einer selbständigen touristischen Region, die sich nicht an bestehenden Verwaltungs- oder Vermarktungsgrenzen von Touristikgemeinschaften orientiert, sind vier Jahre zu kurz. Prognosen über die tatsächliche Dauer können nicht gegeben werden.

Organisatorische Rahmenbedingungen
Bei der Durchführung von Projekten mit einem bedeutenden finanziellen Aufwand ist ein offener Arbeitskreis nicht immer eine empfehlenswerte Arbeitsform. Wird ein Arbeitskreis gewählt, entscheidet seine Zusammensetzung, seine Akzeptanz innerhalb der Institutionen und seine Verbindlichkeit über Erfolg oder Nichterfolg der Projekte. Das heißt, vor Beginn der eigentlichen Projekte ist hier von der begleitenden Gruppe der Wissenschaftler und Berater erhebliche Vorarbeit zu leisten. Ziel der Vorarbeit ist es, eine Beteiligung aller relevanten Interessensgruppen zu erreichen.

Hier sind zu Beginn klärende Gespräche zu führen, um mögliche Vorbehalte gegenüber einer vermeintlichen Konkurrenz auszuräumen und Kompetenzen zu klären. Eine zu späte Einbindung »fehlender« Akteure führt zu Abwehrhaltungen und mangelnder Unterstützung der Projekte. Der Akzeptanz des Arbeitskreises kommt ebenfalls eine Schlüsselrolle zu, vor allem seiner Stellung innerhalb der touristischen und politischen Strukturen. Je besser er hier eingebunden ist, desto eher wird er auch von den übrigen Teilnehmern als wichtige Instanz akzeptiert. Bei der Festlegung der Zusammenarbeit in einem Arbeitskreis sollten die Verantwortlichkeiten und die Verbindlichkeit von Beschlüssen am Besten schriftlich, in Form eines Informationspapiers, festgelegt werden. Gerade bei der Wahl eines relativ offenen Arbeitskreises unterstützen schriftlich fixierte Bedingungen die Zusammenarbeit. Zu Beginn eines Projektes ist für alle Beteiligten klar ersichtlich aufzuführen, welche Leistungen von den begleitenden Wissenschaftlern erbracht werden und welche von den Akteuren durchgeführt werden sollten.

Es wird selten der Fall sein, dass alle Entscheidungsträger direkt am Arbeitskreis teilnehmen. Es erleichtert die Arbeit, wenn von Anfang an darauf geachtet wird, dass zwischen den Vertretern und den Entscheidungsträgern klare Absprachen, z.B. über die Verantwortung in Finanzierungsfragen, bestehen und dass der Vertreter auch Arbeitskapazitäten bereit gestellt bekommt. Die Entscheidungsträger müssen von der Wichtigkeit der Projekte überzeugt sein und sich auch dafür verantwortlich fühlen. Nur so kann ein Projekt erfolgreich durchgeführt werden.

Bei der Durchführung eines Projektes ist es zudem hilfreich, zuerst die Frage der Finanzierung verbindlich zu klären. Das erhöht die Motivation aller Beteiligten und gestaltet die Umsetzung viel effektiver. Es ist darauf zu achten, dass die Akteure weder zeitlich noch inhaltlich überfordert werden. Nur realistische Beiträge sollten vereinbart werden.

Häufigkeit der Treffen: Die Zusammenkünfte in ca. monatlichem Abstand mit einer »Sommerpause« bewährten sich als akzeptierte und machbare Zeitabstände.

Personelle Rahmenbedingungen

Falls die Organisation des Projektes in den Händen der begleitenden Wissenschaftler liegt, ist die Mitarbeit von zwei weiteren Personen zu empfehlen.

Weiterführende Aktivitäten

Ein weiterer Schritt zur Verbesserung der touristischen Vermarktung des Jagsttals wäre eine Veröffentlichung der Themenhefte im Internet bzw. ein eigener Internetauftritt der Jagsttal-Gemeinden. Um die touristische Entwicklung des Jagsttals generell zu fördern, sind weitere Maßnahmen im Bereich der interkommunalen Kommunikation und Kooperation der Gemeinden hilfreich. In diesem Zusammenhang kommt der persönlichen Überzeugung der jeweiligen Bürgermeister über die Wichtigkeit des Aufgabenfeldes Tourismus eine hohe Bedeutung zu.

Literatur

Brämer, R. (1996): Schöne Landschaft: Kapital der Wandervereine. Reihe »Wandern Spezial«. Institut für Erziehungswissenschaften der Universität Marburg. Nr. 26

Brämer, R. (1998a): Wandern der sanfte Natursport. Reihe »Wandern Spezial«. Institut für Erziehungswissenschaften der Universität Marburg. Nr. 42

Brämer, R. (1998b): Die neue Lust am Wandern. Reihe »Wandern Spezial«. Institut für Erziehungswissenschaften der Universität Marburg. Nr. 55

Brämer, R. (1998c): Profilstudie Wandern. Reihe »Wandern Spezial«. Institut für Erziehungswissenschaften der Universität Marburg. Nr. 62

Brämer, R. (1999a): Wandern, Trendmarkt des Inlandtourismus. Reihe »Wandern Spezial«. Institut für Erziehungswissenschaften der Universität Marburg. Nr. 63

Brämer, R. (1999b): Wandern neu Entdeckt. Reihe »Wandern Spezial«. Institut für Erziehungswissenschaften der Universität Marburg. Nr. 18

ECON-CONSULT (1996): Entwicklungskonzept mittleres Jagsttal. Erstellt im Auftrag der Gemeinden Dörzbach, Krautheim, Mulfingen und Schöntal. Unveröffentlicht

Gattenlöhner, U., Baldenhofer, M. (1999): Modellprojekt Konstanz. In: Konold, W., Böcker, R. Hampicke, U. (Hrsg.): Handbuch Naturschutz und Landschaftspflege, X-2.1: 15. Ecomed, Landsberg

Statistisches Landesamt Baden Württemberg (Hrsg.) (1997): Gemeindestatistik 1997. Amtliches Gemeindeverzeichnis Baden Württemberg 1997. Statistik von Baden Württemberg, 520: 1, Stuttgart

Wöbse, H.-H. 1998: Die Erlebniswirksamkeit der Landschaft. In: Buchwald, K.-W., W. Engelhardt (Hrsg.): Umweltschutz-Grundlagen und Praxis. Band 11. Economia Verlag, Bonn: 166–193

Zoch, E. 2000: Erstellung eines Wanderwegekonzepts im Jagsttal in Bezug auf Natur, Historie und Kultur. Unveröffentlichte Diplomarbeit am Institut für Landespflege der Universität Freiburg

Birgit Feucht

8.15 eigenART an der Jagst – neue Formen der Wahrnehmung von Landschaftselementen mittels Kunst

8.15.1 Zusammenfassung

Die Eigenart der Landschaft durch eigenART betonen

Grundgedanke von *eigenART* ist, mittels Kunst in und mit der Natur die charakteristischen Landschaftselemente des Jagsttals in Szene zu setzen. Das Zusammenspiel menschlicher Gestaltung und natürlicher Einflüsse, die ein Landschaftsbild prägen, soll auf diese Weise anschaulich und spielerisch verdeutlicht werden. Das dem Teilprojekt *eigenART* zugrundeliegende Konzept wurde in einer Diplomarbeit entwickelt und konnte im Rahmen des *Modellvorhabens Kulturlandschaft Hohenlohe* auf den Weg gebracht werden.

Ziel ist es einerseits, bei der Bevölkerung vor Ort das Interesse am Erhalt und an der aktiven Mitgestaltung von Kulturlandschaft zu wecken. Andererseits sollen Besucher so ins Jagsttal gelockt, um dadurch den sanften Tourismus zu fördern.

Zwischen Juni und Oktober 2002 waren der Rundwanderweg mit seinen 36 Kunstwerken ausgewiesen und ein Informationszentrum für Besucher und Besucherinnen geöffnet. Die ortsspezifischen Kunstwerke wurden entlang einer 8 km langen Strecke zwischen Mulfingen-Eberbach (Hohenlohekreis) und Langenburg-Unterregenbach (Landkreis Schwäbisch Hall) errichtet. Unter der Trägerschaft der Kulturstiftung Hohenlohe erfolgte die künstlerische Umsetzung in Kooperation mit der Fachhochschule Schwäbisch Hall (Studiengang Kulturgestaltung), der Fachhochschule Nürtingen (Fachbereiche Landschaftsarchitektur/Landschaftsplanung) und dem Hohenloher Kunstverein mit Sitz in Langenburg. Über 10.000 Besucher, Menschen unterschiedlichster Couleur – vom Landwirt bis zum Kunstinteressierten, haben den Sommer über Kulturlandschaft mit *eigenART* neu für sich entdeckt. Einige Besucher haben ihr eigenes kreatives Potenzial entfaltet, indem sie spontan entlang des Weges selbst kleine »Kunstwerke« schufen.

8.15.2 Problemstellung

Charakteristische Eigenarten heutiger Landschaften sind mehr und mehr gefährdet. Gründe dafür liegen in der rationalisierten land- und forstwirtschaftlichen Arbeitsweise und zunehmendem Flächenverbrauch, u.a. für Straßen- und Wohnungsbau. Außerdem führt das schwindende Wissen über natürliche Zusammenhänge dazu, dass selbst bei der Bevölkerung ländlicher Regionen der Bezug zur Landschaft verloren geht und für viele Menschen nachhaltige Landnutzung kein zentrales Thema ist. Um ländliche Räume davor zu bewahren, auf den Status von Restflächen rund um städtische Ballungszentren reduziert zu werden, braucht es jedoch die aktive Mitgestaltung der ländlichen Bevölkerung. Im Spannungsfeld zwischen agrarischem Strukturwandel und alternativen Entwicklungsperspektiven müssen neue Leitbilder entwickelt und die Vor- und Nachteilen verschiedener Nutzungen gegeneinander abgewogen und sinnvoll kombiniert werden. Dies schließt ein, dass sich die Menschen vor Ort mit den gewünschten Formen von Landschaftsbild, -pflege und -nutzung auseinander setzen und mithelfen diese zu schaffen. Soziale Geborgenheit in Einklang mit dem natürlichen Umfeld wird in Zeiten von Globalisierung, individueller Lebensgestaltung und zunehmendem Zwang zu Flexibilität und Mobilität nur entstehen, wenn Visionen im persönlichen und regionalen Lebensumfeld aktiv gestaltet und umgesetzt werden. *EigenART* soll helfen, Hohenloher Kulturlandschaft zu erhalten, indem Kunst die Augen für deren Besonderheiten öffnet. Das Thema Gestalt und Wandel von Landschaft soll damit in den Focus der Regionalentwicklung rücken.

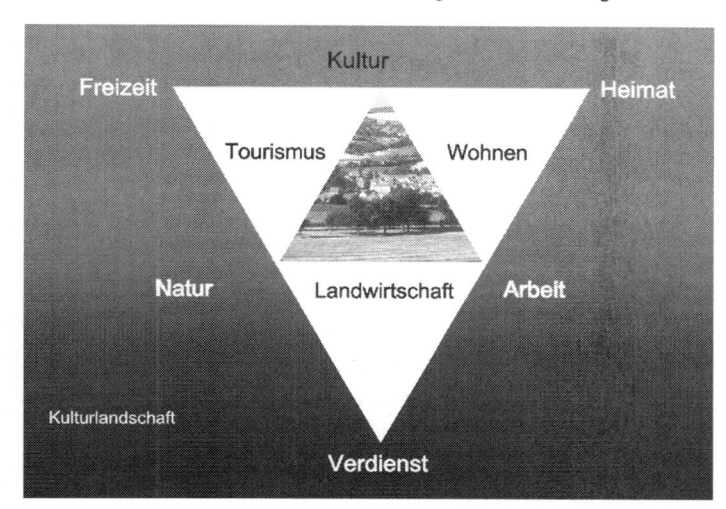

Abbildung 8.15.1:
Kulturlandschaftselemente

Projektbezogene Problemstellung

Ursprünglich war geplant, die Ergebnisse des *Modellvorhabens Kulturlandschaft Hohenlohe* zur nachhaltigen Landnutzung in Form einer Ausstellung zu dokumentieren. Das hierfür notwendige Konzept sollte im Rahmen einer Diplomarbeit an der Fachhochschule Nürtingen erstellt werden. Um die Ausstellung lebendig zu gestalten, wurde beschlossen, den Schwerpunkt auf eine Aktion im Freien zu legen, um so Landschaft und ihre Nutzung unmittelbar vor Ort erfahren zu können. Die Projektleitung entschied in Absprache mit dem Projektträger BEO des BMBF (Bundesministerium für Bildung und Forschung), die ursprünglich für eine klassische Ausstellung geplanten Mittel, dem Projekt *eigenART* für die weitere Planung und Umsetzung zukommen zu lassen. Das *Modellprojekt Kulturlandschaft*

Hohenlohe wird durch die Umsetzung von *eigenART*, neben den wissenschaftlich orientierten Teilprojekten, um eine kulturelle Komponente erweitert, in seiner Gesamtheit nochmals unter anderem Blickwinkel beleuchtet und für andere Bevölkerungsgruppen erschlossen.

Bedeutung für die Akteure
Prinzipiell können vier verschiedene Akteursebenen unterschieden werden: Die Projektgruppe *Kulturlandschaft Hohenlohe*, Förderer und Geldgeber, Umsetzungspartner vor Ort und die Besucher des Kunstpfades. Je nach Gruppe variiert auch innerhalb dieser Akteursebenen die Bedeutung von *eigenART*. So können freiwillig teilnehmende Künstler und Besucher von zwangsweise involvierten Grundbesitzern und öffentlichen Vertretern unterschieden werden. Öffentliche Akteure, darunter Landkreise, Behörden und Gemeinden erkannten den Naturschutz- und Freizeitwert und damit auch die touristische Attraktivität des Projektes. Bewohner und Grundstücksbesitzer waren eher skeptisch bis gleichgültig, während sich für die Künstler die Möglichkeit bot, sich einer großen Öffentlichkeit zu präsentieren und Erfahrungen in einem für einzelne Künstlern noch fremden Kunststil zu sammeln. Die Förderung der Aspekte Umweltbildung, nachhaltige Landnutzung und Kunst spielten für die Projektgruppe und die Geldgeber die Hauptrolle. Der Träger, die Kulturstiftung Hohenlohe, sah in *eigenART* eine sinnvolle Ergänzung zu ihrem Sommerkulturprogramm. Die Besucher schließlich, vom Anrainer bis zum aus Stuttgart Anreisenden, profitierten vom Kunstgenuss und der damit verbundenen subtilen »mentalen Landschaftspflege«.

Wissenschaftliche Fragestellung
Wissenschaftliche Grundlage des Projekts *eigenART* war eine Diplomarbeit (FEUCHT 2001), die sich mit der Frage beschäftigte, wie die Besonderheiten einer Landschaft über die Kunst an Bürger vermittelt werden können. Das Projekt *eigenART* war die Umsetzung des dabei entwickelten Konzepts. Offen war, ob das Konzept, Kulturlandschaft mittels Kunst zu vermitteln, tragfähig sein würde und ob die erlebten Eindrücke einen bleibenden Einfluss auf die Landschaftswahrnehmung haben und bewusstseinsbildend wirken würden.

Allgemeiner Kontext
Die Verbindung von Kunst und Natur findet ihren Ausdruck vor allem in der Land Art. Diese Kunstform geht auf eine Bewegung in den 1960er – Jahren in den USA zurück. Landschaft wird dabei zum wesentlichen Teil des Kunstwerks. Skulpturen werden in der Land Art nicht in die Natur gestellt, sondern im Zusammenspiel mit ihr entstehen sie erst. Markierende, formende und bauende Eingriffe der in der Mehrzahl weiblichen Künstlerinnen mit Gestaltungsmaterialien wie Erde, Stein, Holz, Wasser etc. verändern den Landschaftsraum und strukturieren ihn neu. Charakteristisches Merkmal der Land Art ist ihre Vergänglichkeit. Im Vergleich zur großen Geste vieler Kunstwerke der amerikanischen Land Art ist deren europäische Ausprägung durch kleinräumigere Eingriffe gekennzeichnet. Vertreter sind hier u.a. Richard Long und Andy Goldsworthy. In den letzten Jahren gewinnt diese Form der künstlerischen Auseinandersetzung vor allem durch ihre Fähigkeit zur sensiblen Befragung von Kulturlandschaft an Bedeutung. Wenn Künstler und Künstlerinnen Natur als gleichberechtigtes Gegenüber begreifen und mit ihr gestalten, erschließen sie damit sich und den Betrachtern neue Formen des Zugangs zu deren mannigfaltigen Ausprägungen und Phänomenen. Mensch und Landschaft werden im Denken, Fühlen und Handeln wieder zusammengeführt. Was früher große Teile der Bevölkerung durch ihre Arbeit in der Landwirtschaft zwangsläufig mit auf den Weg bekamen, die Auseinandersetzung mit der Landschaft und der dadurch entstehende emotionale Bezug zu ihr, gepaart mit einem Gespür für ökologische Zusammenhänge, kann heute die Kunst bis zu einem gewissen Grad auf anderer Ebene leisten. Im Projektgebiet selbst gab es vor *eigenART* kein vergleichbares Natur-Kunst-Projekt.

8.15.3 Ziele

Wissenschaftliche Ziele

Wissenschaftliche Begleitforschung wurde für *eigenART* nicht betrieben, auch waren keine natur- oder agrarwissenschaftlichen Ziele damit verknüpft. Intention war, Bewusstsein zu bilden für Struktur und Wandel von Kulturlandschaft. Dies sollte in Zusammenhang mit agrarischen und forstwirtschaftlichen Bewirtschaftungs- und sonstigen Landnutzungsformen geschehen und den sanften Tourismus unterstützen. Die oben dargestellte Frage und durchaus interessante wissenschaftliche Fragestellung, ob über Kunst die Landschaftswahrnehmung geschärft werden könne, wurde nicht wissenschaftlich evaluiert, da das Projekt über die Projektlaufzeit des *Modellvorhabens Kulturlandschaft Hohenlohe* hinaus ging.

Umsetzungsmethodische Ziele

Angestrebt wurde eine frühestmögliche Einbeziehung der Akteure vor Ort und der Aufbau handlungsfähiger Strukturen zwischen den Umsetzungspartnern. Akteure sollten über die aktive Mitarbeit in Entscheidungsgremien (Künstlervertreter) oder durch das Angebot von Zusatzveranstaltungen (Akteure vor Ort/Besucher) ins Projekt eingebunden und untereinander vernetzt werden.

Der Zusammenarbeit voraus ging das Ziel, sich mittels Literaturrecherche und deren Auswertung auf die jeweilige Aufgabe optimal vorzubereiten, so z.B. zu den Themen Fundraising, Projektmanagement, Wettbewerbsausschreibung etc.

»Umweltbildung« sollte entlang des Weges indirekt durch das Schulen der Wahrnehmung und im Informationszentrum direkt durch die vermittelten Hintergründe stattfinden. Laiensymposien sollten Interessierte vor Ort inspirieren, eigenständig tätig zu werden.

Anwendungsorientierte Ziele

Oberstes Ziel war die Planung, Koordination, Organisation und Etablierung eines Kunst- und Landschaftserlebnisweges, dessen Objekte möglichst von Künstlern oder Studenten künstlerisch-planerischer Studiengänge aus der Region gestaltet werden sollten. Dieser sollte im Sommer 2002 mindestens 5.000 Besucher anziehen und das Thema nachhaltige Landnutzung ins Gespräch bringen. Dazu notwendig war das Erreichen verschiedener Etappenziele:
_Finanzierung sicherstellen
_Träger und Umsetzungspartner finden
_Bau- und Werbemaßnahmen termingerecht durchführen
_Zusatzveranstaltungen planen und ausführen
_Projekt termingerecht und innerhalb des Kostenrahmens abschließen
Eine detailliertere, den verschiedenen Projektphasen zugeordnete Aufgliederung findet sich in Kapitel 8.15.7.

8.15.4 Räumlicher Bezug

EigenART sollte ursprünglich das Jagsttal über politische Grenzen hinweg durch mehrere zeitliche und räumliche Etappen vernetzen und die landschaftlichen Bezüge in den Vordergrund stellen. Dieser Ansatz erwies sich als zu aufwendig und nicht finanzierbar und wurde deshalb Mitte 2001 aufgegeben. Durch ein am Gemarkungsrand der Gemeinde Mulfingen (Hohenlohekreis, ca. 3.900 Einwohner) gelegenes Gebäude, das als Informationszentrum genutzt werden konnte, war es möglich, auch die Nachbargemeinde Langenburg (Landkreis Schwäbisch Hall, ca. 2.000 Einwohner) mit einzubeziehen. Der acht Kilometer lange und eine Höhendifferenz von ca. 200 Metern überwindende Rundweg verband schließlich die Teilorte Mulfingen – Eberbach, Künzelsau – Sonnhofen und Langenburg – Unterregenbach über die Gemarkungs- und Landkreisgrenzen hinweg miteinander.

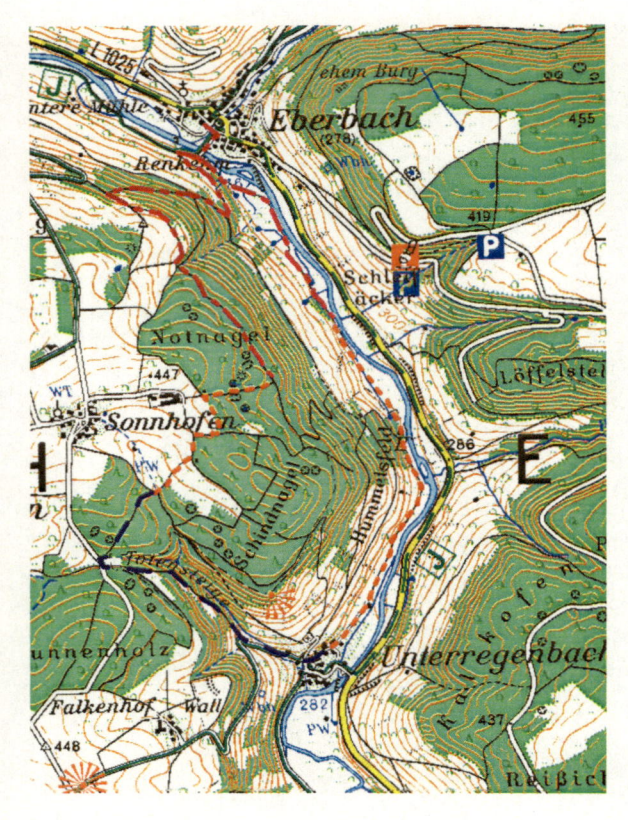

Abbildung 8.15.2:
Kartenausschnitt zum Wegeverlauf

8.15.5 Beteiligte Akteure und Mitarbeiter

Beteiligte Akteure namentlich auf einen Blick:

Idee, Konzept und Projektkoordination:
Birgit Feucht (Dipl. Ing. Landespflege/FH Nürtingen), Institut für Landespflege, Freiburg. Beratende Tätigkeit: Dipl. agr. Biol. Kirsten Schübel (Institut für Landespflege), Dr. Alexander Gerber (Universität Hohenheim)

Anschubfinanzierung/Planungsphase/Umsetzung:
Projektgruppe *Kulturlandschaft Hohenlohe*/BMBF

Schirmherr:
Reinhold Würth

Träger:
Kulturstiftung Hohenlohe, mit Otto Müller (Geschäftsführer) und Annette Limbach (Leiterin der Geschäftsstelle)

Förderer:
Stiftung Naturschutzfonds, Stiftung LBBW, Sparkassenfinanzgruppe, Adolf Würth GmbH & Co KG, Gemeinden Mulfingen und Langenburg und Garten- und Landschaftsbaubetrieb Gartenarten aus Ingelfingen
Öffentliche Stellen: Gemeinden Langenburg und Mulfingen, Naturschutzbehörden und Forstämter der Landkreise Schwäbisch Hall und Hohenlohe

Mitglieder und Gäste des Hohenloher Kunstvereins:
Thomas Achter, Ulrike Brennscheidt, Uta Clement von Rehekampff, Wolfgang Göhner, Hans Graef, Ursula Kensy, Prof. Horst Küsgen, Lore Jahnel, Sabine Naumann-Cleve, Angelika Penertbauer, Manfred Turzer

Studenten der FH Schwäbisch Hall – Studiengang Kulturgestaltung:
Peter Beckert, Christa Knobloch, Elisabeth Lindenau, Csanta Reiss, Simone Riehle, Anita Scheiner, Anett Stapf, Julia Ulmer, Alexander Warmbrunn, Katja Wesner, Corinna Wolfien, Sylva Zernich. Künstlerische Betreuung: Prof. Iso Wagner, Prof. Jeanette Zippel

Studenten/Absolventen der FH Nürtingen –
Studiengang Landschaftsarchitektur/ Landschaftsplanung:
Markus Baur, Angelika Beuttler, Regine Gorgas, Eva Haderer, Silvia Hund, Christof Jany, Katja Kaiser, Metke Lilienthal, Jutta Rieg, Anne Rulle, Patrick Wolther. Künstlerische Betreuung: Andreas Zeger, Birgit Feucht

Kunststandorte:
Knapp 20 Eigentümer und Pächter der Grundstücke, auf denen die Kunstwerke errichtet wurden.

Beteiligte vor Ort:
Else Freimüller (Ortsvorsteherin Eberbach), Gesangverein Mulfingen-Eberbach und Trachtengruppe Unterregenbach, Bernhard und Johanna Woll (Besitzer des Gebäudes für das Informationszentrum), Familie Stachel (Grabungsmuseum Unterregenbach), Bauhöfe der Gemeinden Langenburg und Mulfingen

Besucher des Natur-Kunst-Weges:
Besucher aus den angrenzenden Landkreisen hielten sich zahlenmäßig in etwa die Waage mit Besuchern aus dem Raum Stuttgart und Karlsruhe, sowie Urlaubern aus verschiedenen Bundesländern.

Betreuung des Infozentrums:
Jochen Antony, Katharina Beck, Rita Schmötzer, Birgit Feucht

Zusatzveranstaltungen:
Ursula Kensy, Thomas Cleve, Sabine Naumann-Cleve, Christa Knobloch, Wolfgang Göhner, Elisabeth Lindenau, Rosemarie Wassmuth, Berthold Kappus, Rolf Jungmann, Helmut Schwab, Johanna Woll, Günter und Maria Stachel, Martin Wagner, Sabine Beck, Richard Klein-Hollerbach

Dokumentation:
Marion Reuter und Eva-Maria Kraiss sowie vereinzelt Preisträger des Fotowettbewerbs (Fotos), Norbert Brey/Swiridoff-Verlag (Produktion), Birgit Feucht und Annette Limbach (Redaktion)

8.15.6 Methodik

Wissenschaftliche Methoden
Es wurden keine explizit wissenschaftlichen Methoden zur Umsetzung von *eigenART* angewandt.

Umsetzungs- und anwendungsorientierte Methoden
Da innerhalb der verbleibenden Projektlaufzeit *eigenART* weder durchgeführt, noch mit den zur Verfügung stehenden Mitteln finanziert werden konnte, wurde von März bis Oktober 2001 eine Teilzeitstelle geschaffen. In deren Rahmen sollten Geldgeber und ein regionaler Träger für die Umsetzung des Projektes vor Ort im Sommer 2002 gefunden werden. Mit dem Ende der befristeten Teilzeitstelle für die Planung des Projekts im Oktober 2001 stellte sich die Situation wie folgt dar: Die Erfolg versprechenden Anfragen und Anträge waren gestellt, Grundsatzentscheidungen über Trägerschaft und Mittelvergabe würden aber erst gegen Ende des Jahres 2001 fallen. Die bis dahin eingegangenen Zusagen reichten für eine Umsetzung des Projektes noch nicht aus. So entstand ab November 2001 bis Ende Februar 2002 eine Finanzierungslücke, in der das Projekt nur auf Sparflamme und in Eigeninitiative weiterverfolgt werden konnte. Mit ihrer Zusage als Träger zu fungieren, sagte die Kulturstiftung Hohenlohe im Dezember 2001 Mittel zu, die eine Minimalvariante ermöglichen würden. Bis zur endgültigen Klärung der letztendlich zur Verfügung stehenden Gesamtsumme mussten somit jedoch zwei verschiedene Varianten des Projektes offen gehalten werden. Um auf jeden Fall die Minimalvariante umsetzen zu können, wurde mit zwei studentischen Gruppen gestalterisch tätiger Studiengänge und nur einem Drittel der »teureren« professionellen Künstler unter dem Dach des Hohenloher Kunstvereins gearbeitet. Erst im April 2002 konnte verbindlich von einer Zusage der Stiftung Naturschutzfonds ausgegangen werden, was die Summe der bislang zur Verfügung stehenden Mittel etwa verdreifachte. Nur dadurch konnten Werbemittel, Informationszentrum, Projektbetreuung vor Ort und Zusatzveranstaltungen sowie die Dokumentation bezahlt werden, die einen großen Anteil am Erfolg des Projektes haben sollten.

Die Einbeziehung der Akteure vor Ort und der Aufbau handlungsfähiger Strukturen zwischen den Umsetzungspartnern erfolgten fast ausschließlich durch Einzel- und Gruppengespräche. Den beteiligten Gruppen wurde im Rahmen der künstlerischen Vorgaben die größtmögliche Freiheit eingeräumt, zur Abstimmung der gemeinschaftlichen Vorgehensweise wurde eine Koordinationsgruppe eingesetzt. Literaturrecherche und gängige Projektmanagementmethoden waren Basis der fast ausschließlich anwendungsorientierten Vorgehensweise. Bis zu seinem Abschluss durchlief das Projekt mehrere Phasen. Diese sind unter Kap. 8.15.7. aufgeführt.

Wegen des Projektbeginns zu einem fortgeschrittenen Zeitpunkt des gesamten Vorhabens, der besonderen Form der Umsetzung und der begrenzten personellen Ausstattung des Teilprojektes konnte *eigenART* nicht in die Indikatorenauswertung aufgenommen werden. Mit den Kunstwerken als »Aufhänger« konnte z.B. im Rahmen von Führungen für verschiedenste ökologische Indikatoren sensibilisiert werden. Im Bereich der ökonomischen Indikatoren kann eine Wirkung auf den Bekanntheitsgrad und den finanziellen Gewinn einiger Gaststätten vor Ort konstatiert werden. Presse und Rundfunk trugen durch ihre Berichterstattung über *eigenART* dazu bei, das Jagsttal bekannter zu machen. Soziale Indikatoren müssen bei *eigenART* nach Akteursgruppen unterschieden werden. So war die Einbindung der Künstler und Fachhochschulen recht intensiv, was sich in einer hohen Zufriedenheit bezüglich der Arbeitsatmosphäre bemerkbar machte. Die Grundstückseigentümer der Kunststandorte hingegen hatten abgesehen von der Erteilung der Erlaubnis oder der Verweigerung derselben wenig Mitwirkungsmöglichkeiten.

8.15.7 Ergebnisse

Bis zum erfolgreichen Projektabschluss mussten unterschiedlichste Teilziele erreicht werden. Diese sind im folgenden tabellarisch aufgeführt:

Tabelle 8.15.1: Chronologische Darstellung der Vorgehensweise

Realisierte Teilziele in chronologischer Abfolge und nach Projektphasen untergliedert		
Aktivität	Zeitpunkt, Zeitraum	Quellen der Nachprüfbarkeit
Konzeptionsphase Situationsanalyse, Ideenfindung und Konzept wird im Rahmen der Diplomarbeit »Lebensart-Land Art-Landleben« von Birgit Feucht an der FH Nürtingen erarbeitet.	April 2000 bis Februar 2001	Diplomarbeit
Planungsphase _Diplomarbeit adaptiert und Umsetzungsvarianten entwickelt _Fundraisingkonzept entwickelt und Werbemittel erstellt _Finanzierung sichergestellt/Geldgeber und Förderer gefunden _Umsetzungspartner gefunden (Träger aus der Region/Akteure vor Ort/Künstler) _Entscheidungsstrukturen, Zuständigkeiten und Rahmenbedingungen für Kunstwerksgestaltung festgelegt _Büroinfrastruktur eingerichtet	März 2001 bis Februar 2002	Booklet, Poster, Präsentationen für verschiedene Zielgruppen, Plakate Schriftliche Fördermittelzusagen Gremium aus Vertretern der beteiligten Gruppen ist gegründet und tagt Inbetriebnahme Büro
Umsetzungsphase vor Ort _Eigentümer ermittelt und Genehmigungen eingeholt _Organisatorische und technische Machbarkeit von Kunstobjekten und Veranstaltungen vor Ort gewährleistet _Wegeinfrastruktur vor Eröffnung eingerichtet (Wegmarken, Kunstwerkskennzeichnung, Bänke, Übersichtstafeln) _Bau der Kunstwerke Ende Mai 2002 abgeschlossen _Werbung und Öffentlichkeitsarbeit im Vorfeld der Eröffnung hat stattgefunden _Redaktionelle Arbeit für zu erstellende Produkte geleistet (Werbeflyer, Wegbeschreibung, Hinweisschilder, Homepage, Hintergrundausstellung)	März bis 16. Juni 2002	schriftliche Genehmigungen liegen vor Wegeleitsystem und Kunstwerke sind installiert Artikel in regionalen Medien und Radiointerview Werbemittel liegen vor
Aktionsphase – Öffnung des Weges für Besucher _Zusatzveranstaltungen planen, koordinieren und bewerben	16. Juni bis 13. Oktober 2002	allgemein positive Resonanz bestätigt

Aktivität	Zeitpunkt, Zeitraum	Quellen der Nachprüfbarkeit
—Informationszentrum samt Hintergrundausstellung eingerichtet —Besucher betreuen und Infozentrum pflegen —kostenlose Führungen koordinieren und abhalten —Unterhalt und Wartung des Weges bei kleineren Problemen —Controlling der in Auftrag gegebenen Produkte (Postkarten, Bildband) —Beteiligte Gruppen koordinieren —Kontaktpflege/Ansprechpartner sein		effiziente Unterhaltungs- und Koordinierungsarbeit Durchführung der Zusatzveranstaltungen
Schlussphase – Endabwicklung des Projektes —Finanzen abwickeln —Bildband und Pressespiegel erstellen und verteilen —Rückbau der Kunstwerke —Berichtfassung für Förderer —Kontaktpflege (Dank und Abschied)	ab Mitte Oktober 2002	Pressespiegel, Dokumentationsband, Finanz- und Abschlussbericht. Abschließendes Rundschreiben an aktive Akteure

Wissenschaftliche Ergebnisse

Ergebnisse können nur in Form einer den Erwartungen gemäßen Zahl von Besuchern vorgelegt werden. Eine wissenschaftlich korrekte Bewertung bewusstseinsbildender Prozesse hätte nur über aufwendige Befragungen ermittelt werden können. Dazu war jedoch die Personalausstattung und der zeitlich-finanzielle Rahmen für dieses Teilprojekt zu knapp bemessen. Die Akzeptanz des Projektes ließ sich in diesem Fall nur an den Besucherfeedbacks im Infozentrum und der geschätzten Zahl von ca. 10.000 Besuchern ablesen. Beispielhaft kann folgende Aussage für einen Erfolg des Konzeptes in Bezug auf eine veränderte Wahrnehmung zitiert werden: »Wenn man Wandern und Kunst gucken verbindet, schaut man alsbald auch die Landschaft mit den Augen einer Kunstbetrachterin an. Sehgewohnheiten verändern sich. Klasse!«

Umsetzungsmethodische Ergebnisse

Da keine rein wissenschaftliche Methodik zur Umsetzung von *eigenART* angewandt wurde, kann diese auch nicht evaluiert werden. Die Vorgehensweise kann als Erfolg gewertet werden, da sowohl ausreichend Finanzmittel als auch Umsetzungspartner gewonnen wurden. Folgende Erfahrungswerte wurden gesammelt: Im Oktober 2001 waren die erfolgversprechenden Anfragen gestellt, Grundsatzentscheidungen über Trägerschaft und Mittelvergabe würden aber erst gegen Ende des Jahres 2001 fallen. Mit ihrer Zusage als Träger zu fungieren, sagte die Kulturstiftung Hohenlohe im Dezember 2001 Mittel zu, die eine Minimalvariante ermöglichen würden. Bis zur endgültigen Klärung der letztendlich zur Verfügung stehenden Mittel mussten somit zwei Varianten des Projektes offengehalten werden. Um auf jeden Fall die Minimalvariante umsetzen zu können, wurde mit zwei studentischen Gruppen gestalterisch tätiger Studiengänge und nur einem Drittel der »teureren« professionellen Künstler unter dem Dach des Hohenloher Kunstvereins gearbeitet. Erst im April 2002 konnte verbindlich von einer Zusage der Stiftung Naturschutzfonds Baden-Württemberg ausgegangen werden, was die Summe der bislang zur Verfügung stehenden Mittel etwa verdreifachte. Nur dadurch konnten Werbemittel, Infozentrum, Projektbetreuung vor Ort und Zusatzveranstaltungen sowie die Dokumentation bezahlt werden, die einen großen Anteil am Erfolg des Projektes haben sollten.

Die Problematik, ein solches Projekt nachhaltig mit Akteuren vor Ort durchzuführen, besteht vor allem im aufwendigen Kommunikations- und Integrationsprozess, der Zeit benötigt und die Pflege von Kontakten. Die knapp zwei Jahre zur Umsetzung des Gesamtprojektes sind, wie bewiesen wurde, machbar, in Bezug auf eine Akteurseinbindung und zum Aufbau und Pflegen von intensiven Beziehungen jedoch zu kurz. Dennoch kam es durch das hohe Maß an Abstimmungsbedarf mit unterschiedlichsten Gruppen, Gremien und Behörden in der Region zu zahlreichen Vernetzungen unter den Akteuren. Das Einsetzen der Koordinierungsstelle mit Vertretern aller künstlerisch beteiligten Gruppen und mehrere Zusatzveranstaltungen haben sich als sehr hilfreich und befruchtend für das Gesamtprojekt erwiesen. Problematisch war die Etablierung von Laiensymposien. Hier konnte nicht ausreichend informiert, sensibilisiert und organisiert werden, so dass ein Landart-Workshop beim Sommerfest keinen Anklang in der Bevölkerung fand.

Bei den Besuchern stieß der Kunstweg fast ausschließlich auf positive Resonanz. Die Aussagen der Besucher lassen darauf schließen, dass, wie erhofft, bei einigen von ihnen eine Sensibilisierung gegenüber der Landschaft stattgefunden hat. Einige der Feedbacks sind deshalb im Abschnitt »Öffentlichkeitsarbeit und Resonanz« dargestellt.

Anwendungsorientierte Ergebnisse

Das übergeordnete Ziel, den Natur-Kunst-Weg zu errichten und Besuchern zugänglich zu machen wurde erreicht. Zur Umsetzung ausgewählt wurde der Standort Mulfingen-Eberbach, weil hier dem Projekt ein renoviertes altes Bauernhaus zur Miete angeboten wurde, das während des Sommers als Informationszentrum genutzt werden konnte und da die benachbarten Gemeinden Mulfingen und Langenburg das Projekt finanziell unterstützten. Die 36 Kunstwerke – doppelt so viele wie ursprünglich geplant – sind zentrale Elemente, um mittels Kunst auf Landschaft und deren Besonderheiten aufmerksam zu machen. Eine größere Anzahl erwies sich in Relation zur Streckenlänge des Weges als sinnvoll. Zusatzveranstaltungen den ganzen Sommer über sorgten für regelmäßige Pressemitteilungen und ermöglichten vertiefende Informationsveranstaltungen in Form von Führungen zu landschaftlichen Themen.

Die Kunstwerke als zentrales »Bildungsinstrument«

Durch die Auseinandersetzung mit den Kunstobjekten soll beim Betrachter ein vertieftes Verständnis für Kulturlandschaft entstehen. Die Kunstwerke sind also direkte Ergebnisse anwendungsorientierten Handelns und Mittel zum Zweck der Umweltbildung. Auf den Folgeseiten sind einige der 36 Kunstwerke beispielhaft abgebildet und beschrieben.

Sturmhölzer / Foto Kraiss

Die Gipfel der zu eng gepflanzten Fichten knickten unter der Schneelast des Winters 2001/ 2002 ab. Aus den noch im Boden verwurzelten Fichten wurden »Sturmhölzer«, deren Streichholzkopf die freigesetzte Kraft symbolisch wieder bündelt. Sie stehen für einen kreativen Umgang mit dem Wandel in der Natur und sollen zeigen, dass Zerstörung auch Positives nach sich ziehen kann, z.B. die höhere Artenvielfalt auf der entstandenen Waldlichtung.

Abbildung 8.15.3:
Sturmhölzer (Patrick Wolther, Markus Baur)

Versinkendes Wasser / Foto Cleve

Die Erosionsrinne am Beginn eines in die Jagst entwässernden Kerbtales wurde mit bemoosten Ästen überdeckt. So wird auf spielerische Weise die formende aber auch zerstörende Kraft des Wassers aufgegriffen und auf die im Jagsttal typische Talform der Jagstzuflüsse – die Kerbtäler – aufmerksam gemacht.

Abbildung 8.15.4: Versinkendes Wasser (Katja Kaiser)

Höhlenstrudel / Foto Cleve

Ein kleines Bachbett entwässert zeitweise in die Doline auf der Hochfläche über der Jagst. Im Tal tritt das Wasser an einem Kalksinterfelsen wieder aus. Die Bewegung des abfließenden Wassers soll durch die vor Ort gesammelten und spiralförmig angeordneten Äste zum Ausdruck gebracht werden. Erdfälle (Dolinen) und Kalksin-terungen sind charakteristische Elemente von Muschelkalkgebieten.

Abbildung 8.15.5: Höhlenstrudel (Tanja Engelfried)

Fliegender Teppich / Foto Kraiss

An einem durch natürliche Einflüsse gebogener Baum wurde ein Teppich aus Fichtenzapfen befestigt. Dieser soll Lust machen, bizarre Formen und Totholz in der Natur zu erhalten und der Ökologie und dem Auge des Wanderers einen Dienst zu erweisen.

Abbildung 8.15.6: Fliegender Teppich (Silvia Hund)

Tanz der Dryaden / Foto Cleve

Der Tanz der Dryaden (weibliche Baumgeister) ist eines der interaktivsten und sich fortwährend verwandelnden Kunstwerke. Aufgesammelte und spiralförmig gesteckte Äste und Zweige leiten die Besucher ins Zentrum und wieder zurück. Im Lauf des Sommers entstand so die Spirale als Trittspur auf dem Boden.

Abbildung 8.15.7:
Tanz der Dryaden (Sabine Naumann-Cleve)

Flechtwerk / Foto Kraiss

Das mandel- oder bootsförmige Flechtwerk spielt mit der runden Vertiefung der Doline, die hier ein zweites Mal thematisiert wird.

Abbildung 8.15.8: Flechtwerk (Anita Scheiner)

Baumgrenze/Foto FH Schw. Hall

Die Topografie und Raumgrenzen stehen im Mittelpunkt der Arbeit Baumgrenze. Nur von einem bestimmten Punkt aus sind die weißen Markierungen als fast zweidimensional erscheinende Linie sichtbar. Geht man seitlich am Objekt vorbei werden die Höhenunterschiede des Waldbodens deutlich.

Abbildung 8.15.9: Baumgrenze (Corinna Wolfien)

Pflanzendokument/Foto FH Schw. Hall

Auf dem alten Verbindungsweg der Gemeinden Unterregenbach und Sonnhofen, der Totensteige, verknüpft das Objekt Pflanzendokument Natur und Kultur in Form gebrannter Kacheln. Als Zeichen des Menschlichen und damit kulturellen Eingriffs wurde ein Bodenbelag gewählt, der das natürliche Element – einen Abdruck einer Pflanze aus der Umgebung – in sich aufnimmt.

Abbildung 8.15.10: Pflanzendokument (Julia Ulmer)

Schadbild/Foto Kraiss

Borkenkäfer sind die Künstler dieses »Schadbildes«, das sie durch ihre Fraßspuren geschaffen haben.

Abbildung 8.15.11: Schadbild (Anett Stapf)

Jagstmuscheln / Foto Cleve

Jagstmuscheln waren das inspirierende Element für diese am Zusammenfluss eines Mühlkanals und der Jagst geflochtenen und aufgestellten Objekte. Damit wird sowohl die faunistische Besonderheit als auch der Reiz des Ortes ins Blickfeld gerückt.

Abbildung 8.15.12: Jagstmuscheln (Ursula Kensy)

Space inside / Foto Cleve

»Space inside« ist eine Ansammlung von »Kostbarkeiten« aus der Umgebung, die sich als eine Art Grabbeigabe in einer Vertiefung am Jagstufer finden. Bewusst wurde hier die Vergänglichkeit durch die Hochwasser mit einkalkuliert, die das Objekt unter sich begruben und die Materialien wieder dem natürlichen Kreislauf zuführten.

Abbildung 8.15.13: Space inside (Ulrike Brennscheidt)

S'Nestle / Foto Cleve

»S' Nestle« steht für kreativen Umgang mit dem alljährlich nach Hochwasser anfallenden Treibgut und versinnbildlicht das Gefühl der Geborgenheit im Jagsttal.

Abbildung 8.15.14: S' Nestle (Jutta Rieg)

Veranstaltungen – Vernetzung und Austausch regionaler Akteure
Die Veranstaltungen sollten als Plattform dienen, um unterschiedlichste regionale Akteure zusammenzuführen und gezielt zum Thema Kulturlandschaft zu informieren, nachdem die Organisation von Laiensymposien aufgrund der zwischenzeitlich fehlenden Finanzierung nicht möglich war.

Zusatzveranstaltungen im Rahmen von *eigenART*:

Eröffnung am 16.06.2002
Circa 400 Gäste
Anwesende Honoratioren und Förderer:
Kulturstiftung Hohenlohe: Kraft Fürst zu Hohenlohe-Öhringen, Otto Müller, Annette Limbach
Stiftung Naturschutzfonds: Dr. Karin Riedl
Stiftung Würth: Franz Zipperle
Bürgermeister Mulfingen: Hermann Limbacher
Landrat des Hohenlohekreises: Helmut Jahn
MdL Jochen Kübler
MdEP Evelyn Gebhardt
Diverse Multiplikatoren und Verbandsmitglieder der beteiligten Landkreise (Tourismus, Naturschutz)

Ansprachen und anschließende Begehung des Weges mit Interessierten.
Bewirtung in Unterregenbach und Mulfingen-Eberbach.
Organisation: Birgit Feucht, Annette Limbach, Otto Müller

Begleitausstellung in der Kreissparkasse Künzelsau vom 03.07. bis 27.07.02
Interessierte Besucher der Kreissparkassenfiliale werden durch Fotografien, die nur Ausschnitte der Kunstwerke zeigen, zum Besuch des Kunstweges im Jagsttal animiert.
Organisation: Ursula Kensy, Sabine Naumann-Cleve, Thomas Cleve, Annette Limbach, Otto Müller

Lesung für beteiligte Grundbesitzer – 26.07.02
40 eingeladene Grundstückseigentümer und Künstler. Mundartlesung (Bernhard Lott) und Buffet im Informationszentrum als Dankeschön für die Unterstützung.
Organisation: Birgit Feucht

Wasser live – Workshop und Abendkonzert »Wasser – Klang – Bilder« am 13.07.02
25 Workshop – Teilnehmer und etwa 150 Konzertbesucher.
Organisation: Richard Klein-Hollerbach/Otto Müller

Sommerfest am 25.08.02
Circa 600 Besucher. Bewirtung, Musikbegleitung und Veranstaltungsprogramm zum Thema Kulturlandschaft, Brauchtum und Kunst.
Organisation: Birgit Feucht/Annette Limbach/Otto Müller

Fotowettbewerb vom 16.06. bis 30.09.02
25 Teilnehmer. Ausstellung der besten Fotografien aus Fotowettbewerb und Dokumentation im Februar 2003 in den Räumen der Kreissparkasse Künzelsau.
Organisation: Otto Müller/Annette Limbach/Birgit Feucht

Abschlussveranstaltung für Beteiligte am 13.10.02
40 Personen. Video der Bauaktion, Kaffee und Kuchen, Ansprachen. Abschließender Austausch zwischen Helfern, Künstlern und Multiplikatoren der beteiligten Gemeinden.
Organisation: Birgit Feucht

Verknüpfung mit anderen Teilprojekten

Eine aktive Zusammenarbeit mit anderen Teilprojekten gab es nicht. Die in den anderen Teilprojekten erarbeiteten Ergebnisse wurden im Rahmen der Hintergrundausstellung zum Thema nachhaltige Landnutzung und der Eigenart der Hohenloher Landschaft im Infozentrum ausgestellt. Ein Informationsfluss der wichtigsten Teilprojekte hin zu *eigenART* war damit gegeben. Inhaltlich und in der Zielsetzung gibt es Überschneidungen mit dem AK Tourismus. *EigenART* wirkte als Besuchermagnet und kann deshalb als Ergänzung zu anderen touristischen Maßnahmen und Aktivitäten im Jagsttal, sowie als gastronomiefördernd angesehen werden.

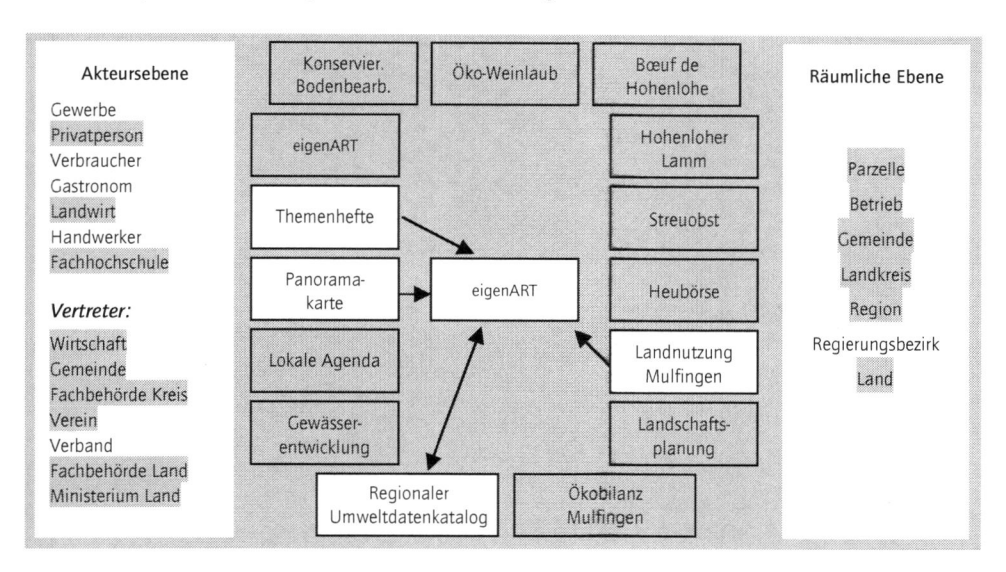

Legende:
einseitiger, zwingender Daten-, Informationsaustausch ⟶
wechselseitiger, zwingender Daten-, Informationsaustausch ⟷

Abbildung 8.15.15: Verknüpfung des Teilprojektes eigenART mit anderen Teilprojekten

Öffentlichkeitsarbeit und öffentliche Resonanz

Bereits in der Planungsphase kann die erfolgreiche Mittelakquisition als Indiz für das große Interesse der Öffentlichkeit an einem solch außergewöhnlichen Projekt gewertet werden. Diese wurde sowohl in Einzelgesprächen als auch über Projektanträge und Powerpoint-Präsentationen sowie mit einem Projektposter auf dem Symposium der Projektgruppe in Schöntal betrieben. Auch trugen zwei Artikel in der Artikelserie über die Kulturlandschaft Hohenlohe zur gezielten Ansprache von Förderern bei. So sagten aufgrund der erschienenen Artikel die Besitzer des Informationszentrums und der Garten- und Landschaftsbaubetrieb Wolpert ihre Unterstützung zu.

Für die aktive Öffentlichkeitsarbeit zu *eigenART* wurden schwerpunktmäßig die bereits guten Kontakte der Kulturstiftung Hohenlohe zur regionalen Presse- und Rundfunklandschaft genutzt. Auf Werbeanzeigen wurde aufgrund der späten endgültigen Mittelfreigabe des Hauptsponsors verzichtet. Die Öffentlichkeitsarbeit erfolgte durch Berichterstattungen in der Presse, durch Radiointerviews und Informationen über die Mitteilungsblätter von Gemeinden und beteiligten Landkreisen, die anlässlich der zahlreichen Zusatzveranstaltungen immer Neues berichten konnten. Die Radioberichterstattungen über *eigenART* fanden in Form von 4 x 8 min Kurzbericht in SWR 4 Frankenradio am 26.06.02 und zum Abschluss der Aktion am 11.10.02 statt. Ferner wurde Mitte September in Baden-Württemberg ein 5-minütiger Bericht über SWR 1 ausgestrahlt, in dem Teilnehmer an einer Führung zu ihrer Meinung befragt wurden.

Ferner können die unter Abschnitt »Anwendungsorientierte Ergebnisse« genannten Veranstaltungen als öffentlichkeitswirksame Aktionen zum Besuch des Kunstweges gewertet werden. Auch die im Anschluss an die Aktion erstellte Projektdokumentation (Kulturstiftung Hohenlohe 2002) steht nunmehr der Öffentlichkeit zur Verfügung.

Die Resonanz auf das Projekt *eigenART* war überaus positiv, was dem Pressespiegel und den Besucherfeedbacks entnommen werden kann. Aber auch Beteiligte und Umsetzungspartner waren durchweg zufrieden und – nach zum Teil anfänglich vorhandener Skepsis – vom großen Anklang der Aktion positiv überrascht. Ferner konnte das starke Interesse am Projekt an den zur Eröffnung anwesenden Gästen und Honoratioren, den gut besuchten Zusatzveranstaltungen und geführten Touren festgemacht werden. Siehe dazu Abschnitt »Anwendungsorientierte Ergebnisse«. Zusatzveranstaltungen. Einheimische standen der Aktion zu Beginn sehr kritisch bis verständnislos gegenüber. Bei dieser Gruppe wurde zumindest ein Achtungserfolg erzielt, da gerade die Einheimischen Zeuge der Besucherströme wurden und das in diesen steckende positive wie negative Potential erkannten. Manche ließen sich bezaubern, andere lehnten auch im Herbst noch jegliche Aktionen ab, die zu viele Touristen ins Jagsttal bringen würden, weil sie »ihre Ruhe« haben wollten.

Besucherreaktionen zum Projekt:

Schön, dass es Menschen gibt, die sich für Natur und Kultur einsetzen. Es war ein herrlicher Tag. **Wenn man Wandern und Kunst gucken verbindet, schaut man alsbald auch die Landschaft mit den Augen einer Kunstbetrachterin an. Sehgewohnheiten verändern sich. Klasse!**	Wunderbar – es war ein schöner Tag! Es fehlten ein paar Raststätten/ Bänke. Phantasie anregend und zum Träumen verführend ... Schade, dass der Weg mit dem öffentlichen Nahverkehr schlecht erreichbar ist.

Es war richtig toll!
Nur am Schluss war es ein bisschen zu lang!

Nichts als garnierte Natur!

Unsere Kinder 10, 8 und 4 wollten das
2. Mal kommen! Kompliment!

Ein schöner Natur-Kunst-Weg zum
Genießen und Erholen. (Gelia)

Es ist ein großes Vergnügen, beim Wandern
Kunst zu erleben. (Fam. Eberle am 03.08.)

Heimat und Umwelt einmal anders!

Eine supertolle, kreative, naturverbundene
Idee in und mit der Natur.

Ganz tolle Ideen, nur schade, dass jetzt
(01.09.02) einiges zerstört ist. Teils von der
Natur – teils leider auch von Menschen.
Wir waren im Juni und jetzt im September
da. Einfach klasse!

Schön, phantasievoll, landschaftsbezogen.

Ich hoffe, er bleibt!

Tolles Projekt! Man bekommt Lust
selbst kreativ zu werden. Nächstes Mal
interaktiv?

Es war ein toller Tag in dieser schönen
Landschaft und mit den Kunstwerken.
Echt super!

War voll cool – aber die Sachen, an denen
man etwas selber machen konnte, haben
mir am besten gefallen.

Schöne Naturerlebnisse, in die man sich
selbst mit einbeziehen konnte. Mit
der Natur vereint, oder sind wir doch
die Störfaktoren?

Danke für diesen Weg. Eine tolle und
wohlgelungene Aktion.

Es tut einfach gut!

Bis jetzt ist alles geil!
Vor allem das Vogelnest!

Schade, dass nicht dabei steht,
wie viel Promille die Künstler hatten.

Genial! Von der Idee bis zur Tat –
36 mal wunderbar!

Es war blöd! Keine richtigen Kunstwerke.

Ihr habt meine Wald-/Weltsicht geändert!

*Es ist ein herrlicher Weg, der mit
seiner »eigenen Art«, einen eigenen
Blick sich entwickeln lässt. Es war ein
sehr schönes Erlebnis.*

Den Regen spüren, die Natur riechen,
interessante Objekte ... Mit Kindern ein
gelungener Tag! Auf in die Schlussetappe!

Hat uns sehr gefallen, Phantasie anregend,
echt schönes Projekt – tolle Idee!

Wetter, Haus, Garten, Kuchen ... perfekt!
Warum fahren wir in die Toskana?
(Eröffnung)

*Wir gehen den Weg schon ein zweites
Mal. Sensibel und provokativ –
ein Genuss!*

Ganz toll! Sind schon zum 3. Mal hier und
allen hat es Spaß gemacht. B.T.

Wir kommen von Stuttgart und freuen uns
auf den Rundweg in dieser herrlichen Landschaft. In dem Haus (Infozentrum) würden
wir gerne leben!

Super! Hoffentlich auch noch
im nächsten Sommer!

Ein Stück gelebtes Leben mit Herz
eingefangen und erhalten.

Abbildung 8.15.16: Berichterstattung in »echo am Sonntag«

Abbildung 8.15.17: Berichterstattung in »pro Region«

Abbildung 8.15.18: Berichterstattung der Stuttgarter Zeitung

8.15.20 Diskussion

Wurden alle Akteure beteiligt?

Relevante Akteure waren in Bezug auf die Umsetzung und im chronologischen Ablauf zunächst die Sponsoren und Förderer, parallel dazu Bürgermeister und ihre Gemeinderäte, die beteiligten Künstler und zugehörige Institutionen. In einer zweiten Phase waren die Standortsbesitzer und Pächter, Genehmigungsbehörden von Forst und Naturschutz sowie die Bevölkerung vor Ort, die unmittelbar mit der Aktion konfrontiert wurden, die maßgeblichen Akteure. Da sie alle zum Gelingen des Projektes notwendig waren, wurde auf frühzeitige Information der Beteiligten und Möglichkeiten zur Mitwirkung geachtet. Dies insbesondere bei den künstlerischen Partnern, die in Form einer Koordinierungsgruppe an den künstlerischen Rahmenbedingungen entscheidend mitgewirkt haben.

Abweichend vom ursprünglichen Ansatz konnte kein Laiensymposium organisiert werden. Ebenso wäre eine intensivere Zusammenarbeit mit den Tourismusverbänden der Landkreise und dem Deutschen Hotel und Gaststättenverband sowie eine stärkere Einbindung von Landwirten wünschenswert gewesen. Dies ist am jeweils hohen zusätzlichen Organisationsaufwand, mangelndem Eigeninteresse der genannten Gruppen und der nur in minimalem Umfang stattfindenden Projektkoordination zwischen Oktober 2001 – Februar 2002 gescheitert, als spätestens der Kontakt zu den genannten Gruppen hätte intensiviert werden müssen. Da zu diesem Zeitpunkt auch das endgültige Finanzvolumen noch nicht feststand, war der Anreiz gering, sich auf ein unter Umständen nur ehrenamtliches Engagement einzulassen.

Wurden die gesetzten Ziele erreicht?

Die Finanzierung wurde sichergestellt, Projektpartner vor Ort gefunden, die notwendige Infrastruktur eingerichtet und Zusatzveranstaltungen organisiert. Man kann also sagen, dass die ursprünglich gesetzten Ziele erreicht wurden. Dabei muss die Einwerbung von insgesamt 100.000 EUR innerhalb eines knappen Jahres als wesentlicher Erfolg gewertet werden. Die Sicherstellung der Finanzen war zentrale Voraussetzung für das Erreichen der Projektziele. Ohne eine Finanzierung in dieser Höhe, hätten weder das Infozentrum betrieben, noch die Dokumentation erstellt werden können. Beide waren bzw. sind jedoch wichtige Kommunikations- und Werbemittel. Das Finanzbudget und der Zeitplan des Gesamtprojektes wurden eingehalten, wenn auch das Zeitkontingent für die Projektkoordination um mehr als ein Drittel überschritten wurde. Grund dafür waren in der Planungsphase die Verfolgung verschiedener Varianten örtlicher und finanzieller Art, Zusatzaufgaben durch die Einbindung in die Arbeit der Projektgruppe *Kulturlandschaft Hohenlohe* und der enorme Aufwand die zahlreichen Akteure zu koordinieren. In der Umsetzungsphase waren es die Zusatzveranstaltungen, die – entgegen der ursprünglichen Planung – während der Projektlaufzeit das Zeitkontingent sprengten. Sie trugen jedoch entscheidend zur Akzeptanz und Attraktivität von *eigenART* bei und boten einen adäquaten Ersatz für die angestrebten, aber nicht umgesetzten Laiensymposien.

Der Kunstweg kam unter Mitwirkung von über 30 Einzelkünstlern zustande und übertraf mit 36 Objekten die geplante Mindestanzahl der Kunstwerke um mindestens ein Drittel. Zahlreiche Feedbacks der Besucher bestätigen, dass sich die gewünschte Wirkung eingestellt hat: Wahrnehmung wurde geschult und für Kulturlandschaft sensibilisiert. Mit über 10.000 Besuchern aus der Region während der viermonatigen Projektlaufzeit haben sich auch die Erwartungen an die Besucherzahl mehr als erfüllt.

Wurden Verbesserungen im Sinne der Nachhaltigkeit erreicht?

Ökonomisch
Ein Anstieg der Besucherzahl war nach Anfrage bei einigen der bekanntesten Gästehäusern und Gaststätten des Jagsttales festzustellen. Zahlreiche Besucher brachten zum Ausdruck, dass sie bei Gelegenheit das Jagsttal erneut besuchen wollten. Das tourismusfördernde Potenzial von *eigenART* hätte jedoch sehr viel stärker ausgebaut werden können. Das Bewirten und Beherbergen der Gäste oder das Anbieten regionaler Produkte zum Verkauf, hätte Akteuren vor Ort Verdienstmöglichkeiten eröffnet. Diese Option wurde jedoch von den Betroffenen nicht genutzt, zum Teil sicherlich aufgrund fehlender frühzeitiger Planungsmöglichkeiten und bürokratischer Hürden, aber auch vor dem Hintergrund schwer einschätzbarer Publikumszahlen und der damit verbundenen Risiken.

Ökologisch
Erhalt von Schutzgütern mittels Kunst kann als sinnvolle Form der Umweltbildung gewertet werden. Neben der rationalen Einsicht, schützenswerte Güter zu erhalten, entsteht eine emotionale Verbundenheit hinsichtlich der durch die Kunst intensiver erlebbaren Orten. Diese Aussage lässt sich wissenschaftlich nicht belegen, aber die Tatsache, dass es auf dem gesamten, sozial so gut wie unkontrollierten 8 km langen Weg kaum Vandalismus gab, zeigt, dass die Besucher respektvoll mit Kunst und Natur umgegangen sind. Die Kunstwerke wurden bis auf wenige Ausnahmen aus Naturmaterialien gebaut. Künstliche Teile, wie z.B. Plexiglas für eine Arbeit zum Thema Spiegelung oder Kuhglocken wurden nach Ende des Projektes wieder entfernt. Standort, Material und Eingriffe in die Orte wurden mit den Naturschutzbehörden abgesprochen und im Zweifelsfalle abgeändert oder nicht verwirklicht. Auch wurde mit Rücksicht auf eine potentielle Ruhestörung des Wildes der ursprünglich geplante Wegeverlauf geändert. Abgesehen von einer erhöhten Trittbelastung der Waldwege, die sich in den Folgejahren wieder zurück entwickeln dürfte, sind keine nachhaltigen Eingriffe erfolgt.

Sozial
Regionale Charakteristika und landschaftliche Eigenarten konnten Besuchern und Ortsansässigen näher gebracht werden. Insbesondere Jugendliche und Kinder konnten über die Kunst an die Landschaft herangeführt werden. Das Landschaftserleben ist als Basis dafür anzusehen, dass in der Bevölkerung der Wille reift, sich mit Themen wie Flächenverbrauch, konkurrierende Nutzungsansprüche, Landschaftserhalt und Entwicklung neuer Leitbilder auseinander zu setzen. Belegbare Auswirkungen sind jedoch noch nicht festzustellen.

EigenART führte vor allem im kulturellen Bereich zu einem Austausch unter den Akteuren. Die FH Schwäbisch Hall, der Hohenloher Kunstverein, die Kulturstiftung Hohenlohe, sowie die Genehmigungsbehörden der Landkreise Schwäbisch Hall und Hohenlohe aber auch zahlreiche regionale Kunstförderer zogen an einem Strang. Durch ihre Unterstützung haben sie zu einer gesteigerten Lebensqualität im Sinne eines zusätzlichen Freizeitangebots bei gleichzeitiger subtiler Sensibilisierung für die natürliche Umwelt beigetragen. Diese Formen handelnder kultureller Auseinandersetzung mit den Landschaftsräumen ist geeignet, regionale Identität zu fördern, die jedoch nicht messbar ist.

Wurde ein selbsttragender Prozess initiiert?

a) Selbsttragend in Bezug auf die Fortführung des Vorhabens:
EigenART war als Versuch konzipiert, auf unkonventionelle Weise die Inhalte des Projektes *Kulturlandschaft Hohenlohe* zu vermitteln und nicht per se auf die Etablierung eines selbsttragenden Prozesses angelegt. Da das Projekt auf der Zusammenarbeit sehr vieler unterschiedlicher Gruppierungen basierte, ist eine koordinierende Stelle von zentraler Bedeutung. Diese muss finanziert werden, trägt sich also nicht von selbst. Die entstandenen Vernetzungen sind so tragfähig, dass sie im Falle neuer Projektideen und Projektfinanzierungen jederzeit wieder reaktiviert werden können. Der Geschäftsführer der Kulturstiftung Hohenlohe hat den Wunsch und Willen geäußert, 2005 eine Fortsetzung von eigenART mit etwas anderen Inhalten zu starten. Somit könnte man sagen, der Funke ist auf die Region übergesprungen.

b) Selbsttragend bezogen auf die Durchführung des Projektes nach der Initiierung durch die Projektgruppe
Kulturlandschaft Hohenlohe: Die Durchführung von *eigenART* erfolgte selbsttragend und finanziell unabhängig nach Beendigung des eigentlichen Projektes *Kulturlandschaft Hohenlohe*.

Übertragbarkeit

Der thematische Ansatz kann an anderen Orten, Regionen oder Landschaften ebenfalls angewandt werden und die dort existenten Eigenarten hervorheben. Der benötigte Finanzrahmen und die beschriebene Vorgehensweise können als Leitlinie dienen. Nicht zu unterschätzen ist, dass die Einbindung in ein Modellprojekt bei Förderern voraussichtlich zu einer größeren Akzeptanz von *eigenART* geführt hat und die Unterstützung durch das Modellprojekt (in Form einer halben Stelle über mehrere Monate hinweg) überhaupt erst die Einwerbung von Geldern für die Umsetzung ermöglicht hat.

Die Ausführenden sollten sich auf eine Strecke von max. 8 km begrenzen und diese möglichst mit Abkürzungen anbieten. Die Organisation einer Aktion bedarf eines enormen Aufwands durch die Vielzahl an beteiligten Projektpartnern und -ebenen. Um nachhaltige Eingriffe wie Parkplätze, Beschilderungen und Wege in die Landschaft zu vermeiden, sollte der Standort des Informationszentrums bereits eine gewisse Infrastruktur aufweisen und sehr deutlich gemacht werden, dass es sich um eine temporäre Aktion handelt, deren Wirkung sich nicht in gebauten Elementen ausdrückt, sondern in sich wandelnden Auffassungen der Besucher. Hier konnte eine gewisse Sensibilisierung für das Thema und eine Akzeptanz des Projektes nach Ende der Aktion festgestellt werden.

Tabelle 8.15.2: Bewertung hemmender und treibender Kräfte

Benennung der Kraft	Bewertung der Kraft (stark, mittel, schwach)	In welcher Weise »dreht« die Projektgruppe an dieser Kraft
Landnutzungsfrage	mittel	Sensibilisierung der breiten Bevölkerung
Wahrnehmung von wertvollen Landschaftselementen	schwach	In Szene setzen durch Kunst
Wertvorstellung die Landschaft muss sauber sein	stark	Provozieren mit Kunst
Ökonomischer Nutzen der Landschaft contra Tourismusbedürfnisse	mittel	Förderung eines sanften Tourismus
Kunst als Mittel des Landschaftsschutzes?	mittel	Erfolg überzeugt!

Vergleich mit anderen Vorhaben

In Süddeutschland können beispielhaft vier Projekte der letzten Jahre genannt werden, die Kunst und Natur auf unterschiedliche Art zusammenführen. Übereinstimmungen mit *eigenART* an der Jagst ergeben sich hierbei aber jeweils nur in Teilaspekten. Unterschiede sind vor allem im Zeithorizont der Projekte, ihrer Intention, der Art der Kunst, der Auswahl der teilnehmenden Künstler, dem Besuchereinzugsgebiet und den jeweiligen finanziellen Hintergründen festzustellen. Die genannten Faktoren führen dazu, dass die Projekte nicht eins zu eins vergleichbar sind.

1. »Der große Albgang« in Schopfloch auf der Schwäbischen Alb (Juni 1999 bis Juli 2000)
   www.photo-document.com/albgang/
2. Kunst im Rot und Schwarzwildpark bei den Stuttgarter Bärenseen (02.07. bis 13.08.2000)
   www.uvm.baden-wuerttemberg.de/nafaweb/berichte/inf00_240.htm und
   berichte/inf01_2/in01_235.htm
3. »Landart Ried – Kunst im Moor« in Wilhelmsdorf seit Oktober 2000
   www.landartried.de
4. eigenART – Kunst und Natur bei Sindelfingen/Aidlingen (09.06.2002 bis 29.06.2003)
   www.eigenart-am-venusberg.de

Tabelle 8.15.3: Gegenüberstellung von Land-Art-Projekten im süddeutschen Raum

Projekt	Intention	Kunstart	Dauer
eigenART an der Jagst Mulfingen	Für landschaftliche Eigenart sensibilisieren	Landart, mit natürlichen Materialien am Ort gestaltet und dem Wandel überlassen Rückbau nach einem Jahr	6 Monate
Der große Albgang Schopfloch	Kunst in neuem Umfeld präsentieren und Naturschutzzentrum einbinden.	Skulpturen in der Landschaft präsentiert	13 Monate
Kunst im Rot- und Schwarzwildpark Stuttgart	Naturschutzaspekte auf neue Weise vermitteln	Vor Ort gestaltet, nur z.T. mit natürlichem Material	6 Wochen
Landart Ried Wilhelmsdorf	Betrachter durch die künstlerische Sprache emotional ansprechen und in ihm Bilder für die Wunder der Natur wecken.	Land Art mit natürlichen Materialien gestaltet. Kunstwerke verfallen und werden durch neue an anderer Stelle ersetzt	Mehrere Jahre
eigenART am Venusberg Aidlingen	Schönheit von Kunst und Natur anlässlich des baden-württembergischen Landesjubiläums miteinander verbinden	Skulpturen in der Landschaft präsentiert. Holzrahmen, die den Blick auf Landschaftselemente lenken weisen auf landschaftliche Themen hin	13 Monate

EigenART unterscheidet sich, zusammen mit Kunst im Rot- und Schwarzwildpark und Landart Ried von den anderen Projekten dadurch, dass die Kunstwerke am und aus dem Ort heraus entstanden sind. Natur und Landschaft wurden nicht nur als Ausstellungsplattform für im Atelier entstandene Kunstwerke genutzt, sondern zum zentralen Thema gemacht. Die Anzahl der Kunstwerke schwankt meist zwischen 10 und 40. Mit 8 km Länge ist *eigenART* an der Jagst einer der längsten Rundwege, was sich aus der notwendigen Einbeziehung beider finanziell beteiligter Gemeinden (Langenburg und Mulfingen) ergab. Nach Möglichkeit sollte eine kürzere auch für Behinderte nutzbare Wegstrecke ausgesucht werden. Dies schränkt jedoch das Erleben von Räumen und Wegbelägen ein und sollte deshalb sorgfältig abgewogen werden. Die Aussagekraft der Besucherzahl ist in Relation zu setzen mit dem Einzugsgebiet der Besucher. Im städtischen Umfeld ist leichter eine größere Anzahl von Besuchern zu mobilisieren. Angaben über Personalintensität und Kosten der genannten Projekte liegen nicht vor.

8.15.21 Schlussfolgerungen, Empfehlungen

Konzeptionsphase

EigenART profitierte von seinem bereits in der Diplomarbeit »Lebensart-Land Art-Landleben« fundiert ausgearbeiteten Konzept. Die Vorgehensweise, Ergebnisse aus Diplomarbeiten auf diese Weise für Projekte zu integrieren, ist deshalb zu befürworten. Der weitere Erfolg hängt jedoch entscheidend von der Persönlichkeit des Projektbetreuers/der Projektbetreuerin, dem Coaching und den sonstigen Rahmenbedingungen ab.

Planungsphase

Die Mittelakquisition sowie das Finden und Koordinieren der Umsetzungspartner ist aufwändig und für ein Projekt in der Größenordnung von *eigenART* nicht ehrenamtlich zu leisten. Die Geldmittelbeschaffung benötigt ca. 70 Prozent des Zeitbudgets im Vorfeld. Ein auf Ziele und Zielgruppen abgestimmtes Fundraisingkonzept hilft dabei, den Überblick nicht zu verlieren und zielgerichtete Anfragen zu stellen. Geldwerter Ersatz in Form von Leistungsbeiträgen sollte in einer Geldsumme ausgedrückt werden, um die Wichtigkeit des Förderers einschätzen und in die Gesamtkalkulation mit aufgenommen werden zu können.

Wichtig ist, schon zu Beginn der Planungen die Bewilligungsfristen bei Förderanträgen verschiedener Stiftungen und Institutionen und die semesterorientierten zeitlichen Abläufe bei der Zusammenarbeit mit Hochschulen und der Organisationsstrukturen verschiedener Umsetzungspartner zu beachten.

Für die Integration von Gemeinden und verschiedenen Institutionen sind mindestens zwei Jahre Vorarbeit für die oft fixen Abstimmungsmodalitäten innerhalb der beteiligten Gruppen notwendig. Die frühzeitige Integration von Verbänden und Akteuren vor Ort ist deshalb eine unabdingbare Voraussetzung für deren »Mitziehen« oder zumindest Duldung einer Aktion. Bei unverzichtbaren oder sehr wichtigen Akteuren (z.B. Landwirte, Jäger), deren Vertrauen erst noch gewonnen werden muss, ist dies besonders zu beachten. Ansonsten gilt: Möglichst nur motivierte Akteure mit einbeziehen, um mit positivem Schwung ins Projekt zu starten.

Umsetzungsphase

Am zeitintensivsten stellte sich das Finden und Überzeugen der Grundstückseigentümer dar, auf deren Grund und Boden Kunstwerke entstehen sollten. Vor dem Festlegen der endgültigen Streckenführung sollten frühzeitig sondierende Gespräche mit den Grundbesitzern geführt werden, um festzustellen, ob eine allgemeine Bereitschaft, Grund und Boden zur Verfügung zu stellen, vorhanden ist. Das Einholen der Erlaubnis sollte vor umfangreichen Aktionen vor Ort und in jedem Fall vor dem Bau der Kunstwerke geschehen. Die künstlerische Umsetzung selbst darf nicht zu lange vor der Eröffnung stattfinden, um Vandalismus und Zerstörung durch natürliche Einflüsse vor dem eigentlichen Start der Aktion vorzubeugen.

Die Trägerschaft der Kulturstiftung Hohenlohe erwies sich als sehr vorteilhaft und basierte auf konstruktiver Zusammenarbeit zwischen der Projektleitung vor Ort und der Kulturstiftung. Ebenso zufriedenstellend funktionierte die Einbindung der künstlerisch Beteiligten im Rahmen einer Koordinierungsgruppe mit Vertreterinnen jeder Gruppierung.

Aktionsphase

Das Informationszentrum samt Hintergrundausstellung diente als Dreh- und Angelpunkt für die Besucher. Dort sollten nach Möglichkeit Bewirtung, Workshops, Rahmenprogramm etc. angeboten werden, um die Aktion abzurunden und die entstehenden Synergieeffekte zu nutzen.

Wegbeschreibungen mit Erklärungen zu den Kunstwerken liefern Interpretationshilfe für »kunstunerfahrene« Besucher, die für diese Hilfestellung dankbar sind.

Führungen haben sich als sehr befruchtend für das Kunst- und Naturverständnis der Besucher erwiesen. Durch den persönlichen Kontakt und die konkrete Situation vor Ort konnten wesentliche Inhalte anschaulich vermittelt werden.

Schlussphase

Die Zeitspanne für die Abwicklung des Projektes war zu kurz gegriffen. Die Aufbereitung der Finanzen, die redaktionelle Bearbeitung, das Controlling und die Verteilung der Bilddokumentation und des Pressespiegels, sowie die Berichtfassung und Erstellung, die erst nach Abschluss des Projektes sinnvoll sind, benötigen mehrere Wochen Bearbeitungszeit.

Tabelle 8.15.4: Arbeitsaufwand in den jeweiligen Projektphasen

Arbeitsaufwand nach Projektphasen*	Zeitraum	Tage
Konzeptionsphase	April 2000 bis Februar 2001	130 Tage (Diplomarbeit und Adaption derselben auf das Projektgebiet)
Planungsphase	März 2001 bis Februar 2002	180 Tage Projektmanagement
Umsetzungsphase vor Ort	März 2002 bis 16. Juni 2002	100 Tage Projektmanagement, 10 Tage Helfer und 30 Tage Projektpartner
Aktionsphase Öffnung des Weges für Besucher	16. Juni bis 13. Oktober 2002	120 Tage Projektmanagement 16 Tage Wochenendbetreuung Infozentrum
Schlussphase Endabwicklung des Projektes	ab Mitte Oktober 2002	20 Tage Projektmanagement und 5 Tage Projektpartner (gemeinsame Finanzabwicklung)

* beinhaltet Koordinationsaufwand und Arbeiten für die Projektgruppe
(Sitzungen, Abstimmungen, Zeiterfassung, Berichte und Artikel schreiben, ...)

Wesentliche Erkenntnisse zur Umsetzungsmethodik

Positive Wirkungen
Kultur- und Kunstprojekte eignen sich ideal als Einstieg in längerfristige Bürgerbeteiligungsprozesse indem sie spielerisch ans Thema heranführen und dazu motivieren, selbst aktiv zu werden oder zumindest eine positive Grundhaltung erzeugen. Sie leisten einen Beitrag zur Vernetzung regionaler Akteure aus unterschiedlichsten Bereichen (Kunst, Landwirtschaft, Wirtschaft, Verbände) und fördern so eine lebendige Bürgerdemokratie. *EigenART* wäre deshalb idealer Weise Auftakt und nicht Abschluss des *Modellprojektes Kulturlandschaft Hohenlohe* gewesen.

Schwierigkeiten
Einwerbung von Fördermitteln, Werbemittelerstellung und Präsentationen, das Gewinnen von Umsetzungspartnern, Integration von Akteuren vor Ort, Anforderungen von Seiten der Projektgruppe *Kulturlandschaft Hohenlohe*, Recherchearbeit zu den Besitzverhältnissen, Überzeugungsarbeit und Vorbereitung von Veranstaltungen sowie das Einholen von Genehmigungen mit den damit verbundenen Vorleistungen, d.h. die alleinige Koordination des Gesamtprojektes, benötigten sehr viel mehr Zeit als anfänglich gedacht. Das Missverhältnis zwischen Aufwand und bezahlter Arbeit zog sich durch das gesamte Projekt. Der lange Zeit unsichere Umfang des zur Verfügung stehenden Finanzbudgets führte zu dem Spagat, die Integration und Motivation von Beteiligten vor Ort betreiben zu müssen, ohne eine gesicherte Finanzierung vorweisen zu können. Ebenso war das Vorhalten zweier verschiedener Ausführungsvarianten mit einem erhöhten Arbeitsaufwand verbunden. Ferner gab es zu wenig zeitlichen Vorlauf bei der Verankerung des Projektes vor Ort, der Arbeit mit Laien sowie den Landwirtschafts-, Tourismus- und den Hotel- und Gaststättenverbänden, die frühzeitig hätten eingebunden werden müssen.

Empfehlungen für erfolgreiche Projektdurchführung
Von zentraler Bedeutung ist die hohe Eigenmotivation des Projektleiters/der Projektleiterin und deren/dessen soziale Kompetenz. Diese war hier durch die Chance gegeben, die eigene Diplomarbeit umzusetzen und hat entscheidend dazu beigetragen, auch in schwierigen Projektphasen nicht aufzugeben. Dennoch sollte für ein Teilprojekt dieser Größenordnung zumindest eine gesicherte Finanzierung des Projektleiters/der Projektleiterin und eines/r Praktikanten/in gewährleistet sein, um einen optimalen Projektablauf zu ermöglichen. Ferner ist ein ehrlicher, unvoreingenommener und v.a. nicht überheblicher Umgang mit den Akteuren vor Ort hilfreich sowie das »Sich-einlassen« auf Menschen und Gegebenheiten. Der Dienstleistungsgedanke, d.h. das Projekt als freiwilliges Angebot, und nicht das Missionieren, sollte im Vordergrund stehen.

Weiterführende Aktivitäten
Eine Fortführung von *eigenART* ist für 2005 geplant. Hierfür sind allerdings noch keine konkreten Schritte in die Wege geleitet. Potentiell wären sowohl Umsetzungen in Form einer Neuauflage des Projektes an anderer Stelle, aber auch zu anderen Themen wie Dorfentwicklung, Stadt-Land-Konflikt, Landwirtschaft und Kunst u.ä. denkbar. Ferner könnte die durch das Projekt sensibilisierte Wahrnehmung von Kulturlandschaft als Einstieg in einen zu organisierenden, regionalen, gesellschaftlichen Diskurs dienen, der entsprechende Fakten, Entwicklungen und wissenschaftliche Erkenntnisse mit einschließt.

Literatur

Daval, J. L., B. Mose, F. Meschede, A. Le Normand-Romain, A. Pingeot, R. Hohl, 1996: Skulptur – Band IV – Die Moderne – 19. und 20. Jahrhundert. Benedikt Taschen Verlag GmbH, Köln

Feucht, B., 2001: Lebensart, Landart, Landleben – Konzept zur Wahrnehmungsförderung von identitätsstiftenden Elementen regionaler und landschaftlicher Prägung mittels Kunst in Hohenlohe. Unveröff. Diplomarbeit im Fachbereich Landschaftsarchitektur, Umwelt- und Stadtplanung der Fachhochschule Nürtingen

Hoormann, A., 1996: Land-Art – Kunstprojekte zwischen Landschaft und öffentlichem Raum. Dietrich Reimer Verlag, Berlin

Kulturstiftung Hohenlohe, 2002: eigenART an der Jagst – 8 km Kunst in der Landschaft. Swiridoff Verlag, Künzelsau

Kunsthalle Bielefeld (Hrsg.) und die Autoren – Sammlung Marzona, 1990: Concept art, minimal, arte povera, land art. Edition Cantz, Stuttgart

Stegmann, M., 1995: Architektonische Skulptur im 20. Jahrhundert – Historische Aspekte und Werkstrukturen – Ernst Wasmuth Verlag Tübingen, Berlin

Weilacher, U., 1999: Between landscape architecture and land art. Birkhäuser Verlag, Basel

Zumdick, W., 1995: Über das Denken bei Joseph Beuys und Rudolf Steiner. Wiese Verlag, Basel

9

Wissenschaft als Interaktion

Alexander Gerber

Wie in Kap. 6.8 dargestellt, hatte die Evaluierung des *Modellvorhabens Kulturlandschaft Hohenlohe* mehrere Perspektiven. Eines der zentralen Ziele des Modellvorhabens war es, methodische Erkenntnisse zur transdisziplinären Nachhaltigkeitsforschung zu gewinnen. Da nach unserem Verständnis von Transdisziplinarität eines ihrer wesentlichen Merkmale Umsetzungsorientierung ist, erschien es sinnvoll, diese Erkenntnisse anhand praktischer Projekte nachhaltiger Regionalentwicklung zu gewinnen. Das heißt, einerseits waren die Methoden der transdisziplinären Arbeit Gegenstand der Evaluierung, andererseits musste geprüft werden, ob die inhaltlichen Ziele erreicht wurden. Im *Modellvorhaben Kulturlandschaft Hohenlohe* wurde der transdisziplinäre Ansatz mit den Methoden der Aktionsforschung umgesetzt.

Dieser Zusammenhang ist in Tab. 9.1 nochmals verdeutlicht. Dort sind die Charakteristika unseres Forschungsansatzes mit den entsprechenden Fragen für die Evaluierung hinterlegt. Ebenso ist dargestellt, durch wen und wie im Modellvorhaben die entsprechende Evaluierung durchgeführt wurde.

Tabelle 9.1: Zusammenhang zwischen den Charakteristika des Forschungsansatzes im Modellvorhaben Kulturlandschaft Hohenlohe und der Durchführung der Projektevaluierung

Charakteristika des Forschungsansatzes	Fragen für die Evaluierung	Durchführung der Evaluierung	Datenerhebung
Bearbeitung lebensweltlicher Probleme	Wurden die richtigen Arbeitsthemen gefunden?	Begleitforschung KBL[*1]	Befragung Akteure und Mitarbeiter
Partizipation	Wie erfolgte die Zusammenarbeit mit Akteuren?	Begleitforschung KBL	Befragung Akteure und Mitarbeiter
Interdisziplinarität	Wie erfolgte die Zusammenarbeit in der Projektgruppe?	Begleitforschung Prozessbegleiter[*2]	Befragung Mitarbeiter und teilnehmende Beobachtung
Umsetzungsorientierung	Wurden Ergebnisse im Sinne der Nachhaltigkeit erzielt?	Mitarbeiter in den Teilprojekten	Indikatorenerhebung in den Teilprojekten

[*1] KBL: Fachgebiet Landwirtschaftliche Kommunikations- und Beratungslehre, Universität Hohenheim
[*2] Hubert Schübel

Für die Messung des inhaltlichen Zielerreichungsgrades wurden Indikatoren festgelegt und wenn möglich, entsprechende Daten erhoben (vgl. Kap. 6.9, 7). Die Ergebnisse sind in den Ergebniskapiteln der Teilprojekte (Kap. 8) aufgeführt.

Die Evaluierung des methodischen Vorgehens war Gegenstand der Begleitforschung des Projekts und richtete sich zum einen auf die Zusammenarbeit der Wissenschaftler mit den Akteuren und zum anderen auf die Zusammenarbeit im wissenschaftlichen Projektteam selbst.

In diesem Kapitel sind die Ergebnisse der Begleitforschung zum methodischen Vorgehen dargestellt: In Kapitel 9.1 die Ergebnisse der durch den Prozessbegleiter des Projekts, Hubert Schübel, durchgeführten Begleitforschung zur Zusammenarbeit innerhalb des Projektteams und in Kapitel 9.2 die Ergebnisse der durch das Fachgebiet Kommunikations- und Beratungslehre der Universität Hohenheim durchgeführten Begleitforschung zur Zusammenarbeit der Projektgruppe mit den Akteuren.

9.1 Wissenschaftliche Prozessbegleitung – Ergebnisse der Begleitstudie zur interdisziplinären Kooperation im Modellvorhaben Kulturlandschaft Hohenlohe

Der hohe Anspruch an die interdisziplinäre Zusammenarbeit machte es sinnvoll und notwendig, eine Person ausschließlich damit zu betrauen, diese Zusammenarbeit zu optimieren. Gleichzeitig – und in diese Rolle gerieten mehrere Mitglieder des wissenschaftlichen Teams – sollten die Formen und die Regeln der Interdisziplinarität, auch das »Sich-Zusammenraufen« wissenschaftlich begleitet werden, um wiederum valide und übertragbare Erkenntnisse zu gewinnen. Diese Aufgabe richtete sich ausschließlich nach innen und stellte eine ganz neuartige Herausforderung dar.

Hubert R. Schübel

9.1.1 Interdisziplinäre Kooperation als Forschungsgegenstand

Wissenschaftliche Beschäftigung mit dem Gegenstand interdisziplinärer und transdisziplinärer Kooperation fand in der Vergangenheit – mindestens im deutschsprachigen Raum – meist aus wissenschaftsphilosophischer und wissenschaftstheoretischer Perspektive (z.B. HÜBENTHAL, 1991; KOCKA, 1987; BALSIGER, 1996), aus wissenschaftssoziologischer Perspektive (vgl. LAUDEL, 1999: 13 bis 19) oder aus der Perspektive problematischer Praxiserfahrung (z.B. ISERMEYER & SCHEELE 1995) statt.

Die Verwendbarkeit solcher Literatur für die Identifikation der Kooperationserfordernisse und Hemmnisse innerhalb interdisziplinärer Projektarbeit liegt in recht engen Grenzen. Arbeiten aus dem Bereich der Wissenschaftsphilosophie und Wissenschaftstheorie fokussieren meist den Zusammenhang zwischen Erkenntnismethoden und Forschungsgegenständen (im institutionellen Beziehungsgeflecht) und konzipieren in diesem Horizont Erfordernisse interdisziplinärer Zusammenarbeit. »Profane« soziale Hemmnisse treten hier allenfalls in Randbemerkungen zutage. Zudem »ist zu beobachten, dass die Forschungspraxis bezüglich der Wissenschaftstheorie hinterherhinkt« (BLÄTTEL-MINK et al. 2003: 37). Organisationssoziologische Arbeiten über interdisziplinäre Forschungsorganisationen fehlen fast völlig (LAUDEL 1999: 13), wissenschaftssoziologische Arbeiten bewegen sich in der Regel oberhalb des mikrosoziologischen Gefüges von Projektorganisationen und Arbeitsgruppen und beinhalten – wie auch die aus der Praxis entstandenen Veröffentlichungen – kaum theoretische Angebote (LAUDEL 1999: 18).

Auch aus dem Bereich der Arbeits- Betriebs- und Organisationspsychologie scheinen im deutschsprachigen Raum mit Ausnahme von SCHEUERMANN (1999) keine Arbeiten vorzuliegen, die sich dem Prozess der interdisziplinären Kooperation auf empirischem Wege nähern. Ein wissenspsychologischer Zugang zum Gegenstand interdisziplinärer Kooperation findet sich bei BROMME (1999).

FRÄNZLE & DASCHKEIT (1997: 51) kommen nach einer Analyse der bisher im Bereich der Interdisziplinarität verfügbaren Arbeiten zu folgendem Fazit: »Die bisher vorliegenden Konzepte berücksichtigen mit individuell durchaus unterschiedlichen Schwerpunktsetzungen insgesamt die wesentlichen Einflussfaktoren auf die Wissenschaftsentwicklung. Sowohl die kognitive als auch die soziale Dimension wird (meist) gemeinsam berücksichtigt. Alle beschriebenen Vorstellungen bleiben dabei auf einer generalisierenden Ebene. Die Erklärung von Defiziten im interdisziplinären Forschungsprozess verbleibt dabei auf einer qualitativen Ebene, die u.E. auch dem Gegenstand angemessen ist. Was fehlt, sind (zeitgleiche und/oder retrospektive) Verlaufsbeschreibungen von interdisziplinären Forschungszusammenhängen, ... wie sie erst jüngst initiiert werden.«

Mit einer ähnlichen Einschätzung bezüglich des Kenntnisstandes über interdisziplinäre Kooperationsprozesse äußern sich DEFILA & DI GIULIO (1996a, 84 ff): »Trotz der vermehrten Forderung nach inter- und transdisziplinärer Forschung ist wenig bekannt über die stattfindenden Prozesse und über Maßnahmen zu deren Optimierung. Über die auftretenden Schwierigkeiten und insbesondere deren Lösung und Vermeidung liegen nur wenige Arbeiten vor. Solches Wissen wäre jedoch nötig, um problemorientierte Forschung auf allen Ebenen möglichst effektiv planen, durchführen und unterstützen zu können.«

LAUDEL (1999: 16) schließlich konstatiert: »Der Großteil der Arbeiten zur Interdisziplinarität ist aber eher an den Polen 'philosophischer Träume von der Einheit der Wissenschaft' [...] sowie leidvoller Erfahrungen betroffener Wissenschaftler angesiedelt. Zwar gaben Schwierigkeiten in der interdisziplinären Kooperation immer wieder Anlass zu retrospektiver Analyse der Geschehnisse und zur Erarbeitung von Anregungen und Empfehlungen für ein verbessertes Projektmanagement (z.B. KROTT 1994, ISERMEYER 1996, ISERMEYER & SCHEELE 1995, FRÄNZLE & DASCHKEIT 1997, MGU 1996). Meist jedoch ist eine systematische Betrachtungsweise oder ein differenzierter Theoriebezug kaum vorhanden. *Empirische* Arbeiten, die sich umfassend mit dem *Prozess* interdisziplinärer Kooperation auf breiter *theoretischer* Grundlage befassen, fehlen fast völlig. Ausnahmen dazu sind Untersuchungen von BLASCHKE & LUKATIS (1976), SCHEUERMANN (1999) und LAUDEL (1999).

9.1.2 Zweck der Begleitstudie

Auch das Rahmenkonzept zum Förderschwerpunkt »Ökologische Konzeptionen für Agrarlandschaften« (BMBF 1996: 15 ff.) konstatiert hinsichtlich der Interdisziplinarität eine in vielen Projekten unzureichende Zusammenarbeit naturwissenschaftlicher und sozioökonomischer Disziplinen, deren Gründe »in den wissenschaftlichen Qualifikationskriterien, die auf eine fachliche Spezialisierung ausgerichtet sind sowie in semantischen Problemen bei der Kommunikation zwischen den unterschiedlichen Fachwissenschaftlern« gesehen werden. Weitere Gründe, die im Rahmenkonzept aufgegriffen werden, liegen in der Aufgabentrennung zwischen den Disziplinen, wie sie bislang in vielen Ansätzen anzutreffen waren: Formulierung von Zielen und Leitbildern durch die ökologischen Wissenschaften, Bearbeitung von Umsetzungsfragen durch die sozioökonomischen Wissenschaften.

Ausgehend von dieser Problemdarstellung war der Zweck der begleitenden Fallstudie, anhand des Hauptprojektes des *Modellvorhabens Kulturlandschaft Hohenlohe* möglichst umfassend und differenziert Anforderungen und Hemmnisse der interdisziplinären Kooperation zu identifizieren. Die Hauptaufmerksamkeit richtet sich hierbei auf die Organisation und Arbeitsmethodik sowie auf die sozialen und emotionalen Prozesse in der Zusammenarbeit (vgl. Kap. 6.6). Ergänzend dazu sollten Informationen zur Wirksamkeit der wissenschaftlichen Prozessbegleitung gewonnen werden.

9.1.3 Rahmenbedingungen

Verschiedene Gegebenheiten im Projektzusammenhang stellten für die wissenschaftliche Prozessbegleitung relevante Bedingungen dar, ohne allerdings während der Prozessbegleitung nennenswert beeinflusst werden zu können. Hierzu gehören über die gesellschaftlichen Rahmenbedingungen des Projektes hinaus die inhaltliche Zielstellung des Projektes, die einerseits durch das

Rahmenkonzept (BMBF 1996) und den Projektantrag bestimmt waren. Damit war auch die Zusammenstellung der beteiligten Institute festgelegt sowie das organisatorische Grundkonzept. Die Auswahl der einzelnen Mitarbeiter fand im Großen und Ganzen – den in solchen wissenschaftlichen Zusammenhängen üblichen Gepflogenheiten entsprechend – im Wesentlichen autonom durch die beteiligten Partnereinrichtungen statt. Besondere Verfahren der Personalauswahl kamen hierbei nicht zum Einsatz.

Im Projektantrag waren selbstverständlich auch Leistungsbeschreibung und Leistungsumfang der wissenschaftlichen Prozessbegleitung enthalten. Gutachterliche Festlegungen bei der Bewilligung stellten ergänzend heraus, dass der wissenschaftlichen Prozessbegleitung »eine starke Rolle zuzuordnen« sei, für die eine »über den Antrag hinausgehende Tätigkeitsbeschreibung« gefordert wurde. Die Kontinuität und die dauerhafte Funktionsfähigkeit der Prozessbegleitung war gegenüber dem Auftraggeber zu versichern. Letzteres war im Rahmen der ersten Zwischenbegutachtung des Projektes nachzuweisen. Diese gutachterlichen Vorgaben stellten sich in der Anfangsphase des Hauptprojektes als notwendige Unterstützung für die Rollenetablierung der Prozessbegleitung heraus, da auf Grund der fachlichen Nähe zu einem beteiligten Institut Probleme bei der Aufgabenverteilung auftraten, zu deren Lösung zwar Vereinbarungen in der Definitionsphase getroffen worden waren, die aber sich im Hauptprojekt aber nicht als voll tragfähig erwiesen. Andererseits stellte diese gutachterliche Vorgabe auch eine gewisse Störung der Kontinuität der wissenschaftlichen Prozessbegleitung dar, da die gesonderte Begutachtung der Prozessbegleitung nach ca. einem Jahr Projektlaufzeit in der Arbeitsplanung vorzusehen war und Lücken bei der Datenerhebung verursachte.

Durch Vereinbarungen, die schon in der Definitionsphase des Projektes getroffen worden waren, war sichergestellt, dass die Beteiligung der einzelnen Mitarbeiterinnen und Mitarbeiter an den für die Prozessbeteiligung erforderlichen Aktivitäten in den Arbeitsverträgen festgeschrieben war. Die Teilnahme der Institutsleiter erfolgte freiwillig und beschränkte sich in den meisten Fällen auf die Teilnahme an den Interviews zu Beginn und zum Schluss des Projektes (s.u.).

Die Entscheidung, die Prozessbegleitung, welche anfänglich als reine projektinterne Dienstleistungsfunktion konzipiert war, um eine wissenschaftliche Fragestellung zu ergänzen, wurde erst spät im Verlauf der Antragsentwicklung für die Hauptphase des Hohenlohe-Projektes getroffen. Deshalb konnte die wissenschaftliche Tätigkeit des Prozessbegleiters erst etwa zeitgleich mit den Aktivitäten des Gesamtprojektes beginnen, so dass die Ausarbeitung des Konzeptes für die wissenschaftliche Begleitstudie unter Zeitdruck und anfangs parallel zu der Beobachtung der ersten Projektaktivitäten erfolgte.

9.1.4 Fragestellungen

Das Vorgehen bei der inhaltlichen Planung der Begleitstudie entspricht im Wesentlichen dem Arbeitsfluss in ökopsychologischer Praxis, wie er von KAMINSKI & FLEISCHER (1984: 348-356) beschrieben wurde. Um die psychologisch relevanten Faktoren des interdisziplinären Kooperationsprozesses zu identifizieren, wurde auf Basis der verfügbaren (meist vorwissenschaftlichen) Problembeschreibungen (z.B. ISERMEYER & SCHEELE 1995, MGU 1996) eine kategoriale Rasterung des Problemfeldes vorgenommen. In dieser Untersuchungskonzeption werden drei soziale Komplexitätsstufen berücksichtigt, die üblicherweise in Anwendungsfeldern der Organisationspsychologie (NEUBERGER 1994: 13) zur Anwendung kommen: Individuelle Person, soziales Beziehungsgefüge, (Projekt-) Organisation.

Auf *individueller* Stufe stellen sich grundsätzlich Fragen nach den gegenwärtigen und zukünftigen Leistungsanforderungen an die Person, die sich aus der Rolle ergeben, und nach den Leistungsvoraussetzungen (Wissen und Können) der Person, welche die Rolle erfolgreich ausüben soll. Sofern sich Diskrepanzen zwischen Leistungsanforderungen und Leistungsvermögen zeigen, sind Entwicklungsprozesse indiziert, die in einer Anpassung des rollenbezogenen Anforderungsprofils bzw. in einer Anpassung der Qualifikation der Person bestehen können (s. NEUBERGER 1994: 157-198).

Auf der Stufe *sozialer* bzw. *interpersonaler Beziehungen* steht das Geschehen in den Arbeitsteams im Vordergrund. Grundfrage hier ist, inwiefern Leistungsbedingungen für produktive Teamarbeit erfüllt sind und wodurch diese verbessert oder beeinträchtigt werden. Wichtige Aspekte sind hier die persönlichen Beziehungen, Kommunikationsprozesse, Konfliktverarbeitungen, Entscheidungsfindungen etc. (BRANDSTÄTTER 1989, WITTE 1995).

Die Stufe der *Projektorganisation* umfasst alle Kooperationsaspekte, die überindividuellen und teamübergreifenden Charakter haben. Hierunter sind alle strukturellen (Aufbauorganisation) und prozeduralen Merkmale (Ablauforganisation) der Projektarbeit (z.B. Projektleitung, Geschäftsführung, Plenum, Gremien auf inhaltlicher bzw. operativer Ebene), das Rollengefüge sowie die organisatorisch-technischen Aspekte der projektinternen Kommunikation zu sehen (s. NEUBERGER 1994: 238-270). Eine besondere Fragestellung stellte hier Wirksamkeit der Funktion der wissenschaftlichen Prozessbegleitung dar.

Aufgrund des explorativen und beratungsorientierten Charakters der Begleitstudie, aber auch aufgrund pragmatischer Notwendigkeiten wurde darauf verzichtet, die unterschiedlichen Facetten möglicher Kooperationshemmnisse in einem integrativen Theoriezusammenhang zu bearbeiten. Deshalb werden im Folgenden theoretische Bezüge zu Teilanalysen in den jeweiligen Abschnitten im direkten Zusammenhang mit den erhobenen Daten dargestellt (dazu BORTZ & DÖRING 1995).

Begleitstudie: Daten und Beratungsfunktion der Prozessbegleitung
Während in Kap. 6.6 Rolle und Funktion der wissenschaftlichen Prozessbegleitung und Qualifizierung dargestellt sind, dient vorliegendes Kapitel der Dokumentation der wichtigsten Ergebnisse der Begleitstudie und derer Interpretationen. Ein Großteil der Daten, die hier aufgegriffen werden, wurden mit dem Hauptzweck erhoben, die Projektgruppe zu beraten. Das auf Datenerhebungen und Ergebnisrückmeldung gegründete Vorgehen zur Prozessbegleitung der Projektgruppe *Kulturlandschaft Hohenlohe*, wird als »Survey-Feedback-Methode« bezeichnet und entstand Ende der Vierziger-Jahre des 20. Jh. in der Forschungsgruppe von Kurt Lewin am Massachusetts Institute of Technology als Strategie zum geplanten Wandel von Organisationen. Es erwies sich in einer umfassenden Studie von BOWERS (1973) als außerordentlich nützliche Strategie der Organisationsentwicklung (COMELLI 1985: 57-59).

Zum Zweck der Beratung wurden die Ergebnisse der Befragungen und Beobachtungen an die Projektgruppe rückgemeldet und als Grundlage für eine gemeinsame Situationsbewertung, für die Identifikation von Änderungsbedarf und geeigneten Maßnahmen verwendet (Abb. 9.1.1). Im Verlauf der vierjährigen Hauptphase wurden insgesamt 15 (schriftliche) Befragungen in ca. achtwöchigen Intervallen (ab Oktober 1998 bis Februar 2002, unterbrochen durch Urlaubszeiten; Bearbeitungsaufwand für die Beantwortung je ca. 10') durchgeführt. Beobachtungen wurden aus jährlich jeweils ca. 10 Sitzungen der zentralen Gremien (»Plenum«, »Indikator-AG« bzw. »Politik-AG«, »Projektleitung«, vgl. Kap. 6.4 des Projektes, aus insgesamt über 100 Terminen, gesammelt.

Weitere Daten, die nicht im Survey-Feedback-Prozess Verwendung fanden, wurden in ausführlichen Eingangs- und Abschlussinterviews mit den Mitarbeitenden des Projektes erhoben. Diese umfangreichen Befragungen wurden in Form von teilstrukturierten Interviews geführt, in welche die schriftliche Bearbeitung von Fragebögen eingebettet war (Dauer: ca. 2 Std.).

Darüber hinaus nahm der Prozessbegleiter an einigen Besprechungsterminen der Geschäftsführung und Terminen mit Akteuren vor Ort teil, meist als teilnehmender Beobachter. Die Teilnahme in der Projektleitung und der Geschäftsführung fand mit beratender Stimme statt.

Auf Anfrage von Mitarbeitenden führte der Prozessbegleiter auch Moderationen bei konfliktträchtigen Terminen sowie Einzelberatungen in problematischen Kooperationssituationen durch. Die hier gewonnenen Erfahrungen fließen in die Interpretation und Bewertung der Ergebnisse mit ein.

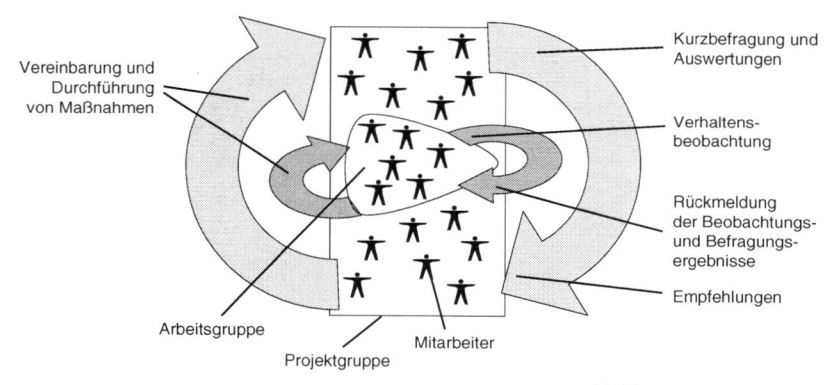

Abbildung 9.1.1: Struktur der Prozessbegleitung

Dass weder die Datenerhebungen noch die Bewertungen völlig frei von subjektiven Momenten des Prozessbegleiters sein können, ist nicht zu bestreiten. Dies stellt allerdings im Sinne der Aktionsforschung sogar eine gewisse Notwendigkeit dar. Das Bemühen um Objektivität konzentrierte sich deshalb auf die sachgemäße Anwendung der Instrumente der Datenerhebung. Die Validität der Interpretationen wird teils durch die zugrunde liegenden Theorien und Annahmen sowie die Validierung im Diskurs mit den Betroffenen Personen abgesichert (BORTZ & DÖRING 1995: 310). Eine befriedigende Reliabilität der verwendeten Befragungsinstrumente (s. Anhang 9.1.1) kann nur vermutet werden. Zwischen dem Prozessbegleiter und allen Mitarbeitenden wurden zu Beginn des Projekts Vereinbarungen zur vertraulichen Verwendung der Informationen aus den Datenerhebungen des Prozessbegleiters getroffen, auf die auch bei der Darstellung der Ergebnisse im Folgenden Rücksicht genommen wird.

9.1.5 Datengrundlage der Begleitstudie

Personen

Die Gesamtheit der in der Studie untersuchten Personen umfasst alle, die über die Projektlaufzeit bzw. längere Abschnitte des Projektes hinweg in der Projektorganisation Funktionen innehatten. Kriterien dafür war die Zugehörigkeit zur Vollversammlung des Projektes und/oder die Beteiligung an den zentralen Gremien des Projektes (Plenum, Indikator-AG, Politik-AG). Insgesamt wurden im Projekt 36 Projektbeteiligte befragt und beobachtet (s. Tabelle 9.1.1). Dazu gehören die beteiligten Institutsleiter, die Projektmitarbeiter aus den beteiligten Instituten und weitere Fach-

und Verwaltungskräfte. 16 der 25 Projektbearbeiter (Kategorien: wissenschaftliche Bearbeiter, Geschäftsführung, Andere) waren als wissenschaftliche Mitarbeiter angestellt, davon wiederum 14 über die gesamte Dauer des Projektes.

Tabelle 9.1.1: Projektbeteiligte im »internen Projekt« des Modellvorhabens Kulturlandschaft Hohenlohe

Kategorie	Anzahl – insgesamt 36, (davon vor Projektende ausgeschieden: 10)	Merkmale
Wissenschaftliche Bearbeiter	19 (4)	Längerfristige Bearbeitung inhaltlicher Fragen, Mitarbeit in Plenum, Indikator-AG, Politik-AG (teils Vollzeitverträge, teils Teilzeit mit 25 %, 50 %, 75 %)
davon Geschäftsführung	3 (1)	50 % als Geschäftsführung, 50 % als wissenschaftliche Bearbeiter (Vollzeitverträge)
Institutsleiter bzw. Stellvertreter	9 (2)	Fachliche Führung und Betreuung der wiss. Bearbeiter, überwiegend geringe fachliche Einflussnahme im Projekt
davon Projektleitung	3 (0)	Fachliche Führung und Betreuung der wiss. Bearbeiter, Projektleitung
Andere	8 (4)	Verwaltungskräfte, EDV-Fachkraft, Wissenschaftsphilosoph, stark integrierte Hilfskräfte (unterschiedliche Verträge oder Vereinbarungen)

An den Interviews zu Beginn des Projektes haben nahezu alle untersuchten Personen teilgenommen (aus Termingründen konnte ein Interview nur unvollständig und eines nicht durchgeführt werden). Bei Mitarbeitenden, die erst zu späteren Zeitpunkten zum Projekt hinzukamen, wurden die Startinterviews unmittelbar nach Projekteintritt durchgeführt. An den Interviews zum Ende des Projektes konnten einige der Projektbeteiligten nicht mehr befragt werden, da sie schon zu früheren Zeitpunkten aus dem Projekt ausgeschieden und nicht mehr verfügbar waren. Auch konnten einzelne Institutsleiter aus organisatorischen Gründen nicht befragt werden. An der Schlussbefragung haben insgesamt 26 Personen teilgenommen. An den schriftlichen Routinebefragungen nahmen die bei den jeweiligen Plenumsterminen anwesenden Mitarbeitenden teil. Dadurch konnten i.d.R. alle im jeweiligen Zeitraum aktiv mitarbeitenden Personen befragt werden. Die Datensätze umfassen zwischen 13 und 22 Fragebögen.

Interviews zu Beginn und zum Ende des Projekts
In den Interviews zu Beginn des Projektes wurden Daten zu folgenden Themenbereichen erhoben:
__Soziodemographische Merkmale (Alter, Geschlecht)
__Ausbildung und Berufserfahrung (innerhalb und außerhalb wissenschaftlicher Tätigkeitsfelder)
__Erfahrungen mit interdisziplinärer Zusammenarbeit
__Kenntnisse im Projektmanagement
__Eigene Erfahrungen mit sozialwissenschaftlich fundierter Beratung
__Selbsteinschätzung des Kenntnisstands über die am Projekt beteiligten Disziplinen; Quellen der disziplinenbezogenen Kenntnisse
__Motivationen in Bezug zum Hohenlohe-Projekt

- Erwartete Kooperationsnotwendigkeiten
- Bisherige Sichtweise/Erfahrungen mit Projektverlauf vor dem jeweiligen Eintritt in das Projekt; kritische Ereignisse im Hinblick auf die persönliche Motivation und den Projektverlauf (in Anlehnung an die »Critical Incident-Technique«, FRIELING & SONNTAG 1987: 58–59)

Die Themen wurden sowohl in Form mündlicher Befragung (Leitfadeninterview) aufgegriffen, zu denen die Antworten handschriftlich dokumentiert wurden, wie auch in Form schriftlicher Fragen mit teils gebundenen (Antwortskalen), teils offenen Antwortmöglichkeiten, untersucht.

Als Komponente in der Startbefragung war auch die erste Routinebefragung (s.u.) integriert. In den Interviews zum Ende des Projektes wurden die Themen aus der Startbefragung teilweise aufgegriffen, so dass ein Vorher-Nachher-Vergleich möglich wurde. Im einzelnen beinhaltete die Schlussbefragung folgende Aspekte:

- Eigene Beteiligung am Projekt (inhaltliche, wissenschaftliche Arbeit; Teilnahme an internen Aktivitäten)
- Erfüllung von Motivationen im Projekt (s.o.)
- Persönlicher Rückblick auf den Projektverlauf; kritische Ereignisse im Hinblick auf die persönliche Motivation und den Projektverlauf (s.o.)
- Persönlicher Rückblick auf die wissenschaftliche Prozessbegleitung; kritische Ereignisse im Hinblick auf die persönliche Motivation und den Projektverlauf (s.o.)
- Selbstbeschreibung von persönlichen Lernfortschritten, Lernanlässen
- Selbsteinschätzung des Kenntnisstands über die am Projekt beteiligten Disziplinen[1]; Quellen der disziplinenbezogenen Kenntnisse (s.o.)
- Erlebte Kooperationsnotwendigkeiten (s.o.)
- Erfolgsbewertung des Projektes
- Einschätzung der Nützlichkeit der im Projekt erlebten Interventionsformen der Prozessbegleitung; Erfahrungsbasis der jeweiligen Einschätzung

Schriftliche Routinebefragungen im Projektverlauf

Basisinstrument für die schriftlichen Routinebefragungen im Projektverlauf war ein Fragebogen, der insgesamt 13 mal zur Anwendung kam, und der aus vier Hauptkomponenten besteht, die im Hinblick auf das Befragungsintervall zu beantworten waren:

- Beschreibung der Arbeitssituation
  (ca. 55 Merkmale, deren Ausprägung durch gebundene Antworten auf einer 7-stufigen Skala zu beurteilen waren)
- Beurteilung der eigenen Arbeitszufriedenheit
  (13 bis 15 Aspekte, ebenfalls durch gebundene Antworten auf einer 7-stufigen Skala zu beurteilen, Abb. 9.1.2, 9.1.3 und 9.1.4)
- Rückblick auf positive und negative Erfahrungen im Befragungsintervall (offene Fragen)
- Maßnahmenvorschläge zur Verbesserung der weiteren Zusammenarbeit im Projekt
  (offene Fragen)

Ergänzend zu diesen Bestandteilen des Fragbogens wurden besondere Komponenten eingesetzt, um spezifische Aspekte, z.B. den subjektiven Qualifizierungsbedarf der Mitarbeiter; den Informationsfluss im Projekt, genauer zu beleuchten.

---

[1] Als Disziplin werden hier pragmatisch die durch die beteiligten Institute bzw. Institutionen repräsentierten Inhaltsbereiche verstanden.

Verhaltensbeobachtungen von Arbeitssitzungen

Während der Sitzungen der jeweiligen Gremien wurden die Diskussions- und Kooperationsverläufe beobachtet. Handschriftlich dokumentiert wurden dabei die wichtigsten Argumentationsverläufe, aus der Sicht des beobachtenden Prozessbegleiters produktive und kontraproduktive Verhaltensweisen der Moderatoren und der Teilnehmer sowie die Interventionen und Feedbacks des Prozessbegleiters. Auf eine durchgängige Systematik bei der Verhaltensbeobachtung der insgesamt ca. 100 Arbeitsgruppensitzungen wurde aus inhaltlichen und ökonomischen Gründen verzichtet. Ein wichtiger Grund liegt darin, dass keine Beobachtungssystematik bekannt ist, die gezielt für die Beobachtung interdisziplinärer Kooperation entwickelt wurde. Die Problemidentifikation bzw. die Interpretation von Schwierigkeiten in der Kooperation steht deshalb auf der Grundlage der Expertenintuition des Prozessbegleiters, die wiederum in der Praxiserfahrung und der damit verbundenen rational-analytischen Bearbeitung von Beratungsfällen auf der Grundlage wissenschaftlicher Kenntnisse des Beraters wurzelt (vgl. CASPAR 2000).

Einzelberatungen und Konfliktberatungen

Da auch individuelle Beratungen und Beratungen in Konfliktsituationen zu den Tätigkeiten des Prozessbegleiters gehörten, erlangte der Prozessbegleiter auch detaillierte Kenntnis von Sachverhalten, die aus Sicht der betroffenen Personen besonders problematischen Einfluss auf die Kooperation hatten. Diese Sachverhalte wurden dokumentiert und in anonymisierter Form bei der Interpretation der Daten aus den anderen, oben beschriebenen Datenquellen berücksichtigt.

9.1.6 Ergebnisse

Zunächst werden die individuellen Leistungsbedingungen in Betracht gezogen. Hier werden die Leistungsanforderungen interdisziplinärer Kooperation analysiert und mit den Qualifikationsvoraussetzungen der Mitarbeitenden zum Zeitpunkt des Projektbeginns (Hauptphase) bzw. des Einstiegs in das Projekt untersucht. Schlussfolgerungen im Hinblick auf Qualifizierungsnotwendigkeiten werden daraus gezogen. Auch ein Überblick über den Zuwachs an Fähigkeiten, den die Mitarbeitenden im Rückblick auf das Projekt an sich selbst feststellten, wird hier gegeben. Im zweiten Teil werden Teilgeschehnisse aus dem Geschehensstrom des *Modellvorhabens Kulturlandschaft Hohenlohe* extrahiert, die relevante Auswirkungen auf den Kooperationsprozess und dadurch auf die Ergebnisqualität des Projektes hatten. Der dritte Teil widmet sich der Evaluation der wissenschaftlichen Prozessbegleitung.

Im Folgenden werden Ergebnisse aus 15 schriftlichen Befragungen, aus zwei umfangreichen mündlichen Interviews, die zum Projektbeginn und zum Abschluss des Projektes durchgeführt wurden, aus der teilnehmenden Beobachtung von über einhundert Sitzungen und einer großen Zahl von Beratungen zusammengefasst. Die hierbei erhobenen Daten wurden zum größten Teil zunächst für beraterische Zwecke i.S. der wissenschaftlichen Prozessbegleitung genutzt. Auch wenn die Vorgehensweisen bei der Datenanalyse hier nicht vollständig dargestellt werden können, handelt es sich hier nicht um einen Erfahrungsbericht aus der Sicht des wissenschaftlichen Prozessbegleiters, sondern um eine – gerade bei den qualitativen Aussagen – datengestützte Interpretation des Prozessgeschehens. Hier kamen inhaltsanalytische Methoden (in Anlehnung an die qualitative Inhaltsanalyse nach MAYRING 1993 und an die Grounded Theory nach STRAUSS 1994), und, wenn angemessen, statistische Auswertungsmethoden zur Anwendung.

Individuelle Leistungsbedingungen

Die Betrachtung der individuellen Leistungsbedingungen folgt dem Grundgedanken, dass eine optimale Leistungssituation dann gegeben ist, wenn die Kenntnisse, Fähigkeiten und Fertigkeiten des Mitarbeiters den Anforderungen der Arbeitssituation genau entsprechen (»Job-Man-Fit-Ansatz«). Bestehen zwischen Anforderungsprofil und Leistungsprofil Diskrepanzen, dann können Maßnahmen zum Ausgleich dieser Diskrepanzen ergriffen werden. Diese Maßnahmen können sich entweder auf eine Veränderung der Leistungsanforderungen beziehen, z.b. durch eine Neudefinition des Aufgabenbereiches oder der Rolle, oder auf Qualifizierungsmaßnahmen (CONRADI 1983; SATTELBERGER 1989).

Leistungsanforderungen

Grundlage für die Bestimmung der Leistungsanforderungen für die wissenschaftlichen Bearbeiter des Projektes war die verfügbare Literatur über interdisziplinäre Zusammenarbeit. Psychologisch fundierte Analysen der spezifischen Leistungsanforderungen interdisziplinärer Kooperation sind bisher nicht verfügbar – hier besteht vermutlich noch umfangreicher Forschungsbedarf. Unter Berücksichtigung der Projektkonzeption wurden die Anforderungen interdisziplinärer Zusammenarbeit mit jenen einzeldisziplinärer Arbeit verglichen. Bei dieser Anforderungsbeschreibung wurden drei Kompetenzbereiche in Anlehnung an den »Three-Skill-Approach« (KATZ 1974, SATTELBERGER 1989) analysiert: Fachkompetenz, Methodenkompetenz und Soziale Kompetenz.

In den Bereich der *Fachkompetenz* gehören die Kenntnisse und Fähigkeiten, die zur Lösung spezifischer Sachaufgaben erforderlich sind. Dazu gehört das (disziplinäre) Sachwissen (Theorien, Ergebnisse) über den Gegenstand, fachspezifisches methodologisches Wissen (Erkenntnismethoden), disziplinäre Anwendungsmethoden (Technologien).

Zur *Methodenkompetenz* gehören die Kenntnisse und Fähigkeiten, die für die Steuerung des Arbeitsprozesses im übergeordneten Organisations- und Projektzusammenhang notwendig sind. Allgemeine analytische Fähigkeiten, konzeptionelles Denken, Problemlösen, Planen und Entscheiden gehören beispielsweise in diesen Bereich.

In den Bereich der *sozialen Kompetenz* fallen diejenigen Kenntnisse und Fähigkeiten, die im zwischenmenschlichen Kontakt von Bedeutung sind, z.B. Gesprächsführung, Konfliktbearbeitung, zielgerichtete Einflussnahme auf Gruppenprozesse.

Fachkompetenz

Die Zusammenarbeit in interdisziplinären Projekten erfordert von den einzelnen Mitarbeitenden im Bereich der Fachkompetenz (DEFILA & DI GIULIO 1996b)
___sehr fundierte Kenntnisse der eigenen Disziplin sowie
___gute Grundkenntnisse der anderen beteiligten Disziplinen und
___wissenschaftstheoretisches, erkenntnistheoretisches, methodologisches Hintergrundwissen.

Methodenkompetenz

Problemorientierte interdisziplinäre Kooperation, wie sie im Hohenloheprojekt verwirklicht wurde, besteht aus einem komplexen Zusammenhang verschiedener interner und externer Teilprojekte, die auf unterschiedlichen Ebenen inhaltlich wie organisatorisch vernetzt sind. Die Spezifikationen der Vernetzungen hängen zum Teil von inhaltlichen Fortschritten auf höheren Integrationsebenen ab, sind also teilweise nicht vorab planbar. Daraus ist sowohl für die Koordinatoren wie auch für die einzelnen Mitarbeiter (»Teilprojektverantwortliche«) ableitbar, dass sie in beträchtlichem Umfang mit anspruchsvollen organisatorischen Planungs- und Steuerungsaufgaben zu tun haben. Dies bedeutet auch, dass sehr umfassende Leistungsanforderungen an alle Mitarbeitenden im organisatorisch-methodischen Bereich des Projektmanagements gegeben sind.

Soziale Kompetenz
Die inter- und transdisziplinäre Projektarbeit in einer Projektkonzeption im Hohenlohe-Projekt ist geprägt durch eine hohe Kommunikationsdichte innerhalb der Gruppe der Mitarbeitenden wie auch durch anspruchsvolle Kommunikation mit externen Akteuren in unterschiedlichen sozialen und medialen Situationen (Telefonate, Zwiegespräche, Gruppensitzungen, Schriftverkehr etc.). Dabei treten die einzelnen Mitarbeitenden in unterschiedlichen und teils mehrfachen Rollen oder auch als Repräsentanten unterschiedlicher Teilstrukturen des Projektes in Aktion. Gleichzeitig haben die Beteiligten selbstverständlich auch Eigeninteressen zu vertreten. Innere wie soziale Konflikte sind kaum zu vermeiden. Dadurch bestehen hohe Anforderungen an die Beteiligten im Umgang mit den eigenen Gefühlen und Einstellungen, an das Verständnis der Kooperations- bzw. Konfliktpartner, an die Vorgehensweise in der interpersonalen Kommunikation und in sozialen Konfliktsituationen.

Individuelle Leistungsvoraussetzungen, fachliche Zusammensetzung der Projektgruppe
Zur Einschätzung der individuellen Leistungsvoraussetzungen wurden in den Interviews zu Beginn bzw. zum Einstieg des Projektes Daten zur bisherigen Ausbildung, zu Berufserfahrungen, Fort- und Weiterbildungen der Beteiligten erhoben. Solche Daten können im Spektrum der Methoden psychologischer Leistungsdiagnostik nur vergleichsweise schwache Hinweise auf die vorhandene Kompetenz der untersuchten Personen geben (AMELANG & ZIELINSKI, 1994).

Fachkompetenz – Ausbildung und Kenntnis anderer Disziplinen
Die Anforderungen im Kernbereich der jeweiligen Fachkompetenz wurden nicht genauer untersucht, da die Beurteilung der fachlichen Anforderungen und Voraussetzungen erstens vor dem Beginn der wissenschaftlichen Prozessbegleitung statt fand und zweitens weil die Zuständigkeit für die Personalauswahl unter fachlichen Gesichtspunkten selbstverständlich in der Zuständigkeit der einzelnen Institutsleiter lag.

Eine bedeutsame Grundlage für die interdisziplinäre Kooperation stellt die Verfügbarkeit einer gemeinsamen Wissensgrundlage aller Beteiligten dar. Dieser Bezugsrahmen gemeinsamer Annahmen über den Gegenstand der Kommunikation (»Common Ground«, CLARK 1992) hängt u.a. von den Ausbildungsgrundlagen der beteiligten Akteure ab. Je unähnlicher die Ausbildungsinhalte sind, desto schwieriger dürften semantische Klärungen in der Kommunikation zwischen Experten sein. Experten in »fremden« Domänen sind Laien.

Unter diesem Blickwinkel kann die Gruppe der Bearbeiter des Projektes (Wissenschaftliche Mitarbeiter und derjenigen Institutsleiter, die an der inhaltlichen Arbeit in den arbeitenden Gremien des Projektes – Indikator-AG, Politik-AG, Plenum – beteiligt waren) beschrieben werden. In der folgenden Tab. 9.1.2 wird dargestellt, in welchen Ausbildungen (Disziplinen) an Universitäten oder Fachhochschulen die Bearbeiter (N = 28) zu Beginn bzw. zum Zeitpunkt des Eintritts in das Projekt einen Abschluss vorweisen konnten:

Tabelle 9.1.2: Wissenschaftliche Ausbildung der Projektbearbeiter (N=27)

Ausbildungsgang (Diplom Universität oder Diplom FH)	Anzahl
Agrarbiologie	3
Biologie	4
Agrarwissenschaften	11
Landespflege/Landschaftsnutzung	5
Andere (Geographie, Ökonomie)	4

Da eine beträchtliche Überschneidung der Ausbildungsinhalte zwischen den wichtigsten vier Ausbildungsgängen angenommen werden kann, sollten Schwierigkeiten aufgrund der Unterschiedlichkeit des Grundlagenwissens der Beteiligten nur in geringem Umfang zu erwarten sein. Als bestimmende Bedingung der Zuordnung der Mitarbeitenden zu »Disziplinen« galt nicht die Ausbildung der Mitarbeitenden, sondern ihre Zugehörigkeit zu den beteiligten wissenschaftlichen Instituten[2].

Tabelle 9.1.3: Selbsteinschätzung des Wissens über die beteiligten Disziplinen (N=21)

Disziplin	wenig Kenntnis	punktuelles Wissen, geringer Überblick	Überblickswissen	Überblickswissen und teils Detailwissen	solides Überblicks- und Detailwissen
Landwirtschaftliche Betriebslehre	7	6	4	1	1
Biologischer Landbau	0	6	6	5	2
Landschaftsinformatik/ Landschaftsentwicklung	5	4	5	3	0
Bodenkunde und Standortslehre	2	2	9	6	1
Landwirtschaftliche Kommunikations- und Beratungslehre	6	4	5	2	1
Landespflege	2	3	6	5	2
Pflanzenbau und Grünland	4	2	8	5	1
Zoologie	2	6	7	3	1
Geographie - Tourismusforschung	3	10	3	2	0
Organisationspsychologie	7	8	3	3	0
Wissenschaftsphilosophie	12	3	3	3	0
„eigene Disziplin"	0	0	2	4	15

---

[2] Dieser Gebrauch der Bezeichnungen Disziplin bzw. Interdisziplinarität etc. rekurriert nicht auf Definitionen von Disziplinarität, entspricht jedoch der Praxis (nicht alleine) des *Modellvorhabens Kulturlandschaft Hohenlohe*.

Um eine verfeinerte Untersuchung der Wissensvoraussetzungen der Beteiligten zu erlangen, wurden die Bearbeiter um ihre Selbsteinschätzungen bezüglich der am Projekt beteiligten Disziplinen befragt. Diese Selbsteinschätzungen bezogen sich auf unterschiedliche Teilbereiche des Wissens über die jeweilige Disziplin:
a) Wissen über den Gegenstandsbereich, über Theorien und Konzepte der Disziplin
b) Wissen über wesentliche Methoden der Erkenntnisgewinnung
c) Wissen über (empirische) Untersuchungsergebnisse
d) Wissen über Technologien, Veränderungswissen, Interventionswissen aus der jeweiligen Disziplin
Bei der Datenerhebung zeigte sich, dass eine Unterteilung des Wissens, wie hier aufgrund wissenschaftstheoretischer Überlegungen vorgenommen, für die Befragten sehr ungewohnt und in beachtlichem Maße erläuterungsbedürftig war. In der folgenden Tab. 9.1.3 sind nur die Selbsteinschätzungen zu »Wissen über den Gegenstandsbereich, über Theorien und Konzepte der Disziplin« dargestellt, da dieser Wissensbereich allen Befragten eindeutig verständlich schien. Dargestellt sind die Ergebnisse von jenen 20 Bearbeitern des Projektes (s.o.), die aufgrund der vertraglichen Situation eindeutig einzelnen Einrichtungen zugeordnet werden konnten. Die Daten der jeweiligen Institutsmitarbeiter sind nicht in die Teilsummen mit eingeflossen. Die Selbsteinschätzung zu den Disziplinen der eigenen Einrichtung sind unter »eigene Disziplin« zusammengefasst. »Wissenschaftstheorie« wurde hier zwar nicht als eigene Einrichtung behandelt, aber doch als Disziplin erfragt. »Organisationspsychologie« wurde als Disziplin zur wissenschaftlichen Prozessbegleitung erfragt.

Zwar können die erhobenen qualitativen Selbsteinschätzungen des Wissens sicherlich keine Wissensdiagnostik ersetzen, aber es zeigt sich deutlich, dass trotz verwandter Ausbildungen vieler Bearbeiter des Projektes ein beachtlicher gegenseitiger Informationsbedarf bestand, da je nach Disziplin bis zu knapp der Hälfte der Mitarbeiter nach eigenen Angaben nur über geringste Kenntnisse der Partnerdisziplinen verfügen. Deutlicher wird dies noch, wenn die Selbsteinschätzungen der Projektbearbeiter (hier: Projektbearbeiter und Institutsleiter) zu der Frage in Betracht gezogen werden, inwiefern die von den beteiligten Instituten vertretenen Inhalte Gegenstand der eigenen (akademischen) Ausbildung waren (Tab. 9.1.4).

Tabelle 9.1.4: Selbsteinschätzung, inwiefern das von der Institution vertretene Fach Gegenstand in der eigenen Ausbildung war (N = 31).

Fach bzw. Institution	Selbsteinschätzung		
	gering	war Gegenstand	davon: in solidem Umfang
Landwirtschaftliche Betriebslehre	17	14	9
Ökologischer Landbau	16	15	8
Landschaftsinformatik/Landschaftsentwicklung	19	12	6
Bodenkunde und Standortlehre	6	25	11
Landwirtschaftliche Kommunikation und Beratungslehre	15	16	5
Landespflege	12	19	12
Pflanzenbau und Grünland	15	16	8
Sozial- und Verhaltenswissenschaft/Psychologie	19	12	1
Wissenschaftsphilosophie/Erkenntnistheorie	21	10	6
Zoologie	10	21	6
Geographie/Tourismusforschung	20	11	5

Mit Ausnahme der Zoologie und der Bodenkunde waren Grundkenntnisse über die jeweiligen Fächer nur bei der Hälfte, teils nur bei einem Drittel der Kolleginnen und Kollegen verfügbar. Besonders bemerkenswert ist, dass Wissenschaftsphilosophie bzw. Erkenntnistheorie in den wenigsten wissenschaftlichen Ausbildungen der Mitarbeiter vermittelt wurde. Dadurch sind die Möglichkeiten, das Gefüge der Theorien und Daten adäquat zu verstehen, zunächst weitgehend beschränkt.

Dass Wissensvoraussetzungen unterschiedlich sind, mag zunächst – auch anhand der hier dargestellten Daten – banal erscheinen. Dass jedoch die projektspezifische Klärung dieser Unterschiede kein Standard im interdisziplinären Projektmanagement zu sein scheint und die Kompensation projektrelevanter Wissensdefizite in der Planung der Startphase vergleichbarer Projekte auch kein ausreichender Raum gegeben wird, zeigt die Notwendigkeit, diesen Aspekt im praktischen Projektmanagement mit größerer Aufmerksamkeit zu beachten.

Methodenkompetenz – Projektmanagement

Die Planungen in der Definitionsphase des *Modellvorhabens Kulturlandschaft Hohenlohe* ergaben ein Projektdesign, das sowohl in der interdisziplinären Sphäre (»internes Projekt«) wie auch in der transdisziplinären Sphäre (»externes Projekt«) eine Einbindung der Mitarbeitenden in Funktionen vorsah, die in hohem Maße methodisches Know-how erforderten. Dabei sollten nicht nur die methodischen Herausforderungen im Projektmanagement gemeistert werden, sondern auch die Verknüpfung mit den methodologischen Erfordernissen (s.o.) wissenschaftlicher, auf Erkenntnisgewinn ausgerichtete Arbeit sollte gelingen. Situationsanalysen, Zielklärungen, Maßnahmenplanungen, Steuerungsprozesse auf vielen interdependenten Arbeitsfeldern sollten geleistet werden.

Um diesen Erfordernissen gewachsen zu sein, wäre ein wissenschaftliches Personal wünschenswert, das über explizite konzeptionelle und methodische Fähigkeiten auf anspruchsvollem Niveau verfügt, wenngleich nicht alle Mitarbeiter im gleichen Umfang im Projektmanagement gefordert waren. Die Befragung von 35 Mitwirkenden (6 Institutsleiter/Projektleiter; 3 Geschäftsführende; 26 Mitarbeitende) im *Modellvorhaben Kulturlandschaft Hohenlohe* ergab zu diesem Kompetenzbereich, dass zu Beginn des Projektes bzw. der eigenen Tätigkeit nur 5 Personen breiter angelegte Qualifizierung im Bereich des Projektmanagements (Qualifizierungsprogramme; gezieltes Mentoring) erfahren hatten. Weitere 9 konnten elementare theoretische Kenntnisse anführen, 5 gaben an, weder Theoriekenntnisse, noch Praxiserfahrung im Projektmanagement zu haben. Ein Großteil der Beteiligten (20 Personen) gab an, über Praxiserfahrungen zu verfügen und sich Kenntnisse auf autodidaktischem Wege (»Learning by Doing«) angeeignet zu haben, allerdings wurden hier häufig auch Leistungen wie Diplomarbeiten als einschlägige Projekterfahrung verstanden.

Es muss gesagt werden, dass die individuellen Leistungsvoraussetzungen für methodisches Arbeiten und Kooperieren anhand der vorliegenden Daten als stark verbesserungswürdig einzuschätzen waren. Es liegt der Schluss nahe – mindestens für die am Projekt beteiligten Disziplinen, dass die Ausbildung nur selten auf eine methodische Befähigung zu interdisziplinärer Kooperation ausgerichtet ist.

Soziale Kompetenz

Ähnlich anspruchsvoll wie die Anforderungen im Bereich der Methodenkompetenz sind jene an die soziale Kompetenz der Bearbeiter, die sowohl im internen wie auch im externen Projekt sehr kommunikationsintensive Arbeit leisten sollten. Es erschien nicht realistisch, eine aussagekräftige Einschätzung der sozialen Kompetenz der Projektmitarbeiter auf der Grundlage des Einstiegs-

Interviews zu schaffen. Aber ähnlich wie bei Fragen des Projektmanagements kann davon ausgegangen werden, dass die Förderung und Entwicklung der sozialen Kompetenz kaum Gegenstand akademischer Ausbildungen ist.

Zwar konnten die Auswirkungen der individuellen Sozialisationsgeschichten nicht eingeschätzt werden, allerdings war auch hier möglich, durch Befragung festzustellen, inwiefern die Personen gezielt an verhaltensorientierten Maßnahmen zur systematischen Entwicklung der eigenen sozialen Kompetenz teilgenommen haben. Hierzu wurden sowohl Trainingsmaßnahmen im Rahmen der akademischen Ausbildung (beispielsweise im Fach Landwirtschaftliche Kommunikations- und Beratungslehre oder in anderen sozialwissenschaftlichen Fächern) oder im Rahmen anderer Qualifizierungs- oder Beratungszusammenhänge (Fort- und Weiterbildung) eingerechnet, wie auch andere individuelle Maßnahmen, die auf ein bessere Bewältigung von kommunikativen und emotional anspruchsvollen (Lebens-) Situationen gerichtet waren (z.B. psychologische Beratung, Therapie, Supervision, u.a.m.). Die Wirksamkeit der jeweiligen Maßnahmen wurde aufgrund des Umfangs und der subjektiven Bewertungen der Befragten durch den Prozessbegleiter eingestuft (gering – mittel – hoch).

Aus diesen gewiss sehr weichen Daten aus 35 Interviews ergibt sich folgender Gesamteindruck über gezielte und professionell unterstützte verhaltensorientierte Beschäftigung mit dem eigenen Kommunikations- und Konfliktverhalten: Knapp ein Drittel der am Projekt beteiligten Personen hatte sich vor ihrem Eintritt in das Projekt gezielt und intensiv mit professioneller Unterstützung mit ihrem persönlichen Kommunikations- und Konfliktverhalten befasst. Etwa ein weiteres Drittel hatte sich im Rahmen einzelner Veranstaltungen oder ausschließlich auf theoretischer Ebene mit Fragen des Kommunikations- und Konfliktverhaltens befasst. Über das verbleibende Drittel kann angenommen werden, dass die Personen ihr Kommunikations- und Konfliktverhalten in alltagsüblichem Maß reflektiert haben.

Überforderungsrisiken und Qualifizierungsbedarf für die interdisziplinäre Kooperation

Durch den Vergleich der Kompetenzanforderungen in der interdisziplinären und transdisziplinären Projektarbeit und der zu Projektbeginn (bzw. zum Zeitpunkt des Projekteintritts) bei den Mitarbeitenden vorhandenen individuellen Kompetenzprofile können Überforderungsrisiken identifiziert werden. In allen Bereichen, in denen die Leistungsanforderungen die Leistungsvoraussetzungen übersteigen, wären rechtzeitige Qualifizierungsschritte erforderlich, um solche Überforderungsrisiken abzuschwächen oder auszuschalten. Dieser Bedarf an Qualifizierung[3] bestand im *Modellvorhaben Kulturlandschaft Hohenlohe* – meist für alle Mitarbeitenden – mindestens in folgenden Themenbereichen:

__»Allgemeine Wissenschaftspropädeutik« (vgl. DEFILA & DI GIULIO 1996b: 135)
  - Erkenntnistheorie
  - Wissenschaftstheorie, -geschichte, -soziologie
  - Methodologie
  - Sprachtheorie
__Orientierungswissen über die am Projekt beteiligten Disziplinen
__Methodikwissen (Projektmanagement)
__Präsentation, Rhetorik
__Kommunikation, Gesprächsführung
__Konfliktverhalten

---

[3] Zur Deckung dieses Bedarfes siehe Kap. 6.6 (Prozessbegleitung und Qualifikation)

___Moderationsmethoden, Partizipationsverfahren, Leitung von Gruppenprozessen
___Führungsverhalten (für die Geschäftsführer des Projektes)
Über die im Projekt durchgeführten Qualifizierungsmaßnahmen informiert Kap. 6.6.

Individuelle Kompetenzzuwächse

In der Schlussbefragung der Projektbeteiligten wurden auch die aus der subjektiven Sicht erfolgten Kompetenzentwicklungen erfragt. Hierzu liegen von 26 Projektmitarbeiterinnen und -mitarbeitern und den beteiligten Institutsleitern Angaben vor.

Fachkompetenz – Partnerdisziplinen und eigene Disziplin

Es wurde deutlich, dass der überwiegende Teil (18 von 26 befragten Personen) der am Projekt intern Mitarbeitenden ihren eigenen Kenntnisstand zu den beteiligten Disziplinen erweitern konnten. Hierbei war beiläufiges Lernen in den verschiedenen Gremien des Projektes, besonders in den auf die Teilprojekte bezogenen Arbeitsgruppen wie auch den zentralen Arbeitsgruppen, (Indikator-AG, Politik-AG, Plenum) wesentlich. Gezielte Maßnahmen zur Vermittlung von Orientierungswissen zu den verschiedenen Disziplinen an alle Mitarbeiter hatte zwar in der Definitionsphase für einen kleinen Teil der später am Hauptprojekt Mitarbeitenden stattgefunden, waren aber im Hauptprojekt seitens des Geschäftsführung nicht vorgesehen worden. Bemerkenswert sind auch die Kompetenzzuwächse im eigenen Fach- und Verantwortungsbereich, die von der gleichen Anzahl (16 Personen) von Mitarbeitern genannt wurden.

Methodenkompetenz – Partizipationsmethoden, Projektmanagement, Selbstorganisation

Die Schlussbefragung ergab, dass fast alle Mitarbeitenden einen beträchtlichen Zugewinn an arbeitsmethodischem Wissen bei sich feststellten. Sieht man von jenen Institutsleitern ab, die das Projekt aus einer eher distanzierten Position begleiteten, so konnten alle Mitarbeitenden sich Moderationsmethoden (Visualisierung, Planen und Entscheiden in Gruppen etc.) aneignen oder vorhandene Fertigkeiten verbessern. Zur Förderung der Fähigkeiten der Mitarbeitenden im Bereich der Moderationsmethoden fanden im Verlauf des Projektes wiederholt Trainingsmaßnahmen statt; die Moderatorinnen und Moderatoren interner Arbeitssitzungen erhielten im Anschluss an die Sitzungen meist kompetenzorientiertes Feedback vom Prozessbegleiter. Aktionsforschung als Arbeitsmethode wurde ebenfalls von einem Großteil der Mitarbeitenden angeführt, allerdings wurde hierzu bemängelt, dass das Konzept erst recht spät vermittelt wurde und auch im Schlussinterview wurde von einem Teil der Beteiligten kritisiert, dass sie zum Konzept der Aktionsforschung keine befriedigende Klarheit erreichen konnten.

Ebenso weit reichend wie zur Moderation war der Zugewinn an Kenntnissen und Fähigkeiten im Bereich des Projektmanagements (Planungsmethodik, Entscheidungsfindung, Zeitmanagement etc.). Hier hatte das Konzept der zielorientierten Projektplanung (ZOPP, GTZ 1996) besonderes Gewicht, das im Rahmen der Indikator-AG Ende September 1998 auf Empfehlung der Prozessbegleitung in das Projekt eingeführt wurde, nachdem dort planungsmethodische Schwierigkeiten aufgetreten waren.

Ein weiterer Bereich, der in einer engen Wechselbeziehung mit der Methodik des Projektmanagement steht, sind Methoden der Selbstorganisation (persönliches Ziel- und Zeitmanagement). Im Verlauf des Projektes sahen etwa zwei Drittel der Mitarbeiter im Bereich ihrer eigenen Selbstorganisation große Fortschritte. Zu diesem Kompetenzbereich fand Unterstützung durch den Prozessbegleiter im Wesentlichen in Einzelberatungen statt, nicht selten aus Anlass von Konfliktsituationen.

Soziale Kompetenz – Gesprächsführung, Konfliktverhalten, Rollenklarheit, Teamfähigkeit
Die Schlussbefragung zeigte, dass bis auf eine Ausnahme alle befragten Bearbeiter, die in die Projektarbeit regelmäßig involviert waren (N = 21), nennenswerte Entwicklungsfortschritte ihrer eigenen sozialen Kompetenz feststellten. Schwerpunkte bildeten hier die Fähigkeiten zur Gesprächsführung (n = 13), Konflikt- und Verhandlungsfähigkeit (n = 14), Rollenklärung und -klarheit (n = 11), Teamfähigkeit (n = 13) und Selbstsicherheit (n = 13).

Schlüsselprozesse in der interdisziplinären Zusammenarbeit

Die im Folgenden beschriebenen Schlüsselprozesse stehen auf der Grundlage der 15 Routinebefragungen, die in ca. achtwöchigem Rhythmus stattfanden, sowie der Abschlussinterviews, die mit allen 36 Mitarbeitern (Projektleitung, Geschäftsführung, wissenschaftliche Bearbeiter, Institutsleiter, Verwaltungskräfte) geführt wurden, die zum Projektende noch Mitglied der Projektgruppe waren und zur Verfügung standen. Die Befragungsinstrumente wurden auf der Basis von Theorien entwickelt, die den Zusammenhang zwischen Arbeitssituation und Arbeitsmotivation bzw. Arbeitszufriedenheit beleuchten (NEUBERGER 1985). Die Befragungsinstrumente wurden an projektspezifische Aspekte angepasst, z.b. an die organisatorischen Besonderheiten (Situationsbeschreibungen) und die interdisziplinäre Aufgabenstellung.

Wesentlich für die Bestimmung der Schlüsselprozesse ist, dass diese im positiven oder negativen Sinne auffällige Ausprägungen (Mittelwerte) oder auffällige Schwankungen im Bereich der Zufriedenheit während der Projektbearbeitung zeigten, über längere Zeit oder im Rückblick größere Aufmerksamkeit bei den Befragungen anzeigten, erkennbar durch Nennungen in offenen Abschnitten der Befragungen und Interviews. Die Verläufe der Aspektzufriedenheiten finden sich in Abb. 9.1.2 und 9.1.3.

Weitere Kriterien zur Bestimmung von Schlüsselprozessen waren auffällige Beobachtungen aus Arbeitssitzungen und thematische Schwerpunkte in individuellen Beratungen. Die hier dargestellten Schlüsselprozesse repräsentieren also nicht das Gesamtgeschehen, sondern stellen eine Auswahl auffälliger und tendenziell problematischer Teilprozesse dar. So werden beispielsweise über lange Phasen gute Leistungen der Geschäftsführung (in vielen Bereichen der Organisation von Besprechungen oder auch großen Veranstaltungen) hier nicht gesondert aufgegriffen, obwohl – und gerade weil – hierzu hohe Zufriedenheit bei allen Beteiligten gegeben war, ohne besondere Begeisterung oder Motivationsschübe auszulösen. Ähnliches gilt für die hohe Attraktivität des Projektes, die seit Sommer 1998 zunehmende Zufriedenheit mit der technischen Ausstattung des Projektes und die zumeist hohe Einschätzung der persönlichen Entwicklungschancen und Lernfortschritte durch das Projekt. Hier geht es um das besonders Positive und um negative Entwicklungen, die durch das Monitoring frühzeitig entdeckt und häufig – leider nicht immer – durch geeignete Maßnahmen der Geschäftsführung/Projektleitung, der Projektgruppe und der Prozessbegleitung gestoppt und umgekehrt werden konnten.

Die hier beschriebenen Schlüsselprozesse werden hier im funktionalen und strukturellen Gefüge der Projektarbeit beschreiben. Persönlichkeitsbedingte Aspekte werden hier nicht repräsentiert. Zwei Gründe sind dafür ausschlaggebend: Erstens ist die Anonymisierung der gewonnen Erkenntnisse der Begleitforschung ein wichtiger Bestandteil der Kooperationsvereinbarung zwischen dem Prozessbegleiter und der Projektgruppe. Zweitens kann zwar die Tatsache persönlichkeitsbedingter Einflüsse auf das Projektgeschehen verallgemeinert werden, die Einflüsse im Einzelnen sind jedoch nicht verallgemeinerbar.

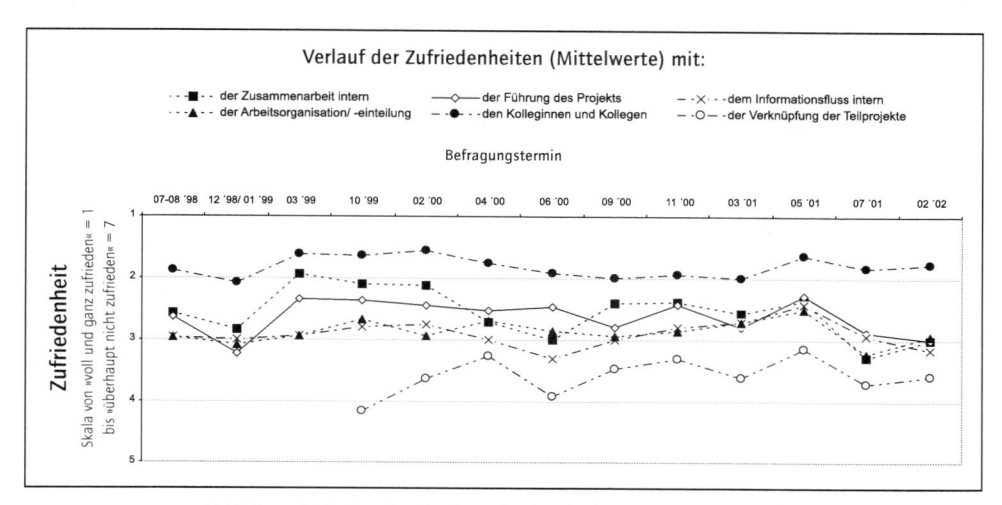

Abbildung 9.1.2: Aspekte der Organisation der internen Zusammenarbeit

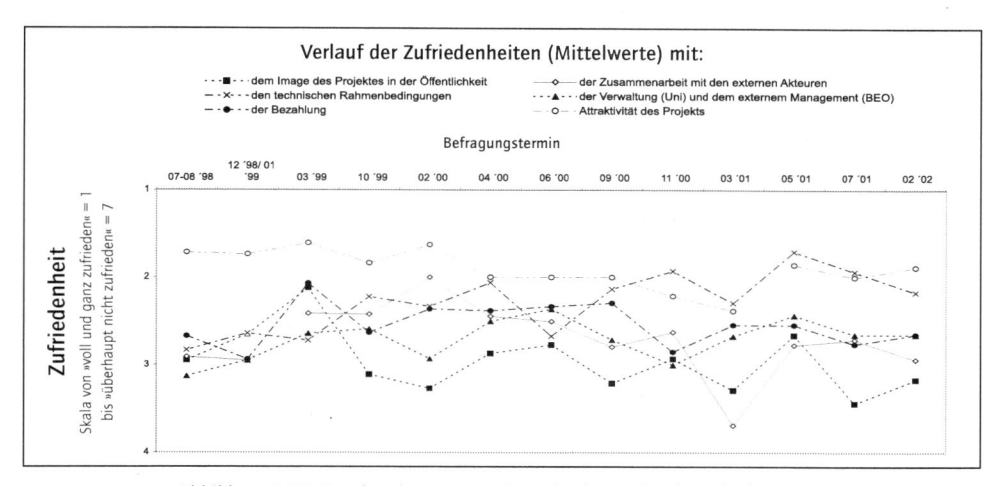

Abbildung 9.1.3: Aspekte der externen Organisation und Rahmenbedingungen

Soziales Klima in der Projektgruppe

Ein wesentlicher Indikator für die Qualität der Kooperation ist das soziale Klima in der Gruppe der Projektbearbeiter. Das soziale Klima (Betriebsklima) bzw. die Arbeitsatmosphäre im Team stellt ein kumulatives Maß für Qualität der gegenseitigen Beziehungen in der Projektgruppe dar. Werden wichtige Probleme und Konflikte in der Zusammenarbeit für längere Zeit nicht auf befriedigende Weise gelöst, dann sind Beeinträchtigen des Klimas die Folge. Gleichzeitig stellt das soziale Klima einen Faktor für die Bewältigung von Schwierigkeiten dar.

Das soziale Klima in der Projektgruppe war über die vier Jahre der Projektlaufzeit sehr positiv. Als Indikator hierfür wurde »Zufriedenheit« mit den Kolleginnen und Kollegen verwendet, die Mittelwerte lagen durchgehend zwischen 1,5 und 2,0. Zunehmend wurde das Klima in den offenen Teilen der Routinebefragung als Zielgröße der Zusammenarbeit genannt. Insbesondere gegen

Projektende, als sich die vorherrschende Aufgabenstruktur von Teamaufgaben hin zu individuellen Aufgaben bei der Berichtfassung bewegte. Negative Teilprozesse, die in den nachfolgenden Abschnitten beschrieben werden, konnten im wesentlichen so gelöst werden, dass »Stimmungsdellen« in der Projektgruppe ausgeglichen wurden.

Fachliche und transdisziplinäre Arbeit
Nicht zu unterschätzen ist das motivationale Potenzial, das durch erkennbare Fortschritte in der inhaltlichen Arbeit und in der Anerkennung der eigenen individuellen Leistungen, aber auch der Leistungen des Projektes in der Öffentlichkeit geweckt wurde. Hier zählen sowohl die Rückmeldungen des Fachpublikums z.B. bei Tagungen und Kongressen wie auch die zunehmende Anerkennung bei Akteuren im Projektgebiet. Traten negative Rückmeldungen auf, dann führte dies i.d.R. zu intensiver Problemanalyse und zu Verbesserungsmaßnahmen im Projekt.

Führung des Projektes – Geschäftsführung und Projektleitung
In den Führungsstrukturen des Projektes fokussieren sich viele Funktionen. Die Verantwortung für die Koordination der Aktivitäten, für die interdisziplinäre Integration der Aktivitäten nach innen und für die Repräsentation der Projektgruppe gegenüber den Akteuren im Projektgebiet, die Abstimmung der Aktivitäten mit den Erfordernissen der externen Trägerstrukturen (Projektträger, Hochschulen) u.a.m. liegen in der Verantwortung der Projektleitung und der Geschäftsführung.

Wenig überraschend bewirkten die Aktivitäten der Führung des Projektes stark schwankende Zufriedenheit in der Projektgruppe. Neben Organisationsprozessen, auf die in den späteren Abschnitten dieser Prozessbetrachtung eingegangen wird, müssen hier strukturelle Gesichtspunkte genauer betrachtet werden. Entwicklungen im Rollengefüge im Projektverlauf stellen hier einen besonders bedeutsamen Teil dar. Als Rollengefüge wird hier das Gefüge gegenseitiger Erwartungen an die Rollenträger innerhalb der Leitungsstruktur und innerhalb der Projektgruppe insgesamt verstanden. Als Bestandteil des Rollengefüges sind u.a. die gegenseitigen Pflichten und Rechte zu sehen.

Zu Beginn der Projektlaufzeit waren zwar die jeweils drei Positionen in der Projektleitung und der Geschäftsführung besetzt, die in der Definitionsphase festgelegt worden waren. Die gegenseitigen Erwartungen innerhalb der Leitungsstruktur und zwischen der Leitungsstruktur waren am Ende der Definitionsphase noch nicht geklärt. In der Zusammenarbeit innerhalb der Leitungsstruktur zeigten sich keine gravierenden Probleme, hingegen traten nach einem halben Jahr Laufzeit des Hauptprojektes im Spätjahr 1998 zunehmende Unzufriedenheiten bei den Mitarbeitenden mit der Führung des Projektes auf, die sich zu einer beachtlichen Störung in der Zusammenarbeit entwickelte. Diese konnte durch verschiedenen Interventionen der Prozessbegleitung bearbeitet und in einem eintägigen Workshop im Februar 1999 weit gehend geklärt werden.

Die Geschäftsführung nahm die Beratungsdienste des Prozessbegleiters in Anspruch, nachdem die Unzufriedenheit der Mitarbeitenden in den Routinebefragungen augenscheinlich geworden war und im Weiteren die Kritik von Mitarbeitern im Plenum deutlich geäußert wurde.

Zu den definierten Positionen gehörte das Konzept, dass die drei Geschäftsführer zu 50 Prozent ihrer Arbeitszeit in dieser Funktion, zu weiteren 50 Prozent der Arbeitszeit in fachlicher Projektarbeit, teils als Wissenschaftler, in einem Fall aber auch in beratender Funktion gegenüber den anderen Mitgliedern der Projektgruppe, arbeiten sollten. Vorteilhaft an dieser Struktur von drei Geschäftsführern war, dass die drei Fachaspekte der Nachhaltigkeit (bis zum Ausscheiden eines der drei Mitglieder) in der Geschäftsführung vertreten waren. Von großem Nachteil zeigte sich die Funktionshäufung insofern, als die Geschäftsführer auch fachliche Eigeninteressen verfolgten. Dies führte sowohl inhaltlich wie auch im Hinblick auf die Steuerung der Zeitressourcen der betroffenen Personen zu teilweise intensiven Konflikten mit anderen Bearbeitern des Projektes.

Kooperation zwischen prozessbegleitenden Funktionsträgern

Zur internen Prozessbegleitung waren in der Definitionsphase zwischen den Trägern prozessbegleitender Funktionen im internen Projekt (H. Schübel) und externen Projekt (Institut für landwirtschaftliche Kommunikation und Beratungslehre (KBL), Universität Hohenheim) und dem Projektsprecher Vereinbarungen getroffen worden. Diese Vereinbarungen sollten auch Kooperationsgrundlage zwischen den prozessbegleitenden Projektpartnern sein und waren im Projektantrag zur Hauptphase differenziert in der Beschreibung zu Konzept und Funktionen der wissenschaftlichen Prozessbegleitung berücksichtigt worden. Teil dieses Konzeptes war, dass die letztlich gültige Rollenvereinbarung zwischen dem Prozessbegleiter und allen Mitgliedern der Projektgruppe in der Anfangsphase des Hauptprojektes getroffen werden sollten. Diese Rollenvereinbarung konnte erst im Plenum im November 1998 getroffen werden, nachdem wesentliche Bestandteile des Konzeptes zur internen Prozessbegleitung vom KBL-Institut in Frage gestellt wurden. Ganz ausgeräumt werden konnten die Probleme um die Rollenzuweisungen nicht. Dazu wäre ein Ausscheiden von Personen aus dem Projekt notwendig gewesen.

Diese Probleme beeinträchtigten die Arbeit des internen Prozessbegleiters in der Anfangsphase des Projektes bis November 1998 und in der Kooperation bei Qualifizierungsmaßnahmen. Auch hatten sie phasenweise negative Auswirkungen auf das im übrigen sehr positive Klima in der Projektgruppe (s.o.).

Organisation der internen Zusammenarbeit

Während der Zusammenarbeit im einem komplexen Projekt wie dem *Modellvorhaben Kulturlandschaft Hohenlohe* ist eine Vielzahl organisatorischer Aufgaben zu lösen. Hier gaben Schwankungen in den Teilzufriedenheiten im Verlauf des Projektes wiederholt Anlass zur genauen Analyse problematischer Entwicklungen, die oft schon in der Geschäftsführung, in den Plenen, der Indikator-AG und in der Projektleitung durchgeführt, aufgegriffen und zumeist gelöst wurden. Eine Ausnahme dazu liegt in der räumlichen Verteilung der beteiligten Institutionen, da diese nicht durch Entscheidungen innerhalb des Projektes zu beeinflussen war. Hier zeigte sich, dass der Ruf des Projektsprechers auf eine Professur an der Universität Freiburg und sein Umzug kurz vor Beginn des Hauptprojektes sich als relevante räumliche Erschwernis auswirkte.

Zu den lösbaren problematischen Punkten gehörten u.a. der technische Informationsfluss und das Datenmanagement, die entstanden, weil für diese Funktion keine Personalkapazität im Antrag vorgesehen war. Dieses Defizit wirkte sich in den ersten anderthalb Jahren belastend aus, bis eine EDV-Stelle geschaffen werden konnte. Weiterhin war auch die Organisation des kommunikativen Informationsflusses wiederholt Anlass zu Verbesserungen. Aspekte waren hier die Dokumentation und Verbindlichkeit von gemeinsam getroffenen Entscheidungen, Klärungen zu Hol- und Bringschuld für bestimmte Informationen und mit zunehmender Projektlaufzeit die Vermittlung von Überblicksinformationen der diversen Aktivitäten in den Teilprojekten. Letzter Aspekt wurde ab April 2000 dauerhafter Bestandteil in der Tagesordnung des Plenums.

Eine große Zahl von Einzelberatungen und Beratungen mit Konfliktparteien hatte Konflikte zwischen Mitarbeitern aus der Projektgruppe und Führungspersonen (Geschäftsführung; Institutsleiter) zum Anlass. Zumeist waren unterschiedliche Auffassungen über Leistungsansprüche und Leistungsbereitschaften Gegenstand nachfolgender Verhandlungen. Zu Konfliktsituationen kam es im Zusammenhang mit Autoren- und Herausgeberschaften, die nicht abschließend zu aller

Zufriedenheit gelöst werden konnten. Die Entscheidungsfindung erlebten einige Mitarbeiter als fremdbestimmend und teilweise unausgewogen. Diskrepanzen zu diesen Entscheidungen konnten im Zusammenhang mit der wissenschaftlichen Prozessbegleitung nicht ausgeräumt werden.

»Day-After« – Verwertungs- und Karriereplanung
Abgesehen von den Professoren der beteiligten Instituten waren alle Mitarbeitenden durch befristete Arbeitsverträge bzw. F&E-Verträge an des Projekt gebunden. Eine solche Vertragssituation entspricht einer verbreiteten Praxis für interdisziplinäre Forschungsverbünde. Üblicherweise liegt die weitere Lebensplanung und Karrieregestaltung alleine in der Verantwortung der einzelnen Person. Anders als Personal(-entwicklungs)-abteilungen in Organisationen, die ein langfristiges Interesse an der Deckung des Personalbedarfs haben und damit an der Förderung und Karriereentwicklung erfolgreicher Mitarbeiter haben, mangelt es im Wissenschaftsbetrieb dafür an den strukturellen Voraussetzungen, da Personalentwicklung kaum organisatorisch verankert ist. Karriereförderung wird allenfalls durch Institutsleiter betrieben, allerdings besteht hier große individuelle und situative Varianz.

Diese Gegebenheiten stellen zentrifugale Kräfte für ein Projekt dar, die im zeitlichen Verlauf von wachsender Bedeutung sind, da sich häufig die Mitarbeiter gegen Ende der Projekte mit zunehmender Intensität um ihren weiteren Karriereweg kümmern, wodurch sich die Spielräume für das Projekt reduzieren. Wenn Bewerbungen erfolgreich verlaufen, kann ein Projekt in der Schlussphase personell und damit intellektuell ausgedünnt werden. Die hierdurch zu erwartenden Konflikte bewirken häufig, dass die relevanten Informationen nicht ausgetauscht werden. Auch das Potenzial an Synergien, das sich bei erfolgreicher Entwicklung der interdisziplinären Kooperation im Projektverlauf aufgebaut hat, geht dadurch verloren.

Um solchen negativen Entwicklungen entgegen zu wirken, wurde der Projektleitung vom Prozessbegleiter etwa zehn Monate vor Ende des Projektes die Initiierung eines »Day-After«-Prozesses vorgeschlagen. In diesem Prozess sollten die interessierten Projektbeteiligten die Möglichkeit erhalten, sich über gemeinsame Möglichkeiten der Kooperation über die Projektlaufzeit hinaus Gedanken zu machen. Dieser Prozess wurde von der Projektleitung befürwortet und im April 2001 mit einem Workshop in die Wege geleitet. In der Folgezeit zeigten die Routinebefragungen, dass der »Day-After«-Prozess denjenigen Mitarbeitern, die darin involviert waren, einen wichtigen Motivationsschub für die Projektarbeit gegeben hat. Mindestens sechs Mitglieder aus der »Day-After«-Gruppe kooperierten als Netzwerk mindestens bis in das Jahr 2003 in anderen Projekten.

Endphase des Projektes – Rückzug aus der Region und Divergenz der Aktivitäten
Ab Spätsommer 2001 zog sich der wissenschaftliche Prozessbegleiter aus den Dienstleistungsfunktionen für das Projekt zurück, um die erforderlichen Aktivitäten zur Begleituntersuchung durchzuführen. Wie aus den Abb. 9.1.2 und 9.1.3 hervorgeht, haben sich auf der letzten Etappe des Projektes zwischen Juli 2001 und Februar 2002 in fast allen Bereichen Unzufriedenheiten aufgetan. Mehrere Gründe haben dazu beigetragen. Unter anderem nahm die individuelle Arbeit an der Abfassung des Endberichtes gegenüber kooperativen Aufgaben zu, wodurch der Kontakt zwischen den Mitarbeitern sich deutlich verringerte. Dadurch reduzierte sich nicht nur der soziale Kontakt, auch der Informationsaustausch über die inhaltliche Arbeit wurde lückenhaft. Die Notwendigkeit, Aktivitäten im Projektgebiet abzuschließen und gleichzeitig die Berichterstellung voranzubringen, bewirkte bei vielen Mitarbeitern ein Arbeitsvolumen, das von vielen als überlastend erlebt wurde. Zuvor schwer kalkulierbare, zusätzliche Arbeitsaufträge aus der Geschäftsführung bewirkten Unmut bei Mitarbeitern, da diese dem dringenden Wunsch nach Abschluss der

inhaltlichen Arbeiten entgegenstanden. Andererseits bewirkte die zögerliche Bearbeitung von Arbeitsaufträgen wiederum Missstimmung bei den Geschäftsführern.

Eine mit fortschreitender Projektlaufzeit relevanter werdende organisatorische Herausforderung war die Integration der unterschiedlichen Aktivitäten. Hier half die Einführung von ZOPP (s.o.), das allerdings nicht durchgängig für alle Aktivitäten des Projektes als Managementsystem angewendet wurde. Als Dauerthema erwies sich die Frage, wie die diversen Teilprojekte organisatorisch und inhaltlich integriert werden können. In diesem Zusammenhang gewann gegen Projektende die Frage nach dem wissenschaftlichen Gewicht und der Implementierung des Aktionsforschungsansatzes an Bedeutung.

Zusammenfassend muss für die Endphase des Projektes festgestellt werden, dass nicht über die zu erwartende Divergenz der Berichtsphase hinaus Probleme in der Steuerung der Aktivitäten insgesamt aufgetreten sind. Eine präzisere Ziel- und Zeitplanung für die Endphase von Projekten ist wünschenswert.

Evaluation zur wissenschaftlichen Prozessbegleitung

Da Probleme in der interdisziplinären Zusammenarbeit seit langem bekannt waren, wirksame Lösungsstrategien aber bisher fehlten, forderte das Rahmenkonzept für den Förderschwerpunkt »Ökologische Konzeptionen für Agrarlandschaften« (BMBF 1996) u.a. für diesen Aspekt innovative Lösungen. Die Bewilligung innovativer Projekte stellt die Entscheider naturgemäß vor unsichere Entscheidungen (NOWOTNY & EISIKOVIC 1990), da weder über die Entscheidungsoptionen noch über die möglichen positiven oder negativen Konsequenzen und deren Eintrittswahrscheinlichkeiten vollständige Kenntnis zugrunde liegen kann. Diese Begleitstudie kann dazu dienen, zukünftige Entscheidungen über interdisziplinaritätsfördernde Maßnahmen auf eine breitere Grundlage zu stellen.

Das Modellvorhaben wurde der Anforderung nach einem innovativen Lösungsansatz durch die Funktion der »wissenschaftlichen Prozessbegleitung« auf organisationspsychologischer Grundlage gerecht. Innovativ an diesem Konzept waren u.a.
— die organisationspsychologische Analyse konkreter interdisziplinärer Kooperation als Gesamtprozess,
— die kontinuierliche systematische Organisationsdiagnostik unter Berücksichtigung der vermuteten organisationspsychologisch relevanten Faktoren,
— die konsequente Anwendung des Aktionsforschungsansatzes durch den Prozessbegleiter mit dem gesamten interdisziplinären Projekt als Klientensystem,
— der Einsatz einer breiten Palette von Beratungs-/Interventionsmethoden im Projekt,
— die Eigenverantwortlichkeit des Prozessbegleiters mit der damit verbundenen Unabhängigkeit von fachlichen Weisungen.

Die vorangegangenen Kapitel gaben einen komprimierten Einblick in die Aspekte und Prozesse, in denen gezielte Interventionen mit dem Zweck der Prozessoptimierung durch den Prozessbegleiter stattgefunden haben.

Eine externe und vergleichende Evaluierung der Prozessbegleitung müsste systematisch untersuchen, ob Prozessprobleme gleichen Typs in vergleichbaren Projekten zu vergleichbar guten Lösungen geführt werden konnten und ob die Funktion der wissenschaftlichen Prozessbegleitung wirksam für bessere Lösungen war. Einen solchen komplexen Anspruch kann und will die hier vorliegende Evaluation nicht leisten. Immerhin kann auch ohne eine solche systematische Untersuchung konstatiert werden, das im *Modellvorhaben Kulturlandschaft Hohenlohe* diese Prozessprobleme gezielt und systematisch identifiziert wurden und Lösungen angestrebt wurden. Dies stellt einen wesentlichen Unterschied zu den meisten interdisziplinären Projekten vergleichbarer Komplexität dar.

Die hier vorgestellten Evaluationsergebnisse stellen eine interne Evaluation der Prozessbegleitung aus der Sicht der 26 Mitglieder der Projektgruppe dar, die an der Schlussbefragung teilgenommen haben (s.o.). Die Schlussbefragung – wie die anderen hier berücksichtigten Datenerhebungen auch – wurde durch den Prozessbegleiter durchgeführt. Vor der Bearbeitung des entsprechenden Fragebogenteils wurden alle Probanden darauf hingewiesen, dass sie bei der Beantwortung besonders gründlich vorgehen sollten, um realistische und nicht sozial erwünschte Antworten (dazu BORTZ & DÖRING 1995: 212–216) zu geben.

Hatte die wissenschaftliche Prozessbegleitung günstige Auswirkungen auf das Projekt?

Um diese Frage zu klären, wurden in der Schlussbefragung verschiedene Erfolgsqualitäten der Projektarbeit berücksichtigt (s. Tab. 10.1.5). Zu allen Fragen wurden eine 7-stufige Antwortskala vorgegeben, die von »trifft voll und ganz zu« (= 1) bis zu »trifft überhaupt nicht zu« (= 7) reicht.

Tabelle 9.1.5: Bedeutsamkeit der wissenschaftlichen Prozessbegleitung für das Gelingen des Projektes. (N = 26)

Aussage	Mittelwert
Insgesamt war die wissenschaftliche Prozessbegleitung ein wichtiger Beitrag zum **Gelingen des Projektes**.	2,40
Insgesamt war die wissenschaftliche Prozessbegleitung wichtig für das **inhaltliche** Gelingen des Projektes.	3,50
Insgesamt war die wissenschaftliche Prozessbegleitung wichtig für die **Arbeitsmethodik und Organisation** des Projektes.	2,80
Insgesamt war die wissenschaftliche Prozessbegleitung wichtig für die Arbeitsatmosphäre im Projekt.	2,17
Aufgrund meiner Erfahrungen halte ich eine unabhängige wissenschaftliche Prozessbegleitung für vergleichbare Forschungsverbünde für empfehlenswert.	1,74

Während der Beitrag der wissenschaftlichen Prozessbegleitung von den Befragten zum inhaltlichen Erfolg des Projektes eher indifferent bewertet wurde, ist anhand der Mittelwerte[4] erkennbar, dass ein positiver Einfluss der Prozessbegleitung auf das Gelingen des Projektes erlebt wurde. Aus Sicht der Befragten erwies sich die wissenschaftliche Prozessbegleitung im Bereich der methodisch-organisatorischen Prozesse als wirkungsvoll, besonders deutlich aber in den Einflussnahmen auf die sozial-emotionalen Prozesse. Aufgrund ihrer eigenen Erfahrungen halten die Projektbeteiligten die Funktion eines wissenschaftlichen Prozessbegleiters, wie sie im *Modellvorhaben Kulturlandschaft Hohenlohe* erfüllt wurde, für sehr empfehlenswert.

War die Prozessbegleitung nützlich für persönliche Entwicklungsfortschritte der Mitarbeiterinnen und Mitarbeiter?

Neben den zeitnahen Wirkungen wurde auch untersucht, in welchem Maße die Mitarbeitenden persönliche Lern- und Entwicklungsfortschritte der wissenschaftlichen Prozessbegleitung mit zuschreiben. Bei der Bewertung dieses überdauernden individuellen Nutzens wurde zwischen den

---

[4] (auch ohne statistische Signifikanzprüfung, auf die hier verzichtet wurde)

Kompetenzbereichen Fachkompetenz, Methodenkompetenz und Soziale Kompetenz (s.o.) unterschieden. Zunächst war zu bewerten, ob die Befragten individuelle Kompetenzfortschritte an sich selbst im Projektverlauf erkennen konnten (s. Tab. 10.1.5). Auch hier kam die oben beschriebene 7-stufige Skala in Anwendung. Es zeigte sich, dass persönliche Entwicklungsfortschritte gleichermaßen in allen drei Kompetenzbereichen bestätigt wurden, die Signifikanzprüfung (t-Tests, zweiseitige Hypothesenprüfung) ergab keine signifikanten Unterschiede zwischen den Kompetenzbereichen.

Tabelle 9.1.6: Persönliche Entwicklungsfortschritte im Projekt (N = 26)

Aussage	Mittelwert
Ich habe im Projekt **fachlich-inhaltlich** viel dazugelernt.	2,64
Ich habe im Projekt viel an **arbeitmethodischen Fähigkeiten** (Planen, Problemlösen, Moderation etc.) dazugelernt.	2,44
Ich habe im Projekt viel an **kommunikativen Fähigkeiten** (Gesprächsführung, Konfliktbearbeitung, etc.) dazugelernt.	2,52

Es wurde geprüft, inwiefern die wissenschaftliche Prozessbegleitung Auswirkungen auf die verschiedenen Kompetenzbereiche hatte. Dabei zeigten sich hochsignifikante Unterschiede (t-Tests, einseitige Hypothesenprüfung) zwischen allen drei Kompetenzbereichen (Tab. 10.1.7). Während die Prozessbegleitung aus Sicht der Befragten auf die fachlichen Lernfortschritte eher keinen Einfluss hatte, war die Unterstützung im Bereich der methodischen und organisatorischen Fähigkeiten erkennbar, deutlicher aber noch im Bereich der sozialen Kompetenz.

Tabelle 9.1.7: Unterstützung der persönlichen Entwicklungsfortschritte durch die wissenschaftliche Prozessbegleitung (N = 26)

Aussage	Mittelwert
Die Aktivitäten der wissenschaftlichen Prozessbegleitung waren für mich persönlich eine wichtige Unterstützung für meine **fachlichen Entwicklungsfortschritte** .	4,04
Die Aktivitäten der wissenschaftlichen Prozessbegleitung waren für mich persönlich eine wichtige Unterstützung für meine Entwicklungsfortschritte unter dem Gesichtspunkt der **methodischer und organisatorischer Fähigkeiten.**	3,40
Die Aktivitäten der wissenschaftlichen Prozessbegleitung waren für mich persönlich eine wichtige Unterstützung für meine Entwicklungsfortschritte unter dem Gesichtspunkt der **Fähigkeiten zwischenmenschlicher Kommunikation.**	3,04

Welches waren nützliche Interventionsmethoden der wissenschaftlichen Prozessbegleitung?
Die beiden vorangegangenen Abschnitte zeigen, dass sich die wissenschaftliche Prozessbegleitung als Mittel zur Prozessoptimierung der interdisziplinären Kooperation im *Modellvorhaben Kulturlandschaft Hohenlohe* bewährt hat. Zur Unterstützung des Projektes wurden vom wissen-

schaftlichen Prozessbegleiter vielfältige Interventionsmethoden eingesetzt. In der Abschlussbefragung wurde der Frage nachgegangen, in welchem Ausmaß die einzelnen Interventionsmethoden (vgl. Kap. 6.6) von den Betroffenen als nützlich erlebt wurden (Tab. 10.1.7). Da nicht alle Befragten von der Anwendung aller Interventionsmethoden betroffen waren und deshalb deren Auswirkungen teilweise nur auf der Grundlage von Berichten oder Vermutungen beurteilen konnten, wurde hier zwischen Personen mit eigener Erfahrung und anderen unterschieden. Dabei wurde die Nützlichkeit der unterschiedlichen Aktivitäten der Prozessbegleitung auf einer fünfstufigen Skala (von »sehr hoch« = 1, »hoch«; »teils/teils«; »gering«, bis »nicht nützlich« = 5) eingeschätzt.

Tabelle 9.1.8: Nützlichkeit unterschiedlicher Interventionsmethoden im Modellvorhaben Kulturlandschaft Hohenlohe. (N=26; n gibt jeweils die Anzahl der Einzelbewertungen aus eigener Erfahrung wieder)

Art der Intervention	n	Bewertung aus eigener Erfahrung (Mittelwert)	Bewertung nach Hörensagen/Vermutung (Mittelwert)
Routinebefragungen mit schriftlichem Feedback (Survey-Feedback-Methode)	23	2,09	3,33
Rollenverhandeln/Rollenklärung	21	1,80	2,60
Durchführung von Trainings	13	1,33	1,91
persönliche individuelle Beratung	13	1,25	2,09
Moderation in Konfliktsituationen	13	1,67	2,27
Krisenberatung in Teilprojekt-Arbeitsgruppen	7	1,50	2,31
Kurzinterventionen in Arbeitssitzungen	24	1,96	3,00
Abschluss-Feedbacks in Arbeitssitzungen an die Gruppe	23	1,91	2,67
persönliche Feedbacks nach Beiträgen zu Arbeitssitzungen	18	1,55	2,17
Feedbacks zu Arbeitskreis-Sitzungen mit Akteuren	8	2,00	2,19
Beisitz/Beratung der Projektleitung	7	2,33	2,35
Beratung der Geschäftsführung	4	1,67	2,35
»Day-After«	7	1,50	1,75

Die Ergebnisse zeigen meist deutliche Unterschiede zwischen der Gruppe der Personen, die über eigene Erfahrungen mit der jeweiligen Interventionsmethode hatte und jenen, die nur indirekte Eindrücke besaßen. Allein der Beisitz des Prozessbegleiters in der Projektleitung stellt hier eine Ausnahme dar. Während die Nützlichkeit der verschiedenen Interventionsmethoden auf der Basis eigener Erfahrungen zumeist hoch bis sehr hoch gesehen wurde, sind Nützlichkeitseinschätzungen von Personen mit indirekten Eindrücken etwas zurückhaltender.

9.1.7 Schlussfolgerungen

Hier werden die Kernergebnisse der Begleitstudie in Form von thesenartigen Verallgemeinerungen zusammengefasst:
- Über die Prozesse in interdisziplinären Forschungsteams liegen nur sehr wenige sozialwissenschaftliche Begleituntersuchungen vor. Dem stehen weit mehr wissenschaftstheoretische Arbeiten und retrospektiv angelegte Erfahrungsberichte gegenüber.
- Bedeutsame Schwierigkeiten der interdisziplinären Kooperation liegen in organisatorischen und arbeitsmethodischen Aspekten sowie im Bereich des sozial-emotionalen Geschehens und können mit organisationspsychologischen Mitteln identifiziert werden.
- Förderlich für interdisziplinäre Forschung ist, wenn die Mitarbeitenden von Anfang an über die den hohen Anforderungen entsprechenden Schlüsselqualifikationen verfügen. Ist diese Voraussetzung nicht erfüllt, sollten frühzeitig Qualifizierungsmaßnahmen eingeleitet werden.
- Organisationspsychologisch fundierte Interventionen auf individueller Ebene, auf der Ebene von gruppendynamischen Prozessen und auf der Ebene der Gesamtorganisation interdisziplinärer Forschungsverbünde können einen wesentlichen Beitrag zu Verbesserung der interdisziplinären Kooperationsprozesse beitragen, wenn die beratende Rolle innerhalb der Projektverbünde akzeptiert ist.
- Für inter- (und trans-) disziplinäre Projekte ist nach den Erfahrungen und Aussagen der Mitarbeiter des *Modellvorhabens Kulturlandschaft Hohenlohe* die Beteiligung eines unabhängigen Prozessbegleiters sehr empfehlenswert.

Literatur

Amelang, M., W. Zielinski, 1994: Psychologische Diagnostik und Intervention. Springer-Verlag, Berlin
Balsiger, Ph. D., 1996: Überlegungen und Bemerkungen hinsichtlich einer Methodologie interdisziplinärer Wissenschaftspraxis. In: Balsiger, Ph. W., R. Defila, A. Di Giulio J. (Hrsg.): Ökologie und Interdisziplinarität – eine Beziehung mit Zukunft? Wissenschaftsforschung der fachübergreifenden Zusammenarbeit. Birkhäuser-Verlag, Basel, 73–85
Blättel-Mink, B., H. Kastenholz, M. Schneider, A. Spurk, A., 2003: Nachhaltigkeit und Transdisziplinarität: Ideal und Forschungspraxis. Arbeitsbericht Nr. 229. Akademie für Technikfolgenabschätzung, Stuttgart
Blaschke, D., I. Lukatis, 1976: Probleme interdisziplinärer Forschung. Franz Steiner-Verlag, Wiesbaden
BMBF, 1996: Förderschwerpunkt Ökologische Konzeptionen für Agrarlandschaften – Rahmenkonzept. BMBF, Bonn
Bortz, J., N. Döring, 1995: Forschungsmethoden und Evaluation für Sozialwissenschaftler. Springer-Verlag, Berlin
Bowers, D. G., 1973: OD techniques and their results in 23 organisations: The Michigan ICL study. In: The Journal of Applied Behavioral Science, 1973, 9 (1): 21–43
Brandstätter, H., 1989: Problemlösen und Entscheiden in Gruppen. In: E. Roth, H. Schuler, A. B. Weinert (Hrsg.): Enzyklopädie der Psychologie, Themenbereich D Praxisgebiete, Serie III, Wirtschafts- Organisations- und Arbeitspsychologie (3): 505–528
Bromme, R., 1999: Die eigene und die andere Perspektive: Zur Psychologie kognitiver Interdisziplinarität. In: Umstätter, W., K-F. Wessel (Hrsg.): Interdisziplinarität – Herausforderungen an die Wissenschaftlerinnen und Wissenschaftler. Festschrift zum 60. Geburtstag von Heinrich Parthey. Kleine-Verlag, Bielefeld, 37–61
Caspar, F., 2000: Die Essenz qualifizierter Psychotherapie: Perspektiven psychotherapeutischer Urteilsbildung und Entscheidung. In: M. Hermer (Ed.): Psychotherapeutische Perspektiven am Beginn des 21. Jahrhunderts. dgvt -Verlag, Tübingen, 207–215
Clark, H. H., 1992: Arenas of Language Use. University of Chicago Press, Chicago
Comelli, G., 1985: Training als Beitrag zur Organisationsentwicklung. (Handbuch der Weiterbildung für die Praxis in Wirtschaft und Verwaltung/hrsg. Jeserich, V. W., G. Comelli, O. Daniel, H. Kraus, J. Krahnen, H. Rühle von Lilienstein, K. Vollmer, Bd. 4). Hanser-Verlag, München

Conradi, G., 1983: Personalentwicklung. Enke-Verlag, Stuttgart
Defila, R., A. Di Giulio, A. 1996a: Interdisziplinäre Forschungsprozesse. In: Kaufmann-Hayoz, R., A. Di Giulio (Hrsg.): Umweltproblem Mensch. Humanwissenschaftliche Zugänge zu umweltverantwortlichem Handeln. Verlag Paul Haupt, Bern, 79–129
Defila, R., A. Di Giulio, 1996b: Voraussetzungen interdisziplinären Arbeitens. In: Balsiger, Ph. W., R. Defila, A. Di Giulio (Hrsg.): Ökologie und Interdisziplinarität – eine Beziehung mit Zukunft? Wissenschaftsforschung der fachübergreifenden Zusammenarbeit. Birkhäuser-Verlag, Basel, 125–142
Fränzle, O., A. Daschkeit, 1997: Die Generierung interdisziplinären Wissens in der deutschen Umweltforschung – Anspruch und Wirklichkeit. Geographisches Institut Universität Kiel. Abschlussbericht im Schwerpunktprogramm der Deutschen Forschungsgemeinschaft »Mensch und Globale Umweltwirkung – sozial- und verhaltenswissenschaftliche Dimensionen«
Frieling, E., K. Sonntag, 1987: Lehrbuch Arbeitspsychologie. Verlag Hans Huber, Bern
GTZ (Gesellschaft für Technische Zusammenarbeit) (1996): GTZ-Projektmanagement. Grundlagen, Instrumente und Verfahren. GTZ, Eschborn
Hübenthal, U., 1991: Interdisziplinäres Denken. Versuch einer Bestandsaufnahme und Systematisierung. Franz Steiner Verlag, Stuttgart
Isermeyer, F., 1996: Organisation von interdisziplinären Forschungsverbünden in der Agrarforschung. In: agrarspectrum, Bd. 25: Standortbestimmung und Perspektiven der agrarwissenschaftlichen Forschung, Verlagsunion Agrar, 151–163
Isermeyer, F., M. Scheele, 1995: Entwicklung ländlicher Regionen im Kontext agrarstrukturellen Wandels. – Interdisziplinäres Studien zur Entwicklung in ländlichen Räumen, Bd. 2. Wissenschaftsverlag Vauk, Kiel
Kaminski, G., F. Fleischer, 1984: Ökologische Psychologie: Ökopsychologische Untersuchungs- und Beratungspraxis. In: H. Hartmann, R. Haubl (Hrsg.): Psychologische Begutachtung. Problembereiche und Praxisfelder. Urban & Schwarzenberg, München, 329–358
Katz, R. L., 1974: Skills of an Effective Administrator. Harvard Business Review 52, no. 5 (September-October): 90–102
Kocka, J. (Hrsg.), 1987: Interdisziplinarität. Praxis – Herausforderung – Ideologie. Suhrkamp-Verlag, Frankfurt am Main
Krott, M., 1994: Management vernetzter Umweltforschung. Wissenschaftspolitisches Lehrstück Waldsterben. Studien zu Politik und Verwaltung, Bd. 49. Böhlau-Verlag, Wien
Laudel, G., 1999: Interdisziplinäre Forschungskooperation: Erfolgsbedingungen der Institution »Sonderforschungsbereich«. Edition Sigma, Berlin
Lewin, K., 1946: Action Research and Minority Problems. In: Journal of Social Issues, 1946, 2: 34–43
Lippitt, R., J. Watson, B. Wesley, 1958: The Dynamics of Planned Change. Harcourt, Brace, and World, New York
Mayring, P., 1993: Qualitative Inhaltsanalyse . Grundlagen und Techniken. Deutscher Studien Verlag, Weinheim
MGU, 1996: Interdisziplinarität. Arbeitspapier MGU 12/96. Koordinationsstelle der Stiftung Mensch – Gesellschaft – Umwelt, Basel
Neuberger, O., 1985: Arbeit. Begriff – Gestaltung – Motivation – Zufriedenheit. Enke-Verlag, Stuttgart
Neuberger, O., 1994: Personalentwicklung. Enke-Verlag, Stuttgart
Nowotny, H., R. Eisikovic, 1990: Entstehung, Wahrnehmung und Umgang mit Risiken. Schweizerischer Wissenschaftsrat, Bern
Petzold, H. G., 1998: Integrative Supervision, Meta-Consulting und Organisationsentwicklung: Modelle und Methoden reflexiver Praxis. Ein Handbuch. Junfermann-Verlag, Paderborn
Sattelberger, T., 1989: Personalentwicklung als strategischer Erfolgsfaktor. In: Sattelberger, T. (Hrsg.): Innovative Personalentwicklung: Grundlagen, Konzepte, Erfahrungen. Gabler-Verlag, Wiesbaden, 15–37
Scheuermann, M., 1999: Kooperation durch Koordination. Wissenschaftsmanagement in der sozialwissenschaftlichen Umweltforschung. Regensburg: Roderer
Strauss, A. L., 1994: Grundlagen qualitativer Sozialforschung. Fink Verlag, München
Witte, E., 1995: Zum Stand der Kleingruppenforschung. Hamburger Forschungsberichte aus der Arbeitsgruppe Sozialpsychologie (HaFoS), Nr. 11. Psychologisches Institut I der Universität Hamburg, Hamburg

Alexander Gerber, Angelika Thomas, Volker Hoffmann

9.2 Projektevaluierung

Das Vorgehen der Begleitforschung über die transdisziplinäre Zusammenarbeit zwischen Projektgruppe und Akteuren ist im Methodenkapitel 6.8 erläutert. Teilprojektbezogene Ergebnisse der Begleitforschung sind in die Ergebniskapitel der einzelnen Teilprojekte (siehe Kap. 8) eingeflossen. An dieser Stelle werden nun übergeordnete Ergebnisse aufgeführt: Das sind entweder Ergebnisse mit Aussagen zum gesamten Modellvorhaben oder Ergebnisse zum Vergleich der Teilprojekte untereinander. Durch diesen Vergleich der Teilprojekte können Besonderheiten einiger Teilprojekte deutlich gemacht werden. Neben der folgenden Ergebnisdarstellung wird deswegen auch auf Erklärungsansätze, die sich hierfür anbieten, eingegangen. Aufgrund des Zeitpunkts der Durchführung und Evaluierung einzelner Teilprojekte (z.B. Teilprojekt *Gewässerentwicklung*), ihres spezifischen Charakters (Teilprojekt *Landschaftsplanung*) oder einer zu starken Modifikation der Evaluierung (*Regionaler Umweltdatenkatalog*) sind nicht alle Teilprojekte in diese vergleichende Auswertung einbezogen worden.

Der Vergleich zwischen den Teilprojekten ist jedoch nur bedingt möglich, beziehungsweise kann nur sehr vorsichtig erfolgen. Das liegt zum einen an den unterschiedlichen Zielen, Inhalten, Vorgehensweisen und Teilnehmern der einzelnen Teilprojekte. Zum anderen wurden die Teilprojekte zum Teil nur von einem Mitarbeiter des Projektteams betreut. Das bedeutet, dass die Beurteilung eines Teilprojekts durch die Mitarbeiter des Projektteams in einigen Fällen aus der subjektiven Sicht eines Einzelnen oder von nur Wenigen erfolgte. Diese Aspekte sind bei der Beurteilung der Ergebnisse zu beachten.

Die übergeordnete Fragestellung für die Begleitforschung der transdisziplinären Arbeit lautete: Welche wirksamen Faktoren (hemmende und treibende Kräfte) beeinflussten die Zielerreichung? Neben äußeren Rahmenbedingungen und technischer Machbarkeit ging es also um die Frage, wie die Zusammenarbeit zwischen Wissenschaftlern und Akteuren so gestaltet werden kann, dass das gesetzte Ziel effektiv erreicht wird. Die zu analysierenden Faktoren umfassen somit die Angemessenheit und Zweckmäßigkeit der eingesetzten Methodik und die Verhältnismäßigkeit der eingesetzten Mittel in Bezug auf das zu erreichende Ziel. Um diese Analyse vornehmen zu können, wurde die übergeordnete Fragestellung der Evaluierung auf folgende Leitfragen »heruntergebrochen«:

— Wie kann Partizipation zur Umsetzung nachhaltiger Landnutzung erreicht und gefördert werden?
— Haben sich die hierfür eingesetzten Methoden und Vorgehensweisen bewährt?
— Zu welchen Ergebnissen führten sie?
— Wie und wodurch wird Kommunikation und Kooperation erleichtert?
— Wodurch werden das Umweltverhalten und die Umsetzung umweltschonender Maßnahmen bestimmt?

Abb. 9.2.1 gibt einen Überblick über die wichtigsten Ergebnisse aus der Abschlussbefragung (AE 2002) der Akteure. Auch die weiteren aufgeführten Ergebnisse in den Kap. 9.2.1 bis 9.2.7 sind – soweit nicht anders dargestellt – Ergebnisse der Abschlussbefragung der Akteure. Die Zwischenevaluierungen sollten dazu dienen, die Projektentwicklung zu beurteilen und Fehlentwicklungen zu korrigieren. Sofern diese Ergebnisse Bedeutung für die Gesamtbewertung des Projektes haben, werden Sie hier auch aufgegriffen.

Aussage	Mittelwert
Inhalte des TP sind bedeutsam (n = 90)	1,61
Mit den im TP erzielten Ergebnissen bin ich zufrieden (n = 88)	1,88
Die TP-Ergebnisse werden 10 Jahre Bestand haben (n = 84)	2,36
Das TP wird auch ohne die Projektgruppe fortgeführt (n = 74)	2,19
Meine Interessen wurden im TP ausreichend berücksichtigt (n = 88)	1,77
Durch die Arbeit im TP habe ich Neues dazugelernt (n = 90)	1,99
Der für das TP betriebene Aufwand war zu groß (n = 84)	2,62
Im TP waren alle dafür wichtigen Personen vertreten (n = 78)	2,18
Die Beschlüsse zum TP wurden gemeinsam vereinbart und umgesetzt (n = 86)	1,69
Die Projektgruppenleistungen zum TP erachte ich als gut (n = 89)	1,71
Für das TP war Art & Weise der Zusammenarbeit Wissenschaft und Technik sinnvoll (n = 84)	1,75
Die Projektgruppe hat einen wichtigen Beitrag zur Regionalentwicklung geleistet (n = 83)	1,86
Meine Erwartungen an die Projektgruppe wurden erfüllt (n = 85)	2,07

Skala: 4 stimme gar nicht zu – 3 stimme weniger zu – 2 stimme im Wesentlichen zu – 1 stimme voll und ganz zu

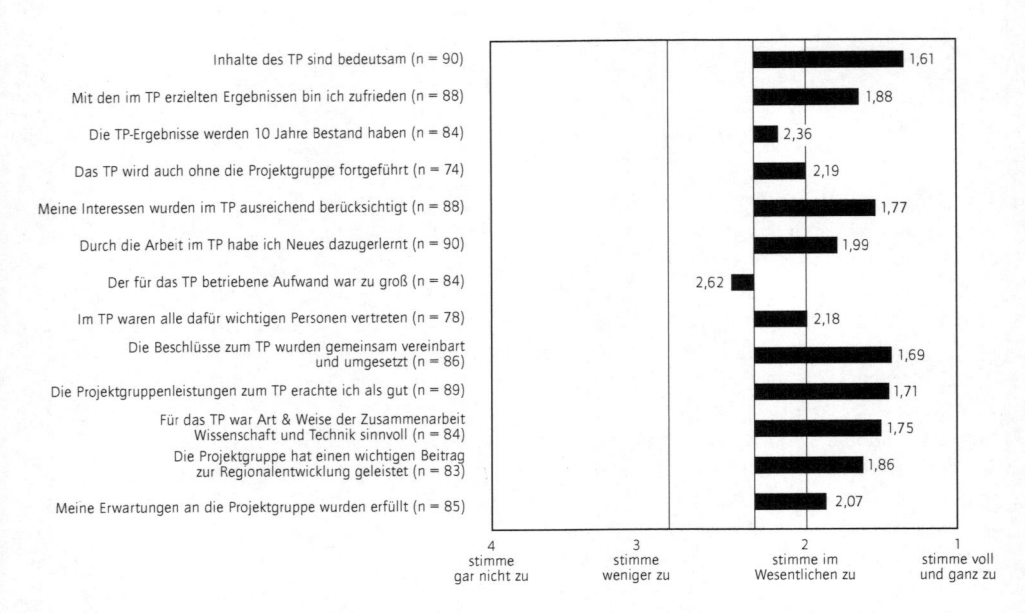

Abbildung 9.2.1: Ausgewählte Ergebnisse der Abschlussbefragung von Akteuren über alle Teilprojekte (TP = Teilprojekte, Mittelwerte, AE 2002).

9.2.1 Die Wahl relevanter Themen in den Teilprojekten

Die Ergebnisse zeigen, dass es im *Modellvorhaben Kulturlandschaft Hohenlohe* gelungen ist, Themen aufzugreifen, die von den Akteuren als bedeutsam angesehen wurden. 94 Prozent der Befragten stimmten dieser Aussage im Wesentlichen oder voll und ganz zu. Der Mittelwert (MW) der Skala 1 für »stimme voll und ganz zu«, über 2 für »stimme im Wesentlichen zu«, 3 für »stimme weniger zu« und 4 »stimme gar nicht zu« beträgt 1,61. Nur in den Teilprojekten *Landnutzungsszenario Mulfingen, Bœuf de Hohenlohe* und *Themenhefte* stimmte – trotz zum Teil sehr guter Mittelwerte – jeweils einer der befragten Akteure der Aussage weniger zu, dass sich das Teilprojekt mit bedeutsamen Inhalten befasse (entspricht jeweils 7, 12 und 8 Prozent der Befragten); beim Teilprojekt *Hohenloher Lamm* waren es 2 Akteure (entspricht 13 Prozent der Befragten).

Entscheidende Voraussetzung für die erfolgreiche Themenwahl war, dass in der Definitionsphase die Problemsicht und Anliegen der Akteure in verschiedenen Interviews und Gruppengesprächen erfasst und darauf aufbauend das Konzept des *Modellvorhabens Kulturlandschaft Hohenlohe* erarbeitet wurde. Beim eigentlichen Start des Projekts zu Beginn der Hauptphase wurde den Akteuren dann ihre Problemsicht gespiegelt, ergänzt um die Einschätzung der Wissenschaftlergruppe, in welchen Arbeitsfeldern und bei welchen Themen sie dabei Ansatzpunkte für die Zusammenarbeit sieht. Dies war Ausgangspunkt für die Problemanalyse in den Arbeitskreisen und die Festlegung der Teilprojekte.

Die Vorgehensweise Befragung der Akteure – wissenschaftliche Reflexion – Rückmeldung beider Ergebnisse an die Akteure – gemeinsame Problemdefinition – Priorisierung der Probleme – Festlegen der Arbeitsthemen – kann als erfolgreiches Vorgehen für das Festlegen relevanter Themen bewertet werden.

9.2.2 Beteiligung der wichtigen Akteure

Ob in den Teilprojekten alle wichtigen Akteure beteiligt waren, wurde mit einem Mittelwert von 2,18 noch positiv bewertet (Abb. 9.2.1). Allerdings wurde dieser Aspekt im Vergleich zu den anderen Fragen am wenigsten positiv bewertet. Bei der offenen Frage nach hinderlichen Rahmenbedingungen für das Gelingen des Projekts nannte ein Viertel der Befragten die wechselnden Teilnehmer in den Teilprojektgruppen.

Ein Blick auf die einzelnen Teilprojekte zeigt, dass die Bewertung der Beteiligung relevanter Akteure in den einzelnen Teilprojekten sehr unterschiedlich ausfiel (siehe Abb. 9.2.2).

Im TP waren alle dafür wichtigen Personen vertreten

■ stimme voll zu   ▨ stimme im Wesentlichen zu   ▨ stimme weniger zu   □ stimme gar nicht zu

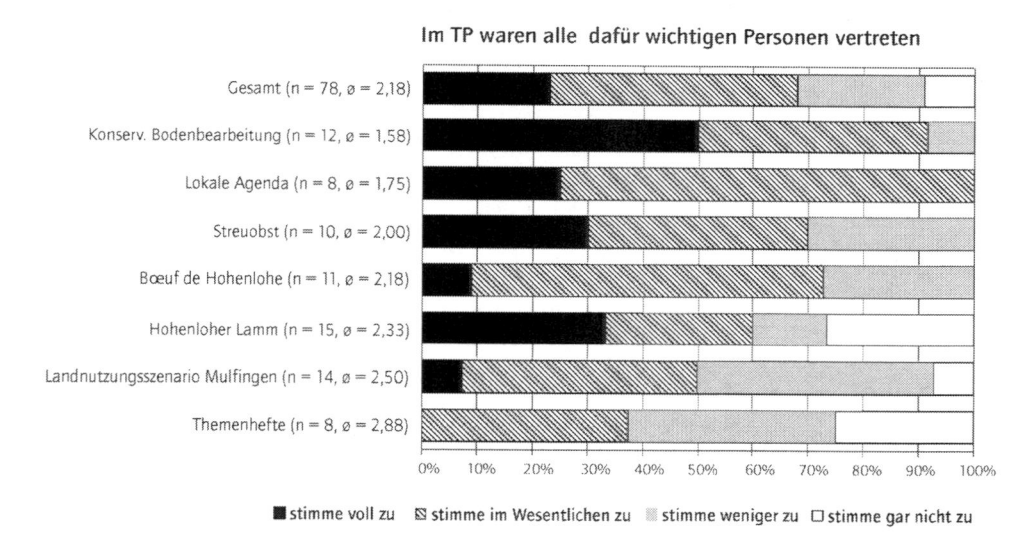

Abbildung 9.2.2: Bewertung der Beteiligung relevanter Akteure in den Teilprojekten (AE 2002)

Im Teilprojekt *Lokale Agenda 21* stimmten alle Befragten im Wesentlichen oder voll und ganz zu, dass alle wichtigen Akteure beteiligt waren. Dieses Ergebnis überrascht bei diesem Teilprojekt insofern nicht, als es gerade Ziel des Projektes war, nicht nur Schlüsselakteure, sondern alle wichtigen Gruppierungen an der Situationsanalyse ihrer Kommune zu beteiligen.

Im Teilprojekt *Konservierende Bodenbearbeitung* wurde die Akteursbeteiligung mit einem Mittelwert von 1,58 noch besser bewertet. Hier stimmten 50 Prozent der Befragten voll und ganz der Aussage zu, dass alle relevanten Akteure beteiligt waren. Weitere 42 Prozent stimmten im Wesentlichen zu. Dieses Teilprojekt zeichnete sich dadurch aus, dass sich ein gut besuchter Arbeitskreis unter Beteiligung des Landwirtschaftsamtes konstituierte, der in Planung und Auswertung der Feldversuche einbezogen war. Hier hatte sich das Vorgehen zur Partnersuche gelohnt: In allen betreffenden Teilgemeinden wurden im Vorfeld Gruppengespräche mit den Landwirten geführt, zu denen die Ortsobmänner eingeladen hatten. Über Vorgehen und Ergebnisse erfolgte zudem ein ständiger Austausch mit den zuständigen Behörden bis hin zum Landwirtschaftsministerium des Landes Baden-Württembergs. Auf einem Feldtag wurden über 400 Landwirte erreicht.

Beim Teilprojekt *Öko-Streuobst* wurde ein besonderes Verfahren zur Akteursbeteiligung, die so genannte Beteiligungsmatrix innerhalb der Beteiligungsanalyse (vgl. Kap. 8.5), angewandt. Mit ihrer Hilfe war es möglich, gemeinsam mit den bereits involvierten Akteuren gezielt zu eruieren, ob alle wichtigen Akteure beteiligt sind. Entsprechend konnte gehandelt werden und dies erklärt die insgesamt positive Bewertung. Dass dennoch 3 von insgesamt 10 Befragten der Steuerungsgruppe der Beteiligung aller wichtigen Akteure weniger zustimmten, hängt wohl damit zusammen, dass der Bauernverband mit der Art und Weise, wie der Mehrpreis für die Bio-Äpfel berechnet wurde, nicht einverstanden war und aus dem Projekt ausgestiegen war.

Im Teilprojekt *Landnutzungsszenario Mulfingen* waren die Bewertungen in ihrer Anzahl genau spiegelbildlich positiv und negativ (MW 2,5). Jeweils 1 Befragter (7 Prozent) stimmte der Aussage, dass alle wichtigen Akteure beteiligt waren, voll bzw. gar nicht zu und jeweils 6 Befragte (je 43 Prozent), stimmten dieser Aussage im Wesentlichen bzw. weniger zu. Diese Bewertung geht zum einen auf die Ambivalenz der beteiligten Akteure bei der Festlegung des Untersuchungsgebietes zurück, zum anderen auf die Dominanz der Behördenvertreter im Vergleich zu den Landnutzern aufgrund der sehr guten Witterung während der ersten beiden Workshops (»Heuwetter«) und dem für Landwirte theoretisch erscheinenden Planungsprozess (vgl. Kap. 8.7).

Beim Teilprojekt *Themenhefte* beruht die negative Bewertung (MW 2,88) darauf, dass es als interkommunales Projekt von den Bürgermeistern zwar als wichtig erachtet wurde, aber nicht als so wichtig, dass sie selbst an den Sitzungen teilnahmen. Vielmehr delegierten sie Mitarbeiter dafür. Diese aber konnten die notwendigen Entscheidungen nicht selbst treffen, sondern mussten erst das Einverständnis ihrer Amtschefs einholen. Dadurch verzögerte sich die Entscheidungsfindung. Ein zweiter wesentlicher Grund war, dass in diesem Teilprojekt im Vergleich zum vorausgehenden Teilprojekt *Panoramakarte*, die Einbeziehung der zwei – untereinander im Konflikt stehenden – regionalen Tourismusverbände weniger gut gelang. Diese hatten an dem Projekt nur bedingt Interesse, weil es sich nur auf einen Teilbereich ihres Einzugsgebiets bezog und dadurch auch die Frage eines Konkurrenzprodukts im Raum stand. Während das Projekt von dem einem Tourismusverband nicht aktiv, aber wohlwollend begleitet wurde, hielt sich der zweite vollkommen aus dem Projekt heraus. Diese Erfahrung im Teilprojekt *Themenhefte* zeigt, dass es einem zeitlich begrenzten Projekt kaum möglich ist, über einen schon langen Zeitraum hinweg festgefahrene Strukturen oder bestehende Vorbehalte in der Zusammenarbeit zu überwinden, auch wenn dies sachlich gesehen dringend notwendig wäre. Hier war es erforderlich, sich mit den bestehenden Rahmenbedingungen zu arrangieren.

Über alle Teilprojekte hinweg betrachtet, erwies sich das Vorgehen der Projektgruppe, um die Akteure für eine Zusammenarbeit zu gewinnen, als erfolgreich. Dadurch, dass in der Definitionsphase die Problemsicht und Anliegen der Akteure erfasst und darauf aufbauend das Konzept des *Modellvorhabens Kulturlandschaft Hohenlohe* erarbeitet wurde, war gewährleistet, dass die Angebote zur Zusammenarbeit auf Interesse stießen.

Die Mischung aus offener Einladung und gezielter Ansprache von Schlüsselakteuren für die Zusammenarbeit in Arbeitskreisen zu verschiedensten Themenbereichen führte zu einer breiten Verankerung und hohen Akzeptanz der Arbeit in der Region. Das im Teilprojekt *Öko-Streuobst* angewandte systematische Verfahren der Beteiligtenanalyse hat Modellcharakter für künftige Projekte.

9.2.3 Bewertung der erzielten Ergebnisse

Die Ergebnisse der Teilprojekte wurden positiv von den Akteuren beurteilt (MW 1,88, Abb. 9.2.1). Dies gilt auch, wenn man die Ergebnisse über alle Teilprojekte hinweg betrachtet (Abb. 9.2.3). Die in die Projekte gesetzten Erwartungen konnten demnach weitgehend erfüllt werden, indem die richtigen Themen aufgegriffen und erfolgreich bearbeitet wurden.

Mit den im Teilprojekt erzielten Ergebnissen bin ich zufrieden

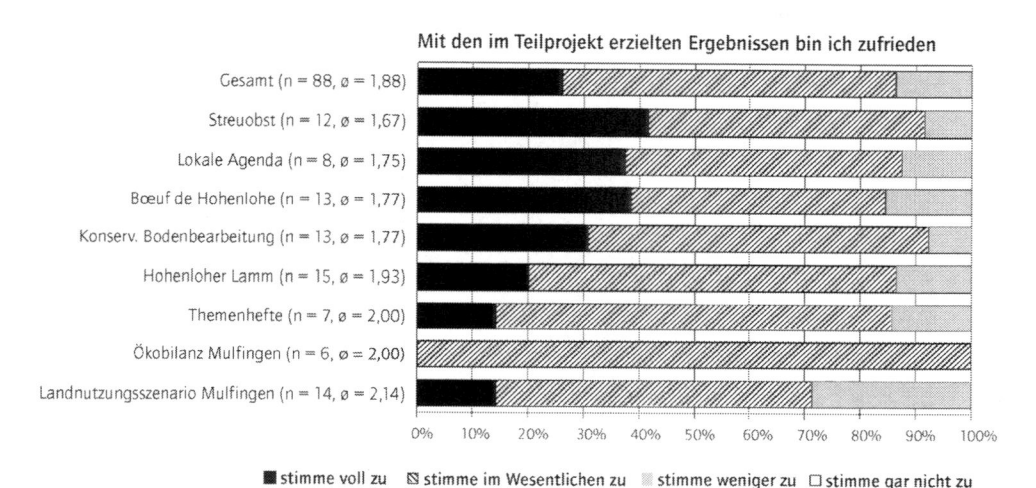

- Gesamt (n = 88, ø = 1,88)
- Streuobst (n = 12, ø = 1,67)
- Lokale Agenda (n = 8, ø = 1,75)
- Bœuf de Hohenlohe (n = 13, ø = 1,77)
- Konserv. Bodenbearbeitung (n = 13, ø = 1,77)
- Hohenloher Lamm (n = 15, ø = 1,93)
- Themenhefte (n = 7, ø = 2,00)
- Ökobilanz Mulfingen (n = 6, ø = 2,00)
- Landnutzungsszenario Mulfingen (n = 14, ø = 2,14)

■ stimme voll zu   ▨ stimme im Wesentlichen zu   ▧ stimme weniger zu   ☐ stimme gar nicht zu

Abbildung. 9.2.3 Bewertung der erzielten Ergebnisse in den Teilprojekten (AE 2002)

Dabei fiel die Bewertung der erzielten Ergebnisse in nahezu allen Teilprojekten gleichermaßen positiv aus (MW zwischen 1,67 und 2, Abb. 9.2.3). Mit einer Ausnahme waren es in allen Teilprojekten weniger als 15 Prozent der Befragten, die mit den Ergebnissen weniger zufrieden waren. Im Teilprojekt *Landnutzungsszenario Mulfingen* waren es 29 Prozent der Befragten.

Auffällig ist, dass Teilprojekte mit Umsetzungsergebnissen, die unmittelbar wirtschaftliche Auswirkungen haben, wie *Öko-Streuobst* (MW 1,67) und *Bœuf de Hohenlohe* (MW 1,77) am besten bewertet wurden. Das *Agenda*-Projekt (MW 1,75) schnitt in der Bewertung ebenfalls sehr gut ab. Es stellt ein in sich abgeschlossenes Projekt der Bürgerbeteiligung dar, mit Ergebnissen, die die Akteure beeindruckt und die dazu geführt haben, dass die Akteure selbst eigene weiterführende Projekte initiiert haben. Schließlich muss hier noch das Projekt *Konservierende Bodenbearbeitung* mit einem MW von 1,77 genannt werden. Dieses Projekt wurde sicherlich auch deshalb so gut bewertet, weil es die Fragestellung mit Hilfe von Feldversuchen sehr aufwändig und intensiv bearbeitet hat und die wichtigen Akteure beteiligt wurden. Allerdings darf nicht unerwähnt bleiben, dass dies das Projekt mit dem mit Abstand höchsten Ressourceneinsatz war.

Mit einem Mittelwert von 2,14 wurde auch das Teilprojekt *Landnutzungssezenario Mulfingen* positiv bewertet, wenngleich seine Ergebnisse im Vergleich mit den anderen Teilprojekten am kritischsten bewertet wurden. Das liegt in erster Linie daran, dass es sich um ein Planungsprojekt handelte, dessen Ergebnisse erst noch umgesetzt werden müssen. Teilnehmer am Projekt, die mit Planungen vertraut sind, bewerteten das Projekt daher eher positiv, Praktiker waren mit den Ergebnissen weniger zufrieden.

Es wurden aber nicht nur inhaltliche Ergebnisse positiv bewertet. Die Auswertung der offenen Fragen in der Abschlussevaluierung zeigte, dass die Etablierung von neuen Strukturen und Prozessen als wichtiges Ergebnis gesehen wurde. Dies war der Aspekt, der von den Befragten auf die offene Frage, mit welchen Ergebnissen die Akteure zufrieden sind, am häufigsten genannt wurde. Der zweite mehrfach genannte Aspekt war die Zufriedenheit darüber, dass Probleme identifiziert und ein Problembewusstsein geschaffen wurde.

Ein deutlich heterogeneres Bild zeigt die Einschätzung, ob die Projekte zukünftig Bestand haben werden (Abb. 9.2.4) und ob sie ohne die Projektgruppe weitergeführt werden.

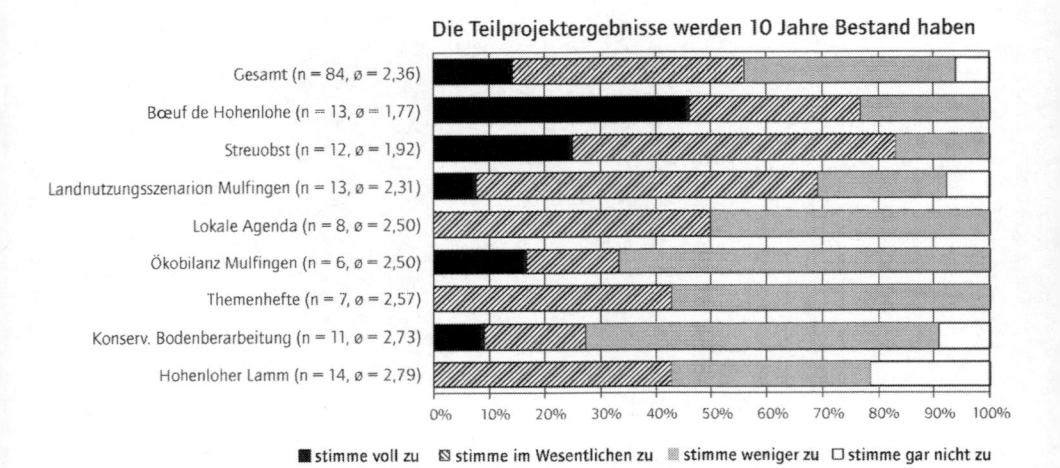

Die Teilprojektergebnisse werden 10 Jahre Bestand haben

■ stimme voll zu ▨ stimme im Wesentlichen zu ▓ stimme weniger zu ☐ stimme gar nicht zu

Abbildung 9.2.4: Beurteilung des Fortbestands der Teilprojekte (AE 2002)

Auch bei dieser Frage werden die Teilprojekte *Öko-Streuobst* und *Bœuf de Hohenlohe* am positivsten bewertet. Hier wird davon ausgegangen, dass sich die Erzeugergemeinschaften etabliert haben und weiter existieren werden. Die positive Bewertung des TP *Landnutzungsszenario Mulfingen* ist damit zu begründen, dass die entwickelte Handlungsstrategie auf der Grundlage zukunftsorientierter Szenarien die Unsicherheit zukünftiger Entwicklungen berücksichtigt und folglich auch in den kommenden Jahren eingesetzt werden kann. Inwiefern die Handlungsstrategie umgesetzt wird, ist eine zweite Frage. Diese wird etwas skeptischer bewertet, weil davon ausgegangen wird, dass die im Teilprojekt entwickelte Strategie ohne Betreuung durch die Projektgruppe nicht vollständig umgesetzt wird (MW 2,38, ohne Abbildung). Erstaunlich ist die negative Einschätzung zum Fortbestand des Teilprojekts *Konservierende Bodenbearbeitung*, obwohl hier beschlossen wurde, dass der Arbeitskreis durch das Amt für Landwirtschaft fortgeführt wird. Klar ist aber, dass das Projekt in der durchgeführten Form, mit einem überdurchschnittlichen Input von Seiten der Projektgruppe, nicht weiter bestehen wird. Bezüglich des Fortbestands der Ergebnisse ist eine zusätzliche Erklärung für die eher skeptische Einschätzung, dass die Landwirte einen raschen Wandel an Neuheiten und Praxisempfehlungen in der Vergangenheit beobachtet haben bzw. immer noch beobachten.

Die Arbeiten im Projekt *Hohenloher Lamm* wurden erst zu Beginn des Jahres 2000 aufgenommen, so dass es sich während der Projektlaufzeit noch nicht in ähnlicher Weise etablieren konnte wie die Teilprojekte *Öko-Streuobst* und *Bœuf de Hohenlohe*. Deshalb wird eine Fortführung im Vergleich zu den übrigen Teilprojekten eher skeptisch betrachtet (MW 2,79). Dabei wird die Rolle der Projektgruppe für die Beantwortung dieser Frage eher als untergeordnet betrachtet: 80 Prozent der Befragten waren der Meinung, wenn das Projekt fortgeführt wird, dann ohne Projektgruppe.

Im Projektverlauf konnten die Schäfer lernen, dass ihnen das eigentliche Management einer Erzeugergemeinschaft Aktivitäten abverlangt, die bisher nicht zu ihren Stärken gehörten. Allerdings steigt die Einschätzung der Befragten zur selbständigen Tragfähigkeit der Aktivitäten – auch ohne Unterstützung durch die Projektgruppe – zwischen der Zwischen (März 2001) und der Abschlussevaluierung (Dez. 2004) von 30 Prozent auf 80 Prozent, was auf den Arbeitsfortschritt und die Übernahme der Verantwortung durch den Verein »Hohenloher Schäfer« zurückzuführen ist. Nachdem in der Projektlaufzeit die Grundlagen für die Vermarktung von Lammfleisch gelegt und aufgezeigt werden konnten, steht mit dem Rückzug der Wissenschaftler eine konsequente und erfolgreiche Anknüpfung an diese Initiativen zunächst aus.

Beim Teilprojekt *Themenhefte* ist es am augenfälligsten, wie stark dieses Projekt vom Input der Projektgruppe abhängig war. Hier waren bis auf einen Befragten alle der Meinung (86 Prozent der Befragten), dass das Projekt eines gemeinsamen Tourismusmarketings für das Jagsttal durch die Anliegergemeinden ohne die Projektgruppe nicht weitergeführt wird, obwohl dies prinzipiell als notwendig angesehen wurde. Es ist in der Konstellation des Arbeitskreises Tourismus nicht gelungen, dass die Initiative und Ausführung von den Akteuren übernommen wurde. Anders als in den wirtschaftlich orientierten Projekten wurde der wirtschaftliche Nutzen für die Kommunen nicht unmittelbar sichtbar oder es fehlte das persönliche Engagement. Dies konnte von kommunalen Angestellten, die zur Wahrnehmung dieser Aufgaben delegiert wurden und ohnehin unter hoher Arbeitsbelastung litten, nicht unbedingt erwartet werden.

Die Projekte können also – was ihren Fortbestand betrifft – grob in drei Kategorien eingeordnet werden:

1. Projekte, die zu einem guten Ergebnis führten, aber aufgrund eines starken Dienstleistungsanteils der Projektgruppe eher nicht fortgeführt werden, weil sich dafür keine ausreichenden Strukturen gebildet haben oder bilden konnten (*Themenhefte, Panoramakarte, AK Landschaftsplanung*) oder weil sie eine einmalige Aktion darstellten (Projektwoche *Lokale Agenda 21*).
2. Projekte, für die ein starker wissenschaftlicher Input erbracht wurde, der als Grundlage für weiteres Handeln dienen kann (*Konservierende Bodenbearbeitung, Gewässerentwicklung, Landnutzungsszenario Mulfingen, Ökobilanz Mulfingen*)
3. Projekte, für die bereits während der Projektlaufzeit aufgrund des unmittelbaren wirtschaftlichen Nutzens eigenständige Strukturen und Verantwortlichkeiten vor Ort etabliert wurden, und die fortgeführt werden (*Öko-Streuobst, Bœuf de Hohenlohe*, eingeschränkt *Hohenloher Lamm*).

Während man die Projekte unter Punkt zwei und drei im Rahmen eines transdisziplinären Projektes als gelungen und für das Vorgehen als empfehlenswert betrachten kann, bedürfen Projekte unter Punkt 1 nicht des wissenschaftlichen Kontextes und können auch von Beratungsunternehmen durchgeführt werden – ihre Finanzierbarkeit vorausgesetzt.

9.2.4 Durchführung der Teilprojekte

Die Fragen, mit denen die Zufriedenheit mit der Arbeitsweise in den Teilprojekten ermittelt werden sollten, wurden mit am besten beurteilt. So ergaben die Antworten zu der Frage, ob die eigenen Interessen im Projekt ausreichend berücksichtigt wurden, einen MW von 1,77, und zur Frage, ob die Beschlüsse gemeinsam gefasst und umgesetzt wurden, einen MW von 1,69. Die Art und Weise der Zusammenarbeit zwischen Wissenschaft und Praxis schließlich wurde mit einem MW von 1,75 positiv beurteilt (siehe Abb. 9.2.1).

Bei der Frage nach der Berücksichtigung der eigenen Interessen im Projekt gibt es mit den Teilprojekten *Bœuf de Hohenlohe*, *Hohenloher Lamm* und *Öko-Streuobst* drei Projekte, in denen Einzelne ihre Interessen weniger berücksichtigt sahen (jeweils 1 bis 2 Befragte, was 7 bis 15 Prozent der Befragten entsprach, vergleiche Abb. 9.2.5). Interessanter Weise sind dies die Projekte, die einen wirtschaftlichen Charakter hatten und bei denen Erzeugergemeinschaften bzw. Trägerverein gegründet wurden. Hier kann es sein, dass einzelne Befragte andere Interessen hatten, als es der Mehrheit und der Umsetzung entsprach.

Eine ambivalente Bewertung zeigte bei dieser Frage auch das Teilprojekt *Landnutzungsszenario Mulfingen*. Hier gab es einerseits 43 Prozent der Befragten, die ihre Interessen voll und ganz berücksichtigt sahen und 28,5 Prozent, die sie im Wesentlichen berücksichtigt sahen, andererseits aber auch 28,5 Prozent, die sie weniger berücksichtigt sahen. Die Bewertungsunterschiede lassen sich auf die zwei Gruppen Planer/Entscheidungsträger und Praktiker zurückführen, die unterschiedliche Erwartungshaltungen in das Teilprojekt einbrachten (vgl. Kap. 8.7).

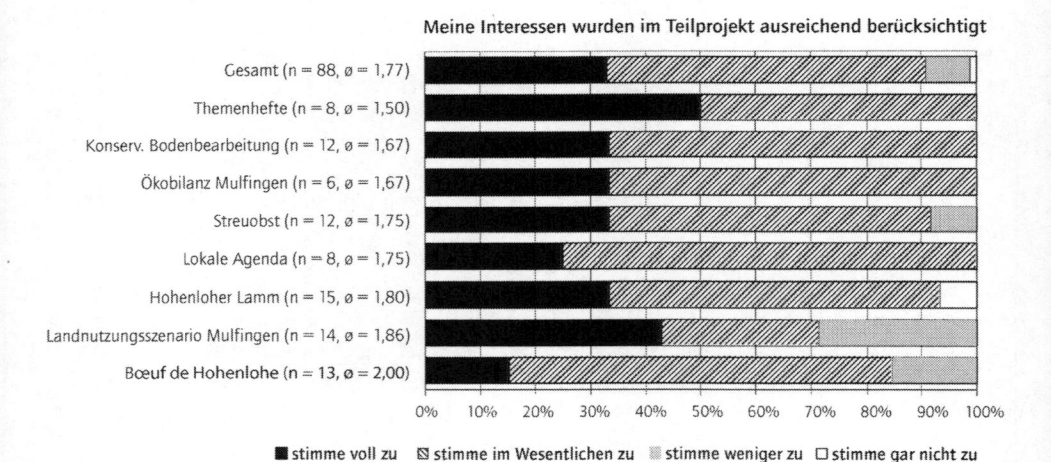

Abbildung 9.2.5: Beurteilung der Berücksichtigung eigener Interessen (AE 2002)

Die gemeinsame Vereinbarung von Beschlüssen und deren Umsetzung wurde vor allem in den Teilprojekten *Landnutzungsszenario Mulfingen* und *Hohenloher Lamm* sehr gut bewertet (siehe Abb. 9.2.6). Trotz der insgesamt positiven Bewertung gab es auch einige Teilprojekte, bei denen Befragte es weniger als gegeben ansahen, dass die Beschlüsse gemeinsam gefasst und umgesetzt wurden. Beim Teilprojekt *Bœuf de Hohenlohe* waren dies 2 (15 Prozent), beim Teilprojekt *Themenhefte* 2 (25 Prozent), beim Teilprojekt *Ökobilanz Mulfingen* 2 (33 Prozent) und im Teilprojekt *Öko-Streuobst* 4 (36 Prozent) der Befragten.

Dafür gibt es folgende Erklärungsansätze: Bei der *Ökobilanz Mulfingen* wurden die zu bilanzierenden Indikatoren und die Art und Weise der Datenerhebung weitestgehend durch die Wissenschaftler festgelegt. Bei den *Themenheften* waren die Entscheidungen in starkem Maße von den Bürgermeistern abhängig, die zum großen Teil nicht an den Sitzungen teilnahmen, und die

Beschlüsse wurden sehr stark von der Projektgruppe umgesetzt. Bei *Bœuf de Hohenlohe* lag die Umsetzung sehr stark in der Hand der Bäuerlichen Erzeugergemeinschaft Schwäbisch Hall und weniger in der Hand der Gruppe, die innerhalb des *Modellvorhabens Kulturlandschaft Hohenlohe* das Projekt begleitete. Im Teilprojekt *Öko-Streuobst* schließlich legte die Fruchtsaftkelterei den Aufkaufpreis für die Äpfel fest, so dass nur ein geringer Entscheidungsspielraum bestand.

Dennoch dürfen diese Aspekte nicht darüber hinwegtäuschen, dass insgesamt das Vorgehen in den Teilprojekten sehr positiv bewertet wurde. Dies bestätigen auch die Ergebnisse der Kurzevaluierungen nach den Sitzungen, bei denen die Arbeitsweise und die Arbeitsatmosphäre immer als gut bis sehr gut beurteilt wurden. Bei der offenen Frage, was als förderliche Rahmenbedingungen für die Durchführung der Projekte angesehen wurde, nannte ein Viertel der Befragten die Einbeziehung der Akteure in konsensorientierten Verfahren und dass ausreichend Zeit für die Diskussion und Meinungsbildung eingeplant war.

Die Beschlüsse zum Teilprojekt wurden gemeinsam vereinbart und umgesetzt

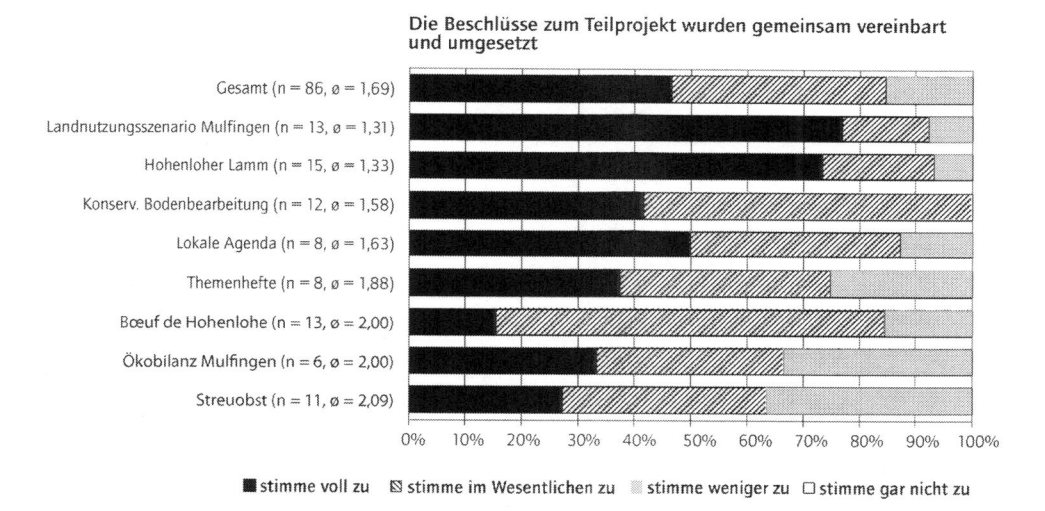

- Gesamt (n = 86, ø = 1,69)
- Landnutzungsszenario Mulfingen (n = 13, ø = 1,31)
- Hohenloher Lamm (n = 15, ø = 1,33)
- Konserv. Bodenbearbeitung (n = 12, ø = 1,58)
- Lokale Agenda (n = 8, ø = 1,63)
- Themenhefte (n = 8, ø = 1,88)
- Bœuf de Hohenlohe (n = 13, ø = 2,00)
- Ökobilanz Mulfingen (n = 6, ø = 2,00)
- Streuobst (n = 11, ø = 2,09)

■ stimme voll zu ▨ stimme im Wesentlichen zu ▧ stimme weniger zu ☐ stimme gar nicht zu

Abbildung 9.2.6: Beurteilung der Beschlussfassung und Umsetzung von Maßnahmen in den Teilprojekten (AE 2002)

Innerhalb der positiven Bewertung der »Zusammenarbeit zwischen Wissenschaftlern und Praxis« fielen die zwei Projekte *Öko-Streuobst* und *Bœuf de Hohenlohe* mit Mittelwerten über 2 (*Öko-Streuobst* 2,09 und *Bœuf de Hohenlohe* 2,36) im Vergleich zu den anderen (MW von 1,17 bis 1,77, ohne Abbildung) etwas ab. Die Gruppe der Landwirte, die bei diesen beiden landwirtschaftlichen Projekten mitwirkte, war zwar einerseits kooperativ und brachte sich konstruktiv in die Projekte ein. Andererseits brachten sie der Projektgruppe von Anfang an eine gewisse Skepsis entgegen. Dies hing in erster Linie mit der als hoch empfundenen Finanzausstattung des Forschungsvorhabens zusammen, das aber keine Investitionsmittel für die Projekte oder die landwirtschaftlichen Betriebe vorsah. Diese Skepsis spiegelt sich auch in der Beurteilung des »Beitrags der Projektgruppe« wider, die im folgenden Kap. 9.2.5 dargestellt ist.

Von etwa einem Viertel der Befragten wurden bei der offenen Frage, »was in der Zusammenarbeit mit der Projektgruppe weniger gefallen« hat, das »sehr wissenschaftliche« Vorgehen und die Komplexität von manchen eingesetzten Methoden genannt.

Festzustellen ist aber, dass die Auswertung der Kurzevaluierungen nach den Arbeitskreissitzungen sowie der Zwischen- und Abschlussevaluierungen ein insgesamt sehr positives Bild des Vorgehens der Projektgruppe und ihrer Zusammenarbeit mit den Akteuren vor Ort zeichnet. Voraussetzung dafür war, dass es innerhalb der Projektgruppe gelang, ein gemeinsames Verständnis der Projektphilosophie und des Vorgehens vor Ort zu entwickeln. Dies erfolgte durch die monatlichen Plena, gemeinsame Fortbildungsveranstaltungen (vgl. Kapitel 6.4, 6.6) und die sorgfältige Planung der Startphase in der Projektregion. Diese Prozesse wurden durch die Geschäftsführung und Mitarbeiter des Fachgebiets Landwirtschaftliche Kommunikations- und Beratungslehre der Universität Hohenheim betreut und begleitet. Letztere führten auch – zum Teil in Kooperation mit dem Prozessbegleiter des Projekts – verschiedene methodische Trainings durch, die sich sehr bewährt haben. Seminare mit einem Wissenschaftstheoretiker förderten die Positionierung der Mitarbeiter der Projektgruppe im Spannungsfeld zwischen Wissenschaft und Praxis.

Verbesserungswürdig erscheint in diesem Zusammenhang, dass die Vorbereitung der Wissenschaftler auf die Zusammenarbeit mit den Akteuren bewusst zeitlich hätte eingeplant werden müssen. Zu Projektbeginn waren die meisten Mitarbeiter zunächst davon ausgegangen, nach Projektstart in ihrer disziplinären Arbeitsweise »loslegen« zu können. Deshalb musste für die Planung des methodischen Vorgehens und die Schulung der Mitarbeiter zunächst Freiraum, aber auch Einsicht und Motivation geschaffen und dafür gesorgt werden, dass in der Projektregion nicht unkoordiniert einzelne Arbeiten bzw. Teilprojekte gestartet wurden. Gerade gegenüber naturwissenschaftlich orientierten Mitarbeitern, denen die Vegetationszeit des ersten Projektjahrs davonlief, war das nicht einfach durchzusetzen.

9.2.5 Der Beitrag der Projektgruppe Kulturlandschaft Hohenlohe

Die Leistung der Projektgruppe in den Teilprojekten wurde über nahezu alle Teilprojekte hinweg sehr positiv beurteilt (MW 1,71, siehe Abb. 9.6.7). Lediglich das Teilprojekt *Bœuf de Hohenlohe*, mit einem MW von 2,38, schert etwas aus. Betrachtet man die Ergebnisse im Überblick, fällt auf, dass die Leistung der Projektgruppe in den Projekten mit stärkerem Dienstleistungscharakter (*Themenhefte, Lokale Agenda*) am positivsten beurteilt wurden, während sie in den landwirtschaftlich und ökonomisch orientierten Projekten (*Öko-Streuobst, Bœuf de Hohenlohe*) am schlechtesten beurteilt wurde.

Die kritische Bewertung im Teilprojekt *Bœuf de Hohenlohe* kann damit erklärt werden, dass dieses Projekt eine starke und zum großen Teil auch von der Projektgruppe unabhängige Dynamik hatte, bei der die ökonomische Beratung durch die Projektgruppe nur ein Teilaspekt war, der wiederum von der Teilprojektgruppe kaum wahrgenommen wurde. Bei den anderen Projekten war der Input der Projektgruppe sehr viel stärker wahrnehmbar und unmittelbar an den Projektinhalt gekoppelt. Auch die in Kap. 9.2.4 genannten finanziellen Aspekte, wonach bei den Landwirten Unverständnis darüber herrschte, dass das Modellvorhaben mit hohen Fördersummen ausgestattet war, aber keine Mittel für Investitionen vorgesehen waren, mögen bei dieser Beurteilung eine Rolle gespielt haben.

Bei der offenen Frage der Abschlussevaluierung, was »in der Zusammenarbeit mit der Projektgruppe gut gefallen« hat, wurden von 69 Prozent der Befragten der offene Umgang und Kontakt mit den Akteuren sowie die gute Arbeitsatmosphäre genannt und von einem Drittel der Befragten die fachliche Kompetenz der Mitarbeiter und deren professioneller Input.

Ein nahezu identisches Bild wie bei der Frage zur Leistung der Projektgruppe zeigt sich in der Beurteilung (MW 1,86) und der Rangfolge innerhalb der Teilprojekte zu der Frage, inwiefern die

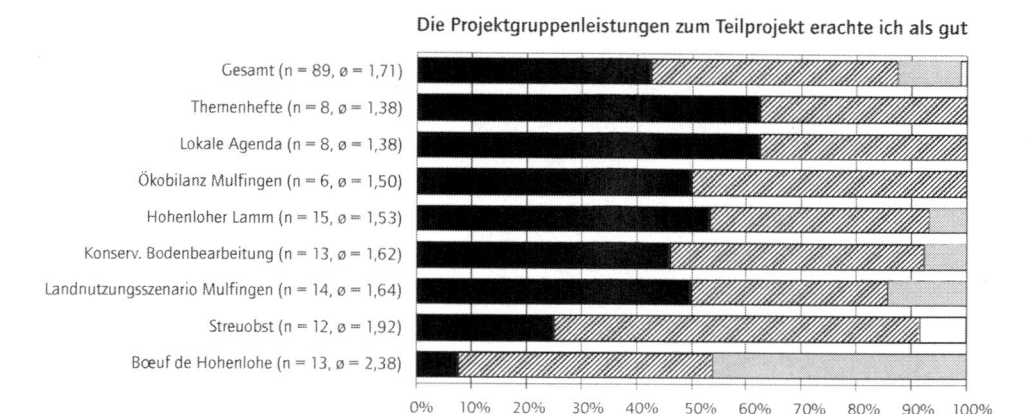

Die Projektgruppenleistungen zum Teilprojekt erachte ich als gut

Gesamt (n = 89, ø = 1,71)
Themenhefte (n = 8, ø = 1,38)
Lokale Agenda (n = 8, ø = 1,38)
Ökobilanz Mulfingen (n = 6, ø = 1,50)
Hohenloher Lamm (n = 15, ø = 1,53)
Konserv. Bodenbearbeitung (n = 13, ø = 1,62)
Landnutzungsszenario Mulfingen (n = 14, ø = 1,64)
Streuobst (n = 12, ø = 1,92)
Bœuf de Hohenlohe (n = 13, ø = 2,38)

■ stimme voll zu ▨ stimme im Wesentlichen zu ▦ stimme weniger zu □ stimme gar nicht zu

Abbildung 9.2.7: Beurteilung der Projektgruppenleistung in den Teilprojekten (AE 2002)

Projektgruppe mit ihrer Arbeit einen Beitrag zur Regionalentwicklung geleistet hat (ohne Abb.). Lediglich beim Teilprojekt *Themenhefte* wird der Beitrag zur Regionalentwicklung etwas negativer eingestuft als die Leistung der Projektgruppe als solche. Die Arbeit der Projektgruppe wird demnach so eingeschätzt, dass sie einen Beitrag zur nachhaltigen Weiterentwicklung der Region geleistet hat. Damit wäre neben der gelungenen Kooperation von Wissenschaft und Praxis ein zweites wesentliches Ziel des Modellvorhabens erreicht worden.

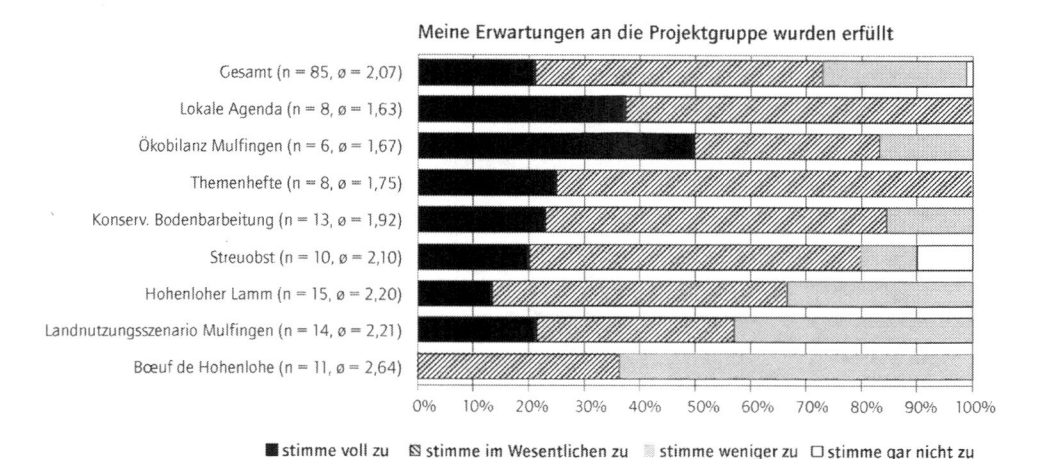

Meine Erwartungen an die Projektgruppe wurden erfüllt

Gesamt (n = 85, ø = 2,07)
Lokale Agenda (n = 8, ø = 1,63)
Ökobilanz Mulfingen (n = 6, ø = 1,67)
Themenhefte (n = 8, ø = 1,75)
Konserv. Bodenbarbeitung (n = 13, ø = 1,92)
Streuobst (n = 10, ø = 2,10)
Hohenloher Lamm (n = 15, ø = 2,20)
Landnutzungsszenario Mulfingen (n = 14, ø = 2,21)
Bœuf de Hohenlohe (n = 11, ø = 2,64)

■ stimme voll zu ▨ stimme im Wesentlichen zu ▦ stimme weniger zu □ stimme gar nicht zu

Abbildung 9.2.8: Erfüllung der in die Projektgruppe gesetzten Erwartungen (AE 2002)

Trotz der positiven Beurteilung der Arbeit der Projektgruppe *Kulturlandschaft Hohenlohe* konnten die in die Projektgruppe gesetzten Erwartungen nicht in allen Teilprojekten in vollem Umfang erfüllt werden (vgl. Abb. 9.2.8). Dies trifft vor allem für die Teilprojekte *Hohenloher Lamm, Land-*

nutzungsszenario Mulfingen und *Bœuf de Hohenlohe* zu, bei denen jeweils 64 Prozent, 42 Prozent bzw. 33 Prozent der Befragten der Aussage, dass ihre Erwartungen an die Projektgruppe erfüllt wurden, weniger zustimmten. Beim Teilprojekt *Bœuf de Hohenlohe* ist dies konsistent zu der gesamten Beurteilung des Projekts und kann neben den oben genannten Gründen auch darin begründet liegen, dass die Vermarktungsbemühungen im Jagsttal selbst kaum Fuß fassen konnten und deshalb nicht als Leistung der Projektgruppe für das Jagsttal wahrgenommen wurden. Das Teilprojekt *Hohenloher Lamm* wurde relativ spät während der Gesamtprojektlaufzeit begonnen und war bei Projektende noch nicht vollständig etabliert. Das Teilprojekt *Landnutzungsszenario Mulfingen* war als reines Planungsprojekt angelegt, manche Beteiligte erwarteten jedoch, dass es auch zur Umsetzung der entwickelten Konzepte kommt.

Diese Ergebnisse machen nochmals deutlich, wie wichtig es ist, Ziele gut zu klären und von vorneherein offen darzulegen, wofür Ressourcen zur Verfügung stehen und wofür nicht, und was von einer Wissenschaftlergruppe mit diesen Ressourcen geleistet werden kann.

9.2.6 Persönlicher Lernerfolg und Aufwand

Die Mehrzahl der Befragten in fast allen Teilprojekten (Abb. 9.2.9) war der Meinung, dass sie durch das Projekt »Neues dazu gelernt« haben. Dies trifft interessanterweise in besonderem Maße für die Projekte zu, die eine stark wissenschaftliche Komponente mit einem entsprechenden Input durch die Projektgruppe beinhalteten (*Ökobilanz Mulfingen, Konservierende Bodenbearbeitung, Landnutzungsszenario Mulfingen*). Hinzu kommt noch das Teilprojekt *Lokale Agenda 21*, bei dem die Befragten sehr viele methodische Ansatzpunkte der Bürgerbeteiligung kennen gelernt haben.

Das bedeutet, dass wissenschaftliche Inhalte, wenn Sie in einen partizipativen und umsetzungsorientierten Kontext gestellt werden und dadurch einen verständlichen Lebensweltbezug bekommen, von den Akteuren aufgenommen und verstanden werden und so dazu beitragen, die Basis für Wissen und Handeln zu verbreitern.

Durch die Arbeit im Teilprojekt habe ich Neues dazugelernt

- Gesamt (n = 90, ø = 1,99)
- Ökobilanz Mulfingen (n = 6, ø = 1,50)
- Konserv. Bodenbearbeitung (n = 14, ø = 1,71)
- Lokale Agenda (n = 8, ø = 1,75)
- Landnutzungsszenario Mulfingen (n = 14, ø = 1,79)
- Themenhefte (n = 8, ø = 1,88)
- Hohenloher Lamm (n = 15, ø = 1,93)
- Streuobst (n = 12, ø = 2,17)
- Bœuf de Hohenlohe (n = 13, ø = 2,85)

■ stimme voll zu ▨ stimme im Wesentlichen zu ▧ stimme weniger zu ☐ stimme gar nicht zu

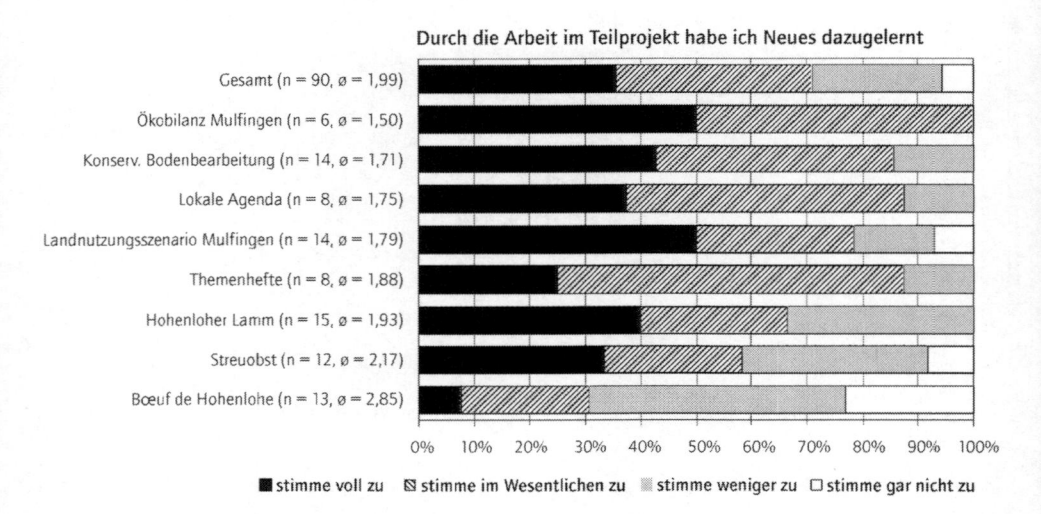

Abbildung 9.2.9: Wissenszuwachs durch die Arbeit im Teilprojekt (AE 2002)

Dem steht die Beurteilung des »betriebenen Aufwandes« gegenüber. Dieser wurde von der Mehrheit der Befragten in fast allen Teilprojekten als nicht zu groß beurteilt (Abb. 9.2.10). Lediglich in den Teilprojekten *Landnutzungsszenrio Mulfingen* und *Öko-Streuobst* waren jeweils deutlich über 50 Prozent der Befragten der Meinung, dass der Aufwand zu groß war. Dennoch wurde diese Frage insgesamt mit am kritischsten bewertet (vgl. Abb. 9.2.1). Auch in der offenen Frage nach »hinderlichen Faktoren für die Umsetzung des Teilprojekts« wurden von einigen Befragten der hohe Zeitaufwand und die Länge der Sitzungen genannt. Das deutet aber auch darauf hin, dass die Akteure bei dieser Frage – verständlicherweise – mehr an ihren eigenen Aufwand gedacht haben, als an den oft vielfach höheren Aufwand der Projektmitarbeiter.

Der für das Teilprojekt betriebene Aufwand war zu groß

[Balkendiagramm mit folgenden Kategorien:
Gesamt (n = 84, ø = 2,62)
Landnutzungsszenario Mulfingen (n = 14, ø = 2,07)
Streuobst (n = 10, ø = 2,40)
Konserv. Bodenbearbeitung (n = 12, ø = 2,67)
Themenhefte (n = 7, ø = 2,71)
Hohenloher Lamm (n = 15, ø = 2,73)
Lokale Agenda (n = 8, ø = 2,75)
Bœuf de Hohenlohe (n = 12, ø = 2,83)
Ökobilanz Mulfingen (n = 6, ø = 3,17)

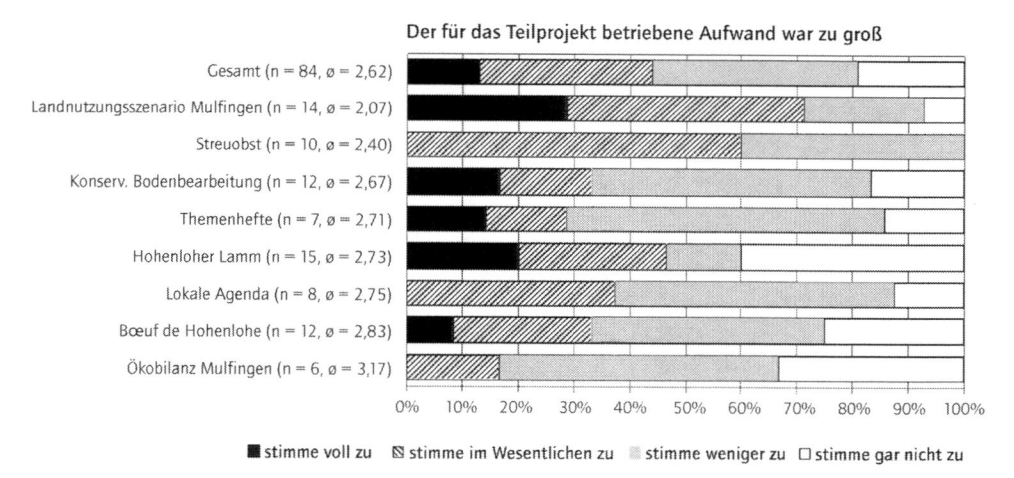

Legende: ■ stimme voll zu ▨ stimme im Wesentlichen zu ▦ stimme weniger zu ☐ stimme gar nicht zu]

Abbildung 9.2.10: Bewertung des betriebenen Aufwands (AE 2002)

Das bedeutet, dass eine effiziente Arbeitsweise für die Zufriedenheit der Beteiligten von hoher Bedeutung ist. Gleichzeitig bestand der Anspruch des Projekts, eine konsensorientierte Arbeitsweise zu praktizieren, die aber zeitintensiv ist. Eine zufrieden stellende Balance zwischen Beteiligung und Fortschritt in der Sache zu finden, ist die besondere Kunst bei dieser Art von Projekten. Moderationserfahrung und eine sehr gute Vorbereitung spielen dabei eine entscheidende Rolle.

9.2.7 Die Evaluierungsergebnisse im Zeitverlauf

Vergleicht man die Bewertungen der evaluierten Teilprojekte bei den beiden Zwischenevaluierungen und bei der Abschlussevaluierung, so zeichnet sich ein differenziertes Bild (vgl. Abbildung 9.2.11).

Die Inhalte der Teilprojekte wurden mit fortschreitender Projektdauer als bedeutsamer beurteilt. Es ist gelungen, dass die Projekte im Verlauf mit Praxisrelevanz verbundene inhaltliche Tiefe erreicht haben. Leicht nachzuvollziehen ist, dass der Fortbestand der Teilprojekte bzw. auch die Fortführung der durch die Teilprojekte initiierten Aktivitäten, Prozesse oder Strukturen mit zunehmender Projektdauer – und damit konkreter werdenden Projektergebnissen – positiver bewertet wurde.

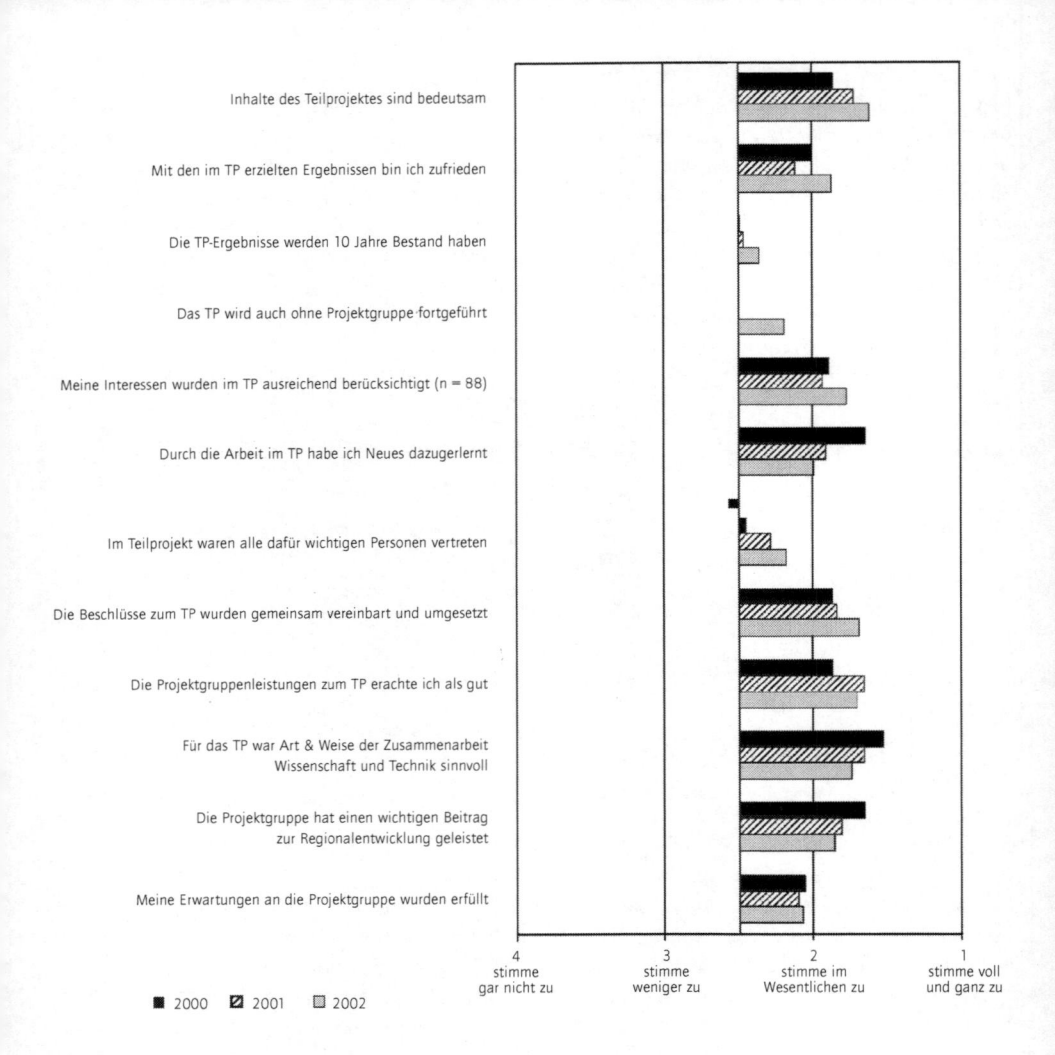

Abbildung 9.2.11 Entwicklung der Bewertung aller Teilprojekte (Mittelwerte, TP = Teilprojekt)

Die Akteure der einzelnen Teilprojekte sind im Zeitverlauf immer stärker zu einer Gruppe zusammengewachsen, die gemeinsam entscheidet und handelt. Dies zeigt die über die Evaluierungszeitpunkte hinweg zunehmend positivere Beurteilung der Frage, inwiefern Beschlüsse gemeinsam vereinbart und umgesetzt wurden.

Ein Vergleich der Bewertungen zur »Zufriedenheit mit den Ergebnissen«, der »Berücksichtigung eigener Interessen« und des »betriebenen Arbeitsaufwands« weist auf unterschiedliche Entwicklungsphasen der Teilprojekte hin. Diese Kriterien wurden bei der zweiten Zwischenevaluierung (2001) jeweils negativer beurteilt als bei der ersten (2000), bei der Abschlussevaluierung aber (mit Ausnahme des Arbeitsaufwands) jeweils am positivsten. Diese drei Phasen lassen sich wie folgt begründen und einteilen:

1. Phase:
In der ersten Projektphase sind die Erwartungen hoch, die Tatsache, dass bestimmte Probleme angegangen werden, gibt Anlass zu Hoffnung und motiviert die Teilnehmer für die Arbeit.
2. Phase:
In dieser Phase tritt Ernüchterung ein, weil Probleme in der Durchführung des Projekts sichtbar werden, die überwunden werden müssen. Es ist unklar, ob alle gesteckten Ziele erreicht werden, oder – im Extremfall – ob das Projekt überhaupt erfolgreich zu Ende geführt werden kann. (Was in den dargestellten Teilprojektbewertungen auszuschließen ist, da die Bewertungen zum mittleren Befragungszeitpunkt, auch wenn sie bei den genannten Fragen die negativsten war, immer noch positiv waren.)
3. Phase:
Jetzt ist absehbar, ob das Projekt Erfolg haben wird, erste Ergebnisse sind sichtbar. Wurden die Erwartungen erfüllt oder gar übertroffen, spiegelt sich das in der Bewertung wider. Das realisierte Projekt führt zu einer größeren Zufriedenheit, als die bloße Absicht es zu realisieren.

Im Zeitverlauf negativer beurteilt wurde der persönliche Lernerfolg. Dies ist damit zu erklären, dass zu Projektbeginn durch den inhaltlichen Input der Wissenschaftlergruppe und den methodischen Ansatz viel Neues auf die Akteure zukam, was im Zeitverlauf zur Gewohnheit bzw. »nur noch« als neue Erkenntnis in die Praxis umgesetzt wurde.

Die »Zusammenarbeit von Wissenschaft und Praxis« sowie der »Beitrag der Projektgruppe *Kulturlandschaft Hohenlohe* zur nachhaltigen Regionalentwicklung« wurden über die drei Evaluierungen hinweg zunehmend negativer beurteilt. Dies rührt einerseits daher, dass diese Kriterien/Fragen in einzelnen Projekten (s.o.) vergleichsweise negativ beurteilt wurden und sich diese Sicht im Projektverlauf verfestigte – mit entsprechenden Auswirkungen auf das Gesamtergebnis. Andererseits kann es eine Rolle spielen, dass die Erwartungen an die Projektgruppe anfangs sehr hoch waren und dass diesen Erwartungen nicht voll entsprochen werden konnte. Darauf deuten auch einzelne Nennungen bei den offenen Fragen der Evaluierung hin. Dabei muss aber berücksichtigt werden, dass beide Fragen, die zur »Zusammenarbeit von Wissenschaft und Praxis« und zum »Beitrag der Projektgruppe zur nachhaltigen Regionalentwicklung« mit am besten von allen Fragen beurteilt wurden; das betrifft auch das Ergebnis der Abschlussevaluierung.

Insgesamt zeigen die Ergebnisse, dass es gelungen ist, den Spannungsbogen einer konstruktiven Zusammenarbeit über die gesamte Projektlaufzeit zu halten. Dazu hat beigetragen, dass durch die Kurz- und Zwischenevaluierungen Fehlentwicklungen identifiziert wurden und durch entsprechende Maßnahmen gegengesteuert werden konnte. Projekte ohne Erfolgsaussichten (*Heubörse, Weinlaub*) wurden eingestellt und die Ressourcen wurden auf mehr Erfolg versprechende Projekte übertragen. Kontinuierlich und gemeinsam die Projektprozesse zu bewerten und daraus Schlussfolgerungen für ihre Verbesserung zu ziehen, ist daher essenziell, um Projektziele effizient zu erreichen.

9.2.8 Vergleich der Teilprojektbewertung durch Akteure und Mitarbeiter

Insgesamt betrachtet, wurden die Teilprojekte von den Akteuren und den Mitarbeitern des *Modellvorhabens Kulturlandschaft Hohenlohe* in Richtung und Ausprägung sehr ähnlich beurteilt (Abb. 9.2.12). Die Mitarbeiter schätzten ihren persönlichen Lernerfolg (»durch das Projekt habe ich Neues dazu gelernt«) deutlich positiver als die Akteure ein. Als Gestalter der Teilprojektprozesse und zum Teil auch als deren Umsetzer waren sie stärker in die Bewältigung der Alltagsarbeit eingebunden. Im Durchschnitt waren sie jünger und weniger berufserfahren als die Akteure und die Projektgruppe stellte große neue Anforderungen, zum Teil mit Neuland, für das kaum Erfahrungen bei den Projektmitarbeitern vorlagen.

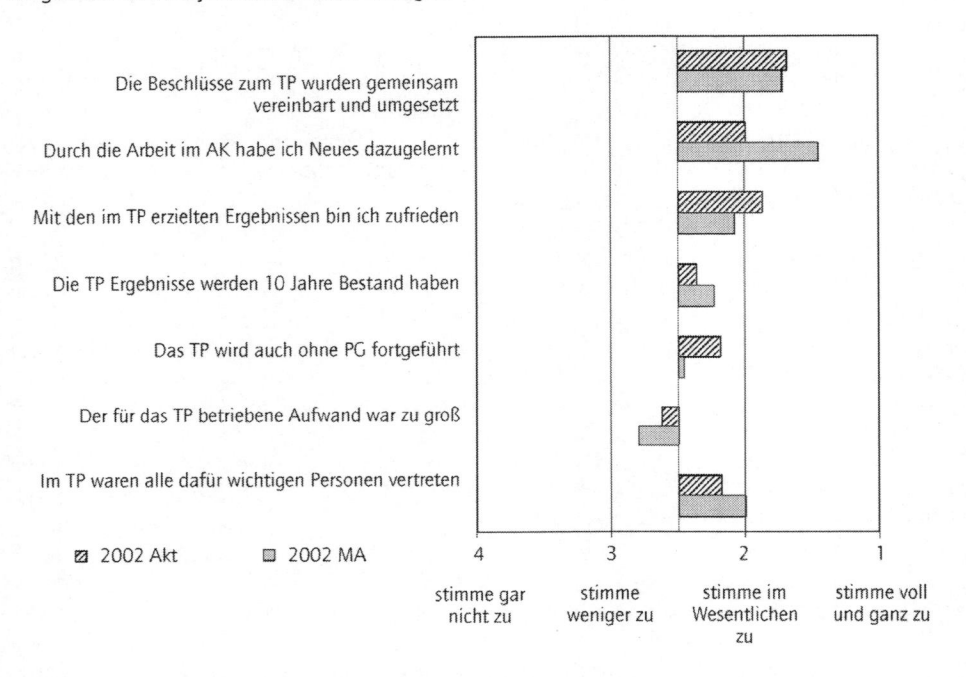

Abbildung 9.2.12: Vergleich der Bewertung der Teilprojekte durch Mitarbeiter und Akteure bei der Abschlussevaluierung (Mittelwerte; Akt = Akteure, MA = Mitarbeiter, TP = Teilprojekte)

Hingegen waren die Akteure mit den »erzielten Ergebnissen« zufriedener als die Mitarbeiter des Modellvorhabens und schätzten die Chance auf Fortführung der Teilprojekte zuversichtlicher ein. Hierfür mögen unterschiedliche Bewertungsmaßstäbe die Ursache ein. Beurteilen die Akteure diese Frage eher aus einem Vergleich zu dem was bisher war, sehen die Wissenschaftler die Frage eher aus der Perspektive, was potenziell möglich wäre. Dass der für die Teilprojekte »betriebene Aufwand« von den Mitarbeitern weniger kritisch als von den Akteuren beurteilt wird, ist nahe liegend. Die Mitarbeiter waren speziell für die Durchführung der Projekte angestellt, während die Mitarbeit für die Akteure einen zusätzlichen Aufwand bedeutete.

Die »Einbeziehung relevanter Akteure« wurde von den befragten Akteuren etwas kritischer als von den Mitarbeitern eingeschätzt. Ursache hierfür kann sein, dass die Akteure detailliertere Kenntnisse der Verhältnisse vor Ort haben

Die hier dargestellten Ergebnisse zeigen, dass es gelungen ist, in den Teilprojektgruppen ein gemeinsames Verständnis für die zu bearbeitenden Themen und die daraus folgenden Zielsetzungen und Aufgaben zu entwickeln. So stand die gemeinsame Arbeit als Gruppe, um ein Projekt umzusetzen, im Mittelpunkt und weniger die Dualität von Wissenschaftlern hier und Praktikern dort.

9.2.9 Ergebnisse der Mitarbeiterbefragung zum Vorgehen im Gesamtprojekt

Das geplante Vorgehen in den Teilprojekten und die dabei gemachten Erfahrungen fanden im Rahmen des Modellvorhabens statt und bedienten sich eines gemeinsamen methodischen Ansatzes. Bestandteil der Abschlussinterviews war eine Reflexion über den gewählten Ansatz (vgl. Kap. 6.8). Im Folgenden werden die Ergebnisse dazu und zu den damit im Zusammenhang stehenden Mitarbeitertrainings dargestellt. Gefragt wurde jeweils in geschlossenen Fragen zur Einschätzung und mit offenen Fragen zur Erklärung der jeweiligen Sachverhalte. Die Wiedergabe der Antworten zu den offenen Fragen ist zur Übersicht stark und zum Teil zu Oberpunkten zusammengefasst und die Anzahl von Mehrfachnennungen in Klammern angegeben.

Tabelle 9.2.1: Bewertung des Aktionsforschungsansatzes durch die Mitarbeiter

Bewertung im Überblick	stimme voll und ganz zu	stimme im Wesentlichen zu	stimme weniger zu	stimme gar nicht zu
Der methodische Ansatz insgesamt mit seiner Orientierung an der Aktionsforschung war sinnvoll (n = 18)	7	10	1	0
Offene Fragen zum Ansatz	Stichpunkte/ Antwortnennungen (Häufigkeit)			
Was war an diesem Ansatz, Vorgehen gut? (n = 16)	<ul><li>Vorgehen, Umsetzen des Ansatzes (17), z.B. durch Flexibilität und Offenheit, Themensuche, wo man ansetzt und Reflexion</li><li>Akteursbezug und Problemorientierung (13), z.B. durch frühe Kontaktaufnahme und Einbeziehung der Akteure</li><li>Vorteile für Wissenschaftler (5), z.B. durch Lernprozess, Möglichkeit zur Inanspruchnahme eines Psychologen</li><li>der Ansatz allgemein, hierzu bestand keine Alternative (5)</li></ul>			
Was war an dem Ansatz weniger gut oder schwierig? (n = 17)	<ul><li>Verständnis des Ansatzes (17) schwierig, nicht schnell erschließbar und Bedarf an mehr Inputs</li><li>Umsetzen des Ansatzes (14), da viel Ungeplantes passiert, Vielfalt, z.T. Aktionismus in Teilprojekten oder mangelnde Stringenz, Zielklärung und Planung</li><li>Einbezug der Akteure (12), z.B. durch Fehlen von Entscheidungsträgern, Handlungsbereitschaft oder fehlender Problemdruck</li><li>Nachteile für Wissenschaftler (3), z.B. bei Möglichkeiten für wissenschaftliches Arbeiten</li></ul>			
Inwieweit ist bei dem Vorgehen die Festlegung der Inhalte gut gelungen? (n = 11)	<ul><li>gut (7), prinzipiell ausgehend von Definitionsphase und Anpassung/ Festlegung der Inhalte ausgerichtet an den Akteuren</li><li>aber weniger gut/verbesserungsbedürftig (26): – Einbezug von Entscheidungsträgern, Behörden und Themen auf übergeordneter Ebene, teilweise zu hohe Erwartungen – unterschiedlich gute Zielklärung, schnelle Schlüsse aus Definitionsphase, systematisches Vorgehen zur Beteiligung – Verzahnung und Abstimmung von Gesamtprojekt und Teilprojekten – teilweise problematische Themenwahl hinsichtlich Bezug Nachhaltigkeit</li></ul>			

Viele der Antworten begründen sich aus dem konkreten Vorgehen in den Teilprojekten und zeigen hier die Herausforderungen. Die Ebene des Gesamtprojekts ist insbesondere angesprochen, wenn es um das Verständnis des Aktionsforschungsansatzes geht und um die Abstimmung und Verzahnung der Gesamtprojekt- und Zielgruppenebene. Weitere Antwortnennungen zu diesem Themenkomplex betrafen so auch die Organisationsstruktur, mit positiven Nennungen über die Verantwortlichkeit der wissenschaftlichen Mitarbeiter für die Teilprojekte und die kollegiale Organisation und negativen Äußerungen zu mangelnden Managementerfahrungen, Erfolgsdruck und Gefahr der »Verzettelung« durch zu viele verschiedene Aktivitäten. Bei der Frage nach der Organisationsstruktur des Projekts insgesamt stimmten aber von den 19 befragten Mitarbeitern und Projektsprechern sieben voll und elf im Wesentlichen zu, dass sie zweckmäßig war. Eine Person stimmte weniger zu.

Zu den internen Fortbildungen, die auch bei der Umsetzung des Aktionsforschungsansatzes angesprochen wurden, ergab sich aus den Abschlussinterviews folgendes Bild.

Tabelle 9.2.2 Bewertung der internen Fortbildungen/Trainings durch die Mitarbeiter

Bewertung im Überblick	stimme voll und ganz zu	stimme im wesentlichen zu	stimme weniger zu	stimme gar nicht zu
Das Angebot an internen Fortbildungen war gut (n = 18)	10	8	0	0
Es wurde ausreichend Handwerkszeug vermittelt (n = 18)	10	7	1	0
Offene Fragen	Stichpunkte/ Antwortnennungen (Häufigkeit)			
Inwieweit war die Unterstützung durch interne Fortbildungen gut/ausreichend und warum? (positive Kritik in n = 6 Interviews, negative in n = 9)	positive Kritik (8) • breit gefächertes, ausreichendes Angebot, hilfreiche Methodenschulungen, Synergien mit Prozessbegleiter negative Kritik, Verbesserungsmöglichkeiten • Zeitpunkt (9): konzentrierter und stärkere Teilnahme der Wissenschaftler zu Projektbeginn • Inhalte (12): mehr Angebote zu Projektplanung (4), Wissenschaftstheorie (3), Aktionsforschung (2), EDV, Zeitmanagement, Politik • Übung und Begleitung (10): mehr Feedback, Begleitung, Coaching, Übungsgelegenheiten und Erfahrungsaustausch, mehr Einbezug des Prozessbegleiters und größere personelle Kapazität des Instituts für Kommunikations- und Beratungslehre			

Weitere Kommentare gaben Mitarbeiter, die nicht an allen Trainingsworkshops teilnehmen konnten oder später zum Projekt dazu gestoßen sind. Sie weisen damit auf die Frage des geeigneten Zeitpunkts hin. Die Startphase des Projekts ist besonders geeignet, um durch Workshops mit allen Mitarbeitern einen gemeinsamen Projektstart zu realisieren, Unsicherheiten am Beginn zu reduzieren und vor allem ein gemeinsames Verständnis der Zusammenarbeit innerhalb der Mitarbeitergruppe und in Bezug auf das Vorgehen vor Ort zu entwickeln. Hindernisse ergeben sich, wenn sich der Vertragsabschluss der Projektmitarbeiter hinzieht oder die Mitarbeiter in anderen Verpflichtungen stehen, die ihnen die Teilnahme an geblockten Workshops erschweren. Viele der Fragen und der erlebte Trainingsbedarf ergeben sich allerdings erst während der Projektarbeit, was im Nachhinein oft nicht mehr so wahrgenommen wird. Die Kritik der befragten Mitarbeiter bestätigt hier, dass eine Kombination am besten ist, d.h. Trainings zu Beginn und als gemeinsamer Startschuss und Workshops im Verlauf, um auftauchende Fragestellungen aufzugreifen und die Vorteile des Erfahrungsaustauschs zu nutzen. Idealerweise kommen hier die individuelle Begleitung und das Coaching hinzu.

9.2.10 Erfahrungen mit den gewählten Evaluierungsinstrumenten

Sowohl mit dem Ansatz des *Modellvorhabens Kulturlandschaft Hohenlohe* als auch mit den eingesetzten Evaluierungsinstrumenten wurde zum Teil Neuland beschritten. Eine Frage in den Mitarbeiterinterviews bezog sich deswegen auch darauf, inwieweit die vorgenommenen Zwischenevaluierungen nützlich und zweckmäßig waren. Bei der Reflexion der eingesetzten Instrumente sind vor allem folgende Punkte zu nennen, die bei der Übertragung der Erfahrung auf ähnliche Projekte helfen können:

— Mit Beginn der Hauptphase und Formierung der Forschergruppe waren weder alle Ziele als überprüfbare Ergebnisse formuliert, noch standen Evaluierungsinstrumente und ihre Handhabe zur Verfügung. Ziele mussten noch – auf Teilprojektebene mit den Akteuren – konkretisiert werden und das Vorgehen, vor allem aber die Indikatoren für die Evaluierung, mussten noch abgestimmt und gefunden werden. Zeitliche Verzögerungen waren die Folge, aber auch die Kritik, dass der Vergleich von Zielgrößen vor und nach den Projektaktivitäten nicht oder nur in Einzelfällen möglich war.

— Im Sinne einer partizipativen Evaluierung werden Verbesserungsmöglichkeiten dahingehend deutlich, dass ein Teil der Erfolgskriterien gemeinsam mit den Akteuren formuliert werden könnte. Dies betrifft weniger die theoretische Auseinandersetzung mit »Indikatoren zur Nachhaltigkeit«, sondern die Zielformulierung in den Arbeitskreisen. Voraussetzungen dafür sind methodische Fähigkeiten der Mitarbeiter in Projektplanung und -evaluierung bzw. intensivere Schulungen in der Anfangsphase des Projekts.

— Die Anforderung, durch Evaluierung und Reflexion, Anpassungen vorzunehmen, setzt nicht nur die entsprechende Flexibilität im Projekt voraus, sondern auch eine gewisse methodische Sicherheit. So erwiesen sich der Einsatz vorformulierter Fragen zur Kurzevaluierung in den verschiedenen Veranstaltungen als hilfreicher Ansatzpunkt zur Einschätzung und zur Vor- und Nachbereitung von Sitzungen. Wichtig war allerdings, dass die Teilprojektverantwortlichen diese Stimmungsbilder, bei negativen, wie positiven Antworten, auch hinterfragten. Wesentliche Kritik und Anregungen wurden oft erst in der Diskussion oder im informellen Einzelgespräch deutlich.

— Mit den zwei Zielrichtungen der Zwischenevaluierungen und Abschlussevaluierung (Hilfe für die Teilprojektarbeit und für übergreifende Fragen) waren Kompromisse verbunden. Anpassungen in Form, Inhalt und Zeitpunkt der Evaluierung an den spezifischen inhaltlichen und zeitlichen Kontext der Teilprojekte waren grundsätzlich möglich. Auf der anderen Seite mussten Ansprüche an die Vergleichbarkeit der Antworten zu übergreifenden Fragen im Gesamtprojekt dieser Situation angepasst sein. Das setzte der Anpassung Grenzen. Voraussetzung für diese Anpassung und Bereitschaft zur Durchführung waren die Einigung über die Notwendigkeit der Zwischen- und Abschlussevaluierungen, methodisches Verständnis und eine entsprechende Auseinandersetzung und Zeitplanung.

— Als Schwierigkeiten für die Durchführung der Evaluierungen erwiesen sich die zum Teil knappe Zeit für Arbeitstreffen und die i.d.R. wechselnden Teilnehmerzahlen, so dass ein Teil der Befragung per Post erfolgte.

— Trotzdem wurde die Gelegenheit genutzt, in der selben oder der darauf folgenden Sitzung die Auswertung der Fragen (Antworthäufigkeiten und genannte Stichpunkte) im betreffenden Arbeitskreis zu diskutieren; dies führte zum Teil zu Konsequenzen und Anpassungen in der Fragestellung.
— Mit dem angebotenen Instrument konnte die Evaluierung als wichtiger Schritt in der Teilprojektarbeit unterstützt werden, d.h. es gab auch eine höhere Gewährleistung für die Durchführung dieses Schrittes.
— Durch die Befragung von Mitgliedern der Projektgruppe und lokalen Akteuren war ein Vergleich von »Selbsteinschätzung« und »Fremdeinschätzung« möglich.

10

Regionalentwicklung und Politik –
Agrar-, Umwelt-, Struktur- und
Raumordnungspolitische Situationsanalyse und
Perspektiventwicklung im Modellvorhaben
Kulturlandschaft Hohenlohe

Frank Henssler, Beate Arman, Angelika Beuttler, Norbert Billen, Alexander Gerber, Gottfried Häring, Ralf Kirchner-Heßler, Angelika Thomas, Thomas Wehinger [1]

10.1 Hintergrund

Die Gestaltungsspielräume von Projekten einer nachhaltigen Landnutzung sind von zahlreichen politisch-administrativen und rechtlichen Rahmenbedingungen seitens der EU, des Bundes, der Länder und der Kommunen abhängig. Dies galt auch für die Projektarbeit der Projektgruppe *Kulturlandschaft Hohenlohe*. Gleichzeitig ergab sich dadurch die Chance, aus den bestehenden Erfahrungen mit verschiedensten politischen Instrumenten Vorschläge für die Förderung und Entwicklung einer nachhaltigen Landnutzung im Projektgebiet ableiten und Verbesserungsvorschläge für die vorhandenen Politikinstrumente unterbreiten zu können.

10.2 Konstituierung der Politik-AG

Zur Bearbeitung dieses Aufgabenfeldes wurde die Indikator-AG, die ihren Arbeitsauftrag zum Ende des Jahres 2000 abschließen konnte, Anfang 2001 in eine Politik-AG umgewandelt. Zielsetzung des Arbeitsgremiums war es,
__die für die Arbeit in den Teilprojekten der Projektgruppe aktuell und prospektiv wichtigsten Instrumente der Agrar-, Umwelt-, Struktur- und Raumordnungspolitik auf EU-, Bundes-, Landes-, Regional- und Kommunalebene zu analysieren und hinsichtlich der Förderung und Hemmung einer nachhaltigen Entwicklung im Projektgebiet gemeinsam mit den Akteuren zu bewerten;
__Perspektiven zur Entwicklung bestehender politischer Instrumente gemeinsam mit den Akteuren zu erarbeiten und den politischen Entscheidungs- und Handlungsträgern aufzuzeigen.

10.3 Vorgehensweise

Um die oben genannten Ziele zu erreichen, wurde nach den folgenden Arbeitsschritten vorgegangen:

Situationsanalyse der politischen Rahmenbedingungen
Im Rahmen einer Bestandsaufnahme der politischen Rahmenbedingungen des Modellvorhabens wurde ein Überblick aller für die Teilprojekte potenziell relevanten Politikinstrumente erarbeitet. Die Ziele und Inhalte der verschiedenen Politikinstrumente wurden dokumentiert. Darauf aufbauend wurden, wiederum auf Ebene der Teilprojekte, die tatsächlich relevanten und evaluierbaren Politikinstrumente anhand der Kriterien »Aktualität« und »Bedeutung« für das Teilprojekt (in finanzieller und inhaltlicher Sicht) ausgewählt.

Evaluierungskonzept
Die Evaluierung der politischen Instrumente und Maßnahmen wurde auf qualitativ-deskriptive Weise unter Berücksichtigung bereits bestehender Politikevaluierungen vorgenommen. Dabei war

---
[1] Unter Mitarbeit von Gabi Barisic-Rast, Berthold Kappus, Dieter Lehmann, Kirsten Schübel

es Ziel, anhand der von den Teilprojektaktivitäten ausgehenden ökonomischen, ökologischen und sozialen Wirkungen den Einfluss (im Sinne hemmender und fördernder Kräfte) der politischen Instrumente bzw. Maßnahmen auf die Erreichung der Teilprojektziele zu bewerten. Neben der Begründung für diese Wirkungs- und Zielerreichungsanalyse beinhaltete die Evaluierung außerdem Anmerkungen zu den sonstigen Rahmenbedingungen (wie z.B. räumliche Differenzierung der Instrumente und Maßnahmen) sowie Vorschläge zur Fortentwicklung der Politikinstrumente bzw. derer Maßnahmen (vgl. Tab. 10.1).

Tabelle 10.1: Konzept zur Politikevaluierung auf Teilprojektebene

Politik-instrument (Maß-nahme)	Teilprojektziele	Wirkungsbereiche des Teilprojekts	Einfluss des Instruments/der Maßnahme auf die Erreichung der Teilprojektziele					Begründung	Sonstige Anmerkungen
			stark negativ	schwach negativ	neutral	schwach positiv	stark positiv		
	Einkommens-ziele	Einkommens-wirkung							
	Umweltziele	Umweltwirkungen							
	Soziale Ziele	Soziale Wirkungen							

Akteursbewertung und Durchführung von Expertengesprächen

Im Rahmen der vier Arbeitskreise (AK) Grünland, Ressourcenschonende Ackernutzung, Tourismus und Landschaftsplanung war vorgesehen, die Evaluierungsergebnisse der Politik-AG gemeinsam mit den Akteuren zu diskutieren und deren Meinungen und Vorschläge für die künftige Ausgestaltung der Politikinstrumente in die Evaluierung aufzunehmen. Aus Zeitmangel war dies jedoch nur in den zwei erstgenannten AK und dort auch nur im eingeschränkten Umfang möglich. Im AK Landschaftsplanung erfolgte eine schriftliche Abfrage bei Behörden- und Verbandsvertretern zu den von der Projektgruppe evaluierten Politikinstrumenten. Im Rahmen von Expertengesprächen mit politischen Verantwortungsträgern wurden abschließend die Evaluierungsergebnisse ausgewählter Politikinstrumente auf Landesebene (Ministerium für Ernährung und Ländlicher Raum Baden-Württemberg) vorgetragen und diskutiert.

Evaluierung

Im Folgenden wird zunächst ein Überblick über die für die einzelnen Teilprojekte relevanten Politikinstrumente gegeben (Tab. 10.2). Anschließend werden in Tab. 10.3 Zielsetzung und Maßnahmen für ausgewählter Politikinstrumente aus dem Bereich der Agrarumwelt-, Umwelt- und Raumordnungspolitik näher beschrieben. Die Ergebnisse der Evaluierungen dieser Politikinstrumente sowie Vorschläge zu deren Fortentwicklung sind in Kap. 10.4. dargestellt. Eine detaillierte Auflistung aller evaluierten Politikinstrumente und Vorschläge findet sich im Anhang 10.1.

Tabelle 10.2: Relevante Politikinstrumente der Teilprojekte

Politikfeld	Instrument/Teilprojekt (TP)	Bœuf de Hohenlohe	Hohenloher Lamm	Öko-Streuobst	Landnutzungsszenario Mulfingen	Konservierende Bodenbearbeitung	Ökobilanz Mulfingen	Regionaler Umweltdatenkatalog	Gewässerentwicklung	Lokale Agenda	Panoramakarte	Themenhefte
Sonstige	Urheberrecht							■				
Sonstige	Datenschutzgesetz							■				
Raumordnungspolitik	Bauleitplanung				■		■					
Raumordnungspolitik	Landschaftsplanung				■		■					
Strukturpolitik	LEADER II/LEADER +										■	
Agrarumweltpolitik	PLENUM	■	■	■								
Agrarumweltpolitik	Landschaftspflegerichtlinie	■	■	■								
Agrarumweltpolitik	SchALVO					■						
Agrarumweltpolitik	MEKA	■	■	■		■						
Agrarstrukturpolitik	Ausgleichszulage	■	■	■								
Agrarstrukturpolitik	Vermarktung ldw. Qualitätsprodukte	■	■									
Agrarmarktpolitik	EU-Öko-Verordnung	■		■								
Agrarmarktpolitik	Zentral-regionale Marketingkooperation	■	■									
Agrarmarktpolitik	Gemeinsame Agrarpolitik/Agenda 2000	■	■	■		■						

Anschluss an Tabelle 10.2

Politikfeld	Instrument/Teilprojekt (TP)	Bœuf de Hohenlohe	Hohenloher Lamm	Öko-Streuobst	Landnutzungsszenario Mulfingen	Konservierende Bodenbearbeitung	Ökobilanz Mulfingen	Regionaler Umweltdatenkatalog	Gewässerentwicklung	Lokale Agenda	Panoramakarte	Themenhefte
Umweltpolitik	Umweltinformationsgesetz							■				
	Jagdverordnungen zur Regelung des Gemeingebrauchs								■			
	Viabono											■
	Lokale Agenda 21						■			■		
	EMAS II						■					
	Bodenschutzgesetz (-verordnung)					■						
	Pflanzenschutzgesetz (-verordnung)						■					
	IKONE								■			
	Düngeverordnung					■						
	Wasserhaushaltsgesetz, Wassergesetz								■			
	Wasserrahmenrichtlinie								■			
	Umweltverträglichkeitsprüfung (UVP)								■			
	FFH-Richtlinie	■	■	■								
	Bundes-, Landesnaturschutzgesetz								■			

Fortsetzung Tabelle 10.2: Relevante Politikinstrumente der Teilprojekte

Politikfeld	Politikinstrument	Ziele	Maßnahmen
Agrarumwelt	Marktentlastungs- und Kulturlandschaftsausgleich (MEKA) des Landes Baden-Württemberg (MLR 2000)	Ziel des Marktentlastungs- und Kulturlandschaftsausgleichs ist es, die Leistungen der Landwirtschaft zur Erhaltung und Pflege der Kulturlandschaft sowie spezielle, dem Umweltschutz und der Marktentlastung besonders dienende Erzeugungspraktiken auszugleichen. Zudem sollen Voraussetzungen für die Existenz einer ausreichenden Anzahl bäuerlicher Betriebe zur Erhaltung und Pflege der Kulturlandschaft verbessert werden.	MEKA hat den Charakter von Ausgleichszahlungen, die aufgrund eines differenzierten Punktesystems für verschiedene ökologische Leistungen der Landwirte berechnet werden. Die einzelnen Fördermaßnahmen sind zum Teil kumulierbar. Die Fördermaßnahmen umfassen im einzelnen: 1. Grünlandnutzung in sensiblen Bereichen zum Schutz des Bodens vor Erosion oder zur Erhaltung und Pflege der Kulturlandschaft 2. Sicherung landschaftspflegender, besonders gefährdeter Nutzungen 3. Extensive und umweltschonende Pflanzenerzeugung 1999/2000 wurde MEKA überarbeitet („MEKA II"). Ausgebaut wurden dabei folgende Bereiche: - Die Stärkung der Grünlandförderung, wobei mit der Honorierung der Vielfalt von Pflanzenarten fördertechnisches Neuland beschritten wurde, - die Integration des bisherigen Gemüse-, Obst- und Weinbauprogramms und - die Einführung des „umweltbewussten Betriebsmanagements" als Bündel von Maßnahmen, die ihre Wirkung vor allem auf gesamtbetrieblicher Ebene entfalten.

Politikfeld	Politikinstrument	Ziele	Maßnahmen
Agrarumwelt	Projekt des Landes zur Erhaltung und Entwicklung von Natur und Umwelt (PLENUM), Baden-Württemberg (LfU 1999, 2000, o.J.)	Hauptziel von PLENUM ist die Erhaltung und Entwicklung der gewachsenen Kulturlandschaften mit ihrem Reichtum an Arten und Biotopen. Die Konzeption verzichtet auf einen strengen hoheitlichen Schutz auf großen Flächen und setzt stattdessen auf Freiwilligkeit und Entwicklung von Maßnahmen zum Schutze von Natur und Umwelt "von unten nach oben". Das Projekt spricht Landwirte, andere Landnutzer und Bewohner einer Region an und unterstützt Umsetzungsprojekte in vielen Lebensbereichen. Es verfolgt damit einen integrativen Ansatz. Wichtige Aspekte sind dabei: ■ Landschaftspflege durch naturverträgliche Nutzung ■ Vermarktung von regionalen, naturverträglich erzeugten Produkten ■ Kulturlandschaft und Erholung ■ Schutz des Naturhaushaltes durch Förderung umweltschonender Wirtschaftsweisen	Die PLENUM-Förderung wird über die jeweils gültige Landschaftspflegerichtlinie (LPR) des Ministeriums für Ernährung und Ländlicher Raum Baden-Württemberg (MLR) abgewickelt. Demnach können folgende Maßnahmen gefördert werden: ■ Investition im landwirtschaftlichen Betrieb, d.h. bauliche Anlagen, technische Einrichtungen, Maschinen oder Geräte ■ Investition zur Verbesserung von Verarbeitung und Vermarktung landwirtschaftlicher Erzeugnisse ■ Investition eines Dritten im Bereich Naturschutz, Landschaftspflege und Landeskultur ■ Dienstleistung und Organisation zur Vermarktung ökologischer oder regionaler landwirtschaftlicher Qualitätsprodukte ■ Dienstleistung eines Dritten zum Zwecke des Naturschutzes, der Landschaftspflege und Landeskultur

Tabelle 10.3: Ziele und Maßnahmen der in den Politikfeldern Agrarumwelt-, Umwelt- und Raumordnungspolitik evaluierten Politikinstrumente

Politikfeld	Politikinstrument	Ziele	Maßnahmen
Umweltpolitik	Fauna-Flora-Habitat Richtlinie (FFH)	Ziel der 1992 beschlossen FFH-Richtlinie ist der Aufbau eines Netzes von natürlichen und naturnahen Lebensräumen und von Vorkommen gefährdeter Tier- und Pflanzenarten, um so das europäische Naturerbe für kommende Generationen zu bewahren (FFH-Richtlinie 1992). Die FFH-Richtlinie ist verbindliches EU-Recht und in nationales Gesetz umzusetzen.	• Verknüpfung ausgewählter Lebensräume von europäischer Bedeutung aus verschiedenen geografischen Regionen. Sie bilden zusammen mit den Gebieten der 1979 erlassenen EU-Vogelschutzrichtlinie das europäische Schutzgebietsverbundsystem NATURA 2000. • Auswahl von Lebensraumtypen und Ausweisung bis Juni 2004 als besondere Schutzgebiete z.B. in Form von Natur- oder Landschaftsschutzgebieten (LfU 2003). Die Schutzpflichten werden erst konkret, wenn die gemeldeten und von der EU-Kommission anerkannten Gebiete in den nationalen Gesetzesblättern veröffentlicht sind.
Umweltpolitik	Landschaftsplanung/ Landschaftsplan (LfU 2000)	Die Landschaftsplanung hat das Ziel, die überörtlichen und örtlichen Erfordernisse und Maßnahmen zur Verwirklichung der Ziele des Naturschutzes und der Landschaftspflege in Plänen auf den einzelnen Planungsebenen darzustellen. Damit soll erreicht werden, dass in der Raumordnungs- und Bauleitplanung diesen Zielen in ausreichendem Maße Rechnung getragen wird. Oberstes Ziel der Landschaftsplanung in Baden-Württemberg ist gemäß § 1, Absatz 1 des Naturschutzgesetzes (NatSchG) Baden-Württemberg, „durch Naturschutz und Landschaftspflege ... die freie und besiedelte Landschaft als Lebensgrundlage und Erholungsraum des Menschen so zu schützen, zu pflegen, zu gestalten und zu entwickeln, dass • die Leistungsfähigkeit des Naturhaushaltes, • die Nutzungsfähigkeit der Naturgüter (Boden, Wasser, Luft, Klima, Tier- und Pflanzenwelt) sowie • die Vielfalt, Eigenart und Schönheit von Natur und Landschaft nachhaltig gesichert werden". (UVM 2002, Landesnaturschutzgesetz 2001)	Mit Aufstellung eines Landschaftsplanes kann die Gemeinde landschaftsökologische Belange bei der Aufstellung bzw. Fortschreibung des Flächennutzungsplanes entsprechend berücksichtigen und ein landschaftspflegerisches Gesamtkonzept für die Gemarkung aufstellen. Für das gesamte Land Baden-Württemberg wird der Stand der Landschaftspläne erfasst und kartographisch aufbereitet. Bei der Ausarbeitung von Landschaftsplänen und Grünordnungsplänen sind folgende Gliederungspunkte im Landschaftsplan zu behandeln: • Problemstellung (Nutzungsansprüche, räumliche Verteilung, Ökologische Konflikte, Vorgaben), • Bestandsaufnahme und Wertung (Naturgüter, Flächennutzung, Belastung und Konflikte, Verträglichkeitsuntersuchung), • Ziele und Maßnahmen (Abgrenzung der Flächen mit bestimmten Funktionen, Maßnahmen der Landschaftspflege, Begründung, Pläne). (LfU 2000)

Politikfeld	Politikinstrument	Ziele	Maßnahmen
Umweltpolitik	Environmental Management and Audit Scheme (EMAS), EU-Recht	EMAS ist ein Managementsystem, das Unternehmen dabei hilft, ihren betrieblichen Umweltschutz eigenverantwortlich und kontinuierlich zu verbessern. Mit der EMAS-Verordnung (s.o.) soll die dauerhafte und umweltgerechte Entwicklung durch mehr Selbstverantwortung und Selbstkontrolle und das Spielen von Marktmechanismen erreicht werden (Verordnung (EG) Nr.762/2001)	EMAS beinhaltet folgende Maßnahmenbereiche: - Umweltpolitik festlegen, anwenden - Erste Umweltprüfung durchführen - Umweltprogramm erstellen - Umweltmanagementsystem entwickeln - Umweltbetriebsprüfung durchführen - Umwelterklärung erstellen - Umweltbegutachtung - Validierung der Umwelterklärung - Registrierung des Standorts
Umweltpolitik	Lokale Agenda	Die Agenda 21 ist ein Ergebnis der 1992 in Rio de Janeiro stattgefundenen Konferenz der Vereinten Nationen für Umwelt und Entwicklung (UNCED). Das Aktionsprogramm richtet sich sowohl an die globale, nationale und lokale Ebene, an Institutionen des UN-Systems, an die Regierungen und an Nicht-Regierungsorganisationen. Es benennt die vorrangigen Problembereiche und Handlungsfelder und skizziert strategische Lösungsansätze, die unter dem Leitbild einer "nachhaltigen Entwicklung" stehen. Die vier Hauptbereiche sind: - Soziale und wirtschaftliche Dimensionen, - Erhaltung und Bewirtschaftung der Ressourcen für die Entwicklung, - Stärkung der Partnerschaft, - Mittel zur Umsetzung.	Baden-Württemberg unterstützt Lokale Agenda-Prozesse durch eine an der Landesanstalt für Umweltschutz (LfU) Karlsruhe angesiedelte Koordinierungstelle (Agenda-Büro). Darüber hinaus fördert das Ministerium für Umwelt und Verkehr (UVM) seit 1999 jährlich "konkrete Projekte zur Lokalen Agenda 21" zu verschiedenen Bereichen, wie z.B. Mobilität, Verkehr und Mobilitätszentralen, Umweltbildung, Konsumverhalten, Energieversorgung, Klimaschutz, Freizeit und Tourismus, u.a. (UVM 2003) Daneben bestehen auf Landesebene verschiedene Informations- und Fortbildungsmöglichkeiten zur inhaltlichen und methodischen Arbeit in lokalen Agenda-Prozessen (z.B. Sozialministerium, Klimaschutz- und Energieagentur Baden-Württemberg, Landeszentrale für politische Bildung, etc.) (LfU 2003)

10.4 Analyse und Vorschläge zur Fortentwicklung der Politikinstrumente

10.4.1 Marktentlastungs- und Kulturlandschaftsausgleichsprogramm (MEKA)

In Tab. 10.4. sind für einzelne Maßnahmen des MEKA-Programms und davon betroffene Teilprojekte die Wirkungen, der Einfluss auf die Zielerreichung und die Bewertung der Akteure dargestellt und begründet.

Anhand der Erfahrungen in den Teilprojekten *Öko-Streuobst, Bœuf der Hohenlohe, Hohenloher Lamm* und *Konservierende Bodenbearbeitung* wurden die MEKA-Maßnahmen analysiert. Von diesen Bewertungen und ihren Begründungen (Tab. 10.4) wurden die folgenden Verbesserungsvorschläge für MEKA abgeleitet.

Offenhaltung und Artenvielfalt

Maßnahmenbereich »Erhalt u. Pflege Kulturlandschaft«:
Durch MEKA II wurde der Forderung nach einer verbesserten Grünlandförderung bereits nachgekommen.

Maßnahmenbereich »Sicherung gefährdeter Nutzungen«:
Erhalt Streuobst
Die Förderung sollte sich neben dem Erhalt der Streuobstbestände auch auf die Neupflanzung von Streuobstbäumen erstrecken. Alternativ wäre auch die Einführung einer Verpflichtung zur Neuanpflanzung bei Inanspruchnahme der Förderung denkbar.
Förderung gefährdeter Nutztierrassen
Die Bedeutung alter Landrassen für die Landschaftspflege sollten verstärkt aufgezeigt und die ökologischen Leistungen extensiver Haltungsformen gefördert werden.

Bodenabtrag, Nitrataustrag und Ökotoxizität

Maßnahmenbereich »Extensive, umweltschonende Pflanzenerzeugung«
Mulchsaat
—Die Staffelung der Förderhöhe sollte nach dem Grad der Erosionsgefährdung erfolgen.
—Die Unterteilung der Schläge zur Anlage von Schutzstreifen sollten gefördert und diese als Stilllegungsfläche (auch unterhalb der Mindestbreite) anerkannt werden.
—Die Mulchsaat nach Zuckerrüben sollte gefördert werden.
Begrünung
—Nur in Verbindung mit einer Winterbegrünung bietet die Mulchsaat einen effektiven Erosionsschutz. Daher sollte die bisher geförderte Herbstbegrünung eingestellt und dafür die Winterbegrünung stärker honoriert werden.
—Unter Berücksichtigung der Aspekte »Nitrataustrag« und »Ökotoxizität« ist eine Differenzierung der Maßnahme nach winterharten/nicht-winterharten Zwischenfrüchten sinnvoll.
—Die mechanische oder thermische Unkrautregulierung zur Einsparung zusätzlicher Herbizidanwendungen (z.B. Herbizidapplikation bei Mulchsaat vor Sommerung) sollte gefördert werden.

Bisher erfolgt die Förderung nur indirekt durch Verzicht auf Herbizide im Ackerbau, dabei dürfen aber keinerlei Herbizide eingesetzt werden.
— Die Regelung zum Begrünungsumbruch sollte anstatt der Angabe eines Stichtags auf der Basis eines Mindestzeitraums bzw. der Wuchshöhe beruhen.

CCC-, Herbizidverzicht
Dieser Maßnahmenbereich sollte durch eine Förderung »Artenreiches Ackerland« in Analogie zur Maßnahme »Honorierung der Vielfalt von Pflanzenarten auf Grünland« ergänzt werden.

Erweiterter Drillreihenabstand
Im Zusammenhang mit der einmaligen Fungizidapplikation sind Stichtage zur tatsächlichen Maßnahmendurchführung festzulegen.

Beratung und Qualifizierung

Maßnahme »Einführung/Beibehaltung Ökologischer Landbau«
Im Rahmen des Maßnahmenbereiches »Umweltbewusstes Betriebsmanagement« sollte Umstellungsberatung als Fördertatbestand aufgenommen werden.

Maßnahmenbereich »Extensive, umweltschonende Pflanzenerzeugung«
— Die Abschätzung der Erosionsgefährdung sollte mittels eines Erosionsschlüssels vorgenommen werden.
— In besonders erosionsanfälligen Gebieten sollte eine Förderung und Beratung von Arbeitskreisen erfolgen.

Allgemeines
— Der Anbau von erosionsmindernden Futterpflanzen (Luzerne, Klee-Gras) sollte gefördert werden.
— Der Anbau resistenter Sorten sollte Eingang in die MEKA-Förderung finden.
— Förderung der Einführung eines Punktekontos: Der Landwirt beantragt eine gewisse Anzahl an MEKA-Punkten und verpflichtet sich, diese in die entsprechenden MEKA-Maßnahmen umzusetzen. Die MEKA-Punkte sind dabei frei verteilbar. Dadurch sind unterschiedliche Maßnahmen in verschiedenen Jahren möglich (MLR 2000).

Weitere Ansätze zur Förderung einer umweltschonenden Landbewirtschaftung
Als Förderungsmöglichkeiten wurden folgende Vorschläge erarbeitet:
— In Verbindung mit dem Regionalprogramm des Landes sollten auch Investitionen im Bereich der Umwelttechnik für Maschinengemeinschaften förderfähig sein.
— Anbauabsprachen, gemeinsame Maschinennutzung sowie Verfahren zur (ökologischen) Flurneuordnung (z.B. Schlageinteilung nach Gesichtspunkten des Bodenschutzes).
— Der Aufbau alternativer Nutzungsmöglichkeiten als Energiegetreide (z.B. Fusarien-befallenes Getreide, minderwertiges Getreide) sowie die Vermarktung resistenter Sorten.

10.4.2 Projekt des Landes zur Erhaltung von Natur und Umwelt (PLENUM)

In Tab. 10.5. sind die Ergebnisse der Bewertung des Politikinstruments PLENUM anhand der Teilprojekte *Bœuf de Hohenlohe, Öko-Streuobst, Hohenloher Lamm* sowie *Landnutzungsszenario Mulfingen* im Einzelnen dargestellt. Die daraus abgeleiteten Vorschläge zur Verbesserung von PLENUM beziehen sich auf die potenzielle Auswirkung von PLENUM in Hohenlohe bzw. auf andere PLENUM-Gebiete, da es in Hohenlohe derzeit noch kein PLENUM-Gebiet gibt.

Projektauswahl
Die Rahmenbedingungen (z.B. finanzielle Beteiligung, Überschneidung mit anderen Projekten, Programmen) für eine Ausweitung von PLENUM-Gebieten in Baden-Württemberg sollten klar gestellt, das Auswahlverfahren sollte transparent gestaltet werden.

Förderung
Um die Innovationsleistung von PLENUM zu gewährleisten, sollte bei Bedarf ein über die Landschaftspflegerichtlinie hinausreichendes Förderinstrument vorgesehen werden.

Gebietsabgrenzung
Die Gebietskulissen sollten in fachlich begründbaren Fällen flexibel ausgestaltet werden, um beispielsweise bestehende oder zu gründende Vermarktungsinitiativen (Produkt-bezogene Kulisse) zu berücksichtigen und Naturschutz nicht nur im engeren Bereich schützenswerter Gebiete (z.B. Talräume Hohenlohes), sondern auch in deren Einzugsgebieten (z.B. Nitratauswaschung/Bodenerosion auf den Hochflächen) betreiben zu können.

Beratung
Die notwendige Beratungs-, Qualifizierungs- und Planungsleistung sollte durch die Expertise des Projektmanagements oder weitere Berater erbracht werden. Die hierfür erforderlichen Mittel und Arbeitskapazitäten sollten bereitgestellt werden.

Sonstiges
— Im Rahmen von PLENUM sollten Möglichkeiten und Grenzen der Landschaftspflege aufgezeigt werden (Was ist sinnvoll? Was ist notwendig?).
— Durch den Austausch mit den übrigen PLENUM-Regionen sowie weiteren vergleichbaren Projekten (z.B. LEADER, Biosphärenreservate) sollte ein Ideenaustausch und der Aufbau von Netzwerkstrukturen gefördert werden.
— Bestehende Programme bzw. Projekte, die eine naturschutzintegrierende Zielsetzung verfolgen, wie z.B. PLENUM, Vorhaben der Landschaftserhaltungsverbände, Landschaftspflegeprojekte sollten harmonisiert werden.
— Für die bestehenden Streuobstwiesen sollten Bewertungsstandards entwickelt werden, um die für den Naturschutz relevanten Bestände herauszustellen. Für die aus naturschutzfachlicher Sicht schützenswerten Streuobstbestände sollte dann der Biotopschutz nach §24a des Landesnaturschutzgesetzes (vgl. Landesnaturschutzgesetz Baden-Württemberg 2001) neu überdacht werden.

Tabelle 10.4: Politikinstrument: MEKA II

Maßnahme	Teilprojekt	Wirkungsbereiche des Teilprojekts	--	-	0	+	++	Erläuterungen, Anmerkungen	Bewertung aus Sicht der Akteure
Erhalt u. Pflege Kulturlandschaft • Grünlandgrundförderung • Vielfalt Pflanzenarten	Öko-Streuobst	Deckungsbeitrag			▨			MEKA-Punkte tragen zum Einkommen bei; Vermarktungsaktivitäten werden nicht gefördert.	Grundfutterqualität nicht gesichert
		Artenvielfalt					▨	MEKA-Punkte verbessern die Rentabilität der Streuobstwiesenbewirtschaftung. Förderung floristischer Artenvielfalt im Rahmen von MEKA II verbessert „ökologische Treffsicherheit" der Maßnahmen.	
		Zugang Ressourcen, Dienstleistung			▨			MEKA-Förderung ist auf den Einzelbetrieb ausgerichtet.	
Sicherung gefährdeter Nutzungen • Erhalt Streuobst • Erhaltung gefährdeter regionaltypischer Nutztierrassen	Bœuf	Deckungsbeitrag		▨	▨	▨		Öko-Streuobst: Punktezahl ist für Erhaltung nicht ausreichend; Neuanlagen werden nicht gefördert, obwohl es in Anbetracht der überalterten Bestände notwendig wäre (vgl. LEL 1998). Bœuf: Rasse kann als Verkaufsargument angeführt werden. (z.B. Limpurger Rind)	Reihenpflanzungen MEKA II geringer gefördert
		Artenvielfalt, Offenhaltung			▨			Bœuf: Diese Rassen können auch intensiv gehalten werden. Maßnahme ist nur dann von Bedeutung, wenn gefährdete Rasse gehalten wird.	
	Öko-Streuobst	Zugang Ressourcen, Dienstleistung		▨	▨	▨		Öko-Streuobst: Ein Großteil der Streuobstbestände befindet sich in Händen von Nicht-Landwirten, die von der Inanspruchnahme der Ausgleichszahlungen jedoch ausgeschlossen sind. Bœuf: Keine Bedeutung	

Anschluss an Tabelle 10.4

Maßnahme	Teilprojekt	Wirkungsbereiche des Teilprojekts	Einfluss der Instrumente auf Zielerreichung des Teilprojekts					Erläuterungen, Anmerkungen	Bewertung aus Sicht der Akteure
			- -	-	0	+	++		
Verzicht auf chem.-synth. Produktionsmittel	Bœuf	Deckungsbeitrag						Öko-Streuobst: Die bestehenden Ausgleichszahlungen schließen Teilflächenumstellungen aus. Bœuf: Wenn Futterfläche in ausreichendem Maße vorhanden, dann attraktiv für Förderung, z.B. in Grünland-Gebieten; Verbesserung der Rentabilität durch Umstellung des Gesamtbetriebs.	
• Verzicht Pflanzenschutz-/Düngemittel im Gesamtbetrieb	Öko-Streuobst								
• Einführung Beibehaltung Ökologischer Landbau		Artenvielfalt, Offenhaltung						Öko-Streuobst: Theoretische Inanspruchnahme der Förderung hätte positiven Einfluss auf Umweltqualitätsziel. Bœuf: Maßnahme unterstützt extensive Nutzung. Ökologischer Landbau ist anerkanntermaßen eine umweltgerechte Form der Landbewirtschaftung.	
		Zugang Ressourcen, Dienstleistung						Öko-Streuobst: Die bestehenden Ausgleichszahlungen schließen Teilflächenumstellungen aus. Bœuf: Keine Bedeutung	
Extensive, umweltschonende Pflanzenerzeugung		Erosionsschutz						Anreiz zur Umstellung durch Ausgleich der Ertragsminderung	
Mulchsaat	Konservierende Bodenbearbeitung	Gewässerschutz						Verminderte Mineralisation bei Kons. Bodenbearbeitung	
CCC-, Herbizidverzicht, erweiterte Drillreihe		Einkommenssicherung						Bei Investitionen Ausgleich zu gering; ansonsten Ausgleich von Einkommensverlusten; bei Herbizidverzicht Ausgleich zu gering.	Überregulierung durch feste Stichtage
Begrünung		Partizipation der Landwirte						Deckelung MEKA, kein Anreiz für Landwirte.	Qualitätsanbau gefährdet

676

Maßnahme	Teilprojekt	Wirkungsbereiche des Teilprojekts	Einfluss der Instrumente auf Zielerreichung des Teilprojekts					Erläuterungen, Anmerkungen	Bewertung aus Sicht der Akteure
			- -	-	0	+	++		
MEKA allgemein; Grünland (GL)		Verkaufserlös, Kostenreduktion					++	MEKA-Punkte tragen zum Einkommen bei, aber Vermarktungsaktivitäten werden nicht gestützt; MEKA-Programm ist auf den Einzelbetrieb ausgerichtet.	Weitergabe der Flächenförderung an Verpächter
		Erhalt gefährdeter GL-Biotope				+		MEKA-Punkte verbessern die Rentabilität der Schafhaltung, dadurch Beibehaltung der Schafhaltung; Teilprojekt geht von der Annahme aus, dass extensive Schafhaltung positive Umweltwirkung hat (implizite Annahme).	Nutzung und Nachpflege kann nicht von unterschiedlichen Personen beantragt werden.
	Hohenloher Lamm	Biotopverbund, Artenaustausch			0			MEKA-Programm ist auf den Einzelbetrieb ausgerichtet	
		Erzeugerzusammenschluss			0				
		Zugang Ressourcen, Dienstleistung							
MEKA allgemein; Ackernutzung									▪ 5 Jahresverpflichtung zu lang ▪ starre Regelungen/ Stichtage ▪ "freiwilliger Zwang"

677

10.4.3 Flora-Fauna-Habitat-Richtlinie (FFH)

Anhand der Erfahrungen in den Teilprojekten *Öko-Streuobst, Bœuf der Hohenlohe, Hohenloher Lamm* und *Landnutzungsszenario Mulfingen* wurde die Umsetzung der FFH-Richtlinie analysiert. Von diesen Bewertungen und ihren Begründungen (Tab. 10.6) wurden Verbesserungsvorschläge für die Ausgestaltung der Richtlinie abgeleitet.

Kommunikation und Partizipation

Um der Verunsicherung über diesen neuen »Schutzgebietstyp« zu begegnen, ist den Beteiligten (Flächennutzern) aufzuzeigen, wie die Flächen in die Bewirtschaftung aufgenommen werden können. Auch die hiermit verbundenenChancen, z.B. Einkommen für Landwirte durch Landschaftspflege, Offenhaltung der Landschaft, Attraktivität für Besucher, sind stärker, etwa über eine entsprechend Beratung, darzustellen. Prinzipiell sind die Beteiligten in die Schutzgebietsabgrenzung einzubeziehen, um die Akzeptanz für die Ausweisung zu erhöhen. Die hoheitlichen Schutzbemühungen und die Stärkung der Eigenverantwortlichkeit der Beteiligten ist zu erreichen, indem innerhalb der Festlegung hoheitlicher Rahmenbedingungen (z.B. geschützte Lebensraumtypen, Umfang der Schutzgebietsfläche) den Kommunen und Landkreisen Gestaltungsspielräume in der konkreten Flächenabgrenzung gegeben werden (Stärkung des Subsidiaritätsprinzips).

Bewirtschaftung, Rentabilität und Prozessschutz

Durch geeignete Maßnahmen zur Verbesserung der agrarstrukturellen Bedingungen (z.B. Flächenzusammenlegung, Flächentausch, ökologische Flurneuordnung) und einer Flexibilisierung der Nutzung (extensive Beweidung oder Mahd) ist die Nutzungsrentabilität schützenswerter Grünlandbiotope zu fördern. Durch die Festlegung eines Schutzgebietstyps kann unter dem Blickwinkel der Einkommenssicherung für den Bewirtschafter Planungssicherheit entstehen; die daraus erwachsenen Vorteile sind entsprechend zu kommunizieren. Flexible Bewirtschaftungsauflagen in den Pflege- und Entwicklungsplänen sind durch eine ergebnisorientierte Bewertung der ökologischen Leistungen der Bewirtschaftung (vergleichbar der Grünland-Kennarten in MEKA II) zu erreichen. Als FFH-Gebiet geschützte Grünlandbiotope können in das Landschaftspflegeprojekt Trockenhänge Kocher und Jagst eingebunden werden. In der Landschaftspflege ist eine gewisse Dynamik und damit Fortentwicklung der Lebensraumtypen zu ermöglichen. Dies schließt den Prozessschutz ein, wenn in größerem Umfang Flächen von einem Rückzug der landwirtschaftlichen Nutzung betroffen und herkömmliche Pflegemaßnahmen nicht mehr finanzierbar sind (dynamische Leitbildentwicklung in Pflege- und Entwicklungskonzepten vorsehen!).

Gebietsauswahl

Weite Teile des von Grünland dominierten mittleren Jagsttals sind extensive Mähwiesen (FFH-Lebensraumtyp 6510) und Kalk-Magerwiesen (FFH-Lebensraumtyp 6210) dar. Sie sind bei einer Ausweitung der Schutzbemühungen als FFH-Gebiete aufzunehmen. Hierdurch ist im Jagsttal ein großflächiger Verbund extensiver Grünlandbiotope zu erreichen, was aus naturschutzfachlicher und landschaftsästhetischer Sicht anzustreben ist und unter geeigneten agrarstrukturellen Bedingungen die Bewirtschaftbarkeit erleichtert. Bei der zukünftigen Auswahl von FFH-Gebieten ist die Verknüpfung der Einzelflächen und somit der Biotopverbund bestehender Grünlandflächen stärker zu berücksichtigen, wodurch auch den Forderungen aus §3 Bundesnaturschutzgesetz (BNatSchG) (Biotopverbund) und der Entwicklung eines kohärenten Schutzgebietsnetzes entsprochen werden kann.

Tabelle 10.5: Politikinstrument PLENUM

Politikinstrument: PLENUM	Wirkungsbereiche des Teilprojekts	Einfluss der Instrumente auf Zielerreichung des Teilprojekts					Erläuterungen, Anmerkungen (potenzielle Auswirkungen aufgrund von Erfahrungen in anderen PLENUM-Gebieten)
Teilprojekt		--	-	0	+	++	
Bœuf de Hohenlohe	Offenhaltung der Landschaft					■	Förderung extensiver Beweidung, Vermarktungsansätze
	Deckungsbeitrag				■		Einkommenswirkung hängt im Wesentlichen von Flächenförderung ab; Prämienoptimierung durch Beratung; Förderung von Marketing kann einkommenswirksam sein.
	Beratung, Qualifizierung					■	Kommunikationsprozesse, Beratungs- und Qualifizierungsmaßnahmen werden gefördert.
Öko-Streuobst	Artenvielfalt					■	ein Schwerpunkt im PLENUM-Gebiet 13 *(Kocher, Jagst- und Taubertal, Nordöstliches Bauland)*
	Deckungsbeitrag						durch Vermarktungsansätze
	Zugang zu Ressourcen/ Dienstleistungen					■	durch Förderung von Handlungskompetenzen (Öffentlichkeitsarbeit, Marketing)
Hohenloher Lamm	Erhalt Grünlandbiotope					■	ein Schwerpunkt im PLENUM-Gebiet 13
	Biotopverbund						Zielsetzung von Plenum
	Verkaufserlös				■		Marketing-Aktivitäten werden unterstützt
	Kostenreduktion				■		Planungen, Beratungen werden unterstützt
	Erzeugerzusammenschluss						Beratung in der Aufbauphase
	Zugang zu Ressourcen/ Dienstleistungen					■	Beratung, Unterstützung von Marketing-Aktivitäten

Anschluss an Tabelle 10.5

Politikinstrument: PLENUM	Wirkungsbereiche des Teilprojekts	Einfluss der Instrumente auf Zielerreichung des Teilprojekts					Erläuterungen, Anmerkungen (potenzielle Auswirkung aufgrund von Erfahrungen in anderen PLENUM-Gebieten)
		--	-	0	+	++	
Teilprojekt							
Landnutzungsszenario Mulfingen	Sicherung gefährdeter Lebensräume					++	Zielsetzung von Plenum
	Sicherung gefährdeter Lebensräume durch Verbesserung der Entscheidungsgrundlagen					++	durch Projektmanagement in der Zusammenarbeit mit weiteren Experten
	Einkommenssicherung für Landwirte				+		durch erfolgreich etablierte Maßnahmen und Verfahren
	Einkommenssicherung durch Planungssicherheit					++	durch erfolgreich etablierte Maßnahmen und Verfahren, z.B. im Zuge der Umsetzung des kommunalen Landschaftsplans
	Soziale Gerechtigkeit *(ausreichendes Wissen für Entscheidungen)*					++	Ansatz beruht auf Freiwilligkeit, ausreichende Entscheidungsgrundlagen sind erforderlich, Beratungs- und Planungsintensität gefördert durch Projektmanagement und weitere Experten.
	Partizipation *(Beteiligung an relevanten Planungs- und Entscheidungsprozessen)*					++	freiwilliger, partizipativer Ansatz, hoher Zeitaufwand

Tabelle 10.6: *Politikinstrument FFH-Richtlinie*

Instrument: FFH	Wirkungsbereiche des Teilprojekts	Einfluss der Instrumente auf Zielerreichung des Teilprojekts					Erläuterungen, Anmerkungen
TP		--	-	0	+	++	
Bœuf de Hohenlohe	Offenhaltung der Landschaft durch extensive Beweidung			■			Die Sicherung des Extensiv-Grünlandes und mögliche Bewirtschaftungsauflagen neutralisieren sich.
	Deckungsbeitrag			■			Der Umfang der mit Rindern beweideten FFH-Gebiete ist sehr gering.
	Beratung, Qualifizierung			■			Die FFH-Richtlinie hat keine Bedeutung für den Aufbau und die Organisation der Vermarktung.
Hohenloher Lamm	Erhalt Grünlandbiotope				■		Erhalt der Grünland-Biotope durch Schafhaltung, jedoch geringer Flächenanteil
	Biotopverbund				■		Durch Hüteschafhaltung; bislang kein kohärentes Biotop-Verbundsystem durch FFH
	Verkaufserlös				■		Verkaufsargument, indirekte Einkommensverbesserung; Schäfer und Landwirte sehen zunächst Einschränkungen, Skepsis, inwieweit Programme Bewirtschaftungsauflagen kompensieren.
	Kostenreduktion			■			Komplementäreffekt (durch Weidemanagement indirekt positive Umweltwirkung)
	Erzeugerzusammenschluss						Kein erkennbarer Zusammenhang
	Zugang zu Ressourcen / Dienstleistungen						Kein erkennbarer Zusammenhang

Anschluss an Tabelle 10.6

Instrument: FFH	Wirkungsbereiche des Teilprojekts	--	-	0	+	++	Erläuterungen, Anmerkungen
TP							
Landnutzungsszenario Mulfingen	Sicherung gefährdeter Lebensräume				■		Bestandesschutz durch höheren "Schutzstatus" im Vergleich zu LSG, Flächen des Landschaftspflegeprojektes
	Sicherung gefährdeter Lebensräume durch Verbesserung der Entscheidungsgrundlagen				■		FFH-Gebiete haben Einfluss auf andere Planungen (z.B. Landschaftsplan, Mindestflur); hierdurch langfristige Planungssicherheit
	Einkommenssicherung für Landwirte				■		durch Ausweitung der Landschaftspflege
	Einkommenssicherung durch Planungssicherheit		■				Einfluss auf andere Planungen (z.B. Landschaftsplan, Mindestflur); langfristige Planungssicherheit
	Soziale Gerechtigkeit *(ausreichendes Wissen für Entscheidungen)*		■				Die Verfahren zur Gebietsabgrenzung trugen bei den Betroffenen nicht dazu bei, die Akzeptanz für Naturschutz zu erhöhen.
	Partizipation *(Beteiligung an relevanten Planungs- und Entscheidungsprozessen)*			■			Ausweisung als hoheitliche Aufgabe, nachgelagerte Konsultationen, Einschränkung der Planungshoheit (Gemeinde) und Bewirtschaftung (Landwirte)
Öko-Streuobst	Artenvielfalt			■			Streuobstbestände fallen nicht unter FFH, allenfalls das Extensiv-Grünland (Unternutzung)
	Deckungsbeitrag			■			Kein erkennbarer Zusammenhang
	Zugang zu Ressourcen/Dienstleistungen			■			Kein erkennbarer Zusammenhang

10.4.4 Landschaftsplanung/Landschaftsplan

Aus den Erfahrungen in den Teilprojekten *Ökobilanz Mulfingen*, *Regionaler Umweltdatenkatalog*, und *Landnutzungsszenario Mulfingen* mit den Instrumenten der Landschaftsplanung/des Landschaftsplans (Tab 10.7), lassen sich folgende Verbesserungsvorschläge formulieren.

Inhaltliche Qualität eines Landschaftsplanes
Um die inhaltliche Qualität des Landschaftsplans zu verbessern,
a) sind die aktuellen, relevanten Grundlagendaten bereitzustellen, z.B. durch die Aufstellung regionaler Datenpools, die Aufarbeitung vorhandener Daten (z.B. die als Unikat vorliegende Flurbilanz, Bodenschätzung), die zeitnahe Erarbeitung relevanter Grundlagendaten (Hohenlohekreis: schleppende Fertigstellung der §24a-Biotopkartierung), die aktuelle und kostengünstige Verfügbarkeit der digitalen Flurkarten sowie der topographischen Karten;
b) ist der Einsatz von EDV zu verstärken, um die Flexibilität und Korrekturfähigkeit der Ausarbeitungen zu erhöhen und die Darstellung von Alternativen oder Szenarien zu ermöglichen;
c) ist auf die Einhaltung der bestehenden Mindestanforderungen zu achten und eine Präzisierung durchzuführen (Standardisierungsbedarf);
d) ist die Umsetzung der vorgeschlagenen Maßnahmen mit fachlicher Begleitung und deren Qualitätssicherung zu fördern, z.B. durch einen fünf- bis zehnjährlichen Erfolgskontrollbericht der Kommune, der dem Landratsamt vorgelegt wird;
e) sind Flächennutzungsplan und Landschaftsplan zeitlich parallel und in gegenseitigem Einvernehmen zu erstellen;
f) ist der Landschaftsplan konsequenter als Instrument für die planerische Abgrenzung von Landschaftspflege- bzw. Aufforstungsflächen zu nutzen. Hierdurch können durch bestehende Programme aufgeworfene Zielkonflikte (Aufforstung landwirtschaftlicher Flächen [Landwirtschafts- und Landeskulturgesetz], Offenhaltung landwirtschaftlicher Flächen [Landschaftspflegerichtlinie]) im Zuge einer partizipativen Planung gelöst und nachgelagert und beispielsweise in Form einer Aufforstungssatzung festgelegt werden.

Umsetzung der kommunalen Landschaftsplanung
Um die Auseinandersetzung in der Bevölkerung mit der kommunalen Landschaftsplanung zu erhöhen und die Akzeptanz für den kommunalen Landschaftsplan sowie das Wissen über Möglichkeiten einer nachhaltigen Landnutzung zu fördern,
a) sind Modellprojekte zur Bürgerbeteiligung bei der Aufstellung von Landschaftsplänen zu initiieren, wie z.B. im Rahmen einer virtuellen Landschaftsplanung (z.B. multimediale Visualisierung von Neubaugebieten im Hinblick auf Lärm und optischen Eindruck);
b) sind durch landschaftsplanerische Anliegen entstandene »Freiwilligenplanungen«, die direkt in die (rechtsverbindliche) Bebauungsplanung einfließen (wie z.B. im Teilprojekt *Ökobilanz Mulfingen*) zu berücksichtigen;
c) sind zusätzliche, der kommunalen Landschaftsplanung dienende Instrumente aufzunehmen, wie z.B. Bilanzierungen relevanter Schutzgüter mit Hilfe von Umwelt- oder Nachhaltigkeitsindikatoren (Lokale Agenda 21, kommunales Öko-Audit).

Tabelle 10.7: Politikinstrument Landschaftsplanung/Landschaftsplan

Politikinstrument: Landschafts-planung/ Landschaftsplan	Wirkungsbereiche des Teilprojekts	Einfluss der Instrumente auf Zielerreichung des Teilprojekts					Erläuterungen, Anmerkungen
TP		--	-	0	+	++	
Ökobilanz Mulfingen	Sicherung gefährdeter Lebensräume					++	Abgrenzung Vorrangflächen für Naturschutz und Landschaftspflege; keine Rechtsverbindlichkeit
Regionaler Umweltdatenkatalog, Landnutzungsszenario Mulfingen	Sicherung gefährdeter Lebensräume durch Verbesserung der Entscheidungsgrundlagen					++	Querschnittsorientiertes Planungsinstrument zur Verwirklichung der Ziele des Naturschutzes und der Landschaftspflege auf der kommunalen Ebene; Einschränkungen wegen fehlender Grundlagendaten
	Einkommenssicherung für Landwirte				+		Abgrenzung von Landschaftspflegeflächen
	Einkommenssicherung durch Planungssicherheit				+		Indirekte Einkommensverbesserung, z.B. durch Abgrenzung von Landschaftspflegeflächen
	Soziale Gerechtigkeit *(ausreichendes Wissen für Entscheidungen)*				+		Landschaftsplan stellt als querschnittsorientiertes Planungsinstrument wesentliche Grundlageninformationen bereit; jedoch Unterschiede in der inhaltlichen Qualität und Wissen nicht zielgruppenspezifisch aufbereitet
	Partizipation *(Beteiligung an relevanten Planungs- und Entscheidungsprozessen)*				+		Partizipative Planung möglich, jedoch in der Regel nicht wahrgenommen (Kosten, unverwünschte Diskussionen).

10.4.5 EMAS II-Verordnung (Environmental Management and Audit Scheme)

Von der EMAS-II Verordnung (2001) war im *Modellprojekt Kulturlandschaft Hohenlohe* das Teilprojekt *Ökobilanz Mulfingen* betroffen. Die Bewertungen aus diesem Teilprojekt (Tab. 10.8) sind Grundlage der folgenden Vorschläge zur Fortentwicklung des Politikinstruments.

Vorbemerkung
Umweltbilanzen verursachen auf den ersten Blick Kosten für eine Kommune, die sie »freiwillig« und zusätzlich zu den bereits bestehenden Umweltauflagen, z.B. im Rahmen der Landschaftsplanung, aufbringen müssen. Die Möglichkeiten, die sich langfristig durch diese Bilanzen in finanzieller und/oder ökologischer Hinsicht ergeben, werden von der Gemeinde nicht erkannt. Außerdem dient »umweltgerechtes Handeln dem Einzelnen nur in wenigen Fällen seiner direkten Vorteilsmaximierung, da es vielmals in seinen Wirkungen nicht unmittelbar wahrnehmbar und damit abstrakt erfassbar ist. Das bedeutet, daß die Forderung umweltgerecht zu handeln, in erster Linie ein gesamtgesellschaftlicher Anspruch ist.«

Umwelt (Erhaltung von Schutzgütern, Vermeidung ökologischer Risiken und Entwicklungsfähigkeit von Systemen)
Vor dem Hintergrund einer verstärkten Anwendung der EMAS II-Verordnung in Kommunen sind
1. Leitfäden der Landesanstalt für Umweltschutz (LfU) in Karlsruhe zum Umweltmanagement den kommunaler Verwaltungen bereit zu stellen,
2. die Gemeinden gezielt zum Thema Umweltmanagement (evtl. über Agendabüro) zu beraten,
3. ist Geld für Moderation zur Verfügung zu stellen,
4. sind Tagungen oder Workshops über EMAS II für die Gemeinden zu organisieren,
5. ist ein Anreizsystem, etwa »Unser Dorf soll *grüner* werden«, zu schaffen und
6. sind Kosten-Nutzen-Rechnungen einzelner Maßnahmen durchzuführen.

Soziales (Zugang zu Ressourcen und Dienstleistungen; Beteiligung der Akteure an Rechten und Macht)

Zugang zu Ressourcen und Dienstleistungen
— Die Information der Gemeinde und der Bürger über die Umweltsituation kann durch eine kommunale Umweltbilanzierung verbessert werden.
— Für die Gemeindeverwaltung und Gemeinderat ist eine bessere Öffentlichkeitsarbeit möglich, da sich erfolgreiche Projekte in der Bilanz positiv darstellen.
— Die Anwendung einer Ökobilanz als Kontrollinstrument für kommunale Maßnahmen ist als sinnvolles Steuerungsinstrument der Kommunalpolitik einsetzbar.

Beteiligung der Akteure an Rechten und Macht
Dadurch, dass es für Bürger(-gremien) keine Vorgaben in der Verordnung gibt, ist eine Verknüpfung der kommunalen Ökobilanz mit einem Agendaprozess in der Gemeinde sinnvoll.

Tabelle 10.8: Politikinstrument: EMAS II-Verordnung

Teilprojekt	Wirkungsbereiche des Teilprojekts	Einfluss der Instrumente auf Zielerreichung des Teilprojekts					Erläuterungen, Anmerkungen
		--	-	0	+	++	
Ökobilanz Mulfingen	Erhaltung von Schutzgütern, Vermeidung ökologischer Risiken, Entwicklungsfähigkeit von Systemen			■			Eine konkrete Nachfrage bezüglich einer Zertifizierung der Gemeinde wurde abgelehnt. Die Gemeinde möchte lediglich über den Stand der kommunalen Umweltsituation informiert werden. Der Freiwilligkeitscharakter des Politikinstruments wirkt eher hemmend. Die EMAS II-Verordnung wurde erst im April 2001 aktualisiert. Darin ist eine Erweiterung auf Gemeinden vorgesehen.
	Zugang zu Ressourcen und Dienstleistungen			■			s.o. Wichtiger Bestandteil der EMAS-Verordnung ist die Umweltbetriebsprüfung, deren Ergebnis in einer Umwelterklärung für die Öffentlichkeit bereit gestellt wird.
	Beteiligung der Akteure an Rechten und Macht			■			s.o. Im Rahmen der EMAS Verordnung müssen Strukturen innerhalb der Gemeindeverwaltung geschaffen werden.
	Solidarität und Wertschätzung innerhalb von Gruppen						s.o.

10.4.6 Lokale Agenda 21

Die folgenden Vorschläge sind aus den in Tab. 10.9 dargestellten Bewertungen der Teilprojekte *Lokale Agenda* und *Ökobilanz Mulfingen* abgeleitet.

Bei der Lokalen Agenda 21 handelt es sich um ein weltweites Aktionsprogramm, das vor allem von seinen Grundgedanken lebt und gerade nicht von Richtlinien zur Umsetzung. Neben der noch ausstehenden Erarbeitung einer nationalen Nachhaltigkeitsstrategie durch den »Rat für nachhaltige Entwicklung« geht es daher darum, Instrumente und Hilfestellungen zu entwickeln, zu verbessern oder weiterhin auszutauschen und zur Verfügung zu stellen, die die Selbstverpflichtung und das Engagement für diese weitreichende Aufgabe unterstützen.

Förderung der Mitwirkung von Bürgern im Agenda-Prozess
— Bürgerbeteiligung lässt sich nicht von oben verordnen. Im Rahmen der Agenda 21 werden verschiedene Erfahrungen mit Beteiligungsmethoden gemacht. In diesem Zusammenhang ist es sinnvoll, den Erfahrungsaustausch zu fördern und aufrecht zu erhalten und die Methodenkompetenz von Agenda-Gruppen bzw. ihrer Mitglieder aktiv zu fördern. Einsteiger- und Moderationskurse, wie sie z.B. das Agenda-Büro für Baden-Württemberg in Karlsruhe anbietet, haben gleichzeitig den Effekt eines Erfahrungsaustauschs über Gemeinden hinweg. Zudem spielt die vielfältige Literatur über das »Wie« eines Agenda Prozesses eine wichtige Rolle.
— Finanzielle Förderungen haben unterschiedliche Schwerpunkte. In Baden-Württemberg gibt es beispielsweise den Wettbewerb zur Förderung konkreter Projekte, die Förderung von externer Moderation ist dabei nicht Bestandteil. Hier sollte überlegt werden, ob nicht auch die Moderation zumindest in der Anfangsphase und die Prozessbegleitung durch finanzielle Anreize an die Gemeinden gefördert werden, wie dies z.B. in Hessen der Fall ist.
— Die Mitwirkung der Bürger lässt sich nach den Erfahrungen in Deutschland am besten in konkreten Projekten erreichen. Empfehlungen hinsichtlich der systematischen Bestandsaufnahme, Zielfestlegung und Überprüfung mittels Indikatoren widersprechen oft diesem Interesse und bei kleinen Agenda-Gruppen zum Teil auch den Möglichkeiten. Vereinfachte Werkzeuge zur Planung und Evaluierung sind hier empfehlenswert. Außerdem sollten die Anregungen zu Prozessindikatoren aufgegriffen werden, die den Blick auf die strukturelle Gestaltung von Agenda-Prozessen in den Gemeinden lenken.

Zufriedenheit mit Partizipationsmöglichkeiten
— Durch die Agenda-Gruppen werden neben bestehenden Machtstrukturen neue Foren geschaffen. Ein institutioneller Weg zur Partizipation lässt sich nicht per Rezept oder Verordnung realisieren. Dagegen sprechen die Freiwilligkeit der Agenda und die bestehende Diversität. Trotzdem müssen Verbindlichkeiten und Aufgabenverteilung klar werden. In diesem Zusammenhang ist es wichtig, Gemeinden zu helfen, »ihre« Struktur zu finden und auch geeignete Schnittstellen zu den bestehenden Entscheidungsmechanismen zu finden. Die oben erwähnten Prozessindikatoren und das Angebot externer Moderation sollten an dieser Stelle greifen.

Lernprozesse für eine nachhaltige Landnutzung von kommunalen Ressourcen fördern
— Bei der projektorientierten Agenda besteht die Befürchtung, dass der Blick für das Gesamtziel verloren geht und manche Themen, die bisher eine untergeordnete Rolle spielen, möglicherweise untergehen. Das Agenda-Büro empfiehlt z.B., dass Agenda Gruppen in der Öffentlichkeitsarbeit immer wieder Hinweise, Informationen oder Aufklärungen zu den Ideen der Nachhaltigkeit

geben, dies aber gleichzeitig in einen lokalen und verständlichen Kontext übersetzen sollten. Mit diesem Vorschlag können kleinere Agenda-Gruppen überfordert sein und bräuchten Beispiele dazu.

— Die Bundesregierung fördert die Agenda 21 derzeit durch a) Unterlagen, b) Austausch/Konferenzen und c) Modellvorhaben und begleitende Forschungsprojekte. In solchen Projekten könnte der Frage nachgegangen werden, welche Lernprozesse die Agenda-Gruppen und andere Bürger durchlaufen, wie sie dabei unterstützt werden können und wie man diese Anforderung »nachhaltig« oder »integriert« zu denken anstoßen und unterstützen kann. Dabei wären auch Beispiele von Interesse, die Konsenslösungen innerhalb von Gemeinden für sensible Fragen der Ressourcennutzung, beispielsweise bei Wasserbewirtschaftung oder der Art der Landwirtschaft, zeigen.

— Eine kommunale Ökobilanz kann als Ausgangspunkt für eine Lokale Agenda dienen. Mit den im Rahmen der Bilanzierung erhobenen Informationen können Gemeinderat und Agenda-Gruppen Ziele und Maßnahmen formulieren. Durch wiederholte Bilanzierungen können die umgesetzten Maßnahmen in ihrer Wirkung kontrolliert werden.

Vernetzung der nationalen, regionalen und lokalen Ebene

— Für die Arbeit an konkreten Agendaprojekten auf lokaler Ebene spielen die Aktivitäten auf nationaler Ebene keine unmittelbare Rolle, sie können aber den politischen Wind für die Lokale Agenda 21 liefern. Trotzdem sollte eine nationale Nachhaltigkeitsstrategie Elemente für die Vernetzung der verschiedenen Ebenen enthalten. Da es positive Beispiele von »Grasswurzelbewegungen« gibt, die auch Dachverbände bilden, ist zu überlegen, inwieweit ein solches strukturelles Netzwerk sinnvoll und möglich ist und mit bestehenden Ansätzen, wie z.B. die Charta der Europäischen Städte und Gemeinden auf dem Weg zur Zukunftsbeständigkeit (Charta von Aalborg 1994) verbunden werden kann.

Tabelle 10.9: Politikinstrument: Lokale Agenda 21

Teilprojekt	Wirkungsbereiche des Teilprojekts	Einfluss der Instrumente auf Zielerreichung des Teilprojekts					Erläuterungen, Anmerkungen
		--	-	0	+	++	
Ökobilanz Mulfingen	Erhaltung von Schutzgütern				■		Im Agenda-Arbeitskreis (AK) „Siedlungsentwicklung" werden ökologische Themen bearbeitet und Einzelmaßnahmen umgesetzt (z.B. Bauherrenfibel). Der Gemeinderat ist lediglich an den Ergebnissen, nicht jedoch an einer Maßnahmenplanung interessiert. Dies soll weiterhin in den Agenda-AK erfolgen.
	Vermeidung ökologischer Risiken						
	Entwicklungsfähigkeit von Systemen						
	Unterstützung von Projekten im Rahmen der Förderung von LA-Projekten			■			Im Projektverlauf gab es keine konkreten Projekte, die für eine Förderung in Frage gekommen wären (Bauherrenfibel wurde von der Gemeinde selbst getragen).
	Zugang zu Ressourcen und Dienstleistungen				■		Im Agenda-AK wird eine Bauherrenfibel zusammengestellt – mit Informationen für Bauherren und Renovierer. Der Ökotipp im Gemeindeblatt soll ebenfalls Bürger informieren und sensibilisieren. Der Arbeitskreis dient als Diskussions- und Informationsforum für ökologische Themen.
	Beteiligung der Akteure an Rechten und Macht					■	Durch die Bildung von (Agenda)Arbeitskreisen werden Bürger aktiv beteiligt. Es können Anträge in den Gemeinderat eingebracht werden (Bsp. Solaruntersuchung von Baugebieten).
	Solidarität und Wertschätzung innerhalb von Gruppen				■		Die Zusammenarbeit in den (Agenda-) Arbeitskreisen fördert die Kommunikation der Teilnehmer (z.B. Info-Austausch zwischen Bürger und Gemeinderat)

Anschluss an Tabelle 10.9

Teilprojekt	Wirkungsbereiche des Teilprojekts	Einfluss der Instrumente auf Zielerreichung des Teilprojekts					Erläuterungen, Anmerkungen
		--	-	0	+	++	
Lokale Agenda	Mitwirkung von Bürgern in der Startphase/ Projektwoche: Einbeziehung aller sozialen Gruppen in die Erhebung					++	Agenda 21 zielt auf die Mitwirkung der lokalen Ebene und enthält dies explizit
	Gebildete Handlungsbereiche und Ideen/ Vorschläge						Bestandsaufnahme wird empfohlen, z.B. von Agenda-Büro, und auch, dass Handlungsfelder festgelegt werden.
	Vorbereitung der Methodenbausteine, Anwendung und Bewertung der Methoden durch Team, Beteiligung und Interesse der Bürger in der Projektwoche			0			Hängt weniger vom Politik-Instrument ab, aber im Rahmen der Agenda 21 werden Erfahrungen mit Beteiligungsmethoden gemacht.
	Angemeldetes Interesse an Mitarbeit (z.B. Verteilerlisten, erste Treffen), Bildung einer Lokale Agenda 21 Gruppe Gremien, für die Umsetzung von Vorhaben. Austausch und Verabredungen mit der Projektgruppe			0			wie oben
	Veränderte Kooperationsformen und Umgang mit Ziel-Konflikten				+		Darauf zielt Agenda auch ab. Den Bogen zwischen globalem Denken und Agenda-Philosophie und lokalem Handeln zu spannen fällt aber teilweise schwer. Das Agenda-Büro Karlsruhe empfiehlt durch Öffentlichkeitsarbeit immer wieder Hinweise, Informationen oder Aufklärungen zu Ideen der Nachhaltigkeit zu geben, diese aber in einen lokalen und verständlichen Kontext übersetzen (LfU 2003).
	Vorhandene Dokumentation, Publizieren, Weitergabe der Erfahrungen Nachfrage und Interesse anderer Gemeinden			0			Innerhalb der Agenda findet Erfahrungsaustausch statt, beispielsweise über das Agenda-Büro Karlsruhe.
	Beteiligung an Rechten und Macht: Zufriedenheit mit Partizipations-Möglichkeiten, für Teilprojekt v.a. Zufriedenheit, sich mit Agenda-Gruppen an Entwicklung der Gemeinde beteiligen zu können.			0			Ziel ist es, solche Beteiligungsmöglichkeiten zu schaffen.
	Zufriedenheit mit Atmosphäre, Ergebnis, Berücksichtigung von Anliegen (betrifft AK)						Hängt viel von Umsetzung mancher Agenda-Gedanken zusammen sowie der Art und Weise der Zusammenarbeit

10.5 Schlussfolgerungen und Vorschläge für eine nachhaltige ländliche Regionalentwicklung

Aus den in diesem Kapitel und im Anhang 10.1 dargestellten Evaluierungsergebnissen lassen sich zusammenfassend folgende allgemeine Schlussfolgerungen und Vorschläge für eine nachhaltige ländliche Regionalentwicklung ziehen:

10.5.1 Agenda 2000

Die Bestimmungen der Welthandelsorganisation (WTO) zum Abbau von handelsverzerrenden Subventionen stellen die bisherige EU-Förderpolitik zunehmend auf den Prüfstand. Wurden bislang aus der »ersten Säule« (»Blue Box«) der EU-Agrarpolitik vor allem marktordnungspolitische Maßnahmen finanziert, sollten in Zukunft die Mittel stärker über die »zweite Säule« (Green Box) für die ländliche Entwicklung und Agrarumweltmaßnahmen fließen, wie dies in Baden-Württemberg mit dem »Maßnahmen- und Entwicklungsplan 2000« (vgl. MLR, 2000) beispielhaft umgesetzt wurde. Damit können Impulse für eine nachhaltige Regionalentwicklung gesetzt werden.

Die bisherige EU-Förderpolitik führte zu einer prämienbedingten Benachteiligung von Regionen mit extensiver Grünlandnutzung und damit zum Verlust einer vielfältigen Kulturlandschaft. Daher wird durch die EU-Agrarreform eine Grünlandprämie eingeführt werden, die die Grünlandnutzung stärkt, ohne Anreize zur Nutzungsintensivierung zu geben.

10.5.2 Agrarumweltpolitik (MEKA)

Die Regionalisierungsansätze im MEKA sind unzureichend. Zur besseren Umwelteffizienz sollte daher die Ausgestaltung der Umweltmaßnahmen auf die Teilregion bzw. Landkreis verlagert werden (z.B. gestaffelte Prämien für Mulchsaat in Abhängigkeit von der Erosionsgefährdung).

Mit der MEKA-Maßnahme »Honorierung der Artenvielfalt im Grünland« sind erste Ansätze einer ergebnis- statt handlungsorientierten Förderung ökologischer Leistungen vorhanden, die insgesamt aber noch ausgebaut werden sollten.

10.5.3 Umweltpolitik

Bundesnaturschutzgesetz, Wasser- und Wasserhaushaltsgesetz, Wasserrahmenrichtlinie, Umweltverträglichkeitsprüfung

Aufgrund der bestehenden Umsetzungs- und Vollzugsdefizite der ordnungsrechtlichen Instrumente zum Umweltschutz sollten klare Direktiven für Handlungsanweisungen zur Umsetzung gesetzlicher Normen bei den jeweiligen Planungsschritten, v.a. auf kommunaler Ebene vorgegeben werden.

EMAS-Verordnung

Für eine verbreitete Anwendung von Umweltmanagementverfahren wie z.B. EMAS in Kommunen sind Informationsvermittlung, Beratung durch staatliche Stellen, Moderation und Anreizsystemen entscheidend und daher zu fördern. Ökobilanzen dienen als Steuerungsinstrumente in der Kommunalplanung. Mit Hilfe fortlaufender Bilanzierungsergebnisse können kommunale Maßnahmen in ihren Auswirkungen auf die Umwelt bewertet werden. Im Rahmen der EMAS-Verordnung sind Ökobilanzen an Stelle der Umweltprüfungen einzustufen.

10.5.4 Raumplanung

Lokale Agenda 21
Um die Mitwirkung von Bürgern im Agenda-Prozess zu fördern, sollte die Methodenkompetenz von den beteiligten Gruppen aktiv unterstützt werden. Dazu gehört der Erfahrungsaustausch über Beteiligungsmethoden sowie finanzielle Anreize für Moderation und Prozessbegleitung. Die Unterstützung durch Forschung und begleitende Untersuchungen sollte Fragen der Initiierung und Unterstützung von Lernprozessen zur Beteiligung am Ressourcenmanagement in der Gemeinde beinhalten. Dabei wären auch Beispiele zur Konsenslösung innerhalb von Gemeinden für sensible Fragen des Ressourcenschutzes von Interesse. Um die Lokale Agenda 21 als treibende politische Kraft für nachhaltige Entwicklung in Deutschland zu behalten und zu stärken, sollte die nationale Nachhaltigkeitsstrategie Elemente für die Vernetzung der Aktivitäten auf nationaler und lokaler Ebene enthalten.

Bauleit- und Landschaftsplanung
Neben finanziellen Anreizen bezüglich Siedlungsentwicklung, der Bereitstellung von Grundlagendaten, wie z.B. über die Erstellung einer Ökobilanz, sollten Modellprojekte für Kommunen (z.B. neue Wohnformen und Bürgerbeteiligung) sowie Maßnahmen zur Partizipation in der Bauleit- und Landschaftsplanung verstärkt ihre Anwendung finden.

Umweltinformationsgesetz
Zur Verbesserung der Umweltinformation sind die Informationen der verschiedenen Behörden auch in regionaler Hinsicht zusammenzuführen. Umweltdaten können z.B. über das Internet publiziert werden, wodurch auch Kosteneinsparungen realisierbar sind.

10.5.5 Regionalmanagement

Allgemein
Für eine nachhaltige ländliche Regionalentwicklung sollte der Aufbau eines Regionalmanagements zur Initiierung, Umsetzung und Begleitung integrierter regionaler Entwicklungskonzepte, wie z.B. im Rahmen von PLENUM und LEADER, gefördert werden. Dabei sollte das Regionalmanagement in institutionalisierter Form, als Dienstleistung für dienststellenübergreifende Projekte und Aufgaben, etabliert werden. Angesichts der Vielschichtigkeit regionaler Problemlagen sollten dabei langfristig die Kompetenzen der Fachbehörden (z.B. Naturschutz, Landwirtschaft, Flurneuordnung, Gewässer, Forst) zusammengeführt und so die Bemühungen einer integrierten, nachhaltigen Regionalentwicklung unterstützt werden. Dabei sollte auch der Aufbau einer landesweiten Wissensmanagementstruktur – ähnlich wie in Bayern mit dem Vorhaben »Bayern Regional« (Netzwerk nachhaltiger Regionalentwicklung) vorgesehen – zur Qualifizierung, Vernetzung und Information von Regionalmanagement-Organisationen gefördert werden.

PLENUM

Die Rahmenbedingungen (z.B. finanzielle Beteiligung, Überschneidung mit anderen Projekten, Programmen) für eine Ausweitung von PLENUM-Gebieten in Baden-Württemberg sind klarzustellen, das Auswahlverfahren transparent zu gestalten. Bestehende Programme bzw. Projekte, die eine naturschutzintegrierende Zielsetzung verfolgen, wie z.B. Vorhaben der Landschaftserhaltungsverbände und Landschaftspflegeprojekte sind mit PLENUM zu harmonisieren. Um die Innovationsleistung von PLENUM zu gewährleisten, ist bei Bedarf ein über die Landschaftspflegerichtlinie hinausreichendes Förderinstrument vorzusehen.

Die notwendige Beratungs-, Qualifizierungs- und Planungsleistung ist durch die Expertise des Projektmanagements oder durch weitere Berater zu erbringen. Die hierfür erforderlichen Mittel und Arbeitskapazitäten sind bereitzustellen.

Die Gebietskulissen sind in fachlich begründbaren Fällen flexibel auszugestalten. Beispielsweise sind Gebietskulissen bestehender oder zu gründender Vermarktungsinitiativen zu berücksichtigen (produktbezogene Kulisse). Im Naturschutz sind nicht nur im engeren Bereich schützenswerter Gebiete, wie z.B. die Talräume Hohenlohes (naturraumbezogene Kulisse), sondern auch Gebiete, von denen Umweltbelastungen ausgehen, wie z.B. Nitratauswaschung und Bodenerosion angrenzender Hochflächen, mit einzubeziehen (umweltbezogene Kulisse).

10.5.6 Sonstiges

Für die bestehenden Streuobstbestände sind Bewertungsstandards zu entwickeln, um die für den Naturschutz relevanten Bestände herauszustellen. Für die aus naturschutzfachlicher Sicht schützenswerten Streuobstbestände ist dann der Biotopschutz nach §24a des Landesnaturschutzgesetzes neu zu überdenken.

Literatur

AID (Auswertungs- und Informationsdienst für Ernährung, Landwirtschaft und Forsten e.V.) (Hrsg.), 2000: Umweltschutzvorschriften für den Land- und Forstwirt – Bundesrecht. AID-Heft 3-1144, Bonn

Arman B., N. Billen, G. Häring, 2001: Ein Nährstoff macht sich vom Acker. Ein Schlüssel zur ökologischen und betriebswirtschaftlichen Bewertung von Nitratverlusten und Schutzmaßnahmen, für Landwirte und Berater. 36 S. Eigenverlag Projektgruppe Kulturlandschaft Hohenlohe

Bastian, O., K. F. Schreiber, 1999: Analyse und ökologische Bewertung der Landschaft, Schwäbisch Gmünd

Billen, N., B. Arman, G. Häring, S. Sprenger, 2000: Der heimliche Verlust der Bodenfruchtbarkeit; Ein Schlüssel zur ökologischen und betriebswirtschaftlichen Bewertung von Bodenerosion und Schutzmaßnahmen, für Landwirte und Berater. 25 S. Eigenverlag Projektgruppe Kulturlandschaft Hohenlohe

Bockstaller C., P. Girardin, H. M. G. van der Werf, 1997: Use of agro-ecological indicators for evaluation of farming systems. European Journal of Agronomy (7): 261–270

Bundesministerium für Ernährung, Landwirtschaft und Forsten (BMELF) 1998: Die europäische Agrarreform, Pflanzlicher Bereich, Flankierende Maßnahmen, Bonn

Bundesministerium für Ernährung, Landwirtschaft und Forsten (BMELF) 1998: Die europäische Agrarreform, Tierprämien, Bonn

Bundesministerium für Ernährung, Landwirtschaft und Forsten (BMELF) (Hrsg., 1998): Die neue Düngeverordnung, Bonn

Bundesministerium für Ernährung, Landwirtschaft und Forsten (BMELF) (Hrsg., 1998): Gute fachliche Praxis im Pflanzenschutz, Bonn

Bundesministerium für Ernährung, Landwirtschaft und Forsten (BMELF) (Hrsg., 1999): Gute fachliche Praxis der landwirtschaftlichen Bodennutzung, Bonn
Bundesministerium für Ernährung, Landwirtschaft und Forsten (BMELF) 2000: Förderung landwirtschaftlicher Unternehmen
Bundesministerium für Ernährung, Landwirtschaft und Forsten (BMELF) 2000: Agenda 2000, Pflanzlicher Bereich, Agrarumweltmaßnahmen, Bonn
Bundesministerium für Ernährung, Landwirtschaft und Forsten (BMELF) 2000: Agenda 2000, Tierprämien, Bonn
Bühler, T. 1998: Von Rio ins Rathaus (Teil 2). Die Lokale Agenda 21 oder der diskrete Charme der Nachhaltigkeit. Arbeitsmarkt und Umweltschutz 24: 3-6
Decker, A., B. Demuth, R. Fünker, C. Bager, 2001: Planerische Bewältigung der Folgen von Natura 2000 und der EU-Agrarpolitik für die Kulturlandschaft – Prozessschutzansätze als Instrument von Naturschutz und Landschaftsplanung? Natur und Landschaft 67(11): 469-476
Eckert, E. 1998: Kriterien umweltverträglicher Landbewirtschaftung. VDLUFA Standpunkt: 6 S.
Forum Umwelt & Entwicklung (Hrsg.), 1997: Lokale Agenda 21. Ein Leitfaden. Hrsg. vom Forum Umwelt & Entwicklung. Bonn
Häusler, R., R. Berker, B. Bahr, B., 1998: Lokale Agenda 21: Zukunft braucht Beteiligung. Wie man Agenda-Prozesse initiiert, organisiert und moderiert. Bonn. Wissenschaftsladen Bonn e.V.
Hülsbergen, K.-J., W. Diepenbrock, D. Rost, 2000: Weiterentwicklung des Modells REPRO und GIS-gestützte Anwendung in Referenzbetrieben Sachsen-Anhalts. Forschungsbericht im Auftrag des Ministeriums für Raumordnung, Landwirtschaft und Umwelt des Landes Sachsenanhalt. Martin-Luther-Universität Halle-Wittenberg
Keating, M. 1993: Erdgipfel 1992. Agenda für eine nachhaltige Entwicklung. Eine allgemein verständliche Fassung der Agenda 21 und der anderen Abkommen in Rio. Centre For Our Common Future. Genf
Kehrein, A., 2002: Aktueller Stand und Perspektiven der Umsetzung von Natura 2000 in Deutschland. Natur und Landschaft 77(1): 2-9
Kilian, B., 2000: Betriebswirtschaftliche Beurteilung von Maßnahmen für einen flächendeckenden Gewässerschutz in der Landwirtschaft. Bergen
Kuhn, S., 1998: Handbuch Lokale Agenda 21. Wege zur nachhaltigen Entwicklung in den Kommunen. Hrsg. vom Bundesumweltministerium und Umweltbundesamt. Berlin
Landesanstalt für Entwicklung der Landwirtschaft und der Ländlichen Räume (LEL) 1998: Evaluierung von Programmen nach der Verordnung (EWG) Nr. 2078/92 des Rates vom 30. Juni 1992 für umweltgerechte und den natürlichen Lebensraum schützende landwirtschaftliche Produktionsverfahren in Baden-Württemberg. Teil I: Markentlastungs- und Kulturlandschaftsausgleich (MEKA), 1998, Schwäbisch Gmünd
LEADER+, 2000: Mitteilungen der Kommission an die Mitgliedstaaten vom 14. April 2000 über die Leitlinien für die Gemeinschaftsinitiative für die Entwicklung des ländlichen Raums (ABL. Nr. C 139/5-13)
LfU (Landesanstalt für Umweltschutz Baden-Württemberg) (Hrsg.) o.J.: PLENUM – Regionale Partnerschaften für den Naturschutz, Karlsruhe
LfU (Landesanstalt für Umweltschutz Baden-Württemberg) Hrsg.), 1997: Fachdienst Naturschutz, Allgemeine Grundlagen: §-24a-Kartieranleitung Baden-Württemberg – Kartieranleitung für besonders geschützte Biotope nach § 24 a NatSchG. 4. Aufl., Karlsruhe
LfU (Landesanstalt für Umweltschutz Baden-Württemberg) (Hrsg.), 1999: PLENUM-Modellprojekt Isny/ Leutkirch. Projekt des Landes zur Erhaltung und Entwicklung von Natur und Umwelt. 4. Auflage, Karlsruhe
LfU (Landesanstalt für Umweltschutz Baden-Württemberg) (Hrsg.), 2000: Natura 2000 in Baden-Württemberg. 2. Aufl., Karlsruhe
Rat von Sachverständigen für Umweltfragen (SRU) 2000: Umweltgutachten 2000. Schritte ins nächste Jahrtausend. Rat von Sachverständigen für Umweltfragen. Metzler-Poeschel, Stuttgart
Schäffler, H., 1998: Von Rio ins Rathaus (Teil 6). Aktivitäten der Länder und des Bundes zur Förderung der lokalen Agenda 21. Arbeitsmarkt und Umweltschutz 29: 3-6
Landesanstalt für Entwicklung der Landwirtschaft und der Ländlichen Räume (LEL), 2000: Agenda 2000 – Flächenzahlungen, landinfo 1/2000: 5-7
Studt-Jürs, I., M. Stoss, M., H. Gerth, 1998: Umweltschutz im EU-Recht – Bundesrecht – Landesrecht für die Landwirtschaft. Gesetze Verordnungen, Richtlinien und Erlasse. Betriebswirtschaftliche Mitteilungen (BM). Landwirtschaftskammer Schleswig Holstein. BM 518/519
Weingarten, P., 1996: Grundwasserschutz und Landwirtschaft. Eine quantitative Analyse von Vorsorgestrategien zum Schutz des Grundwassers vor Nitrateinträgen. Wissenschaftsverlag Vauk, Kiel

Gesetze, Verordnungen, Richtlinien

Baugesetzbuch (BauGB) vom 8. Dezember 1986 (BGBl.I, S. 2253) BNatSchGNeuregG, 2001: Entwurf des Gesetzes zur Neuregelung des Rechts des Naturschutzes und der Landschaftspflege und zur Anpassung anderer Rechtsvorschriften, Beschlussempfehlung Deutscher Bundestag, Drucksache 14/7469, 14.11.2001

EU-WRRL, 2000: Richtlinie 2000/60/EG des Europäischen Parlaments und des Rates vom 23.10.2000 zur Schaffung eines Ordnungsrahmens für Maßnahmen der Gemeinschaft im Bereich der Wasserpolitik, EGABl. 2000 Nr. 327, S. 1 ff.

Environmental Management and Audit Scheme (EMAS II): Verordnung (EG) Nr.762/2001 des Europäischen Parlaments und des Rates vom 19. März 2001 über die freiwillige Beteiligung von Organisationen an einem Gemeinschaftssystem für das Umweltmanagement und die Umweltbetriebsprüfung (EMAS). In: Amtsblatt der Europäischen Gemeinschaften L 114/1 vom 24.4.2001

FFH-Richtlinie: Richtlinie 92/43/EWG des Rates vom 21. 5. 1992 zur Erhaltung der natürlichen Lebensräume sowie der wildlebenden Tiere und Pflanzen (ABl. EG Nr. L 206/7 vom 22.7.1992), geändert durch Richtlinie 97/62/EG des Rates vom 27.10.1997 (ABl. EG Nr. L 305/42)

Gesetz über die Gemeinschaftsaufgabe »Verbesserung der Agrarstruktur und des Küstenschutzes«(GAKG) vom 03.09.1969 in der Fassung vom 21.07.1988; Rahmenregelung des Bundes

Gesetz über Naturschutz und Landschaftspflege (Bundesnaturschutz-BNatSchG) in der Fassung vom 25. März 2002, BGBl I 2002, 1193

Gesetz über die Umweltverträglichkeitsprüfung (UVP), vom 12. Februar 1990, BGBl. I 1990 S. 205, BGBl. I 1996 S. 1499

Gesetz über Urheberrecht und verwandte Schutzrechte vom September 1965 Verkündungsfundstelle: BGBl I 1965, 1273

Gesetzes zur Änderung des Bundesdatenschutzgesetzes und anderer Gesetze (Gesetzentwurf der Bundesregierung vom 18.August 2000)

Gesetz zum Schutz personenbezogener Daten (Landesdatenschutzgesetz – LDSG), in der Fassung vom 18. September 2000 (GBl. S. 648)

Gesetz zum Schutz der Natur, zur Pflege der Landschaft und über die Erholungsvorsorge in der freien Landschaft (Naturschutzgesetz – NatSchG). In der Fassung der Bekanntmachung vom 29. März 1995, GBl. S. 385, zuletzt geändert am 20.11.2001 GBl. S. 607

Gesetz zur Ordnung des Wasserhaushalts (WHG), vom 27. Juli 1957, BGBl I 1957, 1110, 1386

Landesbodenschutzgesetz Baden-Württemberg (BodSchG) vom 24. Juni 1991, GBl. 1991, 434

MLR BW (Ministerium für Ländlichen Raum, Ernährung, Landwirtschaft und Forsten Baden-Württemberg), 1990: Richtlinie des Umweltministerium und des Ministeriums Ländlicher Raum für die Gewährung von Zuwendungen für Maßnahmen der Biotop- und Landschaftspflege, des Artenschutzes und der Biotopgestaltung, für Nutzungsbeschränkungen aus Gründen des Naturschutzes und für die Biotopvernetzung vom 18.12.1990

MLR BW (Ministerium für Ländlichen Raum, Ernährung, Landwirtschaft und Forsten Baden-Württemberg), 1991: Verordnung des Umweltministeriums über Schutzbestimmungen in Wasser- und Quellenschutzgebieten und die Gewährung von Ausgleichsleistungen (SchALVO) vom 08.08.1991

MLR BW (Ministerium für Ländlichen Raum, Ernährung, Landwirtschaft und Forsten Baden-Württemberg), 1996: Richtlinie des MLR zur Förderung der Erhaltung und Pflege der Kulturlandschaft und von Erzeugerpraktiken, die der Marktentlastung dienen (MEKA) vom 04.04.1996

MLR BW (Ministerium für Ländlichen Raum, Ernährung, Landwirtschaft und Forsten Baden-Württemberg), 1999: Richtlinie des MLR zur Förderung landwirtschaftlicher Betriebe in Berggebieten und in bestimmten benachteiligten Gebieten vom 20.12.1999 (AZ 65-8519.00)

MLR BW (Ministerium für Ländlichen Raum, Ernährung, Landwirtschaft und Forsten Baden-Württemberg), 2000: Richtlinie zur Förderung der Erhaltung und Pflege der Kulturlandschaft und von Erzeugungspraktiken, die der Marktentlastung dienen (Marktentlastungs- und Kulturlandschaftsausgleich – MEKA II) vom 12.9.2000 GABl. 2001, S. 492, S. 301

MLR BW (Ministerium für Ländlichen Raum, Ernährung, Landwirtschaft und Forsten Baden-Württemberg), 2000: Maßnahmen- und Entwicklungsplan Ländlicher Raum des Landes Baden-Württemberg für den Zeitraum 2000–2006, 2000

MLR BW (Ministerium für Ernährung und Ländlichen Raum Baden-Württemberg), 2000a: Maßnahmen- und Entwicklungsplan Ländlicher Raum des Landes Baden-Württemberg für den Zeitraum 2000–2006

MLR BW (Ministerium für Ländlichen Raum, Ernährung, Landwirtschaft und Forsten Baden-Württemberg), 2000b: Richtlinie des Ministeriums Ländlicher Raum zur Förderung der Erhaltung und Pflege der Kulturlandschaft und von Erzeugungspraktiken, die der Marktentlastung dienen (Marktentlastungs- und Kulturlandschaftsausgleich – MEKA II), vom 12.09.2000, Az. 65–8872.53

MLR BW (Ministerium für Ländlichen Raum, Ernährung, Landwirtschaft und Forsten Baden-Württemberg), 2001: Richtlinie des Ministeriums für Ernährung und Ländlichen Raum Baden-Württemberg zur Förderung und Entwicklung des Naturschutzes, der Landschaftspflege und Landeskultur – Landschaftspflegerichtlinie – vom 18.10.2001, Az.: 64–8872.00.

UVM BW (Ministerium für Umwelt und Verkehr Baden-Württemberg), 2002: Gesetz zum Schutz der Natur, zur Pflege der Landschaft und über die Erholungsvorsorge in der freien Landschaft (Naturschutzgesetz – NatSchG) vom 19. November 2002, GBl. S. 424 und Art. 4 des Gesetzes zur Änderung von Vorschriften über die Umweltverträglichkeitsprüfung und anderer Gesetze vom 19. November 2002, GBl. S. 428

Pflanzenschutzgesetz (PflSchG) vom 14. Mai 1998 (BGBl. I 1998 S. 971)

Richtlinie 2000/60/EG des Europäischen Parlaments und des Rates vom 23. Oktober 2000 zur Schaffung eines Ordnungsrahmens für Maßnahmen der Gemeinschaft im Bereich der Wasserpolitik« (EU-Wasserrahmenrichtlinie – WRRL) (ABL EG Nr. L 327)

Umweltinformationsgesetz (UIG), vom 8. Juli 1994 (BGBl. 1 S. 1490)

Verordnung über Pflanzenschutzmittel und Pflanzenschutzgeräte (Pflanzenschutzmittelverordnung) in der Fassung vom 9. November 2001 (BGBl. I S. 3031, 2002 I S. 559)

Verordnung (EWG) Nr. 2092/91 des Rates vom 24. Juni 1991 über den ökologischen Landbau und die entsprechende Kennzeichnung der landwirtschaftlichen Erzeugnisse und Lebensmittel (ABl. L 198 vom 22.7.1991, S. 1)

Verordnung Nr. 2081/92 EWG des Rates zum Schutz von geographischen Angaben und Ursprungsbezeichnungen für Agrarerzeugnisse und Lebensmittel, vom 14. Juli 1992 ABl. EG Nr. L 208 vom 24. Juli 1992, S. 1 ff.

Verordnung des Landratsamts Hohenlohekreis zur Regelung des Gemeingebrauchs auf der Jagst im Gebiet des Hohenlohekreises vom 10. Februar 1999, zuletzt geändert am 10. Mai 2001, Landratsamt Hohenlohekreis, Fachbereich Umwelt und Bauen

Wassergesetz Baden Württemberg (WasserG), in der Fassung vom 1.1.1999 (GBl. S. 1)

Internet-Quellen

Bundesministerium für Umwelt, Naturschutz und Reaktorsicherheit (BMU): http: www.bmu.de (Stand: 31.12.2001)

Charta der Europäischen Städte und Gemeinden auf dem Weg zur Zukunftsbeständigkeit (Charta von Aalborg) vom 27. Mai 1994: http://www.dresdner-agenda21.de/aalborg-charta.html (Stand 6.8.2003)

Centrale Marketinggesellschaft der Deutschen Agrarwirtschaft mbH (CMA): Zentral-Regionales Marketing http://www.cma.de (Stand: 6.8.2003)

EU 2001: Urteil des Europäischen Gerichtshofs, Rechtssache C-71/99 – http://www.curia.eu/int/de/index.htm

Integrierende Konzeption Neckar-Einzugsgebiet (IkoNE): http://www.ikone-online.de (Stand: 6.8.2003)

LfU (Landesanstalt für Umweltschutz Baden-Württemberg): http: www.lfu.baden-wuerttemberg.de (Stand: 31.7.03)

Ministerium für Umwelt und Verkehr Baden-Württemberg (UVM): http://www.uvm.baden-wuerttemberg.de (Stand: 1.8.2003)

Viabono: http://www.viabono.de (Stand: 6.8.2003)

11

Zusammenführende Bewertung der Teilprojekte im Modellvorhaben Kulturlandschaft Hohenlohe

Ralf Kirchner-Heßler, Alexander Gerber, Werner Konold

In diesem abschließenden Kapitel wird auf der Grundlage einer zusammenfassenden Bewertung der Teilprojekte ein Überblick über die Ergebnisse und Erfahrungen des »Modellvorhabens Kulturlandschaft Hohenlohe« gegeben. Daraus werden Empfehlungen für die Durchführung transdisziplinärer Forschungsvorhaben und die Förderung nachhaltiger Entwicklungsprozesse im ländlichen Raum abgeleitet. Der Aufbau des Kapitels orientiert sich an folgenden Fragestellungen und spiegelt damit ein Stück weit die Dokumentationen der Teilprojekte in Kapitel 8 wider:
—Woher kam die Initiative des Projekts?
—Welche Thematik griff das Projekt auf?
—Welche Akteure waren beteiligt und wie wurden diese beteiligt?
—Wie erfolgte die Zusammenarbeit zwischen Akteuren und Wissenschaftlern?
—Welchen Charakter hatte das Projekt?
—Welche Erfahrungen ergeben sich aus der der Zusammenarbeit mit den Akteuren?
—Welche Ergebnisse wurden erzielt?
—Leisten die Projekte einen Beitrag zur nachhaltigen Entwicklung?
—Wie sind die Teilprojekte anhand der Steuerungsinstrumente zu bewerten?
—Wurden die Projekte selbst tragend fortgeführt?
—Was sind verallgemeinerbare Erkenntnisse aus der Projektarbeit?

11.1 Woher kam die Initiative der Projekte und welche Thematik griffen sie auf?

Wesentlich für Projektinitiierung (Tab. 11.1) und die damit verbundene Ideenfindung waren die jeweiligen Projektphasen. In der Definitionsphase (1997) wurden aufgrund der Befragungen von Behörden-, Kommunal- und Verbandsvertretern und einer Problemanalyse von Seiten der Projektgruppe Themenschwerpunkte identifiziert: Nachhaltige Landbewirtschaftung (Gewässerschonende Landbewirtschaftung, Entwicklung wettbewerbsfähiger Grünlandkonzepte, Entwicklung von Gülleverwertungskonzepten), Natur- und Umweltschutz integrierende Landnutzung, Vermarktung regionaler Fleischerzeugnisse und Regionalentwicklung durch Tourismus. Die Konkretisierung zu Projekten erfolgte dann in der Hauptphase des Modellvorhabens. Eine Ausnahme bildeten die Vorhaben *Ökobilanz Mulfingen* und *Regionaler Umweltdatenkatalog*, die von Wissenschaftlern angeregt wurden und auf Interesse der Akteure stießen. Somit waren diese Projekte bereits mit der Antragstellung als Projekt mehr oder weniger klar umrissen.

Die in der Hauptphase des Forschungsvorhabens (1998 – 2002) initiierten Projekte wurden überwiegend von den gegründeten Arbeitskreise initiiert (vgl. Kap. 8.8.1). Der Anstoß für das Teilprojekt *Bœuf de Hohenlohe* und *Gewässerentwicklung* geht auf die Bäuerliche Erzeugergemeinschaft Schwäbisch Hall und die Gewässerdirektion Neckar, Bereich Künzelsau, im Wechselspiel mit den beteiligten Wissenschaftlern zurück. Das Projekt *Weinlaubnutzung* geht auf die Anregung eines Unternehmens zurück. Das Projekt *eigenART* wurde von Seiten der Projektgruppe initiiert, dann aber bereits nach Projektende in lokaler Trägerschaft durchgeführt. Beide Teilprojekte beruhen auf Diplomarbeiten, die im Rahmen des *Modellvorhabens Kulturlandschaft Hohenlohe* durchgeführt wurden.

Bestand zu Beginn der Hauptphase aufgrund der verfügbaren Arbeitskapazitäten noch eine große Offenheit auf Seiten des Forschungsteams in der Festlegung konkreter Teilprojekte, so reduzierte sich dies im weiteren Projektverlauf. Neue Ansätze, wie z.B. das Teilprojekt *Hohenloher Lamm* und *eigenART* wurden von der Projektleitung einer eingehenden Prüfung unterzogen.

Die Projektstruktur und -philosophie brachte es im Umkehrschluss mit sich, dass in der Anfangsphase des Hauptvorhabens Einzelprojekte in erster Linie von Arbeitsforen im Untersuchungsraum festgelegt wurden. Die wissenschaftlichen Teilprojekt-Verantwortlichen bewegten sich hierbei grundsätzlich im Rahmen der vorab definierten Forschungsfelder und es war jederzeit eine Rückkopplung mit der Projektleitung möglich. Dennoch führte die akteursorientierte Entscheidungsfindung auch zu Spannungen in der Steuerung des Gesamtprojektes. Gründe hierfür waren:

— Für Naturwissenschaftler war es ungewohnt, Forschungsfragen und das Vorgehen mit Akteuren abzustimmen und die Zeitpläne des wissenschaftlichen Arbeitens an diesen Abstimmungsprozess anzupassen.

— Aus der akteursbezogenen Arbeit vor Ort ergaben sich Themen oder Arbeitsformen, die vom ursprünglichen geplanten Arbeitsprogramm abwichen. So ergaben sich neue Teilprojekte (z.B. *Hohenloher Lamm*) oder Arbeitsformen (z.B. Arbeitskreis Landschaftsplanung), die inhaltlich mit bestehenden Teilprojekten abgestimmt werden mussten und die mit diesen in Konkurrenz um Ressourcen standen.

— Im Arbeitskreis Tourismus wurden die Teilprojekte nicht von vorne herein festgelegt, sondern nacheinander aufgrund einer aktuellen Situations- und Ressourcenanalyse festgelegt.

Alle diese Schwierigkeiten wurden von einer gemeinsamen und jährlichen Projekt- und Arbeitsplanung der gesamten Projektgruppe aufgefangen. Dort wurden Inhalte und Ressourcenbedarf der Teilprojekte besprochen, Prioritäten gesetzt und Teilprojekte aufeinander abgestimmt. In der Konsequenz wurde bei diesen Planungsworkshops beschlossen, ob Teilprojekte abgebrochen wurden (Teilprojekt *Heubörse*), das Arbeitsprogramm reduziert wird (Teilprojekt *Konservierende Bodenbearbeitung*) oder neue Teilprojekte initiiert werden (Teilprojekt *Hohenloher Lamm*).

11.2 Welche Akteure waren beteiligt, wie wurden sie beteiligt und wie erfolgte die Zusammenarbeit?

Der Projekttyp (Tab. 11.2) und die thematische Ausrichtung waren entscheidend für die jeweilige Zielgruppe. Unter Zielgruppe werden hierbei zum einen die Akteure verstanden, mit denen das Teilprojekt unmittelbar durchgeführt wurde, zum anderen die Zielgruppe, die von dem Teilprojekt angesprochen werden sollte, wie etwa Verbraucher oder sonstige Nutznießer der Projektergebnisse (Tab. 11.1). Die primär an der landwirtschaftlichen Produktion orientierten Teilprojekte *Konservierende Bodenbearbeitung* und *Weinlaubnutzung* richteten sich vornehmlich an Landwirte, Winzer, Behördenvertreter und Berater. Wichtigste Zielgruppe für die vermarktungsorientierten Ansätze sind nach außen hin die Verbraucher, projektintern die Erzeuger, deren Interessensvertretungen wie auch landwirtschaftliche Behördenvertreter. Auch das Teilprojekt *eigenART*, als ein Vorhaben mit Event-Charakter, richteten sich primär an interessierte Privatpersonen. Dies gilt gleichfalls für die initiierte *Lokale Agenda*, die auf eine breite Bürgerbeteiligung baut, gleichfalls aber eine Unterstützung durch Kommunalvertreter erforderte. Die im weiteren Sinne landschaftsplanerischen Ansätze (TP *Landnutzungsszenario Mulfingen, Landschaftsplanung, Ökobilanz Mulfingen, Regionaler Umweltdatenkatalog, Gewässerentwicklung*) richteten sich überwiegend an die Träger öffentlicher Belange. Tabelle 11.1 führt die im Projektverlauf (Initiierung, Durchführung, Trägerschaft) beteiligten Akteure auf.

Weder in der Projektinitiierung noch in der Projektdurchführung wurde von den Wissenschaftlern darauf gedrungen, dass die in der Definitionsphase abgegrenzten Themenfelder in dieser Form aufgegriffen und institutionell verankert werden. Die im Kap. 8.8.1 beschriebene Projektentwicklung verdeutlicht die Genese der aus dem Arbeitszusammenhang mit den Akteuren partizipativ entwickelten Arbeits- und Projektstruktur. In der Projektdurchführung (1998–2002) herrschte die Organisationsform »Arbeitskreis« vor (Tab. 11.1), d.h. ein Zusammenschluss gleichberechtigter Interessierter in einem nicht-institutionalisierten Gremium.

An die bereits in der Definitionsphase umrissenen Teilprojekte *Ökobilanz Mulfingen* und *Regionaler Umweltdatenkatalog* konnte in der Hauptphase direkt angeknüpft werden. Entsprechend der inhaltlichen Schwerpunktsetzungen wurden sie dem Arbeitsfeld Landschaftsplanung angegliedert. Im Teilprojekt *Konservierende Bodenbearbeitung* wurde eine eigenständige Projektentwicklung verfolgt. Hintergrund hierfür war die thematische (Ackerbau) und räumliche (unteres Jagsttal) Schwerpunktsetzung. Bei den Marketingprojekten *Bœuf de Hohenlohe, Hohenloher Lamm* und *Streuobst* wurde zu Beginn oder im Verlauf der Aktivitäten eine Erzeugergemeinschaft gegründet. Im Teilprojekt *Streuobst* bildet eine zwischen Arbeitskreis und Erzeugergemeinschaft zeitlich zwischengeschaltete Steuerungsgruppe ein wichtiges Arbeitsgremium. Die Machbarkeitsanalyse *Weinlaubnutzung* wurde im Wesentlichen durch eine Wissenschaftlerin getragen. Beim Teilprojekt *eigenART* war eine Wissenschaftlerin als Projektleiterin hauptverantwortlich. In der Umsetzungsphase übernahm die Kulturstiftung Hohenlohe die Trägerschaft.

Die personelle Projektdurchführung in der Hauptphase war in Abhängigkeit von der Themenstellung breit gestreut und zeigt deutliche Parallelen zu den Initiatoren. Die beteiligten Wissenschaftler übernahmen in der Durchführung zumeist eine Leitungsfunktion hinsichtlich Organisation und Inhalt. Ein früher Übergang der Verantwortlichkeit an die Akteure ergab sich in den Teilprojekten *Bœuf de Hohenlohe* und *Lokale Agenda*. Nach etwa der halben Projektlaufzeit übernahm im Teilprojekt *Ökobilanz Mulfingen* und *Streuobst* die Kommune bzw. die Erzeugergemeinschaft die Trägerfunktion.

11.3 Erfahrungen aus der Zusammenarbeit mit den Akteuren

Das Vorgehen der Projektgruppe, die Akteure für eine Zusammenarbeit zu gewinnen, erwies sich als erfolgreich. Dadurch, dass in der Definitionsphase die Problemsicht und Anliegen der Akteure erfasst und darauf aufbauend das Konzept des *Modellvorhabens Kulturlandschaft Hohenlohe* erarbeitet wurde, war gewährleistet, dass die Angebote zur Zusammenarbeit auf Interesse stießen. Die Mischung aus offener Einladung und gezielter Ansprache von Schlüsselakteuren für die Zusammenarbeit in Arbeitskreisen zu verschiedensten Themenbereichen führte zu einer breiten Verankerung und hohen Akzeptanz der Arbeit in der Region. Im Teilprojekt *Streuobst* wurde die Beteiligung der relevanten Akteure sehr systematisch betrieben, mit Modellcharakter für künftige Projekte.

Durch die zahlreichen und vielfältigen Maßnahmen der Öffentlichkeitsarbeit war eine stetige Präsenz der Projektarbeit gegeben, die zu einer positiven Wahrnehmung durch die örtliche Bevölkerung führte.

Die in den Arbeitskreisen aufgegriffenen Themen wurden als wichtig erachtet. Die von den Mitarbeitern der Projektgruppe geleistete inhaltliche Arbeit wurde von den Akteuren als sehr kompetent bewertet. Das methodische Vorgehen in den Arbeitskreisen wurde überwiegend positiv beurteilt. Beides führte zu einer hohen Wertschätzung der Mitarbeiter in der Region. Besonders positiv wurde die Arbeitsatmosphäre bei den Zusammenkünften gesehen. Bemerkenswert ist, dass durch die Arbeit der Projektgruppe Menschen zusammen an einem Tisch saßen und gemeinsam Projekte entwickelten, die sich zuvor im Gerichtssaal als Gegner gegenübersaßen: So entwickelten Kanuverleiher und Naturschützer im TP *Themenhefte* gemeinsam ein Faltblatt zu Freizeitaktivitäten an und auf der Jagst.

Die Zufriedenheit mit den inhaltlichen Ergebnissen fiel in den einzelnen Teilprojekten unterschiedlich aus, wurde zumeist jedoch eher positiv bewertet. Diese Bewertung zeigt die Grenzen dessen auf, was im Rahmen der Teilprojekte möglich war und macht den Handlungsbedarf für die Zukunft deutlich. Ein Grund für die Akzeptanz der Projektgruppe und die aktive Mitarbeit ist sicherlich darin zu sehen, dass die Projektgruppe völlig unabhängig und frei von eigenen Interessen in der Region agierte. Hierin liegt aber gleichzeitig auch eine Schwierigkeit, denn von den zuständigen Stellen wie etwa der Wirtschaftförderungsgesellschaft oder dem Bauernverband wurde dieses unabhängige Handeln zum Teil als »einmischen« in ihren Aufgabenbereich bzw. Beschneidung ihres Einflussbereiches gesehen. Dem wurde dadurch versucht zu begegnen, dass das gesamte Vorgehen sehr transparent gehalten und der intensive Kontakt gerade auch zu diesen »kritischen« Partnern gesucht wurde.

Kritisch gesehen wurde auch die hohe Fördersumme, mit der das Projekt gefördert wurde, ohne dass für die Projekte Investitionsmittel zur Verfügung standen. Positiv sind in diesem Zusammenhang aber die Effekte zu sehen, durch die einige der Projekte selbst die notwendigen Mittel beschafften (Tourismus-Teilprojekte) oder die notwendigen Infrastrukturen schufen (Vermarktungs-Teilprojekte).

Auf der einen Seite kann die Zusammenarbeit von Forschern und örtlichen Akteuren also durchweg als gelungenes Experiment mit vielfältigen positiven Erfahrungen bewertet werden. Andererseits ist – trotz des Modellcharakters des Projekts – kritisch zu hinterfragen, inwiefern die Erfahrungen verallgemeinerbar sind. Denn der Kern des Gelingens liegt darin begründet, dass etwa 15 unterschiedlich qualifizierte Menschen für die Dauer von vier Jahren ihre Arbeitskraft uneingeschränkt den Projekten zur Verfügung stellen konnten. Als Schlussfolgerung wäre ein unabhängiges regionales Projektmanagement mit einer personellen und finanziellen Mindestausstattung zu fordern, das Ideen der Bürger aufgreift, Projekte initiiert und managet und bei der Mittelakquisition behilflich ist.

Tabelle 11.1: Charakterisierung der Teilprojekte

Arbeitsfeld	Kapitel-Nr.	Teilprojekt	Projekttyp	Zielgruppe	Definitionsphase 1997 und Hauptphase 1998 – 2002					ab 2002		
					Projektinitiierung		Projektdurchführung		Projektfortführung	
					Initiator	Jahr	Durchführende	Organisationsform	Träger	Organisationsform
Acker, Weinbau	8.1	Konservierende Bodenbearbeitung	fbwk	LBR	BW	1997	WLB	A	B	A
	8.2	Weinlaubnutzung	w	LBRU	U	1999	W	(W)	–	–
Grünlandwirtschaft	8.3	Bœuf de Hohenlohe	mbkw	PL	EW	1998	ELRW	E	E	E
	8.4	Hohenloher Lamm	mbkw	PL	A (BEKLV)	1999	WVLB	AV	V	V
	8.5	Streuobst	mbkw	PL	A (BKLUV)	1998	EWVL	AES	E	E
	8.6	Heubörse	w	LP	A (BKLV)	1998	WA	A	–	–
	8.7	Landnutzungsszenario Mulfingen	wkb	BKLPV	A (BKLV)	1998	A (WBKLV)	A	abg	–
Landschaftsplanung	8.8	Landschaftsplanung	ik	BKLPUV	A (BKLPVW)	1998	A (WBKLPV)	A	KBV (?)	–
	8.9	Ökobilanz Mulfingen	wkb	KBP	WK	1997	A (WKBP)	A	K	O
	8.10	Regionaler Umweltdatenkatalog	fbkw	BV	WVB	1997	A (WBVK)	A	V	A
	8.11	Gewässerentwicklung	wki	BKLV	BAW	1999	WBKPV	AW	B abg	–
	8.12	Lokale Agenda	fbk	PK	A (BKPVW)	1998	KPW	A	K	A

Arbeitsfeld	Kapitel-Nr.	Teilprojekt	Projekttyp	Zielgruppe	Definitionsphase 1997 und Hauptphase 1998 - 2002				ab 2002	
					Projektinitiierung		Projektdurchführung		Projektfortführung	
					Initiator	Jahr	Durchführende	Organisationsform	Träger	Organisationsform
Tourismus	8.13	*Panoramakarte*	mbkfö	P	A *(BKVW)*	1999	A *(WBKV)*	A	*abg*	–
	8.14	*Themenhefte*	mbkfö	P	A *(BKVW)*	2000	A *(WBKVW)*	A	*abg*	–
	8.15	*eigenART Jagst*	fböw	P	W	2000	WPV	TW	*abg*	–

Legende:

Projekttyp
- b Beratung, Dienstleistung
- f Demonstrationsvorhaben
- i Informationsaustausch
- k Konzeptentwicklung, Planung
- ö Öffentlichkeitswirksame Maßnahme
- m Marketing
- w Wissenschaftliche Untersuchung, Machbarkeitsanalyse

Zielgruppe, Initiator, Träger und Organisationsform
- A Arbeitskreis *(setzt sich aus den im folgenden dargestellten Personengruppen zusammen)*
- B Behördenvertreter
- E Erzeugergemeinschaft
- K Kommunalvertreter
- L Landwirt, Forstwirt, Schäfer, Winzer
- P Privatpersonen, Bürger, Verbraucher
- R Berater
- S Steuerungsgruppe (aus: EVW)
- T Stiftung
- U Unternehmensvertreter
- V Vertreter Verband, Verein
- W Wissenschaftler
- *abg* abgeschlossen nach Projektdurchführung

11.4 Welchen Charakter hatte das Projekt?

Die in Tab. 11.1 vorgenommene Charakterisierung liefert einen zusammenfassenden Überblick über die Projekttypen und -organisation der Teilprojekte. Die Reihenfolge der Kürzel gibt Aufschluss über die jeweilige Schwerpunktsetzung.

Projekttyp
Hinsichtlich des Projekttyps lassen sich folgende Gruppen differenzieren:
a) Machbarkeitsanalysen: Projekte, bei denen die Analyse der Situation und Realisierbarkeit im Vordergrund stand und die danach abgeschlossen wurden, weil eine Durchführung nicht Erfolg versprechend war (TP *Weinlaubnutzung, Heubörse*)
b) Demonstrationsprojekt: Umsetzungsorientierte Projekte, die mit wissenschaftlicher Begleitung beispielhaft durchgeführt wurden (TP *Konservierende Bodenbearbeitung, Regionaler Umweltdatenkatalog, Lokale Agenda, eigenART Jagst*)
c) Marketingprojekte: Projekte, bei der die Vermarktung eines Produktes im Vordergrund stand, Beratungsleistungen und Konzeptentwicklungen einen größeren Arbeitsumfang erforderten (TP *Bœuf de Hohenlohe, Hohenloher Lamm, Streuobst, Panoramakarte, Themenhefte*)
d) Strategie- und Planungsvorhaben: Projekte, bei denen die Erarbeitung planungsrelevanter Grundlagen und die partizipative Strategieentwicklung im Vordergrund standen bzw. Zielsetzung des Vorhabens waren (TP *Landnutzungsszenario Mulfingen, Ökobilanz Mulfingen, Gewässerentwicklung*)
e) Austauschforum: Vorhaben, bei dem der wechselseitige Informationsaustausch und die gemeinsame Projekt- und Ideenentwicklung dominierten (Arbeitskreis *Landschaftsplanung*)

Forschungstypen
Entsprechend der Differenzierung der Forschungstypen (vgl. Kap. 2.2) ist das *Modellvorhaben Kulturlandschaft Hohenlohe* im Spannungsfeld zwischen *Orientierter Forschung* (Forschungsgegenstand wissenschaftsextern vorgegeben, wissenschaftsexterne Werte dominieren) und *Angewandter Forschung* zu sehen. Einerseits wurde der Forschungsgegenstand durch den Förderschwerpunkt und das Rahmenkonzept des BMBF extern mit einer klaren thematischen Ausrichtung – zunächst »Ökologische Konzeptionen für Agrarlandschaften«, später »Ansätze für eine dauerhaft- umweltgerechte landwirtschaftliche Produktion« – vorgegeben. Andererseits war das Modellvorhaben in seiner Zielsetzung auf die angewandte Nutzung von Wissen ausgerichtet und dieser Wissenstransfer sollte in praktischen und konkreten Projekten erprobt werden. Die Metaebene, in der dieser Prozess wissenschaftlich begleitet wurde, ist wiederum der *Orientierten Forschung* zuzuordnen. Gleichwohl führten die Erfordernisse der einzelnen Teilprojekte dazu, dass diese verschiedenen Forschungstypen entsprachen.

Bei den Teilprojekten dominiert die *Angewandte Forschung* (Forschungsgegenstand wird konkret und real gefasst, wissenschaftsexterne Werte dominieren). Dies betrifft die landwirtschaftlichen (*Konservierende Bodenbearbeitung*) und vermarktungsorientierten (*Bœuf de Hohenlohe, Streuobst, Hohenloher Lamm, Panoramakarte, Themenhefte*) sowie die stark akteursorientierten Teilprojekte und Arbeitskreise (*Landschaftsplanung, Lokale Agenda*). Übergänge zur *Freien Forschung* (Forschungsgegenstand wissenschaftsintern ausgewählt und abgegrenzt, wissenschaftsinterne Werte dominieren, theoriegeleitet) zeigen sich insbesondere bei den planungsorientierten Projekten (*Landnutzungsszenario Mulfingen, Gewässerentwicklung*) sowie solchen, bei denen die Projektidee von Seiten der Wissenschaft kam (*Ökobilanz Mulfingen, Regionaler Umweltdatenka-*

talog, eigenART). Die durchgeführte Politikbewertung bildet einen Übergang zur *Angewandten Forschung*, da hier wissenschaftsexterne Werte dominieren. Das Teilprojekt *Weinlaubnutzung* kann hinsichtlich der Abgrenzung des Forschungsgegenstandes als *Orientierte Forschung* eingestuft werden, da die Projektidee durch ein externes Unternehmen formuliert wurde.

Wissensform

Die Betrachtung der eingesetzten Wissensformen (vgl. Kap. 2.2) in den Teilprojekten zeigt deutlich die Verknüpfung zwischen theoretischem und anwendungsbezogenem Wissen (Tab. 11.2). So ist beispielsweise für die Entwicklung von Indikatoren (z.B. *Konservierende Bodenbearbeitung, Ökobilanz Mulfingen*) zunächst ein theoretisches Wissen – generelles Wissen um der Anwendung willen – notwendig, um darauf aufbauend das Bewertungsverfahren in Zusammenarbeit mit den Beteiligten in der Praxis zu erproben (partikulares Wissen um der Anwendung willen) und hiernach Rückschlüsse zur Optimierung und Generalisierung des Indikators abzuleiten (generelles Wissen um der Anwendung und Erkenntnis willen). Hierbei kommen gleichermaßen Herstellungs-, Rechtfertigungs- und Theoriewissen zum Tragen. Deutlich vermarktungsorientiert ausgerichtete Teilprojekte greifen in erster Linie auf ein partikulares Wissen um der Anwendung willen und ein damit verbundenes Herstellungswissen zurück. Die Projektevaluierung zielt auf partikulares Wissen ab, das zum einem im Sinne der Erfolgsbewertung der Erkenntnis willen und zum anderen im Forschungsprozess als »Feed-back« zur Projektoptimierung – um der Anwendung willen – eingesetzt wird.

»Disziplinaritätstyp«

Das *Modellvorhaben Kulturlandschaft Hohenlohe* verstand sich als ein transdisziplinäres Forschungsvorhaben. Die entsprechende Charakterisierung der Teilprojekte bestätigt diesen Forschungsansatz, zeigt aber gleichzeitig Mischformen und Übergänge zu disziplinären oder interdisziplinären Forschung. So besaß die im Rahmen des Teilprojekts Weinlaubnutzung durchgeführte Machbarkeitsanalyse eine überwiegend disziplinäre Ausrichtung, wenngleich die Aufgabenstellung wissenschaftsextern erfolgte und neben den überwiegend ökonomischen Betrachtungen eine landespflegerische Motivation vorlag. Mit der Projektentwicklung von einer anfänglichen Machbarkeitsanalyse hin zu einem Umsetzungsvorhaben im Falle des Teilprojekts *eigenART* ergibt sich der Übergang von einem disziplinären zu einem transdisziplinären Vorhaben. Das Teilprojekt *Ökobilanz Mulfingen* besitzt neben der transdisziplinären auch eine disziplinäre und interdisziplinäre Komponente, da einige Indikatoren auch ohne intensive Akteursbeteiligung ausgearbeitet wurden. Dies gilt ebenso für das Teilprojekt *Regionaler Umweltdatenkatalog*, in dem weit gehend ohne Akteursbeteiligung eine Bodenkonzeptkarte entwickelt wurde.

Tabelle 11.2: *Charakterisierung der Teilprojekte hinsichtlich Forschungstyp, Wissensform und "Disziplinaritätstyp" (grau unterlegt, ohne Kommentar = Projektinitiierung, -durchführung)*

	Teilprojekt	Forschungstyp	Wissensform	disziplinär	Interdisziplinär	Transdisziplinär
8.1	Konservierende Bodenbearbeitung	AF	GA/GE abs Her/The/Rec (Bewertungsschlüssel) PA ind Her/Rec (Praxisversuche)			
8.2	Weinlaubnutzung	OF (Projektidee durch Unternehmen) FF (Schwerpunkt Ökonomie)	PA kol Her (regionsspezifische Machbarkeitsanalyse) GA abs The (Rentabilität des Verfahrens auf anderen Standorten)	Machbarkeitsanalyse (Diplomarbeit)		
8.3	Bœuf de Hohenlohe	AF	PE kol The (Historische Recherche), PA kol The (Einfluss der Beweidung auf Grünland) PA kol Her (Marketingkonzept),			
8.4	Hohenloher Lamm	AF	PE kol The (Historische Recherche), PA kol Her (Marketingbemühungen)			
8.5	Streuobst	AF (Themenschwerpunkt) FF (Beteiligungsanalyse)	PA kol Her (Erzeugerbefragung) PA kol Her (Marketingbemühungen)			
8.6	Heubörse	AF	PA kol Her (regionsspezifische Machbarkeitsanalyse)	Machbarkeitsanalyse		
8.7	Landnutzungsszenario Mulfingen	AF (Themenschwerpunkt) FF (Szenario-Methodik)	PA ind The (Situationsanalyse) PA kol Rec / Her (Konzept Landnutzung) GA abs The (Szenario-Methodik)			Projektinitiierung
8.8	Landschaftsplanung	AF	PA kol The / Her (Informationsaustausch, Beratung) PA kol Rec (Leitbildentwicklung)			
8.9	Ökobilanz Mulfingen	FF (Fogg. Wissenschafts-intern ausgewählt) AF (Anpassung des Indikatorensets)	GA/GE abs The/Her/Rec (Bilanzierung) PA kol Her (Umsetzungsberatung)	Ökobilanzierung	Ökobilanzierung	
8.10	Regionaler Umweltdatenkatalog	FF (Fogg. Wissenschafts-intern ausgewählt) AF (tatsächliche Umsetzung)	GA abs The (EDV) PA kol Her (Umsetzungsberatung)	Umweltinformatik, Einzeluntersuchungen	Bodenkonzeptkarte	Projektdurchführung

	Teilprojekt	Forschungstyp	Wissensform	disziplinär	Interdisziplinär	Transdisziplinär
8.11	Gewässer-Entwicklung	AF (Schwerpunkt Hochwasserschutz, Gewässerentwicklung, Einzeluntersuchungen) FF (Fogg. wissenschaftsintern ausgewählt)	GE kon The (Biotopqualität Aue, Salamander) GA kon Rec / Her (Gewässerökologische Untersuchungen) PA kol Her (Konzeptentwicklung, Umsetzungsberatung)		Einzeluntersuchungen	
8.12	Lokale Agenda	AF	PA kol Her (Gestaltung Projektwoche)			
8.13	Panoramakarte	AF	PA kol Her (Ausarbeitung Panoramakarte)			
8.14	Themenhefte	AF	Pa kol Her (Ausarbeitung Themenhefte)			
8.15	eigenART Jagst	FF (Diplomarbeit)	GA kon The / Her (Konzeptentwicklung landart)	Konzeptentwicklung (Diplomarbeit)		Projektdurchführung
	Prozessbegleitung	FF	PE ind Rec / Her	projektintern		
	Projektevaluierung	FF	PE ind Rec (Darstellung Projekterfolg) PA ind Her (Unterstützung Lernzyklus)	projektintern		
	Nachhaltigkeitsbewertung	FF	GE abs The/Rec (Indikatorenentwicklung) PA ind Her (Anwendung der Indikatoren in der Praxis)		projektintern	
	Politikbewertung	FF / AF	PA kol Her (Politikberatung)		projektintern	

Legende:

AF	Angewandte Forschung
FF	Freie Forschung
GF	Grundlagenforschung
OF	Orientierte Forschung

PA	Partikuläres Wissen um der Anwendung willen
PE	Partikuläres Wissen um der Erkenntnis willen
GA	Generelles Wissen um der Anwendung willen
GE	Generelles Wissen um der Erkenntnis willen

ind	Wissen über Individuelles
kol	Wissen über Kollektives
kon	Wissen über Konkretes, Reales
abs	Wissen über Abstraktes, Ideales

Her	Herstellungswissen
Rec	Rechtfertigungswissen
The	Theoriewissen
Fogg	Forschungsgegenstand

11.5 Leisten die Projekte einen Beitrag zur nachhaltigen Entwicklung?

Bei der zusammenfassenden Darstellung der Teilprojekt-Bewertung anhand der Nachhaltigkeits-Indiaktoren ist folgendes zu berücksichtigen:
— Bewertungen konnten nur dort vorgenommen werden, wo eine entsprechende Datenbasis vorlag. Aufgrund der durchgeführten Evaluierungen (vgl. Kap. 6.8, 10.2) war es in nahezu allen Teilprojekten möglich, unterschiedliche soziale Indikatoren heranzuziehen. Ökonomische Bewertungen beziehen sich in erster Linie auf die landwirtschaftlichen Teilprojekte. Eine ökonomische Bewertung der vermarktungsorientierten Tourismus-Projekte (*Panormakarte, Themenhefte*) wäre zwar wünschenswert gewesen, war jedoch untersuchungstechnisch undurchführbar.
— Vorhaben, die nach der Machbarkeitsanalyse eingestellt wurden (*Weinlaub, Heubörse*), wurden nicht bewertet. Dies trifft gleichfalls für das Teilprojekt *eigenART* zu, das nach Abschluss des Forschungsvorhabens umgesetzt wurde.
— Das heterogene Bewertungsmuster im Feld der ökologischen Indikatoren ist Indiz für die unterschiedliche thematische Ausrichtung. Das Teilprojekt *Ökobilanz Mulfingen* zeigt hier das breiteste Spektrum, weil die aktuelle Bewertung der Umweltsituation die zentrale Zielsetzung des Projektes war und Zuarbeiten aus anderen Teilprojekten heraus (z.B. *Regionaler Umweltdatenkatalog, Gewässerentwicklung, Szenario Mulfingen*) erfolgten.

Die durchgängig positive Entwicklung der sozialen Indikatoren bestätigt deutlich den partizipativen Projektansatz des *Modellvorhabens Kulturlandschaft Hohenlohe*. Relativierend ist zu berücksichtigen, dass durch die Projektarbeit und die zur Verfügung gestellten personellen Ressourcen überhaupt erst entsprechende Kommunikationsstrukturen geschaffen wurden, die dann zu einer positiven Einschätzung durch die Akteure führten. Der im Teilprojekt *Konservierende Bodenbearbeitung* als »unverändert« bewertete Indikator »Zufriedenheit mit der Partizipation (subjektiv) an nicht-institutionalisierten Beteiligungsverfahren« ist darauf zurückzuführen, dass die Gründung eines Runden Tisches auf kommunaler Ebene zur Steigerung der Partizipation der Landwirte an politischen Entscheidungsverfahren daran scheiterte, dass niemand die Federführung für ein solches Gremium übernehmen wollte.

Auch die ökonomischen Indikatoren zeigen in den landwirtschaftlichen und landwirtschaftlich-vermarktungsorientierten Vorhaben einen durchweg positiven Entwicklungstrend anhand der durchgeführten Deckungsbeitrags- und Gesamtdeckungsbeitragsrechnungen. Für die aufgestellten Landnutzungsszenarien ergibt sich im Falle großflächiger Beweidungssysteme (Szenario Offenhaltung) ein positiver Effekt bei Inanspruchnahme der gegenwärtigen Förderungen. Eine Wiederbewaldung (Szenario Bewaldung) bringt andererseits Einkommenseinbußen infolge der nicht mehr praktizierten landwirtschaftlichen Nutzung mit sich, die jedoch durch eine Inanspruchnahme von Aufforstungsprämien kompensiert werden kann.

Mit Ausnahme der ökologischen Indikatoren des Teilprojektes *Konservierende Bodenbearbeitung*, bei dem anhand der Praxisversuche eine positive Entwicklung durch die Reduzierung des Austrags von Nitrat und Pflanzenschutzmittel sowie eine Erosionsminderung nachgewiesen werden konnte, war in allen übrigen Aussagen nur eine Bewertung der aktuellen bzw. potenziellen Situation möglich. Hintergrund hierfür war, dass im Projektverlauf keine ökologischen Veränderungen nachgewiesen werden konnten, weil die entsprechenden Umsetzungsmaßnahmen noch nicht griffen oder ergriffen wurden (*Ökobilanz Mulfingen*) oder bereits entsprechend der ökologischen Bewirtschaftungsrichtlinie gewirtschaftet wurde (*Streuobst*). Die Bewertung der beiden extremen Landnutzungsszenarien (vgl. Kap. 8.7) zeigt ein durchaus heterogenes Bild hinsichtlich

Tabelle 11.3: Zusammenfassende Darstellung der Nachhaltigkeits-Indikatoren
(drei Stufen: + positive, - negative Veränderung, o keine Veränderung; g = gefährdeter Biotoptyp; 1) aktuelle Zustandsbewertung ökologischeR Indikatoren; 2) potenzielle Auswirkung auf ökonomische, ökologische Indikatoren)

Kriterien	Indikator	8.1 Konserv. Bodenb.	8.3 Bœuf de Hohenlohe	8.4 Hohenloher Lamm	8.5 Streuobst¹⁾	8.7 Landnutzung Mulfingen²⁾ Szenario Bewaldung	8.7 Szenario Offenhaltung	8.8 Landschaftsplanung	8.9 Ökoblianz Mulfingen¹⁾	8.10 Region. Umweltdaten.	8.11 Gewässerentwicklung	8.12 Lokale Agenda	8.13 Panoramakarte	8.14 Themenhefte
Ökonomie	Deckungsbeitrag	+	+	+	+	-/o	+							
	Gesamtdeckungsbeitrag	.	+	+			+							
Energieverbrauch	Energieeinsatz Raumwärme, Warmwasser, Licht & Kraft								o / -					
	Energieeinsatz Verkehr								o					
	Energiesubstitutionspotenzial								o					
Klimaschutz	Globales Erwärmungspotenzial (CO$_2$-Emission)								o					
Bodenschutz und Flächenverbrauch	Bodenerosion	+							o					
	Flächenverbrauch								o					
	Bodenversiegelung								o					
	Abfallaufkommen, Einsparpotenzial								-					
	Verwertungsquote								-					
Wasserwirtschaft	Trinkwasserverbrauch								+/-					
	Substitutionspotenzial Trinkwasser								o					
	Nachhaltigkeit der Grundwassernutzung								+					
	Gefährdung Grundwasser - Nitrat	+							o					

Anschluss an Tabelle 11.3

Kriterien	Teilprojekt / Indikator	8.1 Konserv. Bodenb.	8.3 Bœuf de Hohenlohe	8.4 Hohenloher Lamm	8.5 Streuobst[1]	8.7 Landnutzung Mulfingen[2] – Szenario Bewaldung	8.7 Landnutzung Mulfingen[2] – Szenario Offenhaltung	8.8 Landschaftsplanung	8.9 Ökobilanz Mulfingen[1]	8.10 Region. Umweltdaten.	8.11 Gewässerentwicklung	8.12 Lokale Agenda	8.13 Panoramakarte	8.14 Themenhefte
Umweltschutz – Vermeidung ökologischer Risiken	Gefährdung Grundwasser – Pflanzenschutzmittel	+												
	Ökotoxikologisches Potenzial – Klärschlamm								+/o					
	Lärmbelastung								o					
Naturschutz – Verlust der biologischen Vielfalt	Nutzungsintensität – Landschaftsdiversität					-	o/+		+/o		Vgl. 8.9 Ökobilanz Mulfingen			
	Nutzungsintensität – Landschaftszerschneidung					o	o/-		-					
	Gewässerstrukturgüte					+	o/+		o					
	Biotopqualität – Auenstrukturen								-					
	Biotopqualität – Salamanderlarven								+					
	Biotopqualität – Heuschrecken								+					
	Gewässerbiozönose – Makrozoobenthos Wehre								o					
	Gewässerbiozönose – Makrozoobenthos Fließgewässer								o					
	Biotopqualität Grünland		o/+											

Kategorie	Indikator									
	Biotopqualität Streuobst - Alter						-			
	Floristische Artenvielfalt in Streuobstbeständen – Anzahl der Gefäßpflanzen						o			
	Floristische Artenvielfalt in Streuobstbeständen – Anzahl von Kulturarten						+			
	Streuobst: Seltenheit und Gefährdung – Gefährdete Biotope						g			
	Biotopgröße						+	+/-		
	Gefährdete Biotope – Grünland, Wald						+	+/-		
	Ausprägung und Zustand der Fauna - Neuntöter						o/+	-		
	Ausprägung und Zustand der Fauna - Rebhuhn						o/+	o/-		
	Ausprägung und Zustand der Fauna - Schlingnatter						o/+	-		
Beteiligung an Rechten und Macht	Zufriedenheit mit der Partizipation (subjektiv) an nicht-institutionalisierten Beteiligungsverfahren	o	+						+	+
Zugang zu Ressourcen und Dienstleistungen	Wissen über Möglichkeiten nachhaltiger Landnutzung – Zufriedenheit mit dem Zugang und Angebot (subjektiv)	+		+			+		+	+
	Zugang zu Ressourcen und Dienstleistungen (zur Erreichung der TP-Ziele) - Zufriedenheit mit dem Angebot und Zugang (subjektiv)						+			+
Solidarität und Wertschätzung innerhalb von Gruppen - Bereitschaft zur Zusammenarbeit	Organisationsgrad in Selbsthilfeorganisationen, z.B. Kooperativen, Erzeugergemeinschaften (objektiv): Mitglieder in %		+							
	Zufriedenheit mit Selbsthilfe (subjektiv)			+			+		+	+
	Berücksichtigung der einzelnen Anliegen, Interessen (subjektiv)	+		+			+	+	+	+
	Zufriedenheit mit der Arbeitsatmosphäre (subjektiv)	+		+			+	+	+	+

Vgl. 8.8 Landschaftsplanung

der möglichen Auswirkungen. Deutlich wird, dass durch die angestrebten großflächigen Beweidungssysteme die aktuelle Ausprägung der Landschaft wie auch die Biotopqualität am ehesten erhalten, wenn nicht sogar gefördert werden kann. Letzteres ist abhängig von Pflege- und Bewirtschaftungsmaßnahmen (z.B. Entbuschung von Steinriegeln für Schlingnatter, Biotopverbund für Rebhuhn). Eine Wiederbewaldung führt sicherlich zu einer entscheidenden Veränderung der Landschaft und ihrer Biotopausstattung, wobei jedoch auch durchaus positive Effekte (neue Biotoptypen, Biotopgröße, Gewässerstruktur, Landschaftszerschneidung) zu erwarten sind.

11.6 Welche Ergebnisse wurden erzielt?

Die Durchführung des Modellvorhabens hatte zwei Ebenen: Zum einen ging es darum, über konkrete Projekte zu einer nachhaltigeren Landnutzung zu kommen. Zum anderen sollte der dafür notwendige Prozess des Wissensaustausches zwischen Akteuren und Wissenschaftlern analysiert und auf seine Verallgemeinerbarkeit hin überprüft werden. Dies kam in der Zielsetzung des Projekts und in der Überprüfung der Zielerreichung zum Ausdruck. Dienten die entwickelten Indikatoren dazu, die Verbesserungen im Sinne der Nachhaltigkeit zu überprüfen, diente die Evaluierung der internen und externen Arbeit dazu, den Forschungsprozess zu bewerten.

In Tab 11.4 wird auf der Grundlage dieser beiden Auswertungen eine Gegenüberstellung der ursprünglich gesetzten übergeordneten Zielsetzungen des *Modellvorhabens Kulturlandschaft Hohenlohe* (vgl. Kap. 3) mit den erreichten Ergebnissen vorgenommen. Sie zeigt, dass die aufgestellten Zielsetzungen auf Gesamtprojektebene erreicht wurden. Einschränkungen bezüglich einzelner Teilprojekte ergeben sich aus dem jeweiligen Charakter der Teilprojekte. So können Machbarkeitsanalysen, Strategie- und Planungsvorhaben (vgl. Kap. 9.1) nicht oder nur bedingt dazu beitragen, dass beispielsweise »... Akteure bereit sind, erprobte Maßnahmen weiterhin umzusetzen«.

Eine weitere Ebene der Zielerreichung betrifft die der Teilprojekte (Kap. 8). Eine kritische Reflektion der erreichten Ziele wurde auf Teilprojektebene durchgeführt (vgl. entsprechende Unterkapitel »Wurden die gesetzten Ziele erreicht?«). Auch für die Teilprojekte zeigt sich insgesamt ein hoher Zielerfüllungsgrad. Einschränkungen ergaben sich dort, wo initiierte Teilprojekte nach der Machbarkeitsanalyse abgeschlossen wurden (Kap. 8.2 *Weinlaub*, 8.6 *Heubörse*) oder sich Veränderungen der Zielsetzungen oder Rahmenbedingungen im Projektverlauf ergaben. Beispiele hierfür sind die Umorientierung von dem ursprünglich geplanten Regionalen Informationssystem zu einem *Regionalen Umweltdatenkatalog* (Abschnitt 8.10) aufgrund urheberrechtlicher, finanzieller und organisatorischer Probleme. Begrenzte Arbeitskapazitäten und entsprechende Prioritätensetzungen führten im Arbeitskreis Tourismus dazu, dass anfänglich geplante Aktivitäten zum Thema »Jagsttalbahn« oder »Dorfgaststätten« nicht weiter verfolgt wurden. Ein Modellprojekt des Landes Baden-Württemberg zur Entwicklung von Gülleverwertungsstrategien hatte zur Folge, dass diese Fragestellung im *Modellvorhaben Kulturlandschaft Hohenlohe* nicht bearbeitet wurde.

Tabelle 11.4: Abgleich zwischen den gesetzten übergeordneten Zielsetzungen und den erreichten Ergebnissen.

Übergeordnete Zielsetzungen (vgl. Kap. 3)	Bearbeitung, Verweis auf Kap.	Hinweis zur Bearbeitung
Potenziale, nachhaltige Landnutzung, Leitbilder		
Vorhandene Informationen über ökologische, ökonomische und soziale Entwicklungs- und Gefahrenpotenziale der Landnutzung sind zusammengetragen und, soweit notwendig, durch eigene Untersuchungen ergänzt.	8.1 bis 8.15	Durch Recherchen und bei Bedarf ergänzenden Erhebungen (Situationsanalyse) in den meisten TP durchgeführt
Hemmnisse für die Umsetzung nachhaltiger Landnutzung sind identifiziert.	8.1 bis 8.15	In den Teilprojekten (TP) bearbeitet, vgl. jeweiliges Unterkapitel „Übertragbarkeit"
Wissenschaftler und Akteure kennen die Zusammenhänge und die gegenseitige Beeinflussung zwischen landwirtschaftlicher und gewerblicher Produktion, Vermarktung, Siedlungsentwicklung, Ressourcenschutz, Naturschutz, Wasserwirtschaft, Fremdenverkehr sowie sozialem Empfinden und regionaler Identität.	8.1 bis 8.15	Inhalt der TP entsprechend der jeweiligen Schwerpunktsetzung
Die Akteure haben sich auf verschiedenen Handlungsebenen über Leitbilder und Ziele für die nachhaltige Entwicklung verständigt.	8.1, 8.7, 8.8, 8.9, 8.11, 8.12	In den angeführten TP lagen die Bearbeitungsschwerpunkte.
Für das Untersuchungsgebiet stehen Szenarien sowie Entscheidungshilfen und -instrumentarien für die Landschaftsplanung und Landnutzung zur Verfügung. Sie werden für die unterschiedlichen Flächeneinheiten, z.B. Betrieb, Talaue, Gemeinde und in aggregierter Form für die Region, genutzt.	8.1, 8.2, 8.6, 8.7, 8.8, 8.9, 8.10, 8.11	In den angeführten TP lagen die Bearbeitungsschwerpunkte.
Konzepte und Maßnahmenbündel – Erstellung und Umsetzung		
Um bestehende Entwicklungspotenziale zu nutzen und Gefahrenpotenziale zu reduzieren und praktische Probleme zu lösen, sind im Dialog mit den Akteuren gemeinsame Handlungskonzepte und Verfahren entwickelt, erprobt und angewandt.	8.1, 8.3, 8.4, 8.5, (8.7, 8.8 8.9), 8.10, (8.11) 8.12, 8.13, 8.14, 8.15	(TP): Es überwiegt die Konzeptentwicklung.
Die Beteiligten an diesen Vorhaben haben die verschiedenen Interessen und Wechselwirkungen abgewogen und sind zu einem tragbaren Konsens gekommen.	8.1 bis 8.15	Gilt für alle TP.
Die Akteure sind bereit, erprobte Maßnahmen weiterhin umzusetzen. Sie sind in der Lage, Ressourcen schonende Verfahrensalternativen selbständig zu planen und zu bewerten.	8.1, 8.3, 8.4, 8.5, (8.9), 8.10, (8.11), 8.12, 8.13, 8.14	(TP): Die meisten vorgeschlagenen Maßnahmen sind erprobt
Durch Zielgruppen- und Teilnehmerorientierung sind die Forschungsaktivitäten transparent verlaufen und den Bedürfnissen angepasst worden. Dies hat die Umsetzung gefördert. Zwischenergebnisse, neue Erkenntnisse oder veränderte Bedingungen sind während des Projekts zum Tragen gekommen und haben im Bedarfsfall zur Anpassung von Zielen und Vorgehensweisen geführt.	8.1, 8.3 bis 8.5, 8.7 bis 8.15 (8.2, 8.6)	Gilt für alle TP mit Ausnahme der nach der Machbarkeitsanalyse abgeschlossenen Vorhaben.
Bewertung, Erfolgskontrolle, Übertragbarkeit		
Die Wirkungen und Ergebnisse umgesetzter Maßnahmen sind festgestellt, von Akteuren und Wissenschaftlern bewertet und in den laufenden Prozess konstruktiv eingeflossen.	8.1, 8.3, 8.4, 8.5, (8.9), 8.10, (8.11), 8.12, 8.13, 8.14, 8.15	(TP): in eingeschränktem Umfang, da planerische, konzeptionelle Leistung überwog
Auf einzelbetrieblicher oder kommunaler Ebene gewonnene Erkenntnisse sind hinsichtlich ihrer Übertragbarkeit auf die Region überprüft. Auch die entwickelten Methoden und die umgesetzten Maßnahmen sind bezüglich ihrer Übertragbarkeit auf andere Regionen bewertet.	8.1 bis 8.15	In den Teilprojekten (TP) bearbeitet, vgl. jeweiliges Unterkapitel „Übertragbarkeit"

Anschluss an Tabelle 11.4

Übergeordnete Zielsetzungen (vgl. Kap. 3)	Bearbeitung, Verweis auf Kap.	Hinweis zur Bearbeitung
Potenziale, nachhaltige Landnutzung, Leitbilder		
Für Ist-Analyse und Erfolgskontrolle sind jeweils geeignete Indikatoren gefunden und eingesetzt. Sie sind in einem Erfolgskontrollsystem für die verschiedenen Bereiche (sozial, ökonomisch, ökologisch, politisch) zusammengefasst.	6.1, 6.9, 7, 8 (8.15)	Indikatorensystem wurde aufgestellt, die Bewertung ist in Abhängigkeit von der Datenlage TP-spezifisch
Methoden und Vorgehensweisen für interdisziplinäre und partizipative Zusammenarbeit sind erprobt, dokumentiert und bewertet. Die gewonnenen Erfahrungen sind für zukünftige, vergleichbare Projekte verfügbar.	6.2 bis 6.8, 8.1, 8.3 bis 8.15, 10.1, 10.2	Umfassend beschrieben für Gesamtprojekt, Teilprojekte und wissenschaftsinterne Kooperation
Aktuelle agrar- und umweltpolitische Instrumente sind im Hinblick auf die Förderung einer nachhaltigen Entwicklung bewertet und Vorschläge für eine zielkonforme Anpassung bzw. Weiterentwicklung sind erarbeitet.	11	Anhand relevanter agrar- und umweltpolitische Instrumente bewertet
Projektinterne Organisationspsychologie		
Erkenntnisse über die Faktoren erfolgreichen Arbeitens in interdisziplinär und problemorientiert zusammenarbeitenden Projektteams sind analysiert und bewertet.	6.6, 10.1	War Inhalt der wissenschaftlichen Prozessbegleitung.

11.7 Bewertung der Teilprojekte anhand der Steuerungsinstrumente

Im Folgenden wird die in Kap. 6.5 eingeführte Bewertung der Teilprojekte anhand der beschriebenen Steuerungsinstrumente (vgl. Tab. 6.5.1) dargestellt (vgl. Tab. 11.6). Die Bewertungen wurden im Vergleich zu Tab. 6.5.1 in Teilen angepasst, da die Bewertung im Projektverlauf zum Teil eine andere war als zu Projektende. Ergänzend zu den Ausführungen in Kap. 8 zur Verknüpfung der Teilprojekte aus dem Blickwinkel jedes einzelnen Teilprojektes werden in Tab. 11.5 die Bezüge und Wechselwirkungen der Einzelvorhaben zusammenfassend dargestellt. Hierbei wird zum einen deutlich, dass die Schwerpunkte des Daten- und Informationsaustauschs in den jeweiligen Arbeitsfeldern liegen. Hierbei herrschten im Arbeitsfeld Grünland einseitige, im Arbeitsfeld Landschaftsplanung ein zumeist wechselseitiger Daten- und Informationsaustausch vor. Darüber hinaus ergeben sich in einigen Teilprojekten über die Arbeitsfelder hinausreichende Verknüpfungen, da auf Themen übergreifende Ausarbeitungen oder Informationen zurückgegriffen wurde (z.B. TP *Themenhefte, eigenART*) oder eine hohe, Arbeitsfeld überspannende Integrationsleistung zum Tragen kam (z.B. TP *Konservierende Bodenbearbeitung, Landnutzungsszenario Mulfingen*).

Tabelle 11.5: Daten- und Informationsaustausch zwischen den Teilprojekten

Kapitel	Arbeitsfeld														
	Ackerbau		Grünland					Landschaftsplanung					Tourismus		
Kapitel / Teilprojekt	8.1 Konservierende Bodenbearbeitung	8.2 Weinlaubnutzung	8.3 Bœuf de Hohenlohe	8.4 Hohenloher Lamm	8.5 Streuobst	8.6 Heubörse	8.7 Landnutzungsszenario Mulfingen	8.8 Landschaftsplanung	8.9 Ökobilanz Mulfingen	8.10 Regionaler Umweltdatenkatalog	8.11 Gewässerentwicklung	8.12 Lokale Agenda	8.13 Panoramakarte	8.14 Themenhefte	8.15 eigenART Jagst
8.1															
8.2															
8.3															
8.4															
8.5															
8.6			↑	↑											
8.7	↓		↓	↓	↓										
8.8	↓					↓	↓								
8.9	↔						↔	↑							
8.10	↓						↔	↔	↔						
8.11	↔						↔	↔	↔	↕					
8.12							↓	↔	↔	↔	↓				
8.13															
8.14			↓		↓					↓	↓	↕	↓		
8.15							↓			↓	↓		↓	↓	

Legende: → einseitiger Daten-, Informationsaustausch (die Pfeilrichtung weist auf die Richtung des Austauschs hin)
↔ wechselseitiger, Daten-, Informationsaustausch

Tabelle 11.6: Kriterien und Bewertungsstufen zur Bewertung der Teilprojekte (TP) (die verwendeten Nummerierungen entsprechen den Kapitel-Nummern der Teilprojekte, vergleichbar der Zuordnung in der Zeile »Räumliche Bedeutung für das Untersuchungsgebiet«)

Kriterien	Beschreibung			
Räumliche Bedeutung für das Untersuchungsgebiet	• **8.1** *Konservierende Bodenbearbeitung:* Gemeinden Möckmühl, Neudenau und Roigheim (vgl. Abb. 8.1.1); 40 Landwirte, 3682 ha • **8.2** *Weinlaubnutzung:* Rebhänge der Gemeinden Widdern, Möckmühl, Siglingen (vgl. Abb. 8.1.1), ca. 140 ha. • **8.3** *Bœuf de Hohenlohe:* Landkreis Schwäbisch Hall, Hohenlohekreis und Teile der Landkreise Rems-Murr, Main-Tauber, Ostalb (vgl. Abb. 8.3.2); 80 Mitgliedsbetriebe) • **8.4** *Hohenloher Lamm:* Landkreise Schwäbisch Hall, Hohenlohekreis, östliche Gemeinden des Landkreises Heilbronn (vgl. Abb. 8.3.2), 18 Betriebe. • **8.5** *Streuobst:* Landkreise Heilbronn, Hohenlohekreis, Main-Tauber, Schwäbisch Hall (vgl. 8.3.2); 234 Erzeuger, 294 ha • **8.6** *Heubörse:* Flächen des Landschaftspflegeprojektes in den Gemeinden Schöntal, Krautheim, Dörzbach, Mulfingen und Langenburg; 355 ha • **8.7** *Landnutzungsszenario Mulfingen:* Talraum Gemeinde Mulfingen (vgl. Abb. 8.3.2), ca. 2500 ha, 3854 Einwohner in der Gesamtgemeinde • **8.8** *Landschaftsplanung:* Gemeinden Schöntal, Krautheim, Dörzbach, Mulfingen, Ravenstein (vgl. Abb. 8.8.2), • **8.9** *Ökobilanz Mulfingen:* Gemeinde Mulfingen (vgl. Abb. 8.8.2); 8008 ha, 3854 Einwohner • **8.10** *Regionaler Umweltdatenkatalog:* Jagsttalgemeinden des engeren Untersuchungsgebiets (vgl. Kap. 4.1), 403 qkm, Landkreise Heilbronn, Main-Tauber, Hohenlohekreis, Schwäbisch Hall (Region Franken) bei Übergabe an Regionalverband (vgl. Abb. 8.8.2) • **8.11** *Gewässerentwicklung:* Jagst und Zuflüsse • **8.12** *Lokale Agenda:* Gemeinde Dörzbach; 3236 ha, 2325 Einwohner • **8.13** *Panoramakarte:* Jagsttalgemeinden zwischen Crailsheim und Bad Friedrichshall (vgl. Abb. 8.13.2) • **8.14** *Themenhefte:* Jagsttalgemeinden zwischen Crailsheim und Bad Friedrichshall (vgl. Abb. 8.13.2) • **8.15** *eigenART Jagst:* 8 km langer und eine Höhendifferenz von ca. 200 Metern überwindende Rundweg in den Gemeinden Mulfingen und Langenburg			
	Bewertungsstufen			
Inhaltliche Bedeutung für Akteure	TP greift Fragestellungen auf, deren Bearbeitung eine innovative Verbesserung der Situation erwarten lässt. Thema für Akteure sehr relevant.	TP greift Fragestellungen auf, deren Bearbeitung eine Nutzung vorhandener Potenziale erwarten lässt. Thema für Akteure relevant.	TP greift Fragen von untergeordneter Bedeutung auf. Eine Verbesserung der Situation ist zu erwarten. Thema ist für Akteure relevant.	TP greift Fragen von Bedeutung auf, deren Bearbeitung keine Verbesserung der Situation erwarten lässt. Thema ist für Akteure kaum von Bedeutung.
	8.3, 8.10, 8.13	8.1, 8.4, 8.5, 8.7, 8.8, 8.9, 8.11, 8.12, 8.14	8.2, 8.6, 8.15	
Maßgebliche Beteiligung der Akteure	Alle entscheidungsrelevanten und weitere interessierte Akteure sind beteiligt.	Die meisten entscheidungsrelevanten sowie interessierte Akteure sind beteiligt.	Interessierte, aber nur wenige entscheidungsrelevante Akteure sind beteiligt.	Nur wenige Akteure sind beteiligt, darunter sind keine entscheidungsrelevanten Akteure.
	8.1, 8.4, 8.5, 8.7, 8.12, 8.13	8.3, 8.6, 8.8, 8.9, 8.10, 8.11, 8.14, 8.15	8.2	

Anschluss an Tabelle 11.6

Kriterien	Bewertungsstufen			
Erzielen umsetzungsorientierter Ergebnisse	TP führt zu praktischen Ergebnissen, die sofort umgesetzt wurden.	TP führt zu praktischen Ergebnissen, die im Projektverlauf umgesetzt wurden.	TP führt zu praktischen Ergebnissen, deren Umsetzung bedingt erfolgte.	TP führt zu keinen praktischen Ergebnissen.
	8.1, 8.3, 8.5, 8.12, 8.13	8.4, 8.10, 8.13, 8.14, 8.15	8.7, 8.8, 8.9, 8.11,	8.2, 8.6
Erzielen von Verbesserungen im Sinne der Nachhaltigkeit[1]	TP führt zu sozialen, ökologischen und ökonomischen Verbesserungen	TP führt zu sozialer, ökologischer oder ökonomischer Verbesserung, ohne eine Verschlechterung im jeweils anderen Bereich hervorzurufen.	TP führt zu sozialer, ökologischer oder ökonomischer Verbesserung, führt aber zu einer Verschlechterung in einem anderen Bereich.	TP führt zu keiner sozialen, ökologischen oder ökonomischen Verbesserung oder führt eine Verschlechterung in einem oder allen Bereichen herbei.
	8.1, 8.3, 8.5	8.4, 8., 8.10, 8.12, 8.13, 8.14, 8.15 (8.7, 8.8, 8.9 - Bewertung eingeschränkt, da Strategie-, Planungsvorhaben)		(8.2, 8.6 da nicht umgesetzt)
Überführen in einen selbst tragenden Prozess	Das TP ist selbständig tragfähig.	Das TP lässt eine selbst tragende Weiterführung nach Projektende erwarten oder wurde inhaltlich abgeschlossen.	Das TP ist nur durch die Aktivität der Projektgruppe aufrechtzuerhalten und wird nach Projektende langsam auslaufen.	Das TP ist nur durch große Anstrengung der Projektgruppe aufrechtzuerhalten und wird nach Projektende sofort abgeschlossen.
	8.3, 8.4, 8.5, 8.10, 8.12	8.1, 8.7, 8.9, 8.11, 8.13, 8.14, 8.15	8.8	(8.2, 8.6 nach Machbarkeitsanalyse eingestellt)
Verknüpfung der Teilprojekte	Das TP stellt zwingende Ansprüche in großer Zahl an andere TP.	Das TP stellt zwingende Ansprüche in geringer Zahl oder mögliche Ansprüche in großer Zahl an andere TP.	Das TP stellt mögliche Ansprüche in geringer Zahl an andere TP.	Das TP stellt keine Ansprüche an andere TP.
		8.3, 8.7, 8.8, 8.9, 8.10, 8.11, 8.13, 8.14	8.1, 8.4, 8.5, 8.6, 8.12, 8.15	8.2
	Das TP bedient zwingende Ansprüche anderer TP in großer Zahl.	Das TP bedient zwingende Ansprüche anderer TP in geringer Zahl oder mögliche Ansprüche anderer TP in großer Zahl.	Das TP bedient mögliche Ansprüche anderer TP in geringer Zahl an.	Das TP bedient keine Ansprüche anderer TP.
	8.10	8.11, 8.8	8.1, 8.3, 8.4, 8.5, 8.6, 8.7, 8.9, 8.12, 8.14	8.2, 8.13,
Erzielen umsetzungsmethodischer Ergebnisse	Die Erarbeitung umsetzungsmethodischer Ergebnisse ist Kern des TP.	Die Erarbeitung umsetzungsmethodischer Ergebnisse ist ein Teilaspekt des TP.	Umsetzungsmethodische Ergebnisse können aus dem TP abgeleitet werden.	Aus dem TP können keine umsetzungsmethodischen Ergebnisse abgeleitet werden.
	8.1, 8.12	8.5, 8.7, 8.8, 8.9, 8.11, 8.13, 8.14, 8.15	8.2, 8.3, 8.4, 8.6, 8.10,	

Anschluss an Tabelle 11.6

Kriterien	Bewertungsstufen				
Erzielen wissenschaftlicher Ergebnisse s. str.	Es werden neue wissenschaftliche Methoden und Theorien entwickelt.	Es werden mit vorhandenen Methoden und Theorien neue wissenschaftliche Erkenntnisse erarbeitet.	Bereits erarbeitete wissenschaftliche Erkenntnisse kommen zur Anwendung.	Es wird nicht auf wissenschaftliche Methoden zurückgegriffen.	
		8.1, 8.2, 8.5, 8.7, 8.9, 8.10, 8.11, 8.15	8.3, 8.4, 8.6, 8.8, 8.12, 8.13, 8.14,		
Erzielen übertragbarer Ergebnisse[2]	Es werden in hohem Maße leicht übertragbare Ergebnisse erzielt.	Es werden leicht übertragbare Ergebnisse erzielt.	Es werden schwer übertragbare Ergebnisse erzielt.	Es werden keine übertragbaren Ergebnisse erzielt.	
	8.9, 8.10, 8.12	8.1, 8.3, 8.4, 8.5, 8.7, 8.8, 8.11, 8.13, 8.14, 8.15	8.2, 8.6		

[1] Nachhaltigkeit:
Um Verbesserungen im Sinne der Nachhaltigkeit zu bewerten, sind soziale, ökonomische und ökologische Veränderungen innerhalb der Projektlaufzeit zu identifizieren. Grundlage für die Beurteilung des Nachhaltigkeitsgrades eines Teilprojekts waren die für das *Modellvorhaben Kulturlandschaft Hohenlohe* erarbeiteten Kriterien der Nachhaltigkeit (vgl. Kap. 6.1 und 6.9 und 7)

[2] Übertragbarkeit:
Ergebnisse sind leicht übertragbar, wenn sie verallgemeinerbar sind, ein feststehender „Werkzeugkoffer" existiert, benötigte Daten vorhanden oder leicht zu erhalten sind und eine geringe Bindung an Rahmenbedingungen vorliegt. Ergebnisse sind schwer übertragbar, wenn sie spezifisch sind, stark von örtlichen Gegebenheiten und Akteuren beeinflusst sind und eine starke Bindung an die Rahmenbedingungen vorliegt (vgl. Kap. 6.8).

11.8 Projektübernahme

Von Seiten des Zuwendungsgebers BMBF gab es die Anforderung, die begonnenen Aktivitäten im Projektverlauf in sich selbst tragende Strukturen zu überführen. Aufgrund der Unterschiedlichkeit der Teilprojekte sind hierbei jedoch unterschiedliche Formen zu unterscheiden (vgl. Tab. 11.1). In den landwirtschaftlichen Themenfeldern hatten sich die Marketingprojekte *Bœuf de Hohenlohe, Hohenloher Lamm* und *Streuobst* – hier stehen der ökonomische Nutzen im Vordergrund – in Form einer Erzeugergemeinschaft oder eines Vereins nach Abschluss des Forschungsvorhabens etabliert. Die Ansätze zur *konservierenden Bodenbearbeitung* – hierbei besteht sowohl ein privates wie auch öffentliches Interesse – werden vom Amt für Landwirtschaft Heilbronn hinsichtlich der Beratungsleistung und von den landwirtschaftlichen Betrieben fortgesetzt. Zudem werden die Selbstevaluierungsverfahren zu Bodenerosion und Nitrat auf Landesebene eingeführt. Die begonnen Aktivitäten der *Lokalen Agenda Dörzbach* und *Ökobilanz Mulfingen* werden im Rahmen lokaler Agenda-Prozesse, also in kommunaler Trägerschaft, weiter verfolgt. Der *Regionale Umweltdatenkatalog* wird vom Regionalverband Franken weitergeführt. Am Arbeitskreis *Landschaftsplanung* beteiligte Kommunen und Behörden erklärten sich zu Projektende 2002 bereit, den Arbeitskreis zu bestimmten Themenschwerpunkten einzuberufen. Rückfragen ein Jahr nach Projektende ergaben jedoch, dass bislang keine weiteren Treffen stattgefunden haben. Eine weitere Kategorie umfasst die Teilprojekte, die mit dem Auslaufen des Forschungsvorhabens zum Abschluss gebracht wurden, weil dies der Zielformulierung entsprach (TP *Landnutzung Mulfingen, eigenART*), bzw. die erzielten Ergebnisse von den zuständigen Behörden und Kommunen für die weitere Arbeit verwendet werden (TP *Gewässerentwicklung, Landnutzung Mulfingen*). Die Aktivitäten des Arbeitskreises Tourismus wurden, nachdem die TP *Panoramakarte* und *Themenhefte* abgeschlossen waren, nicht fortgeführt, da hierfür von den Akteuren keine Ressourcen zur Verfügung standen.

11.9 Was sind verallgemeinerbare Erkenntnisse aus der Projektarbeit?

Im Folgenden werden zusammenfassend förderliche Faktoren für die inter- und transdisziplinäre Forschung am Beispiel des *Modellvorhabens Kulturlandschaft Hohenlohe* dargestellt:

Förderliche Faktoren auf Projektebene (wissenschaftsintern)
— Wesentliche für ein funktionierendes Forschungsteam ist die Auswahl **geeigneter Partner.** Dies betrifft in einem transdisziplinären Vorhaben nicht alleine die fachliche Expertise und Innovationskraft, sondern insbesondere auch die soziale Kompetenz. Diese äußert sich in der Kooperationsbereitschaft intern und extern, der Flexibilität hinsichtlich Zeitplanung, Inhalt und Finanzen, der persönlichen Motivation und Bereitschaft, auch Extrem-Situationen gemeinsam zu meistern und der Fähigkeit, Neues – auch jenseits der eigenen Disziplin – zu erlernen und anzuwenden.
— Einen weiteren bedeutenden Pfeiler bildet die **Prozesskompetenz**, d.h. ein Forschungsvorhaben zu initiieren, zu entwickeln, durchzuführen und zu steuern. Die hiermit verbundenen Qualifikationen, wie zum Beispiel Erfahrungen im Projektmanagement, in der Moderation von Gruppen, sind in der Regel nicht Inhalt der wissenschaftlichen Ausbildung und müssen zusätzlich erlernt werden.
— Ein wichtiger Erfolgsfaktor ist eine **funktionierende Organisationsstruktur**, angefangen von den Regelung der Aufgaben und Rechte der Mitarbeiter, Projektleitung und Geschäftsführung über den Informationsfluss und die Art und Häufigkeit der Kommunikation (Art und Anzahl der Treffen, Intranet, Protokollwesen) bis hin zur juristischen Struktur des Zusammenschlusses. Der Zusammenschluss einzelner Institute in einem zeitlichen begrenzten Projekt ist zwar eine übliche Organisationsform, bringt aber hinsichtlich der Projektsteuerung (Ressourcenverteilung, Sanktionierung) Schwierigkeiten mit sich. Vor diesem Hintergrund wäre z.B. ein **wissenschaftlicher Verein** wünschenswert, bei dem die Institutsleiter Mitglieder bzw. Vorstände, die wissenschaftlichen Mitarbeiter Angestellte sind. Hierdurch kann das Projektmanagement in seinen zentralen Aufgaben gestärkt werden und die verfügbaren Ressourcen flexibel einsetzen. Diese Flexibilität ist eine bedeutende Voraussetzung für die situative Schwerpunktsetzung in einem partizipativen und akteursorientierten Vorhaben.
— Hiermit verbunden sind geeignete **technische** (z.B. EDV, Moderationsausstattung) und **räumliche Voraussetzungen** (räumliche Nähe), die die tägliche Arbeit fördern und die Kommunikation erleichtern
— Da inter- und insbesondere transdisziplinäre (akteursorientierte) Forschungsvorhaben einen hohen Kommunikationsbedarf mit sich bringen – im *Modellvorhaben Kulturlandschaft Hohenlohe* wurden circa 30 bis 40 Prozent der Arbeitsleistung für die interne und externe Kommunikation (z.B. Gespräche, Sitzungen, Vorträge, Email, Protokolle) eingesetzt – ist dies in der Planung der **Personalmittel** unbedingt zu berücksichtigen. Dies schließt ausreichende Ressourcen für eine gute Vor- und Nachbereitung des Forschungsvorhabens mit einem Kernteam ein.

Förderliche Faktoren auf Akteursebene (im Untersuchungsraum)
— Wesentliche Ansatzpunkte für die Zusammenarbeit mit Akteuren in einem Forschungsprozess sind ein ausreichender **Problemdruck, Innovationsbereitschaft** und **Veränderungswille**. Förderlich für die Umsetzung sind mutmaßliche Win-Win-Situationen.
— Hinsichtlich der Beteiligungsstrukturen vor Ort ist darauf zu achten, dass in den eingesetzten Arbeitsstrukturen eine ausreichende Entscheidungskompetenz vorhanden ist.
— Die Bereitschaft der Akteure, sich mit **Kofinanzierungen** an dem Vorhaben zu beteiligen, ist sicherlich mehr oder weniger von dem Projekttyp abhängig (Sind Investitionen zu leisten? Steht die Beratungsleistung im Vordergrund?). In jedem Fall stärkt die finanzielle Beteiligung die Verbindlichkeit in der Kooperation.
— Die beteiligten Wissenschaftler müssen für die Zusammenarbeit mit den Akteuren eine hohe **fachliche Kompetenz** sowie eine **Prozesskompetenz** (Gesprächsführung, Projektmanagement, Moderation, Verbindlichkeit) besitzen.
— Die **unabhängige Stellung** und Unbefangenheit der Wissenschaftler sind förderlich für den Prozess. Eine zu deutlich zum Ausdruck gebrachte Unabhängigkeit kann aber für die Arbeit in einem Projekt hinderlich werden, wenn der Eindruck entsteht, dass Akteure keinen Einfluss mehr die eingerichteten Arbeitsforen haben. Vor diesem Hintergrund ist eine Anbindung an vorhandene, allgemein anerkannte Institutionen, wie z.B. Landratsamt, Verein oder Stiftung zur Regionalentwicklung, zu erwägen.
— Eine präsente **Öffentlichkeitsarbeit** ist wesentlich für die Wahrnehmung und Akzeptanz in einer Region. Hierfür sind ausreichende Ressourcen und Personen mit Erfahrung vorzusehen.
— Das Forschungsvorhaben konnte zeigen, dass insbesondere die Verfügbarkeit **personeller Ressourcen** mit den entsprechenden Fachkenntnissen den Schlüssel für nachhaltige Entwicklungsprozesse darstellen. In der Regel stehen mittlerweile verschiedene Programme und Förderungen zur Verfügung, um investive Maßnahmen zu unterstützen. Dennoch wäre es für eine beschleunigte Umsetzung investitionsbedürftiger Vorhaben hilfreich und Ziel führend, **Anschubfinanzierungen** mit dem Forschungsbudget bereit zu stellen.

12

Kooperation zwischen Wissenschaft und Praxis – Zusammenfassende Ergebnisse des Modellprojekts Kulturlandschaft Hohenlohe und Schlussfolgerungen zu Bedingungen, Chancen und Schwierigkeiten für den Wissenstransfer durch partizipative Forschung

Ralf Kirchner-Heßler, Werner Konold[1]

12.1 Was waren Anlass und Zielsetzung des Förderschwerpunktes »Ökologische Konzeptionen für Agrarlandschaften«?

Das *Modellprojekt Kulturlandschaft Hohenlohe* wurde im Rahmen des Förderschwerpunkts Ökologische Konzeptionen für Agrarlandschaften des Bundesministeriums für Bildung und Forschung (BMBF) durchgeführt. Hintergrund für diesen Förderschwerpunkt (BMBF 1996) bildete die Kritik an einer zumeist Grundlagen-orientierten Forschung, die nicht darauf ausgerichtet ist, für die alltäglichen Entscheidungsprozesse der Entscheidungsträger ein ganzheitliches, auf Abwägung und Integration sozialer, ökologischer und ökonomischer Aspekte beruhendes Prozess- und Entscheidungswissen bereitzustellen. Hiermit verbunden waren Defizite in der interdisziplinären Zusammenarbeit als Folge einer zunehmenden Spezialisierung der Wissenschaften mit negativen Folgen für Wissenskultur, Politikberatung und Gestaltung des technischen Wandels in unserer Gesellschaft. Defizite bestanden aus Sicht des BMBF darüber hinaus in der Berücksichtigung der Handlungsspielräume gesellschaftlicher Akteure (z.B. durch Tradition bedingte Ablehnung neuer Bewirtschaftungsverfahren, ökologische Empfehlungen vor dem Hintergrund ökonomischer Zwänge) und in Diskrepanzen bei der räumlichen und zeitlichen Betrachtung von Problemen, beispielsweise dass Gewässerplanungen sich auf administrative Räume statt auf ökologisch-funktional zusammenhängende Flussgebiete beziehen oder dass eine langfristige Strategieentwicklung mit dem Anspruch nachhaltiger Entwicklung kurzfristigem Entscheidungszwang zum Opfer fällt.

Ziel der Fördermaßnahme war die »Erstellung von Verfahrensweisen zur Durchsetzung einer umweltgerechten Gestaltung und Bewirtschaftung von Agrarlandschaften auf regionaler Ebene«, um den Entscheidungsträgern Handlungsempfehlungen für eine umweltschonende Landnutzung zur Verfügung zu stellen, und deren Umsetzung wissenschaftlich zu begleiten. Es sollten Methoden entwickelt und angewandt werden, mit denen die Ansprüche und Interessen der unterschiedlichen Nutzer integriert und die naturräumlichen, sozioökonomischen Voraussetzungen und politischen Rahmenbedingungen berücksichtigt werden (BMBF 1996).

12.2 Wie wurde das Forschungsvorhaben vorbereitet?

> —Wie setzte sich der Forschungsverbund zusammen?
> —Warum wurde gerade dieses Untersuchungsgebiet ausgewählt?
> —Welche Bedeutung hatte die Definitionsphase und wie wurde sie gestaltet?

Die Auswahl förderfähiger Projekte durch das BMBF war als zweistufiger Forschungswettbewerb angelegt. Auf der Grundlage einer im Jahr 1996 eingereichten Projektskizze »Integrierte Entwicklung der Agrarlandschaft zwischen Langenburg und Möckmühl (Region Hohenlohe-Franken)« wurde dem Forschungsverbund aus Instituten der Universität Hohenheim (Bodenkunde- und

---

[1] Wir danken Alexander Gerber, Volker Hofmann, Hubert Schübel, Angelika Thomas und Antonio Valsangiacomo für die kritische Durchsicht des Kapitels und Ergänzungen.

Standortslehre, Landschafts- und Pflanzenökologie, Pflanzenbau und Grünland, Sozialwissenschaften des Agrarbereichs, Zoologie), der Fachhochschule Nürtingen (Professur für Landschaftsplanung), dem Forschungsinstitut für biologischen Landbau (Oberwil, Schweiz) und einem freiberuflichen Psychologen vom BMBF ein einjähriges Definitionsprojekt (Oktober 1996 bis September 1997) gefördert (Titel: »Wege zu einer multifunktionalen, umweltschonenden Agrarlandschaftsgestaltung – Definitionsprojekt Hohenlohe-Franken – Entwicklung von sozialen, ökonomischen und ökologischen Potenzialen«). Der in der Definitionsphase ausgearbeitete Projektantrag (KONOLD et al. 1997) bildete in Verbindung mit einer Präsentation des Vorhabens vor einem Gutachtergremium des BMBF die Grundlage für das zweite Auswahlverfahren und nach der Bewilligung den Übergang in die Hauptphase.

Als Untersuchungsgebiet wurde die Region Hohenlohe aufgrund bereits durchgeführter Untersuchungen zur zukünftigen Landschaftspflege im Jagsttal im Auftrag der Bezirksstelle für Naturschutz und Landschaftspflege Stuttgart bzw. des Umweltministeriums Baden-Württemberg gewählt. Die infolge dieser Arbeiten guten Kontakten zu Entscheidungsträgern in der Region, die an einer weiteren Zusammenarbeit interessiert waren, bildeten ein weiteres wichtiges Kriterium. Zudem handelte es sich um einen – bezüglich der Agrarlandschaftsforschung – nicht überforschten Raum mit ländlicher Prägung und historisch (landwirtschaftliche Reformen durch Pfarrer J.F. Mayer) wie auch aktuell innovativen Ansätzen (erfolgreiche Erzeugergemeinschaften) in der Landbewirtschaftung.

Die Definitionsphase diente dazu, das Forschungsteam zu konsolidieren, eine erste Situationsanalyse im Untersuchungsraum durchzuführen und ein gemeinsames Forschungskonzept unter Einbeziehung der Akteure zu erarbeiten. Das BMBF gab in der Definitionsphase Anregungen. Ein Berater des BMBF unterstützte das Forschungsteam darin, Defizite der Erstantragstellung zu erkennen und das Profil des auszuarbeitenden Forschungskonzepts zu stärken. Dies führte u.a. zu Kooperationsgesprächen mit einem anderen Forschungsverbund in Baden-Württemberg und zur Integration eines weiteren Instituts der Universität Hohenheim (Institut für Landwirtschaftliche Betriebslehre). Das Beratungsunternehmens ECON-Consult, das im Raum Hohenlohe touristische Projekte im Rahmen des europäischen Strukturförderprogramms LEADER II durchführte, wurde ebenfalls in das Forschungsteam eingebunden.

Dem partizipativen und umsetzungsorientierten Projektansatz folgend, wurden neben der wissenschaftlichen Situationsanalyse der Region Franken (z.B. Naturraum, Entwicklung der Landnutzung, Soziökonomie) Entscheidungsträger auf kommunaler (Bürgermeister), regionaler (Landratsamt, Landwirtschaftsamt, Amt für Flurneuordnung, Forstamt, Bauern-, Landschaftserhaltungs-, Naturschutz- und Regionalverband, Naturschutzbeauftragte, Hotel- und Gaststättenverband, Erzeugergemeinschaften, Streuobstinitiativen) und Landesebene (Ministerium Ländlicher Raum, Landesamt für Flurneuordnung, Bezirksstelle für Naturschutz und Landschaftspflege, Gewässerdirektion Neckar) über das Vorhaben informiert und befragt. Gründe für die Auswahl der Interviewpartner – mit Schwerpunkt Entscheidungsträger der mittleren Ebene – waren die erwartete ausgewogene Fachkompetenz, Kenntnisse der Probleme in der Region, bereits geäußertes Interesse an übergreifenden Konzeptionen, bestehende Kontakte durch vorhergehende Arbeiten, die Entwicklung eines Arbeitsnetzwerkes und die Motivation der Entscheidungsträger für die Hauptphase.

In den leitfragengestützten Interviews wurden die Gesprächpartner über das zu beantragende Forschungsvorhaben informiert. Im Gespräch wurden landnutzungsrelevante Probleme und Potenziale identifiziert, gemeinsam Ziele und Ansatzpunkte für eine Zusammenarbeit herausgestellt, weitere Kooperations- und Ansprechpartner benannt und relevante Datengrundlagen ermittelt. Im Rahmen einer Informationsveranstaltung mit den Interviewpartnern im Jagsttal konnten die Ergebnisse der regionalen Analyse (Interviews, Recherchen etc.) präsentiert und diskutiert werden. Dies trug zu einer vertieften Auseinandersetzung mit dem geplanten Forschungsvorhaben bei, motivierte die Teilnehmer für eine Zusammenarbeit und diente der partizipativen Abstimmung folgender Themenschwerpunkte: (1) gewässerschonende Landbewirtschaftung, (2) Gülleverwertungskonzepte, (3) wettbewerbsfähige Grünlandkonzepte und Vermarktung regionaler Fleischerzeugnisse, (4) natur- und umweltschutzintegrierende Landnutzung, (5) Regionalentwicklung durch nachhaltige Tourismuskonzepte, (6) Ökobilanzierung und (7) regionales Informationssystem. Querschnittsorientierte Arbeitsfelder waren Information, Öffentlichkeitsarbeit, Bildung und Beratung, Politik- und Nachhaltigkeitsbewertung, Übertragbarkeit und interne Prozessbegleitung (KONOLD et al. 1997).

Bereits in der Definitionsphase wurde das wissenschaftliche Team (19 wissenschaftliche Mitarbeiter und Institutleiter) von einem hochschulexternen Prozessbegleiter (Diplom-Psychologe) unterstützt, um die Arbeitsfähigkeit der interdisziplinären Arbeitsgruppe zu fördern. Im Verlauf der gemeinsamen Sitzungen in der Definitionsphase verbesserte sich die Arbeitsfähigkeit nach der Vereinbarung gemeinsamer Spielregeln, von Verfahrensabsprachen und der Klärung sachlicher Zuständigkeiten und es kam zu einer zunehmenden Offenheit im Umgang miteinander. Aufgrund der nahezu lückenlosen Teilnahme von acht bis zehn Wissenschaftlern an den gemeinsamen Sitzungen kristallisierte sich eine »Kernarbeitsgruppe« heraus. Sie zeigte gegenüber der Gesamtgruppe Entwicklungsvorsprünge in der gegenseitigen Wertschätzung, dem gemeinsamen Verständnis von Sachfragen, durch verbindliche Absprachen, Konfliktregelungen, geklärte Rollenbeziehungen und die Bereitschaft zur Selbstreflexion (Stufe des »Performing« nach TUCKMANN 1965). Somit bot die Definitionsphase insbesondere für die »Kernarbeitsgruppe« einen Lernort zur Förderung der kommunikativen und organisatorischen Kompetenz in einem interdisziplinären Team, was im Allgemeinen nicht Gegenstand der wissenschaftlichen Ausbildung ist.

Den zahlreichen, aus den Ausführungen abzulesenden Vorteilen der Definitionsphase (z.B. eingehende Konzeptentwicklung, Konstituierung Forschungsteam, Problemorientierung durch Akteursbezug) stehen auch einige **kritische Aspekte** gegenüber. Hierzu zählte die begrenzte Mittelausstattung bei einer relativ breiten Beteiligung von Wissenschaftlern und die frühzeitige Einbeziehung der Akteure (BürgerInnen, Betroffene, Interessengruppen, Institutionen, PolitikerInnen, Planerinnen). Die Einbindung der Akteure zog eine gewisse Erwartungshaltung nach sich, und dies vor dem Hintergrund der nicht gesicherten Bewilligung des Forschungsvorhabens. Probleme lagen auch in der Zeitspanne zwischen der Antragstellung und der Bewilligung und den damit verbundenen negativen Auswirkungen auf die Motivation und den Zusammenhalt des interdisziplinären Forschungsteams. Problematisch kann es sein, dass die in der Definitionsphase zusammengefundene Kerngruppe kaum noch prinzipiell veränderbar, sondern allenfalls erweiterbar ist.

Schlussfolgerungen

_Die finanzierte Definitionsphase ist für große inter- und transdisziplinäre Projekte von sehr großem Wert und daher nachdrücklich zu empfehlen. Wesentliche Stärken liegen in der frühzeitigen Einbindung der Akteure in der Projektentwicklung (Aufgreifen lebensweltlicher Fragestellungen), der Ausarbeitung eines von den Forschern gemeinsam entwickelten Konzepts und einer ersten Erprobung und Förderung ihrer interdisziplinären Zusammenarbeit.

12.3 Welche (organisatorischen) Rahmenbedingungen beeinflussten den projektinternen Forschungsprozess?

_Welche organisatorischen Rahmenbedingungen beeinflussten das Projekt?
_Wie wurde das Forschungsteam zusammengestellt?
_Wie wurden projektinterne Konflikte gelöst?
_Was waren fördernde und hemmende Faktoren für die Zusammenarbeit der Wissenschaftler?
_Wie waren Organisations- und Führungsstruktur geregelt und welche Erfahrungen existieren hiermit?

Der Beginn der Hauptphase des *Modellprojekts Kulturlandschaft Hohenlohe* im Jahr 1998 war geprägt vom Aufbau des Forschungsteams, des organisatorischen und arbeitstechnischen Rahmens, der Entwicklung eines gemeinsamen Forschungsverständnisses sowie der Initiierung der Projekte in der Untersuchungsregion. Der Projektbeginn war einerseits gekennzeichnet von sehr viel Idealismus und einer neugierigen und konstruktiven Auseinandersetzung mit völlig neuen Fragestellungen und andererseits von einem sehr hohen Organisationsaufwand und Abstimmungsbedarf. Der Aufbau eines organisatorischen und arbeitstechnischen Rahmens umfasste u.a. die Gestaltung geeigneter Kooperationsformen nach innen und nach außen in der Projektregion, die Erarbeitung einer Geschäftsordnung, die Einrichtung der Geschäftsstelle an der Universität Hohenheim sowie der Außenstelle im Untersuchungsgebiet in Schöntal-Berlichingen mit der Bereitstellung und Einrichtung von Arbeitsplätzen, dem Datenmanagement, der Abstimmung von verwaltungstechnischen Fragen zwischen den unterschiedlichen Einrichtungen bis hin zu ersten Schritten in der Öffentlichkeitsarbeit. Es zeigte sich, dass Hochschuleinrichtungen nur bedingt auf derartige große, inter- und transdisziplinäre Forschungsverbünde zwischen unterschiedlichen Einrichtungen eingestellt sind. Die Verwaltungen waren jedoch durchaus kooperationsbereit, so dass kaum nennenswerte Probleme auftraten. Ungünstig war, dass der Bewilligungsbescheid rückwirkend erteilt wurde, was den unmittelbaren Projektbeginn schwierig gestaltete. Insbesondere die Geschäftsführung war im ersten Projekthalbjahr durch organisatorische Leistungen weit über die eigentlich hierfür bereit stehenden Kapazitäten hinaus ausgelastet, so dass im Grunde zu wenig Zeit für die Vorbereitung des Forschungsprozesses mit den Wissenschaftlern zur Verfügung stand.

12.3.1 Institutionelle Zusammensetzung

Schwierigkeiten in der Zusammenarbeit, die auf organisatorische Hintergründe zurückzuführen sind, traten im Projektverlauf vereinzelt auf, ohne jedoch den Gesamtprozess erheblich zu stören, da die projektinterne Konfliktlösung in der Regel funktionierte (vgl. Kap. 9.1). Ursachen für Probleme bildeten die institutionelle und personelle Zusammensetzung des Forschungsteams sowie die gewählte Organisationsform und Führungsstruktur. Die institutionelle Zusammensetzung wurde vom Projektsprecher und seinem Koordinator bei der Erstellung der Projektskizze nach Rücksprache mit den Beteiligten festgelegt. Kriterien für die Auswahl waren die thematische Ausrichtung des Förderprogramms und der entwickelte Projektansatz, persönliche Bekanntheit und räumliche Nähe. Fragen, die sich hier beispielsweise stellten: Welche Disziplinen sind für die Bearbeitung der Fragestellungen notwendig bzw. geeignet, mit welchen Partnern habe ich positive

Erfahrungen in der Zusammenarbeit, können die Kooperationspartner aufgrund der räumlichen Situation in das Forschungsvorhaben gut eingebunden werden? In der Definitionsphase wurden aufgrund direkter – bezogen auf Forschungsinstitute – und indirekter Hinweise – bezogen auf inhaltliche Schwerpunktsetzungen – der Gutachter zwei Einrichtungen in die Projektgruppe aufgenommen. Im Hinblick auf die institutionelle Zusammensetzung entstanden im Forschungsteam Spannungen in erster Linie zwischen sich inhaltlich nahe stehenden wissenschaftlichen Einrichtungen (vgl. 12.3.2, 12.5).

12.3.2 Personelle Zusammensetzung und Teamentwicklung

Zwischen der Definitions- und Hauptphase entstand ein personeller Bruch. Blieb die Besetzung der teilnehmenden Institutsleiter im Übergang von der Definitions- zur Hauptphase weit gehend konstant, so veränderte sich die Zusammensetzung der Gruppe der wissenschaftlichen Mitarbeiter deutlich. Von den bis zu 18 Wissenschaftlern in der Hauptphase waren sieben an der Definitionsphase beteiligt. Die Auswahl der jeweiligen wissenschaftlich Angestellten lag bei den Institutsleitern, der Projektsprecher und die Geschäftsführung hatte hierauf also keinen Einfluss. Die Integration der noch nicht mit dem *Modellvorhaben Kulturlandschaft Hohenlohe* vertrauten Mitarbeiter verlief überwiegend unproblematisch, was auf wechselseitiges Interesse und Sympathien, die Motivation an einem interessanten, anspruchsvollen Vorhaben mitzuwirken, eine hohe Dichte gemeinsamer Besprechungen und die Prozessbegleitung zurückzuführen war. Evaluierungsergebnisse dokumentieren die hohe Zufriedenheit der MitarbeiterInnen mit ihren KollegInnen (Kap. 9.1). Vorteilhaft war zudem der unterschiedliche, sich wechselseitig ergänzende Erfahrungshintergrund der Wissenschaftler. Die Bandbreite reichte von Doktoranden, Promovierten, Mitarbeitern ohne Promotionsinteresse bis hin zu Wissenschaftlern mit Erfahrungen aus der Beratungspraxis infolge einer Behörden- oder freiberuflichen Tätigkeit.

Individuelle Unzulänglichkeiten waren manchmal nicht ausreichende Disziplin bei der wechselseitigen Zuarbeit, eine geringe Flexibilität in der Arbeits- und Zeitplanung und mangelnde Bereitschaft, sich jenseits der eigenen Disziplin Neuem zu öffnen, sowie unterschiedliche Fähigkeiten der Mitarbeiter, wissenschaftliche Texte zu schreiben. Im Projektverlauf traten diese Schwierigkeiten vereinzelt auf. Sie konnten überwiegend durch Besprechungen und die Prozessbegleitung geregelt werden oder wurden von den Mitarbeitern als individuelle Eigenschaft der jeweiligen Person akzeptiert. Besonders vorteilhaft für die Konfliktwahrnehmung und -lösung erwies sich die dreiköpfige Geschäftsführung, die in allen Arbeitskreisen und -gruppen vertreten sein konnte, mögliche Konflikte wahrnahm und sie – meist in Sitzungen des Plenums aller Wissenschaftler – einer Lösung zuführen konnte.

Ein Teil der angeführten Schwierigkeiten verdichtete sich zum Abschluss des Projektes und danach. Die letzten sechs Monate vor Ende der Projektlaufzeit sollten genutzt werden, um den Abschlussbericht zu schreiben. Die meisten Mitarbeiter waren jedoch vor Ort in ihren Projekten noch sehr aktiv. So verzögerte sich die Berichterstattung weit über das Projektende hinaus, obwohl eine inhaltliche und zeitliche Planung gemacht worden war und die Projektleitung die Mitarbeiter aufgefordert hatte, sich rechtzeitig aus dem externen Projekt zurückzuziehen. Die meisten Mitarbeiter standen nach Projektende bereits in neuen Arbeitsverhältnissen. Eine gemeinsame Klärung offener Fragen – wie während des Projekts – war deshalb kaum noch möglich. So wurden die Abstimmungsprozesse erheblich erschwert und langwierig – vor allem dort, wo unterschiedliche Auffassungen zwischen Autoren und Herausgebern bestanden. Zunehmender Druck der Projektleitung und zunehmende Distanz von der Projektarbeit wirkten sich auf die Motivation, die Berichte abzuschließen, unterschiedlich aus.

Insgesamt kann aber festgestellt werden, dass die Zusammenarbeit der Wissenschaftler untereinander und mit den Akteuren sehr gut verlief und zu den großen Stärken des Projektes zählte. Ausschlag gebend dafür waren die hohe Motivation der Mitarbeiter, die Bereitschaft, sich auf Neues einzulassen, die sorgfältige methodische Vorbereitung und die persönliche Sympathie. Dafür gab es zwei wesentliche Voraussetzungen. Zum einen wurde – zum Teil mit Unterstützung eines Wissenschaftsphilosophen – eine Klärung der jeweiligen disziplinären Besonderheiten, Arbeitsweisen und Wissenschaftsverständnisse herbeigeführt. Auf dieser Grundlage wurde ein gemeinsames Verständnis für das Vorgehen im Projekt und die dazugehörige »Projektsprache« entwickelt. Zum anderen wurden die Mitarbeiter für die Zusammenarbeit mit den Akteuren methodisch qualifiziert (siehe Kap. 12.5).

Die gute technische Ausstattung wurde von den Wissenschaftlern als sehr positiv und für die Arbeit förderlich eingestuft. Die meisten Wissenschaftler arbeiteten in Hohenheim. Bis zu neun Mitarbeiter waren in einem Gebäude untergebracht. Diese räumliche Nähe war, neben den regulären Zusammenkünften, durch die regelmäßigen, unkomplizierten, persönlichen Abstimmungsmöglichkeiten und informellen Gespräche von großer Bedeutung für das Zusammenwachsen, die gute Arbeitsatmosphäre und hohe Motivation des interdisziplinären Teams. Doch auch für die an anderen Standorten angesiedelten Mitarbeiter war es möglich, mit Hilfe der unterschiedlichen Kommunikationsformen informiert und am Projektgeschehen beteiligt zu sein (Telefon, Email, Intranet, interne und externe Arbeitsgruppensitzungen). Die Verteilung der Standorte war dennoch als Integrationshindernis zwischen den Wissenschaftlern erkennbar. Eine Balance der Wissenschaftler zwischen dem hohen Engagement in der Projektgruppe und der An- und Einbindung in das jeweilige Institut war gegeben.

Mit dem Zusammenwachsen der Wissenschaftlergruppe und dem Projektfortschritt ergab sich eine zunehmende Kompetenz- und Verantwortungsverlagerung in der wissenschaftlichen Arbeit von den Institutsleitern und Projektsprechern auf die wissenschaftlichen Mitarbeiter und Geschäftsführer. Waren die Institutsleiter zu Projektbeginn noch stärker in die inhaltliche Arbeit involviert, so verringerte sich ihr Input im Zuge der Verantwortungsübernahme durch die wissenschaftlichen Mitarbeiter. Abgesehen von der formaljuristischen Verantwortlichkeit der Institutsleiter für die Arbeiten ihrer wissenschaftlichen Mitarbeiter waren – dem Verständnis der Projektgruppe nach – die wissenschaftlichen Mitarbeiter verantwortlich für die Teilprojekte (»Mitarbeiterprojekt«). Diese eindeutige Verantwortungszuordnung im inneren (z.B. Arbeitsplanung, Projektsteuerung) und äußeren Projekt (z.B. eindeutiger Ansprechpartner für die Akteure) trug entscheidend zur Rollenklärung zwischen den Wissenschaftlern bei, verknüpfte sowohl Erfolg wie auch Misserfolg mit ihnen und förderte die Motivation, Identifikation und Leistungsbereitschaft mit dem jeweiligen Aufgabenbereich. Durch diese Struktur waren die meisten Mitarbeiter in der Phase der Projektkonstituierung interessiert, für ein Teilprojekt Verantwortung zu übernehmen. Sie führte in Verbindung mit der partizipativen Ausrichtung auch dazu, dass die Wissenschaftler sehr stark in die Arbeit im Untersuchungsraum und im Forschungsteam eingebunden waren. Es verblieb vergleichsweise wenig Zeit für Arbeiten in den jeweiligen Instituten. Regelmäßige Reflexionen im Rahmen der Prozessbegleitung trugen zu einem guten Umgang mit den Besonderheiten dieser Struktur bei und förderten die damit verbundenen Teamprozesse.

12.3.3 Organisationsform und Führungsstruktur

Im *Modellvorhaben Kulturlandschaft Hohenlohe* wurden durch die Antragstellung zur Hauptphase wesentliche organisatorische Rahmenbedingungen zur Leitung und Verwaltung des Projektes gesetzt: Das Vorhaben war innerhalb bestehender Hochschulstrukturen angesiedelt. Es gab einen Zuwendungsempfänger und verschiedene Vertragspartner, die im eingeplanten Finanzierungsrahmen eigenständig und hinsichtlich der von ihnen eingesetzten Mitarbeiter weisungsbefugt waren. Mögliche Konfliktfälle (z.B. wechselseitige Datenbereitstellung, Aufgaben und Pflichten, Umgang mit unverbrauchten Mitteln) wurden in einer Geschäftsordnung (vgl. Kap. 6.4) geregelt.

Nachteile dieser Organisationsform zeigten sich in der Finanzverwaltung. Die dezentrale Mittelbewirtschaftung durch die FE-Partner, verbunden mit einer zweimonatlichen Mittelanforderung und -weiterleitung, war arbeitsaufwändig und verminderte die finanzielle Flexibilität. Mit der Finanzplanung auf der Ebene der Institute war zudem verbunden, dass von Seiten der Projektleitung nur mit Zustimmung der Institutsleiter Mittelumschichtungen vorgenommen werden konnten. Dies erwies sich insbesondere in einem inhaltlich so dynamischen, partizipativen und transdisziplinären Forschungsvorhaben als sehr problematisch. Darüber hinaus ist wegen der – gewünschten – Dynamik in transdisziplinären Vorhaben auch eine höhere Flexibilität zwischen den unterschiedlichen Haushaltspositionen wünschenswert.

Die Projektleitung bestand aus den drei Projektsprechern, die in Abstimmung mit der Geschäftsführung grundlegende Entscheidungen trafen und die Verantwortung für das Gesamtprojekt trugen. Die Geschäftsführer waren mit der Umsetzung dieser Beschlüsse und der Koordination und Organisation des Projekts beauftragt. Sie bildeten das »Kommunikationsscharnier« zwischen Projektmitarbeitern und den Projektsprechern und waren je zur Hälfte als Geschäftsführer als Fachwissenschaftler beschäftigt. Die Geschäftsführer besaßen keine wirkliche Weisungsbefugnis gegenüber den Wissenschaftlern. Die Besonderheiten dieser Führungssituation wurden regelmäßig reflektiert, konstruktiv aufgegriffen und haben in der Regel funktioniert.

Dennoch gab es Fälle, in denen eine direkte Weisungsbefugnis der Geschäftsführer zielführender gewesen wäre als der Umweg über Institutsleiter und Projektsprecher. Vorteile dieser Doppelfunktion der Geschäftsführer bestanden im Repräsentieren der Kompetenz der drei Fachaspekte der Nachhaltigkeit innerhalb und außerhalb des Projektes, einem zumeist weit reichenden Einblick in die Teilprojektarbeit, der inhaltlichen und methodischen Verwurzelung im Forschungsprozess durch die eigenen fachlichen Tätigkeiten, der Kontinuität beim Wegfall eines Geschäftsführers und der Aufgabenverteilung bei auftretenden Arbeitsspitzen. Nachteile bestanden aus Sicht der wissenschaftlichen Mitarbeiter zum einen im Verfolgen fachlicher Eigeninteressen, was in Bezug auf den Inhalt und die Steuerung der Zeitressourcen teils zu Konflikten führte. Zum anderen entstand der Eindruck einer relativen personellen »Übermacht« der drei Geschäftsführer, was durch das Ausscheiden einer Geschäftsführerin nach der ersten Projekthälfte gemindert wurde.

Die oben bereits erwähnte Verringerung des Inputs der Institutsleiter und die damit verbundene Kompetenz- und Verantwortungsverlagerung auf die wissenschaftlichen Mitarbeiter waren gewollt. Dennoch bestand bei den Wissenschaftlern der Wunsch, die Institutsleiter aufgrund ihres fachlichen Hintergrundwissens und ausgewogenen Urteilsvermögens in die regelmäßig stattfindenden Sitzungen einzubinden. Dies war im gewünschten Umfang aufgrund der hohen zeitlichen Belastung und räumlichen Distanz – insbesondere zwischen Hohenheim und Freiburg – der Institutsleiter und Projektsprecher nicht möglich. Unterschiede in der Bereitschaft zur Verantwortungsübernahme unter den Projektsprechern konnten durch die praktizierte Mehrfachbesetzung ausgeglichen werden. Wurden die Entscheidungen der Projektsprecher im Projektverlauf stets akzeptiert, so fehlten nach Projektablauf Sanktionierungsmöglichkeiten, um die Autoren innerhalb zeitlich festgelegter Rahmen auf die Abgabe ihrer Beiträge zu verpflichten.

Die auf die projektinterne Planung und Steuerung zurückgehenden Veränderungen wurden in der Regel im Konsens der verantwortlichen Wissenschaftler vereinbart und getragen. Sie reichten von der Umverteilung von Arbeitsressourcen bei der Einstellung, Initiierung oder Schwerpunktverlagerung von Teilprojekten bis hin zur Übertragung von Mitteln nach dem Ausscheiden einer Geschäftsführerin, der Finanzierung einer gemeinsamen Stelle für die EDV-Koordination oder der Sicherstellung der Berichtsarbeit. In Einzelfällen folgten Wissenschaftler und Institutsleiter den Wünschen von Geschäftsführung und Projektleitung nicht in ausreichendem Maße. So waren die Wissenschaftler zweier Teilprojekte nur in begrenztem Umfang bereit, die Arbeitsintensität in ihren Vorhaben zu reduzieren. Bei zwei F+E-Partnern erwies sich die Rücküberweisung unverbrauchter Mittel an den Zuwendungsempfänger zur Sicherstellung der Berichtsarbeit als problematisch. Einmal mehr war die begrenzte Entscheidungskompetenz und Weisungsbefugnis der Projektleitung im Rahmen der universitären Projektstruktur hinderlich. In solchen Fällen war es hilfreich, auf die gemeinsame, zu Projektbeginn vereinbarte Geschäftsordnung zurückgreifen zu können.

Schlussfolgerungen

— Für ein vergleichbares Forschungsvorhaben ist mit Blick auf die zentrale Mittelverwaltung, Beschäftigung der Wissenschaftler und Weisungsbefugnis ein **Trägerverein** eine günstigere Organisationsform.

— Eine von den beteiligten Wissenschaftlern gemeinsam vereinbarte **Geschäftsordnung** ist eine wichtige Grundlage für die Zusammenarbeit. Die vereinbarten Spielregeln wirken vorsorgend konfliktmindernd.

— Partizipativen, transdisziplinären Forschungsprojekten sollte aufgrund der hohen inhaltlichen Dynamik in der **Finanzplanung eine große Flexibilität** eingeräumt werden, z.B. durch Bereitstellung eines Gesamtetats oder geringere Differenzierung einzelner Haushaltspositionen mit größeren Umschichtungsmöglichkeiten.

— **Gutachter** sollten keinen direkten Einfluss auf die konkrete institutionelle Zusammensetzung von Forschungsverbünden nehmen.

— Bei **Auswahlverfahren von Forschungsprojekten** sollten – insbesondere bei einer zweistufigen Vorgehensweise (Projektskizze, finanzierte Definitionsphase) – die Entscheidungsphasen der Forschungsträger zeitlich gestrafft werden, um einen personellen Bruch unter den beteiligten wissenschaftlichen Mitarbeitern zu vermeiden und eine zeitnahe Anknüpfung an die Kontakte zu den Akteuren zu ermöglichen.

— Die Bewilligung größerer Forschungsverbünde sollte durch einen **angemessenen zeitlichen Vor- und Nachlauf** einen geregelten Projektbeginn und -abschluss ermöglichen. Es erscheint günstig, die Definitionsphase so zu gestalten, dass ein Antrag und Datengrundlagen für das Hauptprojekt erarbeitet werden können. Dabei muss sichergestellt werden, dass Personalentscheidungen von den Beteiligten zu Beginn der Hauptphase (Arbeitsphase) getroffen werden können. Auch bei der Beendigung des Vorhabens (Abschluss der wissenschaftlichen Arbeiten und Dokumentation) müssen ausreichend Ressourcen für formelle und publizistische Arbeiten eingeplant werden (z.B. Verwendungsnachweis, Erfolgskontrollbericht, Herausgebertätigkeiten).

— Nach Möglichkeit sollten **fachliche Überschneidungen der Institute** vermieden und klare Zuständigkeiten vereinbart werden. Dabei sollte eine Bereitschaft bei den jeweiligen Partner bestehen, zu erwartende Konflikte, die sich durch die transdisziplinäre Zusammenarbeit ergeben, konstruktiv aufzugreifen.

- Wesentlich für ein funktionierendes Forschungsteam ist die Auswahl **geeigneter Partner bzw. Wissenschaftler**. Dies betrifft in einem transdisziplinären Vorhaben nicht alleine die fachliche Expertise und Innovationskraft, sondern insbesondere die soziale Kompetenz. Diese äußert sich in der individuellen Verlässlichkeit und Kooperationsbereitschaft intern und extern, der Flexibilität hinsichtlich Zeitplanung, Inhalt und Finanzen, der persönlichen Motivation und Bereitschaft, auch Extrem-Situationen gemeinsam zu meistern, und der Fähigkeit, Neues – auch jenseits der eigenen Disziplin – zu erlernen und anzuwenden.
- Nach Möglichkeit sollte die Projektleitung bei der **Auswahl der wissenschaftlichen Mitarbeiter** des gesamten Forschungsteams beteiligt sein. Da es u.U. problematisch ist, auf die Personalentscheidungen der jeweiligen Institute Einfluss zu nehmen bzw. die gewünschten Eigenschaften bei Neueinstellungen sicher zu stellen, sollten geeignete Maßnahmen für die **Qualifizierung, Teamentwicklung und Prozessbegleitung** eingeplant werden.
- Es sollte ein gemeinsames **wissenschaftstheoretisches Verständnis** für das Projekt entwickel werden. Für das partizipative Vorgehen ist eine sorgfältige methodische Schulung und Begleitung der Mitarbeiter unabdingbar.
- Auch wenn in erster Linie die persönliche Bereitschaft und nicht die **räumliche Nähe** entscheidend für die Kooperation der Wissenschaftler war, so stimulierte letztere doch deutlich die Teamentwicklung und förderte die inter- und transdisziplinäre Zusammenarbeit. Eine gemeinsame Unterbringung der Wissenschaftler des Forschungsteams ist somit ein wichtiges Kriterium. Durch dieses Zusammenwachsen erlangen die wissenschaftlichen Mitarbeiter ein hohes Maß an Eigenständigkeit in ihrer Arbeit (»**Mitarbeiterprojekt**«).
- Die räumliche Distanz zwischen den beteiligten wissenschaftlichen Einrichtungen, Unternehmen und dem Untersuchungsgebiet wirkte sich negativ auf die **personelle Präsenz der Institutsleiter** an gemeinsamen Veranstaltungen aus.
- Eine starke räumliche und inhaltliche Bündelung der Wissenschaftler kann zu einer mangelnden Integration in ihren Instituten und einem reduzierten disziplinären Wissenstransfer führen. **Distanz von der disziplinären Wissenskultur** kann aber auch vorteilhaft sein, um die inter- und transdisziplinäre Arbeit und den entsprechenden Denkstil zu fördern.
- Die Arbeit in vielen **kleinen, schlagkräftigen Teilprojekten**, für die jeweils ein Wissenschaftler verantwortlich war, erwies sich als motivationsfördernd und effizient. Anzahl und Umfang der Teilprojekte sind an den inhaltlichen Anforderungen und nicht an der Anzahl potenzieller, projektverantwortlicher Wissenschaftler auszurichten. Verantwortung kann auch gemeinsam wahrgenommen werden.
- Die Doppelfunktion (Koordinator, Fachwissenschaftler) und Aufgabenteilung (unterschiedliche inhaltliche Zuständigkeiten) der **Geschäftsführer** erwies sich in mehrerlei Hinsicht als vorteilhaft. Dominanz und Interessenskonflikte können durch eine angemessene Anzahl von Geschäftsführern und die Vermeidung von Interessenskonflikten durch eine Trennung zwischen koordinierender und fachlicher Zuständigkeit geregelt werden. Dabei müssen die verschiedenen Rollen geklärt und klar benannt werden (Aufgabenbeschreibung).

12.4 Wie wurden die transdisziplinären Projekte entwickelt und was waren die wesentlichen Ergebnisse?

> __Welches Vorgehen wurde bei der Projektentwicklung gewählt und welche Erfahrungen existieren damit?
> __Wie erfolgte die Projektsteuerung und welche Erfahrungen liegen hiermit vor?
> __Was waren entscheidende Ereignisse und Wendepunkte in der Teilprojektarbeit?
> __Wie sind die erreichten Ergebnisse zu bewerten?
> __Wie waren die Teilprojekte miteinander verknüpft?
> __Konnten für die Projektdurchführung Kofinanzierungen bereitgestellt werden?
> __Welche Bemühungen gab es, die initiierten Regionalentwicklungsprozesse nach Projektende fortzusetzen?
> __Welche Erfahrungen existieren mit dem verfolgten Bottom-up-Ansatz aus Sicht der Akteure und Wissenschaftler?
> __Welchen Einfluss hatten relevante Instrumente der Agrar-, Umwelt-, Struktur- und Raumordnungspolitik auf die Teilprojekte?

In der Umsetzungsphase lag der Arbeitsschwerpunkt bei der Entwicklung, Durchführung und Evaluierung der konstituierten Teilprojekte. Im Untersuchungsgebiet gab es Bemühungen um Kooperationen und Kofinanzierungen. Querschnittsorientierte Themen im internen Projekt waren die Ausarbeitung von Indikatoren für die Nachhaltigkeitsbewertung, die Bewertung politischer Steuerungsinstrumente, die Auseinandersetzung mit wissenschaftstheoretischen Fragestellungen und der wechselseitige Informationsaustausch zu den laufenden Forschungsarbeiten und die Reflexion der internen wissenschaftlichen Zusammenarbeit (Prozessbegleitung). Die nach innen entwickelte Struktur, bestehend aus fachlichen Arbeitsgruppen und Teilprojekten, der Projektleitung und der Geschäftsführung sowie den übergeordneten Austauschforen wie Vollversammlung, Plenum, Indikator- und Politik-Arbeitsgruppe, erwiesen sich als operabel. Auf kritische Aspekte wird im Folgenden eingegangen.

12.4.1 Projektstruktur und -organisation

Die Projektentwicklung führte in der Regel zu Teilprojekten auf Grundlage der von den Akteuren priorisierten Probleme in den Arbeitsfeldern Landwirtschaft, Naturschutz, Landschaftsplanung und Tourismus. Die thematische Ausrichtung geht auf die Definitionsphase zurück und erfuhr in der Hauptphase eine Konkretisierung, die sich auf dreierlei Weise vollzog: Die meisten Teilprojekte (TP) der Arbeitsfelder Grünland, Tourismus und Landschaftsplanung gehen auf die Auftaktveranstaltung »Wiesen, Weiden und was nun?« am 22.7.1998 mit Akteuren in der Gemeinde Dörzbach zurück (vgl. Kap. 8.8). Die TP *Konservierende Bodenbearbeitung*, *Ökobilanz Mulfingen* und *Regionaler Umweltdatenkatalog* waren bereits in der Definitionsphase so weit konkretisiert worden, dass in der Hauptphase die Zusammenarbeit mit den Akteuren direkt aufgenommen werden konnte. Das TP *Öko-Weinlaubnutzung* wurde in Form einer Machbarkeitsanalyse durchgeführt und ging auf die Anregung eines Unternehmens zurück. Das TP *eigenART* wurde auf Anregung der Wissenschaftler initiiert und anschließend mit breiter Akteursbeteiligung umgesetzt.

Das TP *Landschaftsplanung* (vgl. Kap. 8.8) unterschied sich durch seine Querschnittsfunktion als Arbeitskreis von den Teilprojekten.

Das partizipative Vorgehen sollte die geforderte Problem- und Zielgruppenorientierung in der Projektentwicklung und -durchführung sichern. Die praktizierte Vorgehensweise, bestehend aus Befragung der Akteure, wissenschaftlicher Kommentierung, gemeinsamer Problemdefinition, Priorisieren der Probleme und Festlegen der Arbeitsthemen kann als erfolgreiches Vorgehen zur Festlegung relevanter Themen bewertet werden (vgl. Kap. 9.2). So stimmten 94 Prozent der Befragten der Aussage im Wesentlichen oder voll und ganz zu, dass durch die Arbeiten im *Modellprojekt Kulturlandschat Hohenlohe* die wesentlichen Themen der Projektregion aufgegriffen wurden.

In den jeweiligen Arbeitskreisen, bestehend aus Akteuren und Wissenschaftlern, bildete die partizipative Problem- und Zielformulierung den Ausgangspunkt der Projektentwicklung. Die Problem- und Zielformulierung mit den Akteuren erfolgte in der Definitionsphase und zu Projektbeginn (1998/1999), doch auch in späteren Projektphasen, wie z.B. im Übergang von zwei Teilprojekten (*Panoramakarte/Themenhefte*), zur Fortsetzung der inhaltlichen Zusammenarbeit mit den Akteuren nach einer Phase der wissenschaftlichen Situationsanalyse (*Landnutzungsszenario Mulfingen*) oder der Neuausrichtung der Arbeiten nach einer gemeinsamen Diskussion der Ergebnisse der Zwischenevaluierung (AK Landschaftsplanung).

Die mit den Akteuren praktizierte Projektplanung und -durchführung war ein wesentliches Element des verfolgten Aktionsforschungsansatzes. Die hiermit verbundene partizipative Arbeitsweise und konsensorientierte Entscheidungsfindung (vgl. Kap. 9.2, Stichworte: »Berücksichtigung der Anliegen«, »Art und Weise der Zusammenarbeit zwischen Wissenschaft und Praxis«, »Arbeitsatmosphäre«, »gemeinsame Beschlussfassung und -umsetzung«) wurde von den Akteuren in der Projektevaluierung am positivsten bewertet und bestätigt den gewählten Forschungsansatz. Die Zusammenarbeit in den unterschiedlichen Foren ging mit einer wechselseitigen Annäherung einher. Aus der Fach- und Planersprache der Wissenschaftler und regionalen Behördenvertreter sowie der Alltagssprache der Praktiker entwickelte sich durch ein gemeinsames Begriffsverständnis (z.B. was sind Ziele, was sind Maßnahmen?) eine gemeinsame Planungssprache. Der eindeutigen Zielformulierung und Maßnahmenplanung mit den Akteuren kam eine im Projektverlauf zunehmende Bedeutung zu, da hiervon entscheidend die Zielerreichung die Zufriedenheit mit den erzielten Ergebnissen auf Seiten der Wissenschaftler und Praktiker abhängig war.

Probleme mit der akteursorientierten Projektentwicklung in den Arbeitskreisen ergaben sich zu Beginn der Hauptphase durch begrenzte Steuerungsmöglichkeiten parallel laufender Initiierungsprozesse (Wie viele Projekte mit welchem Arbeitsumfang?) und Unterschiede im Planungsverständnis. So war die Konstituierung des Arbeitskreises Landschaftsplanung (Kap. 8.8) für einen Institutsleiter überraschend, da er hierfür keine Arbeitskapazitäten eingestellt hatte. Auch wenn in den Folgejahren für diesen Themenschwerpunkt entsprechende Kapazitäten in der Arbeits- und Projektplanung vorgesehen waren, wurden diese nicht in dem erforderlichen Umfang zur Verfügung gestellt und blieben ein Konfliktfeld zwischen den beteiligten Wissenschaftlern bis zum Projektende.

Die wissenschaftsintern praktizierte Projektplanung und -steuerung (Kap. 6.2, 6.5, 6.8) war ein Lernprozess für die beteiligten Wissenschaftler, da das hiermit verbundene Planungsverständnis und -instrumentarium in der Regel nicht bekannt war. Die Auseinandersetzung hierüber führte zu einem gemeinsamen Planungsverständnis und einer gemeinsamen Sprache der Wissenschaftler (z.B. Was sind Ziele, was Maßnahmen, was Erfolgskriterien?). Die angebotenen Hilfsmittel (z.B. Zielorientierte Projektplanung, Bewertungsrahmen der Teilprojekte, Projektevaluierung, Indikatoren der Zustandsbewertung und Erfolgskontrolle, Bewertung der Übertragbarkeit,

Prozessbegleitung) wurden von den Wissenschaftlern in unterschiedlicher Intensität verwendet. Evaluierungsinstrumente (Kap. 6.8) wurden als wichtige Hilfestellung in der Projektarbeit eingesetzt (Kap. 9.2). Arbeits- und Projektplanungen wurden für die jährlich stattfindenden internen Planungsworkshops erarbeitet und diskutiert. Die daraus hervorgehenden personenbezogenen Arbeitsplanungen wurden den beteiligten Wissenschaftlern als Hilfsinstrument angeboten, jedoch nicht von allen in der täglichen Arbeit genutzt. Das entwickelte Raster zur Bewertung der Übertragbarkeit wurde erst im Zuge der Berichtfassung konsequent eingesetzt. Für die Indikatoren-basierte Bewertung wurden die Datengrundlagen im Projektverlauf erarbeitet. Deren Bearbeitung war ein umfangreicher Projektinhalt (TP *Ökobilanz Mulfingen*), diente einer integrierten ökologisch-ökonomischen Betrachtung (TP *Konservierende Bodenbearbeitung*), der Bewertung zukünftiger Entwicklungsvarianten (TP *Landnutzungsszenario Mulfingen*) oder einer abschließenden Beurteilung sozialer Aspekte infolge der Zusammenarbeit (TP *Landschaftsplanung, Panoramakarte*).

In den Teilprojekten wurde auf unterschiedlichen räumlichen Ebenen gearbeitet. Die Bezugsebenen reichten von der Parzelle (Praxisversuche im TP *Konservierende Bodenbearbeitung*, floristische und faunistische Erhebungen im TP *Landnutzungsszenario Mulfingen*, Bilanzierung im TP *Ökobilanz Mulfingen*), über den Betrieb (Deckungsbeitragsrechnungen für landwirtschaftliche Betriebe im TP *Konservierende Bodenbearbeitung, Bœuf de Hohenlohe, Hohenloher Lamm*), Kommunen (TP *Ökobilanz Mulfingen, Lokale Agenda*), Landschaftsausschnitte und naturräumliche Abgrenzungen (Fließgewässerabschnitte im TP *Gewässerentwicklung*, Bilanzierungseinheiten im TP *Ökobilanz Mulfingen* und *Regionaler Umweltdatenkatalog*) bis hin zu kreisübergreifenden Regionen (vermarktungsorientierte TP *Bœuf de Hohenlohe, Hohenloher Lamm, Öko-Streuobst*).

12.4.2 Wesentliche Ergebnisse aus den Teilprojekten

An dieser Stelle werden zentrale Ergebnisse einiger Teilprojekte dargestellt. Ausführliche Beschreibungen finden sich in den Kapiteln 8, 9 und 11.

Das Teilprojekt **Konservierende Bodenbearbeitung** spiegelt die Ansprüche der Projektgruppe wider, die Umsetzung wissenschaftlicher Erkenntnisse in der Praxis zu begleiten. Die Praxisversuche hatten zur Demonstration von Effekten und Wirkungen der unterschiedlichen Anbauverfahren und als Grundlage für den Erfahrungsaustausch eine wichtige Funktion. Die Ergebnisse entsprechen den unter ähnlichen Standortbedingungen in anderen Versuchen zum Vergleich unterschiedlicher Bodenbearbeitungsverfahren gewonnenen Erkenntnissen. Die entwickelten ökologisch-ökonomischen Selbstevaluierungsverfahren sind ein innovatives Instrument zur Optimierung der Produktionsverfahren durch die Landwirte. Unter Berücksichtigung der jeweiligen naturräumlichen und produktionstechnischen Gegebenheiten sind diese Bewertungsschlüssel auf andere Regionen übertragbar. In einem Anschlussprojekt des Ministeriums für Ernährung und Ländlicher Raum Baden-Württemberg wurde der Bewertungsschlüssel Erosion für den Einsatzes in ganz Baden-Württemberg erweitert. Bemühungen, die Inhalte des Teilprojektes in Richtung »Ressourcenschutz – Zusammenarbeit zwischen Landwirtschaft und Kommune« zu erweitern und dabei weitere Kreisbehörden und die Gemeinden einzubeziehen, stießen bei den Beteiligten auf unterschiedlich großes Interesse. Die Gemeinden waren an einer Zusammenarbeit interessiert, fühlten sich jedoch aus Zeitgründen nicht in der Lage, die Führung eines Runden Tisches zu übernehmen. Eine Selbstorganisation des Arbeitskreises durch die Landwirte konnte aufgrund der hohen Arbeitsbelastung nicht erreicht werden. Der Arbeitskreis wurde nach Projektende in die Hände des Landwirtschaftsamtes übergeben.

Die vermarktungsorientierten Teilprojekte **Bœuf de Hohenlohe, Hohenloher Lamm, Öko-Streuobst** und **Heubörse** verfolgten die Zielsetzung, mit der Vermarktung von Qualitätserzeugnissen extensiv bewirtschaftete Grünlandbiotope und Streuobstbestände zu sichern und hierdurch einen Beitrag zum Erhalt der Biotop- und Artenvielfalt und des abwechslungsreichen Landschaftsbilds zu leisten. Der wissenschaftliche Beitrag in diesen Projekten umfasste unterschiedliche Analysen (z.B. Aufarbeitung der Historie von *Bœuf de Hohenlohe* als Grundlage für die Erzeugungsrichtlinie sowie der Geschichte der Schafhaltung im Raum Hohenlohe, Analyse vergleichbarer Vermarktungsprojekte, regionale Potenzialermittlung und Machbarkeitsanalyse, Deckungsbeitragsrechnungen), die Entwicklung zielgruppenorientierter Kommunikationskonzepte und die Begleitforschung. Auf umsetzungsmethodischer Ebene wurden die Interaktion und Abhängigkeiten zwischen Individuen und deren sozial-ökonomischem Umfeld im TP *Öko-Streuobst* untersucht. Es lieferte Ansatzpunkte zur Weiterentwicklung der Beteiligungsanalyse. In der Zusammenarbeit nahmen Beratungs- und Managementleistungen in der Projektentwicklung einen hohen Arbeitsumfang ein. Die gelungene Markteinführung von Rindfleisch über unterschiedliche Vertriebsschienen durch die »Bäuerliche Erzeugergemeinschaft Schwäbisch Hall w.V.« und die Aufpreisvermarktung von Öko-Streuobst-Äpfeln durch die »Erzeugergemeinschaft ökologischer Streuobstanbau Hohenlohe-Franken« verdeutlichen die Chancen regionaler Vermarktungsansätze unter der Voraussetzung vorhandener Marktnischen, eines guten Marketingkonzepts und der Realisierung durch kompetente, motivierte und risikobereite Akteure. Trotz viel versprechender Ansätze in der Markteinführung von *Hohenloher Lamm* zeigte sich in diesem Teilprojekt, dass die knapp zweijährige Betreuung des Vorhabens durch die Projektgruppe nicht ausreichte, um die überwiegend im Nebenerwerb tätigen Schäfer in die Lage zu versetzen, die angebahnten Absatzwege professionell und zielgerichtet weiter zu verfolgen. Die Evaluierungen dieses Teilprojektes verdeutlichen jedoch auch, dass neben den ökonomischen Aspekten (z.B. höherer Verkaufserlös) gerade auch die soziale Ebene (z.B. fachlicher Austausch, Interessensvertretung) einen großen Stellenwert hat. Hierbei hatte der neu gegründete Verein »Hohenloher Schäfer« eine Schlüsselfunktion. Bei den Vermarktungs- und Tourismusprojekten nahmen Beratungs- und Managementleistungen einen hohen Arbeitsumfang ein.

Das Teilprojekt **Landnutzungsszenario Mulfinge**n wurde im Arbeitskreis Grünland, einem Austauschforum von Akteuren und Wissenschaftlern, vor dem Hintergrund der Offenhaltungs- und Grünlandproblematik im mittleren Jagsttal initiiert. Es bildete den Übergang von den landwirtschaftsnahen zu den planungsorientierten Teilprojekten des Arbeitsfeldes Landschaftsplanung. Mit Hilfe der formativen Szenario-Analyse wurde in einem partizipativen Planungsprozess eine zukunftsfähige Landnutzungsstrategie für das mittlere Jagsttal entwickelt. Hierdurch wurden zentrale Zielsetzungen des Modellvorhabens (Entwicklung von Managementplänen, Einsatz zielgruppenorientierter Methoden, Berücksichtigung der naturräumlichen, sozioökonomischen und politischen Rahmenbedingungen) aufgegriffen. Aus umsetzungsmethodischem Blickwinkel liefern die Arbeiten neue Erkenntnisse zum Einsatz der formativen Szenario-Analyse im Workshop-Ansatz in der Raumplanung und Regionalentwicklung. Die formative Szenario-Analyse stellt angesichts ihres stringenten Analyse- und Planungsansatzes ein geeignetes Verfahren dar, um komplexe Themen wie die zukünftige Landnutzung durch Wissensintegration, Syntheseleistung und Schulung der Systemkenntnis in einem partizipativen Planungsprozess ergebnis- und umsetzungsorientiert aufzubereiten. Die Arbeiten lieferten Hinweise zur Weiterentwicklung der Methodik und anhand der entwickelten Strategie Entscheidungshilfen für die Weiterentwicklung des Betrachtungsraums.

Im Teilprojekt *Ökobilanz Mulfingen* wurden – beispielhaft und übertragbar – auf der Grundlage eines Indikatorensets der Ressourcenverbrauch der Modellgemeinde (Energie, Wasser, Fläche) sowie die funktionalen und strukturellen Auswirkungen (z.B. Bodenerosion, Lärmbelastung, Zerschneidung) auf die Umweltqualität analysiert. Die Bilanzierung wurde über einen Arbeitskreis begleitet und von Mitgliedern der Gemeindeverwaltung (z.B. Datenbereitstellung) unterstützt. Neben der Bilanzierung wurden von den Arbeitskreisteilnehmern aktuelle Themen (z.B. Regenwassernutzung) eingebracht, so dass die Diskussion über Art, Inhalt und Berechnung der Indikatoren gegenüber der Maßnahmendiskussion in den Hintergrund trat. Indem Maßnahmenvorschläge entwickelt wurden, bevor die Planung (Vorstellung der Bilanzierungsergebnisse) abgeschlossen war, wurde der Projektzyklus des Aktionsforschungsansatzes verkürzt. Es wurden durch die Zusammenarbeit im Arbeitskreis neue Akzente gesetzt, die wegen der Beteiligung von Vertretern der Gemeindeverwaltung und des Gemeinderates Eingang in Entscheidungsprozesse der Kommune fanden. Die Integration von Ergebnissen der Ökobilanz in die Aktivitäten eines Agenda-Arbeitskreises der Gemeinde verstärkte diese Bemühungen. Eine wichtige Erkenntnis daraus ist, dass ein zunächst begrenzter Kreis von Akteuren und Experten in einem überschaubaren Zeitrahmen Einfluss auf die Realpolitik nehmen kann, die nicht losgelöst sein muss von längerfristigen Perspektiven der Kommunalpolitik.

Mit dem Teilprojekt *Lokale Agenda* sollte beispielhaft ein Agenda-Prozess in einer kleinen ländlichen Gemeinde initiiert und es sollten die hierbei eingesetzten Methoden (Participatory Learning and Action mit Transektwanderung, Küchentischgesprächen, Gruppengesprächen, Themenabenden und Planning for Real) an die Situation angepasst, dokumentiert und hinsichtlich ihrer Eignung reflektiert werden. Mit einer hohen Beteiligung, der positiven Resonanz und der nachfolgenden Gründung eines seit November 1999 aktiven Arbeitskreises stellt sich die Projektwoche in Dörzbach als guter Einstieg in die Lokale Agenda 21 und in einen selbsttragenden Prozess dar. Die Projektwoche ist mit den eingesetzten Methoden auf andere Gemeinden übertragbar, wobei Anpassungen der Methodenbausteine und ihrer Durchführung an die jeweilige Situation nötig sind. Entscheidend für den Erfolg einer Projektwoche ist, dass der damit verbundene Arbeitsaufwand einer örtlichen Vorbereitungsgruppe und eines mehrköpfigen, externen Moderatorenteams nicht gescheut wird. Bei einer Ausweitung dieses Verfahrens ist die Einbindung und Honorierung qualifizierter Moderatoren und Moderatorinnen zu klären.

Mit den Teilprojekten *Panoramakarte* und *Themenhefte* wurden in einer engen Zusammenarbeit mit den Akteuren kommunenübergreifende touristische Informationsmedien entwickelt. Besucherbefragungen lieferten wichtige Anhaltspunkte zur touristischen Nachfrage. An der entwickelten Panoramakarte haben nahezu alle wesentlichen Akteure mitgewirkt. »Stolpersteine« ergaben sich dadurch, dass eine von dreizehn Gemeinden nicht bereit war, sich an dem Vorhaben zu beteiligen, und dass eine der beiden Touristikgemeinschaften in der Panoramakarte zunächst ein Konkurrenzprodukt sah. Als großer Erfolg ist zu werten, dass sowohl die Karte als auch Themenhefte von Tourismusvermarktern und Naturschützern gemeinsam entwickelt wurde, so dass die Vereinbarkeit von Naturschutz und Tourismus wiederholt kontrovers diskutiert, immer aber einer konstruktiven Lösung zugeführt wurden. Die Ausarbeitung der Themenhefte – Informationsmaterialen zur Freizeitgestaltung im Jagsttal – zeigten die Grenzen der Belastbarkeit und Verantwortungsübernahme durch die Akteure auf. Die Themenhefte konnte nur mit einer entsprechenden Unterstützung der Wissenschaftlergruppe fertig gestellt werden. Die Bemühungen der Wissenschaftler, die Verantwortung für die Aktivitäten an die Akteure zu übergeben, schlugen fehl. Ursachen hierfür lagen in der Arbeitsüberlastung der Arbeitskreismitglieder, in der fehlenden

Verbindlichkeit und begrenzten Entscheidungskompetenz der im Arbeitskreis vertretenen Gemeindevertreter, in der mangelnden Eigeninitiative und der fehlenden Bereitschaft der Bürgermeister und Tourismusverantwortlichen, weitere Verantwortung zu übernehmen. Für touristische Projekte in Verbindung mit verbindlichen Abstimmungen zu Investitionen ist die gewählte Form des offenen Arbeitskreises nur bedingt geeignet. Die beiden Teilprojekte hatten einen starken Servicecharakter und wurden trotz großem Aufwand zu Ende gebracht, weil sie den Weg für andere Aktivitäten ebneten. Sie waren somit von erheblicher taktischer Bedeutung. Die entwickelten Produkte wurden von den Zielgruppen sehr gut angenommen.

Die Teilprojekte *Heubörse* und *Öko-Weinlaub* stehen für zwei Vorhaben, die nach einer anfänglichen Situationsanalyse eingestellt wurden, da ihre Umsetzung aufgrund der bestehenden Rahmenbedingungen im Untersuchungsraum nicht Erfolg versprechend waren. Die Analysen und Bewertungen liefern Hinweise auf Voraussetzungen für eine Erfolg versprechende Umsetzung des Ansatzes in anderen Raumschaften, bzw. unter anderen Rahmenbedingungen.

12.4.3 Verknüpfung der Projektarbeit

Die Teilprojekte bildeten das Grundgerüst der inhaltlichen Arbeit. Durch die zumeist parallel verlaufende Projektarbeit wurde eine effektive Bearbeitung klar abgegrenzter Fragestellungen möglich. Die Verknüpfung der Teilprojekte erfolgte auf zweierlei Weise: Zum einen waren sie in die übergeordneten Zielsetzungen des Gesamtvorhabens eingebettet und lieferten Ergebnisse zur Beantwortung übergeordneter Fragestellungen (Kap. 2.4, 3). Zum anderen standen sie, bzw. die Mitarbeiter durch gemeinsame fachlich-inhaltliche Arbeiten in vielfacher Weise miteinander im Austausch, z.B. bei den Bilanzierungen von Indikatoren im TP *Ökobilanz Mulfingen*, im Themenschwerpunkt *Gewässerentwicklung* im Arbeitskreis Landschaftsplanung, sodann durch den Informations- und Datenaustausch (z.B. beim Aufbau eines projektinternen Datenpools im Rahmen des *Regionalen Umweltdatenkatalogs*) und durch querschnittsorientierte Arbeiten aller Wissenschaftler, etwa bei der Ausarbeitung ökologischer, ökonomischer und sozialer Indikatoren (Kap. 7), durch die Evaluierung und Bewertung ausgewählter Politikinstrumente (Kap. 10), die Öffentlichkeitsarbeit (Kap. 6.7) sowie die Arbeits- und Projektplanung in vielfacher Weise miteinander im Austausch. Diese Verknüpfung war nicht nur essentiell für eine effektive fachliche Zusammenarbeit, sondern auch für das soziale Zusammenwachsen der Projektgruppe. Bei einem auf rund 40 Prozent zu beziffernden Aufwand für die Kommunikationsprozesse im internen und externen Projekt nahmen diese Leistungen einen hohen Umfang ein und lagen nach Einschätzungen der Wissenschaftler – bei einer parallelen Bearbeitung fachwissenschaftlicher Aufgaben – an der Grenze des Machbaren innerhalb des Finanzrahmens.

Einschränkungen des projektinternen Informations- und Datenaustauschs ergaben sich durch den zeitlich verzögerten Aufbau des Intranets zu Projektbeginn, den in der Projektkonzeption unterschätzten Aufwand für die EDV-Koordination und individuelle Vorbehalte im Datenaustausch vor dem Hintergrund durchzuführender wissenschaftlicher Arbeiten (z.B. Dissertationen). Der Ressourcenbedarf für die EDV-Koordination konnte mit Hilfe projektinterner Umschichtungen und durch eine Mittelaufstockung gedeckt werden. Die individuellen Vorbehalte im Datenaustausch konnten durch Gespräche aufgelöst oder soweit eingedämmt werden, dass sie auf das Gesamtvorhaben keinen nennenswerten Einfluss hatten.

12.4.4 Projekterfolge

Die Projekterfolge sind – ausgehend von den jeweiligen Zielformulierungen – an den initiierten Prozessen (TPe *Lokale Agenda, eigenART, Gewässerentwicklung*), etablierten Strukturen (z.B. Erzeugergemeinschaften, *Regionaler Umweltdatenkatalog*), erzielten Produkten (z.B. Panoramakarte, Themenhefte, ökologisch-ökonomische Bewertungsschlüssel des TP *Konservierende Bodenbearbeitung*) und Untersuchungsergebnissen als Grundlage für zukünftige Maßnahmen (z.B. Umweltbilanz und Entwicklungsstrategie durch die TP *Ökobilanz Mulfingen* und *Landnutzungsszenario Mulfingen*, Untersuchungen zur ökologischen Durchgängigkeit der Jagst im *TP Gewässerentwicklung*) erkennbar. Darüber hinaus lassen sich anhand der eingesetzten Indikatoren Aussagen über die Initiierung nachhaltiger Entwicklungsprozesse ableiten (Kap. 12.9)

Wesentlich für die Zufriedenheit von Akteuren und Wissenschaftlern waren erkennbare Fortschritte in der inhaltlichen Arbeit (Kap. 9.1, 9.2). Die eingesetzten Evaluierungsinstrumente – Kurzevaluierungen in den Workshops, zwei schriftliche Befragungen als Zwischenevaluierungen – erwiesen sich hierbei als gutes und auch von den Akteuren akzeptiertes Analyse- und Bewertungsinstrument, um die subjektiven Einschätzungen einzufangen. Die Kurzevaluierungen, entsprechende Rundgespräche oder Feedbacks waren wichtige Steuerungsinstrumente im Arbeitsverlauf und ermöglichten eine kurzfristige Anpassung der Vorgehensweise (Kap. 8.7 *Landnutzungsszenario Mulfingen*). Die beiden Zwischenevaluierungen sowie die Abschlussevaluierungen integrierten über einen längeren Zeitraum Zufriedenheit, Einschätzungen und Vorschläge von Akteuren und Wissenschaftlern. Die im Arbeitskreis *Landschaftsplanung* (Kap. 8.8) ausführlich diskutierte Zwischenevaluierung beschleunigte den Kurswechsel von einem Austauschforum hin zu einem Projekt orientierten Arbeitsforum.

Eng verknüpft mit der Zielerreichung einiger Vorhaben und deren Verankerung in der Region waren vielfältige Bemühungen um Kofinanzierungen. Sie reichten von der Kofinanzierung der *Panoramakarte* aus Mitteln von LEADER II, die Kooperation mit der LEADER-Aktionsgruppe Hohenlohe im Zuge der verantwortlichen Durchführung des zweijährigen (2000–2001) transnationalen LEADER II-Projekts »*European Network for the Enhancement of Typical Landscapes*« (Ausarbeitung einer Gebietscharakterisierung für den Raum Hohenlohe), den mit Mitteln des Europäischen Sozialfonds kofinanzierten Qualifizierungsmaßnahmen für Landwirte zur Erzeugung von Qualitätsrindfleisch im Teilprojekt *Bœuf de Hohenlohe*, der Förderung der Umsetzungsphase des Teilprojekts *eigenART* durch die Stiftung Naturschutzfonds Baden-Württemberg, die beteiligten Kommunen und weitere Sponsoren bis hin zur Weiterentwicklung des *Regionalen Umweltdatenkatalogs* in Zusammenarbeit mit dem Regionalverband Franken im Rahmen eines Forschungs- und Entwicklungsvorhabens des Landes Baden-Württemberg (Thema: Maßstabsgenauigkeiten räumlicher Daten). Zwei umfangreichere, durch eine Antragestellung vorbereitete LEADER-Projekte kamen nicht zum Tragen, weil das *Ideenformum Veredelung* (Entwicklung von Cülle-Verwertungskonzepten) alleine durch landeseigene Programme gefördert wurde und im Falle des Antrags *Hohenlohe aktiv* (Förderung des Erzeuger-Verbraucher-Dialogs) die nationale Kofinanzierung durch die Projektgruppe fördertechnische Fragen aufwarf, die aus Sicht des Ministeriums für den Ländlichen Raum Baden-Württemberg einen langwierigen Abstimmungsprozess mit der EU nach sich gezogen hätte, verbunden mit der Befürchtung, dass dann verfügbare Fördermittel nicht ausgeschöpft werden könnten.

Bemühungen, die im *Modellvorhaben Kulturlandschaft Hohenlohe* initiierten Prozesse in ihrer thematischen Breite und der praktizierten Arbeitsweise fortzuführen, waren Gegenstand eines Treffens mit Entscheidungsträgern im Jahr 2001. Die Etablierung eines Regionalmanagements scheiterte an der schwierigen Situation der öffentlichen Haushalte, doch auch an dem politischen Willen der Entscheidungsträger (s.u.). Die Vertreter der Wirtschaftsförderung der Landkreise Schwäbisch Hall und Hohenlohekreis waren bereit, die Mitteleinwerbung neuer Vorhaben finanziell zu unterstützen. Diese Möglichkeit kam im Rahmen des »Bundesprogramms Ökologischer Landbau – Regionen aktiv« zum Tragen, bei dem zwei Mitarbeiter der Projektgruppe *Kulturlandschaft Hohenlohe* mit der Antragstellung für die Landkreise Schwäbisch Hall und Hohenlohekreis beauftragt wurden und nach der Bewilligung des Vorhabens (http://www.hohenloheaktiv.de) für eineinhalb Jahre das Projektmanagement übernahmen.

Ansätze, die initiierten Regionalentwicklungsprozesse fortzuführen, wurden auch auf weiteren Wegen verfolgt. Als beratendes Mitglied der LEADER-Aktionsgruppe Hohenlohe gestaltete ein Mitarbeiter der Projektgruppe in den Jahren 2000 und 2001 wesentlich die Konzeption von LEADER + Hohenlohe-Tauber mit, die im Jahr 2002 bewilligt wurde (http://www.leader-hohenlohe-tauber.de). Ein mit den Landratsämtern Hohenlohekreis und Schwäbisch Hall entwickelter Projektantrag im Rahmen von PLENUM Baden-Württemberg (www.lfu.baden-wuerttemberg.de) wurde zurückgestellt, da aus förderpolitischen Erwägungen heraus der parallel entwickelte LEADER-Antrag von den politischen Entscheidungsträgern bevorzugt wurde.

Der oben anhand der erzielten Ergebnisse und durchgeführten Evaluierungen dargestellte Projekterfolg berücksichtigt in seinen räumlichen, thematischen und personellen Systemgrenzen die jeweiligen Arbeiten vor dem Hintergrund der formulierten Zielsetzungen und beteiligten Akteure. Darüber hinaus wurde das *Modellvorhaben Kulturlandschaft Hohenlohe* von der interessierten Öffentlichkeit und Entscheidungsträgern verfolgt, die nicht am direkten Prozessgeschehen beteiligt waren und deren Einschätzungen und Bewertungen nicht über Evaluierungen eingefangen wurden. Jedoch gibt es von dieser Umfeldgruppe direkte und indirekte Reaktionen und Beobachtungen, die sich interpretieren ließen.

12.4.5 Bottom-up- und Top-down-Ansatz

Der verfolgte partizipative Projektansatz war als »Bottom-up-approach« angelegt. Die regionalen Akteure waren in erster Linie Eigentümer, Landnutzer, Kommunal-, Behörden- und Verbandsvertreter und weniger Entscheidungsträger der mittleren und höheren Ebene. Die zu Projektbeginn vorherrschende »basisorientierte« und auf Unabhängigkeit bzw. Neutralität der Wissenschaftler angelegte Vorgehensweise in der Zusammenarbeit brachte es mit sich, dass
a) eine Geschäftsstelle direkt im engeren Untersuchungsraum eingerichtet, nicht jedoch an eine bestehende Administration oder einen Verband angegliedert wurde,
b) das anfängliche Selbstverständnis der Wissenschaftler in ihrem Auftreten in der Region darin bestand, als Moderatoren und Berater effektiv im Hintergrund zu arbeiten, in der Außendarstellung Zurückhaltung zu üben, zunächst konkrete Ergebnisse abzuwarten und den Akteuren die öffentlichkeitswirksame Darstellung zu überlassen,
c) bei der Verbreitung neuer Kenntnisse und Erfolg versprechender Ansätze auf Diffusionsprozesse in der Region gesetzt wurde.
Dieses Vorgehen erwies sich zum einen als richtig und Ziel führend, weil
    zu a) die eingerichtete Geschäftsstelle die Präsenz und damit Akzeptanz der Wissenschaftler im Untersuchungsraum verstärkte und die Wissenschaftler hierdurch, aber noch vielmehr durch ihre Stellung und ihr Auftreten in den unterschiedlichen Foren, als weit gehend unabhängig eingestuft wurden;

zu b) die Arbeitsweise der Wissenschaftler als Moderatoren und Berater von den Akteuren geschätzt, als eigene Qualität und eigenes Profil wahrgenommen wurde und die Öffentlichkeitsarbeit zur ergebnis- und sachorientierten Information der Öffentlichkeit und Einbindung Interessierter beitrug;

zu c) Informationen, neue Kenntnisse und Aktivitäten unter den Akteuren weitergeleitet wurden und Anwendung fanden bzw. Folgeaktivitäten zur Folge hatten (z.B. Einbindung in die Zusammenarbeit durch informelle Kontakte zwischen Akteuren, gewässerökologische Untersuchungsergebnisse als Grundlage für Entscheidungsprozesse in der Wasserwirtschaft, eigenständige Initiierung eines Agenda-Prozesses in einer zweiten Projektgemeinde, Einbindung von Wissenschaftlern in die Beantragung neuer Vorhaben). Insgesamt wurden mit einer Vielzahl unterschiedlicher Maßnahmen (vgl. Kap 6.7) verschiedene Zielgruppen angesprochen und über das Modellvorhaben informiert.

Zum anderen sind mit diesem Vorgehen auch kritische Aspekte verbunden. Hierbei sollte aufgrund des Umfangs der Ausführungen nicht darauf geschlossen werden, dass die kritischen Aspekte überwiegen! Die genaue Auseinandersetzung mit ihnen liefert jedoch wichtige Hinweise für die Schlussfolgerungen:

zu a) Die Geschäftsstelle war als Arbeits- und Übernachtungsgelegenheit geeignet, aufgrund der Gebäudestruktur und Lage für den Besucherverkehr jedoch weniger geeignet. Zudem waren die Wege zu relevanten Behörden zu lang, wodurch eine stärkere Einbindung des Vorhabens in den allgemeinen Behördenbetrieb und die Identifikation mit dem Projekt erschwert wurde.

zu b) Durch die anfänglich zurückhaltende Öffentlichkeitsarbeit war das Vorhaben in der ersten Projekthälfte hauptsächlich den Akteuren bekannt, die in die direkte Zusammenarbeit mit den Wissenschaftlern eingebunden waren. Die Möglichkeiten einer vorbereitenden, motivierenden Öffentlichkeitsarbeit (z.B. durch eine der Ergebnisdarstellung vorgelagerte Information über regionale Problemlagen, diskutierte Lösungsansätze, Positionen relevanter Entscheidungsträger) zur Einbindung von Akteuren und zur Förderung der Umsetzungsbereitschaft blieben weitest gehend ungenutzt. Dies trifft auch auf die Spitzen der jeweiligen Landkreise zu. Zwar waren die Landratsämter über die beteiligten Fachbehörden informiert und direkt eingebunden, doch unterblieb eine gezielte Einbindung der Land- und Kreisräte als wichtige Repräsentanten. Generell wurden der Arbeitsaufwand und der notwendige Erfahrungshintergrund für eine professionelle Öffentlichkeitsarbeit unterschätzt. Wenngleich die weit gehende **Unabhängigkeit der Wissenschaftler** und die von ihnen eingeführte partizipative Arbeitsweise von den unmittelbar am Prozess Beteiligten geschätzt wurde, so gab es bei wenigen, jedoch einflussreichen Entscheidungsträgern in der Region Vorbehalte. Die Ursachen lagen darin begründet, dass ihnen diese Arbeitsweise zu aufwändig erschien, sie einen anderen Führungsstil in vergleichbaren Gremien praktizieren und der Auffassung waren, die Entscheidungsprozesse der Wissenschaftler und die von ihnen betreuten Arbeitsgremien nicht beeinflussen zu können. Diese Vorbehalte hatten keinen unmittelbaren Einfluss auf die Arbeit in den Teilprojekten, da in der Regel die Betroffenen oder deren Vertreter sowie relevante lokale und regionale Entscheidungsträger eingebunden werden konnten. Sie hatten jedoch Einfluss auf die Überlegungen, ob und in welcher Form der durch das Forschungsvorhaben initiierte Prozess weitergeführt werden kann. Insbesondere bei einigen Verbandsvertretern war eine ablehnende Haltung dagegen zu spüren, eine Folgeorganisation aufzubauen, die ihren Kompetenzbereich durch die angestrebte Querschnittsorientierung berührt. Erst zu Projektende entstand mit den Bemühungen um die Fortsetzung des initiierten Prozesses eine Situation, die die beschriebenen Vorbehalte zu Tage beförderte: Zwei **konkurrierende Interessensgruppen** in der Region Franken verfolgten eine Antragstellung. Von einer Interessensgruppe wurde einem Vertreter der Projektgruppe *Kulturlandschaft Hohenlohe* nahe gelegt, die andere Partei in der Antragstellung nicht zu unterstützen. Indem die Wissenschaftler eine Parteinahme ausschlossen und die Bereitschaft erklärten, beide Gruppen zu unterstützen, reagierte ein Interessensvertreter verärgert und nahm fortan eine sehr kritische Position zu den Arbeiten des Forschungsvorhabens ein. Diese Situation zu Projektende war für einen Klärungsprozess kaum zugänglich und es stand kein regionaler Repräsentant zur Verfügung, der in der Region hätte mäßigend eingreifen können.

zu c) Es zeigte sich, dass es nicht ausreichend ist, auf bestehende **Diffusionsprozesse** zur Weitergabe von Wissen und Informationen zu setzen. Zum einen werden Wissen und Informationen in Abhängigkeit von der subjektiven Relevanz transportiert. Das bedeutet beispielsweise, dass sich die Neuigkeit über die Gründung einer Erzeugergemeinschaft sehr schnell verbreitet, weil hiermit alltägliche, persönliche, materielle Vorteile verbunden sind. Demgegenüber können die Anhaltspunkte aus einem partizipativ entwickelten Handlungsrahmen für die zukünftige Siedlungsentwicklung einer Kommune sehr schnell in Vergessenheit geraten, wenn sie nicht aktiv transportiert und vermittelt werden, weil sie planerisch-abstrakt und nicht zwangsläufig von alltäglicher Bedeutung sind und neben Entwicklungsmöglichkeiten auch Entwicklungsbeschränkungen beinhalten. Die **Weitergabe von Informationen** kann sich auch auf Unwissen, willentliche oder unwillentliche Fehlinformation gründen. Neben dem oben beschriebenen, von einem regionalen Interessensvertreter verbreiteten Negativ-Image der Projektgruppe *Kulturlandschaft Hohenlohe* brachte die zu Projektbeginn durch einen Journalisten recherchierte und sich rasch verbreitende Information über das Fördervolumen des Forschungsvorhabens einen hohen nachgelagerten Erklärungsbedarf mit sich. Das Finanzvolumen weckte Begehrlichkeiten. Landwirte waren der Annahme, von zusätzlichen Fördermitteln profitieren zu können. Für viele regionale Akteure war nicht nachvollziehbar, warum in einem so umfangreichen Vorhaben überwiegend Mittel für die Wissenschaftler und deren Beratungsleistung, nicht aber für investive Förderungen in der Region zur Verfügung standen. In den unterschiedlichen Arbeitsforen war eine Klärung dieses Sachverhalts möglich, die Teilnehmer erkannten für sich die Möglichkeiten und Chancen der »traumhaften personellen Besetzung« – so ein Behördenvertreter – und verstanden, dass es zu dieser Förderstrategie des BMBF zu keinem Zeitpunkt eine Alternative gab. Vielfältige Bemühungen um Kofinanzierungen (s.o.) verdeutlichten zudem, dass die verfolgten Arbeiten zumeist mit den bestehenden Förderinstrumenten durchgeführt werden konnten. Ein gewisses »Rest-Unverständnis« blieb bei Landwirten und nicht direkt am Prozess Beteiligten bestehen, so dass auch bei der offiziellen Abschlussveranstaltung am 7.2.2002 in Mulfingen vom Landrat des Hohenlohekreises die Empfehlung ausgesprochen wurde, bei vergleichbaren Vorhaben zukünftig Investitionsmittel einzuplanen.

12.4.6 Regionalentwicklung und Politik

Das *Modellvorhaben Kulturlandschaft Hohenlohe* arbeitete im Rahmen der gegebenen politischen Rahmenbedingungen. Demzufolge wurden relevante Instrumente der Agrar-, Umwelt-, Struktur- und Raumordnungspolitik in Bezug auf die Teilprojekte analysiert und unter Einbeziehung von Experten und Akteuren in den Arbeitskreisen qualitativ-deskriptiv bewertet (Kap. 10).

Mit Blick auf die durchgeführten Grünlandprojekte zeigte sich beispielsweise, dass die bisherige EU-Förderpolitik durch die Prämiengestaltung Regionen mit einer extensiven Grünlandnutzung benachteiligt, so dass die Förderung der Grünlandnutzung – ohne Anreize zur Nutzungsintensivierung – zum Erhalt einer viefältigen Kulturlandschaft gestärkt werden sollte. Die vom Land Baden-Württemberg eingeführte MEKA-Maßnahme zur »Honorierung der Artenvielfalt im Grünland« stellt eine ergebnisorientierte Förderung ökologischer Leistungen dar. Demgegenüber sind die Regionalisierungsansätze – z.B. gestaffelte Prämien für Mulchsaat in Abhängigkeit von der Erosionsgefährdung – im MEKA unzureichend.

Die umweltpolitischen Politikinstrumente weisen vielfältige Umsetzungs- und Vollzugsdefizite auf (z.B. nach wie vor sehr hohe Belastung kleiner Gewässer im ländlichen Raum, unzureichender Biotopschutz der Streuobstbestände in Baden-Württemberg), so dass klare Direktiven vorgegeben werden sollten.

Für die Förderung nachhaltiger Entwicklungsprozesse im Natur- und Umweltschutz, in Raumplanung und Regionalentwicklung ist es von großer Bedeutung, Möglichkeiten und ausreichende Kapazitäten für Wissenstransfer, Beratungs-, Moderations- und Managementleistungen zur Verfügung zu stellen. Durch den Aufbau von Regionalmanagements (z.B. im Rahmen von LEADER) können integrierte, regionale Entwicklungskonzepte effektiv initiiert und in ihrer Umsetzung begleitet werden. Aufgrund der thematischen Vielschichtigkeit ist die langfristige Bündelung der Kompetenzen unterschiedlicher Fachbehörden und damit eine dienststellenübergreifende Funktion des Regionalmanagements zu berücksichtigen. Mit Hilfe des Aufbaus überregionaler Wissensmanagementstrukturen sollte zu einer Qualifizierung, Vernetzung und Information der regionalen Organisationen beigetragen werden.

Umweltmanagementverfahren, wie z.B. EMAS, werden auf kommunaler Ebene dann eine Verbreitung finden, wenn die Beratung durch staatliche Stellen mit der Moderation des Prozesses und der Etablierung von Anreizsystemen verknüpft werden. Agenda-Prozesse werden auch in kleineren Kommunen möglich, wenn Mittel für Moderation und Prozessgestaltung verfügbar sind und der Erfahrungsaustausch, z.B. zu Beteiligungsmethoden, gestärkt wird. Um Lokale-Agenda-Initiativen zukünftig als treibende Kraft für eine nachhaltige Entwicklung in Deutschland zu fördern, ist eine stärkere Vernetzung der Aktivitäten auf nationaler und lokaler Ebene und Operationalisierung des Vorgehens (z.B. Indikatoren-basierte Bilanzierungen) nötig.

Der Bedarf an einer verbesserten Kommunikation und Partizipation im Natur- und Umweltschutz zeigt sich auch bei der Einführung neuer Naturschutzstrategien. So existiert für die Förderung der in Baden-Württemberg definierten PLENUM-Gebiete bislang kein transparentes, sondern ein politisch induziertes Vergabeverfahren. Im Zusammenhang mit der Ausweisung von FFH-Gebieten erzeugt die hoheitlich festgelegte Gebietsabgrenzung zunächst Skepsis und Ablehnung bei den Betroffenen. Die frühzeitige Information der Betroffenen über einen neuen Schutzgebietstypus mit den damit verbundenen Chancen und Handlungsmöglichkeiten kann hingegen dazu beitragen, die durch Unwissen und Vorbehalte entstehende Ablehnung zu mindern. Eine rein hoheitliche Festlegung von Schutzgebieten sollte im Grunde der Vergangenheit angehören und durch eine kooperative, bewusste Auseinandersetzung mit den regionalen Akteuren im Sinne einer Stärkung des Subsidiaritätsprinzips abgelöst werden. Und dies nicht zuletzt, weil zum einen die Betroffenen im Zuge einer Auseinandersetzung mit naturschutzfachlichen Fragestellungen zunehmend den Wert schützenswerter Lebensräume in ihrem Umfeld erkennen und bereit sind, sich hierfür einzusetzen (vgl. Kap. 8.13, inhaltliche Annäherung zwischen Naturschutz- und Tourismus-Vertretern im Arbeitskreis Tourismus). Zum anderen haben die unterschiedlichen Schutzgebietstypen in peripheren Räumen, wie z.B. dem Jagsttal, in Teilen eine Ausdehnung erreicht (vgl. Kap. 8.8), die die kommunale Entwicklung erheblich einschränkt. Durch die damit verbundenen Schutzbemühungen bestimmter Biotoptpyen wird eine langfristige Fixierung erreicht, die in diesem Umfang einmalig ist und in diesen Gebieten zu einer Konservierung der Landschaft führen und die bislang stets gegebene Landschaftsentwicklung unterbinden kann. Eine Lösung könnte darin bestehen, die Erhaltungsziele weiter zu fassen und auf Biotoptypenkomplexe (z.B. Mosaik aus Wiesen, Weiden, Hecken eines Landschaftsausschnitts) zu beziehen, die unterschiedliche Bewirtschaftungsformen und dynamische Prozesse in den jeweiligen Flächen erlauben.

Schlussfolgerungen
— Die interne und externe **Projektstruktur** erwies sich als operabel für die Durchführung eines partizipativen, transdisziplinären Forschungsvorhabens in der ländlichen Regionalentwicklung.
— Für vergleichbare komplexe, transdisziplinäre Projekte mit Öffentlichkeitsbeteiligung sind ausreichend Ressourcen für die **EDV-Koordination** und die **Öffentlichkeitsarbeit** einzustellen. Die Öffentlichkeitsarbeit sollte nicht erst aktiv werden, wenn Ergebnisse erzielt wurden, sondern bereits im Vorfeld, um die Akteure zu motivieren, zu informieren und zu mobilisieren.
— Von der Zielsetzung einer **Geschäftsstelle in der Untersuchungsregion** (z.B. Büro, Anlaufstelle für Akteure, kurze Wege zu Fachbehörden) ist die Standortwahl entscheidend abhängig. Bei einer gewünschten Öffentlichkeitswirksamkeit eignen sich frequentierte, touristisch attraktive Standorte. Für die enge Kooperation mit Fachbehörden eignet sich z.B. die Ansiedlung der Kontaktstelle in einem Landratsamt – damit würde andererseits ein Stück Unabhängigkeit aufgegeben.
— Auf Seiten der Wissenschaftler brachte die anfängliche **Projektinitiierung** Unsicherheiten in der Ressourcenplanung mit sich. Bei parallel laufenden Prozessen sollten die Abstimmungsprozesse zwischen den Verantwortlichen sichergestellt und ein ausreichender Zeitpuffer für Unvorhergesehenes in der Arbeitsplanung berücksichtigt werden.
— Für Wissenschaftler ist das **Lernfeld der interdiziplinären Zusammenarbeit** erforderlich, um die Methodik im transdisziplinären Projekt zu erlernen.
— Die konkrete Zusammenarbeit mit den Beteiligten erforderte wiederholt eine **Modifikation der methodischen Ansätze,** wie z.B. der Abfolge der Arbeitsschritte des Lernzyklus des Aktionsforschungsansatzes. Hiermit verbunden ist ein hohes Maß an Kreativität, Flexibilität und Ergebnisoffenheit von Seiten der Wissenschaftler.
— Im Rahmen des Aktionsforschungsansatzes konnten u.a. die **Beteiligungsanalyse, formative Szenario-Analyse** und **Participatory Learning and Action** erfolgreich als patizipative Planungsmethoden eingesetzt und angepasst werden.
— Die praktizierten **Evaluierungen** waren wichtige Instrumente für die Projektsteuerung und lieferten darüber hinaus die Datengrundlage zur Bewertung der transdisziplinären Zusammenarbeit und sozialer Indikatoren. Durch die Kombination der über kurze und längere Zeiträume integrierenden Bewertungen konnte sowohl kurzfristig auf die Gestaltung von Arbeitskreisen Einfluss genommen werden als auch die inhaltliche Schwerpunktsetzung eines Arbeitskreises

bewertet und neu ausgerichtet werden. Bei sich wiederholenden, über einen längeren Zeitraum angelegten Evaluierungen sind die Vor- und Nachteile von (a) situativen gegenüber periodischen Evaluierungen und (b) Evaluierungen mit konstantem (Vergleichbarkeit) gegenüber einem situativ angepassten Fragenkatalog (bedingt vergleichbar) abzuwägen.

- Die partizipative, problemorientierte **Projektentwicklung und -durchführung** sicherte eine hohe Motivation und Umsetzungsbereitschaft auf Seiten der Akteure. Deren hohe Zufriedenheit mit der praktizierten Zusammenarbeit bestätigt den gewählten partizipativen Forschungsansatz.
- Dem Prozess der Entwicklung einer gemeinsamen **Sprache** zwischen Praktikern und Wissenschaftlern sollte in der Zusammenarbeit ausreichend Aufmerksamkeit gewidmet werden.
- Das Forschungsvorhaben arbeitete wegen des Bottom-up-Ansatzes erfolgreich und mit breiter Akzeptanz auf der Ebene der jeweiligen Teilprojekte. Es wurde jedoch versäumt, eine starke übergeordnete **politische »Schirmherrschaft«** auf regionaler Ebene für das Forschungsvorhaben zu etablieren, die erforderlich ist, um die generelle Umsetzungsbereitschaft und Akzeptanz der Beteiligten für das Vorhaben zu steigern und mögliche Konfliktsituationen einzudämmen. Folglich empfiehlt sich für vergleichbare transdisziplinäre Forschungsvorhaben in der ländlichen Regionalentwicklung ein kombinierter **Bottom-up-Top-down-Ansatz**. Übergeordnete Entscheidungsträger, wie z.B. Land-, Kreisräte und Verbandsvertreter, die oftmals nicht direkt in den Arbeitsforen von Einzelvorhaben beteiligt sind, können durch die Etablierung eines **Projektbeirats** bzw. einer **Steuerungsgruppe** eingebunden werden. Hierdurch, wie auch durch die finanzielle Einbindung regionaler Instanzen, wird eine frühzeitige Auseinandersetzung mit dem Vorhaben und eine noch stärkere Einbindung der Arbeiten in die Aufgaben im Untersuchungsraum erreicht.
- Die Teilprojekte wurden in erster Linie auf Grund des Personaleinsatzes möglich. Somit ist bereits unter den gegebenen Rahmenbedingungen durch ein Mehr an **Beratung, Management und Wissenstransfer** die Initiierung nachhaltiger Entwicklungsprozesse auf regionaler Ebene möglich.
- Die Erwartungshaltung und Empfehlung regionaler Akteure, Investitionsmittel bei vergleichbaren Vorhaben bei der Forschungsförderung einzuplanen, ist nachvollziehbar, wenn keine Fördermöglichkeiten für die jeweiligen Maßnahmen bestehen. Allerdings sollte bei einem vergleichbaren transdisziplinären Forschungsvorhaben im Ländlichen Raum auch versucht werden, **Kofinanzierungen aus der Region** (z.B. Kommunen, Verbände, Landkreise) als Investitionsmittel einzustellen und somit die Akteure finanziell verantwortlich einzubinden.
- Einer zu verbessernden **Kommunikation und Partzipation** kommt im Natur- und Umweltschutz eine Schlüsselrolle zu, um in Zeiten zunehmender Restriktionen Akzeptanz bei den Betroffenen zu erzielen und sie in eine konstruktive Mitarbeit einzubinden.
- Die erzielten Erfolge verdeutlichen den Einfluss **partizipativer Planungsprozesse** auf Bewusstseinbildung, Umweltverhalten und Kommunalpolitik. Da diese Verfahren – vor allem aufgrund der damit verbundenen Kosten – noch wenig verbreitet sind, sollten partizipative Planungen zukünftig stärker in der **Förderung von Bund und Ländern** Berücksichtigung finden.
- **Umsetzungs- und Vollzugsdefizite** im Natur- und Umweltschutz (z.B. kleine Fließgewässer, Streuobst) sind aufzuarbeiten.
- **Schutz und Entwicklung von Lebensräumen** sollte sich nicht ausschließlich an einzelnen Biotopen mit konstanten Bewirtschaftungsmustern orientierten, sondern eher an **Biotopkomplexen,** mit der Option für dynamische Prozesse, Landschaftsentwicklung und Anpassungen an aktuelle Bewirtschaftungsformen orientiert sein.

- Die **Grünlandnutzung** sollte – ohne Anreize zur Nutzungsintensivierung – im Sinne des Erhalts einer vielfältigen Kulturlandschaft gefördert werden. Die Ergebnis-orientierte Honorierung ökologischer Leistungen (vgl. MEKA Baden-Württemberg) stellt in diesem Zusammenhang einen guten Ansatz dar, der ausgebaut werden sollte.
- Zur Minderung der **Bodenerosion** sind Regionalisierungsansätze im MEKA-Programm zu stärken.
- Die **Einsatzmöglichkeiten ökologisch-ökonomischer Selbstevaluierungsverfahren** reichen von der Ausbildung von Landwirten bis zur betrieblichen Praxis, vom einzelbetrieblichen Umweltmanagementsystem bis zur Ergebnis-orientierten Honorierung ökologischer Leistungen.
- Die Kooperation in offenen Arbeitskreisen in den Tourismusprojekten zeigte die **Grenzen der Belastbarkeit und Verantwortungsübernahme** durch Akteure auf.
- Die **soziale Komponente** spielt bei Erzeugerzusammenschlüssen eine nicht zu vernachlässigende Rolle (u.a. fachlicher Austausch, Interessensvertretung).
- Voraussetzungen für erfolgreiche **regionale Vermarktungsansätze** sind Marktnischen, ein gutes Marketingkonzept, kompetente, motivierte und risikobereite Akteure und eine ausreichende Entwicklungszeit.
- Die langfristige Etablierung **querschnittsorientierter Regionalmanagementstrukturen** kann integrierte, regionale Entwicklungsprozesse fördern und sollte durch die Bereitstellung ausreichender Kapazitäten für Wissenstransfer, Beratung, Moderation und Management unterstützt werden. Auch Umweltmanagementverfahren (z.B. EMAS) und Lokale-Agenda-Prozesse können entschieden über die **Förderung personeller Kapazitäten** (Beratung, Moderation) in der Kombination mit entsprechenden Anreizsystemen unterstützt werden. Neben der lokalen und regionalen Vernetzung sollten auch überregionale Wissensmanagementstrukturen eingeführt und gepflegt und Indikatorensysteme zur Operationalisierung einer nachhaltigen Entwicklung stärker eingeführt werden.

12.5 War der verfolgte Forschungsansatz zielführend?

- Was waren die wesentlichen Merkmale des gewählten Forschungsansatzes?
- Inwieweit war der gewählte Aktionsforschung für das Forschungsvorhaben geeignet?
- Waren die im Rahmen des Aktionsforschungsansatzes gewählten Methoden geeignet?
- War das *Modellvorhaben Kulturlandschaft Hohenlohe* ein transdisziplinäres Projekt?
- Wie stehen Aktionsforschung und transdisziplinäre Forschung zueinander?

Transdisziplinäre Forschung ist eine junge, mit nur wenigen praktischen Erfahrungen hinterlegte Forschungsrichtung. Auch zum Einsatz der Aktionsforschung in der Agrarlandschafts- und Umweltforschung liegen – mit Ausnahme der Forschung in der Entwicklungszusammenarbeit – kaum Erfahrungen vor. Folglich bewegten sich die Wissenschaftler in einem Experimentierfeld, in dem sie sich an »das richtige Vorgehen« herantasteten. Hiermit war ein flexibles Vorgehen verbunden, das bei Wissenschaftlern, die sich üblicherweise an einem vorher festgelegten Forschungsdesign orientieren, Unsicherheiten weckt. Aufgabe des *Modellprojekts Kulturlandschaft Hohenlohe* war es deshalb auch, Erfahrungen und damit Sicherheit im transdisziplinären Vorgehen in Verbindung mit dem Aktionsforschungsansatz zu gewinnen.

Das *Modellvorhaben Kulturlandschaft Hohenlohe* hatte einen problemorientierten bzw. transdisziplinären Forschungscharakter (Kap. 2.2). In diesem Rahmen bildete die Aktionsforschung (Kap. 6.3) das zentrale methodische Forschungskonzept. Kernelemente dieses sozialwissenschaftlich geprägten und verstärkt in der psychologischen Organisationsentwicklung und Entwicklungszusammenarbeit eingesetzten Forschungsprinzips sind

— ein gleichberechtigtes Nebeneinander von praktischem Handeln, wissenschaftlichem Forschen und einer aufklärenden Bildung von Handelnden und Wissenschaftlern,
— ein gemeinsamer Lernprozess zwischen Forschern und Praktikern, als Versuch, die Trennung zwischen Wissenschaft und Praxis zu überwinden,
— ein iteratives Vorgehen, bei dem die Schritte Situationsanalyse, Planung, Implementierung und Evaluierung zumindest einmal durchlaufen werden,
— der Dialog zwischen Forschern und Praktikern und eine Handlungs- und Zielgruppenorientierung.

Innerhalb des Aktionsforschungsansatzes stellten verschiedene sozialwissenschaftliche Methoden (z.B. Befragungen, Beteiligungsmethoden) die methodische Basis für die Zusammenarbeit mit den Akteuren in den Teilprojekten dar. In Abhängigkeit von dem definierten Forschungsgegenstand kamen in den Teilprojekten zusätzlich unterschiedliche disziplinäre und multidisziplinäre Methoden zum Einsatz. Der praktizierte Forschungsansatz lässt sich demzufolge als partizipative, transdisziplinäre Forschung beschreiben (vgl. Kap. 2.2 und Hirsch-Hadorn & Wölfing-Kast 2002).

Die Auseinandersetzung mit dem Forschungsansatz war zu Beginn der Hauptphase des *Modellvorhabens Kulturlandschaft Hohenlohe* von großer Bedeutung für die inhaltliche Annäherung der Wissenschaftler untereinander und ihr gemeinsames Vorgehen in der Untersuchungsregion. Die Prinzipien und möglichen Methoden des transdisziplinären Aktionsforschungsansatzes wurden vermittelt, mit Hilfe der fachlichen Unterstützung der für die Beteiligungsmethoden verantwortlichen Wissenschaftler an die Vorgehensweise in den Teilprojekten angepasst und gemeinsam weiterentwickelt. Darüber hinaus wurden die Wissenschaftler bedarfsgerecht – im Wesentlichen zu Projektbeginn sowie auf Nachfrage im weiteren Projektverlauf – qualifiziert, z.B. in Gesprächsführungs-, Moderations-, Präsentationstechniken, Schreiben wissenschaftlicher Texte, Wissenschaftstheorie. Die Fortbildungen wurden von den meisten Mitarbeitern gerne angenommen, da die erlernten Techniken und Erkenntnisse sogleich zur Anwendung kamen (Learning by Doing) und zu einer erheblichen Qualifizierung beitrugen (Kap. 6.6, 9.1, 9.2).

Mit den im Herbst 1998 beginnenden Forschungsarbeiten im Untersuchungsraum wurde die projektinterne Konstituierung abgeschlossen. Gründe hierfür waren der Aufruf der Projektleitung, die Projektarbeit in der Untersuchungsregion aufzunehmen wie auch eine »disziplinäre Ungeduld« der beteiligten Wissenschaftler. Die vielfältigen Arbeiten im Zuge der Projektarbeit (Problemformulierung mit den Akteuren, Festlegen von Themen und der Arbeit in den Arbeitsgruppen) und der querschnittsorientierten wissenschaftlichen Arbeiten (z.B. Indikator-, Politik-AG) führten zu einer eingeschränkten Bereitschaft der Mitarbeitenden, Zeit für die Methodendiskussion und Schulung aufzubringen. Wohl deshalb waren gewisse Unsicherheiten hinsichtlich des praktizierten Aktionsforschungsansatzes und der wissenschaftstheoretischen Grundlagen bis zum Projektende beobachtbar. So kamen die meisten Wissenschaftler im weiteren Projektverlauf zu der Einschätzung, dass für die wichtige, anfängliche Vorbereitungszeit zu Beginn des Projektes kein ausreichendes Zeitfenster für Methodenverständnis, -entwicklung und interne Schulung vorgesehen war (vgl. Kap. 9.1, 9.2). Von Seiten der Zuständigen für das methodische Vorgehen (Kommunikations- und Beratungslehre) stand zwar mit der Aktionsforschung der methodische Rahmen fest, jedoch wurde die detaillierte Planung erst im Zuge des Projektfortschritts entwickelt. Die am methodischen Vorgehen geäußerte Kritik war bis zu einem gewissen Grad auch ein Ventil für den Umgang mit der Unsicherheit mit dem offenen Vorgehen im Forschungsprozess.

Probleme in der Zusammenarbeit im Zuge der transdiziplinären Projektentwicklung ergaben sich in der anfänglichen Orientierungsphase vor dem Hintergrund der Rollenklärung und Aufgabenverteilung. Der Übergang von der Definitionsphase – mit einer breiten Beteiligung aller Wissenschaftler an fast allen Forschungsfragen – zur Hauptphase erforderte eine inhaltliche Schwerpunktsetzung der Mitarbeiter. Wenngleich jeder Wissenschaftler einen eigenen fachlichen Hintergrund mitbrachte und inhaltliche Zuständigkeiten mit dem Projektantrag zur Hauptphase vereinbart waren, entstanden durch die transdisziplinäre Projektentwicklung neu zu verhandelnde Aufgabenfelder mit entsprechenden Schnittmengen zwischen den Kompetenzen unterschiedlicher Mitarbeiter. Diese Aushandlungsprozesse verliefen in der Regel unproblematisch bei klar abgrenzbarer Expertise der jeweiligen Wissenschaftler (z.B. Zoologe/Vegetationskundler, Bodenkundler/ Betriebswirtschaftler). Sie waren in Teilen problematisch bei Überschneidungen des jeweiligen Expertenwissens aufgrund inhaltlicher und konzeptioneller Auffassungsunterschiede, eines individuell empfundenen Selbstverständnisses einer fachlichen Vorherrschaft in einem Aufgabenfeld, bei den methodischen Kompetenzen und individuellen Promotionsinteressen.

Vergleichbare Klärungsprozesse und Probleme treten in größeren Forschungsverbünden häufig auf, sind aber in der Regel nicht Gegenstand einer Erörterung. Im *Modellvorhaben Kulturlandschaft Hohenlohe* wurde vor diesem Hintergrund von Anfang an ein Prozessbegleiter einbezogen, um die Arbeitsfähigkeit des Forschungsteams sicher zu stellen und zu optimieren. In den meisten Fällen konnten auftretende Konflikte entweder von den Beteiligten selbst oder unter Einbeziehung des Prozessbegleiters gelöst werden (vgl. Kap. 9.1). Die aktive Auseinandersetzung hiermit förderte in Verbindung mit der engen Kooperation in den Teilprojekten die transdisziplinäre Zusammenarbeit und beugte einem Zurückfallen in disziplinäres Denken und Handeln vor. Das anhand regelmäßiger Befragungen nachgewiesene, überwiegend sehr positive Arbeitsklima bestätigt die Notwendigkeit von Instrumentarien zur projektinternen Konfliktlösung. Kritisch waren allerdings Projektphasen, in denen der Prozessbegleiter selbst in Auseinandersetzungen mit Wissenschaftlern aus dem Forschungsteam involviert war oder sich Wissenschaftler oder Institutsleiter bewusst Klärungsprozessen entzogen.

In dem verfolgten transdisziplinären Aktionsforschungsansatz wurde, ausgehend von der Problem- und Zielformulierung mit den Akteuren, der Forschungsgegenstand von den Wissenschaftlern Disziplinen-unabhängig definiert. Bei der Problemlösung stand die zu lösende Fragestellung im Vordergrund, nicht die disziplinäre Sichtweise einzelner Problemlagen. Mit der Untergliederung in Teilfragestellungen komplexer Aufgaben kamen die jeweiligen disziplinären Methoden und entsprechenden Methodenexperten zum Einsatz. Dementsprechend wurden naturwissenschaftliche (z.B. faunistische und floristische Erhebungen, Gewässeranalytik), ökonomische, gesellschafts- und sozialwissenschaftliche Methoden (z.B. Interviews, Befragungen) eingesetzt. Die jeweiligen Zielsetzungen brachten es mit sich, dass Methoden praxisorientiert aufbereitet (z.B. Bewertungsschlüssel), weiterentwickelt (z.B. Kap. 8.7: formative Szenario-Analyse im Workshop-Ansatz, oder Kap. 8.10: Synthetische Bodenkarte) oder neu beschrieben wurden (z.B. Kap. 8.9: Indikator Salamanderlarven). Bei komplexen Fragestellungen führte der Einsatz unterschiedlicher Methoden, eines darauf aufbauenden Planungsprozesses und einer damit verbundenen Syntheseleistung zum Gesamtergebnis.

Die im *Modellvorhaben Kulturlandschaft Hohenlohe* eingesetzten Methoden erwiesen sich als geeignet. Hierbei ist zu berücksichtigen, dass die Methodenwahl vor dem Hintergrund der Zielsetzung und Zielgruppe getroffen wurde: Die in der Agenda 21-Projektwoche (Kap. 8.12) eingesetzten Methodenbausteine (z.B. Transektwanderung, Küchentischgespräche, Planning for Real) sollten eine breite Bürgerbeteiligung in einem kreativen Umfeld ermöglichen. Die Praxisversuche im Teilprojekt *Konservierende Bodenbearbeitung* (Kap. 8.1), wie auch die darauf aufbauenden Bewertungsschlüssel waren stark an der Zielgruppe »Landwirt« ausgerichtet. Im Teilprojekt *Landnutzungsszenario Mulfingen* (Kap. 8.7) wurde die formative Szenario-Analyse als Planungsmethode gewählt, weil dieses Verfahren – im Gegensatz zu einer Prognose oder Simulation – eine partizipative Strategieentwicklung für ein komplexes Thema ermöglichte.

Der mit den eingesetzten Methoden im Zusammenhang stehende Arbeitsaufwand war nicht immer genau planbar und konnte durch das partizipative Vorgehen wie auch die disziplinären oder interdisziplinären Ausarbeitungen zunehmen, was die Projektsteuerung erschwerte. So konnte die Umweltbilanzierung im Teilprojekt *Ökobilanz Mulfingen* (Kap. 8.9.) nicht in der ursprünglich vorgesehenen Zeit abgeschlossen werden, weil die Akteure mit aktuellen Themen an die Wissenschaftler herantraten. Dies eröffnete einerseits Möglichkeiten für eine unmittelbare Umsetzung konkreter Lösungsansätze, verzögerte andererseits aber den Abschluss der Bilanzierung. Die im Teilprojekt *Regionaler Umweltdatenkatalog* (Kap. 8.10) entwickelte »Synthetische Bodenkarte« stand in einem transdisziplinären Projektzusammenhang und brachte in der interdisziplinären Zusammenarbeit zweier Institute einen enormen, vorab nicht eingeplanten Bearbeitungsaufwand mit sich. Im Teilprojekt *Konservierende Bodenbearbeitung* wurde deutlich, dass mit dem Projektdesign (hier: Praxisversuche in enger Zusammenarbeit mit Landwirten) eine starke Ressourcenbindung stattfindet, die eine bedarfsorientierte Anpassung der Arbeitsleistungen im weiteren Projektverlauf einschränkt. Anhand des Teilprojektes *Themenhefte* konnte gezeigt werden, dass der praktizierte offene Arbeitskreis keine optimale Arbeitsform für touristische Projekte mit finanziellen Investitionen darstellt. Wenngleich das transdisziplinäre Vorgehen prinzipiell durch eine freie Methodenwahl gekennzeichnet ist (JAEGER & SCHERINGER 1998), so ergeben sich in der partizipativen, transdisziplinären Forschung Einschränkungen im Methodeneinsatz vor dem Hintergrund der Ressourcenverfügbarkeit und der Eignung für die partizipative Zusammenarbeit.

Letztlich kann der methodische Erfolg in nahezu allen Teilprojekten das hohe Engagement und die dabei erworbene Methodenkompetenz aller Mitarbeiter in der partizipativen Durchführung ihrer Projekte als Beleg dafür gewertet werden, dass der Aktionsforschungsansatz und seine Umsetzung im *Modellvorhaben Kulturlandschaft Hohenlohe* sehr positiv bewertet werden kann und zu einer erheblichen Qualifizierung der Mitarbeiter beitrug.

Schlussfolgerungen

__Der verfolgte Forschungsansatz kann als **partizipative, transdisziplinäre Forschung** beschrieben werden. Die **Aktionsforschung** erwies sich als geeigneter methodischer Rahmen, um die Prinzipien der partizipativen transdisziplinären Forschung umzusetzen. Transdisziplinäre Forschung und Aktionsforschung besitzen hinsichtlich ihrer Grundprinzipien eine große Schnittmenge. Im *Modellvorhaben Kulturlandschaft Hohenlohe* konnten Erfahrungen im Umgang mit beiden Forschungskonzepten gewonnen und Empfehlungen für deren Einsatz in Forschungsvorhaben entwickelt werden (vgl. auch GERBER et al. 2005)

__Im Forschungsvorhaben bestand – insbesondere zu Projektbeginn – ein hoher **Kommunikations- und Schulungsbedarf** wegen des unterschiedlichen Wissensstandes zum verfolgten Forschungsansatz, des unterschiedlichen fachlichen Hintergrundes der Wissenschaftler, der Methodenvielfalt in einem transdisziplinären Projekt und der Anforderungen an die Wissenschaftler in einem partizipativen Forschungsvorhaben (z.B. Gesprächsführungs-, Moderationstechniken, Konflikt-, Projektmanagement).

__Der **Zeitbedarf** für die zu leistenden **Kommunikationsprozesse** (z.B. projektinterne Gespräche, Sitzungen und Fortbildungen, Vorbereitung und Durchführung projektexterner Veranstaltungen und Einzelgespräche, Organisation, Öffentlichkeitsarbeit) wurde von den beteiligten Wissenschaftlern anhand ihrer Zeitpläne auf rund 40 Prozent der Arbeitsleistung geschätzt, wobei dieser Anteil zu Projektbeginn höher, in der Dokumentationsphase zu Projektende niedriger ausfiel.

— Die Zusammenarbeit in einem partizipativen, transdisziplinären Projekt bringt eine notwendige **Rollenklärung** der beteiligten Wissenschaftler mit sich. Dies betrifft die Interaktion zwischen den Wissenschaftlern sowie zwischen Akteuren und Wissenschaftlern. Diese Auseinandersetzung soll auf Seiten der Wissenschaftler die transdisziplinäre Zusammenarbeit und die Wahrnehmung mit dem Umgang mit Wissen und Werten fördern und ein Zurückfallen in disziplinäre Denk- und Handlungsmuster vermeiden.

— Für umfangreiche partizipative, transdisziplinäre Vorhaben sind bei Projektbeginn ein ausreichendes Zeitfenster zur Entwicklung eines **gemeinsamen Forschungs- und Methodenverständnisses** und entsprechende Schulungen der beteiligten Wissenschaftler sowie begleitete Teamentwicklungen vorzusehen.

— Die im *Modellvorhaben Kulturlandschaft Hohenlohe* eingesetzten **Methoden** waren für ein partizipatives, transdisziplinäres Vorhaben geeignet. Die Methodenwahl ist vor dem Hintergrund der Ressourcenverfügbarkeit und der Eignung für ein partizipatives Vorgehen eingeschränkt.

— Wissenschaftler, die in Großprojekten für das **methodische Vorgehen** auf der Grundlage des Aktionsforschungsansatzes verantwortlich sind, sollten eine ausreichende **praktische Erfahrung** in den erforderlichen Methoden besitzen, um sie nachvollziehbar vermitteln zu können.

— Da Wissenschaftlern in der Regel aufgrund der bisherigen universitären Ausbildung **wissenschaftstheoretische Grundlagen** fehlen, sollten diese zukünftig in die Ausbildung integriert bzw. in entsprechenden Projekten vermittelt werden. Eine unabhängige Prozessbegleitung kann diese Rollenklärung aktiv unterstützen.

12.6 War das Modellvorhaben Kulturlandschaft Hohenlohe ein Forschungsprojekt oder ein Beratungsprojekt?

— Welche Art von wissenschaftlichem Wissen haben die Wissenschaftler im *Modellvorhaben Kulturlandschaft Hohenlohe* produziert?
— Wo lagen die Schwerpunkte in der Wissensproduktion?

Mit Blick auf den verfolgten Forschungsansatz und die durchgeführten Projekte können folgende Leitfragen hinsichtlich der Wissenschaftlichkeit aufgeworfen werden: Entscheidend für die Ausrichtung des *Modellvorhabens Kulturlandschaft Hohenlohe* waren die Anforderungen des Förderschwerpunkts »Ökologische Konzeptionen für Agrarlandschaften« des Bundesministeriums für Bildung und Forschung: Stichworte Partizipation, Prozess-, Umsetzungsorientierung, wissenschaftliche Umsetzungsbegleitung (BMBF 1996). Hierdurch wurde im Sinne einer orientierten Forschung (vgl. Kap. 2.2) der thematische Rahmen festgelegt. Innerhalb dessen wurden von den Wissenschaftlern die Forschungsmethodik und – in Kooperation mit den Akteuren – die thematischen Schwerpunkte bestimmt. Da der Forschungsgegenstand – innerhalb des vorgegebenen Rahmens – wissenschaftsintern konstituiert wurde, entspricht dies dem Typ der freien Forschung (vgl. Kap. 2.2). Mit der Kritik an der fehlenden Umsetzung wissenschaftlichen Wissens in der Nutzung und Gestaltung von Agrarlandschaften war im genannten Förderschwerpunkt des BMBF der Ruf nach einer problemorientierten Forschung (vgl. Kap. 2.2) verbunden.

Im Modellvorhaben war die transdisziplinäre Forschung der bestimmende Forschungstyp (Kap. 2.2, 11.4). Ziel- und Transformationswissen bildeten die vorherrschenden produzierten Wissensformen. Systemwissen entstand durch Analysen, die ihrerseits die Grundlage für die Entwicklung von Ziel- und Transformationswissen bildeten. Das produzierte Transformationswissen war eng verknüpft mit Beratungsleistungen im Rahmen von Arbeitskreissitzungen, Einzelgesprächen, Fortbildungen sowie im Projektmanagement. Beratungs- und Managementleistungen nahmen im Arbeitskreis Landschaftsplanung und in den vermarktungsorientierten Teilprojekten einen großen Umfang ein und dominierten insbesondere die Teilprojekte *Bœuf de Hohenlohe, Panoramakarte* und *Themenhefte*. Beratung hatte allerdings nicht alleine die Funktion einer Dienstleistung, sondern war im Sinne des Aktionsforschungsansatzes zentraler Stimulus zur Initiierung von Prozessen und ermöglichte es dem Wissenschaftler, als beobachtender Teilnehmer Umsetzungsschritte zu begleiten.

Einen zunächst disziplinären bzw. interdisziplinären Charakter hatten Einzeluntersuchungen, die auf ein anfänglich wissenschaftsinternes Interesse zurückgingen. Hierzu gehörten Arbeiten zur Gewässerökologie, Landespflege, Umweltinformatik (synthetische Bodenkarte) und Kunst. Erfolg versprechende Ansätze gingen in den transdisziplinären Teilprojekten auf (z.B. TP *Gewässerentwicklung, Landnutzungsszenario Mulfingen*) oder führten zu einer eigenen Projektentwicklung (TP *eigenART*).

Die Anwendung von bereits vorliegendem wissenschaftlichen Wissen war durch den Förderschwerpunkt des BMBF bedingt und prägte die Teilprojekte. In der Regionalisierung wissenschaftlichen Wissens, d.h. der Anwendung bestehenden Wissens zur Förderung nachhaltiger Entwicklungsprozesse auf regionaler Ebene, bestand die Kernaufgabe und der Arbeitsschwerpunkt des Forschungsvorhabens. Neue wissenschaftliche Erkenntnisse entstanden folglich zum einen durch die Beobachtung und Beschreibung der durch die Forscher initiierten Aktivitäten und die Reflexion eingesetzter Methoden (z.B. Beteiligungs-, Planungsmethoden, Anwendung von Modellen), Vorgehensweisen und erzielten Ergebnisse vor dem Hintergrund des Aktionsforschungsansatzes. Neben den Erfahrungsberichten über die Arbeiten in der Untersuchungsregion wurden bestehende Methoden weiterentwickelt (z.B. Beteiligungsanalyse, formative Szenario-Analyse, Rechenvorschriften Indikatoren, betriebliche Ökobilanz), Erkenntnisse zur Organisation und Steuerung transdisziplinärer Forschungsverbünde gesammelt und Empfehlungen zur Gestaltung geeigneter Rahmenbedingungen zur Förderung nachhaltiger regionaler Entwicklungsprozesse ausgearbeitet. Zum anderen wurde neues Wissen u.a. durch die Beschreibung neuer Indikatoren, Analysen (z.B. Machbarkeitsanalysen, synthetische Bodenkarte, Systemwissen) und Konzepte produziert.

Schlussfolgerungen
— Das *Modellvorhaben Kulturlandschaft Hohenlohe* war ein transdisziplinäres Forschungsprojekt, in dem vorwiegend Ziel- und Transformationswissen, jedoch auch Systemwissen produziert wurde.
— Der Umfang der erbrachten Beratungsleistung war abhängig vom Charakter des jeweiligen Teilprojekts. Für den Wissenschaftler hatte die Beratung zwei wichtige Funktionen: Initiierung von Entwicklungsprozessen im Sinne des Aktionsforschungsansatzes und Begegnungsraum mit den regionalen Akteuren im Zuge der Begleitforschung.

12.7 Wissen und Werte

> —Wer definierte die Probleme, die mit Hilfe der Wissenschaft einer Lösung zugeführt werden sollten; wer formulierte die Zielsetzungen?
> —Wie gingen die Wissenschaftler mit dem wissenschaftsbezogenen Postulat der Werturteilsfreiheit wissenschaftlicher Aussagen um?
> —Woher stammten die Bewertungen und Bewertungsmaßstäbe, die für die praktische Arbeit nötig waren?
> —Wer entschied, was als gültiges Wissen zu akzeptieren war?
> —Wem fielen die Entscheidungsbefugnisse zu oder wer nahm sich das Recht dazu?

Die traditionelle Trennung zwischen Fakten (Wissenschaft ist der Neutralität und Werturteilsfreiheit verpflichtet, liefert Tatsachenwissen, trifft deskriptive Äußerungen) und Werten (Politik/Gesellschaft liefert Bewertungen, trifft lebensweltliche Entscheidungen, trifft präskriptive Äußerungen) lässt sich in der problemorientierten Forschung nur schwerlich aufrechterhalten (vgl. Kap. 2.2), da
—der Wissenschaftler selbst zum Akteur in politischen Entscheidungprozessen wird, indem er a) Gefahren benennt und vergegenwärtigt, Lösungsansätze anbietet und somit Politiker unter Entscheidungsdruck setzt, b) im Rahmen des Aktionsforschungsansatzes in einem sozialen Umfeld Impulse für Veränderungen setzt;
—Wissenschaft nicht nur verlässliches Wissen schafft, sondern zunehmend Bereiche des Nicht-Wissens aufzeigt. Aufgrund dieser Unsicherheit in der Umweltforschung und des bestehenden Entscheidungsbedarfs verschwimmen die Grenzen zwischen Fakten und Werten, zwischen Experten und Entscheidungsträgern;
—nachhaltige Entwicklung auf ein normatives, politisches Leitbild zurückgeht und die Kriterien hierfür nicht alleine durch Experten festgelegt werden können. Nachhaltigkeitsforschung ist folglich als dialogische Forschung mit gesellschaftlicher Einbettung anzulegen.

Ausgehend von dieser Durchmischung von Fakten und Werten in der Umwelt- bzw. Nachhaltigkeitsforschung ist die Frage aufzuwerfen, wie die Wissenschaftler im *Modellvorhaben Kulturlandschaft Hohenlohe* mit diesem Sachverhalt umgingen? Wesentlich waren hierbei die Rollenklärung der Wissenschaftler vor dem Hintergrund des praktizierten Forschungsansatzes, die Offenlegung von Zielen und Werten gegenüber und die Diskussion mit den Akteuren sowie die partizipativen Planungs-, Entscheidungsprozesse und Evaluierungen. Im Einzelnen bedeutet dies

mit Blick auf das Rollengefüge zwischen Akteuren und Wissenschaftlern:
—die Entwicklung eines Verständnisses der Wissenschaftler über ihre Rolle in transdisziplinären Projekten durch die Auseinandersetzung mit wissenschaftsethischen Betrachtungen ihrer Arbeit;
—das Erlernen und Praktizieren von Formen der partizipativen Zusammenarbeit;

mit Blick auf die Definition von Problemstellungen und Zielformulierungen:
—die Information der Akteure über die Zielsetzung des Förderschwerpunktes und den verfolgten Forschungs- und Entwicklungsansatz;
—die partizipative Problem- und Zielformulierung;
—die Definition des Forschungsgegenstands;

mit Blick auf die Entscheidung über gültiges, zu akzeptierendes Wissen:
—die Festlegung von Systemgrenzen;
—die Bereitstellung notwendiger Grundlagen für die Entscheidungsfindung;

— die Ausarbeitung von Empfehlungen durch die Wissenschaftler für die Entscheidungsfindung auf der Grundlage von gesichertem und nicht gesichertem Wissen;
— die partizipative Leitbild- und Strategieentwicklung sowie die Festlegung von Maßnahmen für eine nachhaltige Entwicklung auf lokaler bzw. regionaler Ebene in den Arbeitskreisen;

mit Blick auf die Entscheidungsbefugnisse:
— demokratische, konsensorientierte Entscheidungsprozesse bei Beschlussfassungen in den Arbeitskreisen;
— die Einbindung politisch legitimierter Gremien oder Personen bei Entscheidungsprozessen, die über die Kompetenz der Arbeitskreise hinausgingen;

mit Blick auf Bewertungen und Bewertungsmaßstäbe:
— die Entwicklung eines gemeinsamen Begriffsverständnisses;
— die Offenlegung von Bewertungsmaßstäben;
— die Berücksichtigung bestehender ordnungsrechtlicher Rahmenbedingungen bei Bewertungsfragen oder der Festlegung von Grenzwerten;
— die Festlegung von Bewertungsmaßstäben in Konsensprozessen mit den Akteuren oder den Verzicht auf Bewertungsmaßstäbe bei fehlenden Beurteilungsgrundlagen;
— die Evaluierung des praktizierten Vorgehens und die Erläuterung der Evaluierungsinhalte gegenüber den Akteuren;

Die mit diesem Vorgehen verbundenen Bemühungen und Vorgehensweisen förderten eine erfolgreiche Projektdurchführung, was auch anhand einzelner Kriterien und Rückmeldungen der Akteure in den Evaluierungen deutlich wird. Entscheidend für die wechselseitige Vermittlung von Wissen und Werten im partizipativen Vorgehen waren die Problem- und Zielformulierungen, Planungsprozesse, Evaluierungen und die Vereinbarung von Bewertungsmaßstäben in der Projektarbeit mit den Akteuren.

Wesentlich für die Problem- und Zielformulierung und die Festlegung der Systemgrenzen und Bewertungsmaßstäbe waren im *Modellvorhaben Kulturlandschaft Hohenlohe* die partizipativen Planungsprozesse vor dem Hintergrund des Aktionsforschungsansatzes. In ihnen wurde der Rahmen für die Zusammenarbeit zwischen Akteuren und Wissenschaftlern definiert und umfasste vor allem die *Ziel-, Nachhaltigkeitsdiskussion, Maßnahmenplanung und Evaluierung*. Die Bereitschaft der Akteure, die zunächst theoretisch erscheinenden Planungsprozesse in der Projektarbeit zu durchlaufen, war unterschiedlich. Ziel- oder Leitbilddiskussionen wurden zunächst als kopflastig empfunden. Ihr anfängliches Planungsdenken erstreckte sich primär auf Maßnahmenkategorien (Was wollen wir umsetzen?), wobei die Zielebene (Was wollen wir erreichen?) gerne übersprungen wurde. Zwischen den Akteuren gab es Unterschiede, da z.B. den Behörden- und Verbandsvertretern ein Planungsdenken eher vertraut ist.

Im Laufe der Zusammenarbeit entwickelten die Teilnehmer in den Arbeitskreisen eine gemeinsame Sprache. Die Bedeutung vorgelagerter Zieldiskussionen wurde von den Teilnehmern zunehmend erkannt, da hiermit eine realistische Festlegung des Erreichbaren und Zufriedenheit mit dem Erreichten verbunden war. Auch die anfängliche Ablehnung einer Leitbilddiskussion im Arbeitskreis Landschaftsplanung und ihre Durchführung im Themenschwerpunkt Siedlungsentwicklung zu Projektende ist Ausdruck der im Laufe der Zusammenarbeit entstandenen Gesprächs- und Planungskultur zwischen Akteuren und Wissenschaftlern. Wenig motivierend waren für die Teilnehmer sich über mehrere Treffen erstreckende Planungsschritte. Im Falle des TP *Ökobilanz Mulfingen* wurden deshalb – neben der Vorstellung und Diskussion der Indikatoren und somit vor dem Abschluss der Gesamtbilanz – im Arbeitskreis konkrete Umsetzungsschritte verfolgt. Die

Arbeitsweise der Zukunftswerkstatt im TP *Lokale Agenda Dörzbach* entspricht dem Trend Lokaler Agenda-Prozesse in Deutschland: Sie ist an konkreten Projekten orientiert, grundsätzliche Zieldiskussionen und Nachhaltigkeitsdebatten wurden aber zunächst aufgeschoben (vgl. Kap. 8.12).

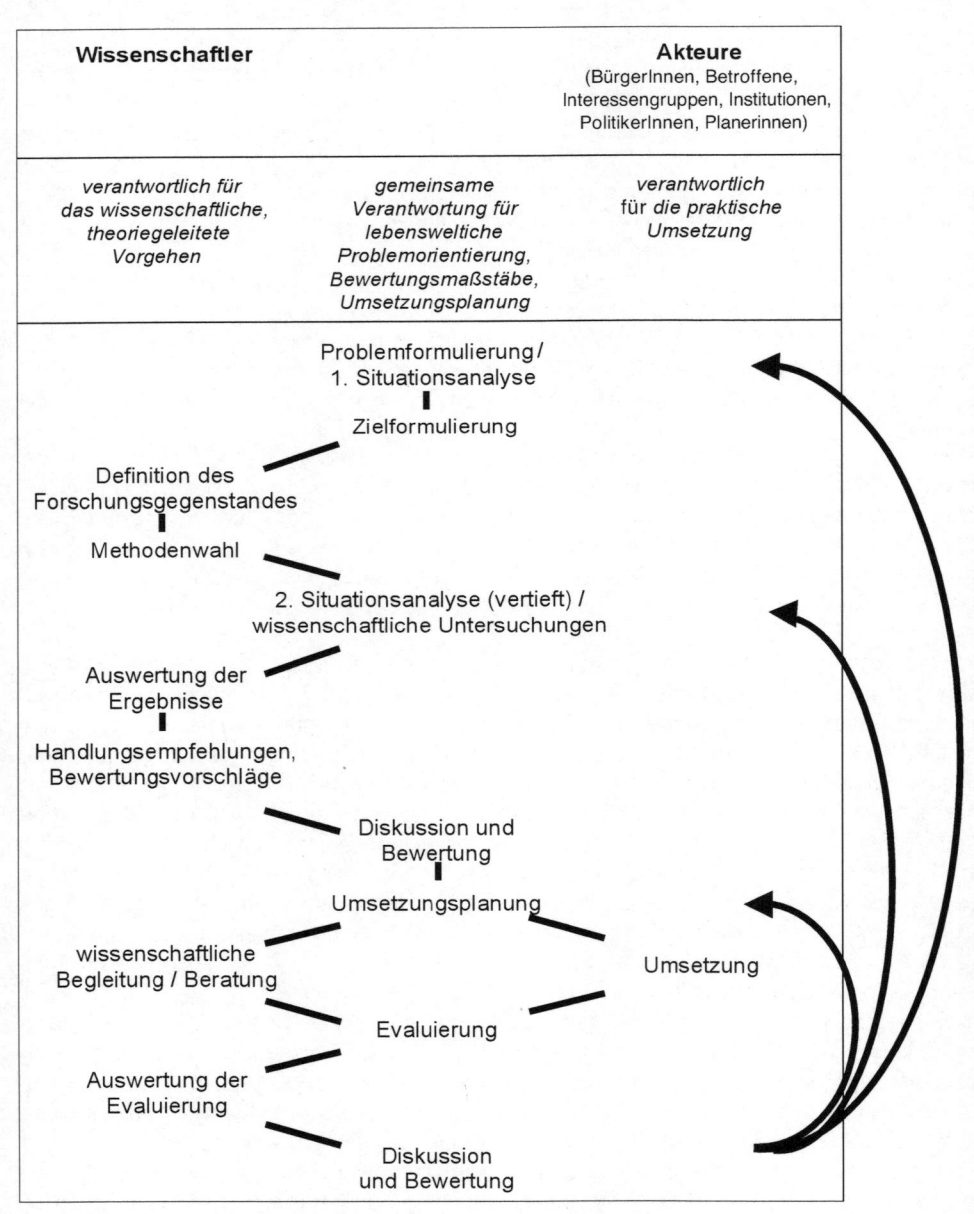

Wissenschaftler		Akteure (BürgerInnen, Betroffene, Interessengruppen, Institutionen, PolitikerInnen, Planerinnen)
verantwortlich für das wissenschaftliche, theoriegeleitete Vorgehen	*gemeinsame Verantwortung für lebensweltliche Problemorientierung, Bewertungsmaßstäbe, Umsetzungsplanung*	*verantwortlich für die praktische Umsetzung*

- Problemformulierung / 1. Situationsanalyse
- Zielformulierung
- Definition des Forschungsgegenstandes
- Methodenwahl
- 2. Situationsanalyse (vertieft) / wissenschaftliche Untersuchungen
- Auswertung der Ergebnisse
- Handlungsempfehlungen, Bewertungsvorschläge
- Diskussion und Bewertung
- Umsetzungsplanung
- wissenschaftliche Begleitung / Beratung — Umsetzung
- Evaluierung
- Auswertung der Evaluierung
- Diskussion und Bewertung

Abbildung 12.1: Vorgehen und Verantwortlichkeiten in der Projektentwicklung im Modellprojekt Kulturlandschaft Hohenlohe

Die Planungsprozesse nahmen in den jeweiligen Teilprojekten einen unterschiedlichen Umfang ein bzw. besaßen einen unterschiedlichen Stellenwert (Abb. 12.1). Sie reichten von einer kurzen, anfänglichen Planungsphase (Marketingprojekte), aufeinander aufbauenden Planungsschritten (z.B. Praxisversuche TP Konservierende Bodenbearbeitung, AK Landschaftsplanung, TP Regionaler Umweltdatenkatalog, AK Tourismus) bis hin zu einem das Teilprojekt bestimmenden Planungsprozess (Projektwoche des TP Lokale Agenda, Szenario-Analyse des TP Landnutzungsszenario Mulfingen).

Die Methodenwahl, -kompetenz und Verantwortlichkeit für den Planungsprozess lagen in der Regel bei den Wissenschaftlern (Abb. 12.1), wodurch sie ein weit reichendes Vorschlagsrecht mit Einfluss auf die Wissensbasis und Bewertungsmaßstäbe ausübten. Durch die Offenlegung der Methoden, Datengrundlagen und Bewertungsmaßstäbe erhielten die Akteure Einblick und Einflussmöglichkeiten im partizipativen Planungsprozess. Die Steuerungsmöglichkeiten der Akteure waren abhängig von deren Sachverstand und der Nachvollziehbarkeit eingesetzter Daten, Methoden und erzielter Ergebnisse. Die Bandbreite der Wissens- und Entscheidungsgrundlagen reichte im Forschungsvorhaben von leicht nachvollziehbaren Situationsanalysen und Planungen über gut zu vermittelnde wissenschaftliche Praxisversuche und Bilanzierungen von Indikatoren, komplexe Planungen bis hin zu Analysen, Berechnungen und Programmierungen, die ein hoch spezialisiertes Wissen voraussetzen und für die Akteure in der Regel nicht mehr voll transparent waren.

Entsprechend der Projektphilosophie bestand auf Seiten der Wissenschafter stets das Bemühen, Informationen und das für Entscheidungsprozesse relevante Wissen zielgruppenspezifisch aufzubereiten, zu vermitteln und konsensorientierte Entscheidungen herbeizuführen. Dass dies überwiegend gelang, verdeutlichen die positiven Rückmeldungen der Akteure zu Berücksichtigung der Anliegen, Lernerfolg, Beschlussfassung, Ergebniszufriedenheit und der Art und Weise der Zusammenarbeit zwischen Wissenschaft und Praxis. Diese Form der Kooperation zwischen Wissenschaftlern und Akteuren wurde gewissermaßen zu einem »Markenzeichen« der Projektgruppe *Kulturlandschaft Hohenlohe*, was durch Rückmeldungen der Akteure aus gemeinsamen Sitzungen, Einzelgesprächen und Hinweisen der Evaluierungen deutlich wird.

Mit dieser Arbeitsweise war aber auch ein zeitlicher Mehraufwand und eine hohe Informationsfülle und -dichte verbunden, so dass von den Akteuren je nach Aufwand und Belastung eine Aufbereitung und Verdichtung der Informationen zum Teil bis hin zur Entscheidungsreife gefordert wurde. Dieser Bedarf war abhängig vom Projekttyp (Kap. 11.4): Komplexe Planungsprozesse und Projekte mit einem hohen Anteil wissenschaftlicher Analysen und Bewertung erforderten oftmals stärkere Vereinfachungen, Bündelungen und somit auch höhere Anforderungen an die Gültigkeit und Nachvollziehbarkeit der bereit gestellten Entscheidungs- und Bewertungsgrundlagen *(z.B. TP Konservierende Bodenbearbeitung, Ökobilanz Mulfingen, Landnutzungsszenario Mulfingen)* als Vorhaben, in denen alle wesentlichen Arbeitsschritte in den Arbeitskreisen durchgeführt werden konnten (z.B. TP *Landschaftsplanung, Tourismus*). Mit anderen Worten: Die Akteure waren bei einer hohen Komplexität und/oder größeren Wissensdefiziten stärker gefordert, sich mit dem erforderlichen System-, Ziel- und Transformationswissen auseinander zu setzen oder aber gehalten, auf Experten zur Vorbereitung von Bewertungen und Entscheidungen zurückzugreifen (Abb. 12.2). Letzteres kommt verstärkt zum Tragen bei einer geringen Wissensbasis der Akteure, mit steigender Komplexität des Themas und wachsendem Vertrauen in die Zusammenarbeit. Somit bleibt zum einen die traditionelle Rollenverteilung zwischen Wissenschaftler (verantwortlich für das Theoriegeleitete, wissenschaftlichen Kriterien genügende Vorgehen) und Akteuren (verantwortlich für die praktische Umsetzung) in einem partizipativen, transdisziplinären Forschungsprozess erhalten. Zum anderen sind jedoch beide Beteiligtengruppen gemeinsam verantwortlich für die lebensweltliche Problemorientierung und Zielformulierung sowie die anwendungsbezogene Umsetzung und Steuerung des Forschungsprozesses (Abb. 12.1).

		Komplexität und / oder Wissensdefizite	
	hoch	←──────────────────────────────→ erforderliches System-, Ziel-, Transformationswissen zur Ableitung von Bewertungen, Handlungen	gering
Ebene Akteure	gering	Systemverständnis, Nachvollziehbarkeit der Entscheidungs- und Bewertungsgrundlagen ──→	hoch
	hoch	Bedarf an Expertenwissen ←──	gering
Ebene Wissenschaftler	hoch	Nachfrage von Expertenwissen durch Akteure ←──	gering
	hoch	Wissensgrundlagen und Bewertungsmaßstäbe bereitstellen, bündeln und offen legen ←──	gering

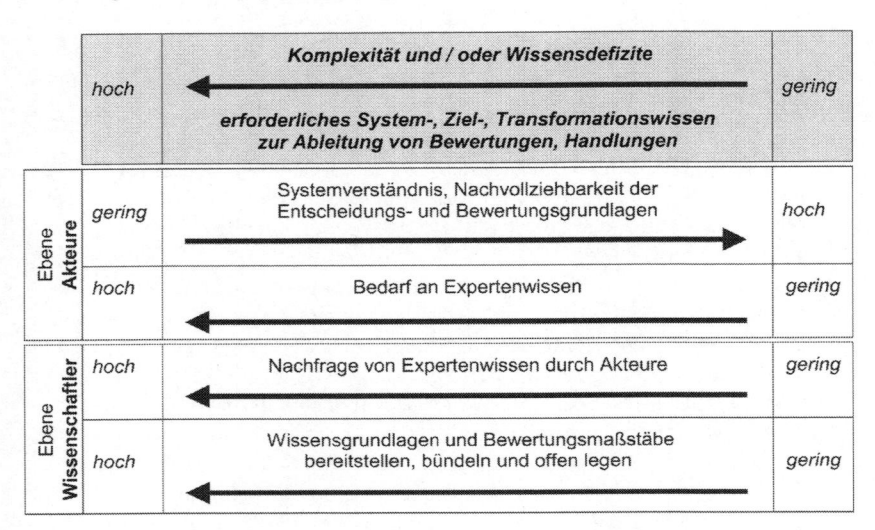

Abbildung 12.2: Beziehung zwischen der Komplexität von Entscheidungsprozessen und dem Bedarf an Expertenwissen bzw. Offenlegung der Bewertungsmaßstäbe in transdisziplinären Projekten

Die Evaluierungen (Kap. 9.2) waren ein Element der wissenschaftlichen Projektbegleitung, dienten der Prozesssteuerung, Erfolgskontrolle und als Datenbasis zur Bewertung der partizipativen Zusammenarbeit und sozialer Indikatoren. Kurz-, Zwischen- und Abschlussevaluierungen wurden von den Akteuren überwiegend als Element der Kooperation mit den Wissenschaftlern akzeptiert. Förderlich war es, wenn die Wissenschaftler die Bedeutung dieses Instruments für sich erkannten, es dementsprechend gegenüber den Akteuren kommunizierten und in ihre Zusammenarbeit integrierten (z.B. regelmäßiges Feedback im Zuge der Kurzevaluierungen).

Nachhaltigkeit

Im Forschungsvorhaben sollten »Ansätze für eine dauerhaft-umweltgerechte landwirtschaftliche Produktion« entwickelt und umgesetzt werden bzw. »nachhaltige Entwicklungsprozesse« initiiert werden (BMBF 1996, Kap. 2.4, 3). Diese Zielvorstellungen können zum einen durch ihre begriffliche Beliebigkeit als übergeordnete Leitbilder Verwendung finden (vgl. Abb. 12.4) und eine breite gesellschaftliche Akzeptanz erfahren. Zum anderen enthalten sie normativen Setzungen (was ist dauerhaft-umweltgerecht, was ist nachhaltig), die in der Zusammenarbeit mit den Akteuren konkretisiert werden können – nachhaltige Entwicklung als ständig fortzuschreibender Aushandlungsprozess – und auch thematische Schwerpunktsetzungen erlauben müssen, um nicht bei jeder Teilfragestellung vor dem Hintergrund eines ganzheitlichen Nachhaltigkeits- und komplexen Systemverständnisses jegliche Handlungsmöglichkeit zu verlieren (Abb. 12.3).

Befragungsergebnisse der 1. Zwischenevaluierung (2000) zeigen, dass auf Seiten der befragten Akteure ein geringes Hintergrundwissen über die mit Nachhaltigkeit verbundenen Zielvorstellungen und Konzepte existiert. Der Begriff wird mit einer vielfältigen Bedeutung eingesetzt und die Auslegung ist deutlich von der jeweiligen Interessenslage abhängig. Bemühungen der Forscher, Begriff und Konzepte in der Zusammenarbeit stärker einzuführen, stießen bei den Akteuren kaum auf Interesse, da die Auseinandersetzung hiermit als zu theoretisch eingestuft wurde. Wengleich keine übergeordnete, querschnittsorientierte Nachhaltigkeitsdebatte mit den Akteuren geführt wurde, so kam sie dennoch in der Teilprojektarbeit und den Evaluierungen in vielfältiger Weise entlang der jeweiligen thematischen Schwerpunkte zum Tragen, indem

— Bewertungsmaßstäbe den Akteuren vorgestellt, mit ihnen diskutiert und bei Bedarf angepasst wurden (z.B. Indikatoren in den TP *Konservierende Bodenbearbeitung, Ökobilanz Mulfingen, Gewässerentwicklung*);
— Bewertungsmaßstäbe und In-Wert-Setzungen mit den Akteuren entwickelt und implementiert wurden (z.B. Leitbilder und Strategien für die Kommunal- und Landschaftsentwicklung in den TP *Lokale Agenda, Landnutzungsszenario Mulfingen*);
— Einschätzungen der Akteure zu Veränderungsprozessen im Sinne einer nachhaltigen Entwicklung im Zuge der Evaluierungen eingeholt wurden (z.B. Fragen zu dem »Bestand der Ergebnisse in den nächsten 10 Jahren« oder der »Art und Weise der Zusammenarbeit zwischen Wissenschaft und Praxis«).

Die Entwicklung einer übergeordneten, querschnittsorientierten, regionalen Nachhaltigkeitsstrategie wäre wünschenswert gewesen, um die projektbezogenen Aktivitäten und themenspezifischen Nachhaltigkeitsdebatten in einen Gesamtprozess einzubetten. Hierbei hätten die nicht unmittelbar in den Arbeitskreisen partizipierenden regionalen Entscheidungsträger in die inhaltliche Arbeit auf einer Metaebene eingebunden werden können. Durch die stärkere Einbindung dieser Repräsentanten wären in Form eines politisch legitimiertes Top-down-Vorgehens weitere positive Effekte auf die verfolgten Bottom-up-Ansätze zu erwarten gewesen. Dass es in dieser Form nicht dazu kam, ging zum einen auf eine anfängliche Ablehnung einer Leitbilddiskussion der regionalen Entscheidungsträger/Akteure zurück. Es bestand die Ansicht, dass Leitbilddiskussionen über die zukünftige Entwicklung der Region den politisch legitimierten Gremien vorbehalten sein sollten. Zum anderen lag ein vom Regionalverband Franken entwickeltes regionales Leitbild (Regionalverband Franken 1998) vor, das zu Projektbeginn (10. 2. 1999) im Arbeitskreis Landschaftsplanung vorgestellt, thematisiert und von den Akteuren als ausreichend erachtet wurde. Somit bestand von deren Seite kein Bedarf, dieses regionale Leitbild zu vertiefen oder neu aufzulegen, sondern es galt, drängende, konkrete Probleme aufzugreifen und Lösungsansätze zu verfolgen.

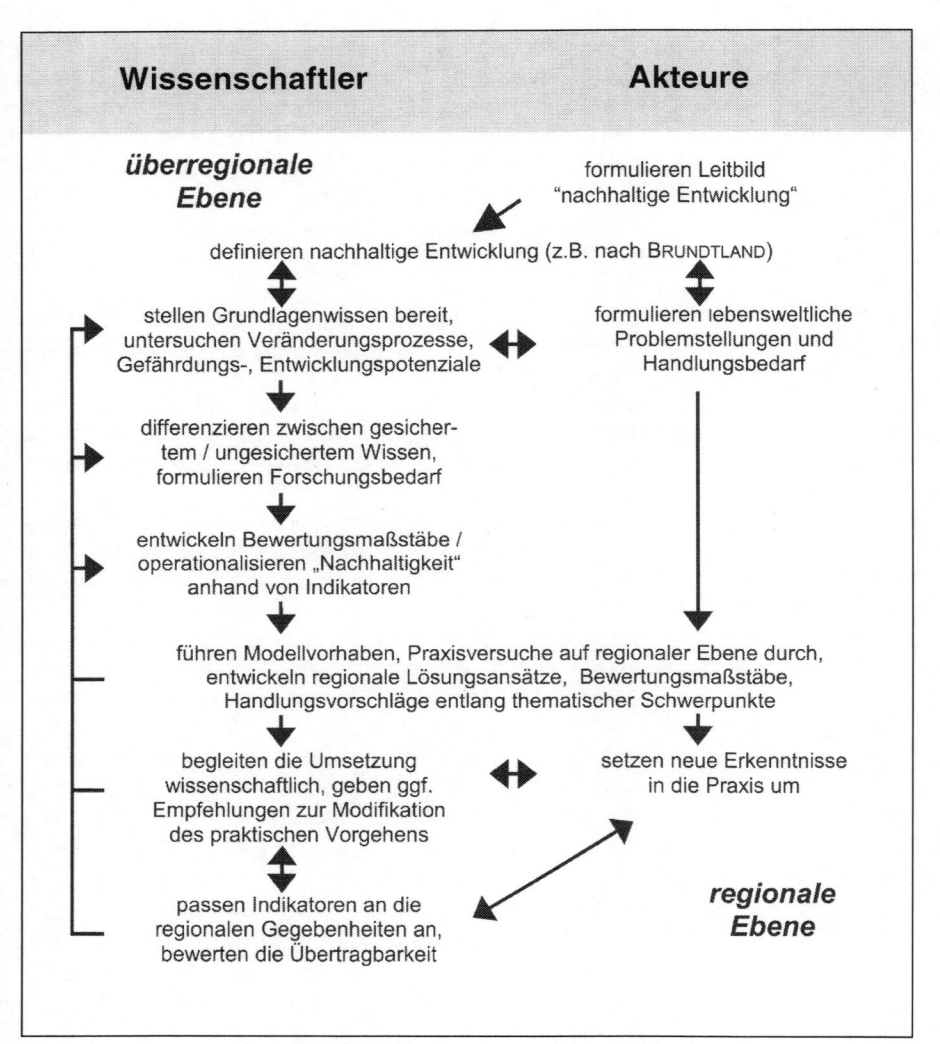

Abbildung 12.3: Konkretisierung nachhaltiger Entwicklung im partizipativen transdisziplinären Forschungsprozess

Schlussfolgerungen

— Die traditionelle **Trennung der Rollen** von Wissenschaftlern als Faktenlieferanten und Akteuren als Wertentscheider kann in der partizipativen, transdisziplinären Forschung schwerlich aufrechterhalten werden, da die Verquickung zwischen **Fakten und Werten** so vielfältig ist.

— Wesentlich für den Umgang mit Fakten und Werten zwischen Akteuren und Wissenschaftlern waren die **Rollenklärung** der Wissenschaftler, die Reflexion und Offenlegung von Zielen und Werten und die Diskussion mit den Akteuren sowie die partizipativen Planungs-, Entscheidungsprozesse und Evaluierungen.

- Die **Evaluierungen** waren ein wichtiges Instrument zur wissenschaftlichen Projektbegleitung, Prozesssteuerung, Erfolgskontrolle der Teilprojekte und lieferten die Datenbasis für die Bewertung der sozialen Indikatoren. Die Kombination einfach handhabbarer Kurzevaluierungen und über einen längeren Zeitraum integrierender Evaluierungen bewährte sich.
- **Partizipative Evaluierungen** werden möglich, wenn gemeinsam mit den Akteuren Erfolgskriterien (z.B. definierte Arbeits-, Projektziele; Bewertungsmaßstäbe) bestimmt werden. Dies erfordert methodische Fähigkeiten der Wissenschaftler in der Projektplanung und -evaluierung und die Bereitschaft, auf der Grundlage von Reflexionen notwendige Anpassungen vorzunehmen. Hierzu sind insbesondere zu Projektbeginn Schulungen notwendig.
- Die **Zuständigkeit für die Evaluierungen** (wissenschaftliche Mitarbeiter/Methodenexperte) ist abhängig von der Projektstruktur und den Fachkenntnissen (z.B. Anzahl der Wissenschaftler, Methodenkompetenz). Im *Modellprojekt Kulturlandschaft Hohenlohe* erwies es sich als vorteilhaft, die Evaluierungen mit Methodenexperten vorzubereiten und die wissenschaftlichen Mitarbeiter in die Evaluierung einzuführen.
- Die Entwicklung nachhaltiger Entwicklungsprozesse – und die damit verbundene Wertediskussion – erfolgte mit den Akteuren entlang der von ihnen priorisierten Themenschwerpunkte. In Ergänzung hierzu wäre eine **regionale Nachhaltigkeitsdebatte** mit regionalen Entscheidungsträgern wünschenswert gewesen, um eine übergeordnete Entwicklungsstrategie zu erarbeiten und die verfolgten Projektansätze inhaltlich und politisch einzubetten. Dies sollte in vergleichbaren Vorhaben von Anfang an in der Projektstruktur (z.B. regionale Steuerungsgruppe, Projektziel) und Ressourcenplanung berücksichtigt werden.

12.8 Warum und wozu Partizipation?

> - Warum und wozu wurde im *Modellprojekt Kulturlandschaft Hohenlohe* Partizipation eingesetzt?
> - Inwiefern haben Partizipation und Umsetzungsorientierung dazu beigetragen, die Projektziele zu erreichen?
> - Wie kann Partizipation erreicht werden und zur Umsetzung führen?
> - Wie ist die Einbeziehung und Beteiligung der Akteure zu bewerten?

Gegenüber der innerwissenschaftlichen Partizipation, z.B. interdisziplinäre Zusammenarbeit, lässt sich die außerwissenschaftliche Partizipation, die Zusammenarbeit von Wissenschaftlern und Akteuren abgrenzen. Im *Modellprojekt Kulturlandschaft Hohenlohe* besaß Partizipation unterschiedliche inhaltliche Bezüge und Motivationen.

Partizipation zur Erforschung der Partizipation
Die Forschungsarbeiten ermöglichten unmittelbar die Auseinandersetzung mit den von den Wissenschaftlern eingesetzten partizipativen Methoden und mit der Kommunikation zwischen den Wissenschaftlern.

- Die Auseinandersetzung mit den eingesetzten **Kommunikations-, Planungs- und Umsetzungsmethoden** war ein wichtiges Element der wissenschaftlichen Arbeit. Grundlage hierfür bildeten Beobachtungen und Methodenreflexionen der Wissenschaftler sowie Evaluierungen. Die

Ergebnisse gaben Aufschluss über die Möglichkeiten und Grenzen eingesetzter Methoden oder Anlass zu ihrer Weiterentwicklung.
— Die Betrachtungen zur **Kommunikationsfähigkeit der Wissenschaftler** bezogen sich auf den internen (Ebene Wissenschaftler) und externen Prozess (Ebene Wissenschaftler und Akteure). Befragungen, Reflexionen und Beratungsgespräche im Zuge der wissenschaftlichen Prozessbegleitung und Projektevaluierung trugen zur Optimierung der Kommunikationsfähigkeiten und Verbesserung der Arbeitsfähigkeit der Wissenschaftler bei. Die Ergebnisse aus Befragungen und Beobachtungen der Kommunikationswissenschaftler dokumentieren diesen Prozess, liefern Anhaltspunkte und Empfehlungen für zukünftige Forschungsvorhaben.

Partizipation als Wissenstransfer
Mit dem Aktionsforschungsansatz ist ein wechselseitiger Lernprozess zwischen Handelnden und Forschern verbunden. Der Wissenstransfer verlief dabei
— von den Akteuren zu den Wissenschaftlern, z.B. durch das Aufzeigen von Problemlagen und praktischen Lösungsansätzen, die Mitteilung von Erfahrungswissen und Ortskenntnissen;
— von den Wissenschaftlern zu den Akteuren zur Vermittlung von System-, Ziel- und Transformationswissen zum Aufzeigen von Lösungsansätzen und Stimulation von Umsetzungsprozessen (Aktionsforschung).

Partizipation als Wertetransfer
Aufgrund der Durchmischung von Fakten und Werten in der problemorientierten Forschung und der Umwelt- und Nachhaltigkeitsforschung (Kap. 2.2, 12.7) erhält die Offenlegung, Diskussion und gemeinsame Vereinbarung von Werten zwischen Akteuren und Wissenschaftlern einen hohen Stellenwert. Die wechselseitige Motivation besteht
— auf Seiten der Wissenschaftler darin, Probleme und Wertmaßstäbe der Akteure in Erfahrung zu bringen, bestehende Werte in den Dialog einzubringen (z.B. gesetzliche Normen, wissenschaftlich oder politisch begründete Grenzwerte, aktuell diskutierte Bewertungsmaßstäbe) und mit den Akteuren – wo erforderlich – neue Bewertungsmaßstäbe zu entwickeln, sie gesellschaftlich und politisch abzusichern und aus diesen Arbeiten wo nötig einen weiteren Forschungsbedarf abzuleiten;
— auf Seiten der Akteure darin, ihre lebensweltlichen Problemlagen und Wertmaßstäbe mit dem Ziel einer Problemlösung in die Forschung und daran anknüpfende gesellschaftliche und politische Entscheidungsprozesse einzubringen, sich an Entscheidungsprozessen zu beteiligen und die Problemlösung aktiv mitzugestalten.
Ausgehend von dem problemorientierten Ansatz des *Modellprojekts Kulturlandschaft Hohenlohe* haben Partizipation und Umsetzungsorientierung entscheidend dazu beigetragen, die jeweiligen Projektziele zu erreichen, oder mit anderen Worten: Das Forschungsvorhaben war durch seine forschungspolitische Ausrichtung und die durch die Wissenschaftler gewählte Herangehensweise so angelegt, dass lediglich Partizipation und Umsetzungsorientierung im Sinne der Zielsetzung zu einem Projekterfolg führen konnten – abgesehen von Machbarkeitsstudien und Recherchen, die allein in den Händen der Wissenschaftler lagen, jedoch nicht Schwerpunkt des Forschungsprojekts waren. Dass dies weitest gehend gelang, hing im *Modellprojekt Kulturlandschaft Hohenlohe* im Wesentlichen von den folgenden Erfolgsfaktoren ab:
— Problem- und Zielgruppenorientierung ausgehend von der Projektinitiierung, Einfühlen in die Problemlage der Akteure, Berücksichtigung ihrer Anliegen, Entwickeln einer gemeinsamen Sprache zwischen Wissenschaftlern und Akteure;

— transdisziplinäre Aktionsforschung als zentrales Forschungskonzept;
— Motivation (z.B. Qualifizierung, »Mitarbeiterprojekt«, Teamwork, Arbeitsatmosphäre, Aktualität des Themas, unmittelbare Anwendung wissenschaftlicher Ergebnisse) und Bereitschaft zur transdisziplinären Zusammenarbeit der Wissenschaftler;
— der Organisationsform und Führungsstruktur auf der Ebene der Wissenschaftler;
— weit gehende Freiheit der thematischen Schwerpunktsetzung und thematischen Bandbreite der Forschungsfelder innerhalb der Förderschwerpunkts des BMBF;
— ausreichend zeitliche, finanzielle, technische und personelle Ressourcen zur Bearbeitung komplexer Fragestellungen sowie zur Entwicklung, Umsetzung und wissenschaftlichen Begleitung von Projekten in der Praxis;
— Selbstreflexion (z.B. erzielte Ergebnisse, Methodik, Rolle als Wissenschaftler), Prozessbegleitung, Evaluierung und Projektsteuerung;
— Methodenschulung, Methoden- und Prozesskompetenz der Wissenschaftler;
— Leistungen der Projektgruppe *Kulturlandschaft Hohenlohe* in den Teilprojekten;
— weit gehende »Neutralität«, Unabhängigkeit und Offenheit der Wissenschaftler in der Zusammenarbeit;
— von den Wissenschaftler eingeführte Art der Zusammenarbeit (»auf gleicher Augenhöhe«/Partizipation) und Arbeitsatmosphäre;
— Problemdruck im Untersuchungsraum und damit verbundener Veränderungswille der Akteure in den jeweiligen Arbeitsschwerpunkten;
— Bereitschaft zur Zusammenarbeit der Akteure mit den Wissenschaftlern und ihre personelle und – soweit möglich – finanzielle Unterstützung des Projekts;
— Vorhandensein von Förderinstrumenten bzw. Kofinanzierungen, z.B. zur Finanzierung neuer Projektideen oder zur Bereitstellung von Investitionsmitteln;
— Öffentlichkeitsarbeit und Präsenz vor Ort.

Die Beteiligung der Akteure stellt sich in Abhängigkeit von dem jeweiligen Teilprojekt, der Vorgehensweise und der Projektentwicklungsphase sehr unterschiedlich dar: So konnte im Teilprojekt *Lokale Agenda* (Kap. 8.12) eine hohe Beteiligung der Dorfbevölkerung erreicht werden. Auch das Teilprojekt *Öko-Streuobst* (Kap. 8.5), zentrale Veranstaltungen wie z.B. die Pro- und Contra-Diskussion »Windenergie im Jagsttal« und die Tagesexkursion »Hochwasserschutz und Gewässerentwicklung Erlenbach« im Teilprojekt *Landschaftsplanung* (Kap. 8.8) bzw. *Gewässerentwicklung* (Kap. 8.11), *eigenART* (Kap. 8.15) oder *Konservierende Bodenbearbeitung* (Maschinenvorführung, Kap. 8.1) hatten große Teilnehmerzahlen. Solche Zahlen sind jedoch nicht per se ein Beweis für gelungene Beteiligungsverfahren: Über mehrere Jahre aktive Arbeitsgruppen, wie z.B. die Arbeitskreise Landschaftsplanung, Konservierende Bodenbearbeitung, Regionaler Umweltdatenkatalog, Tourismus und Zukunftswerkstatt umfassten 10 bis 20 Teilnehmer. Dies waren arbeitsfähige Gremien. Entscheidend für diese Arbeitsforen ist nicht die Quantität sondern die Qualität der Beteiligung, die durch die Konstanz der Teilnahme, die fachliche Qualität, Repräsentativität und politische Legitimation der Akteure gekennzeichnet ist. So ist auch der Übergang von einer anfänglich breiten Beteiligung zu kleineren Arbeitseinheiten, z.B. die Steuerungsgruppe im TP *Öko-Streuobst* oder die Zukunftswerkstatt im TP *Lokale Agenda*, ein Prozess im Zuge der Projektentwicklung, der durch eine zunehmende Professionalisierung und Etablierung in das Alltagsleben der Akteure gekennzeichnet ist.

Eine rückläufige Tendenz der Beteiligung in Verbindung mit der inhaltlichen Entwicklung der Projektarbeit stellte sich im Forschungsvorhaben ein, wenn Ergebnisse als Grundlage für Folgeaktivitäten auf sich warten ließen (z.B. Bilanzierungsergebnisse im TP *Ökobilanz Mulfingen*,

Kap. 8.9) oder ursprüngliche Erwartungen der Akteure nicht erfüllt wurden. Letzteres zeigte sich z.B. im Arbeitsschwerpunkt Grünland nach dem Abschluss des Teilprojekts *Heubörse* (Kap. 8.6) und der Verschiebung der Vermarktungsbemühungen für Rindfleisch (TP *Bœuf de Hohenlohe*, Kap. 8.3) von dem engeren Untersuchungsgebiet (Jagsttal) auf die Region Franken, mit einem Schwerpunkt im Landkreis Schwäbisch Hall. Grenzen der Partizipation ergaben sich bei einer inhaltlichen, fachlichen Überforderung der Teilnehmer, so dass eine Anpassung der Vorgehensweise, inhaltlichen Tiefe und Informationsbündelung notwendig wurde. Auch die touristischen Teilprojekte verdeutlichten, dass offene Arbeitskreise nicht für jedes Vorhaben die geeignete Organisationsform sind, da Arbeitskapazitäten und Entscheidungsbefugnisse der Stakeholder und die Verantwortungsübernahme begrenzt sind.

Schlussfolgerungen
— Die **außerwissenschaftliche Partizipation** diente der Erforschung der Partizipation, dem Wissens- und Wertetransfer.
— Im *Modellprojekt Kulturlandschaft Hohenlohe* hat die **Partizipation maßgeblich zur Erreichung der Projektziele** beigetragen. Hierfür können konkrete Erfolgsfaktoren genannt werden.
— Im *Modellprojekt Kulturlandschaft Hohenlohe* waren Beteiligungen mit einer großen **Teilnehmerzahl** charakteristisch für einmalige Veranstaltungen oder zeitlich begrenzte Zusammenkünfte in Initiierungsphasen. Über mehrere Jahre aktive und arbeitsfähige Arbeitskreise umfassten 10 bis 20 Teilnehmer. Hier steht die Qualität der Beteiligung im Vordergrund, die durch die Konstanz der Teilnahme, die fachliche Kompetenz, Repräsentativität und politische Legitimation der Akteure gekennzeichnet ist.
— **Rückläufige Tendenzen in der Beteiligung** standen mit nicht erfüllten Erwartungen in Verbindung. Grenzen der Partizipation stellen sich bei inhaltlicher bzw. fachlicher Überforderung der Teilnehmer oder begrenzten Arbeitskapazitäten, Entscheidungsbefugnissen und Verantwortlichkeiten der Akteure ein.

12.9 Hat das Modellvorhaben Kulturlandschaft Hohenlohe zur Entwicklung und Umsetzung einer dauerhaft-umweltgerechten (nachhaltigen) Landnutzung beigetragen?

> — Was haben Akteure und Wissenschaftler unter einer dauerhaft-umweltgerechten (nachhaltig) Landnutzung verstanden?
> — Wie wurden die eingeleiteten Veränderungsprozesse erfasst und bewertet?
> — Inwieweit wurde durch das Gesamtprojekt ein Beitrag zur nachhaltigen Entwicklung erreicht?

Entsprechend des partizipativen, transdisziplinären Ansatzes war mit dem Ziel, »nachhaltige Entwicklungsprozesse« im *Modellprojekt Kulturlandschaft Hohenlohe* fördern zu wollen, eine Offenlegung der Zielsetzungen und Wertvorstellungen der Wissenschaftler gegenüber den Akteuren verbunden (Kap. 12.7). Hierzu erarbeiteten die Wissenschaftler ein gemeinsames Verständnis von »nachhaltiger Entwicklung«, indem sie sich in der »Indikator-AG« als Basis für die wissenschaftliche Arbeit auf die ursprüngliche Definition der Brundlandt-Kommission einigten, diese Definition mit Kriterien hinterlegten und Indikatoren zur Überprüfung initiierter Entwicklungsprozesse zusammenstellten und modifizierten.

Wirkungen der Projekte beziehen sich vornehmlich auf die integrative (»Drei-Säulen-Modell« der Ersten Enquete-Kommission »Schutz des Menschen und der Umwelt«) und intergenerative Perspektive von Nachhaltigkeit (dauerhafte Sicherung natürlicher Lebensbedingungen). Der intragenerative Aspekt (soziale Gerechtigkeit für alle Menschen auf der Erde) stand im Forschungsvorhaben nicht im Vordergrund. Die Bewertung von Veränderungsprozessen in den Teilprojekten anhand der Indikatoren zeigt eine überwiegend positive Entwicklung. Die Auseinandersetzung mit den sozialen Kriterien bestätigt die Bedeutung des partizipativen Projektansatzes. Anhand der ökonomischen Indikatoren ergibt sich für die landwirtschaftlichen bzw. landwirtschaftlich-vermarktungsorientierten Vorhaben ein positiver Entwicklungstrend. Tatsächliche Veränderungen, bezogen auf die ökologischen Kriterien, konnten nur für das Teilprojekt *Konservierende Bodenbearbeitung* belegt werden. Anhand der Praxisversuche konnte eine positive Entwicklung durch die Reduzierung des Austrags von Nitrat und Pflanzenschutzmitteln sowie eine Erosionsminderung nachgewiesen werden. In allen übrigen Vorhaben war nur eine Bewertung der aktuellen bzw. potenziellen Situation möglich, da die Umsetzungsprozesse noch nicht begonnen hatten oder deren ökologische Wirkung noch nicht nachweisbar war.

Maßgeblich für die Bilanzierungen und Bewertungen war eine gute Datenbasis. Für einige soziale Indikatoren stand infolge der sozialwissenschaftlichen Evaluierungen eine Datenbasis für die meisten Teilprojekte zur Verfügung, so dass diese quasi durchgängig Anwendung fanden. Sie zeigen auf das Modellvorhaben bezogene Ergebnisse zur Partizipation und Zusammenarbeit auf. Eine Erfassung sozialer Kriterien der Nachhaltigkeit in der Region oder in Teilgebieten, wie z.B. einer Kommune, würde aber darüber hinausgehen. Der Einsatz ökonomischer Indikatoren hätte umfangreicher sein können, jedoch fehlten hierzu einerseits die notwendige Datenbasis und andererseits die betriebs- und volkswirtschaftliche Expertise im Forschungsverbund. Das heterogene Bewertungsmuster im Feld der ökologischen Indikatoren ist Indiz für die unterschiedliche thematische Ausrichtung der Teilprojekte. Da agrarlandschaftsbezogene Themen vorherrschten, stehen die Indikatoren des Offenlands im Vordergrund. Der Lebensraum Wald wurde nur am Rande mitbearbeitet (*Landnutzungsszenario Mulfingen, Ökobilanz Mulfingen*), wodurch die Ausgewogenheit einer Betrachtung der Gesamtlandschaft im Untersuchungsraum eingeschränkt wird.

Schlussfolgerungen

— Im *Modellprojekt Kulturlandschaft Hohenlohe* wurden die verfolgten Ansätze zur Initiierung nachhaltiger Entwicklungsprozesse durch die begriffliche Definition, Festlegung von **Kriterien und Indikatoren** sowie die partizipative Projektentwicklung und -durchführung operationalisiert.

— Die Wirkungen der Projekte beziehen sich vornehmlich auf die **integrative und intergenerative Perspektive von Nachhaltigkeit**.

— Die Bewertung von Veränderungsprozessen in den Teilprojekten anhand der Indikatoren zeigt überwiegend **positive Entwicklungstrends**. Ökologische Wirkungen waren innerhalb der Projektlaufzeit nur in einem Teilprojekt direkt nachweisbar. Für eine umfangreichere ökonomische Bewertung fehlten die nötige Datenbasis sowie die betriebs- und volkswirtschaftliche Expertise im Forschungsverbund.

12.10 Wo besteht im bearbeiteten Themenfeld Forschungsbedarf?

Aus den durchgeführten Arbeiten ergeben sich neue Fragestellungen, die sich zum einen direkt auf die Teilprojekte und initiierten Aktivitäten erstrecken und zum anderen darüber hinaus reichen.

Auf die Projektregion bezogene Fragestellungen
In den meisten Fällen waren innerhalb der Projektlaufzeit – mit Ausnahme des Teilprojekts *Konservierende Bodenbearbeitung* – keine tatsächlichen Veränderungen von Umweltwirkungen durch die initiierten Aktivitäten nachzuweisen. Von daher ist es von Interesse den Einfluss von Veränderungsprozessen anhand ökologischer Indikatoren nachzuweisen, aber auch mittel- und langfristige Veränderungen sozialer und ökonomischer Faktoren zu bewerten. Dies betrifft z.B.
— den Erhalt und die Entwicklung von Streuobstbeständen und Extensiv Grünland sowie die Schaffung von Arbeitsplätzen durch die TP *Öko-Streuobst, Bœuf de Hohenlohe;*
— den Einfluss der Bemühungen zur Tourismusentwicklung anhand der in den *TP Panoramakarte* und *Themenhefte* entwickelten Materialien auf ökologische und ökonomische Faktoren;
— die Folgewirkungen von Umsetzungsprozessen infolge durchgeführter Planungen und bereitgestellter Planungsgrundlagen (z.B. *Landschaftsplanung, Landnutzungsszenario Mulfingen, Lokale Agenda, Ökobilanz Mulfingen, Regionaler Umweltdatenkatalog*);
— wie auch der Einfluss initiierter Prozesse auf soziale Faktoren, wie z.B. Diffusionsprozesse in der Anwendung neuer Produktionstechniken (*Konservierende Bodenbearbeitung*) oder der Selbstorganisation der Akteure (z.B. *Bœuf de Hohenlohe, Lokale Agenda, Regionaler Umweltdatenkatalog, Ökobilanz Mulfingen, Öko-Streuobst*).

Übergeordnete Fragestellungen im betrachteten Forschungssektor
Aus den Forschungsarbeiten ergeben sich – unabhängig von der betrachteten Projektregion – neue Fragestellungen. Sie betreffen
— die Anpassung der ökologisch-ökonomischen Bewertungsschlüssel auf andere Gebietskulissen, Umweltfaktoren und Bewertungszusammenhänge *(konservierende Bodenbearbeitung)*;
— Betrachtungen zur Variabilität der Blattqualität und des Blatteertrags von Weinlaub in Abhängigkeit von den stark variierenden standörtlichen Bedingungen, unter Berücksichtigung unterschiedlicher Rebsorten sowie zum Einfluss des Produktionsverfahrens *Öko-Weinlaub* auf Flora und Fauna;
— den generellen Einfluss sog. »regionaler Vermarktungsinitiativen« (z.B. Fleisch, Streuobst) oder von Regionalentwicklungsprozessen auf Umweltfaktoren, z.B. dargestellt anhand von Ökobilanzen und Naturschutzeffekten *(Bœuf de Hohenlohe, Öko-Streuobst, Panoramakarte, Themenhefte)*;
— den generellen Einsatz der partizipativen, formativen Szenario-Analyse in der Landschafts- und Landnutzungsplanung *(Landnutzungsszenario Mulfingen)*;
— Möglichkeiten zur Operationalisierung nachhaltiger Entwicklungsprozesse in Kommunen, die mit einer fundierten Strategieentwicklung, Bilanzierung und Indikatoren basierten Erfolgskontrolle verbunden sind *(Lokale Agenda, Ökobilanz Mulfingen)*;
— Wege zur besseren Handhabung des Instruments Ökobilanz für Gemeinden und Überlegungen zur Verwendung von Indikatoren im Rahmen der Nachhaltigkeitsdiskussion und -umsetzungsprozesse *(Lokale Agenda, Ökobilanz Mulfingen)*;
— die Maßstabsgenauigkeiten räumlicher Daten und die notwendige Angabe bzw. Kennzeichnung von Lageungenauigkeiten *(Regionaler Umweltdatenkatalog)*;

— Wirkungen – d.h. soziale, ökologische und ökonomische Effekte – eines mittel- bis langfristig angelegten Kommunikationsforums auf nachhaltige Entwicklungsprozesse verbunden mit einer Bewertung von Aufwand und Ertrag;
— die Analyse und Operationalisierung der nicht fachspezifischen Anforderungen an wissenschaftliche Mitarbeiter in inter- und transdisziplinären Projekten, sowohl hinsichtlich der Sozialkompetenz und den Methodenkompetenz, wie auch hinsichtlich der epistemologischen Wissensvoraussetzungen *(Prozessbegleitung)*;
— die Analyse und Optimierung der Rekrutierungsmethoden, Auswahlverfahren, Personalentwicklungskonzepte, Teamentwicklungsprozesse in wissenschaftlichen Verbundprojekten *(Prozessbegleitung)*.

Literatur

BMBF (Bundesministerium für Bildung, Wissenschaft, Forschung und Technologie), 1996: Bekanntmachung über die Förderung von Forschungs- und Entwicklungsvorhaben im Bereich der Umweltforschung zu »Ökologische Konzeptionen für Agrarlandschaften«. Bonn

Konold, W., R. Kirchner-Hessler, N. Billen, A. Bohn, W. Bortt, S. Dabbert, B. Freyer, V. Hoffmann, G. Kahnt, B. Kappus, R. Lenz, I. Lewandowski, H. Rahmann, H. Schübel, S. Sprenger, K. Stahr, A. Thomas, 1997: BMBF-Förderschwerpunkt »Ökologische Konzeptionen für Agrarlandschaften« – Wege zu einer multifunktionalen, umweltschonenden Agrarlandschaftsgestaltung – Definitionsprojekt Hohenlohe-Franken, Entwicklung von sozialen, ökonomischen und ökologischen Potenzialen. Unveröffentlichter Antrag zur Hauptphase, Universität Hohenheim, Institut für Landschafts- und Pflanzenökologie

Tuckmann, B. W., 1965: Developmental Sequence in Small Groups. – Psychological Bulletin 63: 384–399

Hirsch-Hadorn, G., S. Wölfing-Kast, 2002: Optionen und Restriktionen – Eine Heuristik für transdisziplinäre Nachhaltigkeitsforschung. In: Hirsch-Hadorn, G., S. Maier, S. Wölfing-Kast (Hrsg.): Transdisziplinäre Forschung in Aktion – Optionen und Restriktionen nachhaltiger Ernährung. vdf Hochschulverlag, Zürich: 226 S.

Jaeger, J., M. Scheringer, 1998: Transdisziplinarität: Problemorientierung ohne Methodenzwang. GAIA 7(1): 10–25

Gerber, A., A. Thomas, V. Hoffmann (Hrsg.), 2005: Transdisziplinäre Projekte planen, steuern und auswerten: Methodenhandbuch für Forscher- und Beratergruppen. Ökom-Verlag, München (in Vorbereitung)

Regionalverband Franken (Hrsg.), 1998: Region Franken – Leitbilder für die Region Heilbronn-Franken, Heft Nr. 20: 27 S.

oekom verlag – Wir publizieren Zukunft

A. Beuttler, R. Lenz (Hrsg.)
Kommunale Umweltbilanz Mulfingen
Die Gemeinde Mulfingen wird nachhaltiger. Gemeinderat, Bürger und Verwaltungsvertreter arbeiten gemeinsam an einer Verbesserung der Lebensqualität. Unterstützt von der Projektgruppe Kulturlandschaft Hohenlohe ziehen sie Bilanz und entwickeln ein Indikatorensystem zur Bewertung der lokalen Agendaprozesse.
München 2003, Reihe Kulturlandschaft Band 3, 97 Seiten inkl. CD-Rom
19,50 EUR, ISBN 3-936581-04-5

C. Deilmann, K. Gruhler, R. Böhm
Stadtumbau und Leerstandsentwicklung aus ökologischer Sicht
Das kompakte Wissen zum ökologischen Stadtumbau – eine Pflichtlektüre für Vertreter(innen) aus der Kommunalpolitik, der Wohnungswirtschaft und des Städtebaus sowie für Architekt(inn)en.
München 2005, 103 Seiten, 19,50 EUR, ISBN 3-936581-71-1

K. Friedrich, R. Knippschild, M. Kunert,
M. Meyer-Künzel, I. Neumann (Hrsg.)
Zwei Grenzstädte wachsen zusammen
Im Zukunftsdialog zur Europastadt Görlitz/Zgorzelec

Die deutsche Stadt Görlitz und die polnische Stadt Zgorzelec wachsen im Zuge der fortschreitenden europäischen Integration zu einer „Europastadt" zusammen.
Die Autor(inn)en greifen verschiedene Facetten eines grenzüberschreitenden Kooperationsprozesses an der neuen EU-Binnengrenze auf und zeigen Möglichkeiten, die Zusammenarbeit von Stadtverwaltungen und Bürgern zu intensivieren und strategisch auszurichten.
München 2005, 147 Seiten, 17,50 EUR, ISBN 3-936581-66-5

www.oekom.de

Erhältlich bei: oekom@de.rhenus.com, Fax +49/(0)81 91/970 00-405

oekom verlag – Wir publizieren Zukunft

B. Voigt (Hrsg.)
Wasser. Schatz der Zukunft
Impulse für eine nachhaltige Wasserkultur

Aktuell brisante Fragen aus Forschung, Wissenschaft und Bildung zur Zukunft des Wassers und bislang wenig bekannte Phänomene bis hin zu verborgenen Heilwirkungen werden hier angesprochen. Neuartige Untersuchungsverfahren, die über klassische physikalisch-chemische Analysen hinausgehen, tragen zu einer Vertiefung des heutigen Wissens über Eigenschaften des Wassers bei. Diese Bestandsaufnahme stellt Grundlagen zur Bewertung des Wassers zur Diskussion und initiiert ein neues Denken, im Sinne der lebensvermittelnden Bedeutung des Wassers.

München 2004, 172 Seiten, 28,50 EUR, ISBN 3-936581-51-7

Klima-Bündnis / Alianza del Clima e.V. (Hrsg.)
Vom Wald ins Rathaus: Verantwortungsvolle Wald- und Holzwirtschaft
Ein Leitfaden für Städte und Gemeinden

Wald, der in Besitz von Städten und Gemeinden ist, liegt den Bürger(inne)n am nächsten. Kommunen haben eine wichtige Vorbildfunktion für die Bewirtschaftung ihres Waldbesitzes. Auch für die private Forstwirtschaft und die Käufer von Holzprodukten sind Kommunen eine Richtschnur.
Das Buch vermittelt, wie Gemeinden ihren Wald zertifizieren, nachhaltig bewirtschaften und wie sie bei der Beschaffung von ökologischen Holzprodukten vorgehen können.

München 2005, 79 Seiten, 18,90 EUR, ISBN 3-936581-93-2

K. Vollmar, U. Sayer
FSC Arbeitsgruppe Deutschland e.V. (Hrsg)
Handbuch zur FSC-Zertifizierung im Kommunalwald

Alle zwei Sekunden fällt Wald von der Fläche eines Fußballfeldes dem Raubbau zum Opfer. Der Forest Stewardship Council (FSC) zeigt mit dem FSC-Zertifikat einen Ausweg, indem er Marktanreize für ökologische und sozial verträgliche Waldwirtschaft schafft. Das Handbuch rund um die FSC-Zertifizierung bietet Waldbesitzern und Entscheidern eine praxisnahe Anleitung für eine verantwortungsvolle Waldwirtschaft.

München 2005, 96 Seiten, 19,90 EUR, ISBN 3-936581-94-0

Erhältlich bei: oekom@de.rhenus.com, Fax +49/(0)81 91/970 00-405